Einführung in die Strukturdynamik

Einführung in die Strukturdynamik

Einführung in die Strukturdynamik

Dieter Dinkler

Modelle und Anwendungen

3. überarbeitete und aktualisierte Auflage

Dieter Dinkler
Technische Universität Braunschweig
Braunschweig, Deutschland

ISBN 978-3-658-31844-4   ISBN 978-3-658-31845-1   (eBook)
https://doi.org/10.1007/978-3-658-31845-1

Die Deutsche Nationalbibliothek verzeichnet diese Publikation in der Deutschen National-
bibliografie; detaillierte bibliografische Daten sind im Internet über http://dnb.d-nb.de abrufbar.

Lektorat: Dipl.-Ing. Ralf Harms
Springer Vieweg ist ein Imprint der eingetragenen Gesellschaft Springer Fachmedien Wiesbaden
GmbH und ist ein Teil von Springer Nature.
Die Anschrift der Gesellschaft ist: Abraham-Lincoln-Str. 46, 65189 Wiesbaden, Germany

Vorwort zur 3. Auflage

Mit der redaktionellen Überarbeitung ist eine Ergänzung des Lehrbuches um weitere Beispiele, eine Übersicht auf die Möglichkeiten zur Schwingungstilgung sowie eine Einführung in das Phänomenologie der Menschen–induzierten Schwingungen von Brücken erfolgt.
Besonderer Dank gilt Herrn Dr.-Ing. Christian Flack für die numerische Lösung der Beispiele. Großer Dank auch dem Verlag *Springer Vieweg*, der diese Ausgabe ermöglicht hat.

Braunschweig, 1. September 2020 Dieter Dinkler

Vorwort zur 2. Auflage

Mit der zweiten Auflage des Lehrbuches ist eine redaktionelle Überarbeitung erfolgt, um die teilweise abstrakten Zusammenhänge weiter zu veranschaulichen. So sind die bisher beschriebenen Anwendungen um eine Einführung in die Modellierung von Windkraftanlagen und um eine Darstellung der Regen–Wind induzierten Schwingungen von Seilabspannungen ergänzt.
Besonderer Dank gilt Herrn Dr.-Ing. Marco Schauer für die zusätzlichen Beispiele und die Überarbeitung der zahlreichen Abbildungen. Großer Dank auch dem Verlag *Springer Vieweg*, der diese erweiterte Auflage ermöglicht hat.

Braunschweig, 1. September 2017 Dieter Dinkler

Vorwort zur 1. Auflage

Das vorliegende Lehrbuch ist aus den Lehrveranstaltungen für das Fachgebiet *Dynamik* im Diplom–Studiengang *Luft- und Raumfahrttechnik* der Universität Stuttgart und für das Fachgebiet *Einführung in die Strukturdynamik* im Master–Studiengang *Bauingenieurwesen* an der Technischen Universität Braunschweig entstanden.
Es zielt auf die Darstellung und Vermittlung der Grundlagen der Strukturdynamik für Studierende des Ingenieurwesens und nahestehender Studiengänge. Vorausgesetzt werden die Grundlagen der Technischen Mechanik, sodass erste Erfahrungen in der Modellierung und im Aufstellen von Bewegungsgleichungen für schwingungsfähige Systeme vorliegen.

Im Schwerpunkt des Lehrbuchs stehen die Beschreibungsmöglichkeiten und Lösungswege für die Untersuchung des Schwingungsverhaltens von Starrkörpersystemen und Stabtragwerken. Die grundlegenden Abschnitte werden ergänzt um Modelle für verschiedene baupraktische Anwendungen aus dem Bereich der

Aeroelastizität, der Seilnetze, der Eisenbahnbrücken und der Rotordynamik. Den Abschluss bildet eine Einführung in die numerische Integration von Bewegungsgleichungen.

Das Lehrbuch wäre in dieser Form ohne die Unterstützung meiner Mitarbeiter nicht möglich gewesen. Besonders bedanken möchte ich mich bei Herrn Dr.-Ing. Michael Löhr und Herrn Dr.-Ing. Sven Reinstädler für die numerischen Untersuchungen und bei Frau Aileen Westphal BSc. und Herrn Sebastian Kroos BSc. für die vielen zeichnerischen Darstellungen.

Braunschweig, 1. September 2016   Dieter Dinkler

Inhaltsverzeichnis

EINFREIHEITSGRADSYSTEME

1 Einführung 3

2 Schwingungen 7
2.1 Darstellung von Bewegungen 7
2.2 Übersicht auf die Schwingungsarten 9
2.3 Periodische Schwingungen 10
2.4 Nichtperiodische Schwingungen 15

3 Modellbildung für Starrkörpersysteme 18
3.1 Rheologische Modelle 18
3.2 Einwirkungen 22

4 Aufstellen von Bewegungsgleichungen 24
4.1 Übersicht auf die verschiedenen Verfahren 25
4.2 Synthetisches Aufstellen der Bewegungsgleichungen 28
4.3 Analytisches Aufstellen der Bewegungsgleichungen 35

5 Gesamtlösung linearer Bewegungsgleichungen 49
5.1 Linearisieren von Bewegungsgleichungen 49
5.2 Dimensionslose Schreibweise 50
5.3 Superposition verschiedener Teillösungen 51
5.4 Gesamtlösung 52
5.5 Unterscheidung der Schwingungen nach ihrer Entstehung 53

6 Freie Schwingungen 55

7 Erzwungene Schwingungen – periodisch 57
7.1 Konstante Last 57
7.2 Periodische Last 58
7.3 Lösung im Frequenzbereich 62
7.4 Stationäre Lösungen 65

8 Erzwungene Schwingungen – unperiodisch 67
8.1 Stoßanregung 68
8.2 Anregung mit der Resonanzfrequenz 70
8.3 Anwendungsbeispiele für das Duhamel–Integral 71

MEHRFREIHEITSGRADSYSTEME

9 Matrizenschreibweise 81
9.1 Das D'Alembert'sche Prinzip 83
9.2 D'Alembert'sches Prinzip in der Lagrange'schen Fassung 84

10 Systematisches Aufstellen der Systemmatrizen 86
  10.1 Krafteinflusszahlen 86
  10.2 Verallgemeinerung der Krafteinflusszahlen 90
  10.3 Verformungseinflusszahlen 91
  10.4 Verallgemeinerung der Verformungseinflusszahlen 95

11 Bewegungsgleichungen für Stabtragwerke 96
  11.1 Dehnstäbe 96
  11.2 Biegestäbe 106
  11.3 Torsionsstäbe 115

12 Freie Schwingungen ungedämpfter Systeme 120
  12.1 Lösungsweg für die Berechnung der freien Schwingungen 120
  12.2 Anpassen der Lösung an die Anfangsbedingungen 127
  12.3 Konvergenz der Näherungslösung bei Stabtragwerken 130

13 Entkopplung der Bewegungsgleichungen 134

14 Erzwungene Schwingungen – ungedämpft 136
  14.1 Statische Belastung 136
  14.2 Periodische Anregung 138
  14.3 Unperiodische Anregung 143
  14.4 Anpassen der Gesamtlösung an die Anfangsbedingungen 144

GEDÄMPFTE SYSTEME

15 Schwingungen in komplexer Darstellung 149
  15.1 Harmonische Analyse periodischer Schwingungen 150
  15.2 Fourier–Integral von unperiodischen Schwingungen 151

16 Modellierung kontinuierlicher Dämpfer 156
  16.1 Rheologie der Dämpfungseigenschaften 156
  16.2 Rayleigh–Dämpfung 159
  16.3 Strukturdämpfung 161
  16.4 Modal–Dämpfung 164
  16.5 Dämpfung nach Caughey/O'Kelly 164

17 Freie gedämpfte Schwingungen 165
  17.1 Die Eigenwerte 165
  17.2 Die Eigenvektoren 168
  17.3 Die vollständige Lösung 170
  17.4 Anwendungen 171

18 Erzwungene Schwingungen in komplexer Schreibweise 178
  18.1 Periodische Schwingungen 178
  18.2 Unperiodische Schwingungen 182

19 Erzwungene Schwingungen von Systemen 185

19.1 Zeitkonstante Anregung 185
19.2 Periodische Anregung in reeller Schreibweise 188
19.3 Periodische Anregung in komplexer Schreibweise 192

20 Modal–Analyse bei Rayleigh–Dämpfung 195
20.1 Freie Schwingungen 196
20.2 Periodische Anregung in reeller Darstellung 197
20.3 Periodische Anregung in komplexer Darstellung 198

21 Modal–Analyse bei viskoser Dämpfung 199
21.1 Freie Schwingungen 199
21.2 Periodische Anregung in komplexer Darstellung 201

22 Reduktion der Zahl der Freiheitsgrade 203
22.1 Reduktion des Modal–Ansatzes 203
22.2 Restmode–Korrektur 205
22.3 Elimination von Freiheitsgraden 209

23 Modal–Synthese 212
23.1 Die Teilstruktur beim Weggrößenverfahren 213
23.2 Das Gesamtsystem beim Weggrößenverfahren 215

ANWENDUNGEN

24 Erdbebenanalyse von Tragwerken 219
24.1 Erdbebenwellen und Darstellung von Erdbeben 219
24.2 Berechnungsverfahren für Tragwerke 225
24.3 Das Antwortspektrenverfahren bei Mehrmassenschwinger 234
24.4 Sicherheitskonzepte 236

25 Analyse von Seilnetzen und Membranen 248
25.1 Einzelseile 248
25.2 Schwingungen von Seilnetzen 254
25.3 Schwingungen von Membranen 257

26 Einführung in die Aeroelastizität 264
26.1 Modellgleichungen und Kennwerte für das Strömungsfeld 265
26.2 Druckverteilung an Bauwerken aus Umströmung 268
26.3 Druckänderung aus Bewegung des Tragwerks 272
26.4 Bewegungsgleichungen des Tragwerks 274
26.5 Statische aeroelastische Phänomene 275
26.6 Dynamische aeroelastische Phänomene 279
26.7 Erzwungene Schwingungen 288
26.8 Zylindrische Bauteile im Strömungsfeld 288
26.9 Aufstellen und Lösung der Bewegungsgleichungen 293
26.10 Regen–Wind induzierte Schwingungen 298

27 Eisenbahnbrücke bei schneller Zugüberfahrt 312
  27.1 Modell für auf einem Balken gelagerte bewegte Massen 312
  27.2 Modell für bewegte Massen auf Feder–Dämpfer–System 314
  27.3 Modelle für das Schwingungsverhalten der Brücke 315
  27.4 Lösungsverfahren 319
  27.5 Schwingungsverhalten einer Zweifeld–Eisenbahnbrücke 319
  27.6 Resonanznachweis nach DS 804 322

28 Menschen–induzierte Schwingungen von Brücken 326
  28.1 Schrittfrequenz und Personenlast 328
  28.2 Vereinfachendes Last–Modell 331
  28.3 Vereinfachendes Modell für die Lateralbewegung 333

29 Rotierende Systeme 345
  29.1 Ortsvektor zum nichtverformten Rotorblatt 345
  29.2 Ortsvektor zum verformten Rotorblatt 348
  29.3 Beschleunigungen im Inertialsystem 351
  29.4 Virtuelle Arbeit der Massenträgheiten 353
  29.5 Rotorblatt mit starrer Festhaltung 358
  29.6 Virtuelle Arbeiten aus Eigengewicht 362
  29.7 Virtuelle Arbeiten aus Elastizität des Rotorblattes 363
  29.8 Virtuelle Gesamtarbeiten 365
  29.9 Windkraftanlagen 366

NUMERISCHE VERFAHREN

30 Numerische Integration der Bewegungsgleichung 373
  30.1 Analytische Lösung der Bewegungsgleichung 373
  30.2 Näherung der Übertragungsmatrix für ein Zeitintervall 376
  30.3 Qualität der Übertragungsmatrix 379
  30.4 Genauigkeit der Approximation der Übertragungsmatrix 382
  30.5 Anwendung der Sehnentrapezregel 390
  30.6 Das Newmark–Verfahren 392
  30.7 Generalized α–Verfahren 395
  30.8 Hinweise zur Anwendung von Zeitintegrationsverfahren 398

31 Berechnung der Eigenwerte und Eigenvektoren 401
  31.1 Der Rayleigh–Quotient 401
  31.2 Berechnung des niedrigsten Eigenwertes 403
  31.3 Berechnung höherer Eigenwerte 405
  31.4 Simultane Berechnung mehrerer Eigenwerte 406
  31.5 Auflösung benachbarter Gleichungssysteme 408

LITERATUR   **409**

STICHWORTVERZEICHNIS   **415**

EINFREIHEITSGRADSYSTEME

1 Einführung

Die Dynamik ist die Lehre von den Kräften. In der Statik sind die Kräfte im Gleichgewicht. Kraft- und Verformungszustand sind zeitlich konstant. In der Kinetik sind die Kräfte nicht im Gleichgewicht. Dies bewirkt, dass sich Kraft- und Verformungszustand in der Zeit verändern, wenn die *nicht im Gleichgewicht stehenden Kräfte* antreibende Wirkung haben. In der Kinetik sind die in der Statik interessierenden Gleichgewichtslagen nur Sonderfälle. Wichtig sind hier die Zeitverläufe der Kräfte und Verformungen, d. h. die Bewegungen der Systeme. Die Kinematik ist die Lehre von den Bewegungen. Sie gibt die geometrischen Rahmenbedingungen der Bewegungen vor. Hierzu gehören Randbedingungen für die Verformungen sowie die Gleichungen der Verformungsgeometrie. Kräfte und Verformungen entwickeln sich nicht unabhängig voneinander, sondern sind Werkstoffabhängig miteinander verknüpft. Die Werkstoffgleichungen sind daher essenziell für die vollständige Modellierung dynamischer Systeme, siehe nachfolgende Übersicht.

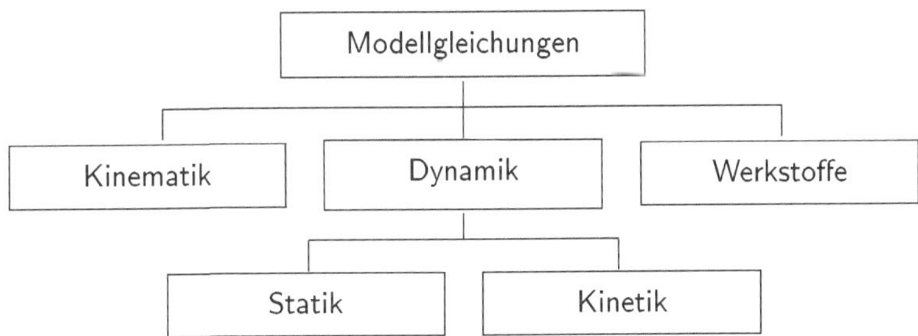

Bild 1-1 Modellgleichungen

Verallgemeinert man die Begriffe *Gleichgewicht und Bewegung*, so kann man diese Betrachtung auch auf andere Aufgabenstellungen übertragen, und ganz allgemein von der zeitlichen Änderung der Beschreibungsvariablen $x(t)$ sprechen. Dies können Variablen aus der Mechanik wie Verschiebungen, Energien, Belastungen oder Variablen aus der Elektrotechnik wie Stromstärken, Feldstärken sein, aber auch Variablen aus anderen Bereichen wie Hochwasserstände, Aktienkurse, Preise, Stromverbrauch oder andere Variablen.

Die *Strukturdynamik* ist ein Teilgebiet der unter dem Begriff *Dynamik* zusammengefassten Phänomenologie und deren Untersuchungsmethoden. Sie befasst

© Springer Fachmedien Wiesbaden GmbH, ein Teil von Springer Nature 2020
D. Dinkler, *Einführung in die Strukturdynamik*,
https://doi.org/10.1007/978-3-658-31845-1_1

sich mit der Analyse des Schwingungsverhaltens von Strukturen im allgemeinen und Tragwerken im speziellen. Im Bauwesen sind dies Tragwerke unter den hier vorkommenden zeitveränderlichen Einwirkungen aus Wind, Erdbeben, Verkehr und anderen Ursachen. So ist das Schwingungsverhalten bei Eisenbahnbrücken, Maschinenfundamenten, turmartigen Gebäuden, abgespannten Masten, Offshore-Konstruktionen oder Wehren wesentlich für die Bemessung. Wenn Trag- bzw. Bauwerke mit dem umgebenden Medium zusammenwirken, müssen sie gemeinsam mit ihrer Umgebung betrachtet werden. Bei der Kopplung entstehen neue Phänomene, wenn sich die Prozessvariablen aller beteiligten Gebiete gegenseitig beeinflussen. Heute oft untersuchte Systeme, die eine entsprechende Phänomenologie aufweisen, sind

- Boden–Bauwerk–Interaktion,
- Wind–Tragwerk–Interaktion (Aeroelastizität),
- Flüssigkeit–Tragwerk–Interaktion (Hydroelastizität).

Diese zunächst wie selbstverständlich erscheinenden Wirkungen zwischen mehreren Gebieten (Tragwerk–Luft–Wasser–Boden) sind ungeheuer vielseitig und können völlig neue Phänomene im Verformungs– und Bewegungsverhalten von Tragwerken hervorrufen, wenn der Energieaustausch zwischen den Gebieten zu Instabilitäten führt. Beispiele hierfür sind der Einsturz der Tacoma-Brücke und der Kühltürme in Ferrybridge, das Flattern von Tragflügeln oder die Bodenerosion in Gewässern, die die Standsicherheit von Offshore-Konstruktionen oder Brückenpylonen gefährden kann.
Die wirkliche Entwicklung der Beschreibungsvariablen kann man nur am wirklichen System messen. Für den Entwurf, die Konstruktion und die Bemessung des Systems müssen die Beschreibungsvariablen jedoch vorweg abgeschätzt werden. Dies erfolgt mit Hilfe von experimentellen oder mathematischen Ersatzmodellen. Im Experiment können wirklichkeitsnahe Modelle erzeugt und untersucht werden, was allerdings oft sehr aufwändig ist. So sind Windkanalversuche für Brücken und Flugzeuge zwar Stand der Technik, jedoch nur für Einzelfälle sinnvoll, wenn der große Aufwand bei Parameterstudien nicht möglich ist.
Wenn nur die wesentlichen Eigenschaften eines Systems untersucht werden sollen, kann man vereinfachende Modelle mit wenigen Beschreibungsvariablen entwickeln, die den Einfluss der außerhalb der jeweiligen Struktur liegenden Gebiete auf den Druck oder die Verschiebung an der Oberfläche der Struktur reduzieren und damit eine analytische Lösung der Bewegungsgleichungen zulassen. Eine hinreichend genaue Untersuchung komplexer Phänomene ist jedoch nur mit numerischen Verfahren möglich, erst recht, wenn Nichtlinearitäten zu berücksichtigen sind.

Die Untersuchung des Systemverhaltens mit mathematischen Modellen beinhaltet im wesentlichen die folgenden Lösungsschritte:

1. Die Modellierung des wirklichen Systems erfolgt mit rheologischen Modellen für starre Körper, die aus untereinander mit Federn und Dämpfern verbundenen Punktmassen und Einwirkungen bestehen, wenn keine großen Anforderungen an die Genauigkeit der Abbildung gestellt werden oder wenn das wirkliche System bereits entsprechende Eigenschaften aufweist. Genauere Ansätze bilden die Bauteile des wirklichen Systems mit kontinuierlichen Modellen ab, die z.B. Stab– oder Flächentragwerke sein können.

2. Das Aufstellen und Lösen der mathematischen Gleichungen für die Beschreibungsvariablen des Ersatzsystems kann mit verschiedenen Verfahren erfolgen. Ein erster Schritt ist die Formulierung der Modellgleichungen des Systems bzw. seiner Komponenten. Dies sind

- die kinematischen Bedingungen (K) für die geometrischen Zwänge, die den Bewegungsablauf steuern,
- die Kräftebilanz (G), die das Zusammenwirken der Kräfte und der Massenträgheiten im System festlegen,
- und die Kennlinien (W) für Feder und Dämpfer bzw. die Werkstoffgleichungen für Kontinua.

Die Grundgleichungen sind über die Beschreibungsvariablen miteinander verknüpft und können in einem zweiten Schritt bei Elimination eines Teils der Beschreibungsvariablen auf eine einzige Gleichung reduziert werden, die im weiteren als *Bewegungsdifferentialgleichung* oder kurz als *Bewegungsgleichung* bezeichnet wird.

3. Ein dritter Arbeitsschritt befasst sich mit der Lösung der Bewegungsgleichung und der Berechnung des Zeitverlaufs der Beschreibungsvariablen. Bei Kontinua ist die Bewegungsgleichung in der Regel eine partielle Differentialgleichung in Raum und Zeit, die nicht direkt gelöst werden kann. Mit einem Separationsansatz kann man jedoch die Raum- und Zeitkoordinaten trennen, was auf eine gewöhnliche Differentialgleichung mit Zeitableitungen führt. Die Lösung der Bewegungsgleichung ist dann in reeller und komplexer Schreibweise möglich.

4. Abschließend erfolgt die Darstellung, die Interpretation und die Kontrolle der Ergebnisse und der Zeitverläufe der Beschreibungsvariablen. In einer Nachlaufrechnung werden in der Regel weitere Informationen über das schwingende

System berechnet, wenn z. B. die Kräfte oder Spannungen für einen Festig-
keitsnachweis benötigt werden.

Inhalt des Lehrbuchs ist eine Einführung in die Strukturdynamik. Dies umfasst
die Grundlagen der Modellbildung sowie das Aufstellen und die Lösung der li-
neren Bewegungsgleichungen für Starrkörpersysteme und elastische Kontinua
in reller und komplexer Schreibweise. Ergänzt werden die Grundlagen um eine
Einführung in die Erdbebenanalyse von Bauwerken, das Schwingen von Eisenbahnbrücken bei bewegten Massen, die Aeroelastizität von Tragwerken sowie
die Rotordynamik.
Den Abschluss bildet eine Einführung in die numerische Lösung linearer und
nichtlinearer Bewegungsgleichungen.

Die Darstellung folgt im Wesentlichen der in der DIN 1311 [59] verwendeten
Schreibweise sowie den einschlägigen europäischen Richtlinien.

2 Schwingungen

Die Beschreibung und die Charakterisierung des Zeitverlaufs einer Bewegung erfolgt im Rahmen der Schwingungslehre. Die für die Beschreibung von Schwingungen wichtigen Begriffe und Symbole sind umfassend in DIN 1311 [59] angegeben. Nachfolgend sind die wesentlichen Grundlagen der Schwingungslehre dargestellt, die für die Strukturdynamik von Bedeutung sind.

2.1 Darstellung von Bewegungen

Völlig unabhängig von der physikalischen Bedeutung einer Bewegung wählt man als Beschreibungsvariable der Bewegung die Koordinate $x(t)$. Für die Beschreibung der Bewegung sind auch die Geschwindigkeit

$$v = \frac{dx}{dt} = \dot{x} \qquad \text{als substantielle oder totale Zeitableitung sowie}$$

$$v = \frac{\partial x}{\partial t} = x_{,t} \qquad \text{als partielle Zeitableitung}$$

und die Beschleunigung von Bedeutung, die als zweite Zeitableitung der Bewegung mit

$$a = \ddot{x} \qquad \text{bzw.} \qquad a = x_{,tt}$$

definiert ist.

Weg–Zeit–Verlauf

Die Darstellung einer Bewegung kann anschaulich mit Weg–Zeit–Diagrammen entsprechend Bild 2-1 erfolgen.

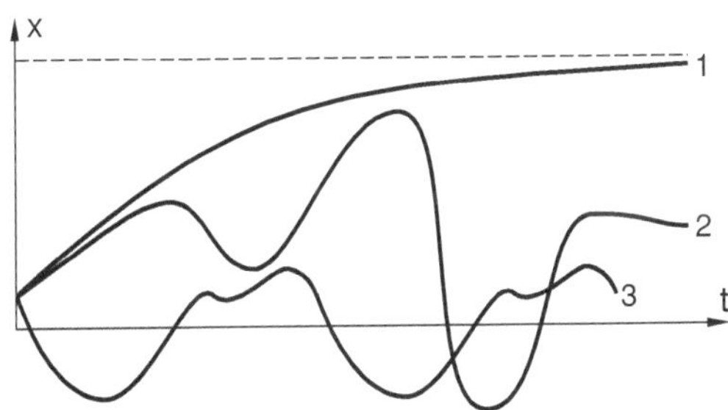

Bild 2-1 Darstellung von Bewegungen in Weg–Zeit–Diagrammen

© Springer Fachmedien Wiesbaden GmbH, ein Teil von Springer Nature 2020
D. Dinkler, *Einführung in die Strukturdynamik*,
https://doi.org/10.1007/978-3-658-31845-1_2

Von der äußeren Form des Zeitverlaufs unterscheidet man

- monoton gegen einen Fixpunkt strebende Kriechbewegungen (1),
- nicht monotone unregelmäßige Bewegungen (2) und
- regelmäßige Bewegungen (3), die im weiteren als Schwingungen bezeichnet sind. Schwingungen weisen Merkmale auf, die sich in gewissen Zeitabständen wiederholen.

Die Darstellung der Bewegung als Zeitverlauf ist anschaulich, wenn die Bewegung direkt mit dem physikalischen Phänomen verknüpft werden kann. Allerdings hat die Darstellung auch Grenzen, wenn lange Zeitspannen zu beschreiben sind, oder wenn verschiedene Bewegungen miteinander verglichen werden sollen. Besser geeignet sind dann *Phasenebenen* oder *Frequenzspektren*, die später erklärt werden.

Phasenebene

Die Darstellung der Bewegung kann auch in der Phasenebene der Amplitude $x(t)$ und der Geschwindigkeit $\dot{x}(t)$ erfolgen. Die Bahn der Bewegung wird als *Trajektorie* bezeichnet, wobei die Zeit als Bogenkoordinate betrachtet werden kann. Die Vorteile dieser Darstellung sind:

- Auslenkung und Geschwindigkeit sind direkt ablesbar.
- Das Zentrum der Trajektorie ist die *statische Gleichgewichtslage*, die mit $\dot{x}(t) = 0$ und $x(t) = konstant$ charakterisiert ist.
- Aus der Form der Trajektorie kann man auf die Art der Bewegung schließen. Geschlossene Trajektorien deuten an, dass sich die Bewegung in der Zeit wiederholt, also periodisch ist. Sie wird dann auch als *Orbit* bezeichnet. Kriechbewegungen sind monoton gegen einen Fixpunkt strebende Trajektorien mit $\dot{x}(t) = 0$ und $x(t) = konstant$ für $t \to \infty$. Angefachte Bewegungen entfernen sich von einem Fixpunkt.

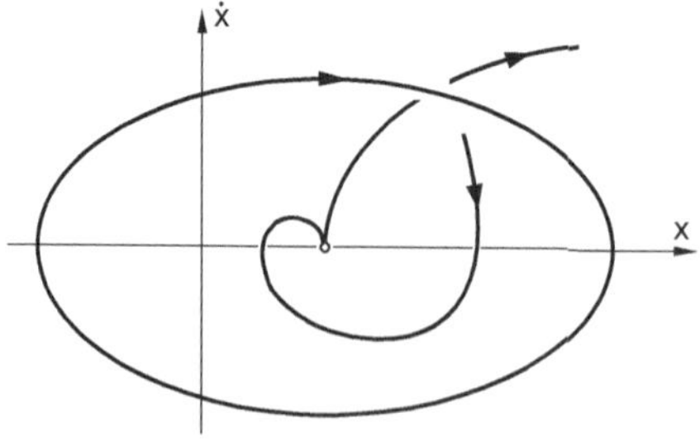

Bild 2-2 Darstellung einer Bewegung in der Phasenebene

2.2 Übersicht auf die Schwingungsarten

In DIN 1311 [59] ist eine Einteilung der Schwingungen entsprechend dem jeweiligen Zeitverlauf gegeben. Die Klassifizierung unterschiedlicher Schwingungen nach ihrem Zeitverlauf ist in Bild 2-3 in gekürzter Form wiedergegeben. Grundsätzlich unterscheidet man *deterministische* und *stochastische* Schwingungen, wobei die stochastischen Schwingungen hier nicht weiter betrachtet werden. Die für Anwendungen im Ingenieurwesen wichtigen Schwingungen sind periodisch oder nichtperiodisch.

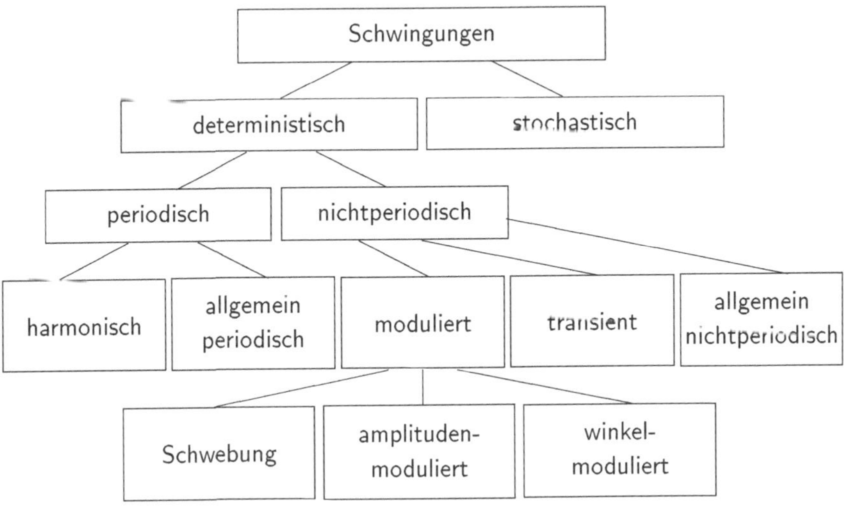

Bild 2-3 Bezeichnung der Schwingungen entsprechend ihrem Zeitverlauf [59]

Man unterscheidet außerdem *stationäre Bewegungen*, die sich in der Zeit regelmäßig wiederholen und *instationäre Bewegungen*, die einmalig auftreten. Stationäre Bewegungen sind das regelmäßige Drehen der Rotoren einer Windkraftanlage, das Schwingen einer Offshore-Anlage im Wellengang, die Drehbewegung einer Turbine oder der Betriebszustand eines Motors. Instationäre Bewegungen treten als Schwingung eines Bauteils infolge einer Windböe auf, beim Anlassen eines Motors, beim Beschleunigen eines Fahrzeugs und anderes mehr.

Im weiteren werden die im Ingenieurwesen wesentlichen Schwingungen charakterisiert und die Grundformen in Formeln angegeben.

2.3 Periodische Schwingungen

Die wichtigste Bewegungsform der Strukturdynamik ist die periodische Schwingung, da viele Prozesse mit regelmäßig wiederkehrenden Schwingungseigenschaften ablaufen und die Tragwerke hierdurch stark beansprucht werden können. Eine Schwingung heißt *periodisch* mit der Periodendauer T, wenn sie sich nach Ablauf des Zeitintervalls T wiederholt. Entsprechendes gilt damit auch für $\dot{x},\ddot{x},\ldots$

$$x(t+T) = x(t) \quad \text{für alle} \quad t \quad \text{und} \quad T > 0\,.$$

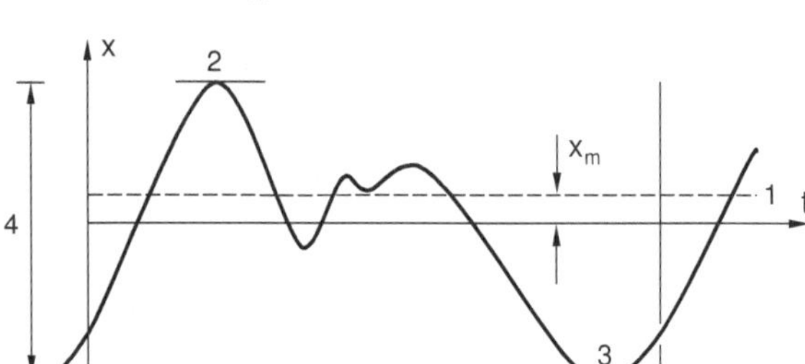

Bild 2-4 Periodische Schwingungen [59]

Periodische Schwingungen besitzen ausgezeichnete Werte der Variablen x. Dies ist der Gleichwert 1, der Gipfelwert 2, der Talwert 3 und die Schwingungsbreite 4. Die Charakterisierung periodischer Schwingungen in der Strukturdynamik erfolgt mit

dem Mittelwert bzw. Gleichwert
$$x_m = \frac{1}{T} \int_{t_0}^{t_0+T} x(t)dt$$

und dem Effektivwert
$$x_{eff} = \sqrt{\frac{1}{T} \int_{t_0}^{t_0+T} x^2(t)dt}\,.$$

2.3.1 Harmonische Schwingungen

Sinus– und cosinus–Schwingungen werden als harmonische Schwingungen bezeichnet. Die Grundform der harmonischen Schwingung in reeller Darstellung ist

$$x(t) = \hat{x} \cdot \cos(2\pi \frac{t+t_0}{T})\,,$$

wobei $\hat{x}$ die Amplitude, t die Zeit und T die Periodendauer sind. Die Verschiebung t_0 des Ursprungs ist hier ohne Vorzeichen einzusetzen.

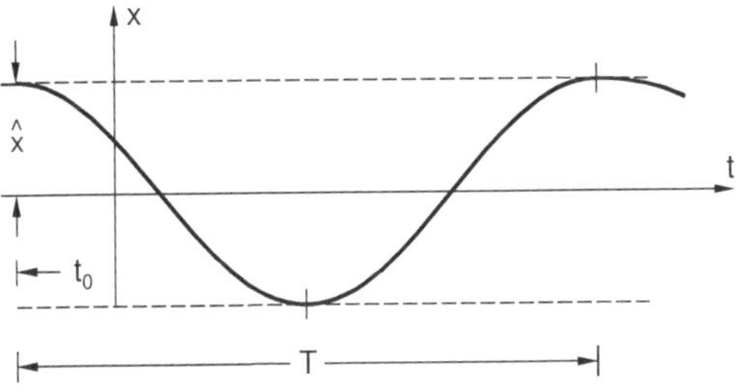

Bild 2-5 Harmonische Schwingung

Eine andere Darstellung ist mit der Kreisfrequenz

$$\omega = \frac{2\pi}{T} \quad \left[\frac{rad}{s}\right]$$

und dem Nullphasenwinkel

$$\varphi_0 = \omega t_0$$

üblich

$$x(t) = \hat{x} \cdot \cos(\omega t + \varphi_0)\,. \tag{2.1}$$

Das Produkt aus Kreisfrequenz und Zeit $\omega t\,[rad]$ ist also ein Winkelmaß. Zu beachten ist, dass man die Kreisfrequenz von der Frequenz bzw. Periodenfrequenz

$$f = \frac{1}{T}\,\left[\frac{1}{s}\right] = \frac{1}{T}\,[Hz] \quad \rightarrow \quad \omega = 2\pi \cdot f$$

unterscheidet, die in *Hertz* angegeben wird. Umformungen von cosinus nach sinus erfolgen mit einer Koordinatentransformation um $\frac{\pi}{2}$. Mit den Additionstheoremen [7] sind weitere Darstellungen möglich. So kann man die Schwingung mit Phasenverschiebung φ_0 mit

$$\cos(\omega t + \varphi_0) = \cos\omega t \cdot \cos\varphi_0 - \sin\omega t \cdot \sin\varphi_0$$

in eine sin– und eine cos–Schwingung umformen

$$x(t) = \hat{x}_c \cdot \cos\omega t + \hat{x}_s \cdot \sin\omega t\,, \tag{2.2}$$

wobei die Koeffizienten mit

$$\hat{x}_c = \hat{x} \cdot \cos\varphi_0 \quad \text{und} \quad \hat{x}_s = -\hat{x} \cdot \sin\varphi_0 \quad \text{sowie} \quad \varphi_0 = -\arctan\frac{\hat{x}_s}{\hat{x}_c}$$

gegeben sind. Verwendet man die komplexe Schreibweise mit $i = \sqrt{-1}$ sowie

$$\cos \omega t = \frac{1}{2}(e^{+i\omega t} + e^{-i\omega t}) \qquad \text{und} \qquad \sin \omega t = -i\,\frac{1}{2}(e^{+i\omega t} - e^{-i\omega t})$$

bzw. $e^{+i\omega t} = \cos \omega t + i \sin \omega t \qquad \text{und} \qquad e^{-i\omega t} = \cos \omega t - i \sin \omega t\,,$

so gilt ebenso

$$x(t) = \hat{x}_{+} e^{i\omega t} + \hat{x}_{-} e^{-i\omega t} \tag{2.3}$$

mit den konjugiert–komplexwertigen Amlituden

$$\hat{x}_{+} = \hat{x}_R + i\,\hat{x}_I \qquad \text{und} \qquad \hat{x}_{-} = \hat{x}_R - i\,\hat{x}_I\,.$$

2.3.2 Harmonische Synthese

Eine Überlagerung mehrerer harmonischer Schwingungen mit ganzzahligem
Frequenzverhältnis bezeichnet man als *Harmonische Synthese*. Weil alle Teilschwingungen eine gemeinsame Periode besitzen, treffen sich im einfachsten
Fall alle Teilschwingungen im Nulldurchgang der Gesamtschwingung. In Bild
2-6 ist die Überlagerung dreier cos–Schwingungen mit $n = 1, 3, 5$ und $\varphi_{0n} = 0$
gezeigt.

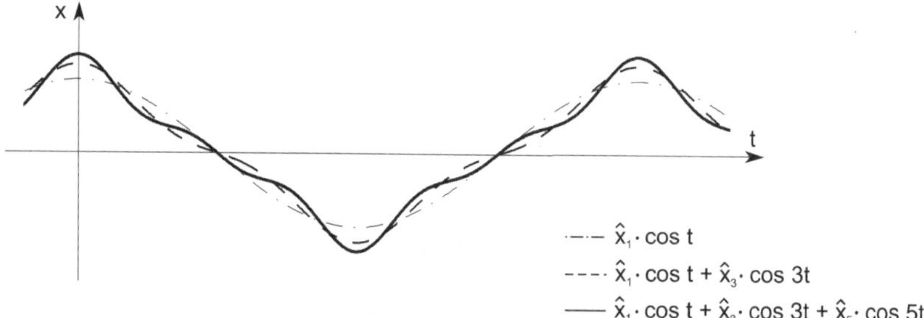

Bild 2-6 Überlagerung von harmonischen Schwingungen

Im allgemeinen Fall besitzt jede Teilschwingung eine eigene Phasenverschiebung
und eine eigene Amplitude. Damit gilt

$$x(t) = \sum_{n=1}^{N} \hat{x}_n \cdot \cos(\omega_n t + \varphi_{0n})\,. \tag{2.4}$$

Bei der Überlagerung ist es vorteilhaft, wenn man alle Teilschwingungen mit
einer gemeinsamen Grundfrequenz ω beschreiben kann

$$\omega_n = n \cdot \omega\,.$$

Hierbei wird mit den ganzen Zahlen $n = +1, +2, +3, \ldots$ das Verhältnis der Frequenzen von Grund– und Teilschwingung festgelegt, wobei $n = 1$ die Grundschwingung mit der Grundfrequenz ω und die $n > 1$ die *Oberschwingungen* mit ωn angeben. Die Oberschwingungen werden auch als *höhere Harmonische* bezeichnet. Die allgemeine Form einer Teilschwingung ist daher mit

$$x_n(t) = \hat{x}_n \cdot \cos(n \cdot \omega t + \varphi_{0n})$$

gegeben. Die gemeinsame Grundfrequenz ω für alle Teilschwingungen ist mit dem Periodenverhältnis der Teilschwingungen festgelegt, wenn die Periode der Grundfrequenz T ist und alle Teilschwingungen eine kleinere Periode T/n besitzen.

2.3.3 Harmonische Analyse

Die Beschreibung einer gegebenen beliebig periodischen Schwingung $x(t)$ mit Hilfe von harmonischen Teilschwingungen bezeichnet man als *harmonische Analyse* oder auch *Fourier–Analyse*. Mit Hilfe der *Fourier–Analyse* ist eine analytische Darstellung von $x(t)$ mit einer Reihe aus sinus– und cosinus–Funktionen möglich, wenn $x(t)$ stetig oder stückweise stetig ist. Zunächst kann man

$$x(t) = \frac{x_0}{2} + \sum_{n=1}^{\infty} \hat{x}_{cn} \cdot \cos n\omega t + \sum_{n=1}^{\infty} \hat{x}_{sn} \cdot \sin n\omega t \qquad (2.5)$$

mit noch unbekannten Amplituden $x_0, \hat{x}_{cn}, \hat{x}_{sn}$ oder in der Grundform entsprechend Gleichung (2.4) mit $x_0, \hat{x}_n, \varphi_{0n}$ ansetzen. Mit steigender Zahl der Reihenglieder kann man die Ursprungsfunktion $x(t)$ beliebig genau annähern. Exemplarisch sind die ersten fünf sin–Reihenglieder in Bild 2-7 dargestellt.

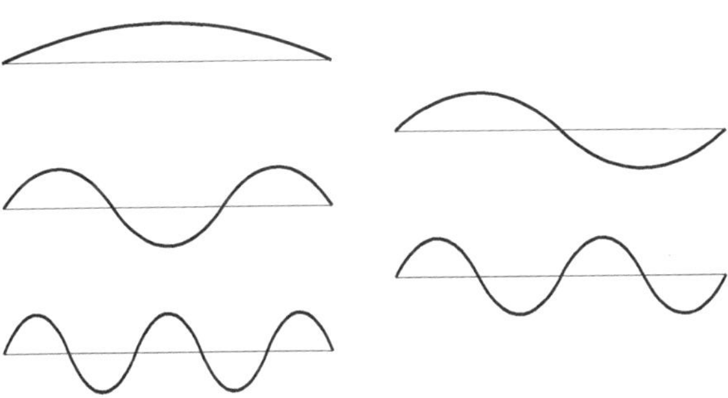

Bild 2-7 Harmonische Teilschwingungen $\sin n\omega t$ für n = 1 ... 5, $t_0 \leq t \leq t_0 + T$

Multipliziert man $x(t)$ nacheinander mit 1, $\cos m\omega t$ und $\sin m\omega t$ und integriert das jeweilige Produkt über die Periode T, so folgen bei Beachtung der Orthogonalität von cos– und sin–Funktionen die Fourier–Koeffizienten für $m = n$

$$\text{Mittelwert:} \qquad x_0 = \frac{2}{T} \cdot \int\limits_{t_0}^{t_0+T} x(t)\, dt\,,$$

$$\text{Symmetrie:} \qquad \hat{x}_{cn} = \frac{2}{T} \cdot \int\limits_{t_0}^{t_0+T} x(t) \cdot \cos(n\omega t)\, dt\,,$$

$$\text{Antisymmetrie:} \qquad \hat{x}_{sn} = \frac{2}{T} \cdot \int\limits_{t_0}^{t_0+T} x(t) \cdot \sin(n\omega t)\, dt\,.$$

$x_0/2$ ist der Mittelwert, $\hat{x}_{cn}$ beschreibt die symmetrischen Anteile und $\hat{x}_{sn}$ die antisymmetrischen Anteile der periodischen Schwingung. Vereinfachungen sind für spezielle $x(t)$ möglich [7], wenn die Schwingung Symmetrien oder Antisymmetrien bezüglich der $x(t)$–Achse aufweist.

Für den Fall der Rechteckfunktion nach Bild 2-8 gilt

$$x(t) = \sum_{n=1}^{\infty} (-1)^{\frac{n-1}{2}} \cdot \frac{4\hat{x}}{n\pi} \cdot \cos(n\omega t) \qquad n = 1, 3, 5, \ldots$$

Aufgrund der Symmetrie sind die cos–Reihenglieder ungleich null. Der Mittelwert x_0 verschwindet, da die Sprungfunktion gleich große positive wie negative Ausschläge hat. Die $\sin n\omega t$–Reihenglieder verschwinden, da die Sprungfunktion symmetrisch bezüglich des Ursprungs ist. Bei einer Phasenverschiebung wären auch die sin–Reihenglieder ungleich null.

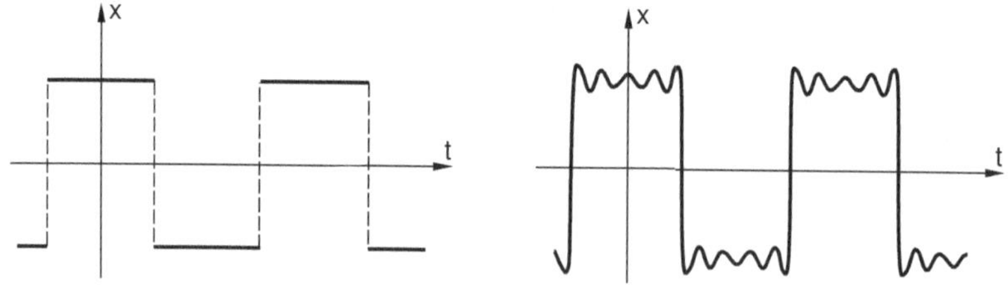

Bild 2-8 Fourier–Approximation einer periodischen Sprungfunktion

Weil die Sprungstellen mit stetigen Funktionen angenähert werden, zeigt die Fourier–Reihe an den Sprungstellen ein charakteristisches Überschwingen, das nur bei Berücksichtigung vieler Reihenglieder verringert werden kann.

Die Fourier–Reihe ist eine unendliche Reihe, deren Konvergenz gegen die Originalfunktion gesichert sein muss. Dies ist der Fall für stückweise glatte Funktionen. Bei Sprüngen in der Ursprungsfunktion müssen in der Regel viele Reihenglieder mitgenommen werden. Vorteilhaft ist jedoch die Verwendung der stetigen sin– und cos– Funktionen, mit denen die sonst erforderlichen Fallunterscheidungen vermieden werden können.

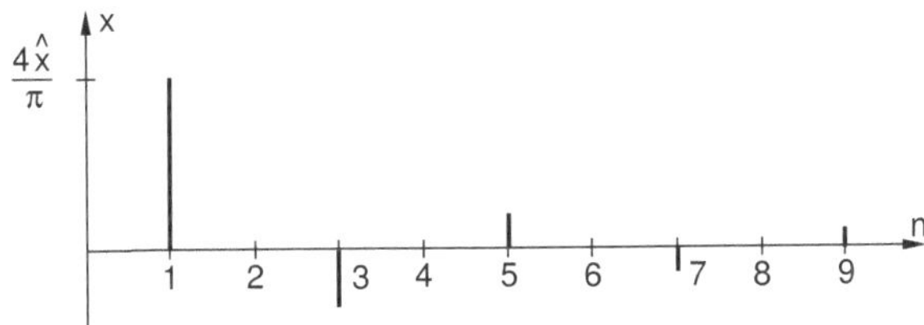

Bild 2-9 Amplitudenspektrum

Eine sehr übersichtliche Darstellung der Fourier–Reihe ist mit dem Spektrum der Fourier–Koeffizienten, also den Amplituden der Teilschwingungen möglich, siehe Bild 2-9. Bei einer guten Konvergenz der Reihe nehmen die Amplituden der Reihenglieder rasch ab. Dies bedeutet, dass die entsprechenden höheren Teilschwingungen in der Ursprungsfunktion nur gering enthalten sind.
Mit Hilfe der Fourier–Analyse kann man in der Tragwerksanalyse periodische Lasten und Bewegungen mit trigonometrischen Grundfunktionen beschreiben, sodass eine vereinfachende Tragwerksanalyse möglich ist.

2.4 Nichtperiodische Schwingungen

Eine Übersicht auf die verschiedenen Schwingungsarten und ihre Bezeichnungen ist in DIN 1311 [59] gegeben, siehe Bild 2-3. Eine Schwingung ist *nichtperiodisch*, wenn die Periode T gegen ∞ strebt. Hierunter fallen praktisch alle unregelmäßigen Bewegungen.
Allgemein nichtperiodische Schwingungen sind Schwingungen, die aus der Überlagerung von harmonischen Teilschwingungen mit unterschiedlichen, in keinem ganzzahligen Verhältnis zueinander stehenden Frequenzen entstehen. Hierbei gibt es keine gemeinsame Periode.
Der Sonderfall einer *quasiperiodischen Schwingung* liegt vor, wenn die Frequenzen der Teilschwingungen aus einer endlichen Zahl von Basisfrequenzen mit nicht ganzzahligem Verhältnis zueinander berechnet werden können.
Modulierte Schwingungen sind Schwingungen, die keine Periode, aber andere Merkmale einer periodischen Schwingung haben können. *Amplitudenmodulier-*

te Schwingungen besitzen eine in der Zeit veränderliche Amplitude $\hat{x}(t)$. Ist die Frequenz $\omega(t)$ in der Zeit veränderlich, liegt eine *frequenzmodulierte Schwingung* vor. Eine modulierte Schwingung mit langsam veränderlicher *Modulationsamplitude* $\hat{x}(t)$ und schwach veränderlicher Modulationsfrequenz $\omega(t)$ bezeichnet man als Schwebung.

2.4.1 Exponentiell wachsende und fallende Schwingungen

Die für Anwendungen aus der Strukturdynamik wichtigsten Sonderfälle von *amplitudenmodulierten* Schwingungen sind exponentiell wachsende und fallende Schwingungen

$$x(t) = (\hat{x} \cdot e^{-\delta t}) \cdot \cos(\omega t + \varphi_0)\,. \tag{2.6}$$

Die Nullstellen sind mit der cos–Funktion festgelegt, die Amplituden mit der Exponentialfunktion. δ [$1/s$] wird als Abklingkoeffizient ($\delta > 0$) bzw. Anfach-

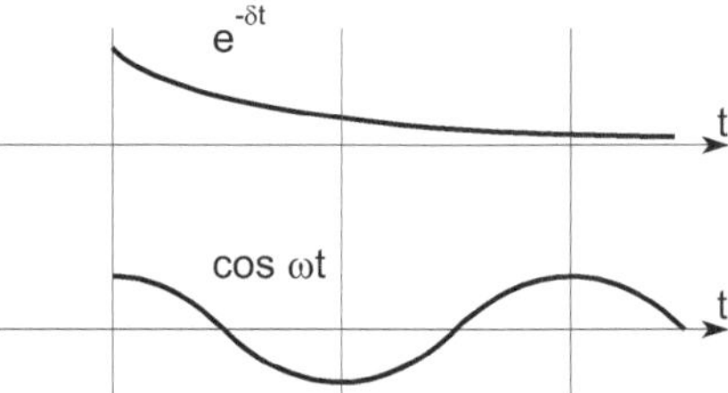

Bild 2-10 Zeitverlauf der Amplitude und der Schwingung

koeffizient ($\delta < 0$) bezeichnet, ω ist die Kreisfrequenz. Fasst man beide Parameter zusammen, so kann man $\omega_0^2 = \omega^2 + \delta^2$ als Kreisfrequenz einer fiktiven ungedämpften Schwingung interpretieren.

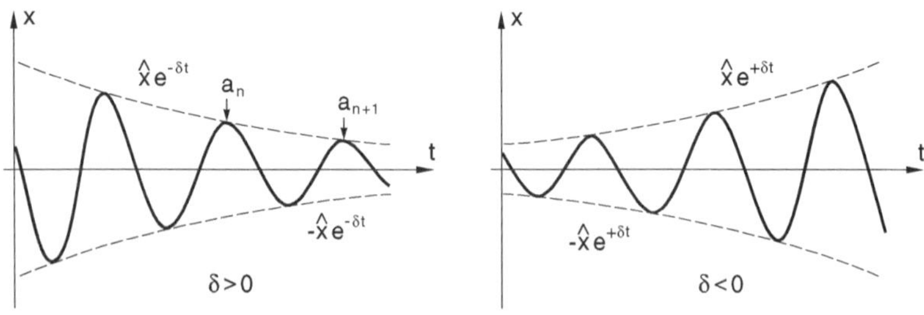

Bild 2-11 Abklingende und angefachte Schwingungen

Charakteristisch ist für abklingende Schwingungen das Quadrat der Frequenz, da hiermit die Art der Bewegung festgelegt ist. Generell kann man folgende Bewegungen unterscheiden:

$$\omega^2 = \omega_0^2 - \delta^2 \begin{cases} > 0 : & \text{schwache Dämpfung (Bewegungen in Gasen)}, \\ = 0 : & \text{aperiodischer Grenzfall oder kritische Dämpfung}, \\ < 0 : & \text{starke Dämpfung (Bewegungen in zähen Flüssigkeiten)}. \end{cases}$$

Wenn $\omega^2 < 0$, dann ist ω imaginär, sodass die Bewegung entsprechend Gleichung (2.3) einen $e^{\omega t}$ Verlauf besitzt. $\omega_0^2 - \delta^2 = 0$ bezeichnet man als *kritische Dämpfung*. Für eine *kritische* oder *überkritische Dämpfung* mit $\omega_0^2 - \delta^2 \leq 0$ besitzt die Bewegung maximal einen Nulldurchgang und maximal einen Extremwert, siehe nebenstehendes Bild.

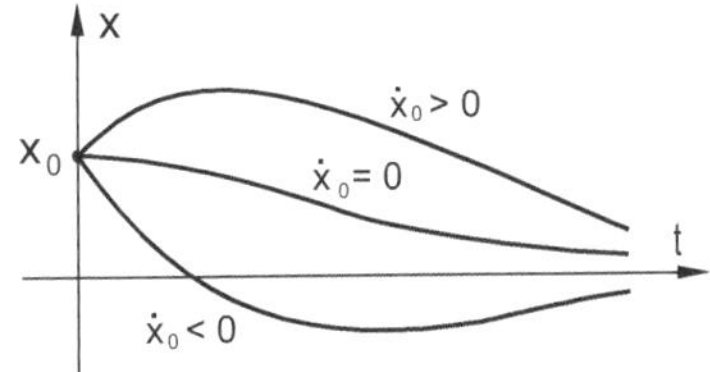

Bild 2-12 Kriechbewegungen

Dimensionslose Darstellungen der Dämpfung und damit der Schwingungseigenschaften sind mit dem Lehr'schen Dämpfungsmaß ϑ

$$\vartheta = \frac{\delta}{\omega_0} \underset{>}{\overset{<}{=}} 1 .$$

möglich. ϑ wird auch als Dämpfungsgrad bezeichnet. Realistische Werte sind für den Werkstoff Stahl $\vartheta = 0{,}02$ – dies entspricht 2% kritische Dämpfung – und $\vartheta = 0{,}05$ für Niete und Schraubenverbindungen.
Ebenfalls dimensionslos ist das logarithmische Dekrement

$$\Lambda = \ln\left(\frac{a_n}{a_{n+1}}\right) = \ln\left(\frac{\hat{x}e^{-\delta t}\cos\omega t}{\hat{x}e^{-\delta(t+T)}\cos\omega(t+T)}\right) = \delta \cdot T = \delta \cdot \frac{2\pi}{\omega} = \frac{\delta}{f} .$$

Mit Λ kann der Abklingkoeffizient δ aus gegebenen Meßwerten berechnet werden, wenn a_n und a_{n+1} aufeinander folgende Maximalausschläge sind und die Periode T bekannt ist, siehe Bild 2-11.
Wenn die Dämpfung schwach ist, gilt $\omega \approx \omega_0$, sodass sich das logarithmische Dämpfungsmaß und das Lehr'sche Dämpfungsmaß näherungsweise um den Faktor 2π unterscheiden. In der Literatur sind auch andere Bezeichnungen für δ, ϑ und Λ gewählt, sodass Verwechselungen der Kenngrößen möglich sind.

3 Modellbildung für Starrkörpersysteme

Beim Entwurf und bei der Bemessung von realen physikalischen Systemen müssen die Einwirkungen und die Systemeigenschaften vorweg festgelegt und in ihrer Wirkung auf das Schwingungsverhalten des Systems untersucht werden. Die Ermittlung des Schwingungsverhaltens kann dabei experimentell oder rechnerisch erfolgen. In beiden Fällen sind Ersatzmodelle für die Wirklichkeit zu entwickeln. Für das Experiment kann unter Umständen ein Prototyp oder ein 1 : 1 Modell hergestellt und in Betrieb genommen werden, um die Schwingungseigenschaften studieren zu können. Wirtschaftlicher sind mathematisch–mechanische Ersatzmodelle, mit denen in beliebiger Abstraktion Parameterstudien durchgeführt und analysiert werden können. Ersatzmodelle beschreiben nur die wesentlichen physikalischen Eigenschaften der wirklichen Systeme. Hierbei unterscheidet man zwischen *Starrkörpersystemen* und *kontinuierlichen Systemen*.

Starrkörpersysteme bestehen aus Punktmassen und zwischen den Massen angeordneten Federn und Dämpfern, die keine Massebelegung aufweisen. Kontinuierliche Systeme weisen eine kontinuierliche Belegung mit Masse, Elastizität und Dämpfung auf. Dies ist für Dehnstäbe, Balken, Platten, Schalen und andere Kontinua der Fall. Nachfolgend ist die Modellbildung für Starrkörpersysteme dargestellt, die hier ausschließlich aus Punktmassen bestehen.

3.1 Rheologische Modelle

Bei der Modellbildung für Starrkörpersysteme werden die tatsächlichen Systemeigenschaften idealisiert und mithilfe von *rheologischen Modellen* vereinfachend beschrieben, sodass die wesentlichen Phänomene abgebildet werden können. Dabei kann das Modell den Erfordernissen der Genauigkeit angepasst und sukzessive verfeinert werden. Starrkörpersysteme bestehen aus verschiedenen Komponenten für die Masseverteilung und die Werkstoffeigenschaften, die nachfolgend kurz definiert sind.

Massen

Reale Bauteile weisen eine räumlich verteilte Massebelegung auf, wobei die Dichte $\rho\,[kg/m^3]$ räumlich veränderlich sein kann. Wenn die detaillierte Berücksichtigung der Massebelegung nicht erforderlich ist, kann die Wirkung der verteilten Massen auch durch die Wirkung der im Schwerpunkt zusammengefassten Gesamtmasse beschrieben werden, die sich verschieben und verdrehen

© Springer Fachmedien Wiesbaden GmbH, ein Teil von Springer Nature 2020
D. Dinkler, *Einführung in die Strukturdynamik*,
https://doi.org/10.1007/978-3-658-31845-1_3

kann. Die translatorische Masse und die Lage des Schwerpunktes im 3D–Raum folgen nach Integration über das Volumen zu:

$$\text{translatorische Masse} \qquad m = \int \rho \, dV \,,$$

$$\text{Lage des Schwerpunktes} \qquad x_{i,s} = \frac{1}{m} \int \rho \cdot x_i \, dV \,.$$

Hierbei gibt x_i den Abstand des Masseteilchens vom Koordinatenursprung in Richtung der Koordinate x_i an. Entsprechend gilt für eine geometrisch beliebig geformte Masse das Rotationsmassenträgheitsmoment

$$\Theta_{ij} = \int \rho \left(r_k r_k \delta_{ij} - r_i r_j \right) dV \,,$$

wenn r_i den Abstand des Masseteilchens vom Schwerpunkt in Richtung der Koordinatenachse x_i angibt. Hierbei wird über gleiche Indizes summiert.

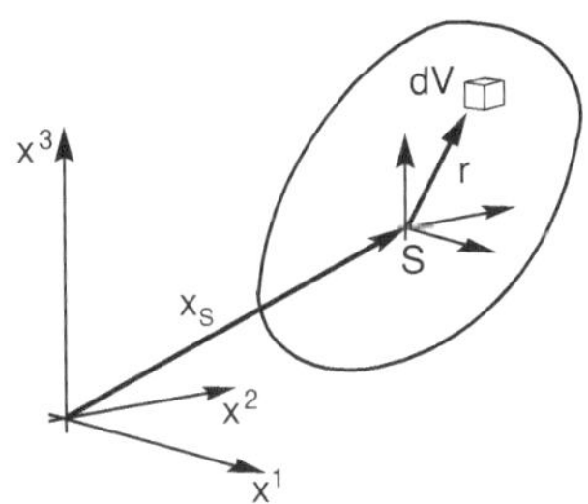

Bild 3-1 Reduktion kontinuierlicher Massebelegung auf den Schwerpunkt

Für ebene Systeme werden nachfolgende Vereinbarungen getroffen. Alle Massen eines Systems werden in die Schwerpunkte der Bauteile verschoben, sodass man sie als *Punktmassen* betrachten kann, die sich den physikalischen Rahmenbedingungen entsprechend bewegen. Den Bewegungsmöglichkeiten entsprechend unterscheidet man

- Translations– oder Verschiebungsmassen m $[kg]$ und
- Rotations– oder Drehmassen Θ $[kgm^2]$.

Über den geometrischen Zusammenhang zwischen den verteilten Massen und den Schwerpunkten kann man aus der Bewegung der Punktmassen auf die Bewegung der verteilten Massen schließen.

Federn

Mithilfe von Federn wird die elastische Lagerung einer Masse bzw. die elastische Verbindung mehrerer Punktmassen beschrieben. Federn sind grundsätzlich masselos und mit linearer Kennlinie angesetzt.

- Zug–Druck–Federn reagieren auf Längenänderungen.

$$F_k = k_x \cdot (x_0 + \Delta x)$$

F_k	$[N]$	:	innere Reaktionskraft der Feder
k_x	$[N/m]$	:	Federsteifigkeit (hier konstant)
x_0	$[m]$	:	Vorlängung der Feder (Vorspannung)
Δx	$[m]$	:	Längung der Feder

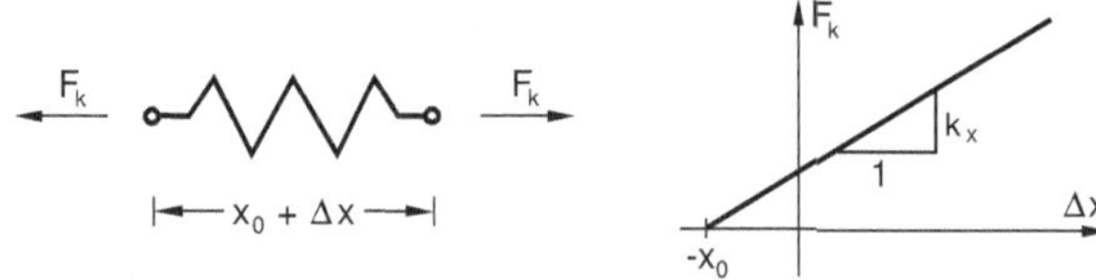

- Drehfedern reagieren auf Winkeländerungen.

$$M_k = k_\vartheta \cdot \Delta\vartheta$$

M_k	$[Nm]$	:	inneres Reaktionsmoment der Drehfeder
k_ϑ	$[Nm]$	:	Drehfedersteifigkeit
$\Delta\vartheta$	$[rad]$	:	Winkeländerung der Drehfeder

Dämpfer

Hier wird lineare, viskose Dämpfung – wie z. B. in Stoßdämpfern – angesetzt. Dämpfer sind grundsätzlich masselos und werden analog zu Federn als Lagerung oder zwischen den Punktmassen angeordnet.

- Translationsdämpfer reagieren auf Längenänderungen pro Zeiteinheit.

$$F_d = d_x \cdot \dot{x}$$

F_d	$[N]$	:	innere Reaktionskraft des Dämpfers
d_x	$[Ns/m]$	:	Dämpfungskoeffizient
$\dot{x}$	$[m/s]$	:	Längungsgeschwindigkeit

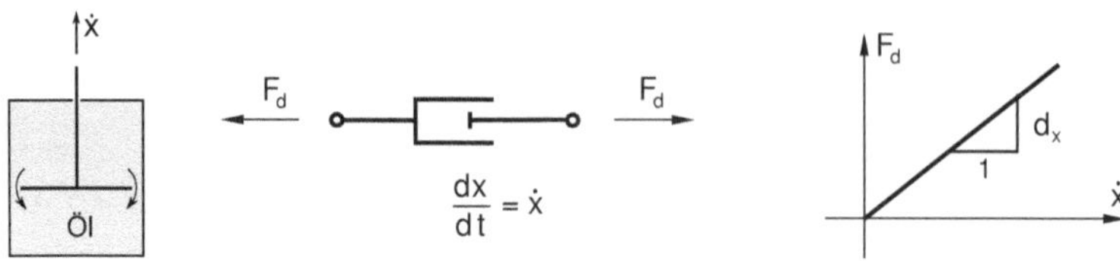

- Rotationsdämpfer reagieren auf Winkeländerungen pro Zeiteinheit.

$$M_d = d_\vartheta \cdot \dot{\vartheta}$$

M_d $[Nm]$:   inneres Reaktionsmoment des Dämpfers
d_ϑ $[Ns]$:   Drehdämpfungskoeffizient
$\dot{\vartheta}$ $[rad/s]$:   Winkeländerungsgeschwindigkeit

Reibelemente

Reibung tritt bei in Kontakt stehenden Flächen auf, wenn die Flächen rauh sind, zusammengepresst werden und aneinander entlang gleiten können. Mit Reibelementen kann man die Haft– oder Gleitreibung zwischen Rad und Untergrund beschreiben. Haftreibung ist beim Anfahren zwischen Rad und Untergrund, Gleitreibung beim Durchdrehen von Rädern vorhanden. Rollreibung tritt bei nicht idealer Geometrie oder elastischen Verformungen von Rädern auf.

- Die Reibkraft hängt im Allgemeinen vom Anpressdruck ab:

$$F_\mu = \mu(\dot{x}) \cdot F_V$$

F_μ $[N]$:   Reibwiderstand
F_V $[N]$:   Anpressdruck
μ $[1]$:   Reibbeiwert

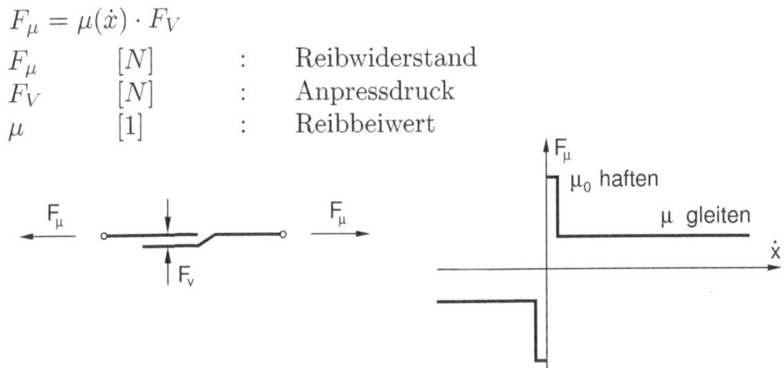

Bei der Beschreibung des Materialverhaltens sind ähnliche Modelle für das Fließen von Metallen z. B. von Stahl üblich. Wenn Reibelemente Sprungstellen aufweisen oder mit nichtlinearen Kennlinien beschrieben werden, ist eine analytische Beschreibung der Bewegung nicht möglich, sodass Fallunterscheidungen oder numerische Verfahren erforderlich sind.

3.2 Einwirkungen

Die in der Realität vorhandenen Einwirkungen auf dynamische Systeme können in der Regel nur mit großen Unschärfen bezüglich der räumlichen und zeitlichen Verteilung sowie der Amplituden beschrieben werden. Daher ist es erforderlich vereinfachende Annahmen zu treffen, damit eine Analyse und die Bemessung des jeweiligen Systems erfolgen kann.

Kräfte und Momente $p(t) = \hat{p} \cdot f(t)$ oder eingeprägte Beschleunigungen $\ddot{x}_e(t)$ wirken auf die Massen mechanischer Systeme. Eingeprägte Verschiebungen und Verdrehungen $x_e(t) = \hat{x} \cdot f(t)$ sowie Geschwindigkeiten $\dot{x}_e(t)$ können als Randbedingungen auf die anderen Komponenten wirken. Die Einwirkungen auf Starrkörpersystme sind in der Zeit veränderlich und können entsprechend Bild 3-2 charakterisiert werden.

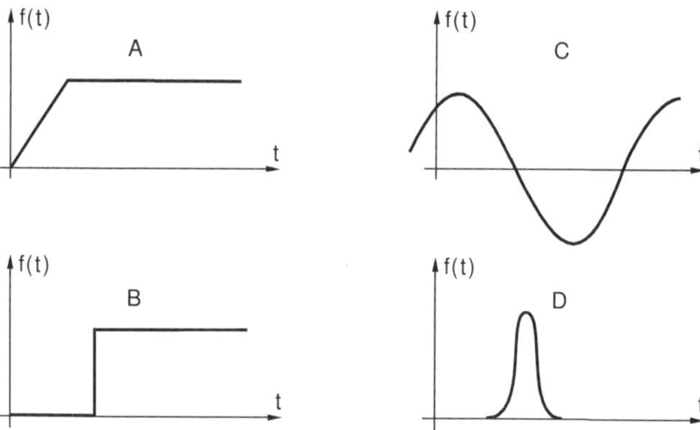

Bild 3-2 Zeitverlauf der Einwirkungen

Die Grundanregungstypen nach Bild 3-2 repräsentieren eine große Zahl von Einwirkungen, die im Ingenieurwesen auftreten können und der Aufgabenstellung entsprechend berücksichtigt werden müssen.

- Übergangsfunktionen A nach Bild 3-2 beschreiben stetige Belastungsänderungen. Dies kann die Steigerung der Anströmgeschwindigkeit des Windes auf Bauwerke sein, das Füllen eines Behälters, das Absetzen eines Gewichtes oder die Fahrt eines Lkw's auf eine Brücke.

- Sprungfunktionen B beschreiben plötzliche Änderungen der Einwirkungen wie das Fallenlassen eines Gewichtes oder ähnliche Ereignisse.

- Stoßfunktionen D sind für Impulsbelastungen aus Windböen sowie Stößen z. B. von Fahrzeugen auf Brückenpfeiler verwendbar.

- Periodische Funktionen C charakterisieren Anregungen bei rotierenden Systemen im Betriebszustand. Dies ist bei Motoren, Turbinen, Rotoren, beim Turmvorstau von Windenergieanlagen, bei Wellenschlag auf Offshore-Bauwerke und anderen Systemen der Fall. Periodische Anregungen können auch bei Brücken auftreten, wenn sich eine Gruppe Fußgänger im *Gleichschritt* bewegt.

Mit Hilfe der Grundanregungstypen nach Bild 3-2 können beliebige periodische und unperiodische Verlaufsfunktionen für Einwirkungen entwickelt werden, wenn die entsprechenden Grundfunktionen mehrmals hintereinander angesetzt werden.

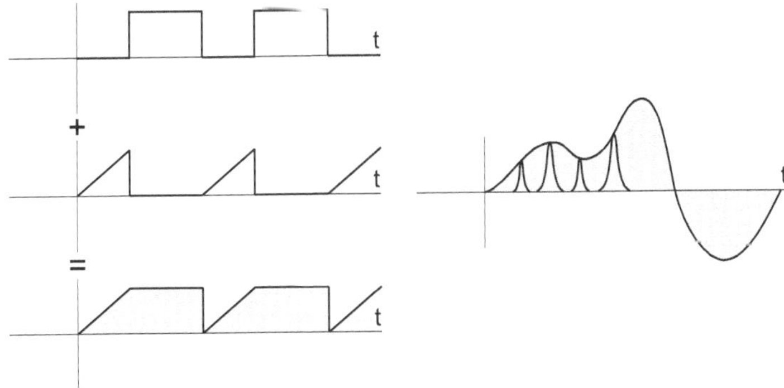

Bild 3-3 Kombination verschiedener Grundanregungen

Eine Besonderheit stellen stochastisch oder unregelmäßig verteilte Einwirkungen z. B. aus Erdbeben, Wind oder Wellenschlag dar, für die in der Regel eine Darstellung mit Hilfe eines Amplitudenspektrums gewählt wird. Hierfür sind jedoch auch besondere Lösungsverfahren für die Bewegungsgleichung erforderlich, die an dieser Stelle noch nicht erklärt werden, siehe Abschnitt 15.

4 Aufstellen von Bewegungsgleichungen

Die mathematische Beschreibung der Schwingungseigenschaften von physikalischen Systemen erfolgt mit den am Ersatzmodell hergeleiteten Bewegungsgleichungen für die Beschreibungsvariablen des Systems. Das Aufstellen der Bewegungsgleichungen erfolgt hier zunächst für Starrkörpersysteme mit wenigen Freiheitsgraden und Komponenten mit konstanten in der Zeit unveränderlichen Eigenschaften. In Abschnitt 11 werden die wesentlichen Vorgehensweisen zum Aufstellen der Bewegungsgleichungen für Stabtragwerke eingesetzt. Das Aufstellen der Bewegungsgleichungen erfordert ein systematisches Vorgehen, damit alle Bedingungen konsequent berücksichtigt werden können.

In einem ersten Schritt sind die Grundgleichungen für alle beteiligten Komponenten aufzustellen, vergleiche Bild 1-1. Dies sind

- die kinematischen Bedingungen,
- die Gleichungen der Dynamik und
- die Werkstoffgleichungen.

Alle Grundgleichungen sind zunächst unabhängig voneinander.
Die Kinematik erfasst die Beschreibungsvariablen und alle geometrischen Zusammenhänge des Systems. Die Beschreibungsvariablen $x(t)$ der Bewegung sind in der Regel die Verschiebungen und Verdrehungen der Massen und werden ganz allgemein als Koordinaten bezeichnet. Zwischen den Koordinaten können Abhängigkeiten bestehen, die als geometrische Bedingungen berücksichtigt werden müssen, sodass die Bewegung mit einer geringst möglichen Zahl von Koordinaten beschrieben werden kann. Außerdem sind in der Regel geometrische Randbedingungen möglich, die die Bewegung einschränken.
Die Dynamik beschreibt das Zusammenwirken der im System vorhandenen Kräfte, Momente und Massenträgheiten. Die Grundgleichungen der Dynamik können auf der Ebene der Kräfte bzw. Momente oder gleichwertig auf der Ebene der Arbeiten formuliert werden. Dies führt auf unterschiedliche Lösungswege, die nachfolgend erläutert werden.
Die Werkstoffgleichungen beschreiben die Rheologie der Federn und Dämpfer. Sie verknüpfen die Koordinaten mit den Feder– bzw. Dämpferkräften, siehe Abschnitt 3. Die Werkstoffgleichungen sind daher das Bindeglied zwischen den Grundgleichungen der Kinematik und der Dynamik.
In einem zweiten Schritt fasst man alle Grundgleichungen zur Bewegungsgleichung zusammen, indem man die Werkstoffgleichungen und die Kinematik in

© Springer Fachmedien Wiesbaden GmbH, ein Teil von Springer Nature 2020
D. Dinkler, *Einführung in die Strukturdynamik*,
https://doi.org/10.1007/978-3-658-31845-1_4

den Gleichungen der Dynamik berücksichtigt. Hierbei werden bis auf die unabhängigen Koordinaten alle weiteren Beschreibungsvariablen eliminiert, sodass in der Bewegungsgleichung nur die unabhängigen Koordinaten erscheinen.

4.1 Übersicht auf die verschiedenen Verfahren

Das Aufstellen der Bewegungsgleichungen ist unmittelbar mit der gewählten Darstellung der Grundgleichungen für die Dynamik verknüpft. Hierfür sind verschiedene Vorgehensweisen möglich. Man unterscheidet im Wesentlichen das *synthetische Vorgehen* von dem *analytischen Vorgehen*, siehe Bild 4-1. Einen vertiefenden Einblick in die verschiedenen Verfahren gibt u. a. *Budó* .

Das *synthetische Vorgehen* erfolgt auf der Ebene der Kräfte und Momente, wobei mit Hilfe des Schnittprinzips zunächst jede Einzelkomponente des Systems getrennt betrachtet wird. Erst in einem zweiten Schritt erfolgt die Synthese zum Gesamtsystem. Die Newton'schen Axiome behandeln die Änderung der *Bewegungsgröße* $m \cdot v$ infolge der auf die Masse einwirkenden Kräfte F_j. Euler definiert den *Impuls* $I = m \cdot v$ und den *Drall* $D = \Theta \cdot v_\varphi$ als Bewegungsgrößen und interpretiert die Bewegungsgleichungen als Erhaltungsgleichungen für Impuls und Drall. D'Alembert erkennt, dass bei einem System mit kinematischen Zwangsbedingungen – dies sind Lagerbedingungen oder starre Traversen – ein Teil der Kräfte keinen Einfluss auf die Bewegung hat und bezeichnet diese Kräfte als *verlorene Kräfte*. Sein Prinzip sagt aus, dass die Reaktionskräfte und die verlorenen Kräfte im statischen Gleichgewicht sind, und nur die wirksamen Kräfte die Bewegung beeinflussen. Das Prinzip interpretiert die Bewegungsgleichung daher als Gleichgewicht der Kraftwirkungen eines dynamischen Systems.

Beim *analytischen Vorgehen* wird die Phänomenologie eines Systems mit Hilfe einer skalaren, invarianten physikalischen Größe beschrieben. Eine Aufteilung des Systems in einzelne Komponenten ist nicht erforderlich. Als skalare Größe kann die Arbeit, die Leistung, die Wirkung, die gespeicherte Energie oder eine andere invariante physikalische Größe gewählt werden. Die Bedingung an die gewählte Größe liefert in einem zweiten Schritt die Bewegungsgleichung. Wenn es sich um Arbeitssätze und Extremalprinzipe handelt, muss man zwischen den Begriffen *virtuelle Verschiebungen, Geschwindigkeiten* und *Variation der Verschiebungen, Geschwindigkeiten, Beschleunigungen* unterscheiden. Virtuelle Verschiebungen und Geschwindigkeiten müssen ausschließlich die Grundgleichungen der Kinematik erfüllen. Dagegen setzt die Variation voraus, dass die variierte Größe eine Nachbarbewegung der wirklichen Bewegung ist und damit alle Grundgleichungen erfüllen muss.

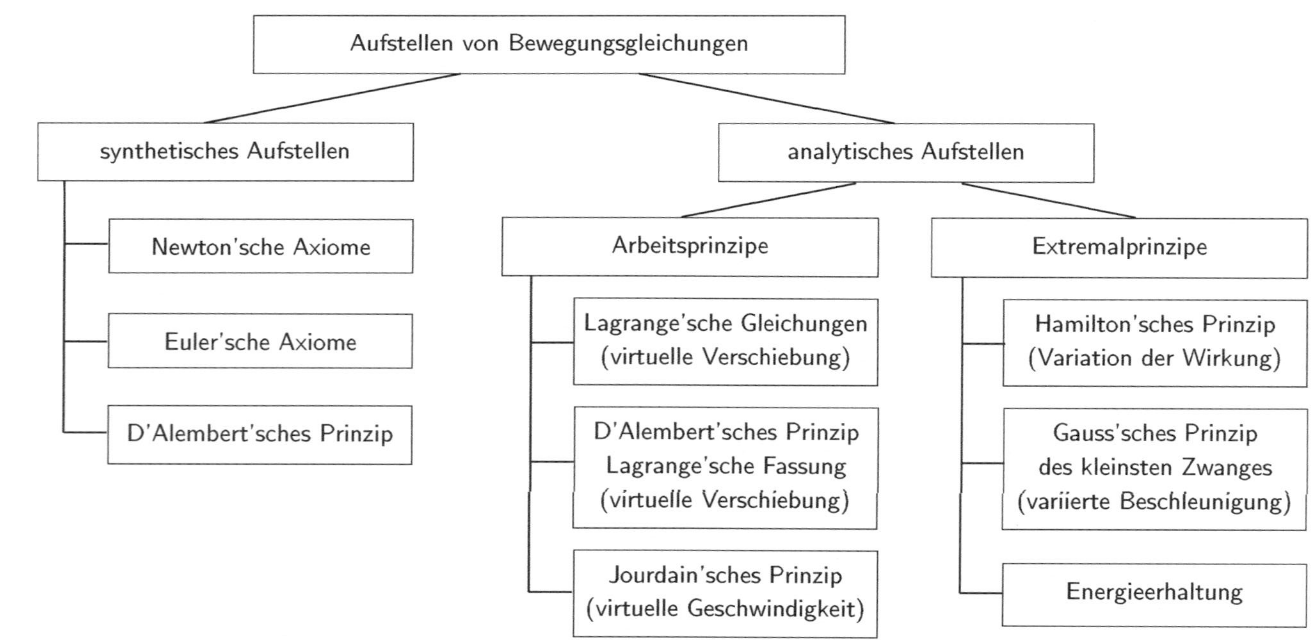

Bild 4-1 Verfahren zum Aufstellen von Bewegungsgleichungen

Extremalprinzipe fordern im allgemeinen Fall stationäre Werte für die im System gespeicherte Energie oder andere Größen. Hierbei unterscheidet man die Lagrange'sche Funktion $L = T - \Pi$, dies ist die Differenz von kinetischer Energie und potentieller Energie des Systems, von der Hamilton'schen Funktion $H = T + \Pi$. Die Extremalforderung führt in der Regel auf eine *Variationsaufgabe*, wenn für die beteiligten Kräfte Potentiale vorausgesetzt werden können. Ist dies wie bei Dämpferkräften nicht der Fall, können die entsprechenden Prinzipe in der Ausgangsform nicht angesetzt werden.

Das Hamilton'sche Prinzip der kleinsten Wirkung integriert die Lagrange'sche Funktion $L = T - \Pi$ über ein Zeitintervall und minimiert das Integral bezüglich der Koordinaten x.

Der Energieerhaltungssatz setzt voraus, dass sich die Energie $H = T + \Pi$ eines Systems in der Zeit nicht ändert, was auf die Bedingung $\dot{H} = 0$ führt. Auch hier können die Dämpferkräfte ohne Erweiterung des Erhaltungssatzes nicht berücksichtigt werden.

Eine Ausnahme bildet das von Gauß vorgeschlagene Prinzip des kleinsten Zwanges, das in [8] ausführlich dargestellt ist.. Als Zwang definiert Gauß das Quadrat der Abweichung des tatsächlichen Bewegungszustandes von einem sich unter gleichen eingeprägten Kräften einstellenden fiktiven Bewegungszustand einer freien, ungezwängten Bewegung. Das Prinzip berücksichtigt auch die Dämpferkräfte implizit, minimiert den Zwang und verwendet dabei die Variation der Beschleunigungen.

Wenn der Arbeitsbegriff gewählt wird, so werden die virtuellen Arbeiten oder die virtuelle Leistung, die das System auf entsprechenden virtuellen Verschiebungen δx bzw. virtuellen Geschwindigkeiten $\delta \dot{x}$ leistet, zu null gesetzt. Das D'Alembert'sche Prinzip in der Lagrange'schen Fassung entspricht dem Prinzip der virtuellen Verschiebungen. Die Lagrange'schen Gleichungen 2. Art verwenden die Variation der Lagrange'schen Funktion ergänzt um die virtuelle Arbeit der Dämpferkräfte auf den virtuellen Koordinaten.

Das Jourdain'sche Prinzip der virtuellen Leistung verwendet virtuelle Geschwindigkeiten.

Auch wenn alle Lösungswege zur gleichen Bewegungsgleichung führen, sind sie in der konkreten Anwendung unterschiedlich effizient. Nachfolgende Abschnitte geben einen Einblick in die unterschiedlichen Vorgehensweisen.

4.2 Synthetisches Aufstellen der Bewegungsgleichungen

Grundlage des synthetischen Aufstellens der Bewegungsgleichungen ist das Schnittprinzip. Hiermit werden in einem ersten Schritt nach der Modellbildung die einzelnen Komponenten des Systems freigeschnitten und die Bewegungsmöglichkeiten (Kinematik), die Kräftebilanz (Dynamik) und die Kennlinien für jede Komponente (Werkstoff) angeschrieben. In einem zweiten Schritt werden die Gleichungen für die Komponenten miteinander verknüpft und ineinander eingesetzt, sodass wieder das ursprüngliche System vorliegt. Vorteilhaft ist, dass die Kennlinien der Komponenten leicht eingearbeitet werden können, da die Koordinaten mit den freigeschnittenen Kräften verknüpft sind. Von Nachteil ist, dass anfangs viele Gleichungen und Beschreibungsvariable vorliegen und die Elimination der nicht benötigten Beschreibungsvariablen nachträglich erfolgt.

Wesentlich ist, dass für die Herleitung der Bewegungsgleichungen nur der Kraft- bzw. Momentenbegriff sowie die kinematischen Bedingungen benötigt werden. Hierbei gilt:

- Eingeprägte Kräfte F^e sind Kräfte, die in den Federn infolge von Längenänderungen und in den Dämpfern infolge von Längungsgeschwindigkeiten eingeprägt werden. Außerdem zählen die von außen auf das System wirkenden Lasten dazu.

$$F^e: \quad F_k, F_d, p(t)$$

- Reaktionskräfte F^r sind Lagerkräfte sowie Schnittkräfte an freigeschnittenen starren Tragwerksteilen, die im Weiteren als Traversen bezeichnet sind.

$$F^r$$

- Äußere Kräfte F^a sind alle an einer freigeschnittenen Masse angreifenden Kräfte. Dies können eingeprägte Kräfte und Reaktionskräfte sein.

$$F^a: \quad F^e, F^r$$

Analog hierzu sind die entsprechenden Momente definiert. Kräfte und Momente sind grundsätzlich positiv in Richtung der jeweiligen konjugierten Koordinate angesetzt.

Im Wesentlichen sind zwei grundsätzlich verschiedene Ansätze zum synthetischen Aufstellen der Bewegungsgleichungen vorhanden. Dies sind die Newton'schen und Euler'schen Axiome nach Abschnitt 4.2.1 sowie das in Abschnitt 4.2.2 beschriebene D'Alembert'sche Prinzip.

4.2.1 Die Newton'schen und Euler'schen Axiome

Die Newton'schen Axiome – manchmal auch als Grundgesetze bezeichnet – sind Grundlage für das synthetische Aufstellen der Bewegungsgleichungen. „Frei" übersetzt gilt:

Das 1. Axiom beschreibt die gleichförmige Bewegung:

> Ein Körper verharrt in Ruhe oder gleichförmiger Bewegung, wenn keine äußeren Kräfte auf ihn einwirken.

Das 2. Axiom beschreibt die Änderung der Bewegung:

> Wirken auf eine sich in Ruhe oder einem Zustand gleichförmiger Bewegung befindliche Masse äußere Kräfte, so wird die Bewegungsgröße der Masse um die Größe der einwirkenden Kräfte und in deren Richtung verändert.

Das 3. Axiom beschreibt die Wirkung von Kräften zwischen festen Körpern:

> Wirkt ein erster Körper auf einen zweiten, so übt der zweite Körper die gleiche Wirkung auf den ersten Körper aus. Dies wird als Gegenwirkungsprinzip bezeichnet und in der Regel für die Kraftwirkungen zwischen zwei sich berührenden festen Körpern verwendet. – *actio = reactio*.

Für das Aufstellen der Bewegungsgleichungen ist das 2. Axiom wichtig.

2. Newton'sches Axiom

Newton setzt in seinem zweiten Axiom die Änderung der Bewegungsgröße mv einer Masse und die auf die Masse einwirkenden äußeren Kräften F^a gleich.

$$(mv)^{\cdot} = \sum_i F_i^a(t)\,, \tag{4.1}$$

$$
\begin{array}{lll}
mv & [kgm/s]: & \text{Bewegungsgröße,} \\
v = \dot{x} & [m/s]: & \text{Geschwindigkeit,} \\
F_i^a & [N]: & \text{äußere in Richtung } x \text{ auf die Masse einwirkende Kräfte.}
\end{array}
$$

Das zweite Axiom beschreibt den Bewegungszustand eines Systems zum Zeitpunkt t. Die Zustandsänderung des Systems und damit die Zeitableitungen der Kräfte bzw. Momente werden nicht betrachtet. Wesentlich ist, dass nicht die Bewegungsgröße, sondern die Änderung der Bewegungsgröße der Masse betrachtet wird. Das von Euler erstmals mathematisch formulierte Axiom gilt für zeitlich konstante Massen in abgeschlossenen Inertialsystemen, wobei als Inertialsystem ein System bezeichnet wird, das keine Beschleunigung erfährt.

Impuls- und Drehimpulserhaltung

Auf Euler gehen der Impulssatz und der Drehimpulssatz zurück. Für translatorische Bewegungen kann das Newtonsche Axiom als Impulserhaltungssatz gedeutet werden. Hierfür gilt

$$\dot{I} = \sum_i F_i^a(t)\,. \tag{4.2}$$

$I = m\,v \quad [kgm/s] : \quad$ Impuls,

Analog zum Impulssatz kann man einen Drehimpulssatz für Drehbewegungen aufstellen, wenn die Bewegungsgröße für Drehmassen mit $\Theta\,v_D$ angesetzt wird.

$$\dot{L} = \sum_i M_i^a(t)\,, \tag{4.3}$$

$$
\begin{array}{lll}
M_i^a & [Nm] : & \text{äußere auf die Drehmassse einwirkende Momente,} \\
L = \Theta\,v_D & [kgm^2/s] : & \text{Drehimpuls oder Drall,} \\
v_D = \dot{\vartheta} & [rad/s] : & \text{Drehgeschwindigkeit.}
\end{array}
$$

Der Drehimpulssatz ist unabhängig vom Impulssatz und kann daher nicht aus diesem abgeleitet werden.

Die Verallgemeinerung der Axiome auf die unabhängigen Bewegungsmöglichkeiten jeder einzelnen Masse im Raum liefert drei Gleichungen für translatorische Bewegungen und drei Gleichungen für Drehbewegungen.

Beispiel nach Newton

Gesucht ist die Bewegungsgleichung für die Bewegung eines starren Gebäudes unter Erdbebeneinwirkung. Das Gebäude ist mit der Masse m beschrieben, die Lagerung mit k und d. Das Erdbeben ist als Fußpunktverschiebung $u(t)$ angesetzt.

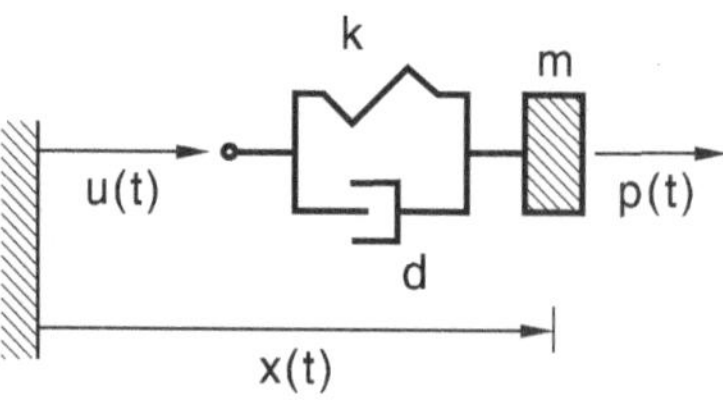

Zunächst werden mit 1. bis 3. die Grundgleichungen für alle Komponenten des freigeschnittenen Systems angeschrieben. In 4. Schritt werden alle Grundgleichungen zur Bewegungsgleichung für die Berechnung der Bewegung $x(t)$ zusammengefasst. Die Bewegungsgleichung entspricht dem 2. Newton'schen Axiom.

1. Kinematik

Die Koordinaten und die Zusammenhänge zwischen den Koordinaten kann man direkt aus der Systemskizze ablesen.

$$\text{Koordinaten} \quad : \quad x(t), u(t)$$
$$\text{Zwangsbedingung} \quad : \quad \Delta x = x(t) - u(t)$$
$$\Delta \dot{x} = \dot{x}(t) - \dot{u}(t)$$

2. Kräftebilanz

Die Kräfte- und Impulsbilanz folgt mit dem Schnittprinzip.

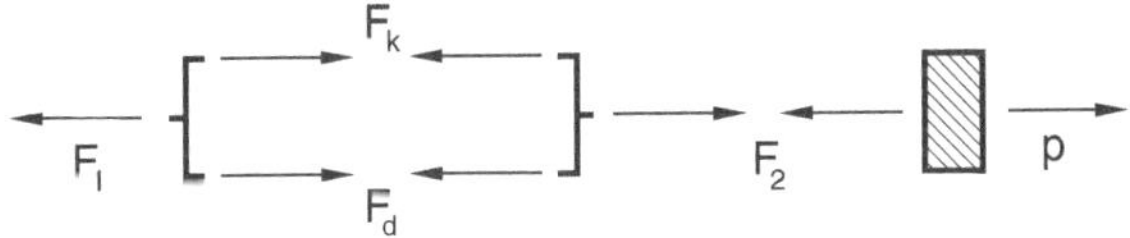

Nach dem Freischneiden aller Komponenten, kann man an den Komponenten ohne Masse die Gleichgewichtsbedingungen wie in der Statik ansetzen.

$$\text{Gleichgewicht}: \quad \left. \begin{array}{l} F_1 = F_k + F_d \\ F_2 = F_k + F_d \end{array} \right\} \quad F_1 = F_2 \,.$$

Das Newton'sche Axiom wird dort angesetzt, wo eine Masse vorhanden ist.

$$2. \text{ Newton'sches Axiom}: \quad m\ddot{x} = p(t) - F_2 \,.$$

3. Werkstoffgleichungen

Die Werkstoffgleichungen verknüpfen die Kräfte und die Koordinaten.

$$F_k = k \cdot \Delta x \,,$$
$$F_d = d \cdot \Delta \dot{x} \,.$$

4. Bewegungsgleichung

Insgesamt gibt es sechs Gleichungen und sechs Unbekannte. Setzt man sukzessive die Werkstoffgleichungen und die kinematischen Bedingungen in das Newton'sche Axiom ein, bleibt eine Gleichung mit einer Unbekannten. Die Gleichung wird als Bewegungsdifferentialgleichung oder Bewegungsgleichung bezeichnet. Die Unbekannte ist die Koordinate $x(t)$.

$$\left. \begin{array}{l} 1 + 3 + 2 = 6 \quad \text{Gleichungen} \\ 6 \quad \text{Unbekannte} \quad F_1, F_2, F_k, F_d, x, \Delta x \end{array} \right\} \rightarrow \text{Bewegungsgleichung}$$

Die Bewegungsgleichung für die Verschiebung x folgt im vorliegenden Beispiel zu

$$m\ddot{x} = p(t) - \{k \cdot (x - u) + d \cdot (\dot{x} - \dot{u})\}$$

und umgeschrieben

$$m\ddot{x} + d\dot{x} + kx = p(t) + d\dot{u} + ku\,.$$

4.2.2 Das Prinzip von D'Alembert

Ein Nachteil des Vorgehens nach Abschnitt 4.2.1 ist die große Zahl der Unbekannten und Gleichungen. Wenn nicht alle Gleichungen benötigt werden und nicht alle Kräfte eine Veränderung der Bewegungsgröße bewirken, kann man einen anderen Ansatz verfolgen, der auf D'Alembert zurückgeht.

Das Prinzip von D'Alembert sagt aus, dass die Gesamtheit der verlorenen Kräfte und Reaktionskräfte im System im Gleichgewicht ist. Die *verlorenen Kräfte* sind die Kräfte, die die Bewegung nicht beeinflussen, also senkrecht zur Bewegungsrichtung wirken, siehe G und F^r im Bild rechts.

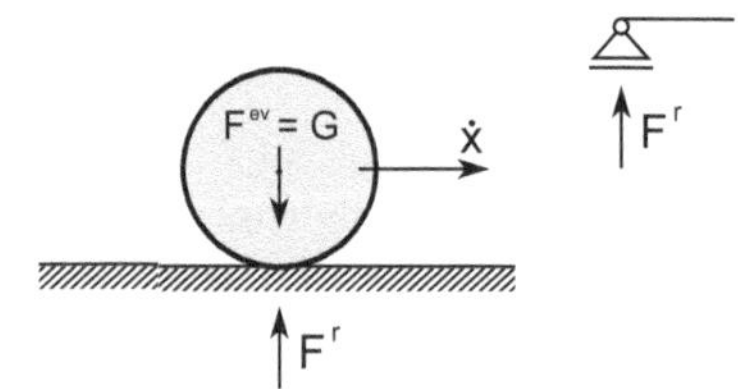

Verlorene Kräfte sind auch dort vorhanden, wo nicht die vollen Massenbeschleunigungen wirksam sind, sondern nur ein um die Zwängungen verminderter Anteil. Reaktionskräfte sind Lagerkräfte und Kräfte in *starren* Tragwerksteilen, für die keine eigenen Massen angesetzt werden. Für das im Bild dargestellte Pendel ist die Reaktionskraft F^r mit den radial nach außen gerichteten *verlorenen Kräften* aus Gewicht $m \cdot g \cdot \cos\vartheta$ und Trägheit im Gleichgewicht.

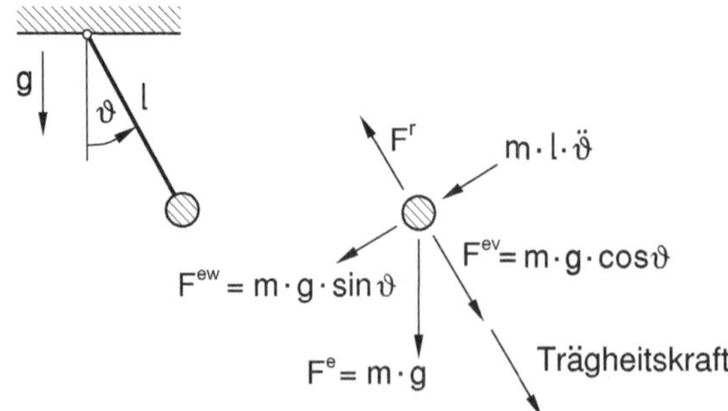

Mit dem Prinzip von D'Alembert kann das Newton'sche Axiom als Gleichgewichtsbedingung gedeutet werden. Zunächst werden die eingeprägten Kräfte in verlorene und wirksame Kräfte aufgeteilt.

$$\sum_i F_i^a = \sum_i F_i^r + \sum_i F_i^{ev} + \sum_i F_i^{ew} \qquad (4.4)$$

$$
\begin{aligned}
F_i^a &: \quad \text{äußere Kräfte} \\
F_i^r &: \quad \text{Reaktionskräfte} \\
F_i^{ev} &: \quad \text{eingeprägte verlorene Kräfte} \\
F_i^{ew} &: \quad \text{eingeprägte wirksame Kräfte}
\end{aligned}
$$

Das D'Alembert'sche Prinzip fordert

$$\sum_i F_i^r + \sum_i F_i^{ev} = 0 \,,$$

sodass aus Gl.(4.4) für die in Richtung der Bewegung wirkenden Kräfte

$$-\left(\sum_i F_i^a - \sum_i F_i^{ew}\right) = 0$$

folgt. Mit dem Newton'schen Axiom für die äußeren Kräfte folgt die Anwendungsgleichung des Prinzips

$$-(m\dot{x})^{\cdot} + \sum_i F_i^{ew} = 0 \,. \qquad (4.5)$$

$(m\dot{x})^{\cdot}$ wird hierbei als *Massenträgheitskraft* oder abgekürzt als *Trägheitskraft* gedeutet, die mit den eingeprägten wirksamen Kräften im Gleichgewicht steht. Formal setzt man die Massenträgheiten entgegengesetzt zur Bewegungsrichtung an und setzt die an der freigeschnittenen Masse angreifenden Kräfte wie in der Statik ins Gleichgewicht mit der Massenträgheitskraft. Der Schnitt wird hierbei nicht mehr um alle Komponenten geführt, sondern so, dass nur die wirksamen eingeprägten Kräfte angesetzt werden müssen.
Für den allgemeinen räumlichen Fall folgen hieraus je drei Gleichgewichtsbedingungen für translatorische Bewegungen und drei Gleichgewichtsbedingungen für Drehbewegungen, bei denen die eingeprägten Momente mit den Drehträgheiten im Gleichgewicht stehen. Mit

$$-\sum_i M_i^r - \sum_i M_i^{ev} = 0$$

bleibt hierbei

$$\sum_i M_i^{ew} - (\Theta\dot{\vartheta})^{\cdot} = 0 \,. \qquad (4.6)$$

Die Anwendungsgleichung des D'Alembert'schen Prinzips unterscheidet sich
von den Newton–Eulerschen Axiomen nur wenig, da lediglich die negativen
Massenträgheiten auf der anderen Seite der Bewegungsgleichung angesetzt werden. Die Grundidee ist jedoch völlig unterschiedlich, da Newton die *zeitliche Änderung* der Bewegungsgröße betrachtet und D'Alembert das *statische
Gleichgewicht* von Reaktionskräften und verlorenen Kräften.

Beispiel mit D'Alembert'schen Trägheitskräften

Gesucht sind die Bewegungsgleichungen für eine Antenne am Ende eines starren Stabes, dessen Lager verschoben wird. Die Modellierung einer Bohrinsel
oder eines Fernsehturmes führt auf ein ähnliches System, wenn eine Fußpunkterregung z.B. aus Erdbeben vorliegt. Links im Bild ist das System skizziert,
rechts das Schnittbild durch das Lager, sodass die inneren Reaktionen M, Q, N
im Stab nicht erscheinen. ℓ ist die Länge des Stabes und k_ϑ eine elastische
Einspannung.

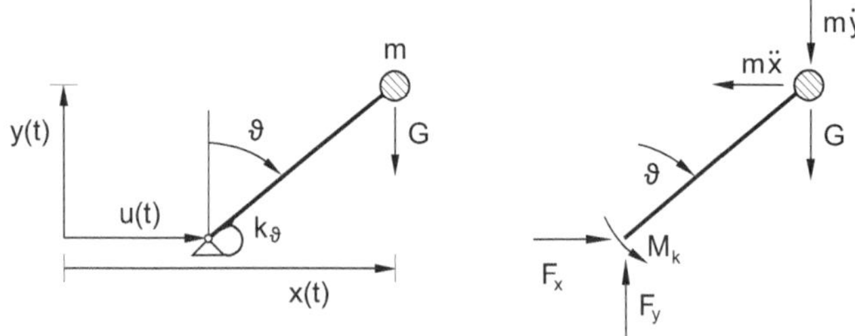

Auch beim D'Alembert'schen Prinzip werden mit 1. bis 3. zunächst die Grundgleichungen formuliert, wobei anstelle des Newton'schen Axioms das D'Alembert'sche Prinzip angesetzt wird, das den Gleichgewichtsbedingung entspricht.
Im 4. Schritt folgt die Bewegungsgleichung nach Einsetzen der Kinematik und
der Werkstoffgleichungen in das D'Alembert'sche Prinzip.

1. Kinematik

Koordinaten   : $x, y, u(t), \vartheta$

Zwangsbedingungen   : $x = u(t) + l\sin\vartheta$

$$\dot{x} = \dot{u}(t) + l\dot{\vartheta}\cos\vartheta$$

$$\ddot{x} = \ddot{u}(t) + l\ddot{\vartheta}\cos\vartheta - l\dot{\vartheta}^2\sin\vartheta$$

$$y = l\cos\vartheta$$

$$\dot{y} = -l\dot{\vartheta}\sin\vartheta$$

$$\ddot{y} = -l\ddot{\vartheta}\sin\vartheta - l\dot{\vartheta}^2\cos\vartheta$$

2. Dynamik, D'Alembert'sches Prinzip

Das Eigengewicht, die Massenträgheiten sowie die anderen angreifenden Kräfte sind im Bild angegeben. Hierbei wird der Schnitt am Lager geführt.

$$\sum F_x = 0 \ : \quad -m\ddot{x} + F_{x,Lager} = 0$$
$$\sum F_y = 0 \ : \quad -m\ddot{y} - G + F_{y,Lager} = 0$$
$$\sum M_\vartheta = 0 \ : \quad m\ddot{x}l\cos\vartheta - m\ddot{y}l\sin\vartheta - Gl\sin\vartheta + M_k = 0$$

Die erste Zeile beschreibt das Gleichgewicht der Kräfte in x–Richtung. Diese Gleichung kann man für die Berechnung der Lagerkraft F_x verwenden.
Die zweite Zeile beschreibt das Gleichgewicht der Kräfte in y–Richtung. Diese Gleichung kann man für die Berechnung der Lagerkraft F_y verwenden.
Die dritte Zeile beschreibt das D'Alembert'sche Prinzip für die Drehbewegung. Hiermit werden die um das Lager wirkenden Momente sowie die Drehmassenträgheiten erfasst.

3. Werkstoffgleichung

Die Federkennlinie ist linear $\qquad\qquad M_k = k_\vartheta \cdot \vartheta.$

4. Bewegungsgleichung

Bilanz und Elimination der abhängigen Koordinaten und Kräfte
Insgesamt sind 6 Gleichungen und 6 Unbekannte vorhanden. Für die Beschreibung der Bewegung werden die Gleichungen für die Berechnung der Lagerkräfte sowie die Lagerkräfte selbst nicht benötigt, da sie als verlorene Kräfte die Bewegung nicht beeinflussen. Damit bleiben

$$\left.\begin{array}{l} 2 + 1 + 1 = 4 \quad \text{Gleichungen} \\ 4 \quad \text{Unbekannte} \quad x, y, \vartheta, M_k \end{array}\right\} \rightarrow \text{Bewegungsgleichung}$$

Nach Elimination des Federmomentes M_k sowie der Verschiebungen x, y folgt die Bewegungsgleichung für die unabhängige Koordinate ϑ

$$ml^2\ddot{\vartheta} - Gl\sin\vartheta + k_\vartheta\vartheta = -ml\ddot{u}\cos\vartheta.$$

Das negative Vorzeichen vor dem Gewichtsterm weist darauf hin, dass die Druckkraft die Steifigkeit des Systems verringert und damit destabilisierend wirkt, vergleiche hierzu die Theorie II. Ordnung bei Knickstäben.

4.3 Analytisches Aufstellen der Bewegungsgleichungen

Bei der analytischen Herleitung der Bewegungsgleichungen wird das Gesamtsystem nicht in seine Einzelkomponenten zerlegt, sondern es werden Forderungen an die im Gesamtsystem gespeicherte Energie bzw. an die geleistete Arbeit gestellt. Dies führt dazu, dass in einem ersten Schritt eine Integration über das Gesamtsystem erfolgt und in einem zweiten Schritt die Bewegungsgleichungen aufgestellt werden. Die Herleitung der hier gewählten Verfahren erfolgt mit Hilfe folgender physikalischer Größen

$$
\begin{aligned}
&\text{Leistung} \quad && P \\
&\text{Arbeit} \quad && A = \int P\, dt\,, \\
&\text{Wirkung} \quad && \int A\, dt \qquad \text{und} \\
&\text{Energie} \quad && = -\,\text{Arbeit}\,.
\end{aligned}
$$

Die Beschreibung dieser physikalischen Größen erfolgt mit *generalisierten Koordinaten* $q_j(t), j = 1,\ldots,n$, wobei n die Zahl der unabhängigen Freiheitsgrade des Systems angibt. Die $q_j(t)$ sind Verschiebungen, Verdrehungen oder andere Beschreibungvariable und *voneinander unabhängig*. Sie beschreiben die Bewegung eindeutig und sind Minimalkoordinaten im Sinne einer geringst möglichen Zahl von Freiheitsgraden – also im Beispiel oben ϑ und nicht x, y, ϑ. Den *generalisierten Koordinaten* sind die *generalisierten Kräfte* Q_j zugeordnet. Die Q_j sind Kräfte, Momente oder andere den generalisierten Koordinaten konjugierte Beschreibungsvariable. Sie leisten auf den generalisierten Koordinaten q_j Arbeit.

4.3.1 Arbeit und Energie

In der Statik gilt vereinfachend

$$
A = \int Q_j\, dq_j\,.
$$

Bei konstanter Kraft wird Verschiebungsarbeit geleistet. Kräfte, die direkt von den Koordinaten abhängen, leisten Eigenarbeit.

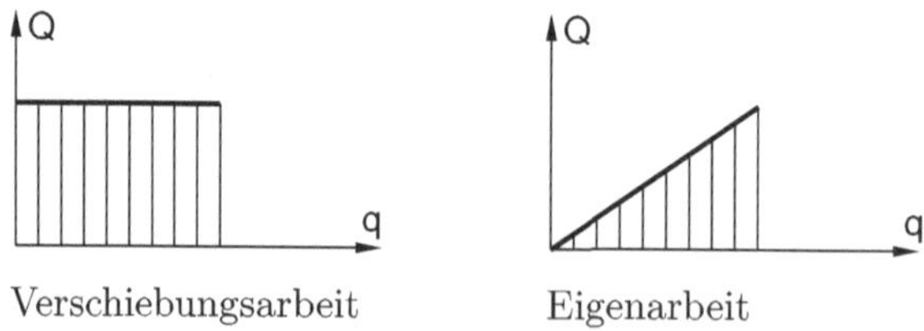

Verschiebungsarbeit   Eigenarbeit

Wenn die Kräfte linear von den Koordinaten abhängen, folgt

$$
A = \frac{1}{2} Q_j\, q_j\,.
$$

In der Kinetik sind die Koordinaten zeitveränderlich. In diesem Fall muss man die differentiellen Koordinaten dq mit den Geschwindigkeiten beschreiben $dq = \dot{q}\,dt$. Die Arbeit wird jetzt mit dem Zeitintegral

$$A = \int\limits_t Q_j\,\dot{q}_j\,dt$$

berechnet, wobei im Integranden die Leistung erscheint. Damit sind die Ar-

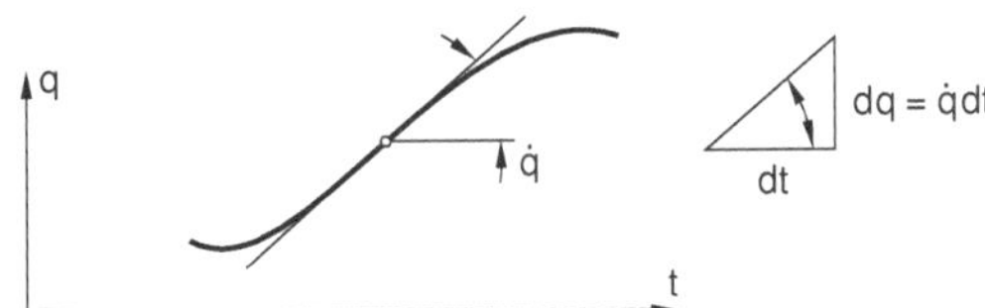

beiten, die in den Komponenten dynamischer Systeme geleistet werden, wie folgt gegeben. Sie werden dabei anschaulicher mit F als Kraft und mit x als Weggröße formuliert.

Federarbeiten

Wenn die Federarbeiten nur von den Zuständen zu den Zeiten t_0 und t_1 abhängig, also wegunabhängig sind, liegt ein Potential vor.

$$A_k = -\int\limits_t F_k \cdot \dot{x}\,dt = -\int\limits_t kx \cdot \dot{x}\,dt = -\frac{1}{2}\,kx^2\big|_{t_0}^{t_1}.$$

Dämpferarbeiten

Die Dämpferarbeiten lassen sich nicht direkt integrieren, sie sind wegabhängig und nicht durch Anfangs– und Endzustand beschreibbar. Sie besitzen daher keine Potentialeigenschaften.

$$A_d = -\int\limits_t F_d \cdot \dot{x}\,dt = -\int\limits_t d\dot{x} \cdot \dot{x}\,dt.$$

Arbeit der Massenbeschleunigungen

Die Arbeiten der Massenbeschleunigungen haben Potentialeigenschaften.

$$A_m = - \int_t m\ddot{x} \cdot \dot{x}\, dt = -\frac{1}{2}\, m\dot{x}^2 \big|_{t_0}^{t_1}\, .$$

Arbeit der Einwirkungen

Die Arbeit der einwirkenden Kräfte kann im allgemeinen Fall nicht direkt integriert werden.

$$A_p = + \int_t p(t) \cdot \dot{x}\, dt\, .$$

Wenn $p(t)$ zeitkonstant ist, gilt

$$A_p = + p \cdot x \big|_{t_0}^{t_1}\, .$$

Ob die Arbeiten der Einwirkungen Potentialeigenschaften haben oder nicht, richtet sich damit nach der Art der Einwirkung, die weg– bzw. zeitveränderlich sein kann oder auch nicht.

Unter der Voraussetzung, dass die geleisteten Arbeiten Potentialeigenschaften besitzen, kann die Arbeit gespeichert und wiedergewonnen werden. Gespeicherte Arbeit wird als Energie definiert. Man unterscheidet

$$\text{die potentielle Energie} \quad \Pi = -A_{Feder} - A_{Einwirkung}$$
$$\text{und die kinetische Energie} \quad T = -A_{Masse}\, .$$

Die Arbeiten, die keine Potentialeigenschaften besitzen, können nicht gespeichert werden. Sie sind damit für das System verloren.

4.3.2 Der Arbeitssatz

Der Arbeitssatz sagt aus, dass die Summe aller bis zur Zeit t_1 am System geleisteten Arbeiten verschwindet

$$A_m + A_d + \underbrace{A_k + A_p = 0}_{\text{Statik}}\, .$$

Dies bedeutet, dass die von außen infolge Einwirkung in das System eingeprägte Arbeit in wiedergewinnbare Arbeiten – dies sind die im Bauteil gespeicherten

Energien – und Verlustarbeiten umgesetzt wird. Da die Verlustarbeiten nicht wiedergewinnbar sind, liefert der Arbeitssatz in dieser Form keine Aussage über die Schwingungsfähigkeit des Systems für die Zeit $t > t_1$.
Betrachtet man die zeitlichen Änderungen der Arbeiten, dies sind die Leistungen, so wird der Momentanzustand des Systems beschrieben. Hierfür gilt

$$\dot{A}_m + \dot{A}_d + \dot{A}_k + \dot{A}_p = 0 \,, \tag{4.7}$$

da auch die Bilanz für die Leistungen erfüllt sein muss. Formuliert man die Leistungen mit den oben verwendeten generalisierten Koordinaten und Kräften, so folgt hieraus die Bewegungsgleichung

$$-\{m\ddot{x} + d\dot{x} + kx - p(t)\}\dot{x} = 0 \,.$$

Der Arbeitssatz ist in dieser Form nicht allgemein einsetzbar, weil die geleisteten Arbeiten bei Mehrmassenschwingern nicht immer eindeutig den Bewegungsgleichungen zugeordnet werden können. Die Herleitung der Bewegungsgleichungen mit dem Arbeitssatz in dieser Form ist daher nicht möglich.

4.3.3 Virtuelle Arbeiten

Der Arbeitsbegriff ist Grundlage für die Herleitung verschiedener Verfahren zum Aufstellen der Bewegungsgleichungen. Hier wird der Arbeitssatz zunächst eingesetzt, um zu einer schwachen, d. h. integralen Form der Bewegungsgleichung und der kinematischen Bedingungen zu gelangen.
Die Vorgehensweise wird an einem Ein–Masse–Schwinger gezeigt. Mit den Einwirkungen $p(t)$ folgt die Verschiebung $x(t)$. Die dabei geleisteten *Eigenarbeiten* sind

$$A = -\int_t \{m\ddot{x} + F_d + F_k - p(t)\} \dot{x} \, dt = 0 \,.$$

Außerdem sind die Anfangsbedingungen

$$x(0) = x_0 \qquad \text{und} \qquad \dot{x}(0) = v_0$$

zu beachten, die ebenfalls in der Arbeitsgleichung berücksichtigt werden können. Nachfolgend sollen diese Bedingungen streng, d.h. exakt erfüllt sein, sodass die angegebene Form der Arbeitsgleichung Grundlage für die weitere Herleitung ist. Die Gesamtarbeit verschwindet in der Summe, da während der Bewegung keine Arbeit gewonnen werden kann.

Betrachtet man die *Verschiebungsarbeiten* der Kräfte und Massenträgheiten auf fremderzeugten Geschwindigkeiten $\delta\dot{x}$, die nicht wirklich, sondern nur gedacht sind, so gilt der Arbeitssatz im Sinne von Verschiebungsarbeiten in folgender Form

$$\delta A = -\int \left\{ m\ddot{x} + F_d + F_k - p(t) \right\} \delta\dot{x}\, dt = 0\,. \tag{4.8}$$

Wichtig ist, dass die gedachten Geschwindigkeiten hier noch als Störungen der wirklichen Bewegung aufgefasst werden müssen, da die wirklichen Kräfte nur auf Wegen Arbeit leisten können, die den wirklichen Wegen infinitesimal dicht benachbart sind. Sie haben damit die Bedeutung einer *Nachbarbewegung* der wirklichen Bewegung, und erfüllen ebenfalls die Bewegungsgleichung und die Kinematik. Wenn dies nicht der Fall wäre, könnte die Arbeitsgleichung mit entsprechendem Verlauf von $\delta\dot{x}$ erfüllt werden, ohne dass die Bewegungsgleichung der wirklichen Bewegung erfüllt ist.

Der Arbeitssatz sieht in der bisher verwendeten Form die Integration über die Zeitachse vor, was bei der numerischen Bearbeitung konkreter Aufgabenstellungen zu erheblichem Aufwand führen kann. Von Nachteil ist auch, dass die gedachte Bewegung die Bewegungsgleichung und die Kinematik von vornherein erfüllen muss. Daher kann man den Arbeitssatz in dieser Form nicht direkt für die Herleitung der Bewegungsgleichung verwenden.

4.3.4 Das Prinzip der virtuellen Verrückungen

Das Prinzip der virtuellen Verrückungen PvV wird in der Regel als Axiom angesetzt. Es folgt aber auch nach Lockerung der Voraussetzungen aus Gleichung (4.8). Betrachtet man ein infinitesimal kleines Zeitintervall $\Delta t \to 0$, so ist der Integrand konstant. Es gilt dann mit *infinitesimalem δx*

$$\int\limits_{\Delta t \to 0} \text{konst} \cdot \delta\dot{x}\, dt = \text{konst} \cdot \int\limits_{\Delta t \to 0} \delta\dot{x}\, dt = \text{konst} \cdot \delta x.$$

Wegen der Annahme eines infinitesimalen Zeitintervalls brauchen die gedachten Verschiebungen δx *keine Nachbarbewegung* der wirklichen Bewegung sein. Sie werden jetzt als virtuelle Verschiebungen bezeichnet. Daher brauchen die virtuellen Verschiebungen nur die *kinematischen Bedingungen* erfüllen, sind sonst aber frei wählbar.

Der Arbeitssatz entspricht so der *Momentanaufnahme* des Bewegungszustandes

$$\delta A = - \{ m\ddot{x} + F_d + F_k - p(t) \} \delta x = 0 \tag{4.9}$$

und wird als *Prinzip der virtuellen Arbeiten (PvA)*, als *Prinzip der virtuellen Verrückungen (PvV)* oder als *Prinzip der virtuellen Verschiebungen* bezeichnet.

Die Bewegungsgleichung wird jetzt nicht in einer schwachen Form aufgestellt,
sondern streng für jeden Zeitpunkt t. Mit den Bezeichnungen nach Abschnitt
4.2 folgt

$$\delta A = -\sum_j \dot{I}_j \, \delta q_j + \sum_j Q_j^{ew} \, \delta q_j = 0 \,. \qquad (4.10)$$

$\qquad Q_j^{ew}$: generalisierte eingeprägte Kräfte, wirksame Kräfte

$\qquad \delta q_j$: virtuelle generalisierte Koordinaten,

$\qquad \dot{I}_j$: Massenbeschleunigungen, Impulsänderungen.

Die generalisierten Kräfte Q_j^{ew} und die virtuellen Koordinaten δq_j sind zueinander konjugiert.

Der Vergleich von Gleichung (4.10) mit Abschnitt 4.2.2 zeigt, dass das PvV
der Gleichgewichtsaussage des D'Alembert'schen Prinzips entspricht, da nur
die Arbeit leistenden wirksamen Kräfte berücksichtigt werden und die Reaktionskräfte keine Arbeit leisten. Es wird daher auch als $D'Alembert'sches\ Prinzip$
$in\ der\ Lagrange'schen\ Fassung$ und als $Lagrange'sches\ Prinzip$ bezeichnet.

In der Form (4.10) tritt der Arbeitsbegriff etwas in den Hintergrund, da es so
aussieht, als wenn lediglich die Kräfte im D'Alembert'schen Prinzip mit virtuellen Verrückungen multipliziert werden, Gleichung (4.10) also weiterhin aus
dem Gleichgewicht der Kräfte gewonnen wird. Es ist daher wichtig, dass bei der
Herleitung die Arbeiten in den Komponenten betrachtet werden und nicht die
Arbeit der Kräfte, die an den Massen angreifen. Dies erleichtert besonders die
Anwendung des PvV auf konkrete Systeme, wenn die virtuellen Arbeiten aller
im System vorhandenen eingeprägten Kräfte auf einer beliebig vorgegebenen
kinematisch verträglichen virtuellen Verrückung berücksichtigt werden müssen.

Beispiel für die Anwendung des PvV

Für das im Bild dargestellte um ϑ_0 vorgespannte Schwungrad soll die Bewegungsgleichung aufgestellt werden. Die Translationsmasse m und die Rotationsmasse θ sind im Schwerpunkt angesetzt. Der Weg, auf dem das Rad abrollt,
ist die Koordinate x. Nullpunkt der Drehbewegung ϑ ist die vorgespannte Lage.

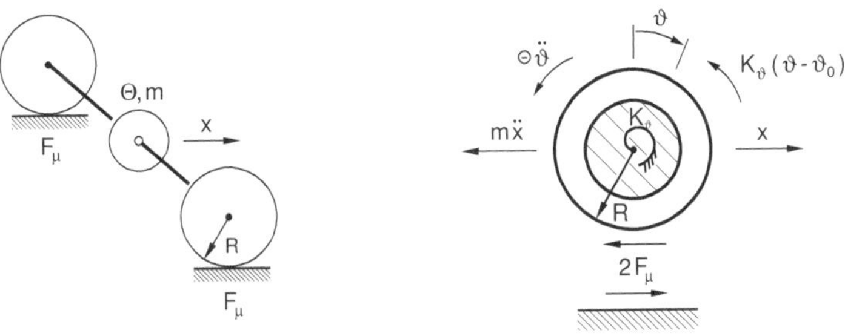

1. Kinematik

Im vorliegenden Fall wird Haftreibung angesetzt, sodass die Räder nicht durchrutschen können, und ein eindeutiger Zusammenhang zwischen der Drehbewegung der Räder und der Translation besteht.

Koordinaten   : $\quad x, \vartheta$

Zwangsbedingungen : $\quad x = R \cdot \vartheta \quad \rightarrow \quad \delta x = R \cdot \delta\vartheta$

2. Virtuelle Arbeiten

Im Arbeitssatz werden alle auf den kinematisch verträglichen virtuellen Verrückungen geleisteten Arbeiten aufsummiert. Im vorliegenden Beispiel leisten die Haftreibungskräfte F_μ keine Arbeit, da die konjugierten virtuellen Verschiebungen verschwinden. Falls die Räder durchrutschen, ist dies nicht mehr der Fall.

$$\delta A = -\theta\,\ddot{\vartheta}\,\delta\vartheta - (M_\vartheta - M_{\vartheta_0})\,\delta\vartheta - m\ddot{x}\,\delta x = 0$$

3. Werkstoff

Die Drehfeder ist mit dem Antriebsmoment verknüpft:

$$M_\vartheta = k_\vartheta\vartheta\,.$$

4. Bewegungsgleichung

Mit dem Einsetzen der Werkstoffgleichung in die Arbeitsgleichung folgt

$$\delta A = -\theta\,\ddot{\vartheta}\,\delta\vartheta - k_\vartheta(\vartheta - \vartheta_0)\,\delta\vartheta - m\ddot{x}\,\delta x = 0\,.$$

Nach Einbau der kinematischen Bedingungen für x und δx folgt die Bewegungsgleichung für die Drehung ϑ

$$\delta\vartheta\big\{(\theta + m \cdot R^2)\,\ddot{\vartheta} + k_\vartheta\vartheta - k_\vartheta\vartheta_0\big\} = 0\,,$$

$$(\theta + m \cdot R^2)\,\ddot{\vartheta} + k_\vartheta\vartheta = k_\vartheta\vartheta_0\,.$$

Die Rotationsmasse $(\theta + m \cdot R^2)$ bezieht sich auf den Momentanpol, der im Berührungspunkt von Rad und Unterlage liegt. Der Antrieb für die Bewegung ist das Vorspannmoment $k_\vartheta\vartheta_0$, das auf der rechten Seite der Bewegungsgleichung erscheint.

Der besondere Vorteil des PvV ist die schnelle und übersichtliche Formulierung der virtuellen Arbeiten. Es sind lediglich alle am System angreifenden eingeprägten Kräfte und die Massenträgheiten zu beachten und die jeweils konjugierte kinematisch verträgliche virtuelle Verrückung anzugeben. Die Bewegungsgleichungen für die unabhängigen Variablen erhält man, wenn alle kinematischen Zwänge berücksichtigt sind.

4.3.5 Das Prinzip der kleinsten Wirkung

Die meisten der in der Natur ablaufenden Prozesse gehorchen Extremalprinzipien. In der Statik ist das *Prinzip vom Minimum der Potentiellen Energie* bekannt, wobei die Potentielle Energie in hier verwendeten Symbolen als $\Pi = k\,q^2/2 - q\,p$ darstellbar ist. Die Extremalforderung führt auf die Bedingung

$$\delta\,\Pi = \frac{\partial\,\Pi}{\partial q}\,\delta q = 0\,,$$

wobei δq eine Variation also eine Nachbarlage von q beschreibt und nicht mit den virtuellen Verrückungen verwechselt werden darf, die unabhängig von q angesetzt werden können. Das vergleichbare Prinzip der Kinetik ist das *Prinzip*

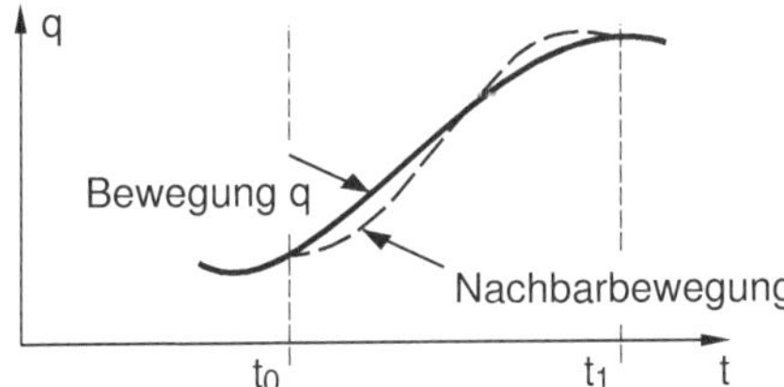

vom stationären Wert der Wirkung, welches das Zeitintegral über die Lagrange'sche Funktion $L = T - \Pi$ betrachtet

$$-\int_{t_0}^{t_1} L\,dt = \int_{t_0}^{t_1} (\Pi - T)\,dt \to station\ddot{a}r\,.$$

Die Forderung an einen stationären Wert liefert

$$-\delta\int L\,dt = -\int \delta L\,dt = 0\,,$$

wenn Variation und Zeitintegration unabhängig sind. Die Lagrange'sche Funktion L ist von den Koordinaten q und den Geschwindigkeiten $\dot{q}$ abhängig, so dass

$$-\int \delta L\,dt = -\int \left\{ \frac{\partial L}{\partial q}\,\delta q + \frac{\partial L}{\partial \dot{q}}\,\delta\dot{q} \right\} dt$$

gilt und nach teilweiser Integration

$$-\int \left\{ \frac{\partial L}{\partial q} - \frac{d}{dt}\left(\frac{\partial L}{\partial \dot{q}} \right) \right\} \delta q\,dt - \frac{\partial L}{\partial \dot{q}}\,\delta q|_t = 0$$

folgt. Diese Form wird auch als *Hamilton'sches Prinzip* bezeichnet und ist auf holonome – dies sind ganzheitliche Systeme mit Potential – anwendbar. Unter der Annahme, dass die variierten Koordinaten δq an den Rändern des Zeitintervalls identisch Null sind, verschwindet der Randterm. Es folgt

$$-\int \delta L \, dt = -\int \{ \frac{\partial L}{\partial q} - \frac{d}{dt} (\frac{\partial L}{\partial \dot{q}}) \} \delta q \, dt = 0 \,. \tag{4.11}$$

Die Erweiterung des Prinzips um die virtuelle Wirkung von nichtkonservativen Kräften Q – Dämpfer oder nichtkonservative Einwirkungen – ist nur in der variierten Form

$$-\int_{t_0}^{t_1} \{ \frac{\partial L}{\partial q} - \frac{d}{dt} (\frac{\partial L}{\partial \dot{q}}) + Q \} \delta q \, dt = 0 \tag{4.12}$$

möglich, wenn der Integrand als virtuelle Arbeit gedeutet wird. Die δq sind hier kinematisch zulässige virtuelle Verrückungen, keine Variationen bzw. Nachbarbewegungen der wirklichen Bewegung. Bei der Anwendung des Prinzips ist darauf zu achten, dass die generalisierten Kräfte Q richtungstreu mit Vorzeichen einzusetzen sind.

Das Prinzip führt auf eine *schwache Form* der Bewegungsgleichungen, die aus dem Integranden ableitbar sind. Ähnlich wie bei der Anwendung des *Prinzips der virtuellen Arbeiten* in der Fassung Gleichung (4.8) führt auch hier die Integration der Arbeiten über das Zeitintervall auf einen erheblichen numerischen Aufwand, so dass diese Form in den Anwendungen kaum eingesetzt wird.

4.3.6 Die Lagrange'schen Gleichungen 2. Art

Das *Prinzip der kleinsten Wirkung*

$$-\int \{ \frac{\partial L}{\partial q} - \frac{d}{dt} (\frac{\partial L}{\partial \dot{q}}) + Q \} \delta q \, dt = 0 \tag{4.13}$$

entspricht der *schwachen Form* der virtuellen Arbeiten nach Gleichung (4.9), auch wenn die Herleitung des Prinzips völlig unabhängig ist. Die *strenge Form*, das heißt die Erfüllung des Integranden zu jedem Zeitpunkt, bezeichnet man als *Lagrange'sche Gleichungen 2. Art*. Dies führt auf

$$\{ \frac{d}{dt} (\frac{\partial L}{\partial \dot{q}}) - \frac{\partial L}{\partial q} - Q \} \delta q = 0$$

mit beliebigen, kinematisch verträglichen virtuellen Koordinaten δq. Die strenge Formulierung folgt zu

$$\frac{d}{dt} (\frac{\partial L}{\partial \dot{q}}) - \frac{\partial L}{\partial q} - Q_q = 0 \,,$$

wenn Q_q den Anteil von Q in Richtung von δq kennzeichnet. Die generalisierten Koordinaten q müssen die Anfangsbedingungen zur Zeit t_0

$$q(t_0) - q_0 = 0$$
$$\dot{q}(t_0) - \dot{q}_0 = 0$$

erfüllen. Die Ausführung der Ableitungsvorschriften für L liefert direkt die Bewegungsgleichung, wenn die Lagrange'sche Funktion L und die generalisierte Kraft Q in Richtung von δq bzw. q bekannt sind.

Beispiel für die Anwendung der Lagrange'schen Gleichungen 2. Art

Für das im Bild dargestellte Modell eines Automobils sind die Bewegungsglcichungen für die unabhängigen vertikalen Verschiebungen aufzustellen. Das Automobil fährt mit der Geschwindigkeit $v(t)$ auf einer unebenen Fahrbahn und wird durch eine Unwucht im Motorbereich mit $p(t)$ angeregt.

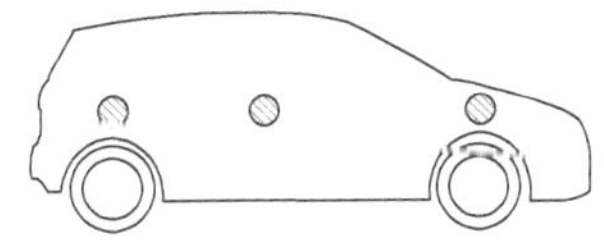

Auf ein vergleichbares System führt auch die Modellierung eines Maschinenfundaments oder die Modellierung cines Rütteltisches, wenn die Fahrgeschwindigkeit $v(t) = 0$ gesetzt ist. Vereinfachend werden hier die Beschleunigungen für kleine Fahrgeschwindigkeiten angesetzt, vergleiche hierzu Abschnitt 27.

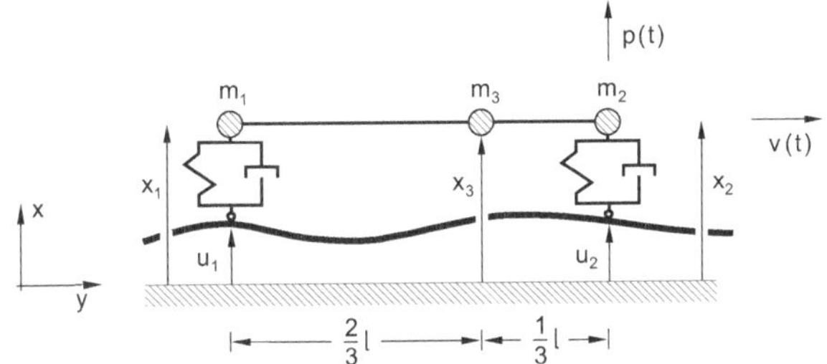

1. Kinematik

Koordinaten : x_1, x_2, x_3, u_1, u_2

jeweils von der entspannten Lage aus gemessen

Zwangsbedingungen : $\Delta x_1 = x_1 - u_1$

$$\Delta x_2 = x_2 - u_2$$

$$x_3 = \tfrac{1}{3}(x_1 + 2x_2)$$

2. Lagrange'sche Funktion, generalisierte Kräfte

Die Lagrange'sche Funktion L enthält die kinetische und die potentielle Energie

$$L = T - \Pi \quad \begin{cases} T = \frac{1}{2}\, m_1 \dot{x}_1^2 + \frac{1}{2}\, m_2 \dot{x}_2^2 + \frac{1}{2}\, m_3 [\, \frac{1}{3}\, (\dot{x}_1 + 2\dot{x}_2)]^2 \\[2mm] \Pi = \frac{1}{2}\, k_1 (x_1 - u_1)^2 + \frac{1}{2}\, k_2 (x_2 - u_2)^2 \end{cases}$$

Die Kräfte, die kein Potential besitzen, sind

$$Q_{d1} = -d_1 (\dot{x}_1 - \dot{u}_1)\,,$$
$$Q_{d2} = -d_2 (\dot{x}_2 - \dot{u}_2) + p(t)\,.$$

Das negative Vorzeichen bedeutet, dass die Kräfte gegen die Bewegung wirken. Die Indizes $1, 2$ der Kräfte kennzeichnen die Massen, auf die sie einwirken.

3. Bewegungsgleichungen

Die Anwendung der Lagrange'schen Gleichungen 2. Art

$$\frac{d}{dt}\left(\frac{\partial L}{\partial \dot{q}_j}\right) - \frac{\partial L}{\partial q_j} - Q_{dj} = 0$$

auf die vorliegende Aufgabe liefert mit x_j statt q_j die beiden Bewegungsgleichungen

$$j = 1: \quad (m_1 + \frac{1}{9}\, m_3)\, \ddot{x}_1 + \frac{2}{9}\, m_3 \ddot{x}_2 + d_1 \dot{x}_1 + k_1 x_1 = d_1 \dot{u}_1 + k_1 u_1$$

$$j = 2: \quad \frac{2}{9}\, m_3 \ddot{x}_1 + (m_2 + \frac{4}{9}\, m_3)\, \ddot{x}_2 + d_2 \dot{x}_2 + k_2 x_2 = p(t) + d_2 \dot{u}_2 + k_2 u_2\,.$$

Die als Einwirkung angesetzte Unebenheit $u(y)$ des Bodens ist mit der Position $y(t)$ des Fahrzeugs veränderlich, die wiederum mit der Zeit und der Geschwindigkeit verknüpft ist:

$$y_1 = v \cdot t\,,$$
$$y_2 = v \cdot t + \ell\,.$$

Mit der Unebenheit $u(t)$ und der Geschwindigkeit $\dot{u}(y)$

$$\dot{u} = \frac{\partial u}{\partial y}\, \frac{\partial y}{\partial t} = u_{,y} \cdot v$$

sind die entsprechenden Einwirkungen auf das Fahrzeug gegeben.

4.3.7 Die Lagrange'schen Gleichungen 1. Art

Gegeben ist die Lagrange'sche Funktion für das im Bild links dargestellte nicht-gelagerte System mit zwei Freiheitsgraden.

$$\Pi = \frac{1}{2}\, k\,(x_2 - x_1)^2 - P(t)\, x_2\,,$$

$$T = \frac{1}{2}\, m_1 \dot{x}_1^2 + \frac{1}{2}\, m_2 \dot{x}_2^2\,,$$

$$L = T - \Pi\,.$$

Mit den Lagrange'schen Gleichungen 2. Art können jetzt die Bewegungsgleichungen nach Abschnitt 4.3.6 aufgestellt werden, wenn das System vollständig beschrieben ist.

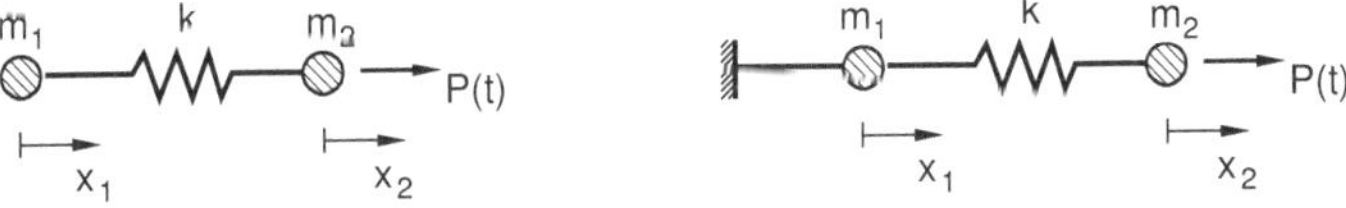

Bild 4-2 System mit zwei Freiheitsgraden

Wenn für das im Bild rechts dargestellte System die Bewegung der Masse m_1 durch ein festes Lager behindert ist, kann man die Lagerkraft als *Zwangskraft* in die Bewegungsgleichungen des im linken Bild dargestellten Systems einsetzen und die Bedingung $x_1 = 0$ als *Nebenbedingung* der Bewegungsgleichungen ansetzen. Hierbei wird die feste Bindung des Systems gelöst und die zugehörige unbekannte Zwangskraft analog zu nichtkonservativen Kräften in der Bewegungsgleichung berücksichtigt. Die Größe der Zwangskraft ist mit der Nebenbedingung festgelegt. Die um die Zwangskraft bzw. Schnittgröße und die zugehörige Nebenbedingung erweiterten Bewegungsgleichungen bezeichnet man als *Lagrange'sche Gleichungen 1. Art.*

Übersichtlicher und physikalisch grundlegender ist nachfolgend beschriebener Weg, da er bereits vor den Bewegungsgleichungen ansetzt.
Wenn die Freiheitsgrade des Systems weitere Bedingungen erfüllen sollen, kann man die zusätzlichen Bedingungen als *Nebenbedingungen* in die Lagrange'sche Funktion additiv integrieren, was mit der Methode der *Lagrange'schen Multiplikatoren* erfolgt.

$$L_{erweitert} = L + \lambda \cdot (Nebenbedingung)\,.$$

Die Nebenbedingung darf keine Information des ursprünglichen Systems enthalten, sondern muss eine unabhängige Bedingung für die Freiheitsgrade sein.

Außerdem darf die Nebenbedingung den Wert der Lagrange'schen Funktion nicht verändern, da diese die Energiebilanz beschreibt. Dies ist der Fall, wenn λ und die Nebenbedingung senkrecht aufeinander stehen. Wesentlich ist, dass jede Nebenbedingung eines Systems die Zahl der Freiheitsgrade des Systems um *eins* reduziert.

Die Lagrange'schen Multiplikatoren λ sind zusätzliche Freiheitsgrade des Systems und werden wie die generalisierten Koordinaten behandelt. Die physikalische Bedeutung der Lagrange'schen Multiplikatoren richtet sich nach der Bedeutung der Nebenbedingung. Weil L, T, Π Energiemaße sind, muss auch das Produkt $\lambda \cdot (Nebenbedingung)$ ein Energiemaß sein. Dies bedeutet, dass λ eine generalisierte Kraft ist, wenn die Nebenbedingung die Kinematik ergänzt. Wenn die Nebenbedingung das Gleichgewicht ergänzt, ist λ eine generalisierte Weggröße. Und wenn die Nebenbedingung die Werkstoffgleichung ergänzt, ist λ die zur Bedingung energetisch konjugierte Zustandsgröße.

Beispiel einer kinematischen Bedingung

Für das oben gezeigte System ist die Lagrange'sche Funktion mit

$$L = \frac{1}{2}\, m_1 \dot{x}_1^2 + \frac{1}{2}\, m_2 \dot{x}_2^2 - \frac{1}{2}\, k\, (x_2 - x_1)^2 + P(t)\, x_2$$

gegeben. Wenn die Verschiebung $x_1 = 0$ als Nebenbedingung berücksichtigt werden soll, folgt die Lagrange'sche Funktion zu

$$L_{erweitert} = \frac{1}{2}\, m_1 \dot{x}_1^2 + \frac{1}{2}\, m_2 \dot{x}_2^2 - \frac{1}{2}\, k\, (x_2 - x_1)^2 + P(t)\, x_2 + \lambda\, x_1\,.$$

Die physikalische Bedeutung von λ entspricht der Lagerkraft, wenn $x_1 = 0$. Das Vorzeichen des Terms $\lambda\, x_1$ gibt die Richtung des Lagrange Multiplikators an. Hiermit folgen die Bewegungsgleichungen sowie die Nebenbedingung

$$\frac{d}{dt}\frac{\partial L}{\partial \dot{x}_1} - \frac{\partial L}{\partial x_1} = 0 \qquad \rightarrow \qquad m_1 \cdot \ddot{x}_1 + k \cdot (x_1 - x_2) - \lambda = 0\,,$$

$$\frac{d}{dt}\frac{\partial L}{\partial \dot{x}_2} - \frac{\partial L}{\partial x_2} = 0 \qquad \rightarrow \qquad m_2 \cdot \ddot{x}_2 + k \cdot (x_2 - x_1) - P(t) = 0\,,$$

$$\frac{d}{dt}\frac{\partial L}{\partial \dot{\lambda}} - \frac{\partial L}{\partial \lambda} = 0 \qquad \rightarrow \qquad -x_1 = 0\,.$$

Die erste Gleichung ist die Bewegungsgleichung für x_1. Aufgrund der Nebenbedingung sind $x_1 = 0$ und damit auch $\ddot{x}_1 = 0$, sodass dies das Gleichgewicht von Lagerkraft und Federkraft beschreibt. Die zweite Gleichung ist die Bewegungsgleichung für x_2. Und die dritte Gleichung ist die Nebenbedingung.

5 Gesamtlösung linearer Bewegungsgleichungen

In den folgenden Abschnitten wird gezeigt, wie man die Bewegungsgleichung für unterschiedliche Einwirkungen analytisch lösen kann. Im allgemeinen Fall gilt

$$m\ddot{x} + F_i(\dot{x}, \dot{x}^2, \ldots, x, x^2, \ldots, x\dot{x}, \ldots) = p(t)\,,$$

wobei Feder– und Dämpferkräfte beliebig nichtlinear sein können. Für diese im allgemeinen Fall nichtlineare Gleichung gibt es keine analytische, strenge Lösung, sondern bestenfalls numerische Näherungslösungen. Für viele technische Prozesse kann man jedoch vereinfachende Annahmen treffen und die Bewegungsgleichung linearisieren, sodass eine analytische Lösung möglich ist.

5.1 Linearisieren von Bewegungsgleichungen

In der Realität sind Feder- und Dämpferkennlinien nichtlinear, sodass die dazu gehörenden Kräfte von $(\sin x, x^2, x^3, \ldots)$ abhängen können. Die Bewegungsgleichung für ein ungedämpftes System ist dann exemplarisch mit

$$G \equiv m\ddot{x} + k_0 x + k_1 x^2 + k_2 x^3 - p(t) = 0\,.$$

gegeben, wobei hier die Federkennlinie kubisch von der Bewegung $x(t)$ abhängt. Setzt man voraus, dass die Belastung einen konstanten Anteil und als Störung einen veränderlichen Anteil mit kleiner Amplitude besitzt,

$$p(t) = p_0 + \epsilon \cdot p_s(t)$$

so folgt für die Bewegung entsprechend

$$x(t) = x_0 + \epsilon \cdot x_s(t)\,,$$

wenn ϵ sehr klein ist. Der Index s kennzeichnet eine Störgröße, sodass p_s, x_s eine Bewegung mit kleinen Amplituden um die Ausgangslage p_0, x_0 beschreibt. In die Bewegungsgleichung eingesetzt, folgt

$$G \equiv m(\ddot{x}_0 + \epsilon\ddot{x}_s) + k_0(x_0 + \epsilon x_s) + k_1(x_0 + \epsilon x_s)^2 + k_2(x_0 + \epsilon x_s)^3 - (p_0 + \epsilon p_s) = 0.$$

Linearisieren bedeutet, die Differentiation der Gleichung nach ϵ durchzuführen und danach $\epsilon = 0$ zu setzen

$$\lim_{\varepsilon \to 0} \frac{G\,(x_0 + \varepsilon x_s) - G\,(x_0)}{\varepsilon} = \left[\frac{\partial G}{\partial \epsilon}\right]_{\epsilon=0} = 0\,.$$

© Springer Fachmedien Wiesbaden GmbH, ein Teil von Springer Nature 2020
D. Dinkler, *Einführung in die Strukturdynamik*,
https://doi.org/10.1007/978-3-658-31845-1_5

Wendet man die Vorschrift auf die Bewegungsgleichung an, so folgt die linearisierte Bewegungsgleichung

$$G_L \equiv \left[\frac{\partial G}{\partial \epsilon} \right]_{\epsilon=0} = m\ddot{x}_s + (k_0 + 2k_1 x_0 + 3k_2 x_0^2)x_s - p_s = 0 \, .$$

An Stelle der nichtlinearen Federkennlinie erscheint jetzt die Tangentenneigung $k(x_0) = (k_0 + 2k_1 x_0 + 3k_2 x_0^2)$ an der Stelle x_0 als Federsteifigkeit, siehe nachfolgendes Bild.

Die linearisierte Bewegungsgleichung G_L beschreibt das Bewegungsverhalten des Schwingers in der Umgebung des Arbeitspunktes p_0, x_0. Die Linearisierungsvorschrift gilt auch dann, wenn p_0 und damit x_0 beliebig zeitveränderlich sind, was allerdings auf eine Bewegungsgleichung mit veränderlichen Koeffizienten führt, die dann eine parametererregte Schwingung beschreibt.

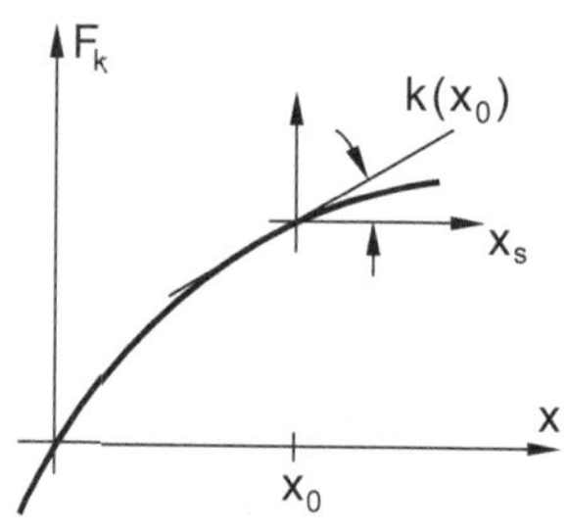

Die Linearisierungsvorschrift sollte für komplexe Terme explizit durchgeführt werden, da die linearisierte Form sonst schwierig zu entwickeln ist. So folgt für $\sin^2 \varphi$

$$\left[\frac{\partial}{\partial \epsilon} \sin^2(\varphi_0 + \varepsilon\varphi) \right]_{\epsilon=0} = \left[2\varphi \sin(\varphi_0 + \varepsilon\varphi) \cos(\varphi_0 + \varepsilon\varphi) \right]_{\epsilon=0}$$
$$= 2\varphi \sin\varphi_0 \cos\varphi_0 \, .$$

5.2 Dimensionslose Schreibweise

An Stelle der im Einzelfall gewählten physikalischen Beschreibungsvariablen kann man die jeweilige Bewegungsgleichung mit einer Dimensionsanalyse so umformen, dass ihre Lösung von wenigen dimensionslosen Kennzahlen abhängt und die Lösung damit für beliebige Anwendungen zugänglich ist.
Die linearisierte Bewegungsgleichung

$$m\ddot{x} + d\dot{x} + kx = \hat{p} \cdot \cos \omega t$$

ist gegeben. Ein erster Schritt liefert nach Division durch die Masse m

$$\ddot{x} + 2\delta\dot{x} + \omega_0^2 x = \frac{\hat{p}}{m} \cdot \cos \omega t \, ,$$

wenn für den Dämpfungskoeffizienten $2\delta = d/m\ [1/s]$ und für die Eigenkreisfrequenz $\omega_0^2 = k/m\ [1/s^2]$ gesetzt wird. Diese Form der Bewegungsgleichung ist zwar noch dimensionsbehaftet $[m/s^2]$, wird aber im weiteren wegen des Anwendungsbezugs verwendet.

Wählt man außerdem die auf die statische Auslenkung normierte dimensionslose Koordinate ξ mit $x = \xi \cdot \hat{p}/k$ sowie die dimensionslose Zeit τ mit $t = \tau/\omega_0$ so folgt die dimensionslose Bewegungsgleichung

$$\xi'' + 2\vartheta\,\xi' + \xi = \cos(\frac{\omega}{\omega_0}\,\tau)\,,$$

wenn $(\ )' = d/d\tau$ die Ableitung nach der dimensionslosen Zeit ist. ϑ ist das bereits in Abschnitt 2.4.1 definierte Lehr'sche Dämpfungsmaß $\vartheta = \delta/\omega_0$, das für die vergleichende Bewertung von gedämpften Schwingungen wichtig ist. Die dimensionslose Bewegungsgleichung gilt allgemein für beliebige schwingende Systeme der Festkörpermechanik, der Elektrotechnik und anderer Fachgebiete.

5.3 Superposition verschiedener Teillösungen

Gegeben ist die linearisierte Bewegungsgleichung, die bei verschwindender rechter Seite eine homogene Differentialgleichung ist und im anderen Fall eine inhomogene Differentialgleichung. Setzt man zwei verschiedene rechte Seiten an, so erhält man als Systemantwort die Verschiebungen $x_1(t)$ bzw. $x_2(t)$

$$m\ddot{x}_1 + d\dot{x}_1 + kx_1 = p_1(t)\,,$$
$$m\ddot{x}_2 + d\dot{x}_2 + kx_2 = p_2(t)\,.$$

Die Addition beider Gleichungen liefert

$$m(\ddot{x}_1 + \ddot{x}_2) + d(\dot{x}_1 + \dot{x}_2) + k(x_1 + x_2) = p_1(t) + p_2(t)\,,$$

was als Bewegungsgleichung für die neue Variable $x(t)$ gedeutet werden kann. Die Bewegungsgleichung für $x(t)$ hat jetzt zwei rechte Seiten.

$$m\ddot{x} + d\dot{x} + kx = p_1(t) + p_2(t)\,.$$

Hiermit folgt umgekehrt, dass die Lösung $x(t)$ einer Bewegungsgleichung für verschiedene rechte Seiten getrennt ermittelt werden kann, und in einem zweiten Schritt überlagert bzw. *superponiert* werden darf, allerdings nur wenn die Bewegungsgleichung linear ist. Offensichtlich ist dies für eine nichtlineare Bewegungsgleichung nicht möglich.

5.4 Gesamtlösung

Gegeben ist die lineare Bewegungsgleichung

$$G[x] = m\ddot{x} + d\dot{x} + kx = p(t)\,.$$

Die Gleichung beschreibt im Sinne D'Alemberts das Gleichgewicht der in einem schwingenden System vorhandenen Kräfte. Die Gesamtschwingung $x(t)$ enthält zwei Anteile.

- Befindet sich das betrachtete System zur Zeit $t = t_0$ in einem von der statischen Gleichgewichtslage verschiedenen Bewegungszustand mit $x_0 - x_{stat} \neq 0$ und/oder $\dot{x}_0 \neq 0$, so bewegt sich das System für $t > t_0$ auch, wenn keine äußere Einwirkung vorhanden ist und $p(t) = 0$.

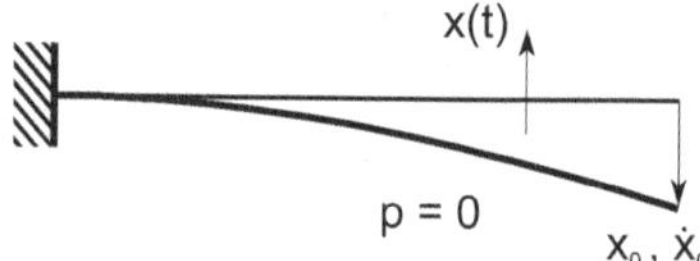

Diese Teilschwingung infolge des Anfangszustandes folgt aus der *homogenen Bewegungsgleichung*

$$G[x_h] = 0\,.$$

x_h bewirkt *innere Reaktionskräfte* und Massenträgheiten des Systems, die für sich im *Gleichgewicht* stehen. Dieser Lösungsanteil kann keine äußere Last tragen, da die Summe der Kräfte verschwindet.

- Infolge der Last $p(t)$ muss eine zweite Teilschwingung x_p vorhanden sein, die als *Partikularlösung* bezeichnet wird. Die Partikularlösung bewirkt innere Reaktionskräfte, die mit der Last im Gleichgewicht stehen

$$G[x_p] = p(t)\,.$$

Diese Teilschwingung sorgt anschaulich dafür, dass die Last zu jedem Zeitpunkt von dem System getragen werden kann. Da die Lösung der homogenen Bewegungsgleichung keinen Beitrag zum Gleichgewicht liefert, kann die Partikularlösung um einen beliebigen Anteil von x_h modifiziert werden, ohne dass dies die Gesamtlösung beeinflußt. Es gibt also beliebig viele Partikularlösungen, aber nur einen speziellen Anteil, der die Last „trägt".

Die Gesamtlösung ist daher

$$x(t) = x_h(t) + x_p(t)\,.$$

Wegen der Superponierbarkeit kann man beide Lösungsanteile getrennt ermitteln und dann addieren. Die Gesamtlösung enthält im homogenen Lösungsanteil zwei freie Parameter, die als Integrationskonstanten bezeichnet werden. Hiermit muss die Gesamtlösung an die Anfangsbedingungen für $x(0)$ und $\dot{x}(0)$ angepasst werden.

5.5 Unterscheidung der Schwingungen nach ihrer Entstehung

Die Unterscheidung der Schwingungen nach ihrem Entstehungsmechanismus ist entsprechend DIN 1311 [59] in der Übersicht in Bild 5-1 zusammengefasst.

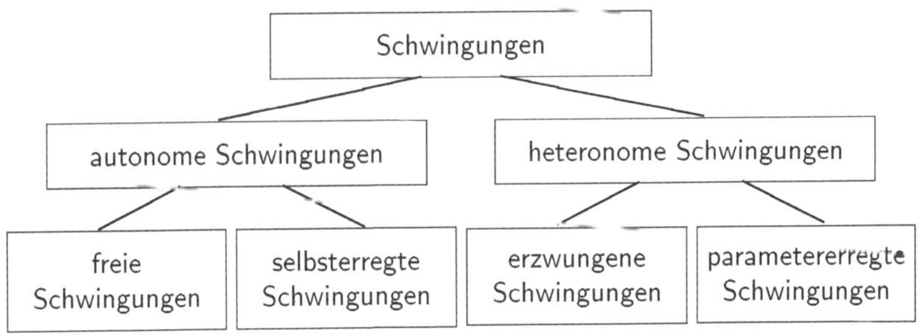

Bild 5-1 Bezeichnung der Schwingungen nach ihrer Entstehung

Systeme, die sich selbst überlassen sind, bezeichnet man als *autonome Systeme*. Hierunter fallen die in Abschnitt 6 beschriebenen freien Schwingungen. Freie Schwingungen sind möglich, wenn Systeme allein infolge der Anfangsbedingungen ohne weitere Fremderregung schwingen. Ist das System gedämpft, wird die infolge der Anfangsbedingungenen eingeprägte Energie dissipiert, sodass das System für große Zeiten dem Ruhezustand zustrebt. Ist das System ungedämpft, wird es infolge der Energieerhaltung für alle Zeiten mit gleichen Amplituden weiterschwingen.

Wird dagegen einem autonomen System während der Bewegung ohne äußere Einwirkung Energie zugeführt, so wird dies als *Selbsterregung* bezeichnet. Selbsterregte Systeme sind dadurch gekennzeichnet, dass ihre Eigenschaften Grenzwerte überschreiten, die das Systemverhalten von Grund auf verändern. In der Statik ist z.B. die Knicklast ein Grenzwert, oberhalb dessen sich das

Tragverhalten eines Druckstabes ändert, weil die Steifigkeit einen Vorzeichenwechsel erfährt. In der Dynamik führt das Erreichen der Knicklast zur *Divergenz* und ein negatives Vorzeichen des Dämpfungskoeffizienten zu *Flatter*. Beide Phänomene bezeichnet man als *selbsterregte Bewegung*, da die Amplituden des Systems ohne äußere Einwirkung mit der Zeit unbegrenzt anwachsen können.

Syteme, deren Eigenschaften sich mit der Zeit verändern, bezeichnet man als *heteronome Systeme*. Ist eine äußere zeitveränderliche Einwirkung wie in Abschnitt 7 vorhanden, so führt dies zu einer *fremderregten Schwingung* bzw. *erzwungenen Schwingung*. Die Zeitveränderlichkeit eines Systems kann aber auch in den Koeffizienten der Bewegungsgleichung begründet sein, wenn sich die Masse, die Dämpfung oder die Steifigkeit des Systems mit der Zeit ändern. Die hierdurch hervorgerufene Schwingung bezeichnet man als *parametererregte Schwingung*.

6 Freie Schwingungen

Systeme, die sich nur infolge der Anfangsbedingungen bewegen und keine zeit-veränderlichen Einwirkungen besitzen, führen freie Schwingungen aus. Im Falle des Ein–Masse–Schwingers folgen die Schwingungen der Bewegungsgleichung

$$\ddot{x} + 2\delta\dot{x} + \omega_0^2 x = 0\,,$$

die in reller und in komplexer Schreibweise gelöst werden kann.

Ansatz in reeller Schreibweise

Die Bewegungsgleichung kann in reeller Schreibweise mit dem Ansatz

$$x(t) = a_c \cos\lambda t + a_s \sin\lambda t$$

gelöst werden, wenn die Koeffizienten a_c, a_s die Amplituden und λ den Zeit-verlauf festlegen. In die Bewegungsgleichung eingesetzt, folgt

$$-\lambda^2(a_c\cos\lambda t+a_s\sin\lambda t)-2\delta\lambda(a_c\sin\lambda t-a_s\cos\lambda t)+\omega_0^2(a_c\cos\lambda t+a_s\sin\lambda t) = 0\,.$$

Der Koeffizientenvergleich für $\cos\lambda t$ und $\sin\lambda t$ gibt

$$\cos\lambda t:\qquad -\lambda^2 a_c + 2\delta\lambda a_s + \omega_0^2 a_c = 0\,,$$
$$\sin\lambda t:\qquad -\lambda^2 a_s - 2\delta\lambda a_c + \omega_0^2 a_s = 0\,.$$

Multipliziert man die erste Zeile mit a_s und die zweite Zeile mit $-a_c$ und addiert beide Zeilen, so folgt $\quad 2\delta(a_s^2 + a_c^2) = 0 \quad$ bzw. $\quad a_s = i\,a_c$. Einsetzen in die erste bzw. zweite Zeile gibt die charakteristische Gleichung

$$[-\lambda^2 + 2\,i\,\delta\lambda + \omega_0^2]\,a_c = 0$$

mit den charakteristischen Zahlen $\lambda_{1,2} = i\delta \pm \omega$ sowie $\omega^2 = \omega_0^2 - \delta^2$. Damit kann der Ansatz umgeschrieben werden. Zunächst gilt

$$x(t) = a_c(\cos\lambda t + i\sin\lambda t)$$
$$= a_{c1}(\cos(i\delta + \omega)t + i\sin(i\delta + \omega)t) + a_{c2}(\cos(i\delta - \omega)t + i\sin(i\delta - \omega)t)\,.$$

Mit den Euler'schen Formeln

$$\cos\alpha x = \frac{1}{2}(e^{i\alpha x} + e^{-i\alpha x}) \qquad \text{und} \qquad \sin\alpha x = -i\,\frac{1}{2}(e^{i\alpha x} - e^{-i\alpha x})$$

© Springer Fachmedien Wiesbaden GmbH, ein Teil von Springer Nature 2020
D. Dinkler, *Einführung in die Strukturdynamik*,
https://doi.org/10.1007/978-3-658-31845-1_6

folgt die komplexe Schreibweise der Gesamtlösung

$$x(t) = a_1 e^{(-\delta + i\omega)t} + a_2 e^{(-\delta - i\omega)t},$$

wobei a_1 und a_2 konjugiert komplexe Amplituden sind. Die Umformung in die reelle Schreibweise ist mit $\hat{a}_c = a_1 + a_2$ und $\hat{a}_s = i(a_1 - a_2)$ möglich

$$x(t) = e^{-\delta t}(\hat{a}_c \cos \omega t + \hat{a}_s \sin \omega t),$$

wobei $\hat{a}_c$ und $\hat{a}_s$ reellwertige Koeffizienten sind, die an die Anfangsbedingungen angepasst werden müssen.

Ansatz in komplexer Schreibweise

Einfacher ist ein Ansatz in komplexer Schreibweise mit

$$x(t) = a\, e^{\lambda t}.$$

Hierbei gibt a die Amplitude der Bewegung und $e^{\lambda t}$ den Zeitverlauf der Bewegung an. In die Bewegungsgleichung eingesetzt, folgt

$$\{\lambda^2 + 2\delta\lambda + \omega_0^2\}\, a\, e^{\lambda t} = 0.$$

Eine nichttriviale Lösung existiert, wenn die charakteristische Gleichung für λ erfüllt ist

$$\lambda^2 + 2\delta\lambda + \omega_0^2 = 0.$$

Mit den charakteristischen Zahlen

$$\lambda_{1,2} = -\delta \pm i\sqrt{\omega_0^2 - \delta^2}$$
$$= -\delta \pm i\omega$$

folgt wie oben die komplexe Schreibweise der Gesamtlösung

$$x(t) = a_1 e^{(-\delta + i\omega)t} + a_2 e^{(-\delta - i\omega)t}$$

und nach Umformung die reelle Schreibweise

$$x(t) = e^{-\delta t}(\hat{a}_c \cos \omega t + \hat{a}_s \sin \omega t).$$

Die noch freien Koeffizienten $\hat{a}_c$ und $\hat{a}_s$ sind Integrationskonstanten und werden für die Anpassung der freien Schwingung an die Anfangsbedingungen für Auslenkung und Geschwindigkeit zur Zeit t_0 verwendet. Mit

$$x_0 = x(t_0) \qquad \text{und} \qquad v_0 = \dot{x}(t_0),$$

folgt nach Berechnung der Koeffizienten die mit x_0 und v_0 festgelegte Bewegung

$$x(t) = e^{-\delta(t - t_0)}\left\{x_0 \cos \omega(t - t_0) + \frac{v_0 + \delta x_0}{\omega} \sin \omega(t - t_0)\right\}.$$

7 Erzwungene Schwingungen – periodisch

Schwingungen, die durch Einwirkungen erzeugt werden, bezeichnet man als *erzwungene Schwingungen* oder *fremderregte Schwingungen*. Gegeben ist die Bewegungsgleichung

$$m\ddot{x} + d\dot{x} + kx = 0 + p(t).$$

Die Gesamtlösung enthält nach Abschnitt 5 die Lösung der homogenen Bewegungsgleichung $x_h(t)$ und die Partikularlösung $x_p(t)$. Die Lösung der homogenen Bewegungsgleichung ist bereits in Abschnitt 6 in allgemeiner Form bestimmt. Weil $x_h(t)$ keinen Teil der Einwirkungen tragen kann, muss die Partikularlösung $x_p(t)$ so bestimmt werden, dass das System die Belastung zu allen Zeiten tragen kann. In der Regel ist dies mit einem *Ansatz vom Typ der rechten Seite* möglich.

Die Partikularlösung wird hier für beliebige periodische Einwirkungen untersucht, sodass hiermit ein weites Spektrum der möglichen Einwirkungen abgedeckt ist. Beliebige periodische Funktionen sind nach Abschnitt 2.3.2 als Fourier–Reihe darstellbar. Wenn die periodische Last $p(t)$ mit einer endlichen Reihe approximiert wird

$$p(t) = \frac{p_0}{2} + \sum_{n=1}^{N} \hat{p}_{cn} \cos n\Omega t + \sum_{n=1}^{N} \hat{p}_{sn} \sin n\Omega t \,,$$

kann die Bewegungsgleichung aufgrund des Superpositionsprinzips nacheinander für jedes einzelne Reihenglied getrennt gelöst werden. Die Überlagerung der Teillösungen zur vollständigen Partikularlösung ist zulässig, solange die Bewegungsgleichung linear ist.

7.1 Konstante Last

Das *nullte Reihenglied* erfasst eine Last, die in der Zeit konstant ist $\quad p(t) = p_0$. Damit gilt

$$m\ddot{x} + d\dot{x} + kx = p_0 \,.$$

Für die Partikularlösung wird ein *Ansatz vom Typ der rechten Seite* gewählt, damit Gleichgewicht zu allen Zeiten möglich ist

$$x_p = \text{konst} \rightarrow \dot{x}_p = 0 \,, \ddot{x}_p = 0 \,.$$

© Springer Fachmedien Wiesbaden GmbH, ein Teil von Springer Nature 2020
D. Dinkler, *Einführung in die Strukturdynamik*,
https://doi.org/10.1007/978-3-658-31845-1_7

Aus der Bewegungsgleichung folgt mit

$$m \cdot 0 + d \cdot 0 + k \cdot x_p = p_0$$

die Partikularlösung

$$x_p = \frac{p_0}{k} \ .$$

Die Partikularlösung entspricht hier der statischen Gleichgewichtslage.

7.2 Periodische Last

Stellvertretend für alle *cos– und sin–Reihenglieder* reicht es aus, eine einzige periodische Teillösung zu untersuchen. Das für ein spezielles Reihenglied gewählte Vorgehen kann man dann auf alle anderen Reihenglieder übertragen. Für das dritte cos-Reihenglied folgt zunächst

$$m\ddot{x}_{p_{c3}} + d\dot{x}_{p_{c3}} + kx_{p_{c3}} = \hat{p}_{c3} \cos 3\Omega t \ .$$

Für $x_{p_{c3}}(t)$ wird ein *Ansatz vom Typ der rechten Seite* gewählt:

$$x_{p_{c3}}(t) = \hat{x}_{c3} \cdot \cos 3\Omega t + \hat{x}_{s3} \cdot \sin 3\Omega t \ .$$

Dieser Ansatz stellt sicher, dass die Bewegungsgleichung für alle Zeiten erfüllt werden kann und die Bewegung der Erregerfrequenz 3Ω folgt. Die Amplituden $\hat{x}_{c3}$ und $\hat{x}_{s3}$ sind noch unbekannt und müssen an die Last angepasst werden. Setzt man den Ansatz in die Bewegungsgleichung ein, folgt zunächst

$$\cos 3\Omega t \ \{-(3\Omega)^2 m\hat{x}_{c3} + 3\Omega d\hat{x}_{s3} + k\hat{x}_{c3}\} +$$

$$\sin 3\Omega t \ \{-(3\Omega)^2 m\hat{x}_{s3} - 3\Omega d\hat{x}_{c3} + k\hat{x}_{s3}\} = \hat{p}_{c3} \cos 3\Omega t \ .$$

Da die Bewegungsgleichung für alle Zeiten erfüllt sein muss, liefert der Koeffizientenvergleich für sin und cos zwei Gleichungen für $\hat{x}_{c3}$ und $\hat{x}_{s3}$ mit der Lösung

$$\hat{x}_{c3} = \frac{\hat{p}_{c3} \cdot [k - (3\Omega)^2 m]}{[k - (3\Omega)^2 m]^2 + d^2 (3\Omega)^2} \ ,$$

$$\hat{x}_{s3} = \frac{\hat{p}_{c3} \cdot [d \cdot 3\Omega]}{[k - (3\Omega)^2 m]^2 + d^2 (3\Omega)^2} \ .$$

Mit den dimensionslosen Parametern

$$\vartheta = d/2\sqrt{km} = \delta/\omega_0 \ ,$$

$$\eta = \Omega/\omega_0 \geq 0$$

kann man die Amplituden $\hat{x}_{c3}$ und $\hat{x}_{s3}$ umschreiben, sodass die Partikularlösung in der Form

$$x_{pc3}(t) = \frac{\hat{p}_{c3}}{k} \left\{ \frac{1}{(1-(3\eta)^2)^2 + 4\vartheta^2(3\eta)^2} \right\} \left\{ (1-(3\eta)^2)\cos 3\Omega t + 2\vartheta(3\eta)\sin 3\Omega t \right\}$$

$$= \underbrace{\frac{\hat{p}_{c3}}{k}}_{7.1} \left\{ \underbrace{\frac{1}{\sqrt{(1-(3\eta)^2)^2 + 4\vartheta^2(3\eta)^2}}}_{\text{Vergrößerung der Amplitude}} \right\} \cos(3\Omega t - \varphi_0).$$

erscheint. Hierbei beschreibt der Vergrößerungsfaktor $V(3\eta)$ das Verhältnis der Amplitude der Systemantwort zur quasi–statischen Amplitude $\hat{p}_{c3}/k$. Mit dem Vergrößerungsfaktor wird der Einfluss der Massenträgheit und der Dämpfung auf die Amplitude erfasst. Der Phasenwinkel

$$\varphi_0(3\eta) = \arctan \frac{2\vartheta(3\eta)}{1-(3\eta)^2} \,, \quad 0 \le \varphi_0 < \pi$$

gibt die Phasenlage von Last und Systemantwort an, wobei die Systemantwort $x(t)$ der Last $p(t)$ nacheilt, vergleiche hierzu Gleichung (2.1).

7.2.1 Die Vergrößerungsfunktion

Als *Vergrößerungsfunktion $V(\eta)$* bezeichnet man die spezielle Vergrößerung der Amplitude des ersten Reihengliedes, wobei η die auf die Eigenkreisfrequenz ω_0 normierte Kreisfrequenz Ω der Erregung beschreibt. Man bezeichnet die Vergrößerungsfunktion daher auch als *Resonanzkurve*. Die in Bild 7-1 dargestellte Vergrößerungsfunktion

$$V(\eta) = \frac{1}{\sqrt{(1-\eta^2)^2 + 4\vartheta^2\eta^2}}$$

weist die folgenden Teilbereiche mit unterschiedlichem Antwortverhalten auf. Bei kleinen Erregerfrequenzen Ω sind die Geschwindigkeiten und Beschleunigungen klein und damit die Trägheitskräfte gering. Hierbei wird nur geringe kinetische Energie im System aktiviert, sodass die Amplituden der Auslenkungen $x_{p_c}(t)$ nur wenig von der quasistatischen Auslenkung $\hat{p}_c/k$ verschieden sind. Ein System mit $V(\eta) \approx 1{,}0$ bezeichnet man als *hoch abgestimmtes* System, bei dem die Eigenkreisfrequenz über der Erregerfrequenz liegt. Der Begriff *Abstimmung* deutet darauf hin, dass man ein System mit Masse, Steifigkeit und Erregerfrequenz so abstimmen kann, dass die Systemantwort in dem gewünschten Bereich liegt.

Bei großen Erregerfrequenzen Ω ist die Massenträgheit des Systems groß. Das System kann nicht schnell genug auf die Einwirkungen reagieren, sodass die Amplituden klein bleiben. Hierbei ist das System *tief abgestimmt*. Dies kann man auch gezielt beeinflussen, indem man mit zusätzlichen Massen ein größeres η erhält.

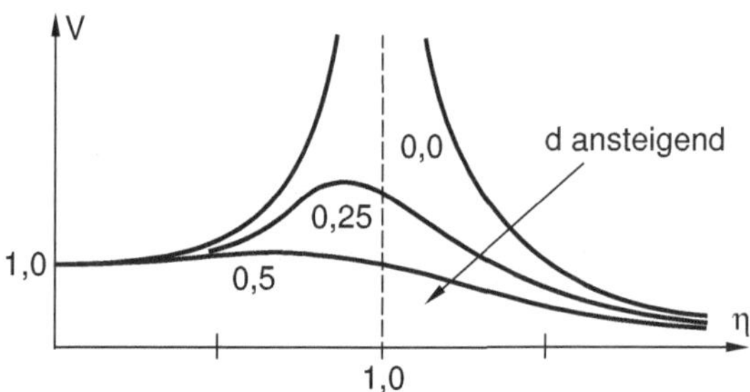

Bild 7-1 Vergrößerungsfunktion

Bei $\eta = 1,0$ liegt für das ungedämpfte System eine Polstelle mit unendlicher Vergrößerung vor, da Erreger- und Systemeigenkreisfrequenz gleich sind. Das Phänomen wird als Resonanz bezeichnet. Bei Dämpfung erfolgt eine Abminderung der Systemantwort im Resonanzbereich, wobei die maximale Amplitude vom Lehr'schen Dämpfungsmaß ϑ abhängt und das Maximum in Richtung $\eta_R \le \eta(\vartheta = 0)$ verschoben wird. Die hier auftretenden maximalen Werte der Vergrößerungsfunktion bezeichnet man als

$$\text{Resonanzüberhöhung} \qquad V_R = 1/(2\vartheta\sqrt{1-\vartheta^2})$$
$$\text{mit der zugehörigen Erregerfrequenz} \qquad \eta_R = \sqrt{1-2\vartheta^2}\,.$$

Wesentlich ist, dass die maximale Amplitude nur vom Lehr'schen Dämpfungsmaß abhängt.

Bei Systemen mit vorgeschriebenen Verschiebungen oder Geschwindigkeiten können auf der rechten Seite der Bewegungsgleichung auch Systemanregungen vorhanden sein, deren Amplitude von der Erregerfrequenz abhängig ist, vergleiche Abschnitt 4.2.2. Wenn dort als Lagerverschiebung $u = \hat{u}\cos\Omega t$ vorgegeben ist, gilt $\dot{u} = -\Omega\hat{u}\sin\Omega t$ und $\ddot{u} = -\Omega^2\hat{u}\cos\Omega t$. Wenn aber die Anregungsamplituden mit Ω bzw. Ω^2 veränderlich sind, muss auch die Darstellung der zugehörigen Vergrößerungsfunktionen $V(\eta)$ und Phasenwinkel $\varphi_0(\eta)$ dies berücksichtigen und entsprechend modifiziert werden.

7.2.2 Der Phasenwinkel

Belastung und Antwort des Systems sind um den Phasenwinkel

$$\varphi_0(\eta) = \arctan \frac{2\vartheta\eta}{1 - \eta^2}$$

gegeneinander verschoben. In Bild 7-2 ist die Abhängigkeit des Phasenwinkels von der Dämpfung und von der Erregerfrequenz dargestellt.

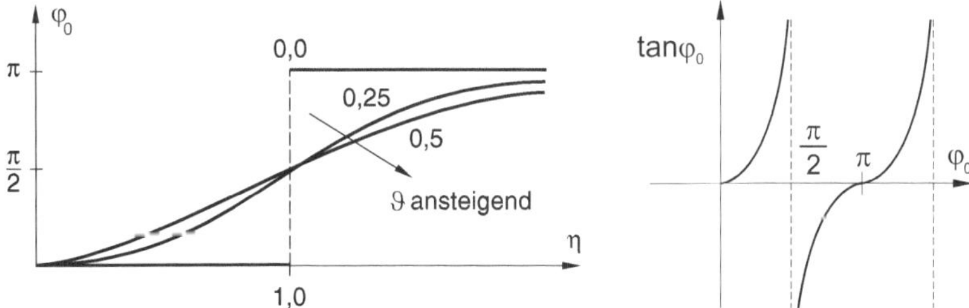

Bild 7-2 Phasenwinkel

Für $\eta \to 0$ verschwindet der Phasenwinkel, da die Belastung sehr langsam aufgebracht wird und die Dämpferkräfte entsprechend gering sind. Solange $\eta < 1{,}0$, sind die Anregung und die Antwort des Systems in Phase, und für $\eta > 1{,}0$ sind sie in Gegenphase.

Phasenwinkel bei ungedämpfter Schwingung

Bei ungedämpften Systemen und kleinen Erregerfrequenzen reagiert das System spontan und schwingt im Gleichtakt mit der Anregung, da der Phasenwinkel bei $\eta < 1$ verschwindet ($\varphi_0 = 0$). Ist der Frequenzparameter $\eta > 1$, findet wegen $\varphi_0 = \pi$ eine Phasenumkehr statt, sodass das System im Gegentakt schwingt, siehe nebenstehende Abbildung. Dies ist der Fall, wenn die Massenträgheiten größer als die Federkräfte des Systems sind und die Masse nicht schnell genug reagieren kann.

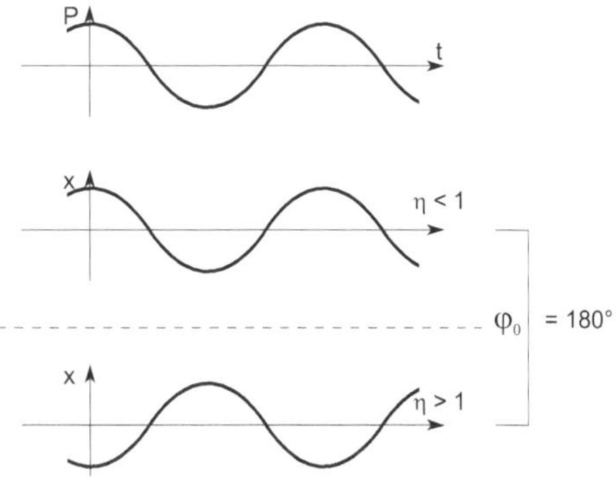

Phasenwinkel bei gedämpfter Schwingung

Bei vorhandener Dämpfung ist die Reaktion des Schwingers zeitlich verzögert, da die Belastung teilweise von dem Dämpfer getragen wird und zeitlich verzögert auf die Feder abgegeben wird.

Für $\eta < 1{,}0$ sind die Beschleunigungen und damit die Massenträgheiten relativ klein, sodass sie im Gleichtakt mit der Last und der Federkraft stehen. Für $\eta > 1{,}0$ sind die Massenträgheitskräfte größer als die Federkräfte. Die Anregung ist so schnell, dass die Masse aufgrund der Dämpfung nicht schnell genug in Bewegung gesetzt wird, um in gleicher Phase mit der Last zu bleiben.

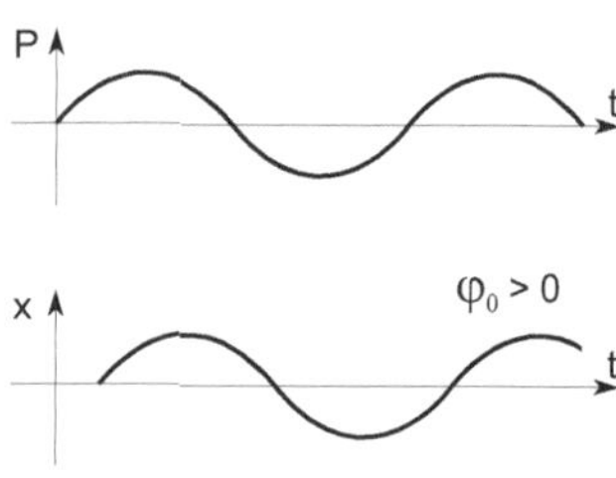

7.3 Lösung im Frequenzbereich

Die Begriffe *Frequenzbereich* und *Zeitbereich* werden am Beispiel einer periodischen Last und Systemantwort zusammengefasst, siehe [21]. Gegeben ist der periodisch erregte Ein–Masse–Schwinger mit der Bewegungsgleichung

$$m\ddot{x} + d\dot{x} + kx = p(t)\,.$$

Für eine spezielle periodische Anregung kann eine *harmonische Analyse* nach Abschnitt 2.3.3 erfolgen, sodass die Transformation der Last $p(t)$ in den Frequenzbereich mit $\hat{p}(\eta)$ und $\varphi_{p0}(\eta)$ möglich ist. $\varphi_{p0}(\eta)$ beschreibt die Phasenverschiebung der Last. Für ein beliebiges Reihenglied n folgt die Grundform

$$p_n(t) = \hat{p}_n \cos n\Omega(t + t_0) = \hat{p}_n \cos(n\Omega t + \varphi_{pn})\,.$$

Die Anregung wird mit einem Amplituden– und einem Phasenspektrum dargestellt, siehe Bild 7-3.

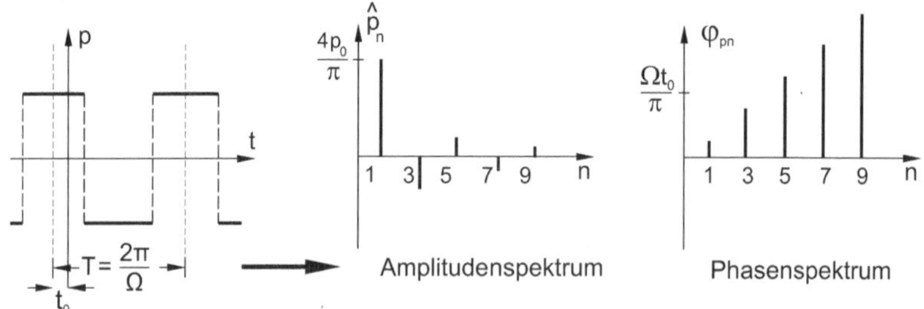

Bild 7-3 Transformation der Belastung in den Frequenzbereich, siehe [21]

Die Lösung der Bewegungsgleichung bei periodischer Last wird als bekannt vorausgesetzt und im Frequenzbereich dargestellt. Dies entspricht einer Transformation des mechanischen Modells aus dem Zeitbereich in den Frequenzbereich. Das Schwingungsverhalten des Tragwerks wird hierbei mit Hilfe der Vergrößerungsfunktion $V(\eta)$ und des Phasenwinkels $\varphi(\eta)$ beschrieben, wobei die Amplituden und Phasenwinkel der einzelnen Reihenglieder mit

$$V_n(\eta) = \frac{1}{\sqrt{(1-(n\eta)^2)^2 + 4\vartheta^2(n\eta)^2}}, \quad \text{mit} \quad \eta = \frac{\Omega}{\omega_0}$$

$$\varphi_{0n}(\eta) = \arctan\frac{2\vartheta n\eta}{1-(n\eta)^2}$$

ermittelt werden. Die Frequenzabhängigkeit der Lösung der Bewegungsgleichung für die verschiedenen Reihenglieder der periodischen Last ist im Amplitudengang und im Phasengang festgehalten, siehe Bild 7-4.

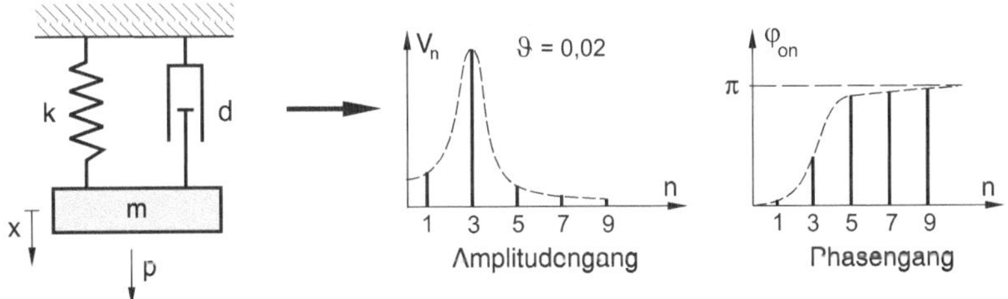

Bild 7-4 Transformation der Schwingungseigenschaften des Tragwerks, siehe [21]

Wenn die Transformation von Last und System in den Frequenzbereich vorliegt, kann die Berechnung der Systemantwort im Frequenzbereich für jedes Reihenglied der Anregung erfolgen. Mit

$$\hat{x}_n = \frac{\hat{p}_n}{k}\cdot V_n(n\eta) \quad \text{und} \quad \varphi_{xn} = \varphi_{0n} - \varphi_{pn}\,.$$

sind das Amplitudenspektrum $\hat{x}_n$ und das Phasenspektrum φ_{xn} direkt berechnet, sodass nachfolgend die Rücktransformation aus dem Frequenzbereich in den Zeitbereich möglich ist, siehe Bild 7-5. Die Überlagerung der Teilschwingungen entspricht der *harmonischen Synthese* nach Abschnitt 2.3.2.

$$x(t) = \sum_{n=1}^{N} \hat{x}_n \cos(n\Omega t - \varphi_{xn})\,.$$

Die Lösung im Frequenzbereich ist sehr effizient, da die Bewegungsgleichung für eine beliebige periodische Anregung bereits gelöst ist, und lediglich die

Fourier–Analyse vorweg durchgeführt werden muss. Dies ist allerdings ohnehin sinnvoll, da man die Lösung im Frequenzbereich besser interpretieren kann als im Zeitbereich.

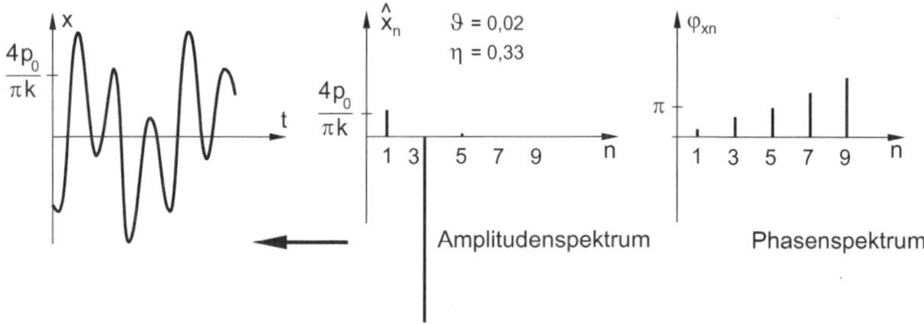

Bild 7-5 Rücktransformation der Lösung in den Zeitbereich, siehe [21]

Beispiel für eine periodische Belastung

Gegeben ist ein Belastungsvorgang in Form der Sägezahnfunktion nach Bild 7-6, die einen Be– oder Entlastungsvorgang beschreiben könnte. Die Phasenverschiebung der Belastung verschwindet hier für alle Reihenglieder $\varphi_{pn} = 0$.

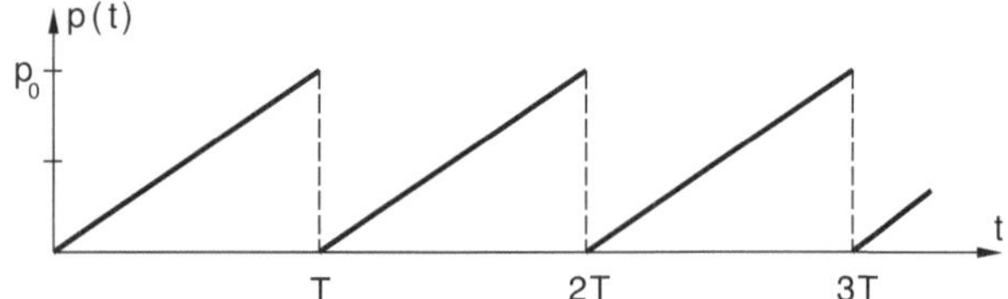

Bild 7-6 Periodische Sägezahnfunktion

Die Entwicklung der Belastung in eine Fourier–Reihe liefert im Frequenzbereich

$$p(t) = \frac{p_0}{2} - \frac{p_0}{\pi} \left\{ \frac{\sin \Omega t}{1} + \frac{\sin 2\Omega t}{2} + \frac{\sin 3\Omega t}{3} + \dots \right\} .$$

Die Eigenschaften des Systems werden im Frequenzbereich mit der Vergrößerungsfunktion und dem Phasenwinkel beschrieben, sodass die Berechnung der Systemantwort der einzelnen Reihenglieder wie oben gezeigt erfolgen kann.

$$V_n\left(n\eta\right) = \frac{1}{\sqrt{(1 - n^2\eta^2)^2 + 4\vartheta^2 n^2\eta^2}} ,$$

$$\varphi_n = \varphi_{0n}(n\eta) = \arctan \frac{2\vartheta\, n\, \eta}{1 - n^2\eta^2} , \quad \text{mit} \quad \eta = \frac{\Omega}{\omega_0} .$$

Die Amplituden der Last und der Systemantwort der einzelnen Teilschwingungen sind in Bild 7-7 als Spektren dargestellt.

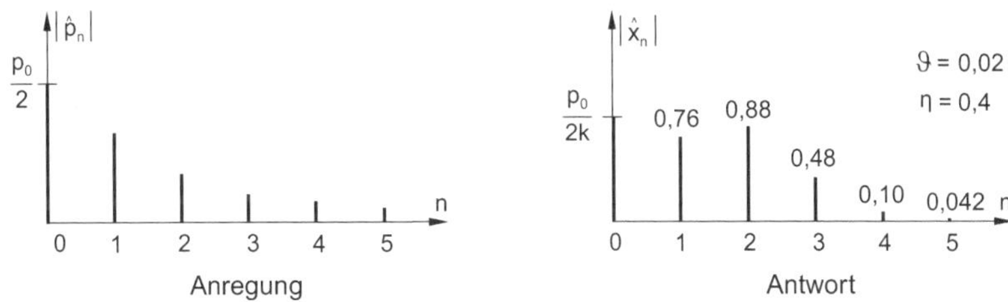

Bild 7-7 Amplitudenspektren der Last und der Systemantwort

Die Rücktransformation in den Zeitbereich erfolgt nach Superposition der Teilschwingungen mit

$$x_p = \frac{p_0}{2k} - \frac{p_0}{\pi \cdot k} \cdot \sum_{n=1}^{\infty} \frac{1}{n} \cdot \frac{1}{\sqrt{(1 - \eta^2 n^2)^2 + 4\vartheta^2 \eta^2 n^2}} \cdot \sin(n\Omega t - \varphi_n)$$

$$= \frac{p_0}{k} \left[\frac{1}{2} - \frac{1,19}{\pi} \sin(\Omega t - 0,0190) - \frac{1,38}{\pi} \sin(2\Omega t - 0,0886) \right.$$

$$\left. - \frac{0,75}{\pi} \sin(3\Omega t - 3,03) - \dots \right].$$

Für die Beurteilung des eingeschwungenen Zustands ist das Amplitudenantwortspektrum von Bedeutung, da hiermit Resonanzbereiche festgestellt werden können. So sind bei einem realen System notfalls Maßnahmen zu ergreifen, um das System mit zusätzlichen Massen oder Federn aus dem Resonanzbereich zu verschieben, das System muss abgestimmt werden.

7.4 Stationäre Lösungen

Die Gesamtlösung der Bewegungsgleichung

$$m\ddot{x} + d\dot{x} + kx = p(t)$$

besteht aus der Lösung der homogenen Bewegungsgleichung und einer an die Erregung angepassten Partikularlösung

$$x = x_h + x_p = e^{-\delta t}\left[\hat{a}_c \cos\omega t + \hat{a}_s \sin\omega t\right] + x_p.$$

Die Anpassung der Freiwerte $\hat{a}_c$ und $\hat{a}_s$ ist in Abschnitt 6 für eine freie Schwingung angegeben. Analog hierzu muss die Anpassung der Gesamtlösung an die

Anfangsbedingungen erfolgen

$$x_0 = x(t_0) = x_h(t_0) + x_p(t_0)$$
$$v_0 = \dot{x}(t_0) = \dot{x}_h(t_0) + \dot{x}_p(t_0) \ .$$

Setzt man $x_h(t_0)$ und $\dot{x}_h(t_0)$ in die Lösung der homogenen Bewegungsgleichung ein, folgt als Gesamtlösung

$$x(t) \ = \ e^{-\delta(t-t_0)} \left\{ \ [x_0 - x_p(t_0)] \cos\omega(t-t_0) \right.$$
$$\left. + \frac{[v_0 - \dot{x}_p(t_0)] + \delta[x_0 - x_p(t_0)]}{\omega} \sin\omega(t-t_0) \right\} + x_p(t) \ .$$

Ist das System gedämpft, verschwindet der Einfluß des ersten Lösungsanteils für große Zeiten. Als *Einschwingzeit* wird die Zeit bezeichnet, bis zu welcher der Einfluß der Anfangsbedingungen nicht vernachlässigbar ist. Die Bewegung des Schwingers während der Einschwingzeit ist der *Einschwingvorgang*. In den

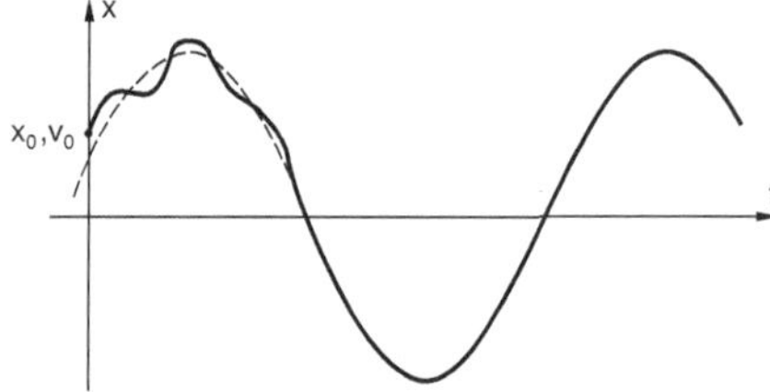

Anwendungen ist man oft nur am eingeschwungenen Zustand interessiert, der als *stationäre Schwingung* bezeichnet wird. Bei vorhandener Dämpfung besteht die stationäre Schwingung aus einer speziellen Partikularlösung $x_p(t)$. Im ungedämpften Fall enthält sie weitere Anteile aus der Lösung der homogenen Bewegungsgleichung. Die Berechnung der stationären Schwingung kann analog zu Abschnitt 7.1 und 7.2 mit einem *Ansatz vom Typ der rechten Seite* erfolgen.

8 Erzwungene Schwingungen – unperiodisch

Gegeben ist die Bewegungsgleichung mit beliebiger unperiodischer Anregung $p(t)$

$$m\ddot{x} + d\dot{x} + kx = p(t) \; .$$

Die Division durch m liefert

$$\ddot{x} + 2\delta\dot{x} + \omega_0^2 x = \frac{1}{m}\, p(t) \; .$$

Die Lösung der homogenen Differentialgleichung ist aus Abschnitt 5 bekannt

$$x_h = e^{-\delta t}\left[\hat{a}_c \cos\omega t + \hat{a}_s \sin\omega t\right]$$

$$\text{mit} \quad 0 \le \delta < \omega_0 \quad \text{und} \quad \omega = \sqrt{\omega_0^2 - \delta^2}\,.$$

Für die Partikularlösung muss ein Ansatz gewählt werden, der das Gleichgewicht d. h. die Bewegungsgleichung zu allen Zeiten erfüllen kann. Ein *Ansatz vom Typ der rechten Seite* ist in der Regel nicht möglich, wenn die Last beliebig unperiodisch ist. Wählt man einen Ansatz, der einen ähnlichen Aufbau hat, wie die homogene Lösung, so kann man dies erreichen, wenn die Konstanten $\hat{a}_c$ und $\hat{a}_s$ durch allgemeine Funktionen $\hat{a}_c(t)$ und $\hat{a}_s(t)$ ersetzt werden. Dies bezeichnet man als *Variation der Konstanten* [7]. Damit gilt

$$x = x_h + x_p = e^{-\delta t}\left[\hat{a}_c(t) \cos\omega t + \hat{a}_s(t) \sin\omega t\right]\,.$$

Für die Anpassung des Lösungsansatzes an die Bewegungsgleichung stehen die Funktionen $\hat{a}_c(t)$ und $\hat{a}_s(t)$ zur Verfügung. Nach Einsetzen des Ansatzes in die Bewegungsgleichung kann man die Gesamtlösung ohne detaillierte Herleitung in der folgenden Form angeben:

$$x(t) = e^{-\delta t}\left[x_0 \cos\omega t + \frac{v_0 + \delta x_0}{\omega} \sin\omega t\right] + \frac{1}{m\omega}\int_0^t e^{-\delta(t-\tau)} \sin\omega(t-\tau) \cdot p(\tau)\, d\tau \,.$$

Der erste Teil der Gesamtlösung ist mit der an die Anfangsbedingungen angepassten freien Schwingung identisch. Das Integral beschreibt den Einfluss der Last und entspricht damit der Partikularlösung. Da immer die Gesamtlösung an die Anfangsbedingungen angepaßt werden muss, folgt eine andere Partikularlösung als bei einem *Ansatz vom Typ der rechten Seite*. Das Integral bezeichnet man als *Duhamel-Integral* oder als *Faltungs-Integral*. Bei der Integration über τ ist zu beachten, dass t konstant ist.

© Springer Fachmedien Wiesbaden GmbH, ein Teil von Springer Nature 2020
D. Dinkler, *Einführung in die Strukturdynamik*,
https://doi.org/10.1007/978-3-658-31845-1_8

8.1 Stoßanregung

Analog zu periodischen Funktionen gibt es auch bei unperiodischen Funktionen die Möglichkeit, beliebig unperiodische Funktionen mit einer Überlagerung von Grundfunktionen zu beschreiben. Die wichtigste Grundfunktion ist die *Delta-Funktion*, mit der man Einheitsimpulse darstellen kann. Die Delta-Funktion wird auch als *Dirac-Delta-Funktion* bezeichnet. Die wesentlichen Eigenschaften der Delta-Funktion sind nachfolgend angeführt.

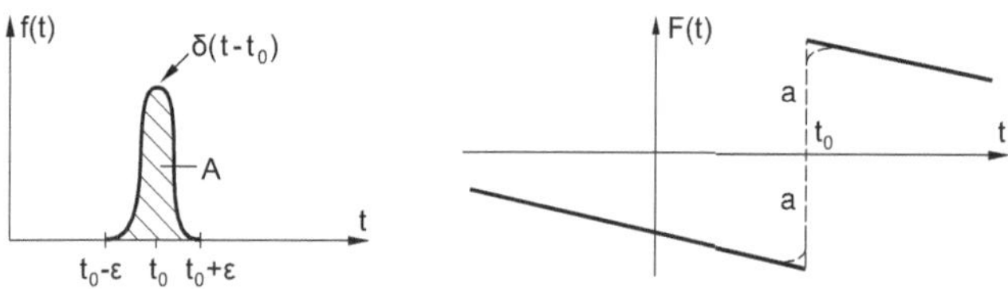

Bild 8-1 Deltafunktion und Sprungstellenableitung

Die Delta-Funktion ist mit dem normierten Flächenintegral definiert.

$$\int\limits_{-\infty}^{+\infty} \hat{\delta}(t - t_0)dt = \int\limits_{t_0-\epsilon}^{t_0+\epsilon} \hat{\delta}(t - t_0)dt = A \stackrel{!}{=} 1 \qquad [\hat{\delta}] = \frac{1}{s} \ .$$

Hier wird der Dirac–Impuls mit $\hat{\delta}(t-t_0)$ beschrieben, um Verwechselungen mit dem Dämpfungskoeffizienten δ zu vermeiden. Das ε kennzeichnet einen beliebig kleinen Abschnitt, sodass folgende Aussage für eine glatte Funktion $f(t)$ gültig ist.

$$\int\limits_{-\infty}^{+\infty} f(t) \cdot \hat{\delta}(t - t_0)dt = f(t_0) \ .$$

Dies entspricht einer punktweisen Wichtung der Funktion $f(t)$ an der Stelle t_0. Betrachtet man eine Funktion $F(t)$ mit einer Sprungstelle entsprechend Bild 8-1

$$F(t) = a\,sign(t - t_0) - b\,(t - t_0) \ ,$$

so kann man die Ableitung der Funktion $F(t)$ an der Sprungstelle mit der Delta-Funktion beschreiben. Die Sprungfunktion besitzt die Zeitableitung

$$\dot{F}(t) = f(t) = 2\,a\,\hat{\delta}(t - t_0) - b \ .$$

Mit einer einzelnen Delta-Funktion lassen sich verschiedene kurzzeitige Einwirkungen kompakt darstellen. Dies sind z. B. Anprallvorgänge eines Fahrzeugs auf einen Brückenpfeiler, das Auftreffen eines fallenden Gewichtes auf eine Geschossdecke oder der Absturz eines Flugzeuges auf ein Gebäude. Wenn mehrere Delta-Funktionen mit unterschiedlicher Vergrößerung hintereinander geschaltet werden, sind auch beliebig unperiodische Einwirkungen beschreibbar.

Beispiel für eine Stoßbelastung

Gegeben ist die Bewegungsgleichung

$$m\ddot{x} + d\dot{x} + kx = p(t)\,.$$

Die Belastung $p(t)$ ist kurzzeitig und überträgt den Impuls I auf die Masse m

$$p(t) = I \cdot \hat{\delta}(t - t_0)\,.$$

Die direkte Berechnung der Schwingung $x(t)$ im Zeitbereich ist analytisch mit dem Duhamel–Integral schnell und übersichtlich möglich. Die Partikulärlösung folgt mit dem Duhamel–Integral zu

$$x_p = \frac{1}{m\omega} \int_0^t e^{-\delta(t-\tau)} \sin \omega(t - \tau) \cdot I \cdot \hat{\delta}(\tau - t_0)\, d\tau$$

$$= \frac{1}{m\omega} I\, e^{-\delta(t-t_0)} \sin \omega(t - t_0) \qquad \text{für} \quad t_0 < t\,,$$

$$x_p = 0 \qquad\qquad\qquad\qquad\qquad\quad \text{für} \quad t < t_0\,.$$

Vergleicht man die Partikulärlösung mit einer freien Schwingung für $x_0 = 0$ nach Abschnitt 6, so sind die beiden Lösungen identisch, wenn $v_0 = I/m$ ist. Dies bedeutet, dass sich das durch einen Stoß angeregte System nach dem Stoß wie ein freier Schwinger mit der Anfangsgeschwindigkeit v_0 bewegt.

Beispiel für Stoßfolgen

Gegeben ist die Differentialgleichung für einen Ein–Masse–Schwinger

$$m\ddot{x} + d\dot{x} + kx = p(t)\,,$$

wobei nachfolgend als Belastung $p(t)$ eine periodische Folge von Stößen gleicher Größe entsprechend Bild 8-2 angenommen wird

$$p(t) = I \cdot \hat{\delta}(t) \qquad \text{für} \qquad -T/2 < t < T/2$$

$$\text{und} \qquad p(t + nT) = p(t)\,.$$

Gesucht ist die stationäre Schwingung, die aufgrund der regelmäßig wiederkehrenden Stöße periodisch ist. Hierbei darf die Lastperiode T nicht mit der
Eigenschwingungsperiode $T_E = 2 \cdot \pi / \omega$ verwechselt werden.

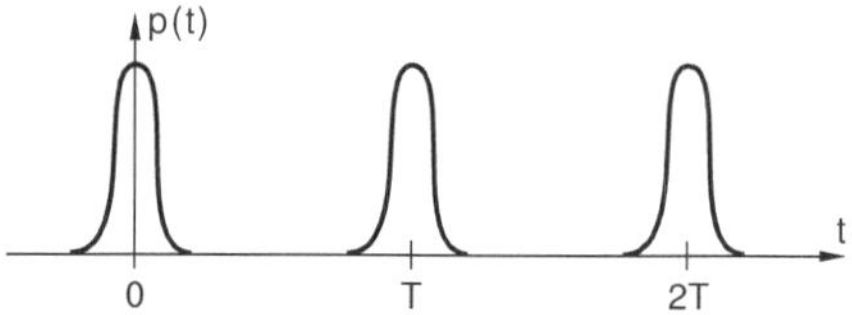

Bild 8-2 Stoßfolge

Wegen des Superpositionsgesetzes reicht es aus einen Stoß zu betrachten und
die Auswirkungen der vorangegangenen Stöße mit einer Koordinatentransformation der Zeitachse zu erfassen.

$$x_1(t) = \frac{I}{m\omega}\, e^{-\delta t} \sin \omega t \qquad \text{für} \quad 0 \le t < T$$

$$x_n(t) = \frac{I}{m\omega}\, e^{-\delta(t+nT)} \sin \omega(t + nT)\,.$$

Die stationäre Lösung ist dann

$$x_{station\ddot{a}r}(t) = \frac{I}{m\omega} \sum_{n=0}^{\infty} e^{-\delta(t+nT)} \sin \omega(t + nT)\,.$$

8.2 Anregung mit der Resonanzfrequenz

Das Duhamel–Integral kann auch bei periodischer Anregung zur Berechnung
der Systemantwort eingesetzt werden. Gegeben ist der ungedämpfte Schwinger

$$m\ddot{x} + kx = \hat{p} \cos \omega_0 t$$

mit der Eigenkreisfrequenz $\omega_0^2 = k/m$ und mit den Anfangsbedingungen $x(0) =
0$ und $\dot{x}(0) = 0$. Das Duhamel–Integral liefert

$$x(t) = \frac{\hat{p}}{m\omega_0} \int_0^t \sin \omega_0(t - \tau) \cos \omega_0 \tau \, d\tau\,.$$

Mit der Umformung

$$\sin \omega_0(t - \tau) \cos \omega_0 \tau = \frac{1}{2} \sin \omega_0 t(1 + \cos 2\omega_0\tau) - \frac{1}{2} \cos \omega_0 t \sin 2\omega_0\tau$$

ist die analytische Integration möglich, da die Zeit t bei der Integration über τ konstant ist. Nach Integration über $d\tau$ folgt

$$x(t) = \frac{\hat{p}}{2m\omega_0}\left\{\sin\omega_0 t(t + \frac{1}{2\omega_0}\sin 2\omega_0 t) - \frac{1}{2\omega_0}\cos\omega_0 t(1 - \cos 2\omega_0 t)\right\}$$

$$= \frac{\hat{p}}{2m\omega_0}\cdot t\cdot\sin\omega_0 t\,.$$

Die Gesamtlösung ist eine Sinus-Schwingung mit einer linear in t anwachsenden Amplitude $(x(\infty)\to\infty)$. Dies ist bereits aus der Vergrößerungsfunktion für $\vartheta = 0$, $\eta = 1$ bekannt, wenn $V(\eta)\to\infty$ strebt.

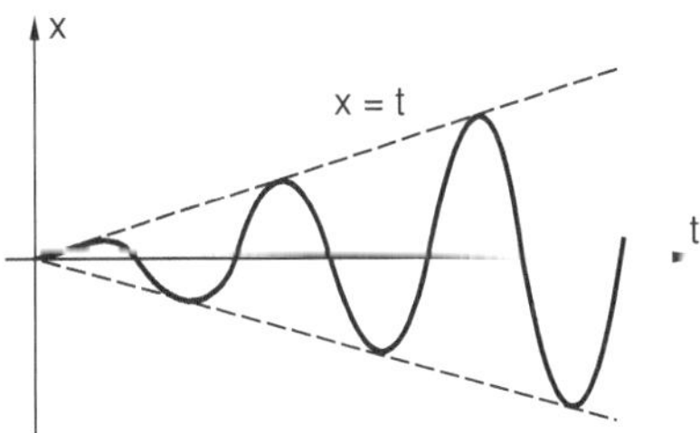

Bild 8-3 Systemantwort infolge Anregung mit der Eigenkreisfrequenz

8.3 Anwendungsbeispiele für das Duhamel–Integral

Nachfolgend zeigen verschiedene Anwendungen das Vorgehen bei der Lösung der Bewegungsgleichung, wenn unperiodische Einwirkungen vorhanden sind.

Beispiel 1: Antenne bei Windbö

Die Bewegungsgleichung für die Bewegung einer Antenne im Schwerefeld der Erde ist in Abschnitt 4.2.2 hergeleitet. Für die Drehbewegung ϑ der Antenne nach Bild 8-4 um die Senkrechte gilt

$$ml^2\ddot{\vartheta} - Gl\sin\vartheta + k_\vartheta\vartheta = 0\,,$$

wenn die Windbö noch nicht berücksichtigt ist.

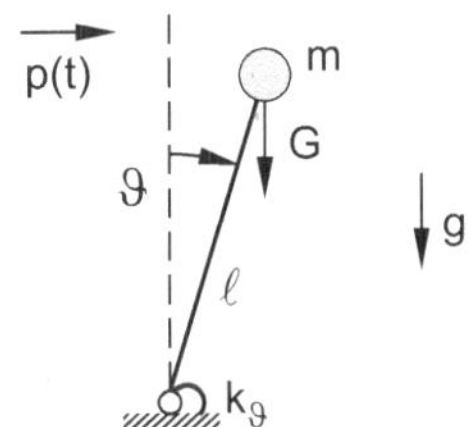

Bild 8-4 Antenne bei Windbö

Der Stab der Länge ℓ ist starr, die Elastizität der Antenne ist als Ersatzfeder mit der Steifigkeit k_ϑ am Fußpunkt der Antenne angesetzt. Nach Linearisierung der Bewegungsgleichung um die Stelle $\vartheta = 0$ folgt

$$ml^2\ddot{\vartheta} + (k_\vartheta - Gl)\vartheta = 0\,.$$

Als Einwirkung auf die Masse wird eine
Windbö der Zeitdauer $T/2 = \pi/\Omega$ mit

$p(t) = \hat{p} \cdot \sin \Omega t \quad$ für $\quad 0 \leq t \leq T/2$

$p(t) = 0 \qquad\qquad$ für $\quad t > T/2$

angesetzt, sodass die linearisierte Bewegungsgleichung mit

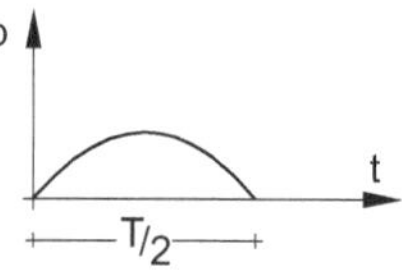

Bild 8-5 sinus-Stoß

$$ml^2\ddot{\vartheta} + (k_\vartheta - Gl)\vartheta = p(t)\,l\,.$$

folgt. Das Duhamel-Integral liefert die Gesamtlösung

$$\vartheta(t) = \frac{1}{ml^2\omega} \int_0^t e^{-\delta(t-\tau)} \sin \omega(t-\tau) \cdot \hat{p}\,l \cdot \sin \Omega\tau\, d\tau$$

mit $\omega^2 = (k_\vartheta - Gl)/ml^2$ für die Dauer der Einwirkung, wenn die Anfangsauslenkung und die Anfangsgeschwindigkeit null gesetzt sind. Für das ungedämpfte
System folgt die Gesamtlösung nach Integration des Duhamel-Integrals

$$\vartheta(t) = \frac{\hat{p}\,l}{ml^2\omega}\Big\{ \sin \omega t \int_0^t \cos \omega\tau \sin \Omega\tau\, d\tau - \cos \omega t \int_0^t \sin \omega\tau \sin \Omega\tau\, d\tau \Big\}$$

$$= \frac{\hat{p}}{ml\omega}\Big\{ \sin \omega t \Big(\frac{\cos(\omega - \Omega)\tau}{2(\omega - \Omega)} - \frac{\cos(\omega + \Omega)\tau}{2(\omega + \Omega)}\Big)$$

$$- \cos \omega t \Big(\frac{\sin(\omega - \Omega)\tau}{2(\omega - \Omega)} - \frac{\sin(\omega + \Omega)\tau}{2(\omega + \Omega)}\Big) \Big\}_0^t$$

$$= \frac{\hat{p}}{2ml\omega}\Big\{ \frac{1}{(\omega - \Omega)} + \frac{1}{(\omega + \Omega)} \Big\}(\sin \Omega t - \sin \omega t)\,.$$

Nach kurzer Umformung folgt

$$\vartheta(t) = \frac{\hat{p}}{ml} \cdot \frac{1}{(\omega^2 - \Omega^2)}(\sin \Omega t - \sin \omega t) \qquad \text{für} \qquad 0 \leq t \leq T/2\,.$$

Dies ist aber nichts anderes als die Gesamtlösung aus freier Schwingung und
Partikularlösung, die an die Anfangsbedingungen $\vartheta(0) = 0$ und $\dot{\vartheta}(t) = 0$ angepasst ist.

Im Resonanzfall folgt $\Omega \to \omega$, sodass die l'Hopital-Regel anzuwenden ist, die auf eine zu Abschnitt 8.2 vergleichbare Lösung führt. Am Ende der Windbö erreicht die Antenne mit $\sin \Omega T/2 = 0$ und $\cos \Omega T/2 = -1{,}0$

die Auslenkung
$$\vartheta(T/2) = -\frac{\hat{p}}{m\ell} \cdot \frac{1}{(\omega^2 - \Omega^2)} \cdot \sin \omega T/2$$

und die Geschwindigkeit
$$\dot{\vartheta}(T/2) = -\frac{\hat{p}}{m\ell} \cdot \frac{1}{(\omega^2 - \Omega^2)} \cdot (\Omega + \omega \cos \Omega T/2)\,,$$

welche die Anfangsbedingungen für die nachfolgende freie Schwingung mit $t > T/2$ sind:

$$\vartheta(t) = \vartheta(T/2)\cos\omega(t - T/2) + \frac{v(T/2)}{\omega}\sin\omega(t - T/2)$$

$$= -\frac{\hat{p}}{m\ell} \cdot \frac{1}{(\omega^2 - \Omega^2)}\{\sin\omega T/2 \cos\omega(t-T/2) + (\frac{\Omega}{\omega} + \cos\omega T/2)\sin\omega(t-T/2)\}$$

$$= -\frac{\hat{p}}{m\ell} \cdot \frac{1}{(\omega^2 - \Omega^2)}\{\sin\omega t + \frac{\Omega}{\omega}\sin\omega(t - T/2)\}\,.$$

Beispiel 2: Brückenpfeiler bei Flugzeuganprall

Ein als starr angenommener Brückenpfeiler der Höhe l wird von einem Klein-
flugzeug getroffen. Der Brückenpfeiler
ist am unteren Ende mit k_P elastisch
eingespannt. Die Masse m_P des Pfeilers wirkt im Schwerpunkt an der Stelle
$l/2$. Infolge der auf dem Brückenpfeiler liegenden Fahrbahn wirkt am oberen
Ende des Pfeilers eine elastische Lagerung k_F sowie die Masse m_F der Fahrbahn. Der Stoß $p(t)$ infolge Kleinflug-
zeug trifft das obere Pfeilerende.

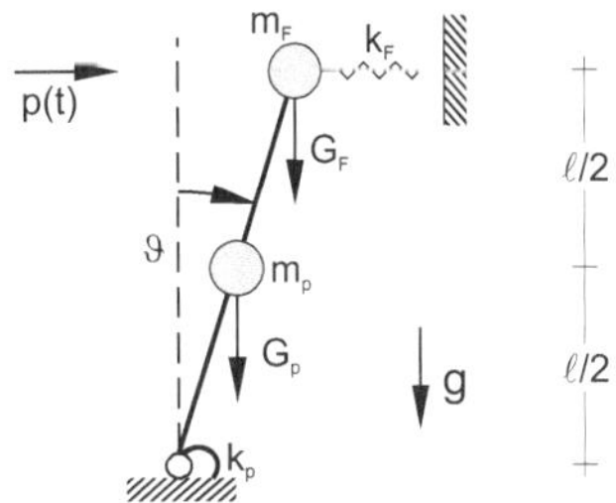

Bild 8-6 Brückenpfeiler

Die Bewegungsgleichung für die Verdrehung ϑ des Brückenpfeilers ist in Analogie zum Beispiel in Abschnitt 4.2.2 gegeben. Für die Drehbewegung gilt jetzt

$$(\frac{m_P}{4} + m_F)l^2\ddot{\vartheta} - (\frac{G_P}{2} + G_F)\,l\sin\vartheta + (k_P + k_F l^2)\vartheta = 0\,,$$

wenn keine Fußpunkterregung vorhanden ist. Nach Linearisierung der Bewegungsgleichung um die Stelle $\vartheta = 0$ folgt

$$(\frac{m_P}{4} + m_F)l^2\ddot{\vartheta} + [\,(k_P + k_F l^2) - (\frac{G_P}{2} + G_F)\,l\,]\,\vartheta = 0\,.$$

Als Einwirkung wird der Stoß infolge Flugzeug als Dreieckimpuls der Zeit T_S auf Fahrbahnhöhe angenähert:

$$p(t) = \hat{p} \cdot \frac{t}{T_S} \qquad \text{für} \quad 0 \leq t \leq T_S \,,$$
$$p(t) = \hat{p} \cdot (2 - \frac{t}{T_S}) \qquad \text{für} \quad T_S \leq t \leq 2\,T_S \,,$$
$$p(t) = 0 \qquad \text{für} \quad t > 2\,T_S \,.$$

Damit folgt die Bewegungsgleichung

$$(\frac{m_P}{4} + m_F)\, l^2 \ddot{\vartheta} + [\,(k_P + k_F l^2) - (\frac{G_P}{2} + G_F)\, l\,]\, \vartheta = p(t)\, l \,.$$

Mit der Eigenkreisfrequenz ω und der Masse m

$$\omega^2 = [(k_P + k_F l^2) - (\frac{G_P}{2} + G_F)\, l]/(\frac{m_P}{4} + m_F)\, l^2 \quad \text{und} \quad m = (\frac{m_P}{4} + m_F)\, l^2$$

liefert das Duhamel-Integral mit $\delta = 0$

$$\vartheta = \frac{1}{m\omega} \int_{t_0}^{t_1} e^{-\delta \cdot (t-\tau)} \sin \omega(t - \tau) \cdot p(\tau)\, d\tau = \frac{1}{m\omega} \int_{t_0}^{t_1} \sin \omega(t - \tau) \cdot p(\tau)\, d\tau \,,$$

wenn die Anfangsauslenkung und die Anfangsgeschwindigkeit null gesetzt sind.

Zeitbereich $0 \leq t \leq T_S$

Die Integration des Duhamel-Integrals

$$\vartheta = \frac{1}{m\omega} \int_0^t \sin \omega(t - \tau) \cdot \hat{p}\, l \cdot \frac{\tau}{T_S}\, d\tau$$
$$= \frac{\hat{p}\, l}{m\omega T_S} \int_0^t (\sin \omega t \cos \omega\tau - \cos \omega t \sin \omega\tau) \cdot \tau\, d\tau$$
$$= \frac{\hat{p}\, l}{m\omega T_S} [\sin \omega t (\frac{\cos \omega\tau}{\omega^2} + \frac{\tau \sin \omega\tau}{\omega}) - \cos \omega t (\frac{\sin \omega\tau}{\omega^2} - \frac{\tau \cos \omega\tau}{\omega})]_0^t$$
$$= \frac{\hat{p}\, l}{m\omega^3 T_S} (\omega t - \sin \omega t)$$

gibt die Lösung der Bewegungsgleichung für die Zeit $0 \leq t \leq T_S$. Zur Zeit T_S sind die Verdrehung ϑ und die Drehgeschwindigkeit v

$$\vartheta(T_S) = \frac{\hat{p}\, l}{m\omega^3 T_S} (\omega T_S - \sin \omega T_S) \,, \quad v(T_S) = \dot{\vartheta}(T_S) = \frac{\hat{p}\, l}{m\omega^2 T_S} (1 - \cos \omega T_S)$$

erreicht, die als Anfangsbedingungen für die Zeit $T_S \leq t \leq 2\,T_S$ wirken.

Zeitbereich $T_S \leq t \leq 2T_S$

Entsprechend Abschnitt 8 gilt mit $\delta = 0$ zunächst

$$\vartheta(t) = \vartheta(T_S)\cos\omega(t-T_S) + \frac{v(T_S)}{\omega}\sin\omega(t-T_S) + \frac{1}{m\omega}\int_{T_S}^{t}\sin\omega(t-\tau)\cdot\hat{p}\,l\cdot(2-\frac{\tau}{T_S})\,d\tau\,.$$

Die Umformung des ersten Teils gibt

$$\begin{aligned}
\vartheta_0(t) &= \vartheta(T_S)\cos\omega(t-T_S) + \frac{v(T_S)}{\omega}\sin\omega(t-T_S) \\
&= \frac{\hat{p}\,l}{m\omega^3 T_S}\left[(\omega T_S - \sin\omega T_S)\cos\omega(t-T_S) + (1-\cos\omega T_S)\sin\omega(t-T_S)\right] \\
&= \frac{\hat{p}\,l}{m\omega^3 T_S}\left[\omega T_S\cos\omega(t-T_S) + \sin\omega(t-T_S) - \sin\omega t\right].
\end{aligned}$$

Die Umformung des Duhamel-Integrals liefert zunächst

$$\vartheta_1(t) = \frac{\hat{p}\,l}{m\omega}\int_{T_S}^{t}(\sin\omega t\cos\omega\tau - \cos\omega t\sin\omega\tau)\cdot(2-\frac{\tau}{T_S})\,d\tau$$

und weiter

$$\begin{aligned}
\vartheta_1(t) &= \frac{2\hat{p}\,l}{m\omega^2}\{\sin\omega t(\sin\omega t - \sin\omega T_S) + \cos\omega t(\cos\omega t - \cos\omega T_S)\} \\
&\quad - \frac{\hat{p}\,l}{m\omega T_S}\{[\sin\omega t(\frac{\cos\omega t}{\omega^2} + \frac{t\sin\omega t}{\omega}) - \cos\omega t(\frac{\sin\omega t}{\omega^2} - \frac{t\cos\omega t}{\omega})] \\
&\quad - [\sin\omega t(\frac{\cos\omega T_S}{\omega^2} + \frac{T_S\sin\omega T_S}{\omega}) - \cos\omega t(\frac{\sin\omega T_S}{\omega^2} - \frac{T_S\cos\omega T_S}{\omega})]\} \\
&= \frac{\hat{p}\,l}{m\omega^3 T_S}\{2\omega T_S - \omega t + \sin\omega(t-T_S) - \omega T_S\cos\omega(t-T_S)\}.
\end{aligned}$$

Damit folgt die Gesamtlösung für die Zeit $T_S \leq t \leq 2T_S$ zu

$$\vartheta(t) = \vartheta_0(t) + \vartheta_1(t) = \frac{\hat{p}\,l}{m\omega^3 T_S}\{2\omega T_S - \omega t + 2\sin\omega(t-T_S) - \sin\omega t\}.$$

Die Verdrehung zur Zeit $2T_S$

$$\vartheta(2T_S) = \frac{\hat{p}\,l}{m\omega^3 T_S}\{2\sin\omega T_S - \sin 2\omega T_S\}$$

und die Drehgeschwindigkeit zur Zeit $2T_S$

$$v(2T_S) = \dot{\vartheta}(2T_S) = \frac{\hat{p}\,l}{m\omega^2 T_S}\{-1 + 2\cos\omega T_S - \cos 2\omega T_S\}\,.$$

sind die Anfangsbedingungen der freien Schwingung für die Zeit $t > 2T_S$

Zeitbereich $2T_S \leq t$

Mit den Anfangsbedingungen für die freie Schwingung folgt

$$
\begin{aligned}
\vartheta(t) &= \vartheta(2T_S)\cos\omega(t - 2T_S) + \frac{v(2T_S)}{\omega}\sin\omega(t - 2T_S)\\
&= \frac{\hat{p}\,l}{m\omega^3 T_S}\{[2\sin\omega T_S - \sin 2\,\omega T_S]\cos\omega(t - 2T_S)\\
&\quad + [-1 + 2\cos\omega T_S - \cos 2\,\omega T_S]\sin\omega(t - 2T_S)\}\\
&= \frac{\hat{p}\,l}{m\omega^3 T_S}\{-\sin\omega(t - 2T_S) + 2\sin\omega(t - T_S) - \sin\omega t\}\\
&= \frac{\hat{p}\,l}{m\omega^3 T_S}\{(1 - \cos\omega T_S)\,2\sin\omega(t - T_S)\}\,.
\end{aligned}
\tag{8.1}
$$

Lösung mit Dirac–Impuls

Zum Vergleich ist die Lösung infolge eines Dirac–Impulses $I \cdot \hat{\delta}(t - T_S)$ in Abschnitt 8.1 für $t_0 = T_S$ angegeben

$$
\vartheta(t) = \frac{I}{m\omega}\sin\omega(t - T_S) \qquad \text{für} \quad t > 2T_S\,.
\tag{8.2}
$$

Auch wenn keine direkte Übereinstimmung von Gleichung (8.1) mit Gleichung (8.2) gegeben ist, kann man die Lösungen für $T_S \to 0$ ineinander überführen. Mit

$$
I = \int\limits_0^{2T_S} p(t)\,l\,dt = \hat{p}\,l\,T_S
$$

sowie der Regel nach l'Hopital für den Grenzübergang $T_S \to 0$ folgt aus Gleichung (8.1)

$$
\begin{aligned}
\lim_{T_S \to 0}\vartheta(t) &= \lim_{T_S \to 0}\frac{I}{m\omega^3}\{\frac{1 - \cos\omega T_S}{T_S^2}\,2\sin\omega(t - T_S)\}\\
&= \lim_{T_S \to 0}\frac{I}{m\omega^2}\{\frac{\sin\omega T_S}{2\,T_S}\,2\sin\omega(t - T_S)\}\\
&= \lim_{T_S \to 0}\frac{I}{m\omega}\cos\omega T_S\,\sin\omega(t - T_S)\\
&= \frac{I}{m\omega}\sin\omega(t - T_S)\,.
\end{aligned}
$$

Für kleiner werdendes T_S folgt mit $\cos\omega T_S \to 1$ die gleiche Lösung wie mit dem Dirac–Impuls nach Abschnitt 8.1 und Gleichung (8.2), sodass nicht mehr der Verlauf des Impulses entscheidend ist, sondern nur noch die Impulsgröße.

Beispiel 3: Stoß infolge fallendem Gewicht

In einem zweigeschossigen Gebäude versagen die Stützen des Obergeschosses infolge eines Erdbebens. Die Geschossdecke m_2 fällt daraufhin aus der Höhe h_0 auf die untere Geschossdecke m_1. Die Geschwindigkeit v_2 beim Aufprall auf die untere Geschossdecke kann mit dem Energiesatz berechnet werden. Mit $m_2\,(v_2)^2/2 = m_2\,g\,h_0$ folgt $v_2 = \sqrt{2\,g\,h_0}$.

Eine vergleichbare Situation ist vorhanden, wenn das Tragseil einer Kranbahn versagt und das angehängte Gewicht auf die darunter liegenden Tragwerke fällt.

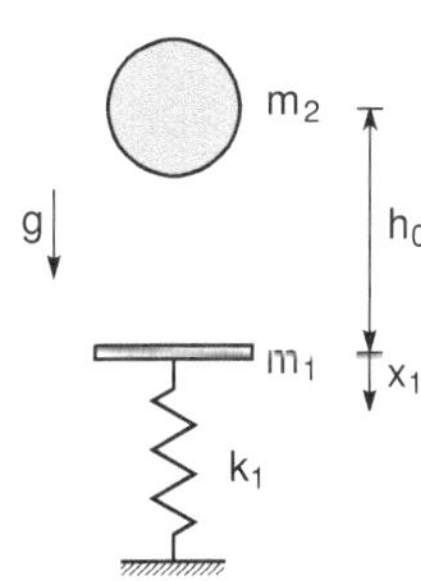

Eine vereinfachende Modellbildung liefert die im Bild dargestellte Aufgabenstellung. Die starre Masse m_2 fällt mit der Geschwindigkeit v_2 auf die elastisch gelagerte Masse m_1. Nach dem Aufprall bewegen sich die Massen $m_1 + m_2$ gemeinsam mit $x_1(t)$, wenn ein *unelastischer Stoß* angesetzt wird. Mit dieser Annahme können die Bewegung $x_1(t)$ und die im Tragwerk auftretende Federkraft $F_1 = k_1\,x_1$ wie folgt berechnet werden. Ohne Herleitung ist die Bewegungsgleichung für $x_1(t)$ gegeben:

$$(m_1 + m_2)\,\ddot{x}_1 + k_1\,x_1 = (m_1 + m_2)\,g\,.$$

Die Lösung der homogenen Bewegungsgleichung

$$x_{1h}(t) = \hat{a}_c \cos \omega_0 t + \hat{a}_s \sin \omega_0 t \qquad \text{mit} \qquad \omega_0 = \sqrt{k_1/(m_1 + m_2)}$$

und die Partikularlösung

$$x_{1p} = \frac{m_1 + m_2}{k_1}\,g$$

liefern die Gesamtlösung

$$x_1(t) = \frac{m_1 + m_2}{k_1}\,g + \hat{a}_c \cos \omega_0 t + \hat{a}_s \sin \omega_0 t\,.$$

Die Anpassung der Gesamtlösung an die Anfangsbedingungen erfolgt mit

$$x_1(t = 0) = \frac{m_1\,g}{k_1} \qquad \text{und} \qquad \dot{x}_1(t = 0) = v_1(t = 0)\,.$$

Die Geschwindigkeit $v_1(t = 0)$ nach dem Aufprall kann mit dem Impulserhaltungssatz bestimmt werden. Mit

$$m_2\,v_2 = (m_1 + m_2)\,v_1$$

folgt

$$v_1(t=0) = \frac{m_2}{m_1+m_2}\, v_2$$

und hiermit die an die Anfangsbedingungen angepasste Gesamtlösung

$$x_1(t) = \frac{m_1+m_2}{k_1}\, g - \frac{m_2}{k_1}\, g\cos\omega_0 t + \sqrt{\frac{(m_2)^2}{(m_1+m_2)\,k_1}}\; v_2\sin\omega_0 t\,.$$

Die Umformung in die Normalform liefert

$$x_1(t) = \frac{m_1+m_2}{k_1}\, g + \frac{m_2}{k_1}\, g\,\sqrt{1 + \frac{k_1}{m_1+m_2}\,(\frac{v_2}{g})^2}\;\cos(\omega_0 t - \varphi_0)\,.$$

mit

$$\varphi_0 = \arctan(-\frac{v_2}{g}\,\sqrt{\frac{k_1}{m_1+m_2}}) = \arctan(-\frac{v_2}{g}\,\omega_0)\,.$$

Mit $x(t)$ ist die maximale Federkraft gegeben:

$$F_{1max} = k_1\, x_{1max} = (m_1+m_2)\, g + m_2\, g\,\sqrt{1 + \frac{k_1}{m_1+m_2}\,(\frac{v_2}{g})^2}\,.$$

Interpretation des Ergebnisses:

- Die Partikularlösung infolge $(m_1+m_2)\, g$ gibt die statische Gleichgewichtslage an.
- Die Lösung der homogenen Bewegungsgleichung beschreibt die Schwingung um die Gleichgewichtslage infolge Aufprall der Masse m_2.

Alternativ zu dem hier gewählten Lösungsweg kann die Partikularlösung infolge Aufprall auch mit dem Duhamel–Integral und dem Impuls $I = m_2\, v_2$ berechnet werden, siehe Abschnitt 8.1. Mit dem *Duhamel–Integral*

$$x_p = \frac{1}{m\omega}\int\limits_0^t e^{-\delta(t-\tau)}\sin\omega(t-\tau)\cdot I\cdot\hat\delta(\tau - t_0)\, d\tau$$

folgt die Partikularlösung mit $t_0 = 0$, $\delta = 0$, $\omega = \omega_0$ und $m = m_1 + m_2$ zu

$$x_p = \frac{1}{(m_1+m_2)\,\omega_0}\, I\,\sin\omega_0 t$$

$$= \sqrt{\frac{(m_2)^2}{(m_1+m_2)\,k_1}}\; v_2\sin\omega_0 t\,.$$

Zusätzlich müssen hier die Anfangsbedingungen berücksichtigt werden.

MEHRFREIHEITSGRADSYSTEME

9 Matrizenschreibweise

Das Aufstellen der Bewegungsgleichungen für Mehrfreiheitsgradsysteme kann zunächst in Analogie zu Abschnitt 4 erfolgen. Dies bedeutet, dass die dort erläuterten Verfahren sinngemäß auf alle Massen und Bewegungsmöglichkeiten des zu untersuchenden Systems anzuwenden sind. Da die so ermittelten Bewegungsgleichungen bei vielen Freiheitsgraden sehr unübersichtlich sind, werden sie in eine Matrizenschreibweise überführt. Dies hat den Vorteil, dass die Lösungsansätze und die Darstellung der Lösung in Analogie zum Ein–Masse–Schwinger erfolgen kann.

Für eine sinnvolle Verwendung der Matrizenschreibweise werden zunächst alle Symbole und Bezeichnungen des Ein–Masse–Schwingers in entsprechende Vektor– bzw. Matrizensymbole überführt. Die Matrizenschreibweise wird danach exemplarisch auf einen Zwei–Masse–Schwinger übertragen. Die bei der Herleitung der Bewegungsgleichungen in Abschnitt 4 verwendeten Begriffe sind:

$$
\begin{aligned}
\text{Bewegungsgleichung} \quad &: \quad m\ddot{x} + d\dot{x} + kx = p(t) \\[4pt]
\text{kinetische Energie} \quad &: \quad -A_m = T = \tfrac{1}{2}\,\dot{x}m\dot{x} \\[4pt]
\text{potentielle Energie} \quad &: \quad -A_k = \Pi = \tfrac{1}{2}\,xkx - xp_0 \\[4pt]
\text{dissipierte Arbeit} \quad &: \quad -A_d = \int \dot{x}d\dot{x}\,dt \\[4pt]
\text{äußere Arbeit} \quad &: \quad A_p = +\int \dot{x}p(t)\,dt\,.
\end{aligned}
$$

Die Beschreibung dieser Zusammenhänge erfolgt bei Mehr–Massen–Schwingern mit den nachfolgend aufgeführten Matrizensymbolen. Fett gedruckte Großbuchstaben kennzeichnen quadratische und rechteckige Matrizen, fett gedruckte Kleinbuchstaben kennzeichnen Vektoren. Die Vektor– und Matrix–Elemente werden mit Indizes versehen, wobei der erste Index die Zeile und der zweite Index bei Matrizen die Spalte angibt. Für den Ein–Masse–Schwinger gilt $i = j = 1$. Für Mehr–Massen–Schwinger folgt:

$$
\begin{aligned}
\text{Masse} \quad &: \quad \mathbf{M} = [m_{ij}] \\[4pt]
\text{Dämpfung} \quad &: \quad \mathbf{D} = [d_{ij}] \\[4pt]
\text{Steifigkeit} \quad &: \quad \mathbf{K} = [k_{ij}] \\[4pt]
\text{Belastung} \quad &: \quad \mathbf{p}(t) = [p_i] \\[4pt]
\text{Variable} \quad &: \quad \mathbf{x} = [x_j]\,.
\end{aligned}
$$

© Springer Fachmedien Wiesbaden GmbH, ein Teil von Springer Nature 2020
D. Dinkler, *Einführung in die Strukturdynamik*,
https://doi.org/10.1007/978-3-658-31845-1_9

Für die Zeitableitung der Koordinaten gilt

$$\dot{\mathbf{x}} = \frac{d}{dt}\,\mathbf{x} = \left[\frac{d}{dt}\,x_j\right] = [\dot{x}_j]\,.$$

Mit diesen Symbolen können die Bewegungsgleichungen und die Arbeiten für beliebige Mehr–Massen–Schwinger so dargestellt werden, dass die Lösung der Bewegungsgleichungen weitgehend analog zum Ein–Masse–Schwinger erfolgen kann. Bei der Überführung der skalaren Beschreibung in die Matrizenschreibweise ist zu beachten, dass Quadrate der Freiheitsgrade mit quadratischen Formen dargestellt werden müssen – also liegende und stehende Vektoren erforderlich sind. Hiermit folgt:

$$\begin{aligned}
\text{Bewegungsgleichung} \quad &: \quad \mathbf{M}\,\ddot{\mathbf{x}} + \mathbf{D}\,\dot{\mathbf{x}} + \mathbf{K}\,\mathbf{x} = \mathbf{p}(t) \\[4pt]
\text{kinetische Energie} \quad &: \quad -A_m = T = \tfrac{1}{2}\,\dot{\mathbf{x}}^T \mathbf{M}\,\dot{\mathbf{x}} \\[4pt]
\text{potentielle Energie} \quad &: \quad -A_k = \Pi = \tfrac{1}{2}\,\mathbf{x}^T \mathbf{K}\,\mathbf{x} - \mathbf{x}^T\,\mathbf{p}_0 \\[4pt]
\text{dissipierte Arbeit} \quad &: \quad -A_d = \int \dot{\mathbf{x}}^T \mathbf{D}\,\dot{\mathbf{x}}\,dt \\[4pt]
\text{äußere Arbeit} \quad &: \quad A_p = +\int \dot{\mathbf{x}}^T \mathbf{p}(t)\,dt
\end{aligned}$$

Für das im Bild dargestellte System wird exemplarisch gezeigt, wie die Bewegungsgleichungen nach verschiedenen Verfahren aus Abschnitt 4 an die Matrizenschreibweise angepasst werden können.

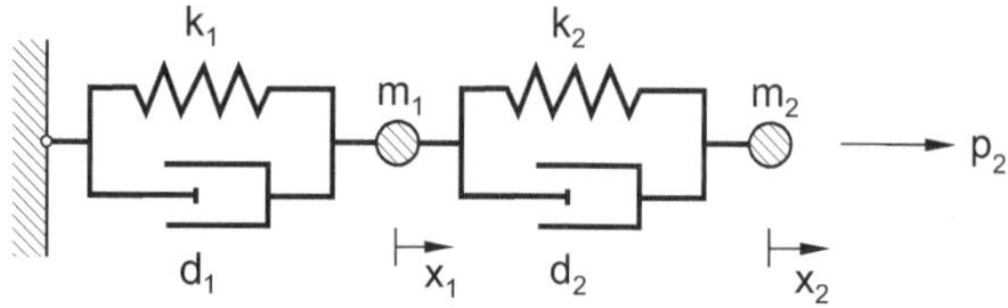

Bild 9-1 Zwei-Massen-Schwinger

Analog zum Ein–Masse–Schwinger kann die Entwicklung der Bewegungsgleichungen mit den Arbeitsschritten

1. Kinematik
2. Dynamik – D'Alembert
3. Werkstoff
4. Bewegungsgleichung

erfolgen. Nachfolgend erfolgt dies vereinfachend nur für den Arbeitsschritt 2.

9.1 Das D'Alembert'sche Prinzip

Die Herleitung der Bewegungsgleichungen mit dem D'Alembert'schen Prinzip erfolgt für das in Bild 9-1 angegebene System mit zwei Freiheitsgraden. Zunächst werden die Bewegungsgleichungen getrennt aufgestellt und in einem zweiten Schritt in die Matrizenschreibweise überführt. Beim D'Alembert'schen Prinzip wird das Schnittprinzip entsprechend Bild 9-2 auf die Komponenten mit eingeprägten Kräften angewendet, also für die Federkräfte und Dämpferkräfte.

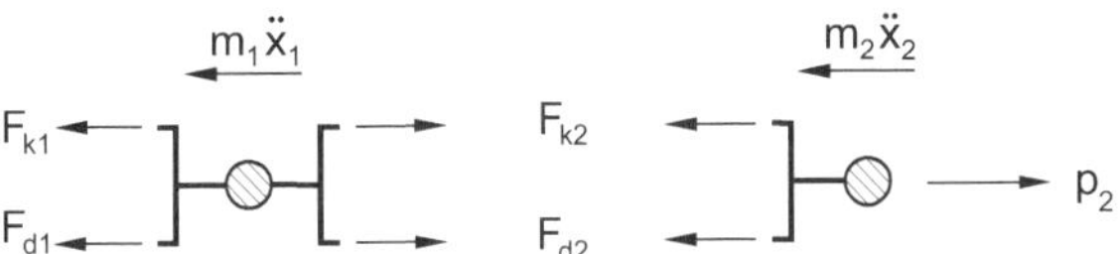

Bild 9-2 Schnittbild

Gleichgewicht der Kräfte und der Massenträgheiten an den in Bild 9-2 freigeschnittenen Massen m_1 und m_2 liefert folgende Gleichungen

$$-m_1\ddot{x}_1 - F_{d1} + F_{d2} - F_{k1} + F_{k2} = 0 \,,$$
$$-m_2\ddot{x}_2 - F_{d2} - F_{k2} + p_2 = 0 \,.$$

Einsetzen der Werkstoffgleichungen und der Kinematik

$$F_{k1} = k_1 x_1 \,, \qquad F_{d1} = d_1 \dot{x}_1 \,,$$
$$F_{k2} = k_2(x_2 - x_1) \,, \qquad F_{d2} = d_2(\dot{x}_2 - \dot{x}_1)$$

führt auf die Bewegungsgleichungen für x_1 und x_2

$$-m_1\ddot{x}_1 - d_1\dot{x}_1 + d_2(\dot{x}_2 - \dot{x}_1) - k_1 x_1 + k_2(x_2 - x_1) = 0$$
$$-m_2\ddot{x}_2 - d_2(\dot{x}_2 - \dot{x}_1) - k_2(x_2 - x_1) + p_2 = 0 \,.$$

Das Einsortieren in die Matrizen und Vektoren erfolgt so, dass die Koeffizienten den Freiwerten spaltenweise zugeordnet sind. Die Reihenfolge der Gleichungen wird wie die Reihenfolge der Freiwerte in **x** gewählt. Wenn die Bewegungsgleichungen mit „-1" multipliziert werden, folgen die Bewegungsgleichungen in Symbolschreibweise zu

$$\mathbf{M}\ddot{\mathbf{x}} + \mathbf{D}\dot{\mathbf{x}} + \mathbf{K}\mathbf{x} = \mathbf{p}(t)$$

und in Matrizenschreibweise speziell für das vorliegende System

$$\begin{bmatrix} m_1 & \\ & m_2 \end{bmatrix}\begin{bmatrix} \ddot{x}_1 \\ \ddot{x}_2 \end{bmatrix} + \begin{bmatrix} d_1 + d_2 & -d_2 \\ -d_2 & d_2 \end{bmatrix}\begin{bmatrix} \dot{x}_1 \\ \dot{x}_2 \end{bmatrix} + \begin{bmatrix} k_1 + k_2 & -k_2 \\ -k_2 & k_2 \end{bmatrix}\begin{bmatrix} x_1 \\ x_2 \end{bmatrix} = \begin{bmatrix} 0 \\ p_2 \end{bmatrix} \,.$$

Wenn die Anzahl der Gleichungen und die Anzahl der Freiwerte gleich sind, sind die Koeffizientenmatrizen quadratisch. Die Matrizen sind symmetrisch, wenn die Reihenfolge der Gleichungen und der Freiwerte übereinstimmt. Symmetrie weist bei der Steifigkeitsmatrix auf die Potentialeigenschaften der entsprechenden Kräfte hin. Unsymmetrische Matrizen sind möglich, wenn nichtkonservative, wegabhängige Kräfte berücksichtigt werden müssen.

9.2 D'Alembert'sches Prinzip in der Lagrange'schen Fassung

Das D'Alembert'sche Prinzip in der Lagrange'schen Fassung ist entsprechend Abschnitt 4.2 mit

$$\delta A = -\sum_i \dot{I}_i \delta q_i + \sum_{i,j} Q_{ij}^{ew} \delta q_i = 0\,.$$

gegeben. Es entspricht in der Statik dem Prinzip der virtuellen Verschiebungen. Zu beachten ist, dass die inneren Arbeiten der eingeprägten Feder– und Dämpferkräfte negativ sind. Anstelle der Indexschreibweise kann man auch die Matrizenschreibweise wählen, wenn die Vektoren der generalisierten eingeprägten Kräfte $\mathbf{Q}^{ew}$ und der Impulsänderungen $\dot{\mathbf{I}}$ verwendet werden. Hiermit gilt

$$\delta A = -\delta \mathbf{q}^T \dot{\mathbf{I}} + \sum_j \delta \mathbf{q}^T \mathbf{Q}_j^{ew} = 0\,.$$

Für das hier untersuchte System sind die virtuellen Arbeiten mit den Freiwerten x_i und den virtuellen Verschiebungen δx_i beschrieben. Zunächst werden die virtuellen Arbeiten aller Kräfte und Massenträgheiten aufsummiert. Innere Arbeiten erhalten ein negatives Vorzeichen, die Massenträgheiten wirken der Bewegung entgegen.

$$-F_{k1} \cdot \delta\Delta x_1 - F_{k2} \cdot \delta\Delta x_2 - F_{d1} \cdot \delta\Delta x_1 - F_{d2} \cdot \delta\Delta x_2$$
$$-m_1\ddot{x}_1 \cdot \delta x_1 - m_2\ddot{x}_2 \cdot \delta x_2 + p_2 \cdot \delta x_2 = 0\,.$$

In einem zweiten Schritt werden die Werkstoffgleichungen eingesetzt. Es folgt

$$-k_1\Delta x_1 \cdot \delta\Delta x_1 - k_2\Delta x_2 \cdot \delta\Delta x_2 - d_1\Delta\dot{x}_1 \cdot \delta\Delta x_1 - d_2\Delta\dot{x}_2 \cdot \delta\Delta x_2$$
$$-m_1\ddot{x}_1 \cdot \delta x_1 - m_2\ddot{x}_2 \cdot \delta x_2 + p_2 \cdot \delta x_2 = 0\,.$$

In einem dritten Schritt werden die kinematischen Bedingungen für die wirklichen und die virtuellen Verschiebungen eingesetzt. Es folgt

$$-k_1(x_1 - 0) \cdot (\delta x_1 - 0) - k_2(x_2 - x_1) \cdot (\delta x_2 - \delta x_1)$$
$$-d_1(\dot{x}_1 - 0) \cdot (\delta x_1 - 0) - d_2(\dot{x}_2 - \dot{x}_1) \cdot (\delta x_2 - \delta x_1)$$
$$-m_1\ddot{x}_1 \cdot \delta x_1 - m_2\ddot{x}_2 \cdot \delta x_2 + p_2 \cdot \delta x_2 = 0\,.$$

Und in einem letzten Schritt werden die Arbeitsterme nach den virtuellen Verschiebungen δx_1 sowie δx_2 sortiert

$$\delta x_1 \big[- k_1 x_1 + k_2(x_2 - x_1) - d_1 \dot{x}_1 + d_2(\dot{x}_2 - \dot{x}_1) - m_1 \ddot{x}_1 \big]$$
$$+ \delta x_2 \big[- k_2(x_2 - x_1) + p_2 - d_2(\dot{x}_2 - \dot{x}_1) - m_2 \ddot{x}_2 \big] = 0 \, ,$$

sodass jetzt die Matrizenschreibweise der Bewegungsgleichungen folgen kann. Die wirklichen und die virtuellen Weggrößen sind in die Vektoren

$$\mathbf{x} = \begin{bmatrix} x_1 \\ x_2 \end{bmatrix} \quad \text{und} \quad \delta \mathbf{x} = \begin{bmatrix} \delta x_1 \\ \delta x_2 \end{bmatrix} ,$$

einsortiert. Die eingeprägten Kräfte können jetzt als Matrix–Vektorprodukte geschrieben werden, wobei Kräfte mit positiven Vorzeichen in Richtung der Verschiebungen wirken,

$$\sum_j \mathbf{Q}^{ew} = - \begin{bmatrix} d_1 + d_2 & -d_2 \\ -d_2 & d_2 \end{bmatrix} \begin{bmatrix} \dot{x}_1 \\ \dot{x}_2 \end{bmatrix} - \begin{bmatrix} k_1 + k_2 & -k_2 \\ -k_2 & k_2 \end{bmatrix} \begin{bmatrix} x_1 \\ x_2 \end{bmatrix} + \begin{bmatrix} 0 \\ p_2 \end{bmatrix} .$$

Die Impulsänderungen bzw. Massenträgheiten sind mit

$$-\dot{\mathbf{I}} = - \begin{bmatrix} \dot{I}_1 \\ \dot{I}_2 \end{bmatrix} = - \begin{bmatrix} m_1 & \\ & m_2 \end{bmatrix} \cdot \begin{bmatrix} \ddot{x}_1 \\ \ddot{x}_2 \end{bmatrix}$$

zusammengefasst, sodass abschließend die Bewegungsgleichungen wie in Abschnitt 9.1 angegeben werden können.

Mit eine wenig Übung kann man das Matrizenschema der Bewegungsgleichungen für die entsprechende Zahl der Freiheitsgrade hinschreiben und die Matrizen mit den entsprechenden Arbeitstermen – ohne weitere Zwischenschritte – direkt füllen.

Nachfolgende Kontrollen der Matrizenschreibweise sind sinnvoll und einfach durchführbar. Bei den hier untersuchten Systemen sind nur konservative Kräfte vorhanden, sodass die Matrizen immer symmetrisch sein müssen, wenn die wirklichen und die virtuellen Weggrößen in der gleichen Reihenfolge verwendet werden. Außerdem sind die Untermatrizen für die Feder- und die Dämpferarbeiten blockweise mit den Vorzeichen $+-$ sowie $-+$ versehen. Die Massenmatrix ist bei Starrkörpersystemen nur auf der Diagonalen besetzt. Zu dem sind die Vorzeichen auf den Hauptdiagonalen immer positiv.

10 Systematisches Aufstellen der Systemmatrizen

Das bisherige Vorgehen führt in einem ersten Schritt immer auf skalare Größen und Gleichungen. Erst danach erfolgt die Anpassung an die Matrizenschreibweise. Setzt man einmal voraus, dass die Bewegungsgleichungen die Form

$$-\mathbf{M}\,\ddot{\mathbf{x}} - \mathbf{D}\,\dot{\mathbf{x}} - \mathbf{K}\,\mathbf{x} + \mathbf{p}(t) = \mathbf{0}$$

besitzen, kann man die Vektoren $\mathbf{x}, \mathbf{p}$ und die Matrizen $\mathbf{K}, \mathbf{D}$ und $\mathbf{M}$ auch systematisch je für sich aufstellen, ohne die Bewegungsgleichungen zu kennen. Dies hat den Vorteil, dass die Wirkungen der einzelnen Komponenten getrennt betrachtet werden können, sodass das Vorgehen dem „synthetischen" Aufstellen der Bewegungsgleichungen vergleichbar ist. Generell gibt es zwei Verfahren, die man zum Aufstellen der Koeffizientenmatrizen einsetzen kann – das Verfahren der Krafteinflusszahlen und das Verfahren der Verformungseinflusszahlen.

10.1 Krafteinflusszahlen

Das Verfahren der Krafteinflusszahlen entspricht dem *Weggrößenverfahren* in der Statik. Es zielt direkt auf die Ermittlung der Matrizen $\mathbf{K}, \mathbf{D}$ und $\mathbf{M}$. Kerngedanke ist die Deutung der Bewegungsgleichungen als Kräftegleichgewicht in Richtung der Koordinaten $\mathbf{x} = [x_i]$. Dies bedeutet, dass in jeder Gleichung eine Summe von Kräften steht, deren Größe mit den Unbekannten $\mathbf{x}, \dot{\mathbf{x}}$ und $\ddot{\mathbf{x}}$ festgelegt ist. Die Koeffizientenmatrizen haben hiernach die Bedeutung von Krafteinflusszahlen, die den Einfluss der „Kräfte" $\mathbf{K}\cdot\mathbf{x}, \mathbf{D}\cdot\dot{\mathbf{x}}$ und $\mathbf{M}\cdot\ddot{\mathbf{x}}$ auf das Gleichgewicht beschreiben. Die Berechnungsvorschrift für die Krafteinflusszahlen $\mathbf{K}, \mathbf{D}$ und $\mathbf{M}$ folgt unmittelbar aus der Fragestellung:

„Wie groß sind die an einer Masse angreifenden Kräfte bzw. Momente, wenn die Weggrößen den Wert „1" haben?"

Das Vorgehen bei der Berechnung der Krafteinflusszahlen sieht daher die folgenden Schritte vor.

1. Setze alle $x_j, \dot{x}_j$ und $\ddot{x}_j$ zu Null.
2. Setze eine Koordinate $x_j = 1$ und berechne alle „Kräfte" $k_{ij} \cdot 1$ an der Stelle i (in Richtung von x_i) infolge $x_j = 1$.
3. Setze eine Geschwindigkeit $\dot{x}_j = 1$ und berechne alle „Kräfte" $d_{ij} \cdot 1$ an der Stelle i (in Richtung von x_i) infolge $\dot{x}_j = 1$.
4. Setze eine Beschleunigung $\ddot{x}_j = 1$ und berechne alle „Kräfte" $m_{ij} \cdot 1$ an der Stelle i (in Richtung von x_i) infolge $\ddot{x}_j = 1$.

© Springer Fachmedien Wiesbaden GmbH, ein Teil von Springer Nature 2020
D. Dinkler, *Einführung in die Strukturdynamik*,
https://doi.org/10.1007/978-3-658-31845-1_10

Mit diesem Schema können sukzessive alle Elemente der Koeffizientenmatrizen berechnet werden. Hierbei sind die $\mathbf{x}_j, \dot{\mathbf{x}}_j$ und $\ddot{\mathbf{x}}_j$ jeweils in der gleichen Richtung anzusetzen. Mit der Steifigkeitsmatrix folgen die Federkräfte zu

$$\mathbf{F}_k = \mathbf{K} \cdot \mathbf{x} = [k_{ij}] \cdot [x_j] \, .$$

Zu beachten ist, dass der Index j die Ursache und damit die Spalte in den Matrizen angibt und der Index i den Ort und die Richtung der Kraftgröße, also die Zeile in den Matrizen kennzeichnet:

$$1.\ \text{Index}: \quad \text{Ort}$$
$$2.\ \text{Index}: \quad \text{Ursache}$$

Unter der Voraussetzung, dass alle kinematischen Bedingungen von vornherein eingehalten sind, führt dieses Vorgehen auf die Bewegungsgleichungen für die Verschiebungen $\mathbf{x}(t)$. Da immer nur eine Weggröße zu „1" gesetzt wird und alle anderen zu „Null", ist der jeweilige Kraftangriffspunkt von den anderen „abgeschottet". Hierdurch werden immer nur eng begrenzte Bereiche betrachtet, was die Übersichtlichkeit steigert und den Rechenaufwand verringert. Die Vorzeichen der Kräfte sind so zu wählen, dass positive Kräfte in Richtung der positiven Weggrößen zeigen. Zu beachten ist beim Einbau der Krafteinflusszahlen in die Bewegungsgleichung, dass das vor den Matrizen stehende Vorzeichen mit berücksichtigt wird.

Beispiel 1

Für das im Bild dargestellte System mit zwei Freiheitsgraden sind die Bewegungsgleichungen mit dem Verfahren der Krafteinflusszahlen aufzustellen.

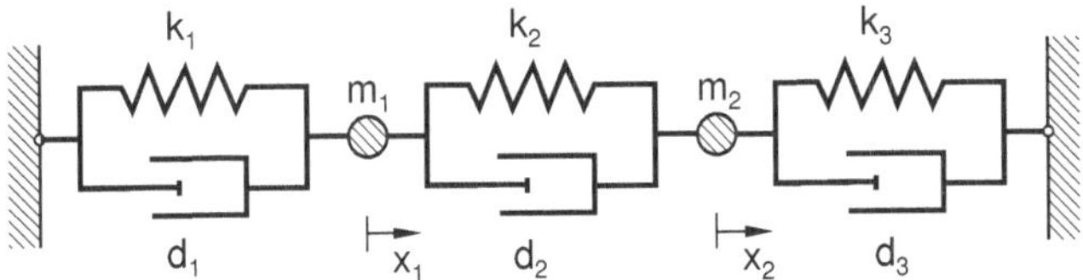

Zunächst sind alle Punktmassen gleichzeitig frei zu schneiden. Für die Steifigkeitsmatrix sind dabei jeweils alle Federkräfte anzutragen, wenn die Verschiebungen x_i nacheinander zu „1" gesetzt werden. Mit den hieraus folgenden Federkräften kann die Steifigkeitsmatrix entwickelt werden. Analog dazu werden die Dämpferkräfte und die Trägheitskräfte für die Geschwindigkeiten $\dot{x}_i = 1$ und die Beschleunigungen $\ddot{x}_i = 1$ bestimmt und hieraus die Dämpfungs– und die Massenmatrix.

Steifigkeitsmatrix

$$x_1 = 1 \ , \quad x_2 = 0$$

$$x_1 = 0 \ , \quad x_2 = 1$$

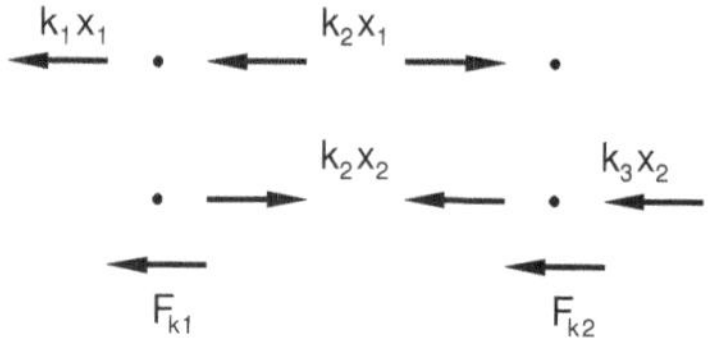

$$F_{k11} = (k_1 + k_2)\,x_1 \ , \quad F_{k12} = \quad -k_2\,x_2$$
$$F_{k21} = \quad -k_2\,x_1 \quad , \quad F_{k22} = (k_2 + k_3)\,x_2$$

$$\begin{bmatrix} F_{k1} \\ F_{k2} \end{bmatrix} = \begin{bmatrix} k_1 + k_2 & -k_2 \\ -k_2 & k_2 + k_3 \end{bmatrix} \begin{bmatrix} x_1 \\ x_2 \end{bmatrix} \quad \rightarrow \quad \mathbf{F}_k = \mathbf{K}\,\mathbf{x}$$

Dämpfungsmatrix

$$\dot{x}_1 = 1 \ , \quad \dot{x}_2 = 0$$

$$\dot{x}_1 = 0 \ , \quad \dot{x}_2 = 1$$

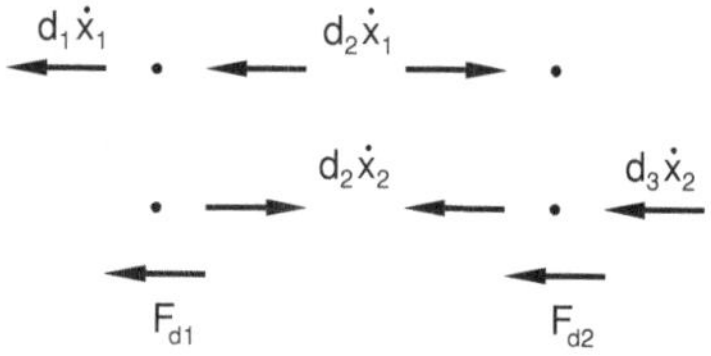

$$F_{d11} = (d_1 + d_2)\,\dot{x}_1 \ , \quad F_{d12} = \quad -d_2\,\dot{x}_2$$
$$F_{d21} = \quad -d_2\,\dot{x}_1 \quad , \quad F_{d22} = (d_2 + d_3)\,\dot{x}_2$$

$$\begin{bmatrix} F_{d1} \\ F_{d2} \end{bmatrix} = \begin{bmatrix} d_1 + d_2 & -d_2 \\ -d_2 & d_2 + d_3 \end{bmatrix} \begin{bmatrix} \dot{x}_1 \\ \dot{x}_2 \end{bmatrix} \quad \rightarrow \quad \mathbf{F}_d = \mathbf{D}\,\dot{\mathbf{x}}$$

Massenmatrix

$$\ddot{x}_1 = 1 \ , \quad \ddot{x}_2 = 0$$

$$\ddot{x}_1 = 0 \ , \quad \ddot{x}_2 = 1$$

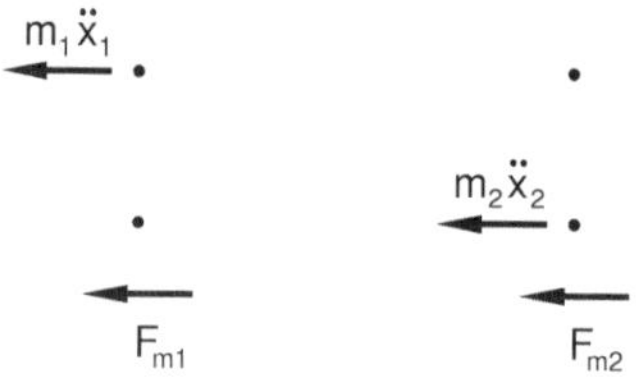

$$F_{m11} = m_1\,\ddot{x}_1 \ , \quad F_{m22} = m_2\,\ddot{x}_2$$

$$\begin{bmatrix} F_{m1} \\ F_{m2} \end{bmatrix} = \begin{bmatrix} m_1 & 0 \\ 0 & m_2 \end{bmatrix} \begin{bmatrix} \ddot{x}_1 \\ \ddot{x}_2 \end{bmatrix} \quad \rightarrow \quad \mathbf{F}_m = \mathbf{M}\,\ddot{\mathbf{x}}$$

Beispiel 2

Das im Bild dargestellte System ist im Lagerpunkt A viskos gelagert, sodass sich die Walze drehen und rutschen kann. Näherungsweise kann $\sin\varphi \approx \varphi$ und $\cos\varphi \approx 1$ gesetzt werden, wenn die Verdrehungen klein sind. Mit dem Verfahren der Krafteinflusszahlen sind die Koeffizientenmatrizen der Bewegungsgleichungen für die unabhängigen Freiheitsgrade u und φ aufzustellen.

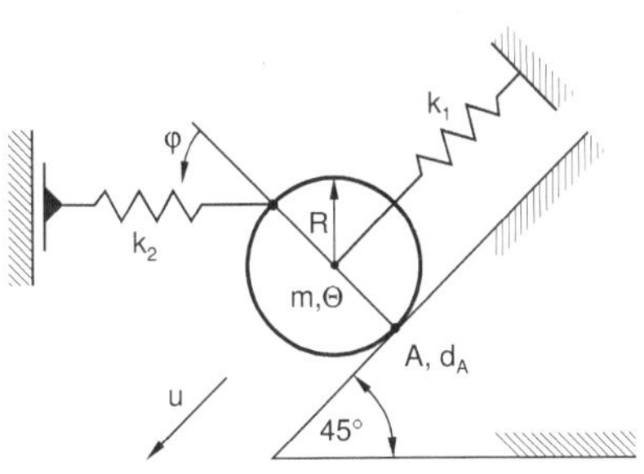

Steifigkeitsmatrix

$u = 1$

$\varphi = 0$

$u = 0$

$\varphi = 1$

Hier ist $1/\sqrt{2} \approx 0{,}7$ angesetzt und die Federkraft aus k_2 auf die Richtung von u projeziert. Die aus der Federkraft folgenden Momente $F_{k21} = 0{,}5 \cdot k_2 \cdot R \cdot u$ sowie $F_{k22} = 0{,}5 \cdot k_2 \cdot R^2 \cdot \varphi$ drehen um den Mittelpunkt der Scheibe.

$$F_{k11} = (k_1 + 0{,}5\,k_2)\,u\,, \quad F_{k12} = 0{,}5\,k_2\,R\,\varphi$$
$$F_{k21} = 0{,}5\,k_2\,R\,u \quad\quad , \quad F_{k22} = 0{,}5\,k_2\,R^2\,\varphi$$

$$\begin{bmatrix} F_{k1} \\ F_{k2} \end{bmatrix} = \begin{bmatrix} k_1 + 0{,}5\,k_2 & 0{,}5\,k_2\,R \\ 0{,}5\,k_2\,R & 0{,}5\,k_2\,R^2 \end{bmatrix} \begin{bmatrix} u \\ \varphi \end{bmatrix} \quad \rightarrow \quad \mathbf{F}_k = \mathbf{K}\,\mathbf{x}$$

Dämpfungsmatrix

$\dot{u} = 1$

$\dot{\varphi} = 0$

$\dot{u} = 0$

$\dot{\varphi} = 1$

$$F_{d11} = +d_A\,\dot{u} \quad , \quad F_{d12} = -d_A\,R\,\dot{\varphi}$$
$$F_{d21} = -d_A\,R\,\dot{u}\,, \quad F_{d22} = +d_A\,R^2\,\dot{\varphi}$$

$$\begin{bmatrix} F_{d1} \\ F_{d2} \end{bmatrix} = \begin{bmatrix} d_A & -d_A\,R \\ -d_A\,R & d_A\,R^2 \end{bmatrix} \begin{bmatrix} \dot{u} \\ \dot{\varphi} \end{bmatrix} \quad \rightarrow \quad \mathbf{F}_d = \mathbf{D}\,\dot{\mathbf{x}}$$

Massenmatrix

$\ddot{u} = 1 \ , \quad \ddot{\varphi} = 0$ $\qquad\qquad$ $m\ddot{u}$ $\qquad\qquad$ $F_{m\,11} = m\,\ddot{u}$

$\ddot{u} = 0 \ , \quad \ddot{\varphi} = 1$ $\qquad\qquad$ $\Theta\ddot{\varphi}$ $\qquad\qquad$ $F_{m\,22} = \Theta\,\ddot{\varphi}$

$$\begin{bmatrix} F_{m1} \\ F_{m2} \end{bmatrix} = \begin{bmatrix} m & 0 \\ 0 & \Theta \end{bmatrix} \begin{bmatrix} \ddot{u} \\ \ddot{\varphi} \end{bmatrix} \quad \rightarrow \quad \mathbf{F}_m = \mathbf{M}\,\ddot{\mathbf{x}}$$

10.2 Verallgemeinerung der Krafteinflusszahlen

Bisher sind die Einflusszahlen aus dem Kraftbegriff abgeleitet. Das Aufstellen der Bewegungsgleichungen ist hierbei der synthetischen Vorgehensweise vergleichbar. Beim analytischen Aufstellen der Bewegungsgleichungen ist die Betrachtung von Arbeiten und Energien Grundlage. Überträgt man den Arbeitsbegriff auf die Berechnung der Einflusszahlen, so führt das Prinzip der virtuellen Arbeit hier auf eine andere Interpretation der Einflusszahlen.
Mit dem Prinzip der virtuellen Verschiebungen nach Abschnitt 4.2.2 werden die Arbeiten der wirklichen Kräfte auf virtuellen Wegen über das gesamte System aufsummiert, was wegen der Unabhängigkeit der virtuellen Wege auf die einzelnen Bewegungsgleichungen, also die Zeilen der Matrizengleichung führt

$$-\delta\mathbf{x}^{T}\left\{\mathbf{M}\,\ddot{\mathbf{x}} + \mathbf{D}\,\dot{\mathbf{x}} + \mathbf{K}\,\mathbf{x} - \mathbf{p}(t)\right\} = 0\,.$$

Die wirklichen Kräfte werden hierbei mit Einflusszahlen, dies sind die Elemente der Koeffizientenmatrizen, und den wirklichen Weggrößen beschrieben. Die virtuellen Wege sind wie bisher gezeigt anzusetzen. Damit können die Einflusszahlen mit Hilfe des Arbeitsbegriffes berechnet werden.

„Wie groß ist die Arbeit der wirklichen Kräfte auf den virtuellen Wegen, wenn die wirklichen Wege den Wert „1" haben?"

Das Schema für die Berechnung der Einflusszahlen ist analog zu Abschnitt 10.1 beschrieben, nur dass hier nicht die *Krafteinflusszahlen*, sondern die *Arbeitseinflusszahlen* k_{ij}, d_{ij} und m_{ij} berechnet werden, die zahlenmäßig identisch sind, wenn die virtuellen Wege in Richtung der wirklichen Wege weisen.

1. Setze alle $x_j, \dot{x}_j$ und $\ddot{x}_j$ zu Null.
2. Setze eine Koordinate $x_j = 1$ und berechne alle „Arbeiten" k_{ij} an der Stelle i infolge $x_j = 1$.
3. Setze eine Geschwindigkeit $\dot{x}_j = 1$ und berechne alle „Arbeiten" d_{ij} an der Stelle i infolge $\dot{x}_j = 1$.
4. Setze eine Beschleunigung $\ddot{x}_j = 1$ und berechne alle „Arbeiten" m_{ij} an der Stelle i infolge $\ddot{x}_j = 1$.

10.3 Verformungseinflusszahlen

Alle hier untersuchten Systeme müssen die Bedingungen der Kinematik und der Dynamik erfüllen. Bisher wurde die Erfüllung der kinematischen Bedingungen stets vorausgesetzt und die Dynamik mit der Bewegungsgleichung beschrieben, die Grundlage der Berechnung der Verschiebungen ist. Alternativ hierzu kann man die Bedingungen an die Kräfte von vornherein erfüllen und eine kinematische Bedingung als Grundlage zur Berechnung der Verschiebungen ansetzen. Dieses Vorgehen ist in der Statik als *Kraftgrößenverfahren* bekannt. Mit der Annahme, dass alle am System angreifenden Kräfte und alle Massenträgheiten entsprechende Verschiebungen jeder einzelnen Masse zur Folge haben, gilt die Verformungsbedingung

$$\sum_{i,j} \mathbf{x}_i (F_j^e, \dot{I}_i) = \mathbf{0} \, . \tag{10.1}$$

Die Summe aller Verschiebungen $\mathbf{x}_i$ infolge der eingeprägten Kräfte F_j^e und der Massenträgheiten $\dot{I}_i$ muss verschwinden. Dies bedeutet, dass im System bei der Verformung keine Lücken auftreten.
Wie berechnet man die Verschiebungen infolge der eingeprägten Kräfte?
Für die Federkräfte gilt

$$\mathbf{F}_k = \mathbf{K}\,\mathbf{x}_k \quad \rightarrow \quad \mathbf{x}_k = \mathbf{K}^{-1}\mathbf{F}_k \, ,$$

sodass die Verschiebungen formal mit der Inversen der Steifigkeitsmatrix berechnet werden können, im konkreten Fall jedoch ohne die Steifigkeitsmatrix aufstellen zu müssen. Im weiteren wird dieser Zusammenhang auch für die Kräfte $\mathbf{F}_d = \mathbf{D}\,\dot{\mathbf{x}}$, $\mathbf{p}$ und die Massenträgheiten $\mathbf{F}_m = \mathbf{M}\,\ddot{\mathbf{x}}$ verallgemeinert

$$\mathbf{x}_i = \mathbf{H}_i \mathbf{F}_i \, ,$$

wobei die Matrix $\mathbf{H} = [h_{ij}]$ jeweils die Bedeutung einer Nachgiebigkeit hat. Hiermit kann die Verformungsbedingung umgeschrieben werden

$$-\mathbf{x}_m - \mathbf{x}_d - \mathbf{x}_k + \mathbf{x}_p = \mathbf{0} \, ,$$

$$-\mathbf{H}_m \mathbf{F}_m - \mathbf{H}_d \mathbf{F}_d - \mathbf{H}_k \mathbf{F}_k + \mathbf{H}_p \mathbf{p} = \mathbf{0} \, . \tag{10.2}$$

Die Vorzeichenregelung ist so gewählt, dass die Weggrößen positiv sind, wenn die zugehörigen Kräfte in Richtung der positiven Koordinaten zeigen. Die h_{ij} sind *Verformungseinflusszahlen*, die den Einfluss jeder einzelnen Kraftkomponente auf die kinematische Bedingung beschreibt. In Analogie zu den Krafteinflusszahlen folgt die Bedeutung der Verformungseinflusszahlen aus der Fragestellung:

„Wie groß ist die Weggröße, wenn alle am System angreifenden eingeprägten Kräfte und Massenträgheiten den Wert „1" haben?"

Unter der Voraussetzung, dass das System für jede Kraft „1" im Gleichgewicht ist, können die Verformungseinflusszahlen nach folgendem Schema berechnet werden:

1. Setze alle F_{mj}, F_{dj} und F_{kj} zu Null.
2. Setze eine Kraft $F_{kj} = 1$ und berechne alle „Weggrößen" h_{kij} an der Stelle i infolge $F_{kj} = 1$.
3. Setze eine Kraft $F_{dj} = 1$ und berechne alle „Weggrößen" h_{dij} an der Stelle i infolge $F_{dj} = 1$.
4. Setze eine Kraft $F_{mj} = 1$ und berechne alle „Weggrößen" h_{mij} an der Stelle i infolge $F_{mj} = 1$.
5. Berechne alle „Weggrößen" h_{pij} an der Stelle i infolge $p_j = 1$.

Hier kennzeichnet der Index j die Ursache und i den Ort der Weggröße. In den Fällen, in denen die Kräfte $\mathbf{F}_k, \mathbf{F}_d, \mathbf{F}_m$ und $\mathbf{p}$ am gleichen Ort angreifen, sind die Matrizen der Verformungseinflusszahlen identisch, sodass nur eine Matrix $\mathbf{H}$ ermittelt werden muss. Der Nachteil dieses Verfahrens liegt in der Berechnung der Gleichgewichtszustände für die *Einheitskräfte*, da diese in der Regel das gesamte System erfassen, also nicht *abgeschottet* sind. Falls erforderlich ist eine statisch unbestimmte Berechnung durchzuführen. Außerdem ist Gleichung (10.2) weiter umzuformen, um die Bewegungsgleichung zu erhalten.

Die Massenträgheiten sind direkt mit den Beschleunigungen verknüpft

$$F_{mj} = m_j \ddot{x}_j \,,$$

sodass man die Massen direkt mit $\mathbf{H}_m$ spaltenweise multiplizieren kann

$$\mathbf{H}_m \mathbf{F}_m = \tilde{\mathbf{H}}_m \ddot{\mathbf{x}} \,.$$

Die Dämpferkräfte sind über Differenzgeschwindigkeiten definiert

$$F_{dj} = d(\dot{x}_{j+1} - \dot{x}_j) \,,$$

sodass das Produkt $\mathbf{H}_d \mathbf{F}_d$ in $\tilde{\mathbf{H}}_d \dot{\mathbf{x}}$ umgeformt werden muss. Hierbei sind $\dot{x}_{j+1}$ und $\dot{x}_j$ die Geschwindigkeiten benachbarter durch Dämpfer verbundener Massen.

Die Federkräfte sind mit

$$F_{kj} = k(x_{j+1} - x_j) \,,$$

festgelegt, woraus für die Verschiebung $\mathbf{H}_k \mathbf{F}_k = \tilde{\mathbf{H}}_k \mathbf{x}$ folgt. Im Sonderfall ist $\tilde{\mathbf{H}}_k = \mathbf{I}$.

Erst nach diesen Umformungen folgt die Bewegungsgleichung

$$\tilde{\mathbf{H}}_m \ddot{\mathbf{x}} + \tilde{\mathbf{H}}_d \dot{\mathbf{x}} + \tilde{\mathbf{H}}_k \mathbf{x} = \mathbf{H}_p \mathbf{p} \,.$$

Beispiel 1

Die im Bild dargestellte Reihenschaltung von Feder–Masse–Schwingern ist statisch bestimmt, sodass der Gleichgewichtszustand direkt angebbar ist und hiermit die Verschiebungen relativ einfach berechnet werden können.

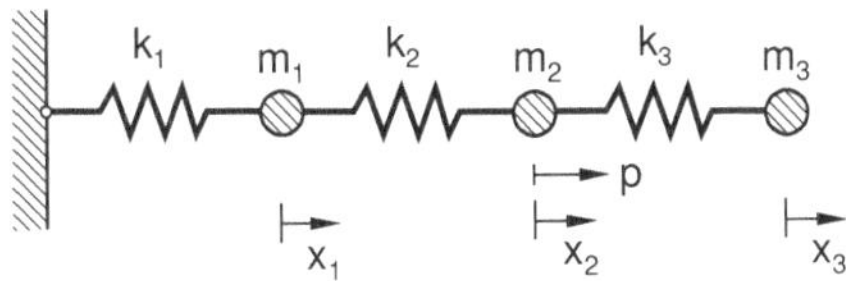

Für die Verschiebungen aus Massenträgheiten

$$m_1\ddot{x}_1 = 1 \quad \rightarrow \quad x_1 = x_2 = x_3 = \tfrac{1}{k_1}$$

$$m_2\ddot{x}_2 = 1 \quad \rightarrow \quad x_1 = \tfrac{1}{k_1}$$

$$x_2 = x_3 = \tfrac{1}{k_1} + \tfrac{1}{k_2}$$

$$m_3\ddot{x}_3 = 1 \quad \rightarrow \quad x_1 = \tfrac{1}{k_1}$$

$$x_2 = \tfrac{1}{k_1} + \tfrac{1}{k_2}$$

$$x_3 = \tfrac{1}{k_1} + \tfrac{1}{k_2} + \tfrac{1}{k_3}$$

folgt die Nachgiebigkeitsmatrix

$$\mathbf{H}_m = \begin{bmatrix} \tfrac{1}{k_1} & \tfrac{1}{k_1} & \tfrac{1}{k_1} \\ \tfrac{1}{k_1} & \tfrac{1}{k_1} + \tfrac{1}{k_2} & \tfrac{1}{k_1} + \tfrac{1}{k_2} \\ \tfrac{1}{k_1} & \tfrac{1}{k_1} + \tfrac{1}{k_2} & \tfrac{1}{k_1} + \tfrac{1}{k_2} + \tfrac{1}{k_3} \end{bmatrix} .$$

Für die Federkräfte gilt

$$k_1 x_1 = 1 \quad \rightarrow \quad x_1 = x_2 = x_3 = \tfrac{1}{k_1}$$

$$k_2(x_2 - x_1) = 1 \quad \rightarrow \quad x_1 = 0$$

$$x_2 = x_3 = \tfrac{1}{k_2}$$

$$k_3(x_3 - x_2) = 1 \quad \rightarrow \quad x_1 = x_2 = 0$$

$$x_3 = \tfrac{1}{k_3}$$

und damit

$$\mathbf{H}_k = \begin{bmatrix} \tfrac{1}{k_1} & 0 & 0 \\ \tfrac{1}{k_1} & \tfrac{1}{k_2} & 0 \\ \tfrac{1}{k_1} & \tfrac{1}{k_2} & \tfrac{1}{k_3} \end{bmatrix} .$$

Mit den Federkräften multipliziert folgen die Knotenverschiebungen

$$\mathbf{H}_k \mathbf{F}_k = \begin{bmatrix} 1 & 0 & 0 \\ 0 & 1 & 0 \\ 0 & 0 & 1 \end{bmatrix} \begin{bmatrix} x_1 \\ x_2 \\ x_3 \end{bmatrix}.$$

Die Verformungseinflusszahlen für die Belastung sind identisch $\mathbf{H}_m$. Da hier nur die zweite Spalte angesprochen wird, kann direkt das Produkt

$$\mathbf{H}_p \cdot \mathbf{p} = \begin{bmatrix} \frac{1}{k_1} \\ \frac{1}{k_1} + \frac{1}{k_2} \\ \frac{1}{k_1} + \frac{1}{k_2} \end{bmatrix} \cdot p$$

angeschrieben werden. Damit folgen die Bewegungsgleichungen als Verformungsbedingungen für die Koordinaten $x(t)$

$$\begin{bmatrix} m_1\frac{1}{k_1} & m_2\frac{1}{k_1} & m_3\frac{1}{k_1} \\ m_1\frac{1}{k_1} & m_2(\frac{1}{k_1} + \frac{1}{k_2}) & m_3(\frac{1}{k_1} + \frac{1}{k_2}) \\ m_1\frac{1}{k_1} & m_2(\frac{1}{k_1} + \frac{1}{k_2}) & m_3(\frac{1}{k_1} + \frac{1}{k_2} + \frac{1}{k_3}) \end{bmatrix} \begin{bmatrix} \ddot{x}_1 \\ \ddot{x}_2 \\ \ddot{x}_3 \end{bmatrix} + \begin{bmatrix} x_1 \\ x_2 \\ x_3 \end{bmatrix} = \begin{bmatrix} \frac{1}{k_1} \\ \frac{1}{k_1} + \frac{1}{k_2} \\ \frac{1}{k_1} + \frac{1}{k_2} \end{bmatrix} p.$$

Die Umrechnung in die „Normalform" gelingt, wenn man die Gleichung von links mit $\mathbf{H}_m^{-1}$ multipliziert. Alternativ kann man zunächst die zweite Zeile von der dritten Zeile und die erste Zeile von der zweiten Zeile abziehen, sodass

$$\begin{bmatrix} m_1\frac{1}{k_1} & m_2\frac{1}{k_1} & m_3\frac{1}{k_1} \\ & m_2\frac{1}{k_2} & m_3\frac{1}{k_2} \\ & & m_3\frac{1}{k_3} \end{bmatrix} \begin{bmatrix} \ddot{x}_1 \\ \ddot{x}_2 \\ \ddot{x}_3 \end{bmatrix} + \begin{bmatrix} 1 & & \\ -1 & 1 & \\ & -1 & 1 \end{bmatrix} \begin{bmatrix} x_1 \\ x_2 \\ x_3 \end{bmatrix} = \begin{bmatrix} \frac{1}{k_1} \\ \frac{1}{k_2} \\ \end{bmatrix} p$$

folgt. Multipliziert man jetzt zeilenweise mit k_j, bleibt

$$\begin{bmatrix} m_1 & m_2 & m_3 \\ & m_2 & m_3 \\ & & m_3 \end{bmatrix} \begin{bmatrix} \ddot{x}_1 \\ \ddot{x}_2 \\ \ddot{x}_3 \end{bmatrix} + \begin{bmatrix} k_1 & & \\ -k_2 & k_2 & \\ & -k_3 & k_3 \end{bmatrix} \begin{bmatrix} x_1 \\ x_2 \\ x_3 \end{bmatrix} = \begin{bmatrix} 1 \\ 1 \\ \end{bmatrix} p.$$

Zieht man die dritte Zeile von der zweiten und von der ersten Zeile ab, und danach die zweite Zeile von der ersten Zeile, so erhält man die *Normalform*

$$\begin{bmatrix} m_1 & & \\ & m_2 & \\ & & m_3 \end{bmatrix} \begin{bmatrix} \ddot{x}_1 \\ \ddot{x}_2 \\ \ddot{x}_3 \end{bmatrix} + \begin{bmatrix} k_1 + k_2 & -k_2 & \\ -k_2 & k_2 + k_3 & -k_3 \\ & -k_3 & k_3 \end{bmatrix} \begin{bmatrix} x_1 \\ x_2 \\ x_3 \end{bmatrix} = \begin{bmatrix} 1 \\ \\ \end{bmatrix} p.$$

10.4 Verallgemeinerung der Verformungseinflusszahlen

In Analogie zur Verallgemeinerung der Krafteinflusszahlen mit dem Prinzip der virtuellen Verschiebungen können Verformungseinflusszahlen mit dem Prinzip der virtuellen Kräfte interpretiert werden. Formuliert man die Verformungsbedingung

$$\sum_{i,j} \mathbf{x}_i \, (F_j^e, I_i) = \mathbf{0}$$

mit Hilfe des Prinzips der virtuellen Kräfte, so müssen die Arbeiten der virtuellen Kräfte auf den wirklichen Wegen verschwinden

$$\delta \mathbf{F}^T \{ \sum_{i,j} \mathbf{x}_i \, (F_j^e, I_i) \} = 0 \, .$$

Die virtuellen Kräfte $\delta \mathbf{F}^T$ dürfen nicht mit den eingeprägten Kräften $\mathbf{F}^e$ ver wechselt werden, sondern sind hiervon unabhängige Kräfte, die auf den wirklichen Wegen Arbeiten leisten können. Dem entsprechend können die Einflusszahlen aus der nachfolgenden Fragestellung ermittelt werden.

„Wie groß ist die Arbeit der virtuellen Kräfte auf den wirklichen Wegen, wenn die wirklichen Kräfte den Wert „1" haben?"

Das schematische Vorgehen bei der Berechnung der Arbeitseinflusszahlen umfasst hier die folgenden Schritte:

1. Setze alle F_{mj}, F_{dj} und F_{kj} zu Null.
2. Setze eine Kraft $F_{kj} = 1$ und berechne alle „Arbeiten" h_{kij} an der Stelle i infolge $F_{kj} = 1$.
3. Setze eine Kraft $F_{dj} = 1$ und berechne alle „Arbeiten" h_{dij} an der Stelle i infolge $F_{dj} = 1$.
4. Setze eine Kraft $F_{mj} = 1$ und berechne alle „Arbeiten" h_{mij} an der Stelle i infolge $F_{mj} = 1$.
5. Berechne alle „Arbeiten" h_{pij} an der Stelle i infolge $p_j = 1$.

Das Verfahren der Verformungseinflusszahlen ist zwar dual zu den Krafteinflusszahlen, jedoch für größere Systeme mit vielen Freiheitsgraden und für eine programmtechnische Aufbereitung nicht geeignet, sodass es heute kaum noch Verwendung findet.

11 Bewegungsgleichungen für Stabtragwerke

Abschnitt 10 behandelt das Aufstellen von Bewegungsgleichungen für Starrkörpersysteme mit endlich vielen Freiheitsgraden für die Beschreibung der Bewegung der beteiligten diskreten Punktmassen. Kontinuierliche Systeme bestehen aus unendlich vielen differentiell kleinen Massen, sodass das Aufstellen der Bewegungsgleichungen am differentiellen Element erfolgen muss. Wenn alle differentiellen Massen den gleichen kinematischen und dynamischen Bedingungen gehorchen, reicht es aus, ein repräsentatives Element zu betrachten.

Die Bewegungsgleichungen für Stabtragwerke können am differentiellen Element analog zu einem Ein–Masse–Schwinger aufgestellt werden. Zu beachten ist jedoch, dass differentielle Elemente deformierbar sind, die Deformation kinematischen Bedingungen gehorcht und über die Werkstoffeigenschaften mit den Schnittgrößen verknüpft ist. Nachfolgend werden die Bewegungsgleichungen dem unterschiedlichen Tragverhalten entsprechend für Dehn–, Biege– und Torsionsstäbe aufgestellt. Von den in Abschnitt 4 angegebenen Verfahren werden das D'Alembert'sche Prinzip und das Prinzip der virtuellen Arbeiten gewählt.

11.1 Dehnstäbe

Dehnstäbe sind grundlegende Bauelemente, die in vielen Bauwerken verwendet werden. Beispiele sind Fachwerke, Stützen, Pfeiler oder Pylone im konstruktiven Ingenieurbau oder Bohrpfähle in der Geotechnik. Die geometrischen Bezeichnungen, die Belastung und die Werkstoffeigenschaften sind wie folgt gegeben.

Zeitkoordinate	:	t
Raumkoordinate	:	x
Verschiebung	:	$u(x,t)$
Belastungen	:	$p_x(x,t), \bar{N}(t)$
Dehnsteifigkeit	:	EA
äußere Dämpfung	:	d_u
Werkstoffdämpfung	:	d_ε
Massebelegung	:	ρA

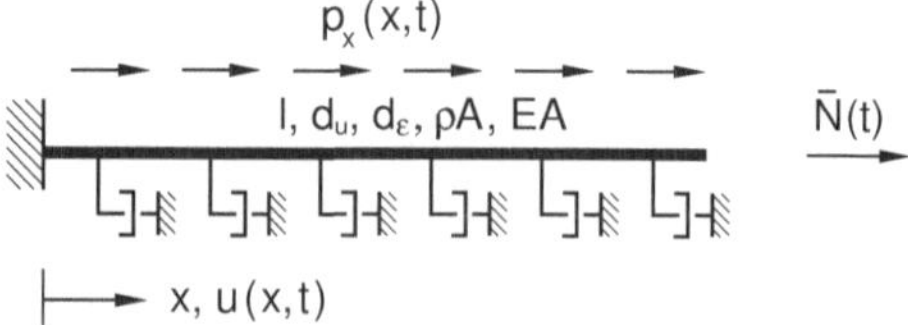

Bild 11-1 Dehnstab

© Springer Fachmedien Wiesbaden GmbH, ein Teil von Springer Nature 2020
D. Dinkler, *Einführung in die Strukturdynamik*,
https://doi.org/10.1007/978-3-658-31845-1_11

11.1.1 Anwendung des D'Alembert'schen Prinzips

Das D'Alembert'sche Prinzip betrachtet das Gleichgewicht der Kräfte und Massenträgheiten am differentiellen Element. Bei Berücksichtigung der anderen Grundgleichungen kann hiermit die Bewegungsgleichung für die Verschiebung $u(x,t)$ des differentiellen Elementes hergeleitet werden. Bild 11-2 zeigt die am differentiellen Element wirkenden Kräfte und die Massenträgheitskraft. Eine elastische Bettung ist hier nicht berücksichtigt, kann aber bei Bedarf entsprechend der Dämpferkraft ergänzt werden.

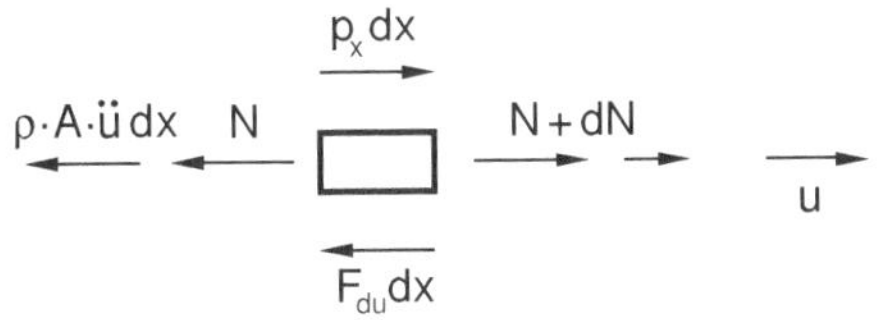

Bild 11-2 Schnittkräfte am differentiellen Element an der Stelle x

Entsprechend dem bei Starrkörpersystemen gewählten Vorgehen gelten am differentiellen Masseteilchen folgende Grundgleichungen

$$\begin{array}{lll} \text{Kinematik} & : & \epsilon - u_{,x} = 0\,, \\[2mm] \text{Dynamik – D'Alembert} & : & -\rho A \cdot \ddot{u} - F_{du} + N_{,x} + p_x(x,t) = 0\,, \\[2mm] \text{Werkstoff – visko–elastisch} & : & N - EA \cdot \epsilon - d_\varepsilon A \cdot \dot{\varepsilon} = 0\,, \\[2mm] \text{Werkstoff – äußerer Dämpfer} & : & F_{du} - d_u \cdot \dot{u} = 0\,. \end{array}$$

Die Reduktion auf die Bewegungsgleichung für die Verschiebung $u(x,t)$ gelingt, wenn die Werkstoffgleichungen und die Gleichung der Kinematik in das D'Alembert'sche Prinzip eingesetzt werden

$$-\rho A\, \ddot{u} - d_u\, \dot{u} + (d_\varepsilon A\, \dot{u}_{,x})_{,x} + (EA\, u_{,x})_{,x} + p(x,t) = 0\,.$$

Die Bewegungsgleichung ist eine partielle Differentialgleichung in Raum und Zeit. Dies bedeutet, dass die Verschiebung $u(x,t)$ vom Ort und von der Zeit abhängt. Hiermit folgt, dass die Integrationskonstanten bezüglich beider Koordinaten beachtet werden müssen. Für die Zeit sind dies die Anfangsbedingungen für die Verschiebungen und die Geschwindigkeiten entlang des gesamten Stabes

$$u_0(x) = u(x,0)$$
$$v_0(x) = \dot{u}(x,0)$$

und für den Raum die Randbedingungen zu allen Zeiten für die Verschiebungen am festen Rand.

$$\bar{u}(t) = u(x, t)$$

Die Randbedingungen für die Verschiebungen bezeichnet man als *Dirichlet–Randbedingungen*, wenn sie die Lösungsfunktion der Differentialgleichung am Rand festlegen. Die Randbedingungen für die Kräfte, die hier mit der *1. Ableitung* der Lösungsfunktion definiert sind, bezeichnet man dagegen als *Neumann–Randbedingung*

$$\bar{N}(t) = N(x, t)$$

und die Randbedingung, an der die Verschiebungen und die Kräfte mit einer Feder oder einem Dämpfer verknüpft sind, als *Cauchy–Randbedingung*.

$$\bar{N}(t) - EA \cdot u_{,x}(x, t) - m\ddot{u}(x, t) - ku(x, t) = 0 \,.$$

Die Berechnung der strengen Lösung der partiellen Differentialgleichung ist erheblich aufwändiger als die Berechnung der Lösung der gewöhnlichen Differentialgleichung eines Starrkörpersystems. Das analytische Vorgehen ist jedoch nicht Gegenstand der hier gewählten Darstellung, da hier lediglich die Entwicklung und der Zusammenhang der Grundgleichungen im Vergleich mit Starrkörpersystemen gezeigt werden sollte. Eine ausführliche Diskussion analytischer Lösungen der Bewegungsgleichungen ist z.B. in [48] gegeben.

11.1.2 Das Prinzip der virtuellen Verschiebungen

Das D'Alembert'sche Prinzip in der Lagrange'schen Fassung beschreibt die am System von den eingeprägten Kräften und den Massenträgheiten geleisteten Arbeiten auf virtuellen Verschiebungen. Es ist daher dem Prinzip der virtuellen Verschiebungen äquivalent. Die am differentiellen Element geleisteten Arbeiten sind analog zu Abschnitt 4.2

$$d\delta A = \left\{ -\delta\epsilon N + \delta u(-\rho A\ddot{u} - F_d + p_x) \right\} dx \,,$$

wobei die virtuellen Arbeiten der Werkstoffdämpfung aus Gründen der Übersichtlichkeit hier nicht weiter berücksichtigt werden. Die Arbeiten in der Feder erscheinen hier als Arbeitsterm $-\delta\epsilon\, N$. Die Integration der Arbeiten über das Gesamtsystem einschließlich der Arbeiten einer Randlast gibt

$$\delta A = \int \left\{ -\delta\epsilon N + \delta u(-\rho A\ddot{u} - F_d + p_x) \right\} dx + (\delta u \bar{N})|_{Rand} = 0 \,.$$

und nach Einsetzen der Werkstoffgleichungen für die Feder $N = EA\,\epsilon$ und den Dämpfer $F_d = d\,\dot{u}$ sowie der Kinematik $\epsilon = u_{,x}$ bzw. $\delta\epsilon = \delta u_{,x}$

$$\delta A = \int \left\{ -\delta u \rho A \ddot{u} - \delta u d \dot{u} - \delta u_{,x} E A u_{,x} + \delta u p_x \right\} dx + (\delta u \bar{N})|_{Rand} = 0 \,.$$

Die Arbeitsgleichung ist in dieser Form den Grundgleichungen und den Randbedingungen in Abschnitt 11.1.1 äquivalent, wenn u und δu die kinematischen Zwänge im Gebiet und auf dem Rand erfüllen. Die Arbeitsaussage ist exakt. Im Unterschied zu den diskreten *Starrkörper–Systemen* ist hier die Integration der virtuellen Arbeiten über die Raumkoordinate durchzuführen, um zur *Normalform* der Bewegungsgleichung zu gelangen. Dies bedeutet, dass für die Beschreibung der Verschiebungen u und δu Ansätze gewählt werden müssen, mit denen es möglich ist, die Raumkoordinate im Arbeitssatz zu eliminieren.

11.1.3 Diskretisierung im Raum

Eine Möglichkeit ist, die Verschiebungen mit einem Produktansatz in Raum und Zeit als Separationsansatz wie bei der Lösung der Differentialgleichung aus Abschnitt 11.1.1 zu beschreiben. Der Ansatz enthält in der Regel mehrere Ansatzfunktionen $\boldsymbol{\Omega}(x)$ im Raum jeweils multipliziert mit den Amplituden $\mathbf{v}(t)$, die den Zeitverlauf beschreiben.

$$u(x,t) = \begin{bmatrix} \phi_1(x) & \phi_2(x) & \phi_3(x) & \cdots \end{bmatrix} \begin{bmatrix} v_1(t) \\ v_2(t) \\ v_3(t) \\ \cdots \end{bmatrix} .$$

Hiermit gelingt es, die Differentiation und die Integration bezüglich der Raumkoordinate von der Zeitkoordinate zu separieren und getrennt auszuwerten, wenn der Funktionsverlauf in x bekannt ist. Für die Differentiation nach den Raum– und Zeitkoordinaten folgt damit

$$\begin{aligned}
u(x,t) &= \boldsymbol{\Omega}(x) \cdot \mathbf{v}(t) \,, \\
u(x,t)_{,x} &= \boldsymbol{\Omega}(x)_{,x} \cdot \mathbf{v}(t) \,, \\
\dot{u}(x,t) &= \boldsymbol{\Omega}(x) \cdot \dot{\mathbf{v}}(t) \,, \\
\ddot{u}(x,t) &= \boldsymbol{\Omega}(x) \cdot \ddot{\mathbf{v}}(t) \,.
\end{aligned}$$

Die virtuelle Verschiebung $\delta u(x)$ ist nur von der Raumkoordinate abhängig, da $\delta u(x)$ keine Nachbarbewegung sein muss, siehe Abschnitt 4.2.2.

$$\delta u(x) = \boldsymbol{\Omega}(x) \cdot \delta\mathbf{v} \,.$$

Nach Einsetzen des Ansatzes in die Arbeitsgleichung kann man die Amplituden
$\mathbf{v}(t)$ und $\delta\mathbf{v}$ aus den Integralen hierausziehen, sodass die Integration über die
Raumkoordinate explizit ausgeführt werden kann:

$$\delta A = \delta\mathbf{v}^T\{-\int \mathbf{\Omega}^T \rho A\, \mathbf{\Omega}\, dx\, \ddot{\mathbf{v}} - \int \mathbf{\Omega}^T d\, \mathbf{\Omega}\, dx\, \dot{\mathbf{v}} - \int \mathbf{\Omega}_{,x}^T EA\, \mathbf{\Omega}_{,x}\, dx\, \mathbf{v}$$

$$+ \int \mathbf{\Omega}^T \mathbf{p}\, dx + (\mathbf{\Omega}^T \bar{N})|_{Rand}\} = 0\,.$$

Die Integrale können jetzt als Massen–, Dämpfungs– und Steifigkeitsmatrizen
und als Lastvektor aufgefasst werden, sodass die verbleibende Bewegungsgleichung für die Berechnung des zeitlichen Verlaufs des Verschiebungsfeldes $\mathbf{v}(t)$
den gleichen Aufbau hat, wie die Bewegungsgleichungen für Starrkörpersysteme

$$\delta A = \delta\mathbf{v}^T \{-\mathbf{M}\cdot\ddot{\mathbf{v}} - \mathbf{D}\cdot\dot{\mathbf{v}} - \mathbf{K}\cdot\mathbf{v} + \mathbf{p}\,\} = 0\,.$$

Hierbei wird deutlich, dass die Arbeitsgleichung dem D'Alembert'schen Prinzip
äquivalent ist und damit eine schwache Form der Gleichgewichtsbedingungen
ist. Die Berechnung der $\mathbf{M}$, $\mathbf{D}$, $\mathbf{K}$–Matrizen und des Lastvektors $\mathbf{p}$ ist unmittelbar mit dem räumlichen Funktionsverlauf verknüpft. Wenn im allgemeinen Fall
keine analytisch strenge Lösung zur Verfügung steht, was bei partiellen Differentialgleichungen die Regel ist, ist eine Approximation des Verschiebungsfeldes
möglich.

Das am weitesten verbreitete Näherungsverfahren für die numerische Lösung
der Arbeitsgleichung ist die Finite–Elemente–Methode. Hierbei wird das Inte-
grationsgebiet in einzelne endliche Elemente unterteilt, sodass die Verlaufsfunktionen $\mathbf{\Omega}(x)$ als Näherungsansätze elementweise gewählt werden können. Die
Näherungsansätze sind frei wählbar, müssen aber die kinematischen Zwänge
für $u(x,t)$ und $\delta u(x)$ erfüllen, damit die Stetigkeit des Verschiebungsfeldes und
die Randbedingungen für die Weggrößen bezüglich der Raumkoordinate eingehalten sind. Am einfachsten kann man die Grundgleichungen der Kinematik, die Randbedingungen und die Elementübergangsbedingungen mit Polyno-
mansätzen erfüllen, deren Freiwerte als Verschiebungen oder Verschiebungs-
ableitungen an den Elementgrenzen festgelegt sind.

Im weiteren werden die Bewegungsgleichungen für einen Dehnstab exemplarisch
für eine Unterteilung in ein und in zwei Elemente aufgestellt. Im Elementgebiet
werden lineare Ansatzfunktionen für $\mathbf{\Omega}(x)$ so gewählt, dass die Knotenverschiebungen am Anfang und am Ende des Elementes die Freiwerte $\mathbf{v}(t)$ des Ansatzes
sind.

Nachlaufrechnung

Unabhängig von der Arbeitsgleichung für die Berechnung des Verschiebungsfeldes müssen auch die Schnittgrößen ermittelt werden, da sonst keine Bemessung des Tragwerks möglich ist.

Wenn die Bewegungsgleichung gelöst ist und die Knotenweggrößen bekannt sind, können die eingeprägten Kräfte in einer Nachlaufrechnung wie folgt berechnet werden. Den Grundgleichungen entsprechend gilt

$$\text{Federkraft} \quad : \quad N = EA \cdot \epsilon = EA \cdot u_{,x} \,,$$

$$\text{Dämpferkraft} \quad : \quad F_d = d \cdot \dot{u} \ = d \cdot \dot{u} \,.$$

Übersetzt man die beiden Gleichungen in eine Matrizenschreibweise, folgt

$$\begin{bmatrix} N \\ F_d \end{bmatrix} = \begin{bmatrix} EA\partial_x & 0 \\ 0 & d \end{bmatrix} \cdot \begin{bmatrix} u \\ \dot{u} \end{bmatrix} \,.$$

Verwendet man die gleichen Ansätze für die Verschiebungen wie in der Bewegungsgleichung, folgt weiter

$$\begin{bmatrix} N \\ F_d \end{bmatrix} = \begin{bmatrix} EA\boldsymbol{\Omega}_{,x} & 0 \\ 0 & d\boldsymbol{\Omega} \end{bmatrix} \cdot \begin{bmatrix} \mathbf{v} \\ \dot{\mathbf{v}} \end{bmatrix}$$

und in Symbolschreibweise

$$\mathbf{F} = \mathbf{S} \cdot \mathbf{y} \,.$$

In $\mathbf{F}$ sind die eingeprägten Kräfte und in $\mathbf{y}$ die Verschiebungen und die Geschwindigkeiten zusammengefasst. $\mathbf{S}$ bezeichnet man als *Spannungsmatrix*.

Beispiel für eine Diskretisierung mit einem Element

Die Arbeitsgleichung für das im Bild dargestellte System soll mit einem einzigen Element im Raum diskretisiert werden. Als Ansatz wird ein linearer Verlauf der Verschiebungen mit den Freiheitsgraden $u_0(t)$ und $u_1(t)$

$$u = \begin{bmatrix} (1 - x/l) & x/l \end{bmatrix} \cdot \begin{bmatrix} u_0 \\ u_1 \end{bmatrix} \quad \text{und} \quad u_{,x} = \begin{bmatrix} -1/l & 1/l \end{bmatrix} \cdot \begin{bmatrix} u_0 \\ u_1 \end{bmatrix}$$

und für die virtuellen Verschiebungen mit δu_0 und δu_1 gewählt

$$\delta u = \begin{bmatrix} (1 - x/l) & x/l \end{bmatrix} \cdot \begin{bmatrix} \delta u_0 \\ \delta u_1 \end{bmatrix} \,.$$

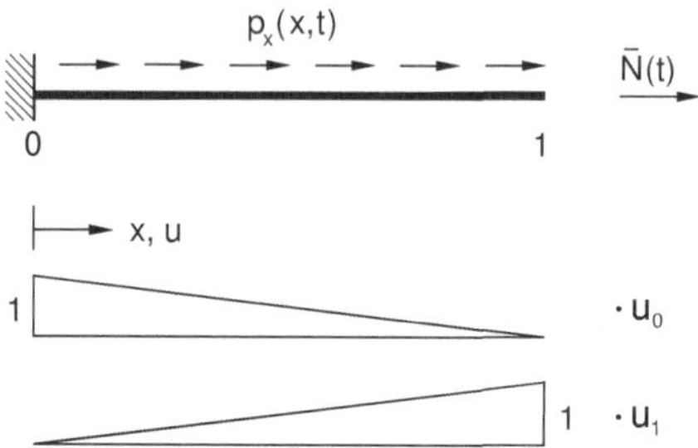

Bild 11-3 Ansatzfunktionen bei einem Element

Mit den gewählten Ansätzen berechnet man die Koeffizientenmatrizen formal zu

$$\mathbf{M} = \mathbf{M}_e = \int \boldsymbol{\Omega}^T \rho A\, \boldsymbol{\Omega}\, dx \qquad = \begin{bmatrix} 1/3 & 1/6 \\ 1/6 & 1/3 \end{bmatrix} \rho Al\,,$$

$$\mathbf{D} = \mathbf{D}_e = \int \boldsymbol{\Omega}^T d\, \boldsymbol{\Omega}\, dx \qquad = \begin{bmatrix} 1/3 & 1/6 \\ 1/6 & 1/3 \end{bmatrix} dl\,,$$

$$\mathbf{K} = \mathbf{K}_e = \int \boldsymbol{\Omega}^T_{,x} EA\, \boldsymbol{\Omega}_{,x}\, dx \quad = \begin{bmatrix} 1 & -1 \\ -1 & 1 \end{bmatrix} EA/l\,,$$

$$\mathbf{p} = \mathbf{p}_e = \int \boldsymbol{\Omega}^T p\, dx + \begin{bmatrix} 0 \\ \bar{N} \end{bmatrix} \ = \begin{bmatrix} pl/2 \\ pl/2 + \bar{N} \end{bmatrix}.$$

Der Index e kennzeichnet die Elementmatrizen, die hier mit den Systemmatrizen identisch sind. Mit der Arbeitsgleichung folgen jetzt die Bewegungsgleichungen für die Knotenfreiheitsgrade $u_0(t)$ und $u_1(t)$

$$-\rho Al \begin{bmatrix} 1/3 & 1/6 \\ 1/6 & 1/3 \end{bmatrix} \begin{bmatrix} \ddot{u}_0 \\ \ddot{u}_1 \end{bmatrix} - dl \begin{bmatrix} 1/3 & 1/6 \\ 1/6 & 1/3 \end{bmatrix} \begin{bmatrix} \dot{u}_0 \\ \dot{u}_1 \end{bmatrix}$$

$$-\frac{EA}{l} \begin{bmatrix} 1 & -1 \\ -1 & 1 \end{bmatrix} \begin{bmatrix} u_0 \\ u_1 \end{bmatrix} + \begin{bmatrix} pl/2 \\ pl/2 + \bar{N} \end{bmatrix} = 0\,.$$

Die Erfüllung der Wegrandbedingungen

$$u(0,t) = u_0(t) = 0 \qquad \text{und} \qquad \delta u(0) = \delta u_0 = 0$$

bedeutet, dass auf δu_0 und von u_0 keine Arbeiten geleistet werden. Es bleibt daher nur noch die Bewegungsgleichung für $u_1(t)$

$$\delta v_1 \left\{ -\rho A l \left[\frac{1}{3}\right] \ddot{u}_1 - dl \left[\frac{1}{3}\right] \dot{u}_1 - \left[\frac{EA}{l}\right] u_1 + \left[\frac{pl}{2} + \bar{N}\right] \right\} = 0$$

Wenn die Verschiebung $u_1(t)$ bekannt ist, können die eingeprägten Kräfte mit einer Nachlaufrechnung berechnet werden. Wie oben gezeigt, gilt in allgemeiner Form im Elementgebiet

$$\left[\begin{array}{c} N \\ F_d \end{array} \right] = \left[\begin{array}{cc} EA\mathbf{\Omega}_{,x} & 0 \\ 0 & d\mathbf{\Omega} \end{array} \right] \cdot \left[\begin{array}{c} \mathbf{v} \\ \dot{\mathbf{v}} \end{array} \right].$$

Wertet man die gewählten linearen Ansätze an den Stellen $x = 0$ sowie $x = \ell$ aus, folgt

$$\left[\begin{array}{c} N_0 \\ N_1 \\ F_{d0} \\ F_{d1} \end{array} \right] = \left[\begin{array}{cccc} -\frac{EA}{\ell} & +\frac{EA}{\ell} & 0 & 0 \\ -\frac{EA}{\ell} & +\frac{EA}{\ell} & 0 & 0 \\ 0 & 0 & d & 0 \\ 0 & 0 & 0 & d \end{array} \right] \cdot \left[\begin{array}{c} u_0 \\ u_1 \\ \dot{u}_0 \\ \dot{u}_1 \end{array} \right].$$

und mit $u_0 = 0$

$$\left[\begin{array}{c} N_0 \\ N_1 \\ F_{d0} \\ F_{d1} \end{array} \right] = \left[\begin{array}{cc} +\frac{EA}{\ell} & 0 \\ +\frac{EA}{\ell} & 0 \\ 0 & 0 \\ 0 & d \end{array} \right] \cdot \left[\begin{array}{c} u_1 \\ \dot{u}_1 \end{array} \right].$$

Aufgrund der gewählten Ansätze sind die Normalkräfte N im Element räumlich konstant und die Dämpferkräfte F_d räumlich linear veränderlich.

Beispiel für eine Diskretisierung mit zwei Elementen

Die Arbeitsgleichung für das im Bild dargestellte System soll jetzt mit zwei Elementen diskretisiert werden. Hierbei sind die Ansätze elementweise definiert. Auch die Auswertung der Integrale erfolgt elementweise, da nur hier eine Kopplung von wirklichen Verschiebungen u und virtuellen Verschiebungen δu vorhanden ist. Das Auswerten der Arbeitsintegrale liefert für das gesamte System mit $\mathbf{v}^T = \left[\begin{array}{ccc} u_0 & u_1 & u_2 \end{array} \right]$ schematisch die folgende Anordnung der virtuellen Arbeiten der jeweiligen Integrationsbereiche in Matrizenschreibweise

$$\int_0^2 dx = \int_0^1 dx + \int_1^2 dx = \delta\mathbf{v}^T \left[\begin{array}{cc} \star & \star \\ \star & \star \end{array} \right] \mathbf{v} + \delta\mathbf{v}^T \left[\begin{array}{cc} & \\ \star & \star \\ \star & \star \end{array} \right] \mathbf{v}.$$

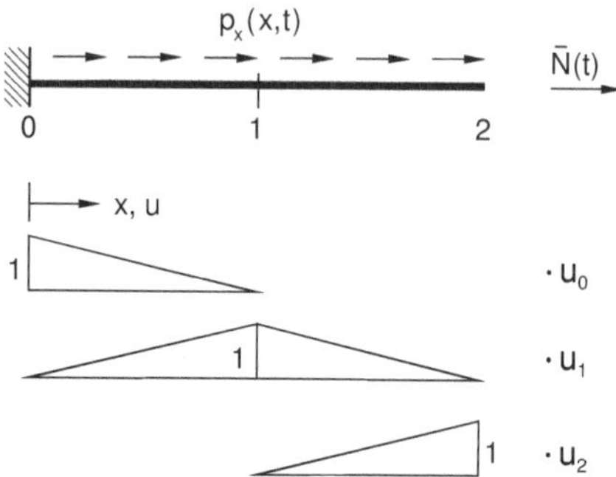

Bild 11-4 Dehnstab mit zwei Elementen

Die virtuellen Arbeiten sind zeilenweise entsprechend der Reihenfolge der virtuellen Knotenweggrößen $\delta u_0, \delta u_1, \delta u_2$ und spaltenweise entsprechend der Reihenfolge der wirklichen Knotenweggrößen u_0, u_1, u_2 sortiert. Das Zusammenfügen aller Matrizen liefert die Bewegungsgleichungen für die Verschiebungen u_0, u_1 und u_2:

$$
\delta\mathbf{v}^T\Big\{-\rho A
\begin{bmatrix}
\frac{l_{01}}{3} & \frac{l_{01}}{6} & 0 \\[4pt]
\frac{l_{01}}{6} & \frac{l_{01}}{3}+\frac{l_{12}}{3} & \frac{l_{12}}{6} \\[4pt]
0 & \frac{l_{12}}{6} & \frac{l_{12}}{3}
\end{bmatrix}
\begin{bmatrix}
\ddot{u}_0 \\[4pt] \ddot{u}_1 \\[4pt] \ddot{u}_2
\end{bmatrix}
- d
\begin{bmatrix}
\frac{l_{01}}{3} & \frac{l_{01}}{6} & 0 \\[4pt]
\frac{l_{01}}{6} & \frac{l_{01}}{3}+\frac{l_{12}}{3} & \frac{l_{12}}{6} \\[4pt]
0 & \frac{l_{12}}{6} & \frac{l_{12}}{3}
\end{bmatrix}
\begin{bmatrix}
\dot{u}_0 \\[4pt] \dot{u}_1 \\[4pt] \dot{u}_2
\end{bmatrix}
$$

$$
-EA
\begin{bmatrix}
\frac{1}{l_{01}} & -\frac{1}{l_{01}} & 0 \\[4pt]
-\frac{1}{l_{01}} & \frac{1}{l_{01}}+\frac{1}{l_{12}} & -\frac{1}{l_{12}} \\[4pt]
0 & -\frac{1}{l_{12}} & \frac{1}{l_{12}}
\end{bmatrix}
\begin{bmatrix}
u_0 \\[4pt] u_1 \\[4pt] u_2
\end{bmatrix}
+
\begin{bmatrix}
p\frac{l_{01}}{2} \\[4pt]
p\frac{l_{01}}{2}+p\frac{l_{12}}{2} \\[4pt]
p\frac{l_{12}}{2}+\bar{N}
\end{bmatrix}
\Big\}=0 .
$$

Der Einbau der Wegrandbedingungen erfolgt mit dem Streichen der ersten Zeile wegen $\delta v_0 = 0$ und der ersten Spalte wegen $v_0 = 0$. Es bleiben die Bewegungsgleichungen für die unbekannten Verschiebungen v_1 und v_2:

$$
\delta\mathbf{v}^T\Big\{-\rho A
\begin{bmatrix}
\frac{l_{01}}{3}+\frac{l_{12}}{3} & \frac{l_{12}}{6} \\[4pt]
\frac{l_{12}}{6} & \frac{l_{12}}{3}
\end{bmatrix}
\begin{bmatrix}
\ddot{u}_1 \\[4pt] \ddot{u}_2
\end{bmatrix}
- d
\begin{bmatrix}
\frac{l_{01}}{3}+\frac{l_{12}}{3} & \frac{l_{12}}{6} \\[4pt]
\frac{l_{12}}{6} & \frac{l_{12}}{3}
\end{bmatrix}
\begin{bmatrix}
\dot{u}_1 \\[4pt] \dot{u}_2
\end{bmatrix}
$$

$$
-EA
\begin{bmatrix}
\frac{1}{l_{01}}+\frac{1}{l_{12}} & -\frac{1}{l_{12}} \\[4pt]
-\frac{1}{l_{12}} & \frac{1}{l_{12}}
\end{bmatrix}
\begin{bmatrix}
u_1 \\[4pt] u_2
\end{bmatrix}
+
\begin{bmatrix}
p\frac{l_{01}}{2}+p\frac{l_{12}}{2} \\[4pt]
p\frac{l_{12}}{2}+\bar{N}
\end{bmatrix}
\Big\}=0 .
$$

Die Nachlaufrechnung für die eingeprägten Kräfte kann jetzt elementweise wie bei der Diskretisierung mit einem Element erfolgen. Wertet man die gewählten linearen Ansätze elementweise aus, folgt für jedes Element

$$
\begin{bmatrix} N_a \\ N_b \\ F_{da} \\ F_{db} \end{bmatrix} = \begin{bmatrix} -\frac{EA}{\ell} & +\frac{EA}{\ell} & 0 & 0 \\ -\frac{EA}{\ell} & +\frac{EA}{\ell} & 0 & 0 \\ 0 & 0 & d & 0 \\ 0 & 0 & 0 & d \end{bmatrix} \cdot \begin{bmatrix} u_a \\ u_b \\ \dot{u}_a \\ \dot{u}_b \end{bmatrix},
$$

wenn mit a der Anfang des Elementes und mit b das Ende des Elementes bezeichnet sind. Mit den gewählten Ansätzen sind die Normalkräfte N in jedem Element konstant und die Dämpferkräfte F_d linear veränderlich.

11.1.4 Ergänzungen zum PvV

Infolge der Modellierung des physikalischen Systems sind oft zusätzlich zu den kontinuierlichen Massebelegungen und der Elastizität auch Einzelfedern, Einzeldämpfer und Einzelmassen vorhanden. Die Berücksichtigung dieser Anteile ist mit nur wenig Mehraufwand verbunden. Die zusätzlichen Arbeiten der

$$
\begin{aligned}
\text{Federkräfte:} \quad & \delta A_k = -\delta u\, k\, u\,, \\
\text{Dämpferkräfte:} \quad & \delta A_d = -\delta u\, d\, \dot{u}\,, \\
\text{Massenträgheiten:} \quad & \delta A_m = -\delta u\, m\, \ddot{u}
\end{aligned}
$$

werden zunächst additiv in der Arbeitsgleichung berücksichtigt:

$$
\begin{aligned}
-\delta A &= -\delta A_{Gebiet} - \delta A_{Rand} \\
&= -\delta A_{Gebiet} + (\delta u\, k\, u + \delta u\, d\, \dot{u} + \delta u\, m\, \ddot{u})|_{Rand}\,.
\end{aligned}
$$

Dies bedeutet, dass die Federsteifigkeit, die Dämpferviskosität und die Masse auch nach der Diskretisierung additiv in die entsprechenden Matrizen einzubauen sind, wobei die Zeile mit der virtuellen Weggröße und die Spalte mit der wirklichen Weggröße festgelegt sind. Bei gleicher Reihenfolge der virtuellen und wirklichen Weggrößen ist dies stets die Hauptdiagonale.

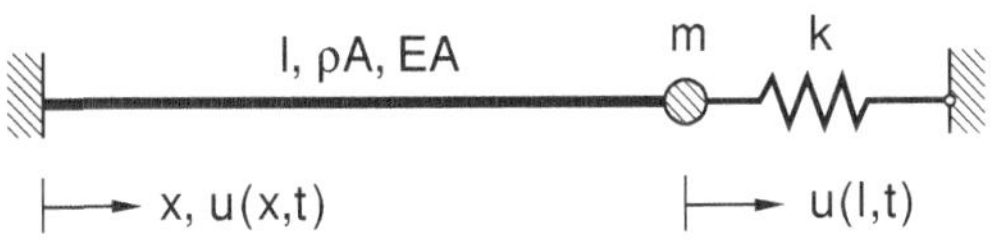

Bild 11-5 Dehnstab mit Einzelfeder und Einzelmasse

11.2 Biegestäbe

Das Aufstellen der Bewegungsgleichungen für Biegestäbe erfolgt analog zum Dehnstab, sodass hier die Darstellung des Vorgehens nicht so detailliert sein muss.

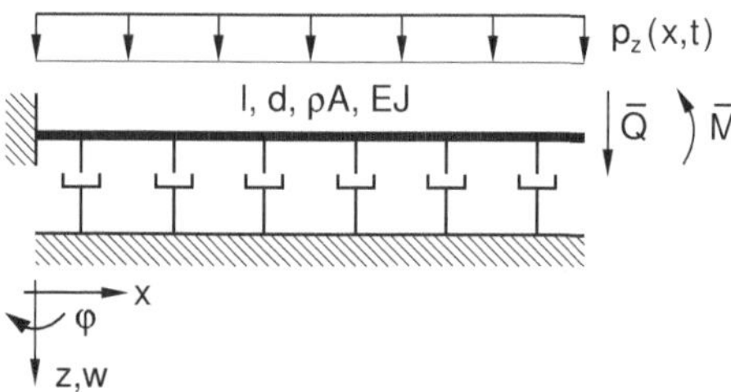

Bild 11-6 Biegestab mit äußerer Dämpfung infolge Luft oder Wasser

Die geometrischen Bezeichnungen, die Belastung und die Steifigkeit sind nachfolgend gegeben.

Zeitkoordinate	:	t
Raumkoordinaten	:	x, z
Verschiebung	:	$w(x,t)$
Verdrehung	:	$\varphi(x,t)$
Verkrümmung	:	$\kappa(x,t)$
Lasten	:	$p_z(x,t), \bar{Q}(t), \bar{M}(t)$
Biegesteifigkeit	:	EI
Viskosität	:	d_w, d_φ
Massenbelegung	:	ρA
Rotationsträgheit	:	ρI

11.2.1 Die Grundgleichungen für Biegestäbe

Mit der Annahme verschwindender Querschubverformungen lassen sich die Grundgleichungen des Biegestabes auf eine Bewegungsgleichung für die Durchbiegung w zusammenfassen.

Die Weggrößen des differentiellen Elementes sind zunächst w und φ. Mit der Bernoulli–Hypothese lassen sich folgende kinematische Bedingungen angeben:

$$\left.\begin{array}{c} \kappa = \varphi,_x \\ \varphi = w,_x \end{array}\right\} \quad \to \kappa = w,_{xx} \, .$$

Dies bedeutet, dass w und φ stetig differenzierbar sein müssen.

Das D'Alembert'sche Prinzip liefert am differentiellen Element das Gleichgewicht der Kräfte in Richtung z

$$\sum F_z = -\rho A\ddot{w} - F_d + Q,_x + p_z = 0$$

sowie das Gleichgewicht der Momente in Richtung φ

$$\sum M_\varphi = -\rho I\ddot{\varphi} - M_d - M,_x + Q = 0.$$

$\sum M_\varphi = 0$ kann man nach der Querkraft Q auflösen und die Querkraft in das Gleichgewicht der Kräfte einsetzen.

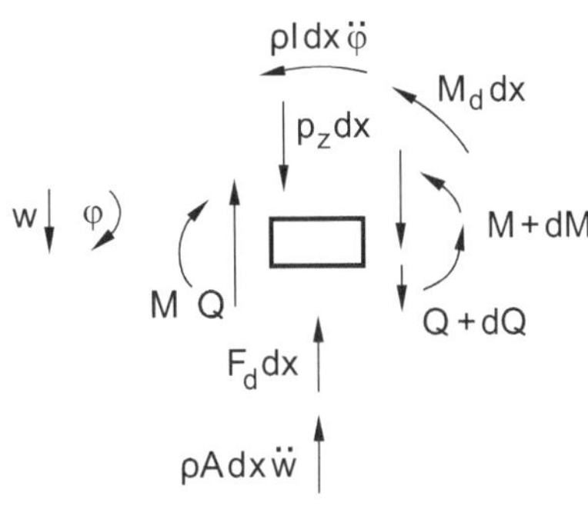

Bild 11-7 Differentielles Element

Zusammengefasst folgt das Gleichgewicht der Kräfte in Richtung z

$$-\rho A\ddot{w} - F_d + (\rho I\ddot{\varphi}),_x + M_{d},_x + M,_{xx} + p_z = 0.$$

Die Werkstoffgleichung für elastisches Materialverhalten

$$M = -EI\kappa$$

gibt den Zusammenhang zwischen den Verkrümmungen und dem Biegemoment an. Die Werkstoffgleichungen für die von außen auf das differentielle Element wirkende Verschiebungs– und Drehdämpfung sind mit

$$F_d = d_w\,\dot{w}$$
$$\text{sowie} \qquad M_d = d_\varphi\,\dot{\varphi}$$

angesetzt. Wenn die kinematischen Bedingungen und die Werkstoffgleichungen in die Gleichgewichtsbedingung eingesetzt werden, folgt die Bewegungsgleichung für die Verschiebung w

$$-\rho A\ddot{w} - d_w\dot{w} + (\rho I\ddot{w},_x),_x + (d_\varphi\dot{w},_x),_x - (EIw,_{xx}),_{xx} + p_z = 0.$$

Die Bewegungsgleichung enthält Terme mit unterschiedlicher Größenordnung, wenn sie für Systeme des Ingenieurwesens verwendet wird. Bei Vernachlässigung der Rotationsträgheiten und Drehdämpfungen bleibt

$$-\rho A\ddot{w} - d_w\dot{w} - (EIw,_{xx}),_{xx} + p_z = 0. \tag{11.1}$$

Wegen der vierfachen Differentiation in Richtung x können vier Integrationskonstanten an die Randbedingungen angepaßt werden. Dies sind die Randbedingungen für die Kinematik

$$\bar{w} - w = 0 \,,$$

$$\bar{\varphi} - \varphi = 0$$

und die Randbedingungen für die Dynamik – hier ohne diskrete Dämpfer –

$$\bar{Q} - Q - m\ddot{w} - k_w w = 0 \,,$$

$$M - \bar{M} - \theta\ddot{\varphi} - k_\varphi\varphi = 0 \,.$$

Wie beim Dehnstab kann auch für den Biegestab die analytische Lösung für Sonderfälle berechnet werden. Das Vorgehen ist in verschiedenen Lehrbüchern gezeigt. Hier sei nur auf die Darstellung in [48] hingewiesen.

11.2.2 Beispiel für die analytische Lösung der Bewegungsgleichung

Analytische Lösungen für die Bewegungsgleichung sind nur in Sonderfällen möglich. Sie eignen sich allerdings besonders gut für die Beurteilung von Näherungslösungen, die mit einem numerischen Verfahren ermittelt werden können. Als Beispiel wird der gelenkig gelagerte Balken unter einer sin–Last nach Bild 11-8 gewählt. Die Bewegung ist ungedämpft. Die Biegesteifigkeit ist konstant.

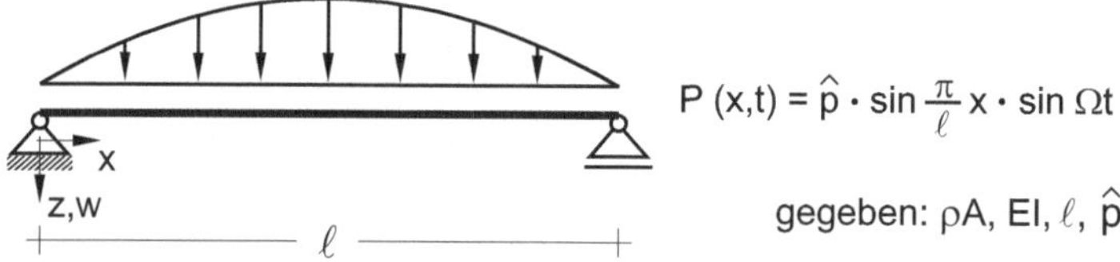

Bild 11-8 Gelenkig gelagerter Balken $(0 \le x \le \ell)$

Die Bewegungsgleichung

$$\rho A\ddot{w} + (EI w_{,xx})_{,xx} = \hat{p} \cdot \sin\frac{\pi}{\ell}x \cdot \sin\Omega t \,. \tag{11.2}$$

und die Randbedingungen

$$w(0,t) = 0 \quad \text{und} \quad w(\ell,t) = 0 \,,$$

$$M(0,t) = 0 \quad \text{und} \quad M(\ell,t) = 0$$

sind gegeben. Die Gesamtlösung der Bewegungsgleichung umfasst wieder die freien und die erzwungenen Schwingungen.

1. Die freien Schwingungen

Mit dem Separationsansatz und beliebigem, ganzzahligen m

$$w_h(x,t) = \hat{w}_h \cdot \sin m\frac{\pi}{\ell}x \cdot \sin \omega t,$$

werden die Randbedingungen exakt erfüllt, sodass in einem zweiten Schritt die Eigenkreisfrequenz ω mit der Bewegungsgleichung berechnet werden kann. Zunächst folgen die Raum– und Zeitableitungen

$$\ddot{w}_h(x,t) = -\hat{w}_h\,\omega^2 \cdot \sin m\frac{\pi}{\ell}x \cdot \sin \omega t,$$

$$w_h(x,t),_{xxxx} = +\hat{w}_h\,(\frac{m\pi}{\ell})^4 \cdot \sin m\frac{\pi}{\ell}x \cdot \sin \omega t.$$

Nach Einsetzen des Ansatzes in die Bewegungsgleichung und Ausklammern der gemeinsamen Faktoren folgt

$$\{-\omega^2\rho A + (\frac{m\pi}{\ell})^4 EI\}\,\hat{w}_h \cdot \sin m\frac{\pi}{\ell}x \cdot \sin \omega t = 0\,.$$

Damit ist die zu dem jeweiligen Reihenglied m gehörende Eigenkreisfrequenz

$$\omega_m = \pm(\frac{m\pi}{\ell})^2 \sqrt{\frac{EI}{\rho A}}$$

gegeben. Die Gesamtlösung der homogenen Bewegungsgleichung berücksichtigt daher jede Eigenfrequenz ω_m mit einem eigenen Reihenglied

$$w_h(x,t) = \sum_1^m \sin m\frac{\pi}{\ell}x \cdot (\hat{w}_{cm} \cdot \cos \omega_m t + \hat{w}_{sm} \cdot \sin \omega_m t),$$

wobei die Koeffizienten $\hat{w}_{cm}$ und $\hat{w}_{sm}$ an die Anfangsbedingungen angepasst werden müssen.

2. Die erzwungenen Schwingungen für das 1. sin–Reihenglied

Mit einem *Ansatz vom Typ der rechten Seite*, der auch die Randbedingungen erfüllt, kann man die Partikularlösung berechnen. Mit dem Separationsansatz

$$w_p(x,t) = \hat{w}_p \cdot \sin \frac{\pi}{\ell}x \cdot \sin \Omega t$$

folgen die Raum– und Zeitableitungen

$$\ddot{w}_p(x,t) = -\hat{w}_p\,\Omega^2 \cdot \sin \frac{\pi}{\ell}x \cdot \sin \Omega t,$$

$$w_p(x,t),_{xxxx} = +\hat{w}_p\,\frac{\pi^4}{\ell^4} \cdot \sin \frac{\pi}{\ell}x \cdot \sin \Omega t.$$

Einzige Unbekannte des Ansatzes ist die Amplitude $\hat{w}_p$, die mit der Bewegungsgleichung berechnet wird. Nach Einsetzen des Ansatzes in die Bewegungsgleichung und Ausklammern der gemeinsamen Faktoren folgt

$$\{(-\Omega^2 \rho A + \frac{\pi^4}{\ell^4} EI)\,\hat{w}_p - \hat{p}\} \cdot \sin\frac{\pi}{\ell}x \cdot \sin\Omega t = 0$$

und weiter

$$\hat{w}_p = \hat{p}/(-\Omega^2 \rho A + \frac{\pi^4}{\ell^4} EI)\,.$$

Mit Hilfe der Fourier–Analyse lässt sich der Lösungsansatz auf beliebige Reihenglieder $\sin n\pi x/\ell$ der Last im Raum sowie $\sin n\Omega t$ bzw. $\cos n\Omega t$ in der Zeit übertragen.

3. Die Gesamtlösung

Die Gesamtlösung der Bewegungsgleichung enthält die freien Schwingungen und die erzwungenen Schwingungen

$$w(x,t) = w_h(x,t) + w_p(x,t)$$

$$= \sum_{1}^{m} \sin m\frac{\pi}{\ell}x \cdot (\hat{w}_{cm} \cdot \cos\omega_m t + \hat{w}_{sm} \cdot \sin\omega_m t)$$

$$+ \hat{p}/(-\Omega^2 \rho A + \frac{\pi^4}{\ell^4} EI) \cdot \sin\frac{\pi}{\ell}x \cdot \sin\Omega t\,.$$

Die noch unbekannten Koeffizienten $\hat{w}_{cm}$ und $\hat{w}_{sm}$ müssen an die Anfangsbedingungen $w(x,0)$ und $\dot{w}(x,0)$ angepasst werden.

4. Die Nachlaufrechnung

Die Nachlaufrechnung erfolgt hier für die Biegemomente. Mit der Werkstoffgleichung für $M(x,t)$ und der Gesamtlösung $w(x,t)$ folgt

$$M(x,t) = -EI \cdot w,_{xx}$$

$$= EI \sum_{1}^{m} (m\frac{\pi}{\ell})^2 \sin m\frac{\pi}{\ell}x \cdot (\hat{w}_{cm} \cdot \cos\omega_m t + \hat{w}_{sm} \cdot \sin\omega_m t)$$

$$+ EI(\frac{\pi}{\ell})^2 \hat{p}/(-\Omega^2 \rho A + \frac{\pi^4}{\ell^4} EI) \cdot \sin\frac{\pi}{\ell}x \cdot \sin\Omega t\,.$$

Die Nachlaufrechnung für die Querkräfte $Q(x,t)$ erfolgt entsprechend.

11.2.3 Das Prinzip der virtuellen Verschiebungen

Die Formulierung der Arbeitsgleichung kann in Analogie zum Dehnstab erfolgen, wenn die am differentiellen Element geleisteten Arbeiten

$$d\delta A = \{-\rho A\,\ddot{w}\,\delta w - F_d\,\delta w + M\,\delta\kappa + p_z\,\delta w\}\,dx$$

über das Gebiet integriert werden

$$\delta A = \int \{-\rho A\,\ddot{w}\,\delta w - F_d\,\delta w + M\,\delta\kappa + p_z\,\delta w\}\,dx = 0\,.$$

Die inneren „Federarbeiten" $M\,\delta\kappa$ sind aufgrund der gewählten Vorzeichen positiv. Die Arbeiten auf dem Rand werden in Abschnitt 11.2.4 ergänzt. Nach Einsetzen der Kinematik und des Werkstoffgesetzes folgt das Prinzip der virtuellen Verschiebungen als Anwendungsgleichung

$$\delta A = \int \{-\delta w\,\rho A\,\ddot{w} - \delta w\,d\,\dot{w} - \delta w_{,xx}\,EI\,w_{,xx} + \delta w\,p_z\}\,dx = 0\,. \qquad (11.3)$$

Wie bereits beim Dehnstab erläutert, ist die Arbeitsgleichung eine äquivalente Formulierung der Gleichgewichtsbedingung.

Ergänzungen zum PvV

Einige mögliche Erweiterungen der bisher angegebenen physikalischen Eigenschaften von Balkensystemen sind im Bild dargestellt. Sie können wie nachfolgend erläutert in die Bewegungsgleichungen eingebaut werden.

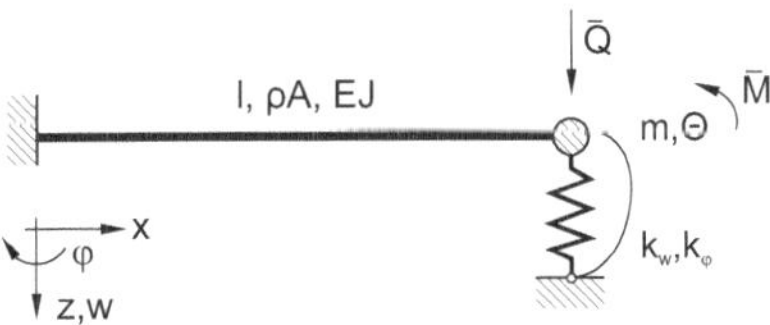

Sind Einzellasten oder Einzelfedern vorhanden, so müssen die virtuellen Arbeiten wie folgt ergänzt werden

$$\delta A = \delta A_{Gebiet} + \delta A_{Rand}$$
$$= \delta A_{Gebiet} - (\delta w\,k_w\,w + \delta\varphi\,k_\varphi\,\varphi - \delta w\,\bar{Q} + \delta\varphi\,\bar{M})|_{Rand}\,.$$

Das Vorzeichen der virtuellen Arbeiten folgt aus der Richtung der Kraft– und der virtuellen Weggrößen. Bei Einzelmassen sind die virtuellen Arbeiten der Massenträgheiten

$$\delta A_m = \delta A_{m,\,Gebiet} + \delta A_{m,\,Rand} = \delta A_{m,\,Gebiet} - (\delta w\,m\,\ddot{w} + \delta\varphi\,\theta\,\ddot{\varphi})|_{Rand}$$

additiv zu berücksichtigen. Bei eventuell vorhandenen Einzeldämpfern sind die Kräfte beim Prinzip der virtuellen Arbeit mit $\delta w_j\,d\,\dot{w}_j$ in der Zeile der Weggröße δw_j zu berücksichtigen, auf der sie Arbeit leisten.

11.2.4 Näherungslösung mit Hermite–Polynomen

Die Berechnung der Biegeschwingung kann jetzt in Analogie zum Dehnstab mit einem Näherungsansatz erfolgen. Für die wirklichen Verschiebungen $w(x, t)$ und für die virtuellen Verschiebungen $\delta w(x)$ wird ebenfalls ein Separationsansatz

$$w(x,t) = \mathbf{\Omega}(x) \cdot \mathbf{v}(t)\,,$$
$$\delta w(x) = \mathbf{\Omega}(x) \cdot \delta \mathbf{v}\,.$$

gewählt. Für w muss mindestens ein Polynom 3. Ordnung gewählt werden, wenn alle kinematischen Bedingungen im Gebiet und auf den Rändern berücksichtigt werden sollen. Gut geeignet sind Hermite–Polynome, da dann die kinematischen Bedingungen auf den Rändern direkt mit den Knotenfreiwerten erfüllt werden können

$$w = \left[\, 1 - 3\frac{x^2}{l^2} + 2\frac{x^3}{l^3} \;\middle|\; x - 2\frac{x^2}{l} + \frac{x^3}{l^2} \;\middle|\; 3\frac{x^2}{l^2} - 2\frac{x^3}{l^3} \;\middle|\; -\frac{x^2}{l} + \frac{x^3}{l^2} \,\right] \begin{bmatrix} w_A \\ \varphi_A \\ w_B \\ \varphi_B \end{bmatrix}\,.$$

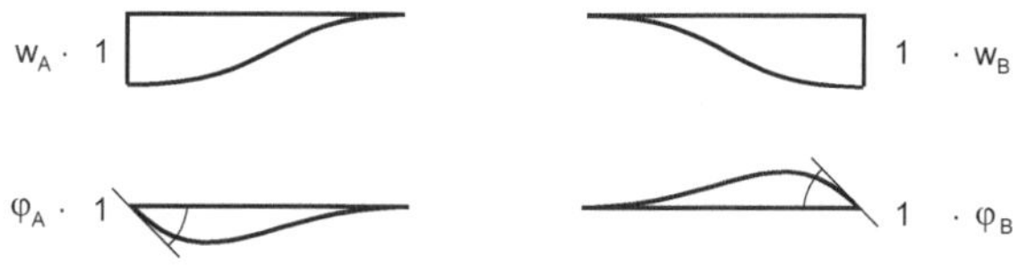

$w_A \cdot 1$ $1 \cdot w_B$

$\varphi_A \cdot 1$ $1 \cdot \varphi_B$

Bild 11-9 Hermite-Polynome 3. Ordnung

Zu beachten ist, dass nur w Beschreibungsvariable ist. w wird mit Ansatzfunktionen beschrieben, deren Faktoren Knotenverschiebungen und Knotenverdrehungen sind. Die Ansätze können für Einzelfelder von Balkensystemen und für Einzelelemente eines Einzelfeldes verwendet werden. Der Zusammenbau erfolgt dann wie beim Dehnstab gezeigt.

Die Auswertung der virtuellen Arbeiten der Momente gibt im Elementgebiet

$$\int \delta w_{,xx}\, EI\, w_{,xx}\, dx = \delta \mathbf{v}^T \int \mathbf{\Omega}_{,xx}^T EI\, \mathbf{\Omega}_{,xx}\, dx\, \mathbf{v} = \delta \mathbf{v}^T \mathbf{K}_e\, \mathbf{v}$$

mit der Elementsteifigkeitsmatrix

$$\mathbf{K}_e = \begin{bmatrix} 12 & 6l & -12 & 6l \\ 6l & 4l^2 & -6l & 2l^2 \\ -12 & -6l & 12 & -6l \\ 6l & 2l^2 & -6l & 4l^2 \end{bmatrix} \cdot \frac{EI}{l^3}\,.$$

Die Integration der virtuellen Arbeiten der Massenträgheiten

$$\int \delta w \rho A \ddot{w}\, dx = \delta \mathbf{v}^T \int \mathbf{\Omega}^T \rho A\, \mathbf{\Omega}\, dx\, \ddot{\mathbf{v}} = \delta \mathbf{v}^T \mathbf{M}_e\, \ddot{\mathbf{v}}$$

liefert die Elementmassenmatrix

$$\mathbf{M}_e = \begin{bmatrix} 156l & 22l^2 & 54l & -13l^2 \\ 22l^2 & 4l^3 & 13l^2 & -3l^3 \\ 54l & 13l^2 & 156l & -22l^2 \\ -13l^2 & -3l^3 & -22l^2 & 4l^3 \end{bmatrix} \cdot \frac{\rho A}{420}\,.$$

Mit den virtuellen Arbeiten der Einwirkungen

$$\int \delta w\, p\, dx = \delta \mathbf{v}^T \int \mathbf{\Omega}^T p\, dx = \delta \mathbf{v}^T \mathbf{p}_e$$

folgt der Elementlastvektor für räumlich konstante Streckenlast $p(x,t)$

$$\mathbf{p}_e = \begin{bmatrix} pl/2 \\ pl^2/12 \\ pl/2 \\ -pl^2/12 \end{bmatrix}\,.$$

Anwendungsbeispiel

Für das im Bild dargestellte System sind die Bewegungsgleichungen mit dem PvV bei einer Unterteilung mit einem Element aufzustellen.

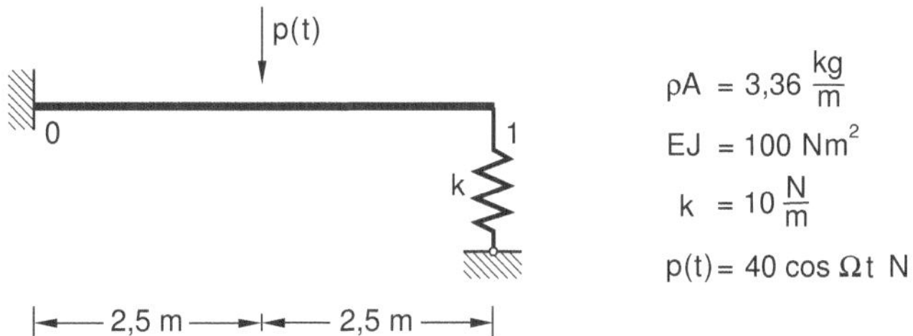

Bild 11-10 Biegestab mit Einzellast und Einzelfeder

1. Arbeitsgleichung

Die Arbeitsgleichung für die vorliegende Aufgabenstellung ist gegeben:

$$-\delta A = \int \delta w \rho A \ddot{w}\, dx + \int \delta w,_{xx} EI\, w,_{xx}\, dx + \delta w k w|_{x=5m} - \delta w\, p(t)|_{x=2,5m} = 0\,.$$

2. Ansatzfunktionen

Als Ansatzfunktionen werden die Hermite-Polynome mit den Freiwerten „Endverschiebung w_1" und „Endverdrehung φ_1" gewählt.

3. Gebietsintegrale

Hiermit folgen die Gebietsintegrale für die Massenträgheiten

$$\int \delta w \rho A \ddot{w}\, dx = \delta \mathbf{v}^T \mathbf{M}_e\, \ddot{\mathbf{v}} = \begin{bmatrix} \delta w_1 & \delta \varphi_1 \end{bmatrix} \frac{\rho A}{420} \begin{bmatrix} 156l & -22l^2 \\ -22l^2 & 4l^3 \end{bmatrix} \begin{bmatrix} \ddot{w}_1 \\ \ddot{\varphi}_1 \end{bmatrix}$$

und die Steifigkeiten

$$\int \delta w_{,xx} EI w_{,xx}\, dx = \delta \mathbf{v}^T \mathbf{K}_e\, \mathbf{v} = \begin{bmatrix} \delta w_1 & \delta \varphi_1 \end{bmatrix} \frac{EI}{l^3} \begin{bmatrix} 12 & -6l \\ -6l & 4l^2 \end{bmatrix} \begin{bmatrix} w_1 \\ \varphi_1 \end{bmatrix}.$$

Die Einzelfeder wird additiv in der Systemsteifigkeitsmatrix berücksichtigt. Bei der Berechnung der Lastspalte ist zu beachten, dass die Last bei der gewählten Elementeinteilung auf beiden Ansatzfunktionen virtuelle Arbeit leistet. Mit

$$\phi_{w_1} = 3\frac{x^2}{l^2} - 2\frac{x^3}{l^3} \quad \text{und} \quad \phi_{\varphi_1} = -\frac{x^2}{l} + \frac{x^3}{l^2}$$

können die äußeren virtuellen Arbeiten ausgewertet werden

$$\delta w\, p(t)|_{x=2,5m} = \begin{bmatrix} \delta w_1 & \delta \varphi_1 \end{bmatrix} \begin{bmatrix} 0,5\, p(t) \\ -0,125\, l\, p(t) \end{bmatrix}.$$

4. Bewegungsgleichungen

Damit folgen die Bewegungsgleichungen in allgemeiner Schreibweise

$$\frac{\rho A}{420} \begin{bmatrix} 156l & 22l^2 \\ 22l^2 & 4l^3 \end{bmatrix} \begin{bmatrix} \ddot{w}_1 \\ \ddot{\varphi}_1 \end{bmatrix} + \frac{EI}{l^3} \begin{bmatrix} 12 + \frac{l^3 k}{EI} & 6l \\ 6l & 4l^2 \end{bmatrix} \begin{bmatrix} w_1 \\ \varphi_1 \end{bmatrix} = \begin{bmatrix} 0,5\, p(t) \\ -0,625\, p(t) \end{bmatrix}$$

und in Zahlen

$$\begin{bmatrix} 6,24 & 4,4 \\ 4,4 & 4,0 \end{bmatrix} \begin{bmatrix} \ddot{w}_1 \\ \ddot{\varphi}_1 \end{bmatrix} + \begin{bmatrix} 19,6 & 24 \\ 24 & 80 \end{bmatrix} \begin{bmatrix} w_1 \\ \varphi_1 \end{bmatrix} = \begin{bmatrix} 20\cos(\Omega t) \\ -25\cos(\Omega t) \end{bmatrix}.$$

Das hier gezeigte Vorgehen kann in Analogie zum Dehnstab auch auf eine Diskretisierung mit mehreren Integrationsbereichen übertragen werden, wenn in jedem Bereich Hermite–Polynome verwendet werden.

11.3 Torsionsstäbe

Stabtragwerke, die mit Torsionsmomenten um die Längsachse belastet sind, können elastisch verdrillt werden, wenn die Verdrehung um die Längsachse am Auflager behindert wird. Elastische Wellen als Getriebebauteile erfahren einen Widerstand aus der Momentenverteilung auf die Antriebsräder und den Massenträgheiten. Ein Flugzeugrumpf erfährt eine Verdrillung aus der an den Tragflächen und dem Leitwerk angreifenden Druckverteilung und den Massenträgheiten. Bei Windkraftanlagen tordieren die Rotorblätter infolge der Winddruckverteilung und die Pylone infolge der unsymmetrisch angeordneten Rotorblätter.

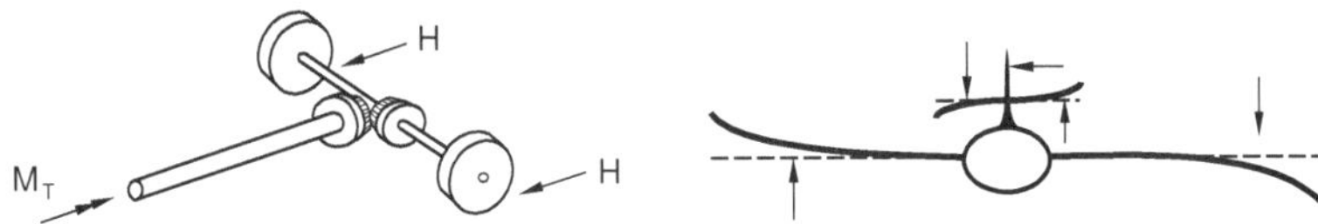

Bild 11-11 Torsion elastischer Stabtragwerke

Für die Modellierung von Torsionsstäben gelten die folgenden Bezeichnungen.

Zeitkoordinate	:	t
Raumkoordinate	:	x
Drillwinkel	:	ϑ
Torsionsmomente	:	$m_T,\ \bar{M}_T$
Polares Trägheitsmoment	:	J_T
Drillsteifigkeit	:	GJ_T
Viskosität	:	d_T
Drehmassenbelegung	:	ρJ_T
Einzelfelder	:	k_T
Einzelmasse	:	Θ_T

Ohne weitere Herleitung und Diskussion der Grundgleichungen können für den einfachsten Fall einer wölbkraftfreien Lagerung die Torsionsschwingungen elastischer Stäbe mit der Bewegungsgleichung

$$-\rho J_T \cdot \ddot{\vartheta} - d_T \cdot \dot{\vartheta} + (GJ_T \cdot \vartheta_{,x})_{,x} + m_T = 0$$

beschrieben werden. Hierbei sind Massenträgheiten, äußere Dämpfung, die Elastizität des Stabes und angreifende Streckenmomente berücksichtigt. Die kinematischen und dynamischen Randbedingungen sind mit

$$\bar{\vartheta}(t) = \vartheta(x,t) \qquad \text{und} \qquad \bar{M}_T - \theta_T \cdot \ddot{\vartheta} - k_T \cdot \vartheta = 0$$

gegeben, wobei an jedem Rand entweder die Verdrehung oder das Gleichgewicht angesetzt werden muss.

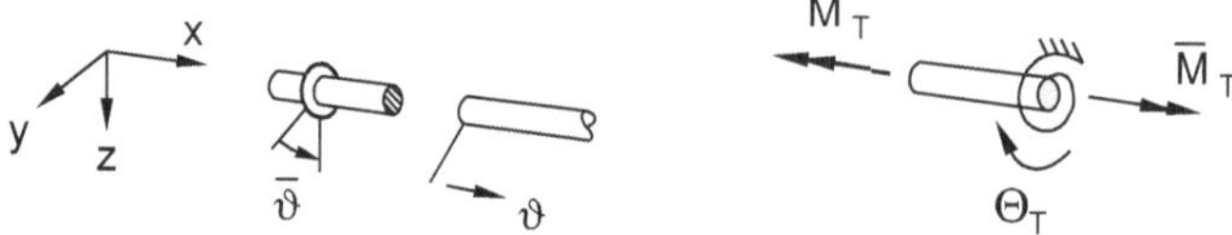

Im Vergleich mit der Modellierung von Dehnstäben nach Abschnitt 11.1.1 wird deutlich, dass sowohl die Bewegungsgleichung als auch die Randbedingungen den gleichen mathematischen Aufbau aufweisen. Dies bedeutet, dass die Verfahren zum Aufstellen der Bewegungsgleichungen und später auch deren Lösung völlig analog behandelt und interpretiert werden können. Nachfolgend werden daher ohne weitere Herleitung des Arbeitsprinzips die Bewegungsgleichungen für ein elastische Torsionsstäbe mit dem D'Alembert'schen Prinzip in Lagrange'scher Fassung aufgestellt.

Beispiel 1

Rotorblätter von Windkraftanlagen, Hubschrauber-Rotoren und auch Tragflügel großer Streckung bei Flugzeugen können als Torsionsstäbe behandelt werden. Hierbei folgt das angreifende Torsionsmoment m_T aus der Druckverteilung aus Wind. Triebwerke, Verstärkungselemente, Messinstrumente oder Vergleichbares können als Einzelmassen berücksichtigt werden. Exemplarisch wird der im Bild dargestellte Torsionstab mit dem PvV diskretisiert.

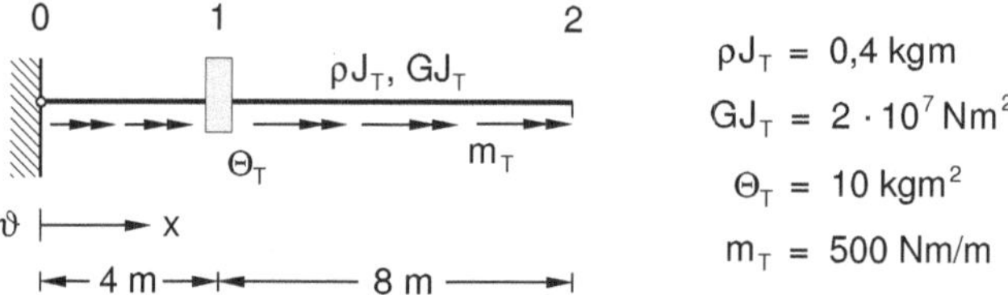

1. Arbeitsgleichung

Für die Analyse des Schwingungsverhaltens kann das Prinzip der virtuellen Verschiebungen in der Form

$$-\delta A = \int \{\delta\vartheta\, \rho J_T\, \ddot{\vartheta} + \delta\vartheta_{,x}\, GJ_T\, \vartheta_{,x} - \delta\vartheta\, m_T\}dx + \delta\vartheta\, \theta_T\, \ddot{\vartheta} = 0$$

angesetzt werden. Hier sind die Arbeiten der Massenträgheiten $\rho J_T\ddot{\vartheta}$ und der angreifenden Momente m_T sowie die inneren Arbeiten aus Elastizität berücksichtigt.

2. Ansatzfunktionen

Die Diskretisierung der Arbeitsgleichung erfolgt für zwei Elemente. Als Ansatzfunktionen für die wirklichen und die virtuellen Drehungen werden lineare Ansätze analog zu Abschnitt 11.1.2 verwendet. Freiwerte sind die Drehungen ϑ_1 und ϑ_2 an der Stelle $x = 4\,m$ bzw. $x = 12\,m$ bzw. die entsprechenden virtuellen Knotendrehungen.

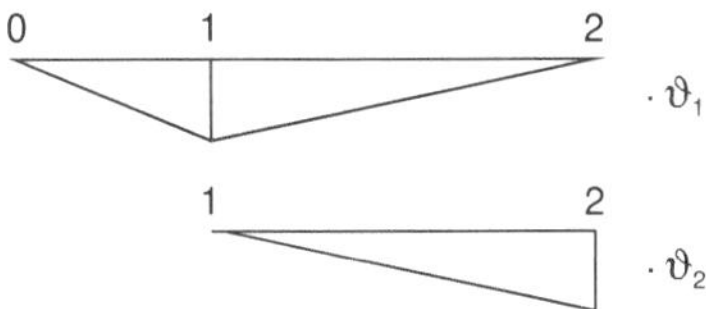

3. Gebietsintegrale

Die Auswertung der Arbeitsgleichung mit den gewählten Ansätzen kann analog zum Dehnstab und zum Balken in Matrizenschreibweise in der Reihenfolge der virtuellen Drehungen erfolgen:

$$\int \delta\vartheta\, \rho J_T \ddot{\vartheta}\, dx = [\, \delta\vartheta_1 \; \delta\vartheta_2 \,]\, \rho J_T \begin{bmatrix} \frac{l_{01}}{3} + \frac{l_{12}}{3} & \frac{l_{12}}{6} \\[2mm] \frac{l_{12}}{6} & \frac{l_{12}}{3} \end{bmatrix} \begin{bmatrix} \ddot{\vartheta}_1 \\[2mm] \ddot{\vartheta}_2 \end{bmatrix},$$

$$\int \delta\vartheta_{,x}\, G J_T \vartheta_{,x}\, dx - [\, \delta\vartheta_1 \; \delta\vartheta_2 \,]\, G J_T \begin{bmatrix} \frac{1}{l_{01}} + \frac{1}{l_{12}} & -\frac{1}{l_{12}} \\[2mm] -\frac{1}{l_{12}} & \frac{1}{l_{12}} \end{bmatrix} \begin{bmatrix} \vartheta_1 \\[2mm] \vartheta_2 \end{bmatrix},$$

$$\delta\vartheta\, \theta_T \ddot{\vartheta} = [\, \delta\vartheta_1 \; \delta\vartheta_2 \,]\, \theta_T \begin{bmatrix} 1 & 0 \\[2mm] 0 & 0 \end{bmatrix} \begin{bmatrix} \ddot{\vartheta}_1 \\[2mm] \ddot{\vartheta}_2 \end{bmatrix},$$

$$\int \delta\vartheta\, m_T\, dx = [\, \delta\vartheta_1 \; \delta\vartheta_2 \,]\, m_T \begin{bmatrix} \frac{l_{01}}{2} + \frac{l_{12}}{2} \\[2mm] \frac{l_{12}}{2} \end{bmatrix}.$$

4. Bewegungsgleichungen

Mit den angegebenen Systemdaten folgen die diskretisierten Bewegungsgleichungen für die Knotendrehungen ϑ_1 und ϑ_2 in Zahlen zu

$$[\, \delta\vartheta_1 \; \delta\vartheta_2 \,] \left\{ \begin{bmatrix} 11{,}60 & 0{,}53 \\[2mm] 0{,}53 & 1{,}06 \end{bmatrix} \begin{bmatrix} \ddot{\vartheta}_1 \\[2mm] \ddot{\vartheta}_2 \end{bmatrix} \right.$$
$$\left. +\, 10^6 \begin{bmatrix} 7{,}50 & -1{,}25 \\[2mm] -1{,}25 & 1{,}25 \end{bmatrix} \begin{bmatrix} \vartheta_1 \\[2mm] \vartheta_2 \end{bmatrix} - \begin{bmatrix} 3000 \\[2mm] 2000 \end{bmatrix} \right\} = 0\,.$$

Beispiel 2

Die im Bild dargestellte Fußgängerbrücke aus Stahlbeton ist mit einer im Gleichschritt marschierenden Personengruppe belastet. Dieser Fall ist nach Straßenverkehrsordnung zwar nicht erlaubt, wird hier jedoch exemplarisch angesetzt. Die Personengruppe befindet sich auf einer Seite der Brücke, sodass die Brücke auf Torsion beansprucht wird.

Die Rotationsmasse beträgt $\rho J_T \approx 1.600\,kgm^2/m$. Für die Torsionssteifigkeit wird der Rechteckquerschnitt $b \cdot h = 0{,}5 \cdot 0{,}6$ angesetzt, sodass die Torsionsteifigkeit $GJ_T \approx 2 \cdot 10^8\,Nm^2$ folgt. Die Last aus Personengruppe wird mit $75\,kg/Person$ bei einer Personendichte von $1{,}3/m^2$ angesetzt, vergleiche Abschnitt 28. Hiermit folgt das Torsionsmoment zu $m_T = 2.000\,\cos\Omega t\ Nm/m$. Die Ränder der Brücke sind wölbfrei gegen Verdrehen gehalten.

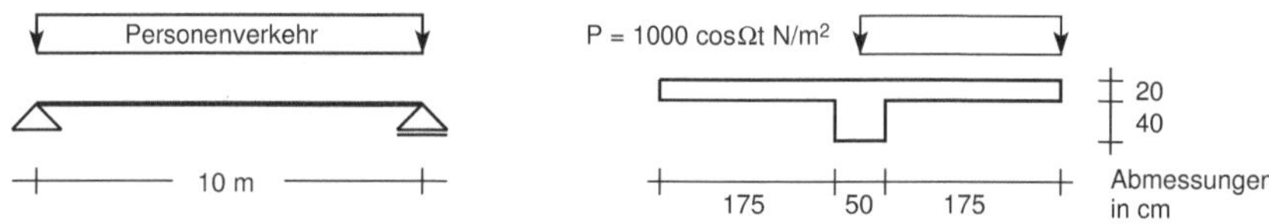

1. Arbeitsgleichung

Die Diskretisierung der Arbeitsgleichung erfolgt wie im ersten Beispiel mit dem Prinzips der virtuellen Verschiebungen, das für die Brücke mit

$$-\delta A = \int \{\delta\vartheta\,\rho J_T\,\ddot\vartheta + \delta\vartheta_{,x}\,GJ_T\,\vartheta_{,x} - \delta\vartheta\,m_T\}dx = 0$$

gegeben ist.

2. Ansatzfunktionen

Als Ansatzfunktionen für die wirklichen und die virtuellen Drehungen wird ein sin–Ansatz gewählt gewählt:

$$\vartheta = \hat\vartheta(t)\sin\frac{\pi x}{\ell} \ , \qquad \delta\vartheta = \delta\hat\vartheta\sin\frac{\pi x}{\ell}\ .$$

3. Gebietsintegrale

Die Integrale der Arbeitsgleichung können für die gewählten Ansätze getrennt ausgewertet werden. Mit $\int \sin^2 a \cdot x\,dx = x/2 - \sin 2a\,x/4a$ und $\int \cos^2 a \cdot x\,dx = x/2 + \sin 2a\,x/4a$ folgt

$$\int \delta\vartheta\rho J_T\ddot\vartheta\,dx = \delta\hat\vartheta \int \sin\frac{\pi x}{\ell}\,\rho J_T \sin\frac{\pi x}{\ell}\,dx\,\ddot{\hat\vartheta}$$

$$= \delta\hat\vartheta \int \sin\frac{\pi x}{10} \, 1.600 \, \sin\frac{\pi x}{10} \, dx \, \ddot{\hat\vartheta}$$

$$= \delta\hat\vartheta \, 8.000 \, \ddot{\hat\vartheta} \,,$$

$$\int \delta\vartheta_{,x} GJ_T \vartheta_{,x} \, dx = \delta\hat\vartheta \int \frac{\pi}{\ell} \cos\frac{\pi x}{\ell} \, GJ_T \, \frac{\pi}{\ell} \cos\frac{\pi x}{\ell} \, dx \, \hat\vartheta$$

$$= \delta\hat\vartheta \int \frac{\pi}{10} \cos\frac{\pi x}{10} \, 2\cdot 10^8 \, \frac{\pi}{10} \cos\frac{\pi x}{10} \, dx \, \hat\vartheta$$

$$= \delta\hat\vartheta \, 10^8 \, \hat\vartheta \,,$$

$$\int \delta\vartheta \, m_T \, dx = \delta\hat\vartheta \int \sin\frac{\pi x}{\ell} \, m_T \, dx$$

$$= \delta\hat\vartheta \int \sin\frac{\pi x}{10} \, 2.000 \, dx$$

$$= \delta\hat\vartheta \, 12.800 \,.$$

4. Bewegungsgleichungen

Mit den angegebenen Systemdaten folgt die Bewegungsgleichung zu

$$\delta\hat\vartheta \, \{\, 8.000 \, \ddot{\hat\vartheta} + 10^8 \, \hat\vartheta - 12.800 \,\} = 0 \,.$$

12 Freie Schwingungen ungedämpfter Systeme

Die Bewegungsgleichungen für Starrkörpersysteme und für diskretisierte kontinuierliche Systeme sind in der Matrizenschreibweise identisch. Für ungedämpfte Systeme folgt

$$\mathbf{M}\,\ddot{\mathbf{x}} + \mathbf{K}\,\mathbf{x} = \mathbf{p}\,.$$

Die Gesamtlösung der Bewegungsgleichungen umfasst analog zum Ein–Masse–Schwinger in den Abschnitten 6 und 7 zwei Teile

$$\mathbf{x} = \mathbf{x}_h + \mathbf{x}_p\,.$$

Die Lösung der homogenen Bewegungsgleichung wird als freie Schwingung oder als Eigenschwingung bezeichnet. Dies sind Schwingungen, die das Tragwerk als Folge von Anfangsbedingungen ohne weitere äußere Anregung ausführen kann.

12.1 Lösungsweg für die Berechnung der freien Schwingungen

Als Lösungsansatz wird der Separationsansatz

$$\mathbf{x}_h(t) = a \cdot \hat{\mathbf{x}} \cdot e^{\lambda t}$$

gewählt. Im Ansatz sind als Unbekannte $\hat{\mathbf{x}}$, sowie in Analogie zum Ein–Masse–Schwinger a und λ vorhanden. Zu beachten ist hierbei, dass der Vektor $\hat{\mathbf{x}}$ die räumliche Bewegungsform beschreibt, also die Knotenverschiebungen und Knotenverdrehungen und über die Ansatzfunktionen die Verschiebungen zwischen den Knoten. Es wird also kein Ansatz für eine einzelne Verschiebungsgröße gemacht, sondern gleich für ein ganzes Verschiebungsfeld. Der Ansatz entspricht damit einem Produktansatz in Raum und Zeit. Wenn $\mathbf{x}$ eine Eigenschwingung ist, wird der Vektor $\hat{\mathbf{x}}$ als Eigenvektor und die charakterische Zahl λ als Eigenwert bezeichnet, der den Zeitverlauf festlegt. Mit

$$\ddot{\mathbf{x}}_h(t) = a \cdot \lambda^2 \cdot \hat{\mathbf{x}} \cdot e^{\lambda t}$$

folgt mit der Bewegungsgleichung

$$\left(\lambda^2 \mathbf{M} + \mathbf{K}\right) a \cdot \hat{\mathbf{x}} \cdot e^{\lambda t} = \mathbf{0}\,.$$

Wenn die Gleichung für alle Zeiten t und beliebige Amplituden a gelten soll, ist dies ein homogenes lineares Gleichungssystem für $\hat{\mathbf{x}}$ und λ. Zunächst fällt auf,

© Springer Fachmedien Wiesbaden GmbH, ein Teil von Springer Nature 2020
D. Dinkler, *Einführung in die Strukturdynamik*,
https://doi.org/10.1007/978-3-658-31845-1_12

dass n Elemente des Eigenvektors $\hat{\mathbf{x}}$ und der Eigenwert λ, also $n + 1$ Größen unbekannt, aber nur n Gleichungen vorhanden sind. Dies bedeutet, dass eine Unbekannte des Eigenvektors beliebig gewählt werden kann. Gesucht ist jetzt die nichttriviale Lösung des Gleichungssystems

$$(\lambda^2 \mathbf{M} + \mathbf{K})\,\hat{\mathbf{x}} = \mathbf{0}\,.$$

Wenn $\hat{\mathbf{x}} \neq 0$ sein soll, muss die Determinante der Koeffizientenmatrix verschwinden

$$\det \mid \lambda^2 \mathbf{M} + \mathbf{K} \mid = 0\,.$$

Dies gilt nur für bestimmte λ – die Eigenwerte des Matrizenpaares $\mathbf{M}, \mathbf{K}$. Berechnet man die Nullstellen der Determinante, so findet man genau so viele λ^2 wie Freiwerte vorhanden sind. Damit gibt es im allgemeinen Fall bei Dämpfung $2 \cdot n$ konjugiert komplexe Lösungen λ_{j1} und λ_{j2} mit $j = 1, 2, \ldots n$. Für die hier untersuchten ungedämpften Eigenschwingungen sind die Eigenwerte rein imaginär.

Wenn die $\lambda_{j1,2}$ bekannt sind, können in einem zweiten Schritt die jeweils zugehörigen Eigenvektoren $\hat{\mathbf{x}}_j$ berechnet werden. Hierfür setzt man zunächst den Eigenwert λ_j in die Koeffizientenmatrix ein, setzt ein Element des Eigenvektors zu 1 und schiebt die entsprechende Spalte der Koeffizientenmatrix auf die rechte Seite des Gleichungssystems.

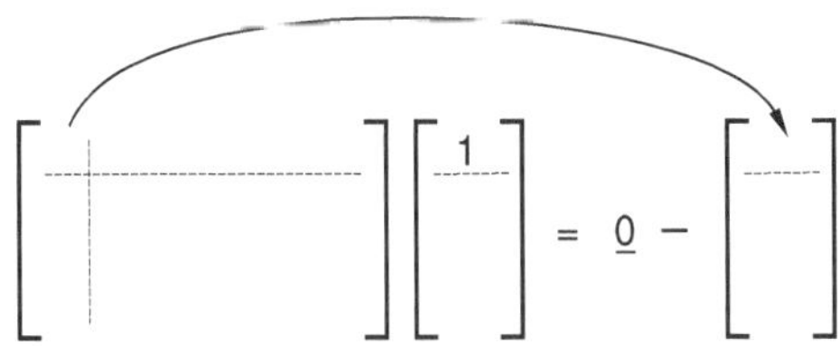

Jetzt können die anderen Elemente des Eigenvektors so berechnet werden, dass das homogene Gleichungssystem

$$(\lambda_j^2 \mathbf{M} + \mathbf{K})\,\hat{\mathbf{x}}_j = 0$$

erfüllt ist. Da die so berechneten n Eigenvektoren schlecht miteinander verglichen werden können, normiert man sie mit Hilfe der Matrizen $\mathbf{M}$ oder $\mathbf{K}$. Bei der Normierung wird der zunächst nicht normierte Eigenvektor $\hat{\mathbf{x}}_j$ durch die Quadratwurzel der quadratischen Form $\hat{\mathbf{x}}_j^T \mathbf{M} \hat{\mathbf{x}}_j$ dividiert.

$$\hat{\mathbf{x}}_{Nj} = \hat{\mathbf{x}}_j \,/\, \sqrt{\hat{\mathbf{x}}_j^T \mathbf{M} \hat{\mathbf{x}}_j}\,.$$

Damit gilt für den normierten Eigenvektor $\hat{\mathbf{x}}_{Nj}$

$$\hat{\mathbf{x}}_{Nj}^T \, \mathbf{M} \, \hat{\mathbf{x}}_{Nj} = 1 \qquad \text{und} \qquad \hat{\mathbf{x}}_{Nj}^T \, \mathbf{K} \, \hat{\mathbf{x}}_{Nj} = -\lambda_j^2$$

Im weiteren wird der Index N weggelassen. Die mit dem Matrizenpaar $\mathbf{M}, \mathbf{K}$ berechneten Eigenvektoren besitzen unabhängig von der Normierung die Eigenschaft, dass

$$\hat{\mathbf{x}}_i^T \, \mathbf{M} \, \hat{\mathbf{x}}_j = 0 \qquad \text{und} \qquad \hat{\mathbf{x}}_i^T \, \mathbf{K} \, \hat{\mathbf{x}}_j = 0 \qquad \text{für} \quad i \neq j \, .$$

Das bedeutet, dass die Eigenvektoren bezüglich der Systemmatrizen orthogonal sind. Für Systeme mit vielen Freiheitsgraden sind iterativ arbeitende Lösungsverfahren bekannt, mit denen je nach Bedarf alle oder nur ein Teil der Eigenwerte λ_j und der zugehörigen Eigenvektoren $\hat{\mathbf{x}}_j$ bestimmt werden können. Wenn das System mit allen möglichen Teillösungen schwingen kann, ist die vollständige Lösung der homogenen Bewegungsgleichung die Summe aller Teilschwingungen

$$\mathbf{x}(t) = \sum_{j=1}^n \hat{\mathbf{x}}_j \left(a_{j1} \, e^{\lambda_{j1}t} + a_{j2} \, e^{\lambda_{j2}t} \right) .$$

Im Vergleich zum Ein–Masse–Schwinger sind folgende Analogien vorhanden.

- Die $\lambda_{j1}, \lambda_{j2}$ sind imaginär und geben direkt die Eigenkreisfrequenzen ω_{0j} des ungedämpften Systems mit $\lambda_{j1} = +i\,\omega_{0j}$ sowie $\lambda_{j2} = -i\,\omega_{0j}$ an. Der Index $(\ )_0$ für die Eigenkreisfrequenzen des ungedämpften Systems kann entfallen, wenn keine Dämpfung vorhanden ist.
- Die $\hat{\mathbf{x}}_j$ geben die räumliche Verteilung der Bewegungsformen an. Dies ist beim Einmassenschwinger nicht erforderlich bzw. zu 1,0 gesetzt.
- Die a_{j1}, a_{j2} sind konjugiert komplexe Faktoren für die Anpassung der Anfangsbedingungen an die jeweilige Eigenschwingungsform.

Auch die Umformung der komplexen Schreibweise der Lösung in eine reelle Schreibweise ist wie beim Ein–Masse–Schwinger möglich. Mit

$$e^{i\omega_0 t} = \cos\omega_0 t + i \cdot \sin\omega_0 t$$

folgt in reeller Schweibweise

$$\mathbf{x}(t) = \sum_{j=1}^n \hat{\mathbf{x}}_j \left(\hat{a}_{jc} \, \cos\omega_{0j} t + \hat{a}_{js} \, \sin\omega_{0j} t \right)$$

oder in der Grundform

$$\mathbf{x}(t) = \sum_{j=1}^n \hat{\mathbf{x}}_j \, \hat{a}_j \, \cos\left(\omega_{0j} t - \varphi_{0j} \right) .$$

Die Gesamtlösung ist hier als Summe der Eigenvektoren mit zugehörendem Zeitverlauf gegeben, also nicht für jeden Freiheitsgrad getrennt. Fasst man die Eigenvektoren $\hat{\mathbf{x}}_j$ in der Matrix $\hat{\mathbf{X}}$ sowie die Faktoren $\hat{a}_j$ und den Zeitverlauf in den Vektor der generalisierten Koordinaten $\mathbf{q}$ zusammen, so folgt

$$\mathbf{x} = \hat{\mathbf{X}}\,\mathbf{q} = \sum_j \hat{\mathbf{x}}_j \cdot q_j\,(t)\,.$$

Die unsymmetrische Matrix der Eigenvektoren $\hat{\mathbf{X}}$ wird als Modalmatrix bezeichnet

$$\hat{\mathbf{X}} = [\,\hat{\mathbf{x}}_j\,] = [\,\hat{\mathbf{x}}_1\,\hat{\mathbf{x}}_2\,\hat{\mathbf{x}}_3\ldots] = \begin{bmatrix} \hat{x}_{11} & \hat{x}_{12} & \cdots \\ \hat{x}_{21} & \hat{x}_{22} & \cdots \\ \hat{x}_{31} & \hat{x}_{32} & \cdots \\ \vdots & \vdots & \vdots \end{bmatrix}\,.$$

12.1.1 Beispiel für die Berechnung einer freien Schwingung

Für den im Bild dargestellten Zwei–Massen–Schwinger sind die Eigenkreisfrequenzen und die Eigenvektoren gesucht. Die Eigenschwingungen sind anschaulich zu deuten und darzustellen.

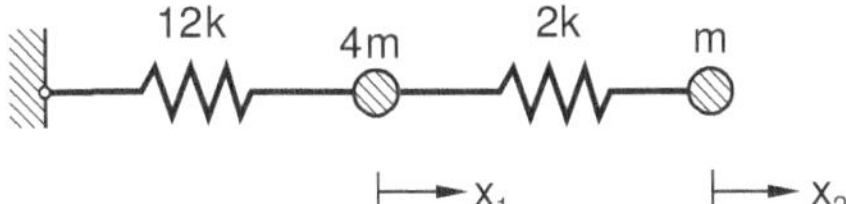

Bild 12-1 Zwei–Massen–Schwinger

1. Bewegungsgleichungen

Die Bewegungsgleichungen sind gegeben

$$\begin{bmatrix} 4m & \\ & m \end{bmatrix} \begin{bmatrix} \ddot{x}_1 \\ \ddot{x}_2 \end{bmatrix} + \begin{bmatrix} 14k & -2k \\ -2k & 2k \end{bmatrix} \begin{bmatrix} x_1 \\ x_2 \end{bmatrix} = \mathbf{0}\,.$$

2. Eigenwerte

Mit dem Ansatz $\mathbf{x} = a\,\hat{\mathbf{x}}\,e^{\lambda t}$ für die Lösung der Bewegungsgleichung folgt die Eigenwertaufgabe zur Berechnung der Eigenwerte λ_j und der Eigenvektoren $\hat{\mathbf{x}}_j$. Bedingung für die Eigenwerte ist, dass die Determinante des Eigenwertproblems verschwindet

$$\det\begin{vmatrix} 14k + 4\lambda^2 m & -2k \\ -2k & 2k + \lambda^2 m \end{vmatrix} = 0\,.$$

Hiermit folgt

$$\left(14k + 4\lambda^2 m\right)\left(2k + \lambda^2 m\right) - 4k^2 = 0$$

$$\lambda^4 + \frac{22k}{4m}\lambda^2 + 6\frac{k^2}{m^2} = 0$$

$$\lambda^2_{1/2} = -\frac{11}{4}\frac{k}{m} \pm \sqrt{\frac{25}{16}\frac{k^2}{m^2}}\,.$$

Mit den Eigenwerten liegen auch die Eigenkreisfrequenzen ω_{0j} fest.

$$\left.\begin{array}{ll} \lambda_{11} = i\sqrt{1{,}5\frac{k}{m}} & \lambda_{12} = -i\sqrt{1{,}5\frac{k}{m}} \\[2ex] \lambda_{21} = i\sqrt{4\frac{k}{m}} & \lambda_{22} = -i\sqrt{4\frac{k}{m}} \end{array}\right\} \quad \rightarrow \quad \begin{array}{l} \omega_{01} = \sqrt{1{,}5\frac{k}{m}} \\[2ex] \omega_{02} = \sqrt{4\frac{k}{m}}\,. \end{array}$$

3. Eigenvektoren

Mit den Eigenwerten können die Eigenvektoren $\hat{\mathbf{x}}_j$ des Gleichungssystems berechnet werden. Mit

$$\begin{bmatrix} 14k + 4\lambda_j^2 m & -2k \\ -2k & 2k + \lambda_j^2 m \end{bmatrix} \begin{bmatrix} \hat{x}_{1j} \\ \hat{x}_{2j} \end{bmatrix} = \mathbf{0}$$

folgt die nichttriviale Lösung zu

$$\hat{\mathbf{x}}_1 = \begin{bmatrix} 1 \\ 4 \end{bmatrix} \quad \text{und} \quad \hat{\mathbf{x}}_2 = \begin{bmatrix} -1 \\ 1 \end{bmatrix}.$$

Mit $\hat{\mathbf{x}}_1^T \mathbf{M}\,\hat{\mathbf{x}}_1 = 20\,m$ und $\hat{\mathbf{x}}_2^T \mathbf{M}\,\hat{\mathbf{x}}_2 = 5\,m$ kann die Normierung der Eigenvektoren erfolgen:

$$\hat{\mathbf{x}}_1 = \begin{bmatrix} \frac{0{,}5}{\sqrt{5m}} \\[2ex] \frac{2}{\sqrt{5m}} \end{bmatrix} \quad \text{und} \quad \hat{\mathbf{x}}_2 = \begin{bmatrix} \frac{-1}{\sqrt{5m}} \\[2ex] \frac{1}{\sqrt{5m}} \end{bmatrix}.$$

Die Darstellung der Eigenvektoren in einem Amplitudenspektrum ist vorteilhaft, wenn im System viele Massen vorhanden sind und wenn der räumliche Verlauf der Teilbewegungen von Interesse ist. Bei Balkentragwerken entspricht dies der Darstellung der Biegelinie.

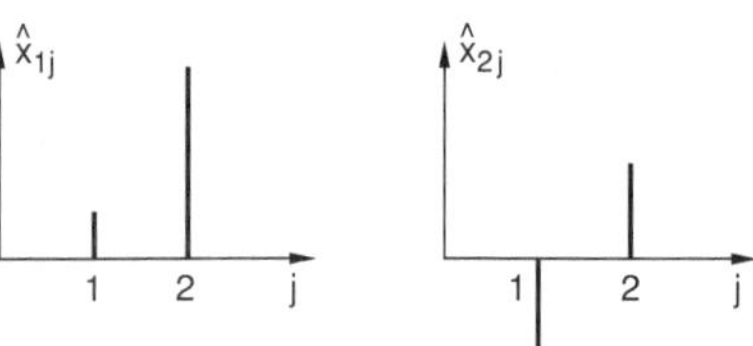

Bild 12-2

Spektrum der Eigenvektoren

Eine anschauliche Deutung der Eigenvektoren und der Eigenkreisfrequenzen ist mit dem Zeitverlauf der jeweiligen Teilschwingung möglich. Bild 12-3 verdeutlicht die unterschiedlichen Eigenkreisfrequenzen und die dazu gehörigen Eigenvektoren bei Vorgabe von Anfangsbedingungen zur Zeit $t = 0$. Man erkennt, dass aufgrund der Eigenvektoren beide Massen in der ersten Eigenschwingungsform im Takt schwingen, in der zweiten Eigenschwingung gegenläufig.

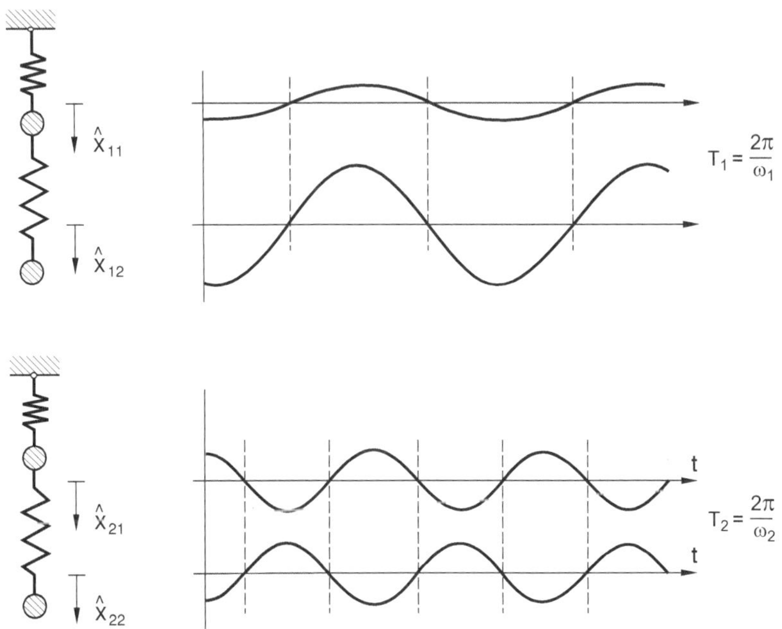

Bild 12-3 Zeitverlauf der Schwingungsformen

4. Vollständige Lösung

Die Überlagerung der Teilbewegungen zur vollständigen Lösung führt auf

$$\mathbf{x}(t) = \hat{a}_1 \begin{bmatrix} \dfrac{0{,}5}{\sqrt{5m}} \\ \dfrac{2}{\sqrt{5m}} \end{bmatrix} \cos\left(\omega_{01}t - \varphi_{01}\right) + \hat{a}_2 \begin{bmatrix} \dfrac{-1}{\sqrt{5m}} \\ \dfrac{1}{\sqrt{5m}} \end{bmatrix} \cos\left(\omega_{02}t - \varphi_{02}\right) .$$

Das System kann mit jeder Eigenform getrennt oder mit einer Überlagerung der Teilbewegungen schwingen. Die Gesamtbewegung wird nur von den noch freien Konstanten $\hat{a}_i$ und φ_{0i} festgelegt, die an die Anfangsbedingungen anzupassen sind.

12.1.2 Freie Schwingungen nicht gelagerter Tragwerke

In Anwendungen sind manchmal Tragwerke zu untersuchen, die in einer oder
mehreren Richtungen des Raumes frei verschieblich oder drehbar sind (z.B.
Satelliten, Flugzeuge), wo entsprechende Lagerbedingungen fehlen. Die Eigenschwingungen dieser Tragwerke bezeichnet man als frei–frei–Schwingungen. Das
Besondere für das Verstehen und die Analyse dieser Schwingungen ist, dass die
Steifigkeitsmatix singulär ist und damit Starrkörperbewegungen ohne Verzerrungen und Spannungen zulässt. Dies bedeutet, dass genau soviele Eigenwerte
λ_j^2 identisch Null sind, wie Starrkörperverschiebungen möglich sind.

Nachfolgender Zwei–Massen–Schwinger ist nicht gelagert, sodass Starrkörperbewegungen möglich sind.

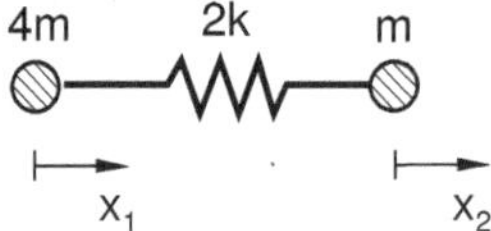

Die Bewegungsgleichungen für den verschieblichen Zwei–Massen–Schwinger sind
gegeben

$$\begin{bmatrix} 4m & 0 \\ 0 & m \end{bmatrix} \begin{bmatrix} \ddot{x}_1 \\ \ddot{x}_2 \end{bmatrix} + \begin{bmatrix} 2k & -2k \\ -2k & 2k \end{bmatrix} \begin{bmatrix} x_1 \\ x_2 \end{bmatrix} = \begin{bmatrix} 0 \\ 0 \end{bmatrix} .$$

Mit dem Ansatz

$$\mathbf{x} = a\,\hat{\mathbf{x}}\,e^{\lambda t}$$

folgen die charakteristische Gleichung

$$4m^2(\lambda^2)^2 + 10\,m\,k\,\lambda^2 = 0$$
$$(\lambda^2)^2 + \frac{2{,}5k}{m}\lambda^2 = 0$$
$$\lambda_1^2 = 0$$
$$\lambda_2^2 = -\frac{2{,}5k}{m}$$

sowie die Eigenwerte und die Eigenkreisfrequenzen

$$\left. \begin{array}{ll} \lambda_{11} = 0 & \lambda_{12} = 0 \\ \lambda_{21} = i\sqrt{2{,}5\frac{k}{m}} & \lambda_{22} = -i\sqrt{2{,}5\frac{k}{m}} \end{array} \right\} \quad \rightarrow \quad \begin{array}{l} \omega_{01} = 0 \\ \omega_{02} = \sqrt{2{,}5\frac{k}{m}} \end{array} .$$

Die zu den Eigenwerten gehörenden nicht normierten Eigenvektoren sind

$$\hat{\mathbf{x}}_1 = \begin{bmatrix} 1 \\ 1 \end{bmatrix} \quad , \quad \hat{\mathbf{x}}_2 = \begin{bmatrix} 0{,}25 \\ -1 \end{bmatrix} .$$

Zu jedem Eigenvektor gehören zwei Eigenwerte $\lambda_{j1,2}$, sodass die Gesamtlösung der homogenen Bewegungsgleichung vier unabhängige Lösungsanteile enthalten muss. Da ein Eigenwert doppelt auftritt ($\lambda_{11} = \lambda_{12} = 0$), folgt mit $e^{0t} = 1$

$$\mathbf{x} = \hat{\mathbf{x}}_1 (a_1 + a_2 \cdot t) + \hat{\mathbf{x}}_2 (a_3 \cdot e^{\lambda_{21} t} + a_4 \cdot e^{\lambda_{22} t}) .$$

Der Eigenvektor $\hat{\mathbf{x}}_1$, der zu dem Nulleigenwert gehört, beschreibt eine Starrkörperverschiebung, bei der die Feder nicht gedehnt wird. Der zeitliche Verlauf dieses Lösungsanteils ist linear und mit den Konstanten a_1 und a_2 also mit den Anfangsbedingungen für die Verschiebungen und die Geschwindigkeiten festgelegt.

Hinweis

Auch bei Systemen mit mehr als zwei Freiheitsgraden muss bei der Berechnung des Starrkörpereigenvektors ein beliebiger Freiwert zu 1 gesetzt werden. Die verbleibenden Freiwerte werden dann analog zu Abschnitt 12.1 berechnet.
Besitzt das System mehr als eine Starrkörperverschiebung, sind genau so viele Eigenwerte $\lambda_j^2 = 0$, wie Starrkörperverschiebungen vorliegen. Damit können bei der Berechnung der Eigenvektoren so viele Elemente frei gewählt werden, wie Starrkörperverschiebungen vorhanden sind. Hierbei kann man zunächst das erste Element zu 1 setzen und danach das Gleichungssystem soweit auflösen, bis die nächste 0 auf der Hauptdiagonalen erscheint. Das hierzu gehörende Element des Eigenvektors wird jetzt ebenfalls zu 1 gesetzt und danach mit der Auflösung des Gleichungssystems fortgefahren, bis der gesamte Eigenvektor berechnet ist.

12.2 Anpassen der Lösung an die Anfangsbedingungen

Gegeben ist die vollständige Lösung der homogenen Bewegungsgleichung in reeller Schreibweise

$$\mathbf{x}(t) = \sum_{j=1}^{n} \hat{\mathbf{x}}_j (\hat{a}_{jc} \cos \omega_{0j} t + \hat{a}_{js} \sin \omega_{0j} t) .$$

Die vollständige Lösung hat genau $2 \cdot n$ noch unbekannte Koeffizienten $\hat{a}_{jc}$ und $\hat{a}_{js}$. Hiermit kann man die Bewegung an die Anfangsbedingungen anpassen. Dies muss allerdings immer für die Gesamtlösung der Bewegungsgleichung erfolgen, wird hier aber exemplarisch auch für die freie Schwingung gezeigt.

In der hier angegebenen Schreibweise beschreiben die Koeffizienten den Einfluss der Anfangsbedingungen auf die einzelnen Bewegungsformen bzw. Eigenvektoren $\hat{\mathbf{x}}_j$ und nicht auf die einzelnen Verschiebungen x_i der Gesamtlösung $\mathbf{x}(t)$. Anschaulich bedeutet dies, dass die verschiedenen Bewegungsformen unterschiedlich stark angeregt werden. Man kann die Zahl der Unbekannten aber auch so deuten, dass jeder einzelne Freiwert in seiner Anfangsauslenkung und in seiner Anfangsgeschwindigkeit angepaßt werden muss.

Zur Zeit $t = t_0$ gilt

$$\mathbf{x}_0 = \mathbf{x}(t_0) = \sum_{j=1}^{n} \hat{\mathbf{x}}_j (\hat{a}_{jc} \cos \omega_{0j} t_0 + \hat{a}_{js} \sin \omega_{0j} t_0)$$

und

$$\mathbf{v}_0 = \dot{\mathbf{x}}(t_0) = \sum_{j=1}^{n} \hat{\mathbf{x}}_j \omega_{0j} (-\hat{a}_{jc} \sin \omega_{0j} t_0 + \hat{a}_{js} \cos \omega_{0j} t_0).$$

Unbekannt sind noch die Koeffizienten $\hat{a}_{jc}$ und $\hat{a}_{js}$. Die Berechnung der Koeffizienten kann auf zwei Wegen erfolgen.

Direkte Berechnung

Die direkte Berechnung ist möglich, wenn die Anfangsbedingungen als Gleichungssystem für die $\hat{a}_{jc}$ und $\hat{a}_{js}$ geschrieben werden, wobei j jeweils von 1 bis n läuft. Hierbei sind alle $\hat{a}_{jc}, \hat{a}_{js}$ gekoppelt.

$$\begin{bmatrix} \hat{\mathbf{x}}_j \cos \omega_{0j} t_0 & \hat{\mathbf{x}}_j \sin \omega_{0j} t_0 \\ -\hat{\mathbf{x}}_j \omega_{0j} \sin \omega_{0j} t_0 & \hat{\mathbf{x}}_j \omega_{0j} \cos \omega_{0j} t_0 \end{bmatrix} \begin{bmatrix} \hat{a}_{jc} \\ \hat{a}_{js} \end{bmatrix} = \begin{bmatrix} \mathbf{x}_0 \\ \mathbf{v}_0 \end{bmatrix}.$$

Der Aufwand zum Lösen des Gleichungssystems beträgt $\mathcal{O}(2\,n)^3$. Wenn der Zeitpunkt $t_0 = 0$ ist, verringert sich der Aufwand mit

$$\begin{bmatrix} \hat{\mathbf{x}}_j & \mathbf{0} \\ \mathbf{0} & \hat{\mathbf{x}}_j \omega_{0j} \end{bmatrix} \begin{bmatrix} \hat{a}_{jc} \\ \hat{a}_{js} \end{bmatrix} = \begin{bmatrix} \mathbf{x}_0 \\ \mathbf{v}_0 \end{bmatrix}.$$

Orthogonalisieren der Anfangsbedingungen

Das *Herausfiltern* der einzelnen Koeffizienten ist mit Verwendung der Orthogonalität der Eigenvektoren möglich. Multiplikation von links mit $\hat{\mathbf{x}}_i^T \cdot \mathbf{M}$ liefert für die Anfangsauslenkung

$$\hat{\mathbf{x}}_i^T \mathbf{M} \mathbf{x}_0 = \sum_{j=1}^{n} \hat{\mathbf{x}}_i^T \mathbf{M} \hat{\mathbf{x}}_j \, (\hat{a}_{jc} \cos \omega_{0j} t_0 + \hat{a}_{js} \sin \omega_{0j} t_0)$$

und für die Anfangsgeschwindigkeit

$$\hat{\mathbf{x}}_i^T \mathbf{M}\, \mathbf{v}_0 = \sum_{j=1}^{n} \hat{\mathbf{x}}_i^T \mathbf{M}\, \hat{\mathbf{x}}_j\, \omega_{0j}(-\hat{a}_{jc}\sin\omega_{0j}t_0 + \hat{a}_{js}\cos\omega_{0j}t_0)\,.$$

Wenn die Eigenvektoren orthonormiert sind, gilt

$$\hat{\mathbf{x}}_i^T \mathbf{M}\, \hat{\mathbf{x}}_j = \left\{ \begin{array}{lll} 1 & \text{für} & i = j\,, \\ 0 & \text{für} & i \neq j\,. \end{array} \right.$$

sodass hiermit jeweils zwei Bedingungen

$$\hat{\mathbf{x}}_j^T \cdot \mathbf{M} \cdot \mathbf{x}_0 = \hat{a}_{jc}\cos\omega_{0j}t_0 + \hat{a}_{js}\sin\omega_{0j}t_0$$

$$\hat{\mathbf{x}}_j^T \cdot \mathbf{M} \cdot \mathbf{v}_0 = \omega_{0j}(-\hat{a}_{jc}\sin\omega_{0j}t_0 + \hat{a}_{js}\cos\omega_{0j}t_0)\,.$$

zur Berechnung der Koeffizienten $\hat{a}_{jc}$ und $\hat{a}_{js}$ für jedes j getrennt gegeben sind. Nach Auflösung der beiden Gleichungen sind die Koeffizienten mit

$$\hat{a}_{js} = \hat{\mathbf{x}}_j^T \cdot \mathbf{M} \cdot \mathbf{x}_0 \sin\omega_{0j}t_0 + \frac{1}{\omega_{0j}}\hat{\mathbf{x}}_j^T \cdot \mathbf{M} \cdot \mathbf{v}_0 \cos\omega_{0j}t_0$$

$$\hat{a}_{jc} = \hat{\mathbf{x}}_j^T \cdot \mathbf{M} \cdot \mathbf{x}_0 \cos\omega_{0j}t_0 - \frac{1}{\omega_{0j}}\hat{\mathbf{x}}_j^T \cdot \mathbf{M} \cdot \mathbf{v}_0 \sin\omega_{0j}t_0$$

bestimmt. Hier beträgt die Ordnung des Rechenaufwandes nur $\mathcal{O}(4\,n^2)$, wenn $\mathbf{M}\cdot\mathbf{x}_0$ und $\mathbf{M}\cdot\mathbf{v}_0$ einmal vorweg berechnet werden.

12.3 Konvergenz der Näherungslösung bei Stabtragwerken

Bei der Anwendung des Prinzips der virtuellen Verschiebungen auf Stabtragwerke werden die Verschiebungen mit einem Ansatz

$$u(x,t) \;=\; \boldsymbol{\Omega}(x) \cdot \mathbf{v}(t)$$

beschrieben, der die exakten Verschiebungen in der Regel mehr oder weniger gut annähert. Damit können auch die Amplituden $\mathbf{v}(t)$ nur Näherungen für die exakten Schwingungen sein. Dies bedeutet, dass die Güte der berechneten Lösung von der Güte der Ansatzfunktionen abhängig ist.

Bei Anwendung der Finite–Elemente–Methode werden in der Regel möglichst niedrige Ansätze im Elementgebiet gewählt, um den numerischen Aufwand zu begrenzen. Hier erreicht man eine Genauigkeitssteigerung bei gleichbleibender Ansatzordnung mit Hilfe einer Netzverfeinerung, bei der das Gesamtgebiet in viele kleine Integrationsbereiche aufgeteilt wird, in denen jeweils gleiche Ansätze geringer Ordnung gewählt werden.

Da räumlich kontinuierliche Tragwerke unendlich viele differentielle Massen besitzen, müssen ebensoviele Eigenwerte vorhanden sein. Infolge der Diskretisierung ist jedoch immer nur eine endliche Zahl von Freiheitsgraden und damit von Eigenwerten vorhanden. Hieraus folgt, dass die Zahl der Eigenwerte reduziert ist und die Eigenwerte aufgrund des Näherungsansatzes mit einem Fehler behaftet sind.

Für die Beurteilung der Güte des Ergebnisses bei gewählter Elementteilung können Fehlerschätzer oder Fehlerindikatoren eingesetzt werden. Sind keine Fehlerschätzer vorhanden oder bekannt, können Konvergenzuntersuchungen durchgeführt werden. Dies bedeutet, dass die Abhängigkeit der Verschiebung oder der Schwingungsamplituden von der Elementzahl, manchmal auch von der Ansatzhöhe betrachtet wird. Bei Verwendung zulässiger Ansatzfunktionen konvergiert die Lösung bei Netzverfeinerung gegen die exakte Lösung.

In der Statik ist üblich, bei vorgegebener Belastung des Tragwerkes das Konvergenzverhalten besonders ausgezeichneter Verschiebungen zu untersuchen. In der Dynamik reicht dies nicht aus, da die Verschiebung eines Massepunktes von den Anfangsbedingungen, von der räumlichen Verteilung der Belastung und von dem Frequenzspektrum der Systemanregung abhängt. Hier ist es vorteilhaft, die Konvergenz der Eigenwerte, insbesonders der Eigenfrequenzen bei Netzverfeinung zu betrachten, da in den Eigenwerten sämtliche Systemeigenschaften berücksichtigt sind. Im Vergleich von räumlicher und zeitlicher Verteilung der Systemanregung mit dem Spektrum der Näherungseigenwerte kann die Güte der berechneten Systemantwort angegeben werden.

12.3.1 Dehn- und Torsionsstäbe

Das Trag- und Schwingungsverhalten von Dehn- und Torsionsstäben wird mathematisch mit der gleichen partiellen Differentialgleichung 2. Ordnung in Ort und Zeit beschrieben, lediglich die physikalische Bedeutung der Koeffizienten und der Variablen ist unterschiedlich. Hiermit ist auch das Konvergenzverhalten der Lösung für gleiche Näherungsansätze identisch, so dass beide Tragwerke gemeinsam betrachtet werden können.

Wenn lineare Ansätze gewählt werden, sind die Knotenweggrößen beim Dehnstab die Verschiebungen u und beim Torsionsstab die Verdrehungen ϑ, sodass jeweils eine Knotenweggröße und damit eine entsprechende Zahl von Eigenkreisfrequenzen vorhanden ist.

Für den Dehn- bzw. Torsionsstab nach Bild 12-4 ist die Abweichung des Eigenwertspektrums der Näherung von dem exakten Spektrum für unterschiedliche Elementteilungen angegeben. Schon bei wenigen Elementen können die niedrigen Eigenkreisfrequenzen recht gut wiedergegeben werden, da die zugehörigen exakten Verformungen mit den gewählten Ansätzen und den Eigenvektoren der Knotenweggrößen hinreichend genau approximiert werden können. Dagegen gehören die hohen Eigenkreisfrequenzen zu räumlich kurzwelligen Verformungen, die nur bei großer Elementzahl gut beschreibbar sind. Daher muss das Elementnetz stark verfeinert werden, wenn die hohen Eigenkreisfrequenzen einen wesentlichen Anteil in der Systemantwort besitzen.

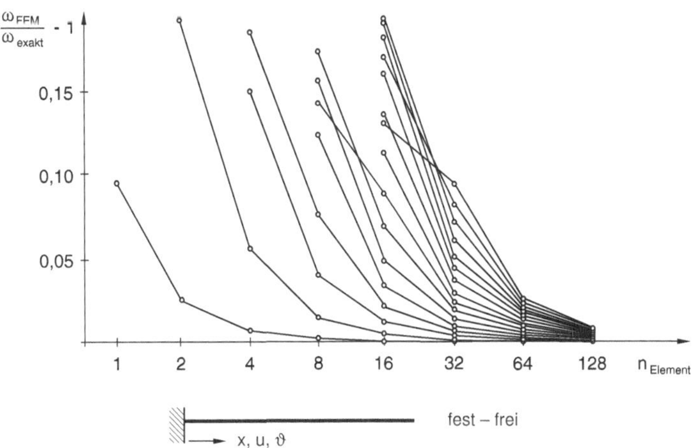

Bild 12-4 Dehn- und Torsionsstäbe mit vergleichbarer Bewegungsgleichung

12.3.2 Biegestäbe

Bei Annahme der Bernoulli-Hypothese wird das Schwingungsverhalten von Biegestäben im Raum mit einer Differentialgleichung 4. Ordnung, in der Zeit ebenfalls mit 2. Ordnung modelliert. Dies bedeutet für die Wahl der Ansatzfunktionen, dass mindestens kubische Polynome verwendet werden müssen, und damit ein anderes Konvergenzverhalten zu erwarten ist. Als Knotenweggrößen sind jetzt Verschiebungen w und Verdrehungen φ vorhanden, sodass bei gleicher Elementzahl im Vergleich zum Dehnstab dopppelt soviele Eigenkreisfrequenzen vorhanden sind.

Die Konvergenzuntersuchung für den in Bild 12-5 gegebenen Balken zeigt, dass die unteren Eigenkreisfrequenzen sehr gut angenähert werden können, die Konvergenz der höheren Eigenkreisfrequenzen jedoch trotz der hochwertigen Ansätze gering ist. Dies liegt daran, dass zu den höheren Eigenkreisfrequenzen auch höhere kurzwelligere Schwingungsformen gehören, die in jedem Element einen Nulldurchgang aufweisen.

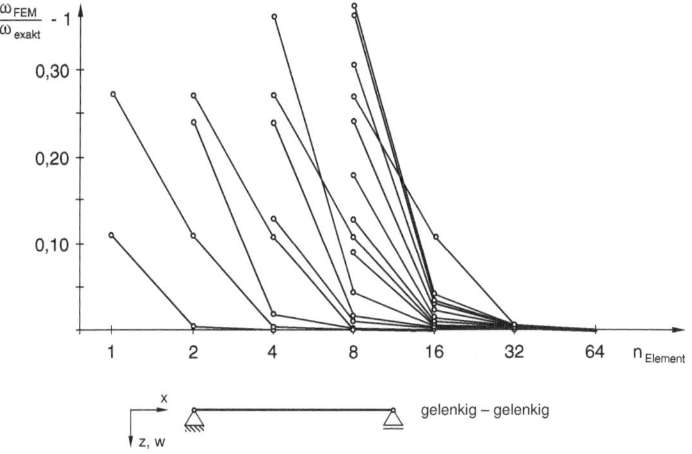

Bild 12-5 Konvergenz der Eigenwerte von Biegestäben

Deutlich wird, dass mit zunehmender Elementzahl immer gleiche Eigenfrequenzen mit gleicher Konvergenz vorhanden sind, die zu gleichartigen Eigenschwingungsformen gehören. Dies liegt an den möglichen Schwingungsformen in einem einzelnen Element, die entweder einwellig oder zweiwellig sind. Dazu treten mit zunehmender Elementzahl neue Eigenschwingungsformen auf, die mehrere Elemente überspannen und ein anderes Konvergenzverhalten aufweisen.

12.3.3 Exakte Eigenkreisfrequenzen für Stabtragwerke

Für ausgewählte Stäbe mit einem Feld und unterschiedlichen Randbedingungen sind die analytischen bestimmten Eigenkreisfrequenzen in Tabelle 12.1 und 12.2 angegeben. Die analytischen Lösungen sind für die Einordnung der Qualität von Näherungslösungen bestens geeignet.

Tabelle 12.1 Analytische Eigenfrequenzen für Dehnstäbe mit $k_D = \sqrt{E/\rho \ell^2}$

System: $\xi = \frac{x}{\ell}$	Frequenzgleichung	$\omega_{0j} = \lambda_j \cdot k_D$	Schwingungsform
———————	$\sin \lambda = 0$	$\lambda_j = j \cdot \pi$	$\sin \lambda \xi$
⊢———————	$\cos \lambda = 0$	$\lambda_j = (j - 0{,}5) \cdot \pi$	$\sin \lambda \xi$
⊢———————⊣	$\sin \lambda = 0$	$\lambda_j = j \cdot \pi$	$\sin \lambda \xi$

Tabelle 12.2 Analytische Eigenfrequenzen für Biegestäbe mit $k_B = \sqrt{EI/\rho A \ell^4}$

System: $\xi = \frac{x}{\ell}$	Frequenzgleichung	$\omega_{0j} = \lambda_j^2 \cdot k_B$	Schwingungsform
———————	$\cos \lambda \cosh \lambda = 1$	$\lambda_j = (j + 0{,}5) \cdot \pi$	$\frac{\sin \lambda \xi + \sinh \lambda \xi}{\sin \lambda - \sinh \lambda} - \frac{\cos \lambda \xi + \cosh \lambda \xi}{\cos \lambda - \cosh \lambda}$
⊢———————	$\cos \lambda \cosh \lambda = -1$	$\lambda_j = (j - 0{,}5) \cdot \pi$	$\frac{\sin \lambda \xi - \sinh \lambda \xi}{\sin \lambda + \sinh \lambda} - \frac{\cos \lambda \xi - \cosh \lambda \xi}{\cos \lambda + \cosh \lambda}$
⊢———————⊣	$\cos \lambda \cosh \lambda = 1$	$\lambda_j = (j + 0{,}5) \cdot \pi$	$\frac{\sin \lambda \xi - \sinh \lambda \xi}{\sin \lambda - \sinh \lambda} + \frac{\cos \lambda \xi - \cosh \lambda \xi}{\cos \lambda - \cosh \lambda}$
△———————	$\tan \lambda = \tanh \lambda$	$\lambda_j = (j + 0{,}25) \cdot \pi$	$\frac{\sin \lambda \xi}{\sin \lambda} + \frac{\sinh \lambda \xi}{\sinh \lambda}$
△———————△	$\sin \lambda = 0$	$\lambda_j = j \cdot \pi$	$\sin \lambda \xi$
△———————⊣	$\tan \lambda = \tanh \lambda$	$\lambda_j = (j + 0{,}25) \cdot \pi$	$\frac{\sin \lambda \xi}{\sin \lambda} - \frac{\sinh \lambda \xi}{\sinh \lambda}$

13 Entkopplung der Bewegungsgleichungen

Die Beschreibung des Schwingungsverhaltens von Mehr–Massen–Schwingern oder Kontinua mit Hilfe der Eigenvektoren (natural modes) und der Eigenfrequenzen bezeichnet man als *Modal–Analyse*. Eine anschauliche Deutung dieses Vorgehens ist möglich, wenn man die Bewegungsgleichung in der Form des Prinzips der virtuellen Arbeiten verwendet

$$\delta\mathbf{x}^T\mathbf{M}\,\ddot{\mathbf{x}} + \delta\mathbf{x}^T\mathbf{K}\,\mathbf{x} = \delta\mathbf{x}^T\hat{\mathbf{p}}\,f(t)\,.$$

Wenn die Eigenvektoren und die Eigenkreisfrequenzen aus der Berechnung der Eigenschwingungen bekannt sind, ist es vorteilhaft, die Gesamtlösung der Bewegungsgleichung mit einem *Modal–Ansatz* zu beschreiben. Dies wird als *Transformation in den Modal-Raum* bezeichnet. Mit dem Ansatz

$$\mathbf{x} = \sum_{j=1}^{N} \hat{\mathbf{x}}_j \cdot q_j(t) = \hat{\mathbf{X}}\,\mathbf{q}(t) \tag{13.1}$$

haben die $q_j(t)$ die Bedeutung von generalisierten Koordinaten, wenn die Eigenvektoren $\hat{\mathbf{x}}_j$ linear unabhängige Bewegungsmöglichkeiten sind. $\hat{\mathbf{X}}$ ist die Modalmatrix der Eigenvektoren. Wählt man für die virtuellen Verschiebungen einen Ansatz wie für die wirklichen Verschiebungen

$$\delta\mathbf{x} = \sum_{j=1}^{N} \hat{\mathbf{x}}_j \cdot \delta q_j = \hat{\mathbf{X}}\,\delta\mathbf{q}\,,$$

wobei die δq_j unabhängig sind, so folgt nach Einsetzen in die Bewegungsgleichung

$$\delta\mathbf{q}^T \cdot \left\{\hat{\mathbf{X}}^T\mathbf{M}\,\hat{\mathbf{X}}\,\ddot{\mathbf{q}} + \hat{\mathbf{X}}^T\mathbf{K}\,\hat{\mathbf{X}}\,\mathbf{q}\right\} = \delta\mathbf{q}^T\hat{\mathbf{X}}^T\hat{\mathbf{p}}\,f(t)\,.$$

Wegen der Orthogonalität und der Normierung der Eigenvektoren bezüglich der Matrizen $\mathbf{M}$ und $\mathbf{K}$, ist die quadratische Form

$$\hat{\mathbf{X}}^T\mathbf{M}\,\hat{\mathbf{X}} = \mathbf{I}$$

die Einheitsmatrix und

$$\hat{\mathbf{X}}^T\mathbf{K}\,\hat{\mathbf{X}} = \mathrm{Diag}[\,\omega_0^2\,]$$

die Diagonalmatrix der Quadrate der Eigenkreisfrequenzen. $\hat{\mathbf{X}}^T\mathbf{M}\,\hat{\mathbf{X}}$ wird auch als generalisierte Massenmatrix und $\hat{\mathbf{X}}^T\mathbf{K}\,\hat{\mathbf{X}}$ als generalisierte Steifigkeitsmatrix bezeichnet. Damit kann die Bewegungsgleichung

$$\delta\mathbf{q}^T \cdot \left\{\mathbf{I}\cdot\ddot{\mathbf{q}} + \mathrm{Diag}[\,\omega_0^2\,]\cdot\mathbf{q}\right\} = \delta\mathbf{q}^T\cdot\hat{\mathbf{X}}^T\hat{\mathbf{p}}\,f(t)$$

© Springer Fachmedien Wiesbaden GmbH, ein Teil von Springer Nature 2020
D. Dinkler, *Einführung in die Strukturdynamik*,
https://doi.org/10.1007/978-3-658-31845-1_13

auch zeilenweise angeschrieben werden

$$\ddot{q}_j + \omega_{0j}^2 q_j = \hat{\mathbf{x}}_j^T \, \hat{\mathbf{p}} \, f(t) \,.$$

Dies ist jetzt ein entkoppeltes Gleichungssystem zur Berechnung der q_j. Vorteilhaft ist, dass der gekoppelte Mehrmassenschwinger auf ein entkoppeltes System von n Ein–Masse–Schwingern transformiert wird. Man kann so anschaulich jede Eigenschwingungsform als einen Ein–Masse–Schwinger deuten. Die Belastung $\hat{\mathbf{x}}_j^T \, \hat{\mathbf{p}}$ des entkoppelten Ein–Masse–Schwingers gibt die Anregung der jeweiligen Eigenschwingungsform infolge der vorgegeben Lastverteilung an. Sie wird daher als *Partizipationsfaktor* bezeichnet.

Die Gesamtlösung der entkoppelten Bewegungsgleichungen enthält wieder wie beim Ein–Masse–Schwinger die freie Schwingung und die Partikularlösung.

$$q_j(t) = q_{jh}(t) + q_{jp}(t)$$

Beide Anteile können in Analogie zu Abschnitt 6 und Abschnitt 7 getrennt berechnet und in einem zweiten Schritt überlagert werden. Nachteilig ist bei der Modal–Analyse, dass alle $\hat{\mathbf{x}}_j$ und ω_{0j} bekannt sein müssen, was aber bei der Berechnung der Lösung der homogenen Bewegungsgleichung ohnehin anfällt.

Sind die generalisierten Koordinaten $q_j(t)$ berechnet, erfolgt deren Überlagerung mit Hilfe des Ansatzes nach Gleichung (13.1) zur Gesamtbewegung des Schwingers. Dies bezeichnet man als *Rücktransformation* der Bewegung aus dem Modalraum in den Raum der physikalischen Freiheitsgrade.

$$\mathbf{x}(t) = \sum_{j=1}^{N} \hat{\mathbf{x}}_j \cdot (q_{jh}(t) + q_{jp}(t)). \tag{13.2}$$

Mit den physikalischen Freiheitsgraden sind in einer Nachlaufrechnung die Federkräfte bei einem Starrkörpermodell bzw. die Stabendschnittgrößen bei einem Stabtragwerk berechenbar. Auf der Ebene des einzelnen Elementes gilt

$$\mathbf{F}(t)_{El} = \mathbf{K}_{El} \cdot \sum_{j=1}^{N} \hat{\mathbf{x}}_{j\,El} \cdot [\,q_{jh}(t) + q_{jp}(t)\,]. \tag{13.3}$$

Die Kräfte $\mathbf{F}(t)_{El}$ entstehen daher aus der Überlagerung der mit unterschiedlichem Zeitverlauf schwingenden Eigenschwingungsformen, die in der Regel ihre Extremwerte zu unterschiedlichen Zeitpunkten haben. Für die Bemessung eines Tragwerks sind jedoch die Extremwerte der Gesamtschwingung von Interesse, sodass entweder eine aufwändige Ermittlung der Extremwerte mit einer Analyse des Zeitverlaufs erfolgen muss oder aber eine vereinfachende Abschätzung mithilfe von Näherungsansätzen, die später erläutert werden.

14 Erzwungene Schwingungen – ungedämpft

Gegeben sind die Bewegungsgleichungen in der Form

$$\mathbf{M}\,\ddot{\mathbf{x}} + \mathbf{K}\,\mathbf{x} = \hat{\mathbf{p}} \cdot f(t)\,.$$

Die Gesamtlösung ist wie beim Ein–Masse–Schwinger die Superposition der Lösung der homogenen Bewegungsgleichung und einer Partikularlösung

$$\mathbf{x} = \mathbf{x}_h + \mathbf{x}_p\,.$$

$\mathbf{x}_h$ wird in Abschnitt 12 bestimmt. Auch bei den erzwungenen Schwingungen wird der gesamte Lösungsvektor $\mathbf{x}_p$ in einem Schritt berechnet, und nicht die einzelnen Freiheitsgrade x_{jp} getrennt.

Die Partikularlösung wird nachfolgend in Analogie zum Ein–Masse–Schwinger für statische Belastungen sowie periodische und unperiodische Anregungen untersucht. In Analogie zu Abschnitt 7 wird zunächst jeweils ein *Ansatz vom Typ der rechten Seite* gewählt, dessen Amplitude an die Bewegungsgleichung angepaßt wird. Alternativ hierzu werden die Bewegungsgleichungen mit Hilfe eines Modal–Ansatzes in einem ersten Schritt entkoppelt, getrennt gelöst und die Partikularlösung erst in einem zweiten Schritt mit der Überlagerung der Teillösungen berechnet. Hierbei werden jeweils die nach Abschnitt 12 normierten Eigenvektoren verwendet.

Nachfolgend wird nur die reelle Schreibweise verwendet, da bei ungedämpften Systemen die komplexe Schreibweise zu Mehraufwand führt.

14.1 Statische Belastung

Bei zeitkonstanter Belastung gilt

$$\mathbf{M}\,\ddot{\mathbf{x}} + \mathbf{K}\,\mathbf{x} = \hat{\mathbf{p}}_0 \cdot 1\,.$$

Anschaulich beschreibt die Bewegungsgleichung eine freie Schwingung um die Gleichgewichtslage, die mit der konstanten Last $\hat{\mathbf{p}}_0$ festgelegt ist.

Ansatz vom Typ der rechten Seite

Wenn die Belastung zeitkonstant ist, kann in Analogie zu Abschnitt 7.1 der *Ansatz vom Typ der rechten Seite* mit

$$\mathbf{x}_p = \hat{\mathbf{x}}_p \cdot 1, \qquad \dot{\mathbf{x}}_p = 0, \qquad \ddot{\mathbf{x}}_p = 0$$

© Springer Fachmedien Wiesbaden GmbH, ein Teil von Springer Nature 2020
D. Dinkler, *Einführung in die Strukturdynamik*,
https://doi.org/10.1007/978-3-658-31845-1_14

gewählt werden, wenn der Amplitudenvektor $\hat{\mathbf{x}}_p$ die räumliche Form der Bewegung beschreibt. Die Zeitverlaufsfunktion ist mit „1" gegeben. Nach Einsetzen des Ansatzes in die Bewegungsgleichung kann der Amplitudenvektor mit dem Gleichungssystem

$$\mathbf{K}\,\hat{\mathbf{x}}_p = \hat{\mathbf{p}}_0$$

berechnet werden. Der numerische Aufwand beim Auflösen des Gleichungssystems ist von der Ordnung n^3, wenn die Matrix $\mathbf{K}$ voll besetzt ist.

Modal–Ansatz

Mit einem Modal–Ansatz kann man die Bewegungsgleichungen entkoppeln, sodass der Lösungsaufwand reduziert wird. Die Transformation in den Raum der generalisierten Koordinaten erfolgt mit dem Ansatz

$$\mathbf{x}_p = \sum_{j=1}^{N} \hat{\mathbf{x}}_j\, q_{jp} = \hat{\mathbf{X}}\,\mathbf{q}_p\,.$$

Der Ansatz enthält die Eigenvektoren $\hat{\mathbf{x}}_j$ für die Beschreibung der Bewegungsform und die generalisierten Koordinaten q_{jp} als noch unbekannte Amplituden der Eigenvektoren. Die Entkopplung der Bewegungsgleichung folgt dem in Abschnitt 13 gezeigten Vorgehen und führt auf die Bewegungsgleichung für die generalisierten Koordinaten, die jeweils einzeln mit

$$\ddot{q}_{jp} + \omega_{0j}^2\, q_{jp} = \hat{\mathbf{x}}_j^T\,\hat{\mathbf{p}}_0$$

berechnet werden. Die Lösung des entkoppelten Gleichungssystems erfolgt mit dem Ansatz

$$q_{jp} = \hat{q}_{jp}\cdot 1, \qquad \dot{q}_{jp} = 0, \qquad \ddot{q}_{jp} = 0$$

für jeden einzelnen Freiheitsgrad

$$q_{jp} = \hat{q}_{jp} = \frac{1}{\omega_{0j}^2}\,\hat{\mathbf{x}}_j^T\,\hat{\mathbf{p}}_0\,.$$

Nach Berechnung der q_{jp} folgt die Rücktransformation in den Raum der physikalischen Koordinaten mit

$$\mathbf{x}_p = \sum_{j=1}^{N} \hat{\mathbf{x}}_j\, \frac{1}{\omega_{0j}^2}\,\hat{\mathbf{x}}_j^T\,\hat{\mathbf{p}}_0\,,$$

oder kurz mit der Modal-Matrix $\mathbf{X}$

$$\mathbf{x}_p = \hat{\mathbf{X}}\,\mathbf{q}_p\,.$$

Der numerische Aufwand zur Berechnung der Partikularlösung $\mathbf{x}_p$ beträgt hier nur $\mathcal{O}(2 \cdot n^2)$, wenn zuerst die Partikularlösung q_{jp} mit insgesamt $\mathcal{O}(n^2)$ und danach die übrigen Rechenoperationen ebenfalls mit der Ordnung $\mathcal{O}(n^2)$ durchgeführt werden.

Die Partikularlösung zeigt, dass man die Inverse der Steifigkeitsmatrix $\mathbf{K}$ mit den Eigenvektoren und den Eigenkreisfrequenzen berechnen kann. Hierfür gilt

$$\mathbf{K}^{-1} = \sum_{j=1}^{N} \frac{1}{\omega_{0j}^2} \, \hat{\mathbf{x}}_j \, \hat{\mathbf{x}}_j^T \, .$$

Diese Schreibweise hilft bei der Interpretation der nachfolgenden Lösung der Bewegungsgleichung bei periodischer rechter Seite.

14.2 Periodische Anregung

Gegeben ist die Bewegungsgleichung mit einer periodischen Anregung

$$\mathbf{M}\,\ddot{\mathbf{x}} + \mathbf{K}\,\mathbf{x} = \hat{\mathbf{p}} \cdot \cos \Omega t \, .$$

Ansatz vom Typ der rechten Seite

Mit einem *Ansatz vom Typ der rechten Seite*

$$\mathbf{x}_p = \hat{\mathbf{x}}_p \cos \Omega t \, , \quad \dot{\mathbf{x}}_p = -\Omega \hat{\mathbf{x}}_p \sin \Omega t \, , \quad \ddot{\mathbf{x}}_p = -\Omega^2 \hat{\mathbf{x}}_p \cos \Omega t$$

kann man die Zeitkoordinate in der Bewegungsgleichung extrahieren

$$\left\{ \left[-\Omega^2 \mathbf{M} + \mathbf{K} \right] \hat{\mathbf{x}}_p - \hat{\mathbf{p}} \right\} \cos \Omega t = 0 \, ,$$

sodass die Klammer die Gleichung für alle Zeiten erfüllen muss. Die Auflösung des Gleichungssystems nach dem noch unbekannten Amplitudenvektor der Partikularlösung erfolgt jetzt formal mit

$$\hat{\mathbf{x}}_p = \left[-\Omega^2 \mathbf{M} + \mathbf{K} \right]^{-1} \hat{\mathbf{p}} \qquad \text{für} \qquad \Omega \neq \omega_{0j} \, ,$$

wobei die Inverse nicht explizit berechnet werden muss. Nachteilig ist auch hier der numerische Aufwand für die Auflösung des Gleichungssystems für vorgegebenes Ω mit der Ordnung $\mathcal{O}(n^3)$, insbesondere wenn die Abhängigkeit von Ω analog zur Vergrößerungsfunktion nach Abschnitt 7 untersucht werden soll. Außerdem kann der Lösungsvektor nicht unmittelbar den Eigenschwingungsformen zugeordnet werden, was für eine anschauliche Deutung der Bewegung von Nachteil sein kann.

Die Partikularlösung kann jetzt in der Form

$$\mathbf{x}_p = \mathbf{G}(\Omega)\,\hat{\mathbf{p}}\cos\Omega t \tag{14.1}$$

geschrieben werden, wenn

$$\mathbf{G}(\Omega) = \left[-\Omega^2\mathbf{M} + \mathbf{K}\right]^{-1} \tag{14.2}$$

als *Frequenzgang* bezeichnet wird und anschaulich einer Nachgiebigkeit analog zur Inversen der Steifigkeitsmatrix entspricht. $\mathbf{G}(\Omega)$ überträgt das Eingangssignal $\hat{\mathbf{p}}\cos\Omega t$ auf die Systemantwort $\mathbf{x}_p$. In Anlehnung an Schwingkreise der Elektrotechnik bezeichnet man $\mathbf{G}(\Omega)$ auch als *Impedanz* und $\mathbf{G}(\Omega)^{-1}$ als *Admittanz*. In $\mathbf{G}(\Omega)$ sind sämtliche Systemeigenschaften bezüglich der Erregerfrequenzen enthalten, also die Reaktion des Systems auf die Anregung. Die Elemente des Frequenzgangs können daher als Einflusszahlen für eine Belastung der Größe „1" gedeutet werden. Für $\Omega = 0$ ist die zeitkonstante Belastung implizit berücksichtigt.

Modal–Ansatz

Mit Hilfe des Modal–Ansatzes

$$\mathbf{x}_p = \sum_{j=1}^{N}\hat{\mathbf{x}}_j\,q_{jp}(t) = \hat{\mathbf{X}}\,\mathbf{q}_p(t)$$

erfolgt die Transformation der Bewegungsgleichung aus dem Raum der physikalischen Koordinaten in den Modal–Raum der generalisierten Koordinaten q_{pj}, in dem die Bewegungsgleichungen entkoppelt sind

$$\ddot{q}_{jp} + \omega_{0j}^2 q_{jp} = \hat{\mathbf{x}}_j^T\,\hat{\mathbf{p}}\cos\Omega t\,.$$

Für den entkoppelten Ein–Masse–Schwinger liefert ein *Ansatz vom Typ der rechten Seite*

$$q_{jp} = \hat{q}_{jp}\cos\Omega t$$

die Amplitude der Teilschwingung

$$\hat{q}_{jp} = \frac{\hat{\mathbf{x}}_j^T\,\hat{\mathbf{p}}}{\omega_{0j}^2 - \Omega^2}\,.$$

Die Überlagerung der Teilschwingungen zur Partikularlösung in physikalischen Koordinaten gibt

$$\mathbf{x}_p = \sum_{j=1}^{N}\frac{1}{\omega_{0j}^2 - \Omega^2}\,\hat{\mathbf{x}}_j\hat{\mathbf{x}}_j^T\,\hat{\mathbf{p}}\,\cos\Omega t\,,$$

wobei der Aufwand für jedes Ω analog zu Abschnitt 14.1 die Ordnung $\mathcal{O}(2n^2)$ hat. Dies ist besonders zu beachten, wenn der Frequenzgang für unterschiedliche Ω ausgewertet werden muss. Auch hier kann die Schreibweise mit der Matrix des Frequenzgangs $\mathbf{G}(\Omega)$ gewählt werden

$$\mathbf{x}_p = \mathbf{G}(\Omega)\,\hat{\mathbf{p}}\,\cos\Omega t\,.$$

Der Frequenzgang kann als *dynamische Nachgiebigkeit* gedeutet werden. Mit

$$\mathbf{G}(\Omega) = \sum_{j=1}^{N} \frac{1}{\omega_{0j}^2 - \Omega^2}\,\hat{\mathbf{x}}_j\hat{\mathbf{x}}_j^T \tag{14.3}$$

kann die *dynamische Nachgiebigkeitsmatrix* mit den Eigenvektoren ermittelt werden, wobei der Aufwand für die Berechnung von $\mathbf{G}(\Omega)$ die Ordnung $\mathcal{O}(n^3)$ hat.

14.2.1 Beispiel für die Lösung mit einem Modal–Ansatz

Die Lösungsschritte bei periodischer Anregung werden exemplarisch an dem im Bild dargestellten Zwei–Masse–Schwinger gezeigt.

1. Bewegungsgleichungen

Die Bewegungsgleichungen für den Zwei–Masse–Schwinger sind gegeben

$$\begin{bmatrix} 4m & \\ & m \end{bmatrix}\begin{bmatrix} \ddot{x}_1 \\ \ddot{x}_2 \end{bmatrix} + \begin{bmatrix} 14k & -2k \\ -2k & 2k \end{bmatrix}\begin{bmatrix} x_1 \\ x_2 \end{bmatrix} = \begin{bmatrix} \hat{p} \\ -3\hat{p} \end{bmatrix}\cos\Omega t\,.$$

Die Eigenfrequenzen und die Eigenvektoren sind aus Abschnitt 12 bekannt.

$$\omega_{01}^2 = \frac{1{,}5k}{m}\,, \qquad \hat{\mathbf{x}}_1^T = \begin{bmatrix} \dfrac{0{,}5}{\sqrt{5m}} & \dfrac{2}{\sqrt{5m}} \end{bmatrix}$$
$$\omega_{02}^2 = \frac{4k}{m}\,, \qquad \hat{\mathbf{x}}_2^T = \begin{bmatrix} \dfrac{-1}{\sqrt{5m}} & \dfrac{1}{\sqrt{5m}} \end{bmatrix}\,.$$

2. Partikularlösung

Die Partikularlösung wird hier mit einem Modal–Ansatz berechnet. Mit

$$\mathbf{x}_p = \sum_{j=1}^{N} \hat{\mathbf{x}}_j\,q_{jp}(t)$$

folgen die entkoppelten Bewegungsgleichungen für die generalisierten Koordinaten der Eigenschwingungsformen zu

$$\ddot{q}_{jp} + \omega_{0j}^2\, q_{jp} = \hat{\mathbf{x}}_j^T\, \hat{\mathbf{p}} \cos \Omega t\,.$$

Die Amplituden $\hat{q}_j$ des Ansatzes für die Partikularlösung

$$q_{jp} = \hat{q}_{jp} \cos \Omega t$$

müssen die Bewegungsgleichung erfüllen. Damit folgt mit den Partizipationsfaktoren der jeweiligen Eigenschwingungsformen

$$\hat{q}_{jp} = \frac{\hat{\mathbf{x}}_j^T\, \hat{\mathbf{p}}}{\omega_{0j}^2 - \Omega^2}$$

und für die speziellen Amplituden des gegebenen Beispiels

$$\hat{q}_{1p} = \frac{\left[\ \dfrac{0{,}5}{\sqrt{5m}}\ \ \dfrac{2}{\sqrt{5m}}\ \right]\left[\ \begin{matrix}\hat{p}\\ -3\hat{p}\end{matrix}\ \right]}{1{,}5\dfrac{k}{m} - \Omega^2} = \frac{-5{,}5\dfrac{\hat{p}}{\sqrt{5m}}}{1{,}5\dfrac{k}{m} - \Omega^2}\,,$$

$$\hat{q}_{2p} = \frac{\left[\ \dfrac{-1}{\sqrt{5m}}\ \ \dfrac{1}{\sqrt{5m}}\ \right]\left[\ \begin{matrix}\hat{p}\\ -3\hat{p}\end{matrix}\ \right]}{4\dfrac{k}{m} - \Omega^2} = \frac{-4\dfrac{\hat{p}}{\sqrt{5m}}}{4\dfrac{k}{m} - \Omega^2}\,.$$

Die Rücktransformation in den Raum der physikalischen Koordinaten erfolgt mit dem Ansatz

$$\mathbf{x}_p = \hat{\mathbf{x}}_1\, q_{1p}(t) + \hat{\mathbf{x}}_2\, q_{2p}(t)$$

$$= (\,\hat{\mathbf{x}}_1\, \hat{q}_{1p} + \hat{\mathbf{x}}_2\, \hat{q}_{2p}\,) \cos \Omega t\,.$$

Die Umrechnung der Partikularlösung auf die Verschiebungen x_j der Einzelmassen gibt

$$\mathbf{x}_p(t) = \begin{bmatrix} x_{1p}\\ x_{2p} \end{bmatrix} = \begin{bmatrix} -\dfrac{k}{m} - 0{,}25\Omega^2\\[2mm] -10\dfrac{k}{m} + 3\Omega^2 \end{bmatrix} \cdot \frac{1}{m\left(1{,}5\dfrac{k}{m} - \Omega^2\right)\left(4\dfrac{k}{m} - \Omega^2\right)} \cdot \hat{p}\cos \Omega t\,.$$

3. Resonanzkurve

Die Partikularlösung ist jetzt von der Erregerfrequenz Ω abhängig, sodass die Auswertung analog zur Vergrößerungsfunktion und zum Verlauf des Phasenwinkels beim Ein–Masse–Schwinger auch zeichnerisch erfolgen kann. Die zeichnerische Darstellung der Lösung wird als *Resonanz–Kurve* bezeichnet. Charakteristische Erregerfrequenzen sind dabei mit den Nullstellen des Nenners und des Zählers berechenbar.

Die *Resonanzfrequenzen* folgen aus den Nullstellen des Nenners zu $\Omega_{R_1} = \omega_{01}$ und $\Omega_{R_2} = \omega_{02}$. Die Zählernullstellen geben *Schwingungsknoten* an, also Erregerfrequenzen, bei denen eine oder mehrere Auslenkungen $\hat{x}_i$ gerade Null sind. Für den Fall, dass Zähler und Nenner gleichzeitig verschwinden, spricht man von *Scheinresonanz*.

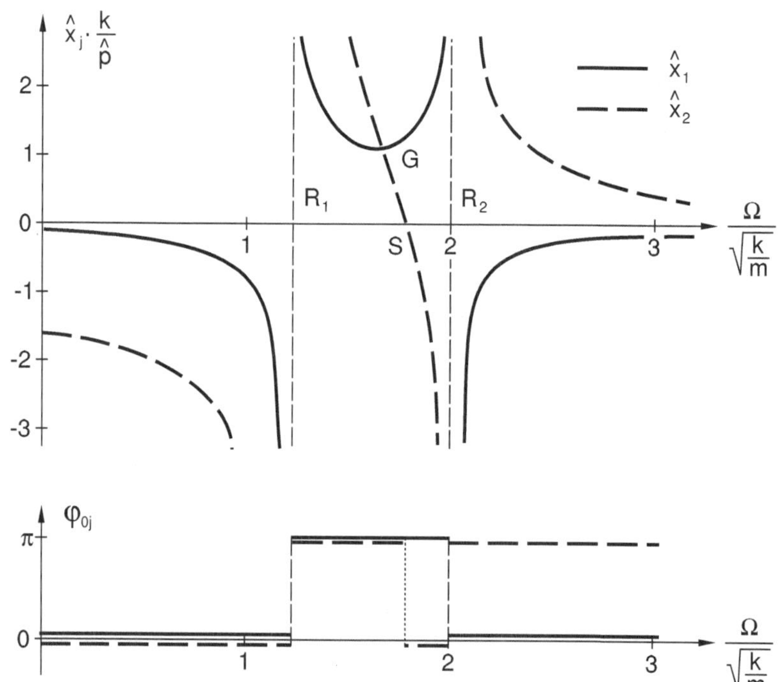

Bild 14-1 Resonanzkurven und Phasenwinkel

Resonanzstellen R, Schwingungsknoten S und die Frequenzen, bei denen mehrere Verschiebungen G gleich sind, können gezielt durch Anordnen zusätzlicher Massen und Steifigkeiten verändert werden, wenn das System abgestimmt werden muss.

Der Verlauf des Phasenwinkels der Verschiebungen hat den Wert 0 oder π und an den Resonanzstellen Unstetigkeitsstellen, wenn das System ungedämpft ist. Der Sprung um 180^0 bedeutet, dass die jeweilige Masse in Gegenphase zur Systemanregung schwingt. Zu beachten ist, dass die Gegenphase für die verschiedenen Massen zu unterschiedlichen Erregerfrequenzen auftreten kann.

4. Frequenzgangmatrix

Die Berechnung der Partikularlösung kann verkürzt werden, wenn die Frequenzgangmatrix $\mathbf{G}(\Omega)$ direkt mit den Eigenvektoren berechnet wird. Mit

$$\mathbf{G}(\Omega) = \hat{\mathbf{x}}_1\,\hat{\mathbf{x}}_1^T \cdot \frac{1}{\omega_{01}^2 - \Omega^2} + \hat{\mathbf{x}}_2\,\hat{\mathbf{x}}_2^T \cdot \frac{1}{\omega_{02}^2 - \Omega^2}$$

$$= \left[\begin{array}{c|c} 0{,}25 & 1 \\ \hline 1 & 4 \end{array}\right] \frac{1}{5m(\omega_{01}^2 - \Omega^2)} + \left[\begin{array}{c|c} 1 & -1 \\ \hline -1 & 1 \end{array}\right] \frac{1}{5m(\omega_{02}^2 - \Omega^2)}$$

$$= \frac{1}{4m\left(1{,}5\frac{k}{m} - \Omega^2\right)\left(4\frac{k}{m} - \Omega^2\right)} \cdot \left[\begin{array}{c|c} 2\frac{k}{m} - \Omega^2 & 2\frac{k}{m} \\ \hline 2\frac{k}{m} & 14\frac{k}{m} - 4\Omega^2 \end{array}\right]$$

und

$$\mathbf{x}_p = \mathbf{G}(\Omega)\,\hat{\mathbf{p}}\,\cos\Omega t$$

folgt die Partikularlösung wie oben angegeben.

14.3 Unperiodische Anregung

Bei einer Anregung mit einem beliebigen Zeitverlauf

$$\mathbf{M}\,\ddot{\mathbf{x}} + \mathbf{K}\,\mathbf{x} = \hat{\mathbf{p}} \cdot f(t)$$

und Wahl eines *Ansatzes vom Typ der rechten Seite* führt nur das Fourier–Integral nach Abschnitt 15.2 zum Erfolg. Bei Wahl eines Modal–Ansatzes

$$\mathbf{x}_p(t) = \sum_{j=1}^{n} \hat{\mathbf{x}}_j\,q_{jp}(t)$$

ist eine Lösung wie bisher möglich. Einsetzen des Ansatzes in die Bewegungsgleichung und Orthogonalisieren liefert analog zu 14.2

$$\ddot{q}_{jp} + \omega_{0j}^2 q_{jp} = \hat{\mathbf{x}}_j^T \hat{\mathbf{p}} \cdot f(t)\,.$$

Nach Abschnitt 8.3 folgt mit dem Duhamel–Integral die Teillösung

$$q_{jp}(t) = \hat{a}_{jc}\cos\omega_{0j}t + \hat{a}_{js}\sin\omega_{0j}t + \frac{1}{\omega_{0j}}\int_0^t \sin\omega_{0j}\,(t-\tau)\,\hat{\mathbf{x}}_j^T\hat{\mathbf{p}}\,f(\tau)\,d\tau\,,$$

$$= \hat{a}_{jc}\cos\omega_{0j}t + \hat{a}_{js}\sin\omega_{0j}t + \hat{\mathbf{x}}_j^T\hat{\mathbf{p}}\,\frac{1}{\omega_{0j}}\int_0^t \sin\omega_{0j}\,(t-\tau)\,f(\tau)\,d\tau\,,$$

wobei die Konstanten $\hat{a}_{jc}$ und $\hat{a}_{js}$ an die Anfangsbedingungen der jeweiligen Eigenschwingung anzupassen sind und die Gesamtbewegung aus der Überlagerung aller Teilschwingungen folgt. Die Rücktransformation mit Überlagerung der Teilschwingungen ist schwierig, da die Eigenkreisfrequenzen ω_{0j} im Integranden und auch im ersten Teil der Lösung unterschiedlich sind. Damit ist die Lösung nicht geschlossen darstellbar.

14.4 Anpassen der Gesamtlösung an die Anfangsbedingungen

Die Gesamtlösung der Bewegungsgleichung ist mit

$$\mathbf{x}(t) = \mathbf{x}_h + \mathbf{x}_p$$

gegeben. In der Gesamtlösung sind die Integrationskonstanten aus der Lösung der homogenen Bewegungsgleichung noch unbekannt. Die Anpassung der Integrationskonstanten der Gesamtlösung an die Anfangsbedingungen

$$\mathbf{x}_0 = \mathbf{x}_p(t_0) + \sum_{j=1}^{n} \hat{\mathbf{x}}_j (\hat{a}_{jc} \cos \omega_{0j} t_0 + \hat{a}_{js} \sin \omega_{0j} t_0)$$

$$\mathbf{v}_0 = \dot{\mathbf{x}}_p(t_0) + \sum_{j=1}^{n} \hat{\mathbf{x}}_j \omega_{0j} (-\hat{a}_{jc} \sin \omega_{0j} t_0 + \hat{a}_{js} \cos \omega_{0j} t_0)$$

zur Zeit $t = t_0$ kann in Analogie zu Abschnitt 12.2 auf zwei Wegen erfolgen, wenn die Partikularlösung $\mathbf{x}_p(t_0)$ und $\dot{\mathbf{x}}_p(t_0)$ bekannt ist.

Direkte Berechnung

Die direkte Berechnung der $\hat{a}_{jc}$ und $\hat{a}_{js}$ erfolgt mit Hilfe des Gleichungssystems

$$\begin{bmatrix} \hat{\mathbf{x}}_j \cos \omega_{0j} t_0 & \hat{\mathbf{x}}_j \sin \omega_{0j} t_0 \\ -\hat{\mathbf{x}}_j \omega_{0j} \sin \omega_{0j} t_0 & \hat{\mathbf{x}}_j \omega_{0j} \cos \omega_{0j} t_0 \end{bmatrix} \begin{bmatrix} \hat{a}_{jc} \\ \hat{a}_{js} \end{bmatrix} = \begin{bmatrix} \mathbf{x}_0 \\ \mathbf{v}_0 \end{bmatrix} - \begin{bmatrix} \mathbf{x}_p(t_0) \\ \dot{\mathbf{x}}_p(t_0) \end{bmatrix}.$$

Im Unterschied zu Abschnitt 12.2 ist hier die Partikularlösung zahlenmäßig auszuwerten und auf der rechten Seite zu berücksichtigen. Der Aufwand für die Berechnung der unbekannten $\hat{a}_{jc}$ und $\hat{a}_{js}$ ist von der Ordnung $\mathcal{O}(2\,n^3)$, wenn das Gleichungssystem voll besetzt ist.

Orthogonalisieren der Anfangsbedingungen

Mit bekannten $\mathbf{x}_p(t_0)$ und $\dot{\mathbf{x}}_p(t_0)$ erhält man die Bestimmungsgleichungen für die Konstanten $\hat{a}_{jc}$ und $\hat{a}_{js}$ nach der Orthogonalisierung der Anfangsbedingungen mit $\hat{\mathbf{x}}_j^T \cdot \mathbf{M}$. Es bleibt

$$\hat{\mathbf{x}}_j^T \, \mathbf{M} \, \mathbf{x}_0 = \hat{\mathbf{x}}_j^T \, \mathbf{M} \, \mathbf{x}_p(t_0) + \hat{a}_{jc} \cos \omega_{0j} t_0 + \hat{a}_{js} \sin \omega_{0j} t_0$$

$$\hat{\mathbf{x}}_j^T \, \mathbf{M} \, \mathbf{v}_0 = \hat{\mathbf{x}}_j^T \, \mathbf{M} \, \dot{\mathbf{x}}_p(t_0) + \omega_{0j}(-\hat{a}_{jc} \sin \omega_{0j} t_0 + \hat{a}_{js} \cos \omega_{0j} t_0) \,,$$

wenn die mit

$$\hat{\mathbf{x}}_j^T \, \mathbf{M} \, \hat{\mathbf{x}}_j = 1$$

normierten Eigenvektoren verwendet werden. Die Berechnung der Koeffizienten erfolgt jetzt für jeden Eigenvektor $\hat{\mathbf{x}}_j$ getrennt. Die Auflösung beider Gleichungen ergibt damit

$$\hat{a}_{jc} = \cos \omega_{0j} t_0 \, \hat{\mathbf{x}}_j^T \, \mathbf{M} \, [\, \mathbf{x}_0 - \mathbf{x}_p(t_0)\,] - \frac{1}{\omega_{0j}} \sin \omega_{0j} t_0 \, \hat{\mathbf{x}}_j^T \, \mathbf{M} \, [\, \mathbf{v}_0 - \dot{\mathbf{x}}_p(t_0)\,] \,,$$

$$\hat{a}_{js} = \sin \omega_{0j} t_0 \, \hat{\mathbf{x}}_j^T \, \mathbf{M} \, [\, \mathbf{x}_0 - \mathbf{x}_p(t_0)\,] + \frac{1}{\omega_{0j}} \cos \omega_{0j} t_0 \, \hat{\mathbf{x}}_j^T \, \mathbf{M} \, [\, \mathbf{v}_0 - \dot{\mathbf{x}}_p(t_0)\,] \,.$$

Hier kann der Aufwand zur Berechnung der Unbekannten auf die Ordnung $\mathcal{O}(4\,n^2)$ reduziert werden, wenn die quadratischen Formen entsprechend ausgewertet werden.

GEDÄMPFTE SYSTEME

15 Schwingungen in komplexer Darstellung

Mit Hilfe von komplexen Zahlen können Schwingungen mathematisch einfacher als in der reellen Darstellung beschrieben werden. Mit $i = \sqrt{-1}$ und

$$A(\lambda) = e^{i\lambda} = \underbrace{\cos\lambda}_{\text{Realteil}} + i \cdot \underbrace{\sin\lambda}_{\text{Imaginärteil}}$$

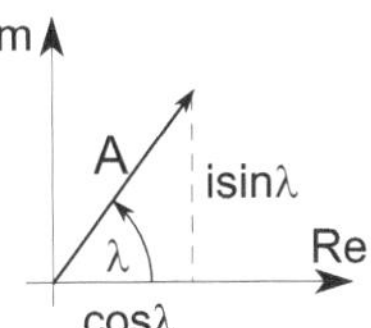

kann man die reelle Schreibweise der harmonischen Schwingung in die komplexe Schreibweise umformen

$$x(t) = \hat{x}\,\cos(\omega t - \varphi_0) = \hat{x}\,Re[e^{i(\omega t - \varphi_0)}] = Re[\hat{x} \cdot e^{i(\omega t - \varphi_0)}]\,.$$

Das Argument kann man als komplexe Schwingung

$$z(t) = \hat{x} \cdot e^{i(\omega t - \varphi_0)} = (\hat{x} \cdot e^{-i\varphi_0}) \cdot e^{i\omega t} \tag{15.1}$$

definieren, die sich mit der komplexen Amplitude $\hat{z} = \hat{x} \cdot e^{-i\varphi_0}$ auch in

$$z(t) = \hat{z}\,e^{i\omega t} \tag{15.2}$$

umformen lässt. Die Umrechnung der komplexen Darstellung in die reelle Darstellung erfolgt mit

$$
\begin{aligned}
z(t) &= \hat{z}\,e^{i(\omega t)} \\
&= (\hat{z}_R + i\,\hat{z}_J)(\cos\omega t + i\sin\omega t) \\
&= (\hat{z}_R \cos\omega t - \hat{z}_J \sin\omega t) + i(\hat{z}_R \sin\omega t + \hat{z}_J \cos\omega t)\,,
\end{aligned}
$$

sodass die reelle Schwingung $x(t) = Re[z(t)]$ mit

$$x(t) = (\hat{z}_R \cos\omega t - \hat{z}_J \sin\omega t)$$

gegeben ist. Die Darstellung der Schwingung erfolgt als Zeiger in der komplexen Zahlenebene, wobei φ_0 die Anfangslage beschreibt und ωt die Drehung des Zeigers angibt. Bild 15-1 veranschaulicht, dass $\dot{z}(t)$ gegenüber $z(t)$ um 90° und $\ddot{z}(t)$ um 180° phasenverschoben sind ($e^{i\omega t} \rightarrow i\omega e^{i\omega t} \rightarrow -\omega^2 e^{i\omega t}$).

© Springer Fachmedien Wiesbaden GmbH, ein Teil von Springer Nature 2020
D. Dinkler, *Einführung in die Strukturdynamik*,
https://doi.org/10.1007/978-3-658-31845-1_15

Eine andere, direkte Umformung der reellen Schwingung in eine komplexe Darstellung ist mit

$$\cos\lambda = \frac{1}{2}(e^{i\lambda} + e^{-i\lambda}) \qquad \text{bzw.} \qquad \sin\lambda = \frac{1}{2\,i}(e^{i\lambda} - e^{-i\lambda})$$

möglich. Für die relle Schwingung

$$x(t) = \hat{x}\cos(\omega t - \varphi_0) = \hat{x}\,\frac{1}{2}(e^{i(\omega t - \varphi_0)} + e^{-i(\omega t - \varphi_0)})$$

folgt dann

$$x(t) = z_+(t) + z_-(t)\,,$$

sodass sie in dieser Form als Summe zweier konjugiert komplexer Schwingungen beschrieben wird. In dieser Schreibweise heben sich die Imaginärteile heraus, sodass die Summe der Realteile die reelle Schwingung beschreibt.

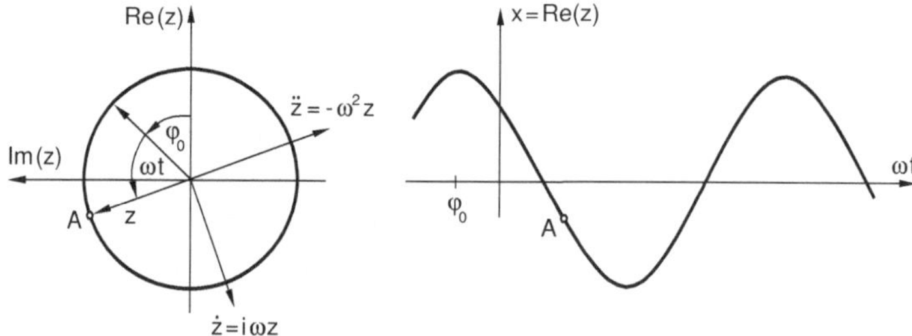

Bild 15-1 Schwingungen in der komplexen Zahlenebene

15.1 Harmonische Analyse periodischer Schwingungen

Die bereits in reeller Schreibweise angegebene Fourier–Reihe nach Gleichung (2.5) einer in T periodischen reellen Schwingung $x(t)$ ist auch in komplexer Darstellung darstellbar

$$x(t) = \sum_{n=-\infty}^{+\infty} \hat{z}_n\, e^{i(n\omega t)}\,, \tag{15.3}$$

wobei n eine ganze Zahl ist und ω die Basisfrequenz. Wählt man die oben gezeigte Umformung, so erkennt man den Zusammenhang mit der reellen Fourier–Reihe

$$x(t) = \hat{z}_0 + \sum_{n=-\infty}^{-1}(\hat{z}_{n-}\cos n\,\omega t + i\,\hat{z}_{n-}\sin n\,\omega t) + \sum_{n=+1}^{+\infty}(\hat{z}_{n+}\cos n\,\omega t + i\,\hat{z}_{n+}\sin n\,\omega t)\,,$$

$$= \underbrace{\hat{z}_0}_{\hat{x}_0/2} + \sum_{n=1}^{\infty} \underbrace{(\hat{z}_{n+} + \hat{z}_{n-})}_{\hat{x}_{cn}} \cos n\,\omega t + \sum_{n=1}^{\infty} \underbrace{i\,(\hat{z}_{n+} - \hat{z}_{n-})}_{\hat{x}_{sn}} \sin n\,\omega t\,.$$

Multipliziert man Gleichung (15.3) mit $e^{-i\,m\omega t}$ und integriert über die Periode T, so kann man die Fourier–Koeffizienten wegen

$$\int_{t_0}^{t_0+T} e^{-i(m\omega t)} e^{i(n\omega t)}\,dt = \int_{t_0}^{t_0+T} e^{-i(m-n)\omega t}\,dt = \begin{cases} T & \text{für} \quad m = n \\ 0 & \text{für} \quad m \neq n \end{cases}$$

mit

$$\hat{z}_n = \frac{1}{T} \int_{t_0}^{t_0+T} x(t)\,e^{-i(n\omega t)}\,dt\,. \tag{15.4}$$

berechnen.

15.2 Fourier–Integral von unperiodischen Schwingungen

Auch unperiodische Schwingungen können in komplexer Schreibweise beschrieben werden. Hierbei geht die Periode T der Schwingung gegen „unendlich" und zusätzlich wird das Spektrum der Frequenzen kontinuierlich, statt der diskreten Frequenzen $n\omega$ der Fourier–Reihe. Es sind also nicht nur ganzzahlige Vielfache der Basisfrequenzen vorhanden, sondern auch nicht ganzzahlige Vielfache. Zunächst kann man die diskrete Fourier–Reihe als Treppenfunktion mit

$$x(t) = \sum_{n=-\infty}^{\infty} \hat{z}_n\,e^{i(n\bar{\omega}t)}\,\Delta n$$

darstellen, wobei n eine ganze Zahl und $\Delta n = 1$ ist sowie $\bar{\omega}$ die Basisfrequenz. Der Sprung $\Delta n = 1$ deutet an, dass nur ganzzahlige Vielfache der Basisfrequenz angesprochen werden. Lässt man Δn differentiell klein zu dn und die Summe zu einem Integral über dn werden, kann man auch nicht ganzzahlige Vielfache der Basisfrequenz einbeziehen. Nach Integration über dn folgt

$$x(t) = \int_{n=-\infty}^{\infty} \hat{z}(n)\,e^{i(n\bar{\omega}t)}\,dn$$

mit beliebig reellem n. Aus den diskreten Fourierkoeffizienten $\hat{z}_n$ wird jetzt eine stetige Funktion $\hat{z}(n)$. Das Integral kann man jetzt weiter umformen, wenn

$\omega = \bar{\omega}\, n$ und im differentiellen $d\omega = \bar{\omega}\, dn = 2\pi/T\, dn$ gesetzt wird:

$$x(t) = \frac{T}{2\pi} \int\limits_{\omega=-\infty}^{\infty} \hat{z}(n)\, e^{i\omega t}\, d\omega\,. \tag{15.5}$$

Der Vorfaktor $T/2\pi$ wird wegen $T \to \infty$ mit der Funktion $\hat{z}(n)$ zusammengefasst, sodass

$$x(t) = \int\limits_{\omega=-\infty}^{\infty} \hat{z}(i\omega)\, e^{i\omega t}\, d\omega\,. \tag{15.6}$$

gilt. Die komplexe Funktion $\hat{z}(i\omega)$ wird als *Fourier–Transformierte* der Originalschwingung $x(t)$ bezeichnet. Die Berechnung der Fourier–Transformierten erfolgt in Analogie zu den Fourier–Koeffizienten mit Hilfe einer Orthogonalisierung analog zu Gleichung (15.4).

$$\hat{z}(i\omega) = \frac{T}{2\pi}\, \hat{z}(n) = \frac{1}{2\pi} \int\limits_{t=-\infty}^{\infty} x(t)\, e^{-i\omega t} dt\,. \tag{15.7}$$

Entscheidend ist hierbei, dass die Fourier–Transformierte kontinuierlich und nicht diskret ist. Aus dem diskreten Amplitudenspektrum der Fourier–Reihe wird jetzt eine kontinuierliche Funktion. Man bezeichnet $\hat{z}(i\omega)$ auch als *Spektralfunktion, Spektraldichte oder komplexe Spektraldichte*. Für Sonderfälle der Originalschwingung $x(t)$ ist die Fourier–Transformierte in der Literatur tabelliert, z. B. [7].

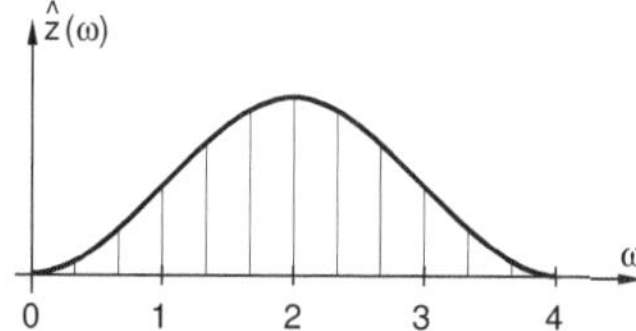

Bild 15-2 Kontinuierliches Fourier–Spektrum

Im Weiteren sind Gleichung (15.7) als *Fourier–Transformation* und Gleichung (15.6) als *inverse Fourier–Transformation* bezeichnet.

Die Fourier–Transformation ist dann einsetzbar, wenn die Bedingung

$$\int\limits_{t=-\infty}^{\infty} |x(t)|\, dt < \infty$$

erfüllt ist und $x(t)$ in jedem endlichen Intervall in endlich viele stetige und monotone Stücke zerlegt werden kann. Selbstverständlich kann die hier beschriebene Fourier–Transformation auch in reeller Darstellung erfolgen.

Für beliebige nicht analytisch integrierbare Funktionen ist die Fourier–Transformierte numerisch mit der *diskreten Fourier–Transformation (DFT)* oder der *schnellen Fourier–Transformation bzw. Fast-Fourier-Transformation (FFT)* auch numerisch möglich, siehe [7], [13]:

$$\hat{z}(i\omega) = \frac{1}{2\pi} \sum_{j=1/2}^{N-1/2} x(t_j)\, e^{-i\omega t_j} \Delta t\,, \qquad t_j = t_0 + j \cdot \Delta t\,. \tag{15.8}$$

Dies entspricht einer Treppenfunktion im Zeitbereich, wobei N die Zahl der Zeitintervalle im Integrationsbereich und Δt das Zeitintervall bei gleicher Teilung angeben. Bei der Summenbildung werden verschiedene Terme mehrmals angesprochen, sodass man die entsprechenden Terme zusammenfassen kann und eine Effizienzsteigerung möglich ist.

Die *inverse diskrete Fourier–Transformation* für die Rücktransformation in den Zeitbereich erfolgt entsprechend Gleichung (15.6) mit

$$x(t) = \sum_{j=1/2}^{K-1/2} \hat{z}(i\omega_j)\, e^{i\omega_j t} \Delta\omega\,, \qquad \omega_j = \omega_0 + j \cdot \Delta\omega\,. \tag{15.9}$$

wobei K die Zahl der Integrationsintervalle in ω angibt.

Beispiel 1

Der Impuls $x(t)$ wird mit der Dirac δ–Funktion zur Zeit $t_0 = 0$ beschrieben.

$$x(t) = \hat{p}\,\delta(t_0) \qquad \text{für} \quad -\varepsilon \leq t_0 \leq +\varepsilon\,.$$

Die Fourier–Transformation gibt

$$\hat{z}(i\omega) = \frac{1}{2\pi} \int_{-\infty}^{+\infty} \hat{p}\,\delta(t_0) \cdot e^{-i\omega t} dt$$

$$= \frac{\hat{p}}{2\pi} \cdot 1\,.$$

Die Fourier–Transformierte des Impulses $x(t)$ ist konstant über das gesamte Frequenzspektrum, da mit der δ–Funktion alle Frequenzen gleich stark angeregt werden.

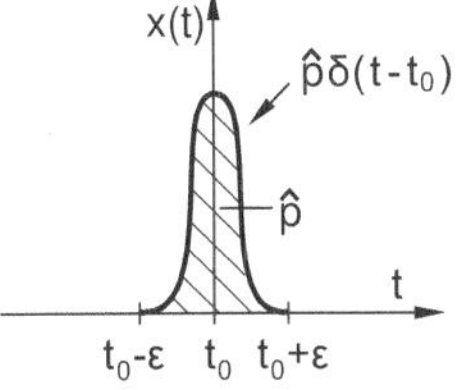

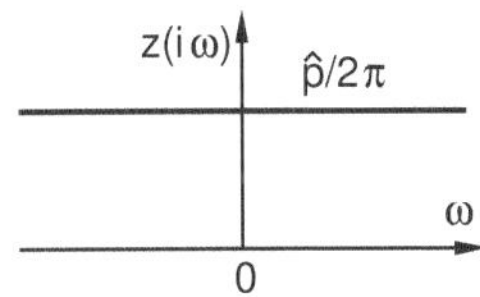

Fourier–Transformierte von $x(t)$

Beispiel 2

Gegeben ist der Rechteckimpuls

$$x(t) = \hat{p} \qquad \text{für} \quad -T \leq t \leq +T\,.$$

Die Fourier–Transformation gibt

$$\hat{z}(i\omega) = \frac{1}{2\pi} \int_{-\infty}^{+\infty} x(t) \cdot e^{-i\omega t} dt$$

$$= \frac{1}{2\pi} \int_{-T}^{+T} \hat{p} \cdot e^{-i\omega t} dt$$

$$= \frac{-\hat{p}}{i\,2\pi\,\omega} \left(e^{-i\omega T} - e^{+i\omega T} \right)$$

$$= \frac{\hat{p}}{\pi\omega} \sin \omega T\,.$$

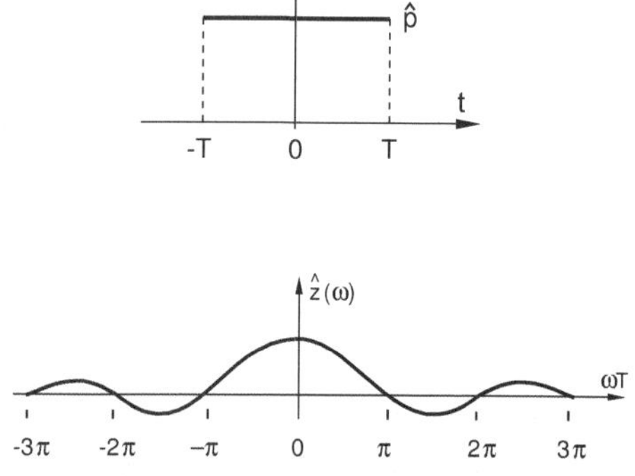

Fourier–Transformierte von $x(t) = \hat{p}$

Die Rücktransformation erfolgt mit Gleichung (15.6), ist jedoch nicht geschlossen darstellbar.

Beispiel 3

Gegeben ist die gedämpfte Schwingung

$$x(t) = \hat{x}\,e^{(-\delta + i\,\omega_0)t} \qquad \text{für} \quad t \geq 0\,.$$

Die Fourier–Transformation gibt

$$\hat{z}(i\omega) = \frac{1}{2\pi} \int_{-\infty}^{+\infty} x(t) \cdot e^{-i\omega t} dt$$

$$= \frac{1}{2\pi} \int_{0}^{+\infty} \hat{x}\,e^{(-\delta + i\,\omega_0)t} \cdot e^{-i\omega t} dt$$

$$= \frac{1}{2\pi} \int_{0}^{+\infty} \hat{x}\,e^{(-\delta + i\,\omega_0 - i\,\omega)t} dt$$

$$= \left\{ \frac{\hat{x}}{2\pi} \cdot \frac{e^{(-\delta + i\,(\omega_0 - \omega))t}}{-\delta + i\,(\omega_0 - \omega)} \right\} \Big|_{0}^{+\infty}$$

$$= \frac{\hat{x}}{2\pi} \cdot \frac{\delta + i\,(\omega_0 - \omega)}{\delta^2 + (\omega_0 - \omega)^2}\,.$$

Die Fourier–Transformierte besitzt hier einen Real– und einen Imaginärteil.

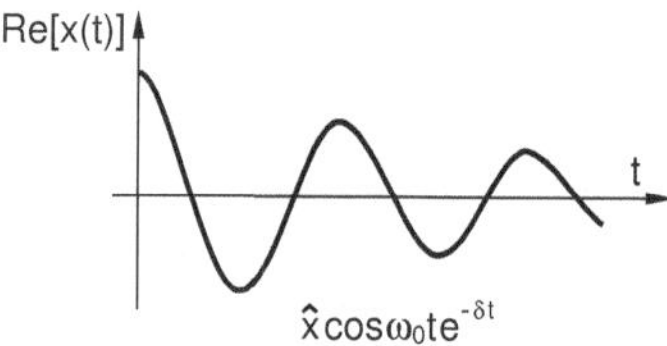

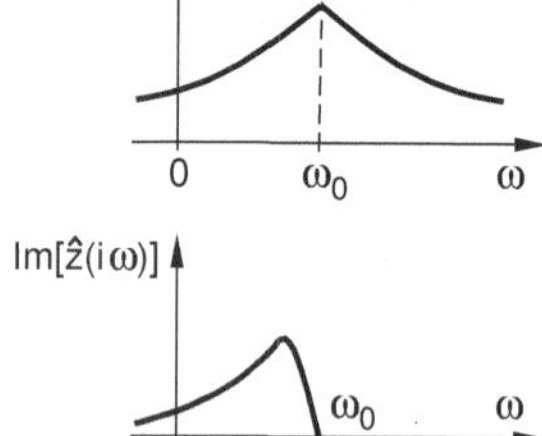

Fourier–Transformierte von $x(t)$

Beispiel 4

Gegeben ist eine Windböe in Form eines
sin–Impulses

$$x(t) = \sin \frac{1}{4} t \quad \text{für} \quad 0 \le t \le 4\pi \,.$$

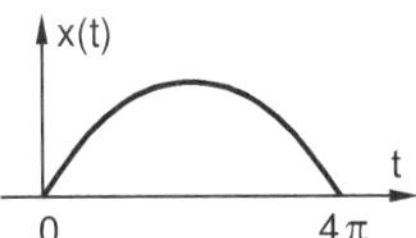

Die exakte Lösung der Fourier–Transformierten folgt nach [7] mit

$$\hat{z}(i\omega) = \frac{1}{2\pi} \int_0^{4\pi} \sin \frac{1}{4} t \; e^{-i\omega t} dt$$

$$= \Big[\frac{1}{2\pi} e^{-i\omega t} \frac{1}{(-i\omega)^2 + 0{,}25^2} \Big(-i\omega \sin \frac{1}{4} t - \frac{1}{4} \cos \frac{1}{4} t \Big) \Big]_0^{4\pi}$$

$$= \frac{1}{8\pi(-\omega^2 + 0{,}0625)} \big(e^{-i\omega 4\pi} + 1 \big) \,.$$

Mit der *Diskreten Fourier–Transformation (DFT)* folgt für $N = 4$ und $\Delta t = \pi$

$$\hat{z}(i\omega) = \frac{1}{2\pi} \sum_{j=1/2}^{N-1/2} \sin \frac{1}{4} t_j \, e^{-i\omega t_j} \Delta t$$

$$= \frac{1}{2} \Big[\sin \frac{1}{8}\pi \, e^{-i\omega\pi/2} + \sin \frac{3}{8}\pi \, e^{-i\omega 3\pi/2} + \sin \frac{5}{8}\pi \, e^{-i\omega 5\pi/2} + \sin \frac{7}{8}\pi \, e^{-i\omega 7\pi/2} \Big]$$

$$= \frac{1}{2} \, e^{-i\omega\pi/2} \big[0{,}3827 + 0{,}9239 \, e^{-i\omega\pi} + 0{,}9239 \, e^{-i\omega 2\pi} + 0{,}3827 \, e^{-i\omega 3\pi} \big] \,.$$

Die Güte der Näherung kann man mit der Rücktransformation der Fourier–
Transformierten in die reelle Schreibweise überprüfen. Nachfolgendes Bild vergleicht die Ursprungsfunktion $x(t)$ mit der Näherung, die mit Gleichung (15.6)
berechnet wird. Hier wird deutlich, dass die diskrete Fourier–Transformation
immer mit einem Abbruchfehler verbunden ist, der sich in der hier nicht berechneten Systemantwort fortpflanzt.

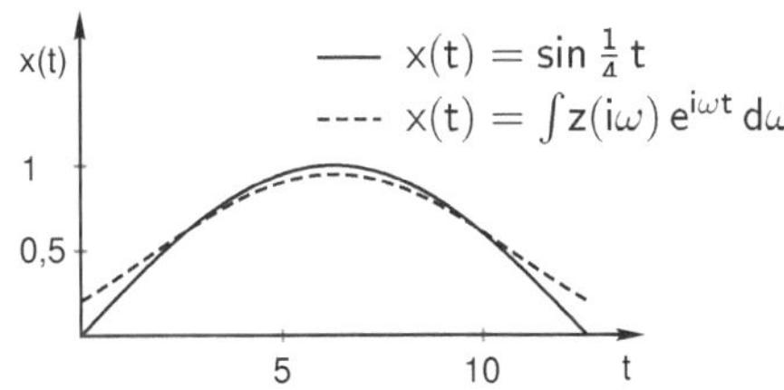

Bild 15-3 exakte Funktion $x(t)$ und Näherung nach Rücktransformation

16 Modellierung kontinuierlicher Dämpfer

Alle in der Realität ablaufenden Prozesse sind von Energieverlusten begleitet.
Die Ursachen für Energieverluste sind vielfältig und bewirken eine Dämpfung
der Bewegung von Tragwerken, wenn die zur Verfügung stehende Bewegungsenergie verringert wird.

Werkstoffbedingte Energieverluste können als *innere Dämpfung* interpretiert
werden und treten bei viskosem Werkstoffverhalten auf. Dies ist als Kriechen
von Beton und Holz oder von metallischen Werkstoffen bei hohen Tempera-
turen sichtbar, wobei diese Prozesse in der Regel langsam ablaufen und in
der Schwingungsanalyse von Tragwerken vernachlässigt werden. Bei zyklischer
Werkstoffbeanspruchung sind jedoch weitere Phänomene auf atomarer Ebene
vorhanden, die in der Bewegungsgleichung als Dämpfung beschrieben werden
können.
Auf Bauteilebene ist Reibung in Verbindungselementen mit Schrauben und
Nieten vorhanden, jedoch in der Regel lastabhängig, wenn nicht alle Verbindungselemente in allen Lastfällen gleich beansprucht werden. Energieverluste
aus Reibung treten örtlich auf und erfordern in der Regel nichtlineare Modelle
mit Sprungfunktionen.

Die bei der Bewegung von Tragwerken in Gasen und Flüssigkeiten auftretenden Energieverluste sind als *äußere Dämpfung* interpretierbar. Zu beachten ist,
dass bei Bewegungen in strömenden Medien auch eine Anfachung der Bewegung erfolgen kann, wenn dem Tragwerk Energie zugeführt wird. Dies kann
zu Instabilitäten führen, wenn die Amplituden der Bewegung kontinuierlich
anwachsen.

16.1 Rheologie der Dämpfungseigenschaften

Die genaue Ermittlung der Dämpfungseigenschaften eines Systems ist sehr
schwierig. Auch sind genaue in der Regel nichtlineare Ansätze rechnerisch nur
schwierig zu behandeln, sodass oft vereinfachende Annahmen sinnvoll sind. In
der Schwingungslehre werden die Energieverluste über die Arbeit modelliert,
die als Dissipation in rheologischen Modellen geleistet wird. Dissipative Elemente werden als Dämpfer bezeichnet, wobei die Dämpfereigenschaften entsprechend der jeweiligen Ursache mit unterschiedlichen Kennlinien modelliert
werden. Dies können viskose Dämpfer oder Reibelemente sein.

© Springer Fachmedien Wiesbaden GmbH, ein Teil von Springer Nature 2020
D. Dinkler, *Einführung in die Strukturdynamik*,
https://doi.org/10.1007/978-3-658-31845-1_16

- *viskose Dämpfer* haben eine kontinuierliche Kennlinie.

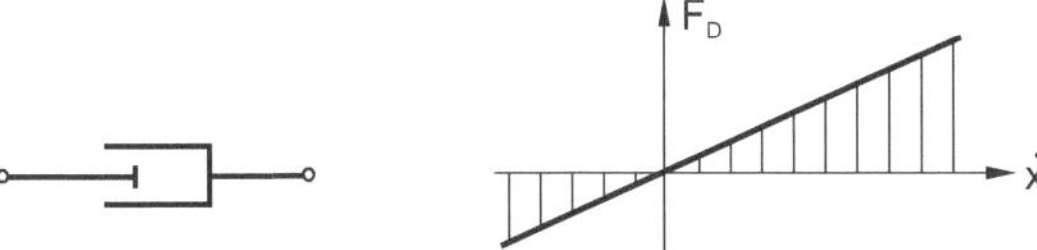

Bild 16-1 linear viskoser Dämpfer

- Reibung wird mit *Coulomb–Dämpfern* beschrieben, die eine unstetige Kennlinie besitzen. Mit Coulomb–Dämpfern kann man auch plastisches Werkstoffverhalten beschreiben.

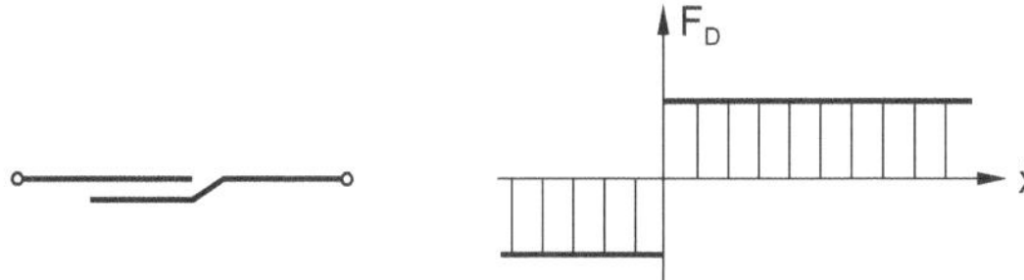

Bild 16-2 Coulomb–Dampfung

Die hier angesprochenen Arten von Dämpfung können in der Bewegungsgleichung in dem Produkt $\mathbf{D} \cdot \dot{\mathbf{x}}$ bzw. $\mathbf{D} \cdot \mathrm{sign}(\dot{x})\dot{\mathbf{x}}$ bei Coulomb–Reibung erfasst werden, wobei $\mathbf{D}$ im nichtlinearen Fall auch von $\mathbf{x}$ und $\dot{\mathbf{x}}$ abhängen kann.

Werkstoffdämpfung

Bei inelastischem Werkstoff können Prozesse beobachtet werden, die makroskopisch als Kombination von Kriechen und Plastifizieren des Werkstoffs erscheinen und daher komplexere rheologische Modelle erfordern. Im Werkstoffverhalten machen sie sich mit einer Hysterese bei Be- und Entlastung in Abhängigkeit von der Verformungsgeschwindigkeit bemerkbar, siehe Bild 16-3.

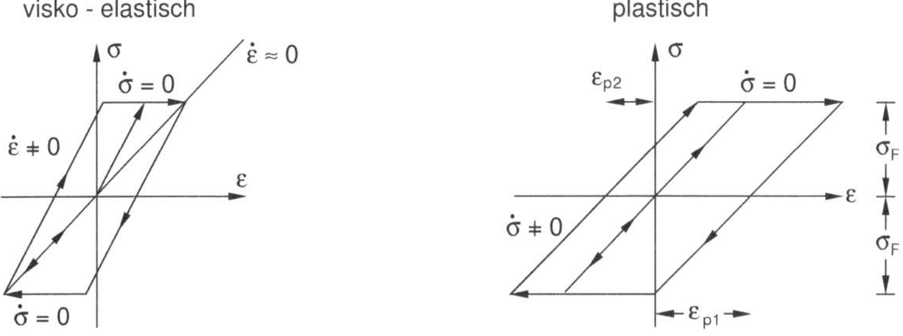

Bild 16-3 Visko-elastisches und plastifizierendes Werkstoffverhalten

Hier überlagern sich unterschiedliche Mechanismen auf der atomaren Ebene des Werkstoffs. Die anschauliche Beschreibung des visko–elastisch–plastischen Werkstoffverhaltens ist mit rheologischen Modellen nach Abbildung 16-4 möglich. Die Reihenschaltung im rechten Modell beschreibt einen Werkstoff, der keine

Bild 16-4 Rheologische Modelle

statische Beanspruchung zuläßt, da die Viskosität bei der geringsten Federkraft zu stetig anwachsender Verformung führt.

Äußere Dämpfung

Bisher wurden stets Dämpfer betrachtet, die von außen auf das jeweilige Masseteilchen wirken. Diese Dämpfer werden direkt in den Bewegungsgleichungen über die Dämpferkraft berücksichtigt. Äußere Dämpfung entsteht bei Bewegung des Tragwerks in einem Gas oder einer Flüssigkeit und wirkt als kontinuierlicher Druck von außen auf das Tragwerk.

Im weiteren wird viskose Dämpfung mit linearer Kennlinie betrachtet, da hierbei die Systemeigenschaften stetig sind, siehe das F_D–$\dot{x}$ Diagramm in Bild 16-1. Fallunterscheidungen wären notwendig, wenn die Kennlinie unstetig ist. In der Bewegungsgleichung des Ein–Masse–Schwingers wird die Dämpfung als Dämpferkraft

$$F_d = d \cdot \dot{x}$$

berücksichtigt. Analog dazu werden die Dämpferkräfte in den Bewegungsgleichungen von Mehr–Massen–Schwingern erfasst

$$\mathbf{M}\,\ddot{\mathbf{x}} + \mathbf{D}\,\dot{\mathbf{x}} + \mathbf{K}\,\mathbf{x} = \mathbf{p}(t)\,.$$

Die Dämpfungsmatrix $\mathbf{D}$ ist symmetrisch, wenn die Bewegungsgleichungen entsprechend formuliert sind. Fälle, in denen $\mathbf{D}$ physikalisch begründet unsymmetrisch ist, sind z. B. in der Aeroelastizität wegen der Luftkräfte als Tragflächenauftrieb möglich, oder in bewegten Systemen bei der Berücksichtigung von Corioliskräften, wenn das Tragwerk im mitdrehenden Koordinatensystem modelliert ist – z. B. bei Hubschrauberrotoren und Rotoren von Windkraftanlagen.

Die Berechnung der Gesamtlösung der Bewegungsgleichung für gedämpfte Systeme ist erheblich aufwändiger als für ungedämpfte Systeme, da einerseits die Eigenwerte und die Eigenvektoren für die Beschreibung der freien Schwingungen und andererseits auch der Amplitudengang für die Beschreibung der erzwungenen Schwingungen komplex werden. Oft reicht es aber aus, die Lösung des ungedämpften Systems zu kennen und zusätzlich qualitative Aussagen über die Wirkung der Dämpfung zu machen, wenn die genauen Systemparameter nicht bekannt sind. Hierfür werden verschiedene Ansätze zur näherungsweisen Beschreibung der Dämpfung gewählt.

16.2 Rayleigh–Dämpfung

Nachfolgend wird linear visko–elastisches Werkstoffverhalten angesetzt, damit die Bewegungsgleichungen weiterhin linear sind und analytisch gelöst werden können. Für einen Dehnstab nach Abschnitt 11.1 gilt im einfachsten Fall bei visko–elastischem Werkstoffverhalten mit dem rheologischen Modell nach Bild 16-5 die Werkstoffgleichung

$$N = EA\,\epsilon + \eta_k A\,\dot{\epsilon}$$

mit $[\eta_k] = kg/ms = Ns/m^2$, die auch als *Kelvin–Voigt–Dämpfung* bezeichnet wird. Wichtig ist, dass die Dämpferkraft bei diesem Ansatz mit den Verzerrungsgeschwindigkeiten beschrieben wird.

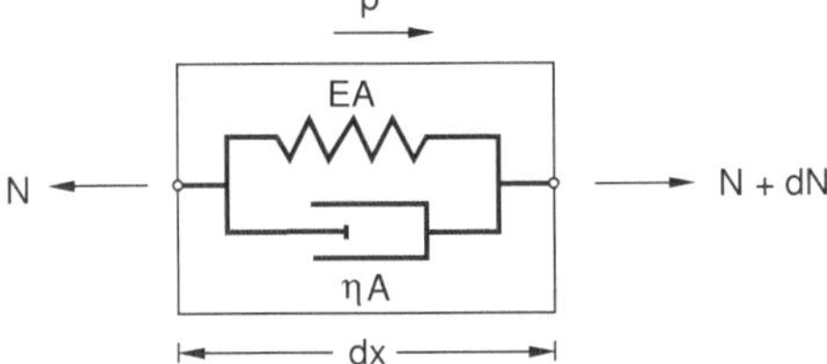

Bild 16-5 Visko–elastisches Werkstoffverhalten – Kelvin–Voigt–Dämpfung

Bei der Herleitung der Bewegungsgleichung führt dies dazu, dass die Dämpfungsmatrix den gleichen Aufbau wie die Steifigkeitsmatrix hat. Mit den Ansätzen nach Abschnitt 11.1.2 für $u = \boldsymbol{\Omega}(\text{Ort}) \cdot \mathbf{v}(\text{Zeit})$ folgt mit dem PvV

$$-\delta A_K = \int \delta\epsilon \cdot N\,dx = \int \delta u_{,x} \cdot EA \cdot u_{,x}\,dx + \int \delta u_{,x} \cdot \eta_k A \cdot \dot{u}_{,x}\,dx$$

$$= \delta\mathbf{v}^T \mathbf{K}\,\mathbf{v} + \delta\mathbf{v}^T \mathbf{D}\,\dot{\mathbf{v}},$$

sodass hier $\mathbf{D} = \beta\,\mathbf{K}$ angesetzt werden kann.

Wenn die Dämpfung von *außen* auf die Werkstoffteilchen wirkt, ist sie mit den Geschwindigkeiten verknüpft. Die Dämpfungsmatrix ist hierbei genauso aufgebaut wie die Massenmatrix, wenn die Dämpferkräfte wie die Massenträgheiten verteilt sind. Analog zu

$$-\delta A_M = \int \delta u \cdot \rho A \cdot \ddot{u}\, dx = \delta \mathbf{v}^T \int \rho A\, \mathbf{\Omega}^T \mathbf{\Omega}\, dx\, \ddot{\mathbf{v}} = \delta \mathbf{v}^T \mathbf{M}\, \ddot{\mathbf{v}}$$

folgt für die Dämpfung mit $[\eta_m] = kg/m^3 s = Ns/m^4$

$$-\delta A_D = \int \delta u \cdot \eta_m A \cdot \dot{u}\, dx = \delta \mathbf{v}^T \int \eta_m A\, \mathbf{\Omega}^T \mathbf{\Omega}\, dx\, \dot{\mathbf{v}} = \delta \mathbf{v}^T \mathbf{D}\, \dot{\mathbf{v}}\,,$$

sodass die Dämpfungsmatrix $\mathbf{D} = \gamma \mathbf{M}$ proportional zur Massenmatrix ist. Beide Arten der Dämpfungsursachen können verallgemeinert werden, wenn

$$\mathbf{D} = \gamma \mathbf{M} + \beta \mathbf{K}$$

gesetzt wird. γ und β sind dimensionsbehaftete Wichtungsfaktoren. Dieser Ansatz ist unabhängig von der physikalischen Bedeutung erstmals von Rayleigh (1877) formuliert und wird als *Rayleigh–Dämpfung*, als Klassische Dämpfung, als Proportionaldämpfung oder auch als Bequemlichkeitshypothese bezeichnet. Vorteilhaft ist, dass hiermit die experimentell nur schwer zu ermittelnden Dämpfungseigenschaften vereinfachend abgeschätzt werden können. In der Folge sind die Bewegungsgleichungen einfacher lösbar als bei beliebig viskoser Dämpfung. Die Anwendungen der Rayleigh–Dämpfung liegen vorwiegend bei kontinuierlichen Systemen wie Stab– und Flächentragwerken. Unabhängig von den tatsächlich vorliegenden Werkstoffeigenschaften hat die Rayleigh–Dämpfung die folgenden Merkmale.

Für den Ein–Masse–Schwinger gilt

$$m\,\ddot{x} + (\gamma\,m + \beta\,k)\,\dot{x} + k\,x = p$$

und nach Umformung

$$\ddot{x} + (\gamma + \beta\,\omega_0^2)\,\dot{x} + \omega_0^2\,x = \frac{p}{m}\,.$$

Das Lehr'sche Dämpfungsmaß ϑ entsprechend Abschnitt 2.4.1 gibt das Abklingverhalten der Schwingung an und ist hier mit

$$\vartheta = \frac{\delta}{\omega_0} = \frac{1}{2}\,\frac{\gamma + \beta\,\omega_0^2}{\omega_0}$$

festgelegt.

- Wenn $\beta = 0$ angesetzt wird, ist ϑ umgekehrt proportional von der Eigenkreisfrequenz ω_0 abhängig. Dies bedeutet, dass hohe Frequenzen *geringer* gedämpft werden als kleine.

- Wenn $\gamma = 0$ angesetzt wird, ist ϑ proportional zur Eigenkreisfrequenz ω_0. Dies bedeutet, dass hohe Frequenzen *stärker* gedämpft werden als kleine.

Hierbei wird jeweils der Dämpfungsgrad ϑ betrachtet, nicht die Zeit bis zum Abklingen der Schwingung. Diese Eigenschaft kann man auf die Teilschwingungen von Mehrmassenschwingern übertragen, da die Eigenschwingungsformen bei Rayleigh–Dämpfung orthogonal bezüglich der Massen– und Steifigkeitsmatrix sind. Es gilt jedoch nicht bei allgemein viskoser Dämpfung.

16.3 Strukturdämpfung

In experimentellen Untersuchungen an harmonisch fremderregten Proben wird beobachtet, dass die Dissipationsarbeit nahezu unabhängig von der Erregerfrequenz ist. Deshalb ist es sinnvoll, einen weiteren Dämpfungsansatz zu definieren, der als *Strukturdämpfung* bezeichnet wird.
Auf atomarer Ebene finden bei Beanspruchungen aus makroskopischen Verzerrungen und Spannungen Platzwechsel von Atomen und Kristallgitterfehlern statt. Das als Strukturrelaxation bezeichnete Phänomen ist frequenzunabhängig und führt zu zeitlich verzögert auftretenden makroskopischen Verzerrungen, die als Kriechen und Relaxation identifiziert werden können. Unter zyklischer Beanspruchung des Werkstoffs stellt sich das Phänomen als Hysterese dar, die sich für große Zyklenzahlen stabilisiert. Die von der Hysterese eingeschlossene

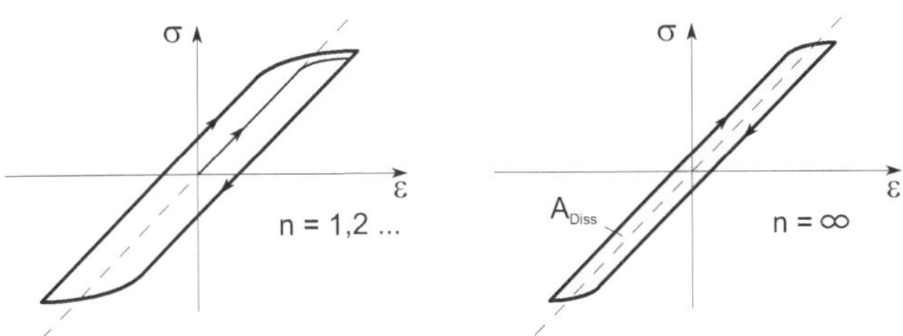

Bild 16-6 Visko–Plastisches Werkstoffverhalten mit Hysterese

Fläche entspricht der in einem Zyklus freigesetzten Dissipationsarbeit. Die Dissipationsarbeit wird in Wärme umgesetzt und abgeführt und steht dem System daher nicht mehr zur Verfügung.

Bei harmonischer Bewegung $\quad \varepsilon(t) = \hat{\varepsilon} \sin \Omega t \quad$ gilt mit $\quad \sigma_d = d \cdot \dot{\varepsilon}$

$$A_{\text{Diss}} = \int\limits_{t_o}^{t_0+T} \sigma_d \cdot \dot{\varepsilon} \, dt = \int\limits_{t_o}^{t_0+T} d \cdot \dot{\varepsilon}^2 \, dt = \int\limits_{t_o}^{t_0+T} d \cdot \hat{\varepsilon}^2 \, \Omega^2 \, \cos^2 \Omega t \, dt = d \, \Omega \, \hat{\varepsilon}^2 \cdot \pi \, .$$

Hierbei erfolgt die Integration mit

$$\int\limits_{t_o}^{t_0+T} \cos^2 \Omega t \, dt = [\, \frac{1}{2} \, t + \frac{1}{4\Omega} \sin 2\Omega t \,]_{t_o}^{t_o+T} = \frac{T}{2} \, .$$

Wenn die Dissipation unabhängig von Ω ist, kann man d mit der frequenz-unabhängigen Dämpferkonstanten d_h beschreiben

$$d = \frac{d_h}{\Omega} \qquad \text{und damit} \qquad \sigma_d = \frac{d_h}{\Omega} \, \dot{\varepsilon} \, .$$

Setzt man den Zeitverlauf der Verzerrungen in komplexer Schreibweise mit

$$\varepsilon = \hat{\varepsilon} \sin \Omega t = \hat{\varepsilon} \, \frac{1}{2i} \, (\, e^{i\Omega t} - e^{-i\Omega t} \,)$$

an, folgt

$$\dot{\varepsilon} = i \, \Omega \cdot \varepsilon \, .$$

Hiermit sind die Werkstoffgleichungen

$$\text{aus Dämpfung} \qquad \sigma_d = \frac{d_h}{\Omega} \, \dot{\varepsilon} = i \cdot d_h \cdot \varepsilon$$

$$\text{und aus Elastizität} \qquad \sigma = E \cdot \varepsilon$$

ähnlich. Vergleicht man die Werkstoffgleichung des Dämpfers mit dem Hooke'schen Ansatz bei Elastizität des Werkstoffs, so stellt man fest, dass sich beide Werkstoffgleichungen nur durch einen anderen *Werkstoffmodul E* bzw. $i\,d_h$ unterscheiden. Die Dämpferspannung ist daher gegenüber der Spannung aus Elastizität um 90° phasenverschoben, da auch die Geschwindigkeit gegenüber der Verschiebung um 90° phasenverschoben ist – sin bzw. cos.
Die Dämpferkraft eines Ein–Masse–Schwingers folgt entsprechend bei harmonischer Anregung in komplexer Schreibweise

$$F_d = d \, \dot{z} = i \cdot \beta \, k \, z \, ,$$

wobei β ein Skalierungsfaktor ist. Überträgt man diesen Ansatz auf einen Mehr-massenschwinger, folgt vereinfachend

$$\mathbf{F}_d = \mathbf{D} \, \dot{\mathbf{z}} = i \cdot \beta \, \mathbf{K} \, \mathbf{z}$$

und hiermit die Bewegungsgleichung

$$\mathbf{M}\,\ddot{\mathbf{z}} + \mathbf{K}\,(1 + i\beta)\,\mathbf{z} = \mathbf{p}\,.$$

Bild 16-7 veranschaulicht, dass man die Dämpferkraft $\mathbf{D}\,\dot{\mathbf{z}}$ mit Hilfe einer Transformation von $\mathbf{K}\,\mathbf{z}$ beschreiben kann.

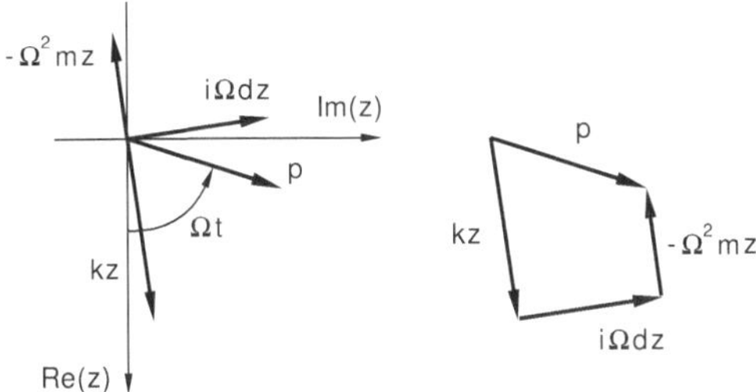

Bild 16-7 Kräfte in der komplexen Zahlenebene

Diese Form der Dämpfung bezeichnet man als *Strukturdämpfung*. Hiermit erreicht man, dass die Eigenwerte der Bewegungsgleichung mit dem entsprechenden Ansatz $\mathbf{z} = \hat{\mathbf{z}}\,e^{\lambda t}$ die Form

$$\begin{aligned}
\lambda_{j1,2} &= \pm\, i\,\omega_{0j}\sqrt{1 + i\beta} \\
&= \pm\, i\,\omega_{0j}\sqrt{e^{i\varphi}\sqrt{1 + \beta^2}} \\
&= \pm\, i\,\omega_{0j}\sqrt[4]{1 + \beta^2}\,\left(\cos\frac{\varphi}{2} + i\sin\frac{\varphi}{2}\right) \\
&= \pm\,\left(-\sin\frac{\varphi}{2} + i\cos\frac{\varphi}{2}\right)\omega_{0j}\sqrt[4]{1 + \beta^2}
\end{aligned}$$

erhalten, wobei $\varphi = \arctan\beta$ und somit Real- und Imaginärteil nur von ω_{0j} und β abhängen. Damit ist der Dämpfungsgrad

$$\vartheta_j = \frac{\delta_j}{\omega_{0j}} = -\sin\frac{\varphi}{2}\sqrt[4]{1 + \beta^2}$$

für das gesamte Frequenzspektrum konstant, weil δ_j proportional zur Eigenkreisfrequenz ω_{0j} ist und sich ω_{0j} herauskürzt. Beim Ein–Masse–Schwinger ist dies trivial, da nur δ richtig gewählt werden muss. Bei realen kontinuierlichen Systemen ist die Bedingung $\vartheta_j = \textit{konstant}$ wesentlich, da in der Regel bei harmonisch fremderregten Systemen alle Schwingungsformen gleich stark gedämpft sind.

Wichtig ist, dass die Strukturdämpfung nur für harmonisch fremderregte Systeme sinnvoll ist. Sie darf daher nicht für die Beschreibung von Eigenschwingungen oder für Zeitverlaufsberechnungen bei beliebiger Einwirkung verwendet werden.

16.4 Modal–Dämpfung

Eine Möglichkeit, gezielt einzelne Eigenschwingungsformen zu dämpfen, besteht, wenn das mit Hilfe eines Modal–Ansatzes entkoppelte System der Bewegungsgleichungen nach Abschnitt 13 analysiert wird

$$\ddot{q}_j + \omega_{0j}^2 q_j = \hat{\mathbf{x}}_j^T \hat{\mathbf{p}} \cdot f(t) \, .$$

Legt man nach der Entkopplung die Dämpfungskoeffizienten fest, so spricht man von einer Modal–Dämpfung

$$\ddot{q}_j + 2\delta_j \dot{q}_j + \omega_{0j}^2 q_j = \hat{\mathbf{x}}_j^T \hat{\mathbf{p}} \cdot f(t) \, .$$

Wesentlich ist, dass die Dämpfungskoeffizienten δ_j nicht durch die Entkopplung eines gedämpften Systems berechnet werden, sondern erst nachher gezielt zur Dämpfung einzelner Bewegungsformen eingesetzt werden. Von Vorteil ist gegenüber der Proportionaldämpfung, wo nur zwei Parameter γ und β für die Modellierung der Dämpfung zur Verfügung stehen, dass hier genausoviele Parameter angepasst werden können, wie Schwingungsformen vorhanden sind.

16.5 Dämpfung nach Caughey/O'Kelly

Caughey und O'Kelly [10] zeigen, dass Systeme mit einer Dämpfungsmatrix, die die Bedingung

$$\mathbf{D} = \mathbf{M} \sum_{j=0}^{n-1} \alpha_j \, (\mathbf{M}^{-1}\mathbf{K})^j$$

erfüllt, ebenfalls mit den Eigenschwingungsformen des ungedämpften Systems schwingen und daher auf Diagonalform transformierbar sind. Andererseits kann man mit dieser Bedingung eine verallgemeinerte Proportionaldämpfungsmatrix entwickeln, die n–Dämpfungsparameter α_j besitzt. Als Sonderfälle erhält man für $j = 0$ die massenproportionale Dämpfung und für $j = 1$ die steifigkeitsproportionale Dämpfung entsprechend der Rayleigh–Dämpfung.

17 Freie gedämpfte Schwingungen

Gegeben ist die homogene Bewegungsgleichung

$$\mathbf{M\ddot{x}} + \mathbf{D\dot{x}} + \mathbf{Kx} = \mathbf{0}.$$

Der Lösungsansatz

$$\mathbf{x}(t) = \hat{\mathbf{x}}e^{\lambda t}$$

trennt die räumliche Schwingungsform vom Zeitverlauf der Bewegung und führt auf das quadratische, allgemeine Eigenwertproblem

$$[\lambda^2\mathbf{M} + \lambda\mathbf{D} + \mathbf{K}]\,\hat{\mathbf{x}}e^{\lambda t} = \mathbf{0}.$$

Wie im ungedämpften Fall sind die charakteristischen Zahlen – die Eigenwerte – und die jeweils zugehörigen Eigenvektoren zu berechnen.

17.1 Die Eigenwerte

Die nichttriviale Lösung $\hat{\mathbf{x}} \neq 0$ ist für

$$\mathrm{Det}\,[\lambda^2\mathbf{M} + \lambda\mathbf{D} + \mathbf{K}] = 0$$

vorhanden. Im Unterschied zu ungedämpften Systemen mit rein imaginären Eigenwerten liegt hier bei symmetrischen Matrizen ein Eigenwertproblem mit $j = 1,\ldots n$ paarweise konjugiert komplexen Eigenwerten und Eigenvektoren vor. In Analogie zum Ein-Masse-Schwinger wird jeweils der Realteil des Eigenwertes als Dämpfungskoeffizient δ und der Imaginärteil als Eigenkreisfrequenz ω bezeichnet

$$\lambda_{j1,2} = -\delta_j \pm i\omega_j \qquad \begin{aligned} Re(\lambda_j) &= -\delta_j \\ Im(\lambda_j) &= \omega_j. \end{aligned}$$

In Abhängigkeit von δ und ω sind verschiedene Bewegungsverläufe möglich.

1. Reelle Eigenwerte

Sind die Eigenwerte $\lambda_{j1,2}$ reell, bedeutet dies anschaulich, dass sich der Beitrag der zugehörigen Bewegungsform an der Gesamtbewegung monoton mit der Zeit verändert und keine Schwingung ausführt.

© Springer Fachmedien Wiesbaden GmbH, ein Teil von Springer Nature 2020
D. Dinkler, *Einführung in die Strukturdynamik*,
https://doi.org/10.1007/978-3-658-31845-1_17

Mit $\omega_j^2 \leq 0$ folgt

$$\lambda_{j1,2} = -\delta_j \mp \omega_j$$

Ist $\lambda_j < 0$ liegt eine gedämpfte, bei $\lambda_j > 0$ eine angefachte Kriechbewegung vor

$$\mathbf{x}_j(t) = \hat{\mathbf{x}}_j \cdot \left(a_1 e^{(-\delta_j + \omega_j)t} + a_2 e^{(-\delta_j - \omega_j)t} \right).$$

Der Sonderfall $\lambda_j = 0$ bedeutet, dass keine Dämpfung vorhanden ist, und die Steifigkeitsmatrix $\mathbf{K}$ singulär ist ($Det\,|\mathbf{K}| = 0$). Die Teilbewegung $\mathbf{x}_j(t)$ ist dabei wegen der doppelten Nullstelle eine mit den Anfangsbedingungen festgelegte Starrkörperverschiebung oder –bewegung

$$\mathbf{x}_j(t) = \hat{\mathbf{x}}_j \cdot (a_1 + a_2 t).$$

Physikalisch ist dies bei nicht gebundenen Bewegungen möglich, wie dies bei einem Flugzeug oder einem Hubschrauber der Fall ist, oder als Folge von Nichtlinearitäten, wenn kritische Beanspruchungen im Sinne von Fließ– oder Beulspannungen erreicht werden. Der Beginn des Fließ– oder Beulprozesses entspricht damit ebenfalls einer Starrkörperbewegung, wenn die zugehörige Bewegung durch keine Steifigkeit behindert ist, vergleiche Bild 17-1

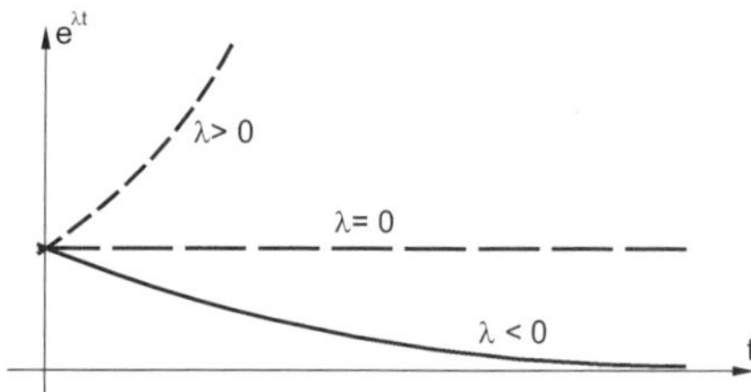

Bild 17-1 Monotone Bewegungen

2. Konjugiert komplexe Eigenwerte

Wenn die Eigenwerte $\lambda_{j1,2}$ paarweise konjugiert komplex sind, folgt der Zeitverlauf der Bewegung mit

$$e^{\lambda_{j1,2}t} = e^{(-\delta_j \pm i w_j)t} = e^{-\delta_j t} e^{\pm i w_j t}.$$

Dies sind gedämpfte ($\delta > 0$) oder angefachte ($\delta < 0$) Schwingungen, die bereits in Abschnitt 2.4.1 beschrieben sind. Da auch in diesem Fall zwei Eigenwerte und damit zwei Teilschwingungen zu einer Bewegungsform gehören, kann man die entsprechenden Integrationskonstanten an die Anfangsverschiebung und Anfangsgeschwindigkeit anpassen. Schwach gedämpfte Schwingungen sind der Regelfall der Strukturdynamik. Angefachte Schwingungen können beim Zusammenwirken von elastischen Strukturen mit ihrer Umströmung entstehen, siehe Abschnitt 25. Sie werden als Flatter bezeichnet.

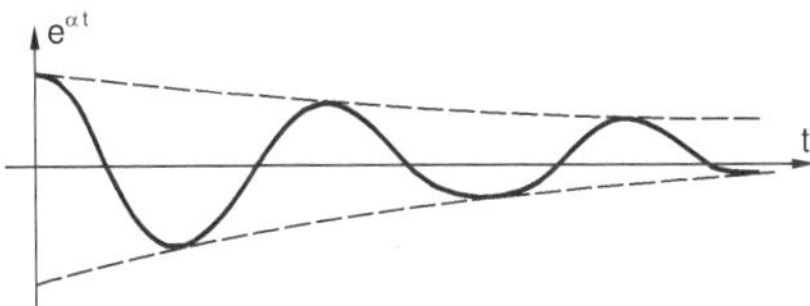

Bild 17-2 Gedämpfte Schwingungen

Bei Systemen mit sehr vielen Freiheitsgraden und damit auch Eigenwerten ist es vorteilhaft, alle Eigenwerte in der komplexen Zahlenebene darzustellen, da die Darstellung sehr übersichtlich ist und aus der Lage der Eigenwerte die jeweilige Bewegung sofort qualitativ angegeben werden kann, vergleiche Bild 17-3.

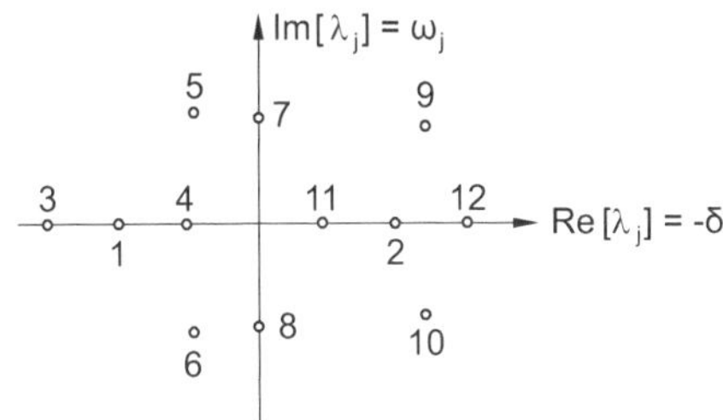

Bild 17-3 Eigenwerte in der komplexen Zahlenebene

Eigenwerte auf der reellen Achse sind Kriechbewegungen, die imaginäre Achse kennzeichnet ungedämpfte Schwingungen. Eigenwerte mit negativem Realteil gehören zu gedämpften, mit positivem Realteil zu angefachten Bewegungen.

$$
\begin{aligned}
&\lambda_1 && \text{aperiodischer Grenzfall (doppelter Eigenwert)} \\
&\lambda_2 && \text{angefachte Kriechbewegung (doppelter Eigenwert)} \\
&\lambda_{3/4} && \text{überkritische Dämpfung} \\
&\lambda_{5/6} && \text{schwach gedämpfte Schwingung} \\
&\lambda_{7/8} && \text{ungedämpfte Schwingung} \\
&\lambda_{9/10} && \text{angefachte Schwingung} \\
&\lambda_{11/12} && \text{angefachte Kriechbewegungen}
\end{aligned}
$$

Die zugehörigen Bewegungen können anschaulich in der Phasenebene dargestellt werden. Stabile Bewegungen ($\lambda_{1,3,4,5,6}$) streben für große Zeiten gegen einen *Fixpunkt*. Grenzstabile Bewegungen sind geschlossene Trajektorien ($\lambda_{7,8}$) und instabile Bewegungen ($\lambda_{9,10}$) sind durch eine nach außen gerichtete Spirale gekennzeichnet. Bei instabilen Bewegungen vergrößert sich demnach die Amplitude mit der Zeit, wenn das System einer Anfangsauslenkung oder Anfangsgeschwindigkeit unterworfen ist, bei stabilen Bewegungen verkleinert sie sich.

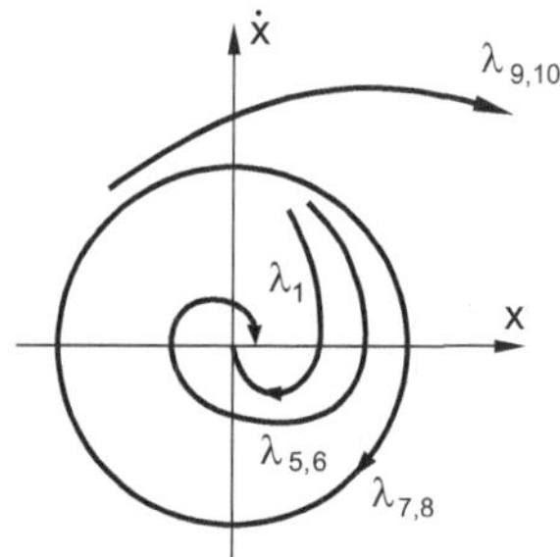

Bild 17-4 Phasenebene für Bewegungen mit unterschiedlichem δ

17.2 Die Eigenvektoren

Mit gegebenen $\lambda_{j1,2} = -\delta \pm i\,\omega$ ohne den Index j, da die Bezeichnung hier eindeutig ist, berechnet man die zugehörigen Eigenvektoren $\hat{\mathbf{x}}_j$ aus

$$[(\delta^2 \mp i2\delta\omega - \omega^2)\mathbf{M} + (-\delta \pm i\omega)\mathbf{D} + \mathbf{K}]\,\hat{\mathbf{x}}_j = \mathbf{0}\,.$$

Nach Umordnen

$$\left\{[(\delta^2 - \omega^2)\mathbf{M} - \delta\mathbf{D} + \mathbf{K}] \mp i\,[2\delta\omega\mathbf{M} - \omega\mathbf{D}]\right\}\hat{\mathbf{x}}_j = \mathbf{0}$$

wird deutlich, dass die Gleichung bei $\hat{\mathbf{x}}_j \neq \mathbf{0}$ nur mit komplexem $\hat{\mathbf{x}}_j$ erfüllt ist

$$\hat{\mathbf{x}}_j = \hat{\mathbf{x}}_{jR} \pm i\hat{\mathbf{x}}_{jI}\,, \qquad \begin{aligned} \hat{\mathbf{x}}_{jR} &= Re(\hat{\mathbf{x}}_j) \\ \hat{\mathbf{x}}_{jI} &= Im(\hat{\mathbf{x}}_j)\,. \end{aligned}$$

Im Sonderfall reeller Eigenwerte λ_j gilt $\hat{\mathbf{x}}_{jI} = \mathbf{0}$. Einsetzen der komplexen Eigenwerte und Ausführen der Multiplikation liefert eine reelle Matrizengleichung zur Berechnung der jeweils n Elemente von $\hat{\mathbf{x}}_{jR}$ und $\hat{\mathbf{x}}_{jI}$, da der Real- und der Imaginärteil der Gleichung gleichzeitig verschwinden müssen

$$\begin{array}{l} \text{Realteil} \\ \text{Imaginärteil} \quad \pm i \cdot \end{array} \begin{bmatrix} \mathbf{A} & +\mathbf{C} \\ -\mathbf{C} & \mathbf{A} \end{bmatrix} \begin{bmatrix} \hat{\mathbf{x}}_{jR} \\ \hat{\mathbf{x}}_{jI} \end{bmatrix} = \begin{bmatrix} 0 \\ 0 \end{bmatrix}\,.$$

Hierbei gilt $\quad \mathbf{A} = (\delta^2 - \omega^2)\mathbf{M} - \delta\mathbf{D} + \mathbf{K}\quad$ und $\quad \mathbf{C} = 2\delta\omega\mathbf{M} - \omega\mathbf{D}$. Die Berechnung der Eigenvektoren erfolgt jetzt in Analogie zum ungedämpften Fall. Ein Element wird zu „1" gesetzt, die anderen werden aus dem verbleibenden Gleichungssystem mit rechter Seite berechnet.

$$\left[\begin{array}{c|c} \ \ \ \ & \\ \hline & \end{array}\right] \left[\begin{array}{c} 1 \\ \\ \end{array}\right] = \underline{0} - \left[\begin{array}{c} \\ \\ \end{array}\right]$$

Im Unterschied zum ungedämpften Fall liegen im gedämpften Fall konjugiert komplexe Eigenvektoren vor. Auch jetzt können die Eigenvektoren mit

$$\hat{\mathbf{x}}_j^T\, \mathbf{M}\, \hat{\mathbf{x}}_j = 1{,}0$$

normiert werden. Es gilt dabei

$$\hat{\mathbf{x}}_{jR}^T\mathbf{M}\,\hat{\mathbf{x}}_{jR} \pm 2i\,\hat{\mathbf{x}}_{jR}^T\mathbf{M}\,\hat{\mathbf{x}}_{jI} - \hat{\mathbf{x}}_{jI}^T\mathbf{M}\,\hat{\mathbf{x}}_{jI} = \hat{a} \pm i\cdot\hat{b} = a\cdot e^{\pm\,ib}\,,$$

mit $a = \sqrt{\hat{a}^2 + \hat{b}^2}$ und $b = \pm\arctan(\hat{b}/\hat{a})$. Der Normierungsfaktor für $\hat{\mathbf{x}}_j$ ist

$$\sqrt{a}\cdot e^{\pm\,i\frac{b}{2}}\,,$$

sodass für den normierten Eigenvektor

$$\hat{\mathbf{x}}_{Nj} = \hat{\mathbf{x}}_j \cdot \frac{1}{\sqrt{a}}\cdot e^{\mp\,i\frac{b}{2}}$$

$$= \frac{1}{\sqrt{a}}\left\{[\hat{\mathbf{x}}_{jR}\cdot\cos\frac{b}{2} + \hat{\mathbf{x}}_{jI}\cdot\sin\frac{b}{2}] \pm i\cdot[-\hat{\mathbf{x}}_{jR}\cdot\sin\frac{b}{2} + \hat{\mathbf{x}}_{jI}\cos\frac{b}{2}]\right\}$$

gilt. Andere Normierungen sind ebenfalls möglich.

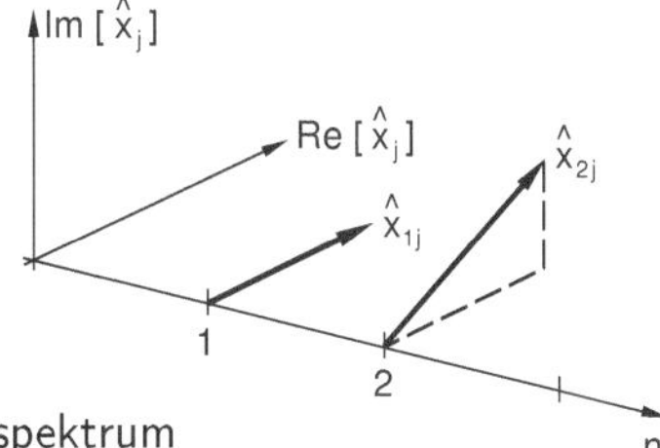

Bild 17-5 Amplitudenspektrum

Die Spektraldarstellung der Eigenvektoren ist nur in der komplexen Zahlenebene möglich, vergleiche Abschnitt 2.3.2. Da der Eigenvektor in seiner Größe unbestimmt bzw. geeignet normiert ist, kann er mit einer beliebigen, komplexen Zahl $r \cdot (\cos\varphi + i\sin\varphi) = r \cdot e^{i\varphi}$ multipliziert werden. Dies bedeutet, dass die Spektraldarstellung um die Achse n gedreht und die Größe der einzelnen Elemente entsprechend skaliert werden kann. Damit ist die Zuordnung von Real- und Imaginärteilen nicht eindeutig.

17.3 Die vollständige Lösung

Mit dem Ansatz $\mathbf{x}(t) = \hat{\mathbf{x}}e^{\lambda t}$ folgt die vollständige Lösung der homogenen Bewegungsgleichung aus der Überlagerung aller Teilschwingungen

$$\mathbf{x}(t) = \sum_{j=1}^{n}(\mathbf{x}_{j1}(t) + \mathbf{x}_{j2}(t)) \, .$$

Hierbei sind die Teilschwingungen

$$\mathbf{x}_{j1}(t) + \mathbf{x}_{j2}(t) = a_{j1}[\hat{\mathbf{x}}_{jR} + i\hat{\mathbf{x}}_{jI}]e^{-\delta_j t}e^{+i\omega_j t} + a_{j2}[\hat{\mathbf{x}}_{jR} - i\hat{\mathbf{x}}_{jI}]e^{-\delta_j t}e^{-i\omega_j t}$$

mit konjugiert komplexem a_{j1} und a_{j2} gegeben. In reeller Schreibweise gilt für die Teillösungen

$$\mathbf{x}_{j1}(t) + \mathbf{x}_{j2}(t)$$
$$= \hat{a}_{j1}e^{-\delta_j t}[\hat{\mathbf{x}}_{jR}\cos\omega_j t - \hat{\mathbf{x}}_{jI}\sin\omega_j t] + \hat{a}_{j2}e^{-\delta_j t}[\hat{\mathbf{x}}_{jR}\sin\omega_j t + \hat{\mathbf{x}}_{jI}\cos\omega_j t]$$
$$= e^{-\delta_j t} \cdot a_j\left[\hat{\mathbf{x}}_{jR}\cos(\omega_j t - \varphi_{0j}) - \hat{\mathbf{x}}_{jI}\sin(\omega_j t - \varphi_{0j})\right]$$

In dieser Darstellung der Bewegung wird deutlich, dass die verschiedenen Eigenschwingungen bei gedämpften Systemen nicht entkoppelt sind. Bei n Freiwerten gibt es genau n linear unabhängige Vektoren, die bezüglich $\mathbf{M}$ orthogonal sein können. Hier sind $2n$ Vektoren – jeweils mit Real- und Imaginärteil – vorhanden, sodass sich bei der Überlagerung zur Gesamtbewegung ständig alle Eigenschwingungen gegenseitig anregen können.

Für den Sonderfall reeller Eigenwerte $\lambda_{j1,2}$ gilt

$$\mathbf{x}_{j1}(t) + \mathbf{x}_{j2}(t) = (\hat{a}_{j1}e^{\lambda_{j1}t} + \hat{a}_{j2}e^{\lambda_{j2}t})\,\hat{\mathbf{x}}_j$$

mit $\hat{\mathbf{x}}_j = \hat{\mathbf{x}}_{jR}$, und bei doppelten, reellen Eigenwerten $\lambda_j = \lambda_{j1} = \lambda_{j2}$

$$\mathbf{x}_{j1}(t) + \mathbf{x}_{j2}(t) = (\hat{a}_{j1}\,e^{\lambda_j t} + \hat{a}_{j2}\,t\,e^{\lambda_j t})\,\hat{\mathbf{x}}_j \, .$$

Die Bestimmung der freien Parameter $\hat{a}_{j1}$ und $\hat{a}_{j2}$ bzw a_j und φ_{0j} ist mit den Anfangsbedingungen für die Eigenvektoren $\hat{\mathbf{x}}_{jR}$ und $\hat{\mathbf{x}}_{jI}$ möglich, wobei die bei ungedämpften Schwingungen vorteilhafte Orthogonalisierung der Anfangsbedingungen hier wegen der komplexen Eigenvektoren umständlich ist.

17.4 Anwendungen

Nachfolgende Beispiele sollen verdeutlichen, welche physikalische Bedeutung die Eigenwerte und Eigenvektoren im Einzelfall besitzen und welchen Beitrag sie für die Gesamtbewegung leisten.

17.4.1 Beispiel für eine Starrkörperbewegung

Die Starrkörperbewegungen von Segelflugzeugen können vereinfachend mit einem System starrer Stäbe mit drei Freiheitsgraden beschrieben werden.- Dies sind die Nickbewegung φ, die Rollbewegung ϑ und die Absenkung w, siehe hierzu nachfolgende Skizze.

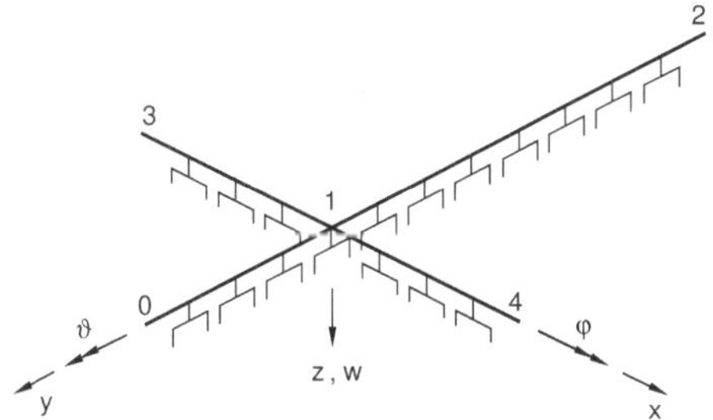

Der Auftrieb des Systems wird vereinfachend als Dämpfung $d = 0{,}3\,Ns/m^2$ der Stäbe $0 - 1 - 2$ und $3 - 1 - 4$ angesetzt. Die anderen Systemkennwerte sind

Stab	ρA	ℓ
$0 - 1$	10 kg/m	5 m
$1 - 2$	2,5 kg/m	10 m
$3 - 4$	1,5 kg/m	20 m

1. Ansatz für die Verschiebungen

Als Freiwerte werden die Verschiebung $\hat{w}$ und die Verdrehungen $\hat{\varphi}$ und $\hat{\vartheta}$ gewählt. Die Ansatzfunktionen für die Verschiebung w sind linear, da die Bewegung als starr angesetzt ist.

$$\text{Stab } 0 - 1 - 2: \quad w(y,t) = \hat{w}(t) \cdot 1 + \hat{\varphi}(t) \cdot y$$
$$\delta w(y) = \delta\hat{w} \cdot 1 + \delta\hat{\varphi} \cdot y$$
$$\text{Stab } 3 - 1 - 4: \quad w(x,t) = \hat{w}(t) \cdot 1 - \hat{\vartheta}(t) \cdot x$$
$$\delta w(x) = \delta\hat{w} \cdot 1 - \delta\hat{\vartheta} \cdot x$$

2. Arbeitsgleichung

Die Arbeitsgleichung für die Bewegung des Segelflugzeugs ist mit

$$-\delta A = \int_y \{\delta w(y) \cdot \rho A \cdot \ddot{w}(y) + \delta w(y) \cdot d \cdot \dot{w}(y)\}\, dy$$
$$+ \int_x \{\delta w(x) \cdot \rho A \cdot \ddot{w}(x) + \delta w(x) \cdot d \cdot \dot{w}(x)\}\, dx = 0$$

gegeben. Einsetzen der Ansätze für die wirklichen und die virtuellen Verschiebungen gibt zunächst

$$-\delta A = \int_y \{(\delta\hat{w}\cdot 1 + \delta\hat{\varphi}\cdot y)\cdot \rho A \cdot (\ddot{\hat{w}}(t)\cdot 1 + \ddot{\hat{\varphi}}(t)\cdot y)$$
$$+ (\delta\hat{w}\cdot 1 + \delta\hat{\varphi}\cdot y)\cdot d \cdot (\dot{\hat{w}}(t)\cdot 1 + \dot{\hat{\varphi}}(t)\cdot y)\}\, dy$$
$$+ \int_x \{(\delta\hat{w}\cdot 1 + \delta\hat{\vartheta}\cdot x)\cdot \rho A \cdot (\ddot{\hat{w}}(t)\cdot 1 + \ddot{\hat{\vartheta}}(t)\cdot x)$$
$$+ (\delta\hat{w}\cdot 1 + \delta\hat{\vartheta}\cdot x)\cdot d \cdot (\dot{\hat{w}}(t)\cdot 1 + \dot{\hat{\vartheta}}(t)\cdot x)\}\, dx = 0\,.$$

Nach Integration kann man die virtuellen Arbeiten so sortieren, dass die Arbeiten auf den unabhängigen virtuellen Weggrößen $\delta\hat{w}, \delta\hat{\varphi}, \delta\hat{\vartheta}$ jeweils für sich zu null gesetzt werden können.

Ordnet man die Gleichungen in der Reihenfolge der wirklichen Weggrößen, folgen die Bewegungsgleichungen in Matrizenschreibweise. Für die oben gewählten Eingangsdaten folgt

$$\begin{bmatrix} 10\cdot 5 + 2,5\cdot 10 + 1,5\cdot 20 & \frac{1}{2}(10\cdot 5^2 - 2,5\cdot 10^2) & 0 \\ \frac{1}{2}(10\cdot 5^2 - 2,5\cdot 10^2) & \frac{1}{3}(10\cdot 5^3 + 2,5\cdot 10^3) & 0 \\ 0 & 0 & \frac{1}{3}\cdot 1,5\cdot 2\cdot 10^3 \end{bmatrix} \cdot \begin{bmatrix} \hat{w} \\ \hat{\varphi} \\ \hat{\vartheta} \end{bmatrix}^{\cdot\cdot}$$

$$+ 0,3\cdot \begin{bmatrix} 1\cdot 20 + 1\cdot 15 & \frac{1}{2}(5^2 - 10^2) & 0 \\ \frac{1}{2}(5^2 - 10^2) & \frac{1}{3}(5^3 + 10^3) & 0 \\ 0 & 0 & \frac{1}{3}\cdot 2\cdot 10^3 \end{bmatrix} \cdot \begin{bmatrix} \hat{w} \\ \hat{\varphi} \\ \hat{\vartheta} \end{bmatrix}^{\cdot} = \begin{bmatrix} 0 \\ 0 \\ 0 \end{bmatrix}\,.$$

Die Gleichungen für $\hat{w}$ und $\hat{\varphi}$ sind von $\hat{\vartheta}$ entkoppelt, was bei der Lösung der Bewegungsgleichungen ausgenutzt werden kann. Zusammengefasst bleibt

$$\begin{bmatrix} 105 & 0 & 0 \\ 0 & 1250 & 0 \\ 0 & 0 & 1000 \end{bmatrix} \cdot \begin{bmatrix} \hat{w} \\ \hat{\varphi} \\ \hat{\vartheta} \end{bmatrix}^{\cdot\cdot} + \begin{bmatrix} 10,5 & -11,25 & 0 \\ -11,25 & 112,5 & 0 \\ 0 & 0 & 200 \end{bmatrix} \cdot \begin{bmatrix} \hat{w} \\ \hat{\varphi} \\ \hat{\vartheta} \end{bmatrix}^{\cdot} = \begin{bmatrix} 0 \\ 0 \\ 0 \end{bmatrix}\,.$$

3. Eigenwerte und Eigenvektoren

Der Ansatz $\mathbf{x} = \hat{\mathbf{x}}\, e^{\lambda t}$ für die Lösung der homogenen Bewegungsgleichung liefert die charakteristische Gleichung

$$(1000\,\lambda^2 + 200\lambda)\left[(105\,\lambda^2 + 10{,}5\,\lambda)(1250\,\lambda^2 + 112{,}5\,\lambda) - (11{,}25^2\,\lambda^2)\right] = 0\,.$$

Ausklammern von λ^3 liefert sofort die Eigenwerte

$$\lambda_1 = 0\,,\quad \lambda_3 = 0\,,\quad \lambda_5 = 0\,.$$

Es bleibt für die zweite Klammer

$$(105\lambda + 10{,}5)(1250\lambda + 112{,}5) - 11{,}25^2 = 0$$

$$\lambda^2 + 0{,}19\lambda + 0{,}00803571 = 0$$

$$\lambda_{2,4} = -0{,}095 \pm \sqrt{0{,}00098929}$$

mit den Eigenwerten

$$\lambda_4 = -0{,}1265\,,\qquad \lambda_2 = -0{,}0635\,.$$

Für die erste Klammer gilt unabhängig

$$1000\lambda + 200 = 0 \qquad \text{mit} \qquad \lambda_6 = -0{,}2\,.$$

Die zu $\lambda \neq 0$ gehörenden Eigenvektoren werden analog zu Abschnitt 12 berechnet

$$\hat{\mathbf{x}}_2 = \underbrace{\begin{bmatrix} 1 \\ 0{,}341 \\ 0 \end{bmatrix}}_{\lambda_2}\,,\quad \hat{\mathbf{x}}_4 = \underbrace{\begin{bmatrix} 1 \\ -0{,}247 \\ 0 \end{bmatrix}}_{\lambda_4}\,,\quad \hat{\mathbf{x}}_6 = \underbrace{\begin{bmatrix} 0 \\ 0 \\ 1 \end{bmatrix}}_{\lambda_6}\,.$$

Die zu den Nulleigenwerten gehörenden Starrkörpereigenvektoren können beliebige Vektoren sein, die aber linear unabhängig sein und die Starrkörperverschiebung eindeutig beschreiben müssen. Da die hier bereits vorliegenden Eigenvektoren diese Bedingungen erfüllen, kann die Gesamtbewegung mit

$$\mathbf{x}_h = \hat{\mathbf{x}}_2\left[a_1 + a_2\, e^{-0{,}0635t}\right] + \hat{\mathbf{x}}_4\left[a_3 + a_4\, e^{-0{,}1265t}\right] + \hat{\mathbf{x}}_6\left[a_5 + a_6\, e^{-0{,}2t}\right]\,.$$

beschrieben werden. Die Nulleigenwerte beschreiben die drei Starrkörperfreiheitsgrade, deren Größe konstant ist. Die Gesamtbewegung enthält außerdem drei Kriechbewegungen, deren Amplituden in der Zeit gedämpft sind. Die Anpassung aller Teilbewegungen an die Anfangsbedingungen erfolgt mit den Koeffizienten $a_1 - a_6$.

4. Schreibweise als System 1. Ordnung

Alternativ zur Berechnung der Lösung der homogenen Bewegungsgleichung nach 3. kann im vorliegenden Fall auch folgendes Vorgehen gewählt werden. Die Bewegungsgleichungen werden zunächst mit

$$\mathbf{y} = \begin{bmatrix} y_1 \\ y_2 \\ y_3 \end{bmatrix} = \dot{\mathbf{x}} = \begin{bmatrix} \hat{w} \\ \hat{\varphi} \\ \hat{\vartheta} \end{bmatrix}^{\cdot}$$

umgeschrieben. Es folgt

$$\begin{bmatrix} 105 & 0 & 0 \\ 0 & 1250 & 0 \\ 0 & 0 & 1000 \end{bmatrix} \cdot \begin{bmatrix} y_1 \\ y_2 \\ y_3 \end{bmatrix}^{\cdot} + \begin{bmatrix} 10{,}5 & -11{,}25 & 0 \\ -11{,}25 & 112{,}5 & 0 \\ 0 & 0 & 200 \end{bmatrix} \cdot \begin{bmatrix} y_1 \\ y_2 \\ y_3 \end{bmatrix} = \begin{bmatrix} 0 \\ 0 \\ 0 \end{bmatrix}.$$

Mit dem Ansatz $\mathbf{y} = \hat{\mathbf{y}}\, e^{\beta t}$ kann die charakteristische Gleichung

$$(1000\,\beta + 200)\left[(105\,\beta + 10{,}5)(1250\,\beta + 112{,}5) - 11{,}25^2\right] = 0$$

berechnet werden und hiermit die Eigenwerte

$$\beta_1 = -0{,}0635\,, \quad \beta_2 = -0{,}1265\,, \quad \beta_3 = -0{,}2000\,.$$

Mit den Eigenvektoren

$$\hat{\mathbf{y}}_1 = \underbrace{\begin{bmatrix} 1 \\ 0{,}341 \\ 0 \end{bmatrix}}_{\beta_1}\,, \quad \hat{\mathbf{y}}_2 = \underbrace{\begin{bmatrix} 1 \\ -0{,}247 \\ 0 \end{bmatrix}}_{\beta_2}\,, \quad \hat{\mathbf{y}}_3 = \underbrace{\begin{bmatrix} 0 \\ 0 \\ 1 \end{bmatrix}}_{\beta_3}$$

folgt die Zwischenlösung

$$\mathbf{y}_h = \hat{\mathbf{y}}_1\,\bar{a}_2\, e^{-0{,}0635t} + \hat{\mathbf{y}}_2\,\bar{a}_4\, e^{-0{,}1265t} + \hat{\mathbf{y}}_3\,\bar{a}_6\, e^{-0{,}2t}$$

und nach Integration wegen $\dot{\mathbf{x}} = \mathbf{y}$ die Gesamtlösung wie oben

$$\mathbf{x}_h = \hat{\mathbf{y}}_1\left[a_1 + a_2\, e^{-0{,}0635t}\right] + \hat{\mathbf{y}}_2\left[a_3 + a_4\, e^{-0{,}1265t}\right] + \hat{\mathbf{y}}_3\left[a_5 + a_6\, e^{-0{,}2t}\right].$$

17.4.2 Beispiel für schwach gedämpfte Schwingungen

Für das im Bild dargestellte Bugrad eines Kleinflugzeuges sind die freien Schwingungen gesucht.

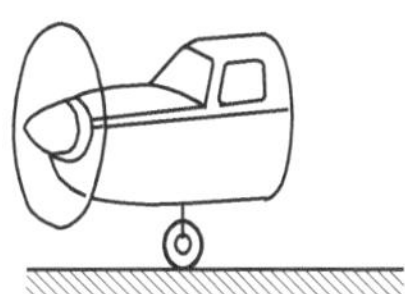

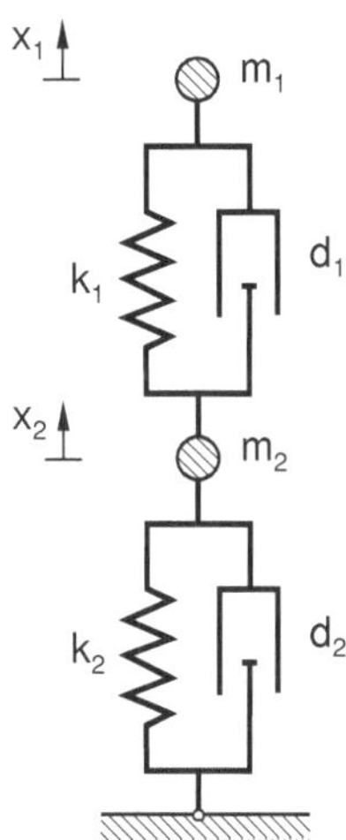

Das Schwingungsverhalten kann vereinfachend mit dem nebenstehenden Zwei–Masse–Schwinger untersucht werden. Die Form und das Vorgehen bei der Lösung der Bewegungsgleichung ist repräsentativ für andere Anwendungen z. B. aus dem Automobilbau.

1. Bewegungsgleichungen

Die Bewegungsgleichungen werden mit den Krafteinflusszahlen aufgestellt

$$\begin{bmatrix} m_1 & \\ & m_2 \end{bmatrix} \begin{bmatrix} \ddot{x}_1 \\ \ddot{x}_2 \end{bmatrix} + \begin{bmatrix} d_1 & -d_1 \\ -d_1 & d_1+d_2 \end{bmatrix} \begin{bmatrix} \dot{x}_1 \\ \dot{x}_2 \end{bmatrix} + \begin{bmatrix} k_1 & -k_1 \\ -k_1 & k_1+k_2 \end{bmatrix} \begin{bmatrix} x_1 \\ x_2 \end{bmatrix} = \begin{bmatrix} 0 \\ 0 \end{bmatrix}.$$

2. Eigenwerte und Eigenvektoren

Die freien Schwingungen werden mit dem Ansatz $\mathbf{x} = \hat{\mathbf{x}}e^{\lambda t}$ aus

$$[\lambda^2 \mathbf{M} + \lambda \mathbf{D} + \mathbf{K}]\,\hat{\mathbf{x}} = \mathbf{0}$$

berechnet. Für die nichttriviale Lösung gilt

$$\det \begin{bmatrix} \lambda^2 m_1 + \lambda d_1 + k_1 & -\lambda d_1 - k_1 \\ -\lambda d_1 - k_1 & \lambda^2 m_2 + \lambda(d_1 + d_2) + k_1 + k_2 \end{bmatrix} = 0\,,$$

was auf ein Polynom 4. Ordnung in λ führt

$$\lambda^4 m_1 m_2 + \lambda^3 [m_1(d_1 + d_2) + m_2 d_1]$$

$$+ \lambda^2 [m_1(k_1 + k_2) + m_2 k_1 + d_1 d_2] + \lambda[d_1 k_2 + d_2 k_1] + k_1 k_2 = 0\,.$$

Für die Zahlenwerte

$$m_1 = 1.000\,kg \quad d_1 = 5.000\,Ns/m \quad k_1 = 100.000\,N/m$$

$$m_2 = 50\,kg \qquad d_2 = 500\,Ns/m \qquad k_2 = 500.000\,N/m$$

folgt das Polynom

$$10^6 \left\{ 0{,}05\,\lambda^4 + 5{,}75\,\lambda^3 + 607{,}5\,\lambda^2 + 2.550\,\lambda + 50.000 \right\} = 0$$

und hieraus die Eigenwerte

$$\lambda_{11} = -1{,}776 + i\,9{,}086\,, \quad \lambda_{12} = -1{,}776 - i\,9{,}086$$
$$\lambda_{21} = -55{,}72 + i\,92{,}54\,, \quad \lambda_{22} = -55{,}72 - i\,92{,}54\,.$$

Die Real- und Imaginärteile der Eigenvektoren werden wie oben berechnet

$$\hat{\mathbf{x}}_{11} = \begin{bmatrix} 1 \\ 0{,}1607 \end{bmatrix} + i \begin{bmatrix} 0 \\ 0{,}0642 \end{bmatrix}\,, \quad \hat{\mathbf{x}}_{21} = \begin{bmatrix} 0{,}1 \\ -1{,}444 \end{bmatrix} + i \begin{bmatrix} 0 \\ 1{,}776 \end{bmatrix}$$

und entsprechend die dazu konjugiert komplexen Vektoren $\hat{\mathbf{x}}_{12}$ und $\hat{\mathbf{x}}_{22}$. Die Eigenvektoren sind hier nicht normiert, können aber bei Bedarf wie in Abschnitt 17.2 gezeigt normiert werden.

Wählt man zum Vergleich eine Dämpfung von $0{,}1 \cdot \mathbf{D}$ folgen die Eigenwerte zu

$$\lambda_{11} = -0{,}17 + i\,9{,}12\,, \quad \lambda_{12} = -0{,}17 - i\,9{,}12$$
$$\lambda_{21} = -5{,}58 + i\,109{,}5\,, \quad \lambda_{22} = -5{,}58 - i\,109{,}5\,.$$

Es wird deutlich, dass sich die Größe der Dämpfung nahezu linear auf den Realteil der Eigenwerte auswirkt und nur marginal auf den Imaginärteil,

3. Gesamtlösung

Die Gesamtlösung der homogenen Bewegungsgleichung in reeller Darstellung enthält damit vier Teilschwingungen

$$\mathbf{x}(t) = \mathbf{x}_{11}(t) + \mathbf{x}_{12}(t) + \mathbf{x}_{21}(t) + \mathbf{x}_{22}(t)$$

die jeweils den vier Eigenwerten und Eigenvektoren zugeordnet sind. Mit den Eigenfrequenzen $\omega_1 = 9{,}086$ und $\omega_2 = 92{,}54$ und den Dämpfungskoeffizienten $\delta_1 = 1{,}776$ und $\delta_2 = 55{,}72$ folgt in reeller Darstellung

$$\begin{aligned}
x(t) = {}& \hat{a}_{11}\,e^{-1{,}776\,t} \left\{ \begin{bmatrix} 1 \\ 0{,}1607 \end{bmatrix} \cos 9{,}086\,t - \begin{bmatrix} 0 \\ 0{,}0642 \end{bmatrix} \sin 9{,}086\,t \right\} \\
& + \hat{a}_{12}\,e^{-1{,}776\,t} \left\{ \begin{bmatrix} 1 \\ 0{,}1607 \end{bmatrix} \sin 9{,}086\,t + \begin{bmatrix} 0 \\ 0{,}0642 \end{bmatrix} \cos 9{,}086\,t \right\} \\
& + \hat{a}_{21}\,e^{-55{,}72\,t} \left\{ \begin{bmatrix} 0{,}1 \\ -1{,}444 \end{bmatrix} \cos 92{,}54\,t - \begin{bmatrix} 0 \\ 1{,}776 \end{bmatrix} \sin 92{,}54\,t \right\} \\
& + \hat{a}_{22}\,e^{-55{,}72\,t} \left\{ \begin{bmatrix} 0{,}1 \\ -1{,}444 \end{bmatrix} \sin 92{,}54\,t + \begin{bmatrix} 0 \\ 1{,}776 \end{bmatrix} \cos 92{,}54\,t \right\}
\end{aligned}$$

Durch Umordnen kann man die Teilschwingungen auch den verschiedenen Eigenvektoren oder den cos– bzw. sin–Funktionen zuordnen.

4. Anpassen der Gesamtlösung an die Anfangsbedingungen

Die Anpassung der Koeffizienten $\hat{a}_{kl}$ an die Anfangsbedingungen erfolgt analog zu Abschnitt 12. Für die speziellen Anfangsbedingungen

$$\mathbf{x}_0 = \mathbf{x}(0) = 2{,}1\,\hat{\mathbf{x}}_{1R}\,,$$
$$\mathbf{v}_0 = \dot{\mathbf{x}}(0) = \mathbf{0}$$

folgen für die Zeit $t = t_0 = 0$ die Anfangsauslenkung

$$\mathbf{x}(0) = \hat{a}_{11}\,\hat{\mathbf{x}}_{1R} + \hat{a}_{12}\,\hat{\mathbf{x}}_{1I} + \hat{a}_{21}\,\hat{\mathbf{x}}_{2R} + \hat{a}_{22}\,\hat{\mathbf{x}}_{2I} = 2{,}1\,\hat{\mathbf{x}}_{1R}$$

und die Anfangsgeschwindigkeit

$$\dot{\mathbf{x}}(0) = \hat{a}_{11}(-1{,}776\,\hat{\mathbf{x}}_{1R} - 9{,}086\,\hat{\mathbf{x}}_{1I}) + \hat{a}_{12}(-1{,}776\,\hat{\mathbf{x}}_{1I} + 9{,}086\,\hat{\mathbf{x}}_{1R})$$
$$+ \hat{a}_{21}(-55{,}72\,\hat{\mathbf{x}}_{2R} - 92{,}54\,\hat{\mathbf{x}}_{2I}) + \hat{a}_{22}(-55{,}72\,\hat{\mathbf{x}}_{2I} + 92{,}54\,\hat{\mathbf{x}}_{2R}) = \mathbf{0}\,.$$

Beide Gleichungen sind über die $\hat{a}_{kl}$ gekoppelt und enthalten jeweils zwei Bestimmungsgleichungen für die $\hat{a}_{kl}$

$$\begin{bmatrix} 1 & 0 & 0{,}1 & 0 \\ 0{,}1607 & 0{,}0642 & -1{,}444 & 1{,}776 \\ -1{,}7760 & 9{,}0860 & -5{,}572 & 9{,}254 \\ -0{,}8687 & 1{,}3460 & -83{,}86 & -232{,}5 \end{bmatrix} \begin{bmatrix} \hat{a}_{11} \\ \hat{a}_{12} \\ \hat{a}_{21} \\ \hat{a}_{22} \end{bmatrix} = \begin{bmatrix} 2{,}1 \\ 0{,}3375 \\ 0 \\ 0 \end{bmatrix}.$$

Der Lösungsvektor

$$\hat{\mathbf{a}}^T = [\; 2{,}099 \quad 0{,}4240 \quad 0{,}00839 \quad -0{,}00841 \;]$$

beschreibt die Gesamtbewegung, die sich aus dem Real- und Imaginärteil aller Eigenvektoren zusammensetzt, obwohl nur $\hat{\mathbf{x}}_{1R}$ Anfangsbedingung ist. Dieses Phänomen ist grundsätzlich anders als im ungedämpften Fall, wo alle Eigenschwingungen entkoppelt sind. Die Kopplung entsteht hier in der vollständigen Lösung, wo bei *zwei* Freiheitsgraden x_1 und x_2 insgesamt *vier* Vektoren addiert werden, jedoch nur zwei Vektoren unabhängig sein können. Anschaulich bedeutet die Kopplung, dass durch die Dämpfung Bewegungsenergie von einer Schwingungsform auf eine andere übertragen werden kann.

18 Erzwungene Schwingungen in komplexer Schreibweise

Überführt man die Bewegungsgleichung in eine Schreibweise mit komplexen Zahlen, so ist die Lösung effizienter als in der reellen Schreibweise. Gegeben ist die Bewegungsgleichung

$$m\ddot{x} + d\dot{x} + kx = p(t) \,,$$

wobei die Belastung und die Lösung reelle Funktionen sind. Definiert man eine komplexe Funktion $z(t)$

$$z = x + iy \,, \quad x = Re(z)$$

und setzt

$$\bar{p} = p(t) + i\bar{p}_i \,, \quad p(t) = Re(\bar{p})$$

so läßt sich die Bewegungsgleichung auch umformen in

$$m\ddot{z} + d\dot{z} + kz = \bar{p}(t) \,.$$

Hierbei entspricht der Realteil gerade der Ausgangsgleichung, wenn die Koeffizienten m, d, k und die Belastung $p(t)$ reell sind.

$$[m\ddot{x} + d\dot{x} + kx] + i[m\ddot{y} + d\dot{y} + ky] = p(t) + i\bar{p}_i \,.$$

Löst man die komplexe Bewegungsgleichung für $z(t)$, ist damit auch gleichzeitig $x(t)$ bekannt. Die zweite Teillösung $y(t)$ wird mit berechnet und beschreibt die Systemantwort infolge des Imaginäranteils $i\bar{p}_i(t)$ der Erregung.

18.1 Periodische Schwingungen

Mit Hilfe der Fourier–Analyse nach Abschnitt 2.3.3 kann jede periodische Belastung mit einer sin– und cos–Reihe dargestellt werden. Exemplarisch wird hier das Reihenglied $\hat{p}\cos\Omega t$ betrachtet

$$m\ddot{x} + d\dot{x} + kx = \hat{p}\cos\Omega t \,.$$

In komplexer Schreibweise gilt $\cos\Omega t = Re[e^{i\Omega t}]$, sodass hiermit die Bewegungsgleichung umgeformt werden kann

$$m\ddot{z} + d\dot{z} + kz = \hat{p}e^{i\Omega t} \,.$$

© Springer Fachmedien Wiesbaden GmbH, ein Teil von Springer Nature 2020
D. Dinkler, *Einführung in die Strukturdynamik*,
https://doi.org/10.1007/978-3-658-31845-1_18

Die Gesamtlösung der komplexen Bewegungsgleichung enthält auch hier die Lösung der homogenen Bewegungsgleichung nach Abschnitt 6

$$z_h = e^{-\delta t}(a_1 \cdot e^{i\omega t} + a_2 \cdot e^{-i\omega t}), \quad \omega = \sqrt{\omega_0^2 - \delta^2}$$

und eine Partikularlösung. Mit einem *Ansatz vom Typ der rechten Seite* für z_p

$$z_p = \hat{z} \cdot e^{i\Omega t}$$

ist $\hat{z}$ mit

$$(-\Omega^2 m + i\Omega d + k)\hat{z}e^{i\Omega t} = \hat{p}e^{i\Omega t},$$

$$\hat{z} = \frac{1}{k - \Omega^2 m + i\Omega d} \cdot \hat{p} \tag{18.1}$$

für alle Zeiten t festgelegt. Die komplexe Schreibweise der Bewegungsgleichung und der Lösung kann im Drehzeigerdiagramm mit Hilfe von Vektoren als mit Ωt umlaufende Kräftebilanz veranschaulicht werden.

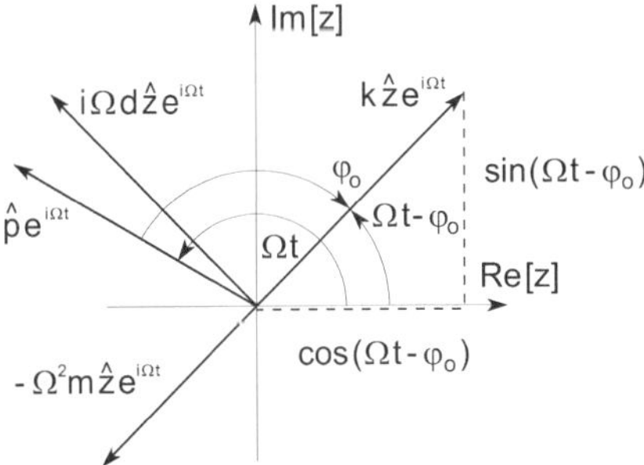

Ein Vorteil der komplexen Schreibweise ist, dass man die Amplitude $\hat{z}$ aus *einer* Gleichung berechnet, vergleiche Abschnitt 7.2. Mit reellem Nenner und mit den dimensionslosen Parametern ϑ und η folgt die komplexe Amplitude

$$\hat{z}(i\eta) = \frac{(1 - \eta^2) - 2\vartheta\eta i}{(1 - \eta^2)^2 + 4\vartheta^2\eta^2} \cdot \frac{\hat{p}}{k} = G(i\eta) \cdot \hat{p}$$

und die Partikularlösung

$$z_p(t) = G(i\eta) \cdot \hat{p}\,e^{i\Omega t} \quad \text{mit} \quad G(i\eta) = \frac{\hat{1}}{k} \cdot \frac{(1 - \eta^2) - 2\vartheta\eta i}{(1 - \eta^2)^2 + 4\vartheta^2\eta^2} \cdot \tag{18.2}$$

Der Drehzeiger der Partikularlösung ist dem der Belastung proportional. Die komplexe Amplitude $\hat{z}(i\eta)$ wird als Amplitudengang bezeichnet. Der *Proportionalitätsfaktor* $G(i\eta)$ ist der komplexe Frequenzgang. Der komplexe Frequenzgang ist nicht dimensionslos, sondern hat die Bedeutung einer *Nachgiebigkeit*.

Im Vergleich mit der Vergrößerungsfunktion $V(\eta)$ ist diese Schreibweise vorteilhafter, wenn Mehrmassenschwinger untersucht werden. Eine übersichtliche Darstellung des komplexen Frequenzganges ist in der komplexen Zahlenebene möglich, wobei

$$Re(G) = \frac{(1 - \eta^2)}{(1 - \eta^2)^2 + 4\vartheta^2\eta^2} \cdot \frac{1}{k},$$

$$Im(G) = \frac{-2\vartheta\eta}{(1 - \eta^2)^2 + 4\vartheta^2\eta^2} \cdot \frac{1}{k}.$$

Die Abhängigkeit des Frequenzganges von dem Parameter η wird in der komplexen Zahlenebene mit der *Ortskurve* $G(i\eta)$ veranschaulicht, wobei der Parameter η als *Bogenkoordinate* ablesbar ist. Weil der Realteil mit $(1 - \eta^2)$ im Zähler gegeben ist, liegt der Wert $\eta = 1,0$ bzw. $\omega_0 = \Omega$ immer auf der imaginären Achse. Die Abhängigkeit der Lösung von der Dämpfung ist mit dem Dämpfungsgrad ϑ angeben.

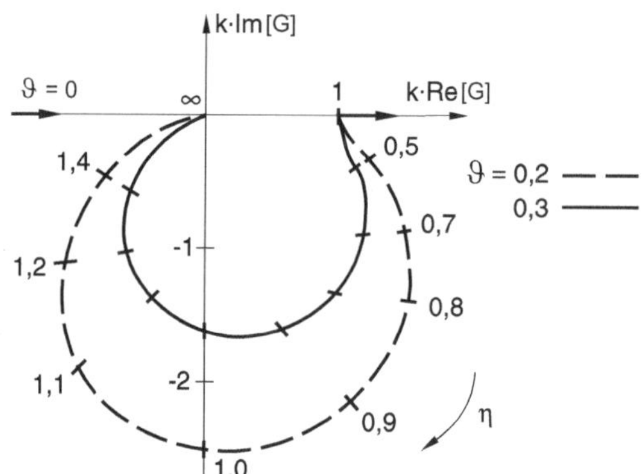

Bild 18-1 Ortskurve $G(i\eta)$

Die komplexe Schreibweise ist für den wenig Geübten schwierig zu deuten, da er gewohnt ist, die Bewegung in Weg–Zeit–Diagrammen zu veranschaulichen und die Vergrößerungsfunktion für die Frequenzabhängigkeit der Amplitude heranzuziehen. Nach Umformung von Gleichung (18.2) wird deutlich wie die komplexe Darstellung mit der reellen Schreibweise verknüpft ist. Mit

$$z_p(t) = \big\{Re(G)\cos\Omega t - Im(G)\sin\Omega t\big\}\,\hat{p} + i\,\big\{Re(G)\sin\Omega t + Im(G)\cos\Omega t\big\}\,\hat{p}$$

liefert $x = Re(z)$ direkt die reelle Lösung wie in Abschnitt 7.2.

Die Abhängigkeit der Amplitude von der Erregerfrequenz wird in der reellen Schreibweise mit der Vergrößerungsfunktion und dem Phasenwinkel beschrieben. In der komplexen Schreibweise erfolgt die Darstellung von $z_p(t)$ als Ortskurve in Polarkoordinaten. Die Bogenkoordinate ist wie beim komplexen Frequenzgang die normierte Erregerfrequenz η. Der Abstand der Kurve vom Ursprung entspricht der Vergrößerungsfunktion und der Winkel mit der reellen Achse der Phasenverschiebung φ. Mit

$$|G(i\eta)| = \sqrt{Re(G)^2 + Im(G)^2}$$
$$= \frac{1}{k} \cdot \frac{1}{\sqrt{(1-\eta^2)^2 + 4\vartheta^2\eta^2}} = \frac{1}{k} \cdot V(\eta)$$

sowie

$$\varphi = -\arctan\frac{Im(G)}{Re(G)} = \arctan\frac{2\vartheta\eta}{1-\eta^2}$$

folgt in Polarkoordinaten

$$G(i\eta) = \frac{1}{k} \cdot V(\eta) \cdot e^{i\varphi}.$$

Der Vorteil der komplexen Darstellung wird in dieser Schreibweise besonders deutlich, da beide Informationen – Vergrößerungsfunktion und Phasenwinkel – aus einem Schaubild ablesbar sind.

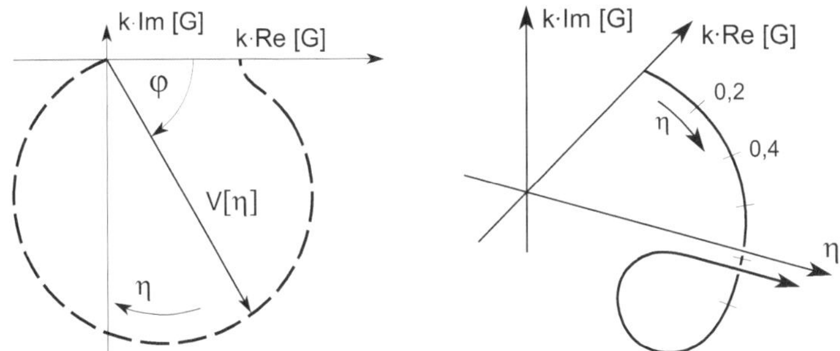

Bild 18-2 Ortskurve $G(i\eta)$

Bild 18-2–links veranschaulicht den komplexen Frequenzgang als Projektion auf die komplexe Zahlenebene. Die Abhängigkeit von der Erregerfrequenz $\Omega = \eta \cdot \omega_0$ ist in Bild 18-2–rechts räumlich dargestellt.

18.2 Unperiodische Schwingungen

Nach Abschnitt 15.2 kann eine unperiodische Schwingung mit Hilfe des Fourier–Integrals dargestellt werden. Für eine unperiodische Belastung kann die Transformation in den Frequenzbereich mit

$$p(t) = \int\limits_{\Omega=-\infty}^{+\infty} \hat{p}(i\Omega)\, e^{i\Omega t}\, d\Omega$$

angesetzt werden. Die *Fourier–Transformierte* $\hat{p}(i\Omega)$ wird als komplexe Spektraldichte bezeichnet und nach Abschnitt 15.2 mit

$$\hat{p}(i\Omega) = \frac{1}{2\pi} \int\limits_{t=-\infty}^{\infty} p(t)\, e^{-i\Omega t} dt = \hat{p}_{Re}(\Omega) - i\, \hat{p}_{Im}(\Omega)\,.$$

berechnet. Hiermit folgt die Bewegungsgleichung in komplexer Schreibweise

$$m\ddot{z} + d\dot{z} + kz = \int\limits_{\Omega=-\infty}^{+\infty} \hat{p}(i\Omega)\, e^{i\Omega t}\, d\Omega\,.$$

Mit einem *Ansatz vom Typ der rechten Seite* für die Systemantwort $z(t)$

$$z(t) = \int\limits_{\Omega=-\infty}^{+\infty} \hat{z}(i\Omega)\, e^{i\Omega t}\, d\Omega\,,$$

ist $\hat{z}(i\Omega)$ die unbekannte *Fourier–Transformierte* für die Systemantwort. Die Zeitableitungen des Ansatzes sind unabhängig von der Integration über $d\Omega$

$$\dot{z}(t) = \int\limits_{\Omega=-\infty}^{+\infty} i\Omega\, \hat{z}(i\Omega)\, e^{i\Omega t}\, d\Omega$$

$$\ddot{z}(t) = \int\limits_{\Omega=-\infty}^{+\infty} -\Omega^2 \hat{z}(i\Omega)\, e^{i\Omega t}\, d\Omega\,.$$

Setzt man den Ansatz in die Bewegungsgleichung ein, bleibt

$$\int\limits_{\Omega=-\infty}^{+\infty} \left\{ [-\Omega^2 m + i\Omega d + k]\, \hat{z}(i\Omega) - \hat{p}(i\Omega) \right\} e^{i\Omega t}\, d\Omega = 0\,.$$

Wenn in Analogie zu Abschnitt 8.1 die Bewegungsgleichung für jedes Ω erfüllt sein soll, muss der Integrand verschwinden. Diese Bedingung führt auf eine Gleichung zur Berechnung der *Fourier–Transformierten* $\hat{z}(i\Omega)$

$$[-\Omega^2 m + i\Omega d + k]\,\hat{z}(i\Omega) - \hat{p}(i\Omega) = 0$$

mit der *Fourier–Transformierten* der Systemantwort

$$\hat{z}(i\Omega) = \frac{1}{-\Omega^2 m + i\Omega d + k}\,\hat{p}(i\Omega) = G(i\Omega)\,\hat{p}(i\Omega)\,.$$

Die Umformung des komplexen Frequenzganges

$$G(i\Omega) = \frac{1}{k}\cdot\frac{1}{(1-\eta^2)+i\,2\vartheta\eta} = \frac{1}{k}\cdot\frac{(1-\eta^2)-i\,2\vartheta\eta}{(1-\eta^2)^2+4\vartheta^2\eta^2}$$

verdeutlicht die Analogie zu einer periodischen Systemantwort, die mit der Vergrößerungsfunktion beschrieben wird. Die Rücktransformation in den Zeitbereich ist möglich, wenn die komplexe Amplitude $\hat{z}(i\Omega)$ in den Ansatz für die komplexe Systemantwort eingesetzt wird und die Integration über $d\Omega$ erfolgt

$$z(t) = \int\limits_{\Omega=-\infty}^{+\infty} G(i\Omega)\,\hat{p}(i\Omega)\,e^{i\Omega t}\,d\Omega\,.$$

Die Integration kann analytisch erfolgen, wenn eine geschlossene Integration möglich ist, oder numerisch mit der *diskreten oder schnellen Fourier–Transformation*. Wesentlich ist, dass die *Fourier–Transformierte* der Systemantwort mit dem Produkt von komplexem Frequenzgang und der *Fourier–Transformierten* der Belastung berechnet wird. Man arbeitet also auch hier im Frequenzbereich, vergleiche Abschnitt 7.3.

Die reelle Lösung folgt wiederum mit dem Realteil von $z(t)$

$$x(t) = Re[z(t)]\,.$$

Extrahiert man den Realteil vor der Integration über Ω, folgt zunächst

$$x(t) = Re\Big[\int\limits_{\Omega=-\infty}^{+\infty} \frac{\hat{p}(i\Omega)}{-\Omega^2 m + i\Omega d + k}\,[\cos\Omega t + i\,\sin\Omega t]\,d\Omega\,\Big]$$

$$= Re\Big[\int\limits_{\Omega=-\infty}^{+\infty} \frac{1}{k}\cdot\frac{(1-\eta^2)-i\,2\vartheta\eta}{(1-\eta^2)^2+4\vartheta^2\eta^2}\,[\hat{p}_{Re}(\Omega)-i\,\hat{p}_{Im}(\Omega)]\,[\cos\Omega t + i\,\sin\Omega t]\,d\Omega\,\Big]\,.$$

Nach Trennung der Real– und Imaginärteile bleibt die reelle Schreibweise

$$x(t) = \int\limits_{\Omega=-\infty}^{+\infty} \frac{1}{k} \cdot \frac{1}{(1-\eta^2)^2 + 4\vartheta^2\eta^2} \cdot$$

$$\cdot\,[(1-\eta^2)(\hat{p}_{Re}(\Omega)\cos\Omega t + \hat{p}_{Im}(\Omega)\sin\Omega t)$$

$$+\,2\vartheta\eta\,(\hat{p}_{Re}(\Omega)\sin\Omega t - \hat{p}_{Im}(\Omega)\cos\Omega t)]\,d\Omega\,.$$

Beispiel

In Abschnitt 15.2 sind die *Fourier–Transformierten* für verschiedene nichtperiodische Schwingungen angegeben. Der grundlegende Fall einer Stoßanregung in Form der $\hat{\delta}$–Funktion

$$p(t) = \hat{p} \cdot \hat{\delta}(t_0)$$

gibt die *Fourier–Transformierte*

$$\hat{p}(i\Omega) = \frac{\hat{p}}{2\pi} \qquad \longrightarrow \qquad \hat{p}_{Re} = \frac{\hat{p}}{2\pi}\,.$$

Hiermit folgt die Rücktransformation der Systemantwort in den Zeitbereich mit

$$x(t) = \int\limits_{\Omega=-\infty}^{+\infty} \frac{1}{k} \cdot \frac{1}{(1-\eta^2)^2 + 4\vartheta^2\eta^2} \cdot \frac{\hat{p}}{2\pi} \cdot [(1-\eta^2)\cos\Omega t + 2\vartheta\eta\,\sin\Omega t]\,d\Omega\,.$$

Die Rücktransformation kann mit den in [7] angegebenen Tabellen für *Fourier–Transformationen* erfolgen. Formt man die Tabelleneinträge

$$\int\limits_{0}^{\infty} [\frac{\omega+\Omega}{\delta^2 + (\omega+\Omega)^2} + \frac{\omega-\Omega}{\delta^2 + (\omega-\Omega)^2}]\cos\Omega t\,d\Omega = \pi\,e^{-\delta t}\sin\omega t$$

$$\int\limits_{0}^{\infty} [\frac{\delta}{\delta^2 + (\omega-\Omega)^2} - \frac{\delta}{\delta^2 + (\omega+\Omega)^2}]\sin\Omega t\,d\Omega = \pi\,e^{-\delta t}\sin\omega t$$

in das Integral zur Berechnung von $x(t)$ um, folgt die gedämpfte Schwingung

$$x(t) = \frac{1}{m\omega}\,\hat{p}\,e^{-\delta t}\sin\omega t \qquad \text{für} \qquad t \geq 0\,,$$

die bereits in Abschnitt 8.1 mit dem *Duhamel–Integral* berechnet ist.

19 Erzwungene Schwingungen von Systemen

Bei zeitkonstanter Anregung ist die Strukturantwort der Systeme der Baudynamik in Analogie zur Baustatik zu analysieren, da bei konstanten Einwirkungen alle Geschwindigkeiten und Beschleunigungen des Systems verschwinden. Es gilt zunächst

$$\mathbf{M}\ddot{\mathbf{x}} + \mathbf{D}\dot{\mathbf{x}} + \mathbf{K}\mathbf{x} = \mathbf{p}_0$$

und damit für die Partikularlösung bei zeitkonstanter Anregung

$$\mathbf{K}\mathbf{x}_p = \mathbf{p}_0\,.$$

Zusätzlich sind die Schwingungen aus Anfangsbedingungen zu berücksichtigen. Stellvertretend für andere zeitveränderliche Einwirkungen werden hier zwei Fälle untersucht. Für den Fall zeitkonstanter Anregung erfolgt die Berechnung der stationären Lösung für eine viskos gelagerte Torsionswelle.

Bei stückweise glatten periodischen Anregungen kann die Belastung mit Hilfe einer Fourier–Reihe approximiert werden, sodass eine harmonische Anregung auf das gedämpfte System einwirkt. Daher wird stellvertretend für die gesamte Fourier–Reihe ein System mit einem periodischen Reihenglied als Anregung betrachtet. Der Lösungsweg wird in reeller und komplexer Schreibweise vorgestellt. Die reelle Darstellung der Ergebnisse und die Interpretation der Lösung erfolgt dabei in Analogie zum ungedämpften System mit Hilfe der Responsekurven und des Phasenwinkels, vergleiche Abschnitt 14.2. Die Lösung der Bewegungsgleichung in komplexer Schreibweise erfolgt analog zum Ein-Masse-Schwinger, vergleiche Abschnitt 8.

19.1 Zeitkonstante Anregung

Bei zeitkonstanter Anregung gilt

$$\mathbf{M}\ddot{\mathbf{x}} + \mathbf{D}\dot{\mathbf{x}} + \mathbf{K}\mathbf{x} = \mathbf{p}_0\,.$$

Der Lösungsansatz wird wie bisher vom *Typ der rechten Seite* gewählt. Hierbei ist sichergestellt, dass mit dem Ansatz das Gleichgewicht erfüllbar ist. Dies bedeutet, dass für die erzwungene Bewegung zunächst ein Polynom anzusetzen ist und nicht etwa nur ein konstanter Zeitverlauf. Dies ist erforderlich, wenn die Bewegungsgleichungen auch Starrkörperbewegungen beschreiben, die im homogenen Fall über die Nulleigenwerte identifiziert werden können, hier aber nicht sofort erkennbar sind.

© Springer Fachmedien Wiesbaden GmbH, ein Teil von Springer Nature 2020
D. Dinkler, *Einführung in die Strukturdynamik*,
https://doi.org/10.1007/978-3-658-31845-1_19

Beispiel

Eine frei drehbare elastische Turbinenwelle wird im stationären Bewegungszustand mit einem konstanten Torsionsmoment $M_b = 5\,Nm$ angetrieben. Aufgrund der Reibungsverluste entlang der Welle wird jedoch am Ende der Welle ein Moment von $M_a = 4{,}8\,Nm$ abgenommen.

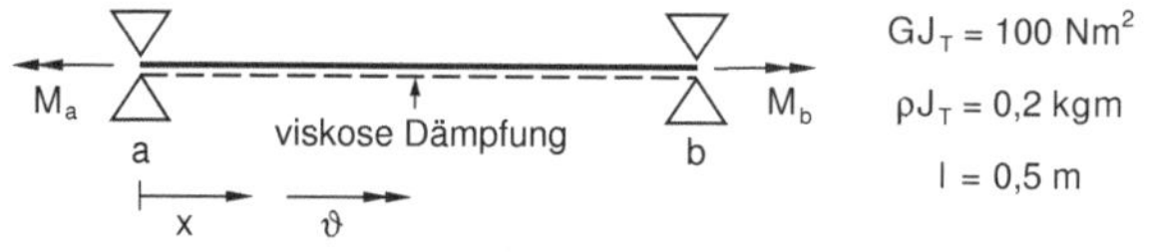

Bild 19-1 Frei gelagerte Turbinenwelle

Gesucht sind die stationäre Bewegung und die erforderliche Viskosität bei einer Drehgeschwindigkeit von $\vartheta = 300\,rad/s$. Die Dämpfung ist massenproportional mit $\mathbf{D} = \gamma\mathbf{M}$ angesetzt, sodass die Viskosität mit γ skaliert ist. Die Bewegungsgleichungen sind mit dem PvV aufzustellen.

1. Aufstellen der Bewegungsgleichung

Für den Drillwinkel wird ein linearer Ansatz gewählt

$$\vartheta = \begin{bmatrix} 1 - x/l & x/l \end{bmatrix} \begin{bmatrix} \vartheta_a \\ \vartheta_b \end{bmatrix}.$$

Die Auswertung der Arbeitsgleichung

$$-\delta A = \int \left\{ \delta\vartheta\, \varrho J_T\, \ddot{\vartheta} + \delta\vartheta\, d\, \dot{\vartheta} + \delta\vartheta'\, GJ_T\, \vartheta' \right\} dx - [M\, \delta\vartheta]_{Rand} = 0$$

liefert mit dem gewählten Ansatz und Rayleigh–Dämpfung mit $\beta = 0,\ \gamma \neq 0$

$$\frac{l}{6}\varrho J_T \begin{bmatrix} 2 & 1 \\ 1 & 2 \end{bmatrix} \begin{bmatrix} \vartheta_a \\ \vartheta_b \end{bmatrix}^{\cdot\cdot} + \gamma\frac{l}{6}\varrho J_T \begin{bmatrix} 2 & 1 \\ 1 & 2 \end{bmatrix} \begin{bmatrix} \vartheta_a \\ \vartheta_b \end{bmatrix}^{\cdot}$$

$$+\frac{GJ_T}{l} \begin{bmatrix} 1 & -1 \\ -1 & 1 \end{bmatrix} \begin{bmatrix} \vartheta_a \\ \vartheta_b \end{bmatrix} = \begin{bmatrix} -M_a \\ M_b \end{bmatrix}.$$

Mit den gegebenen Zahlenwerten folgt

$$\frac{1}{6} \begin{bmatrix} 2 & 1 \\ 1 & 2 \end{bmatrix} \begin{bmatrix} \vartheta_a \\ \vartheta_b \end{bmatrix}^{\cdot\cdot} + \frac{\gamma}{6} \begin{bmatrix} 2 & 1 \\ 1 & 2 \end{bmatrix} \begin{bmatrix} \vartheta_a \\ \vartheta_b \end{bmatrix}^{\cdot} + 2000 \begin{bmatrix} 1 & -1 \\ -1 & 1 \end{bmatrix} \begin{bmatrix} \vartheta_a \\ \vartheta_b \end{bmatrix} = \begin{bmatrix} -48 \\ 50 \end{bmatrix}.$$

2. Ansatz für die stationäre Lösung

Die stationäre Lösung weist einige Besonderheiten auf. Die Welle wird elastisch tordiert und dreht sich mit konstanter Geschwindigkeit, Gleichgewicht wird zwischen den Dämpfermomenten, dem Antriebsmoment und dem abgenommenen Moment hergestellt. Hieraus folgt der Zeitverlauf für die Verdrillung

$$\ddot{\boldsymbol{\vartheta}} = 0\,, \quad \dot{\boldsymbol{\vartheta}} = \text{konstant}\,, \quad \boldsymbol{\vartheta} = \text{linear}\,,$$

sodass als *Ansatz vom Typ der rechten Seite* ein entsprechendes Polynom für die Verdrillung gewählt werden kann.

$$\left.\begin{aligned} \boldsymbol{\vartheta}(t) &= \hat{\boldsymbol{\vartheta}}_0 + \hat{\boldsymbol{\vartheta}}_1 \cdot t \\ \dot{\boldsymbol{\vartheta}}(t) &= \hat{\boldsymbol{\vartheta}}_1 \\ \ddot{\boldsymbol{\vartheta}}(t) &= \mathbf{0} \end{aligned}\right\} \quad \begin{aligned} \hat{\boldsymbol{\vartheta}}_0 &= \begin{bmatrix} \hat{\vartheta}_{a0} \\ \hat{\vartheta}_{b0} \end{bmatrix} \quad \text{Verdrillung aus Elastizität} \\[2em] \hat{\boldsymbol{\vartheta}}_1 &= \begin{bmatrix} \hat{\vartheta}_{a1} \\ \hat{\vartheta}_{b1} \end{bmatrix} \quad \text{Verdrillungsgeschwindigkeit} \end{aligned}$$

3. Berechnung der Variablen

Einsetzen des Ansatzes führt auf

$$\frac{\gamma}{6} \begin{bmatrix} 2 & 1 \\ 1 & 2 \end{bmatrix} \begin{bmatrix} \hat{\vartheta}_{a1} \\ \hat{\vartheta}_{b1} \end{bmatrix} + 2000 \begin{bmatrix} 1 & -1 \\ -1 & 1 \end{bmatrix} \begin{bmatrix} \hat{\vartheta}_{a0} + t \cdot \hat{\vartheta}_{a1} \\ \hat{\vartheta}_{b0} + t \cdot \hat{\vartheta}_{b1} \end{bmatrix} = \begin{bmatrix} -48 \\ 50 \end{bmatrix}.$$

Die Freiheitsgrade werden mit einem Koeffizientenvergleich bestimmt.

$$\text{Für} \quad t^1 : \quad 2000 \begin{bmatrix} 1 & -1 \\ -1 & 1 \end{bmatrix} \begin{bmatrix} \hat{\vartheta}_{a1} \\ \hat{\vartheta}_{b1} \end{bmatrix} = \begin{bmatrix} 0 \\ 0 \end{bmatrix}$$

folgt $\hat{\vartheta}_{a1} = \hat{\vartheta}_{b1}$, d.h. die Welle dreht sich mit konstanter Geschwindigkeit $\hat{\vartheta}_1$.

$$\text{Für} \quad t^0 : \quad \gamma \begin{bmatrix} 0{,}5 \\ 0{,}5 \end{bmatrix} \hat{\vartheta}_{a1} + 2000 \begin{bmatrix} 1 & -1 \\ -1 & 1 \end{bmatrix} \begin{bmatrix} \hat{\vartheta}_{a0} \\ \hat{\vartheta}_{b0} \end{bmatrix} = \begin{bmatrix} -48 \\ 50 \end{bmatrix}.$$

Mit $\Delta\hat{\vartheta} = \hat{\vartheta}_{b0} - \hat{\vartheta}_{a0}$ folgen bei einer Drehgeschwindigkeit $\hat{\vartheta}_{a1} = 300\,rad/s$

$$\gamma \begin{bmatrix} 150 \\ 150 \end{bmatrix} + \begin{bmatrix} -2000 \\ 2000 \end{bmatrix} \Delta\hat{\vartheta} = \begin{bmatrix} -48 \\ 50 \end{bmatrix}$$

die elastische Verdrillung

$$\Delta\hat{\vartheta} = +\frac{98}{4000}\, rad$$

und die erforderliche Dämpfungskonstante γ

$$\gamma = +\frac{1}{150}\,\frac{1}{s}\,.$$

19.2 Periodische Anregung in reeller Schreibweise

Die Bewegungsgleichung

$$\mathbf{M}\ddot{\mathbf{x}} + \mathbf{D}\dot{\mathbf{x}} + \mathbf{K}\mathbf{x} = \hat{\mathbf{p}}_c \cos\Omega t + \hat{\mathbf{p}}_s \sin\Omega t$$

steht stellvertretend für Systeme mit harmonischer Anregung, die sich nur in der Anregungsfrequenz und in der Phasenverschiebung der Anregung unterscheiden. Analog zu einem Ein–Masse–Schwinger besitzt der Lösungsansatz vom *Typ der rechten Seite*

$$\mathbf{x}(t) = \hat{\mathbf{x}}_c \cos\Omega t + \hat{\mathbf{x}}_s \sin\Omega t \tag{19.1}$$

zwei unbekannte Amplituden $\hat{\mathbf{x}}_c$ und $\hat{\mathbf{x}}_s$, die an die Anregung angepasst werden müssen. Nach Einsetzen des Ansatzes in die Bewegungsgleichung folgen zwei Matrizengleichungen für die unbekannten Amplituden

$$\begin{bmatrix} \mathbf{K} - \Omega^2\mathbf{M} & \Omega\mathbf{D} \\ -\Omega\mathbf{D} & \mathbf{K} - \Omega^2\mathbf{M} \end{bmatrix} \begin{bmatrix} \hat{\mathbf{x}}_c \\ \hat{\mathbf{x}}_s \end{bmatrix} = \begin{bmatrix} \hat{\mathbf{p}}_c \\ \hat{\mathbf{p}}_s \end{bmatrix}.$$

Analog zur Herleitung der Vergrößerungsfunktion muss die Matrizengleichung für jede Anregungsfrequenz gelöst werden. Für positiv oder negativ definite Matrizen $\mathbf{K} - \Omega^2\mathbf{M}$ kann dies mit der Inversen der Koeffizientenmatrix erfolgen

$$\begin{bmatrix} \hat{\mathbf{x}}_c \\ \hat{\mathbf{x}}_s \end{bmatrix} = \begin{bmatrix} \mathbf{I} & -\Omega\mathbf{A}_2 \\ \Omega\mathbf{A}_2 & \mathbf{I} \end{bmatrix} \begin{bmatrix} \mathbf{A}_1^{-1} \cdot \hat{\mathbf{p}}_c \\ \mathbf{A}_1^{-1} \cdot \hat{\mathbf{p}}_s \end{bmatrix}, \tag{19.2}$$

wobei die Untermatrizen

$$\mathbf{A}_1 = (\mathbf{K} - \Omega^2\mathbf{M}) + \Omega^2\mathbf{D}(\mathbf{K} - \Omega^2\mathbf{M})^{-1}\mathbf{D},$$

$$\mathbf{A}_2 = (\mathbf{K} - \Omega^2\mathbf{M})^{-1}\mathbf{D}$$

vorweg bestimmt werden müssen. Bei diesem Vorgehen kann die Bandstruktur von $\mathbf{K}$, $\mathbf{D}$, $\mathbf{M}$ ausgenutzt und damit der Rechenaufwand verringert werden. Wenn die Untermatrix $\mathbf{K} - \Omega^2\mathbf{M}$ singulär und $\mathbf{D}$ regulär ist, muss die Matrizengleichung direkt gelöst werden. Im Resonanzfall eines ungedämpften Systems wird die Koeffizientenmatrix singulär, sodass die Gleichung nur lösbar ist, wenn man analog zur Berechnung eines Eigenvektors ein bzw. mehrere Elemente des Lösungsvektors explizit vorgibt.

Beispiel

Die freien Schwingungen des Bugrades eines Kleinflugzeugs werden in Abschnitt 17.4 untersucht. Beim Start oder bei der Landung des Flugzeugs können infolge Welligkeit der Startbahn auch fremderregte Schwingungen auftreten. Die Fahrbahnwelligkeit wird im nachfolgenden Beispiel entsprechend nebenstehendem Bild 19-2 mit

$$x_F = \hat{x}_F \cos \Omega t = 0{,}01 \cos \Omega t$$

beschrieben, wobei die Frequenz der Anregung $\Omega = \dot{y} \cdot 2\pi / L$ aus der Fahrgeschwindigkeit $\dot{y}$ und der Wellenlänge L berechnet wird.

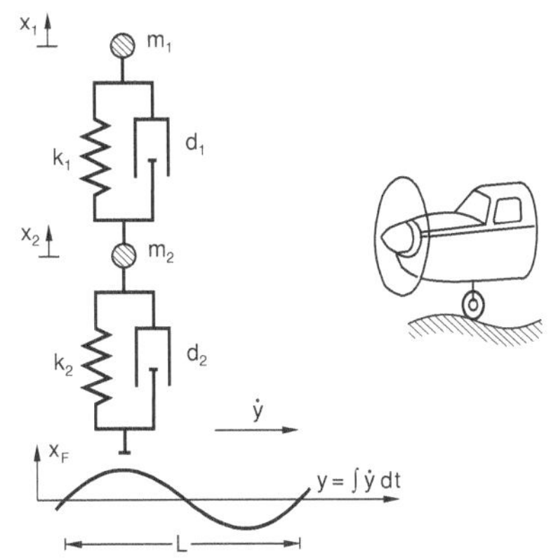

Bild 19-2 Fremderregte Schwingung

Die Wellenlänge L wird im weiteren mit $10\,m$ angesetzt, die Welligkeit $\hat{x}_F$ mit $0{,}01\,m$ und die Fahrgeschwindigkeit $\dot{y}$ mit $40\,m/s$. Hiermit folgt eine Erregerkreisfrequenz von ca. $25\,rad/s$.

Die Herleitung der Bewegungsgleichungen erfolgt zunächst für das am Lager freigeschnittene System, sodass die Verschiebungen x_1, x_2 der Massen und die Verschiebung x_3 des Lagers (ohne Masse) als Freiheitsgrade angesetzt werden. Hierbei muss auch die freigeschnittene Lagerkraft S beachtet werden.
Ohne weitere Herleitung gilt

$$\begin{bmatrix} m_1 & & \\ & m_2 & \\ & & 0 \end{bmatrix} \begin{bmatrix} \ddot{x}_1 \\ \ddot{x}_2 \\ \ddot{x}_3 \end{bmatrix} + \begin{bmatrix} d_1 & -d_1 & \\ -d_1 & d_1 + d_2 & -d_2 \\ & -d_2 & d_2 \end{bmatrix} \begin{bmatrix} \dot{x}_1 \\ \dot{x}_2 \\ \dot{x}_3 \end{bmatrix}$$

$$+ \begin{bmatrix} k_1 & -k_1 & \\ -k_1 & k_1 + k_2 & -k_2 \\ & -k_2 & k_2 \end{bmatrix} \begin{bmatrix} x_1 \\ x_2 \\ x_3 \end{bmatrix} = \begin{bmatrix} 0 \\ 0 \\ S \end{bmatrix}.$$

In einem zweiten Schritt wird x_3 durch die fest und damit als bekannt vorgegebene Fahrbahnwelligkeit x_F ersetzt. Die mit $x_F, \dot{x}_F$ und $\ddot{x}_F$ multiplizierten Spalten der Koeffizientenmatrizen der Bewegungsgleichung werden hierbei auf die rechte Seite gebracht und regen das System an. Außerdem wird die zu x_3 konjugierte Bewegungsgleichung gestrichen, da $x_3 = x_F$ bekannt ist.

Es bleiben die Bewegungsgleichungen für x_1 und x_2

$$\begin{bmatrix} m_1 & \\ & m_2 \end{bmatrix} \begin{bmatrix} \ddot{x}_1 \\ \ddot{x}_2 \end{bmatrix} + \begin{bmatrix} d_1 & -d_1 \\ -d_1 & d_1+d_2 \end{bmatrix} \begin{bmatrix} \dot{x}_1 \\ \dot{x}_2 \end{bmatrix} + \begin{bmatrix} k_1 & -k_1 \\ -k_1 & k_1+k_2 \end{bmatrix} \begin{bmatrix} x_1 \\ x_2 \end{bmatrix}$$

$$= \begin{bmatrix} 0 \\ k_2 \hat{x}_F \end{bmatrix} \cos \Omega t - \begin{bmatrix} 0 \\ d_2 \hat{x}_F \Omega \end{bmatrix} \sin \Omega t \,.$$

Mit den physikalischen Eigenschaften des Beispiels in Abschnitt 17.4 folgt

$$\mathbf{M} = \begin{bmatrix} 1.000 & 0 \\ 0 & 50 \end{bmatrix}, \quad \mathbf{D} = \begin{bmatrix} 5.000 & -5.000 \\ -5.000 & 5.500 \end{bmatrix},$$

$$\mathbf{K} = \begin{bmatrix} 100.000 & -100.000 \\ -100.000 & 600.000 \end{bmatrix}, \quad \hat{\mathbf{p}}_c = \begin{bmatrix} 0 \\ 5.000 \end{bmatrix}, \quad \hat{\mathbf{p}}_s = \begin{bmatrix} 0 \\ 5 \end{bmatrix}.$$

Für die Anwendung des Lösungsschemas 19.2 werden die Matrizen

$$(\mathbf{K} - \Omega^2 \mathbf{M})^{-1} = \begin{bmatrix} 100.000 - 1.000\,\Omega^2 & -100.000 \\ -100.000 & 600.000 - 50\,\Omega^2 \end{bmatrix}^{-1}$$

$$= \frac{1}{\Delta} \begin{bmatrix} 600.000 - 50\,\Omega^2 & 100.000 \\ 100.000 & 100.000 - 1.000\,\Omega^2 \end{bmatrix}$$

mit
$$\Delta = 10^4 (5\,\Omega^4 - 6{,}05 \cdot 10^4\,\Omega^2 + 5 \cdot 10^6)$$

sowie
$$\mathbf{A}_1 = \begin{bmatrix} 100.000 - 1.000\,\Omega^2 & -100.000 \\ -100.000 & 600.000 - 50\,\Omega^2 \end{bmatrix}$$

$$+ \begin{bmatrix} 900 - 1{,}25\,\Omega^2 & -900 + 1{,}25\,\Omega^2 \\ -900 + 1{,}25\,\Omega^2 & 970 - 1{,}275\,\Omega^2 \end{bmatrix} \frac{25\,\Omega^2}{\Delta} 10^9 \,,$$

$$\mathbf{A}_2 = \begin{bmatrix} 200 - \Omega^2 & -210 + \Omega^2 \\ -700 + 0{,}25\,\Omega^2 & 760 - 0{,}275\,\Omega^2 \end{bmatrix} \frac{5}{\Delta} 10^6$$

benötigt. Die Amplitudenvektoren $\hat{\mathbf{x}}_c$ und $\hat{\mathbf{x}}_s$ können damit für jedes Ω zahlenmäßig berechnet werden. Nachfolgend sind die Amplituden- und Phasengänge für das gedämpfte System in Abhängigkeit von Ω^2 angegeben. Für die Darstellung werden analog zu Abschnitt 14 die auf die Fusspunktanregung normierten Verschiebungen

$$V_1 = \left| \frac{\hat{x}_1}{\hat{x}_F} \right|, \quad V_2 = \left| \frac{\hat{x}_2}{\hat{x}_F} \right|$$

verwendet, wobei $\hat{x}_j = \sqrt{\hat{x}_{cj}^2 + \hat{x}_{sj}^2}$ und $\tan \varphi_{0j} = -\hat{x}_{sj}/\hat{x}_{cj}$ gilt.

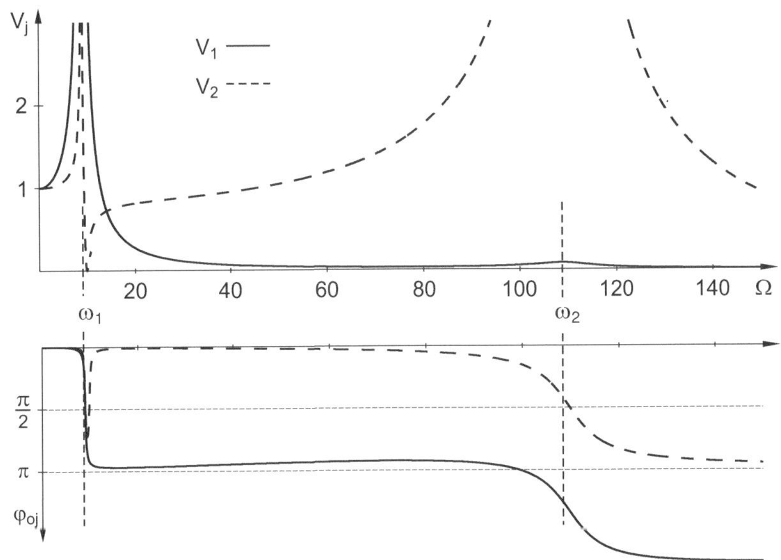

Bild 19-3 Systemantwort bei periodischer Anregung - mit $0{,}1 \cdot D$ gedämpft

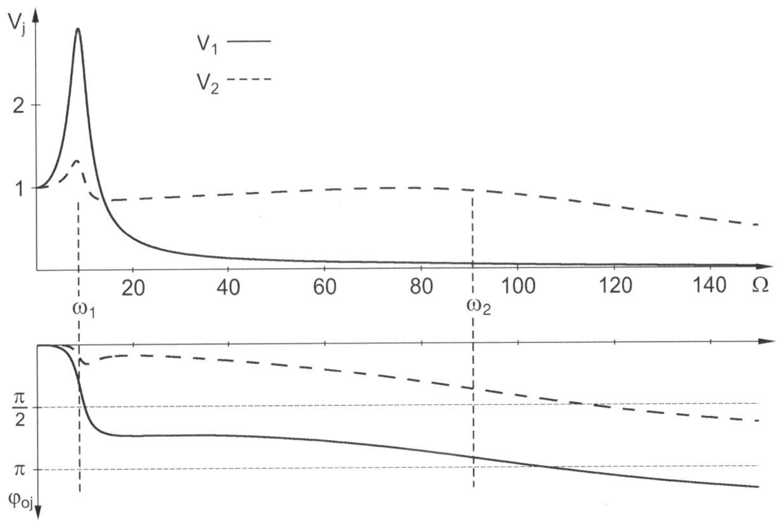

Bild 19-4 Systemantwort bei periodischer Anregung - mit $1{,}0 \cdot D$ gedämpft

19.3 Periodische Anregung in komplexer Schreibweise

Die reelle Bewegungsgleichung kann analog zum Einmassenschwinger in die komplexe Schreibweise überführt werden. Aus

$$\mathbf{M}\,\ddot{\mathbf{x}} + \mathbf{D}\,\dot{\mathbf{x}} + \mathbf{K}\,\mathbf{x} = \hat{\mathbf{p}}_c \cos\Omega t + \hat{\mathbf{p}}_s \sin\Omega t$$

folgt

$$\mathbf{M}\,\ddot{\mathbf{z}} + \mathbf{D}\,\dot{\mathbf{z}} + \mathbf{K}\,\mathbf{z} = \underbrace{(\hat{\mathbf{p}}_c - i\,\hat{\mathbf{p}}_s)}_{\hat{\mathbf{p}}}\, e^{i\Omega t}\,.$$

Es gilt dabei

$$\mathbf{x}(t) = Re[\mathbf{z}]\,, \quad \cos\Omega t = Re[e^{i\Omega t}]\,, \quad \sin\Omega t = -i\,Im[e^{i\Omega t}]\,.$$

Mit dem Lösungsansatz

$$\mathbf{z}(t) = \hat{\mathbf{z}}\, e^{i\Omega t}$$

wird der komplexe Amplitudenvektor $\hat{\mathbf{z}}$ zu

$$\hat{\mathbf{z}} = \left\{-\Omega^2\mathbf{M} + i\,\Omega\mathbf{D} + \mathbf{K}\right\}^{-1} (\hat{\mathbf{p}}_c - i\,\hat{\mathbf{p}}_s)$$

berechnet und hieraus die reelle Lösung

$$\mathbf{x}(t) = \underbrace{Re(\hat{\mathbf{z}})}_{\hat{\mathbf{x}}_c} \cos\Omega t - \underbrace{Im(\hat{\mathbf{z}})}_{-\hat{\mathbf{x}}_s} \sin\Omega t\,.$$

Die Matrix $\left\{-\Omega^2\mathbf{M} + i\,\Omega\mathbf{D} + \mathbf{K}\right\}$ bezeichnet man auch als dynamische oder effektive Steifigkeitsmatrix, da alle Anteile (mit dem Lösungsvektor $\hat{\mathbf{z}}$ bzw. $\hat{\mathbf{x}}$ multipliziert) zum Gleichgewicht beitragen. Die Inverse ist die Matrix der komplexen Frequenzgänge

$$\mathbf{G}(i\Omega) = \left\{-\Omega^2\mathbf{M} + i\,\Omega\mathbf{D} + \mathbf{K}\right\}^{-1}\,.$$

Hiermit kann der Lösungsweg wie in Abschnitt 18.1 verkürzt angegeben werden

$$\mathbf{z}(t) = \mathbf{G}(i\Omega)\,\hat{\mathbf{p}}\, e^{i\Omega t}\,,$$

oder als Lösungsschema

$$\hat{\mathbf{p}}\, e^{i\Omega t} \longrightarrow \mathbf{G}(i\Omega) \longrightarrow \mathbf{z}(t)\,.$$

Die Matrixelemente des komplexen Frequenzganges enthalten sämtliche Eigenschaften des Systems und sind daher auch als *Einflusszahlen* der Belastung auf die Partikularlösung anschaulich deutbar.

Beispiel

Die Bewegungsgleichungen des Bugrades nach Abschnitt 19.2 sind in komplexer
Schreibweise mit

$$\begin{bmatrix} 1.000 & \\ & 50 \end{bmatrix} \ddot{\mathbf{z}} + \begin{bmatrix} 5.000 & -5.000 \\ -5.000 & 5.500 \end{bmatrix} \dot{\mathbf{z}} + \begin{bmatrix} 100.000 & -100.000 \\ -100.000 & 600.000 \end{bmatrix} \mathbf{z}$$
$$= \left\{ \begin{bmatrix} 0 \\ 5.000 \end{bmatrix} - i \begin{bmatrix} 0 \\ 5 \end{bmatrix} \right\} e^{i\Omega t}.$$

gegeben. Mit dem Lösungsansatz $\mathbf{z} = \hat{\mathbf{z}} e^{i\Omega t}$ folgt die Matrix der komplexen
Frequenzgänge

$$\mathbf{G}(i\Omega) = \begin{bmatrix} -1.000\,\Omega^2 + i\,\Omega\,5.000 + 100.000 & -i\,\Omega\,5.000 - 100.000 \\ -i\,\Omega\,5.000 - 100.000 & -50\,\Omega^2 + i\,\Omega\,5.500 + 600.000 \end{bmatrix}^{-1}.$$

Die Inverse ist sukzessive für die laufende Ω-Koordinate auszuwerten, sofern
keine analytische Darstellung möglich ist. Die Darstellung der Matrixelemente
G_{kl} erfolgt wie beim Ein–Masse–Schwinger als Ortskurve in der komplexen
Zahlenebene, siehe nachfolgende Abbildung.

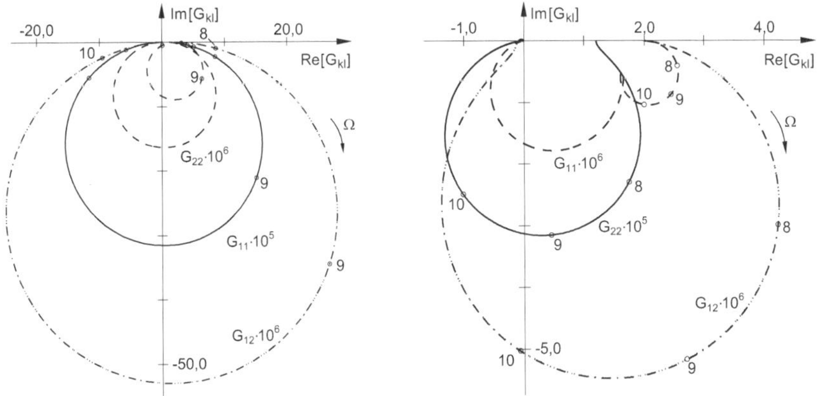

Bild 19-5 Der komplexe Frequenzgang – links $0,1 \cdot D$, rechts $1,0 \cdot D$

Nach Multiplikation der *Einflusszahlen* G_{kl} mit den Einwirkungen $\hat{p}_l$ erhält man
die Systemantwort $\hat{z}_k$. Wie in Abschnitt 18.1 wird auch hier die Antwortamplitude in der komplexen Zahlenebene dargestellt, sodass die Amplitudengänge
$\hat{z}_j$ und die Phasengänge φ_{0j} in einem Bild angegeben sind. Zunächst folgt die

komplexe Amplitude

$$\begin{bmatrix} \hat{z}_1 \\ \hat{z}_2 \end{bmatrix} = \frac{1}{1.000} \begin{bmatrix} -\Omega^2 + i\,\Omega\,5 + 100 & -i\,\Omega\,5 - 100 \\ -i\,\Omega\,5 - 100 & -0{,}05\,\Omega^2 + i\,\Omega\,5{,}5 + 600 \end{bmatrix}^{-1} \cdot \begin{bmatrix} \hat{p}_1 \\ \hat{p}_2 \end{bmatrix}.$$

Die Umrechnung der komplexen Systemantwort in die reelle Schreibweise erfolgt falls erforderlich mit $\hat{\mathbf{x}}_c = Re(\hat{\mathbf{z}})$ und $\hat{\mathbf{x}}_s = Im(\hat{\mathbf{z}})$, sodass man in einem weiteren Schritt die reellen Amplituden

$$\hat{x}_j^2 = \hat{x}_{cj}^2 + \hat{x}_{sj}^2$$

und die Vergrößerungsfunktionen

$$V_j = \left| \frac{\hat{x}_j}{\hat{x}_F} \right|$$

ermitteln kann. Der Phasenwinkel wird für die einzelnen Freiheitsgrade getrennt berechnet:

$$\varphi_{0j} = -\arctan \frac{Im(\hat{z}_j)}{Re(\hat{z}_j)}.$$

Nachfolgendes Bild verdeutlicht den Einfluss der Dämpfung auf die Größe der Amplituden und auf den Verlauf des komplexen Amplitudenganges. Die Schleife im rechten Bild folgt aus der Phasenverschiebung, die bei wachsender Erregerfrequenz zunächst abnimmt und dann wieder ansteigt, vergleiche Bild 19-4.

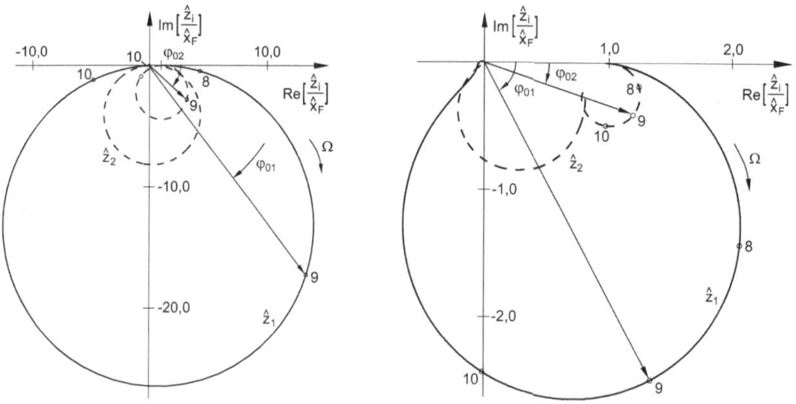

Bild 19-6 Die komplexe Systemantwort − links $0{,}1\cdot D$, rechts $1{,}0\cdot D$

20 Modal–Analyse bei Rayleigh–Dämpfung

Die Modal–Analyse hat zum Ziel, die Bewegungsgleichungen zu entkoppeln. Dies ist nur möglich, wenn die Matrizen $\mathbf{M}, \mathbf{D}$ und $\mathbf{K}$ mit Hilfe der Eigenvektoren *gleichzeitig* auf Diagonalform gebracht werden können, was im allgemeinen Fall jedoch nur bei zwei Matrizen möglich ist. Eine in der Anwendung gebräuchliche, vereinfachende Betrachtung des gedämpften Systems ist bei Verwendung der Eigenvektoren $\hat{\mathbf{x}}_j$ und der Eigenfrequenzen ω_{0j} des ungedämpften Systems

$$\mathbf{M}\,\ddot{\mathbf{x}} + \mathbf{K}\,\mathbf{x} = \mathbf{p}$$

möglich. Die Transformation des Gesamtsystems mit Hilfe des Modal–Ansatzes

$$\mathbf{x}(t) = \hat{\mathbf{X}}\,\mathbf{q}(t)$$

führt analog zu Abschnitt 13 bei $\mathbf{M}$–orthonormalen Eigenvektoren auf

$$\ddot{\mathbf{q}} + \hat{\mathbf{X}}^T \mathbf{D}\,\hat{\mathbf{X}}\,\dot{\mathbf{q}} + \omega_0^2\,\mathbf{q} = \hat{\mathbf{X}}^T \mathbf{p}\,.$$

Die Massen– und die Steifigkeitsmatrix sind wie im ungedämpften Fall entkoppelt, wenn die Eigenvektoren des ungedämpften Systems verwendet werden. Die Dämpfungsmatrix bleibt voll besetzt, sodass die Bewegungsgleichungen zunächst nicht entkoppelt werden können.

Bei schwacher Dämpfung ist der mittlere Term eine Störung des ungedämpften Systems und kann eventuell mit einer Störungsrechnung über die rechte Seite iterativ erfasst werden.

Besitzt die Dämpfungsmatrix die Form der Rayleigh–Dämpfung

$$\mathbf{D} = \gamma\mathbf{M} + \beta\mathbf{K}\,,$$

so kann eine Entkopplung der Bewegungsgleichung in der linken Seite erfolgen

$$\ddot{\mathbf{q}} + 2\,\mathrm{Diag}[\,\delta\,]\,\dot{\mathbf{q}} + \mathrm{Diag}[\,\omega_0^2\,]\,\mathbf{q} = \hat{\mathbf{X}}^T \mathbf{p}\,.$$

Die entkoppelte diagonale Dämpfungsmatrix

$$2\,\mathrm{Diag}[\,\delta\,] = \gamma\mathbf{I} + \beta\,\mathrm{Diag}[\,\omega_0^2\,]$$

ist hierbei eine Überlagerung von generalisierten Massen und Steifigkeiten. Die Berechnung der Systemantwort für die entkoppelten Gleichungen kann jetzt wie beim gedämpften Ein–Masse–Schwinger erfolgen. Wegen der Entkopplung der Bewegungsgleichungen führt die Rayleigh–Dämpfung zu einer erheblichen Vereinfachung der Berechnung und der Deutung der Systemantwort. Wichtig ist, dass aufgrund der Entkopplung rechnerisch kein Energietransfer zwischen den Bewegungsformen stattfindet, vergleiche Abschnitt 17.4.

© Springer Fachmedien Wiesbaden GmbH, ein Teil von Springer Nature 2020
D. Dinkler, *Einführung in die Strukturdynamik*,
https://doi.org/10.1007/978-3-658-31845-1_20

20.1 Freie Schwingungen

Der Lösungsansatz für den entkoppelten Ein–Masse–Schwinger

$$q_j = \hat{q}_j\, e^{\lambda_j t}$$

führt auf die charakteristische Gleichung

$$\lambda_j^2 + (\gamma + \beta\omega_{0j}^2)\lambda_j + \omega_{0j}^2 = 0$$

und damit auf die Eigenwerte

$$\begin{aligned}
\lambda_{j1,2} &= -\tfrac{1}{2}(\gamma + \beta\omega_{0j}^2) \pm i\,\sqrt{\omega_{0j}^2 - \tfrac{1}{4}(\gamma + \beta\omega_{0j}^2)^2}\\
&= -\delta_j \pm i\,\omega_j\,.
\end{aligned}$$

Real– und Imaginärteil hängen bei Rayleigh–Dämpfung nur von ω_{0j}^2 ab, sodass alle Eigenwerte in der komplexen Zahlenebene über dem Parameter ω_{0j}^2
dargestellt werden können. Nach Elimination von ω_{0j}^2 aus

$$\delta_j = \tfrac{1}{2}(\gamma + \beta\omega_{0j}^2)\,,$$

$$\omega_j^2 = \omega_{0j}^2 - \tfrac{1}{4}(\gamma + \beta\omega_{0j}^2)^2$$

folgt eine Kreisgleichung für den Realteil δ_j und den Imaginärteil ω_j

$$\omega_j^2 + (\delta_j - \frac{1}{\beta})^2 = \underbrace{(1 - \gamma\beta)\frac{1}{\beta^2}}_{r^2}\,.$$

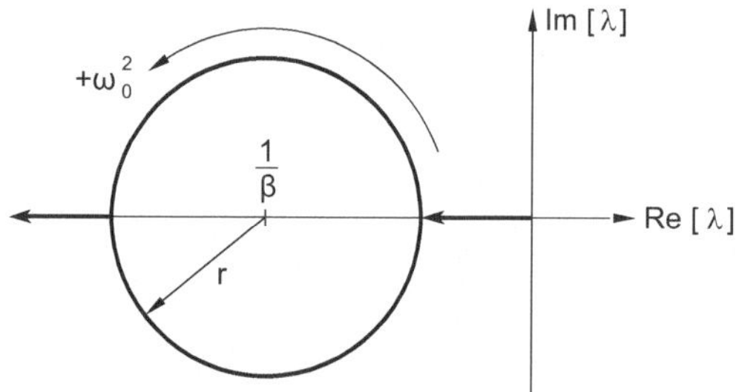

Bild 20-1 Eigenwerte bei Rayleigh–Dämpfung

Die vorweg gewählten Parameter γ und β der Rayleigh–Dämpfung legen den
Mittelpunkt und den Radius r des Kreises in der komplexen Zahlenebene fest.
Das gesamte Spektrum der konjugiert komplexen Eigenwerte des Systems liegt
jetzt auf dem Kreis, Kurvenparameter ist ω_0^2. Wenn $\omega_j^2 < 0$ sind die Eigenwerte
reell und liegen auf der reellen Achse.

20.2 Periodische Anregung in reeller Darstellung

Gegeben ist

$$\mathbf{M}\,\ddot{\mathbf{x}} + \mathbf{D}\,\dot{\mathbf{x}} + \mathbf{K}\,\mathbf{x} = \hat{\mathbf{p}}_c \cos \Omega t + \hat{\mathbf{p}}_s \sin \Omega t$$

mit der speziellen Dämpfung $\mathbf{D} = \gamma\mathbf{M} + \beta\mathbf{K}$. Mit dem Modal-Ansatz

$$\mathbf{x}_p(t) = \sum_{j=1}^{n} \hat{\mathbf{x}}_j\, q_j(t)\,,$$

wobei nachfolgend vereinfachend $q_{jp} = q_j$ gesetzt wird, folgt für den entkoppelten Ein–Masse–Schwinger

$$\ddot{q}_j + 2\delta_j \dot{q}_j + \omega_{0j}^2 q_j = \underbrace{\hat{\mathbf{x}}_j^T \hat{\mathbf{p}}_c}_{\hat{p}_{jc}} \cos \Omega t + \underbrace{\hat{\mathbf{x}}_j^T \hat{\mathbf{p}}_s}_{\hat{p}_{js}} \sin \Omega t\,.$$

Mit einem *Ansatz vom Typ der rechten Seite*, vergl. Abschnitte 7 und 8,

$$q_j = \hat{q}_{jc} \cos \Omega t + \hat{q}_{js} \sin \Omega t$$

folgt zunächst

$$\cos \Omega t \left\{ -\Omega^2 \hat{q}_{jc} + 2\delta_j \Omega \hat{q}_{js} + \omega_{0j}^2 q_{jc} - \hat{p}_{jc} \right\} +$$

$$\sin \Omega t \left\{ -\Omega^2 \hat{q}_{js} - 2\delta_j \Omega \hat{q}_{jc} + \omega_{0j}^2 q_{js} - \hat{p}_{js} \right\} = 0\,.$$

Hier enthält der Ansatz wie die rechte Seite sin– und cos–Terme. Generell sind bei gedämpften Systemen beide Anteile anzusetzen, da die Dämpfung auch bei reiner cos–Anregung eine Phasenverschiebung der Systemantwort bewirkt. Das Gleichungssystem

$$\begin{bmatrix} \omega_{0j}^2 - \Omega^2 & 2\delta_j \Omega \\ -2\delta_j \Omega & \omega_{0j}^2 - \Omega^2 \end{bmatrix} \begin{bmatrix} \hat{q}_{jc} \\ \hat{q}_{js} \end{bmatrix} = \begin{bmatrix} \hat{p}_{jc} \\ \hat{p}_{js} \end{bmatrix}$$

liefert die *Modal-Amplituden*

$$\hat{q}_{jc} = \frac{[\omega_{0j}^2 - \Omega^2]\hat{p}_{jc} - 2\delta_j \Omega \hat{p}_{js}}{[\omega_{0j}^2 - \Omega^2]^2 + [2\delta_j \Omega]^2}\,,$$

$$\hat{q}_{js} = \frac{[2\delta_j \Omega]\hat{p}_{jc} + [\omega_{0j}^2 - \Omega^2]\hat{p}_{js}}{[\omega_{0j}^2 - \Omega^2]^2 + [2\delta_j \Omega]^2}\,.$$

Zu beachten ist, dass hier kein Energietransfer zwischen den Eigenvektoren stattfindet, da die Ein–Masse–Schwinger entkoppelt sind. Nach der Überlagerung zur Gesamtbewegung können die Vergrößerungsfunktionen V_j und die Phasenwinkel φ_{0j} der Systemfreiheitsgrade wie bisher berechnet werden.

20.3 Periodische Anregung in komplexer Darstellung

Gegeben ist die komplexe Bewegungsgleichung

$$\mathbf{M}\ddot{\mathbf{z}} + \mathbf{D}\dot{\mathbf{z}} + \mathbf{K}\mathbf{z} = \hat{\mathbf{p}}\, e^{i\Omega t}\,.$$

Der Modal–Ansatz

$$\mathbf{z}(t) = \sum_{j=1}^{n} \hat{\mathbf{x}}_j\, q_j(t)$$

mit komplexem $q_j(t)$ führt auf die entkoppelten Bewegungsgleichungen

$$\ddot{q}_j + 2\delta_j \dot{q}_j + \omega_{0j}^2 q_j = \hat{\mathbf{x}}_j^T \hat{\mathbf{p}}\, e^{i\Omega t}\,.$$

Mit dem Lösungsansatz $q_j(t) = \hat{q}_j\, e^{i\Omega t}$ folgt die komplexe Amplitude

$$\hat{q}_j = \frac{1}{-\Omega^2 + i\,2\delta_j\Omega + \omega_{0j}^2} \cdot \hat{\mathbf{x}}_j^T \hat{\mathbf{p}}$$

$$= \frac{1}{\omega_{0j}^2} \cdot \frac{(1 - \eta_j^2) - 2i\,\vartheta_j\eta_j}{(1 - \eta_j^2)^2 + (2\vartheta_j\eta_j)^2} \cdot \hat{\mathbf{x}}_j^T \hat{\mathbf{p}}\,,$$

oder anders dargestellt

$$\hat{q}_j = G_j(i\Omega)\, \hat{\mathbf{x}}_j^T \hat{\mathbf{p}}\,.$$

Hierbei ist $G_j(i\Omega)$ der komplexe Frequenzgang und $\hat{\mathbf{x}}_j^T \hat{\mathbf{p}}$ die komplexe Last des Ein-Masse-Schwingers. Die Rücktransformation auf die komplexe Systemantwort liefert

$$\mathbf{z}(t) = \left\{ \sum_{j=1}^{n} G_j(i\Omega) \cdot \hat{\mathbf{x}}_j\, \hat{\mathbf{x}}_j^T \right\} \cdot \hat{\mathbf{p}}\, e^{i\Omega t}\,,$$

und damit die reelle Partikularlösung

$$\mathbf{x}(t) = Re[\mathbf{z}(t)] = Re \left\{ \sum_{j=1}^{n} G_j(i\Omega) \cdot \hat{\mathbf{x}}_j\, \hat{\mathbf{x}}_j^T \cdot \hat{\mathbf{p}}\, e^{i\Omega t} \right\}\,.$$

Diese Anordnung der Lösung ist vorteilhaft, da man so die Matrix der komplexen Frequenzgänge direkt mit Hilfe der Eigenvektoren berechnen kann

$$\mathbf{G}(i\Omega) = \sum_{j=1}^{n} G_j(i\Omega) \cdot \hat{\mathbf{x}}_j\, \hat{\mathbf{x}}_j^T\,.$$

Diese Schreibweise ist für den ungedämpften Fall in Abschnitt 14.2 erläutert. Die Darstellung der Systemantwort wird wie in Abschnitt 18.1 vorgenommen.

21 Modal–Analyse bei viskoser Dämpfung

Die Anwendung der Modal–Analyse beschränkt sich bisher auf ungedämpfte und gedämpfte Systeme, bei denen die Eigenvektoren des ungedämpften Systems für die Entkopplung der Bewegungsgleichungen angesetzt werden können. Im folgenden wird der Fall der viskosen Dämpfung untersucht, wenn die Entkopplung der Dämpfungsmatrix mit den Eigenvektoren des ungedämpften Systems nicht möglich ist. Nach Umschreiben der Bewegungsgleichungen

$$\mathbf{M}\,\ddot{\mathbf{x}} + \mathbf{D}\,\dot{\mathbf{x}} + \mathbf{K}\,\mathbf{x} = \mathbf{p}$$

auf die Form

$$\begin{bmatrix} -\mathbf{K} & \mathbf{0} \\ \mathbf{0} & \mathbf{M} \end{bmatrix} \begin{bmatrix} \mathbf{x} \\ \dot{\mathbf{x}} \end{bmatrix}^{\bullet} + \begin{bmatrix} \mathbf{0} & \mathbf{K} \\ \mathbf{K} & \mathbf{D} \end{bmatrix} \begin{bmatrix} \mathbf{x} \\ \dot{\mathbf{x}} \end{bmatrix} = \begin{bmatrix} \mathbf{0} \\ \mathbf{p} \end{bmatrix}$$

erhält man ein Gleichungssystem, das mit den zugehörigen Eigenvektoren auf eine Diagonalform transformiert werden kann. $\mathbf{x}$ und $\dot{\mathbf{x}}$ sind hierbei unabhängige Beschreibungsvariable. Man bezeichnet diese Darstellung auch als Darstellung im *Zustandsraum*, was anschaulich direkt mit der Phasenebene vergleichbar ist. Für die Darstellung im Zustandsraum

$$\mathbf{A}\,\dot{\mathbf{y}} + \mathbf{C}\,\mathbf{y} = \mathbf{g} \qquad \text{(2n Gleichungen)}$$

werden nachfolgend freie und erzwungene Schwingungen untersucht.

21.1 Freie Schwingungen

Die Berechnung der Eigenvektoren und Eigenwerte erfolgt jetzt analog zu Abschnitt 12. Die Aufweitung des Gleichungsystems auf $2n$ Freiwerte führt jedoch zu einem erhöhten Rechenaufwand bei der Berechnung der Eigenvektoren. Die Lösung der homogenen Bewegungsgleichung erfolgt wie bisher mit dem Ansatz

$$\mathbf{y}_h = \hat{\mathbf{y}}e^{\lambda t}.$$

Hierfür ist

$$[\lambda\,\mathbf{A} + \mathbf{C}]\,\hat{\mathbf{y}}\,e^{\lambda t} = \mathbf{0}$$

zu erfüllen. $\hat{\mathbf{y}}$ sind die Eigenvektoren des transformierten Systems, λ die zugehörigen Eigenwerte. Für die Berechnung der Eigenwerte und Eigenvektoren

© Springer Fachmedien Wiesbaden GmbH, ein Teil von Springer Nature 2020
D. Dinkler, *Einführung in die Strukturdynamik*,
https://doi.org/10.1007/978-3-658-31845-1_21

gilt Abschnitt 12, womit $\hat{\mathbf{y}}_k$ hier als bekannt vorausgesetzt werden kann. Die Eigenwerte λ_k mit $k = 1, 2n$ sind mit den Eigenwerten des Systems 2. Ordnung λ_{j1} und λ_{j2} mit $j = 1, n$ identisch, werden jedoch hier einzeln berechnet. Da die Koeffizientenmatrizen $\mathbf{A}$ und $\mathbf{C}$ reell und die Eigenwerte λ_k komplex sind, müssen die Eigenvektoren $\hat{\mathbf{y}}$ ebenfalls komplex sein, vergleiche Abschnitt 16.2. Der Zusammenhang zwischen den Eigenvektoren des Systems 2. Ordnung und des Systems 1. Ordnung wird deutlich, wenn

$$\dot{\mathbf{x}} = \lambda \mathbf{x}$$

gesetzt wird. Hiermit können der Zustandsvektor

$$\mathbf{y} = \begin{bmatrix} \mathbf{x} \\ \dot{\mathbf{x}} \end{bmatrix} = \begin{bmatrix} \mathbf{x} \\ \lambda \mathbf{x} \end{bmatrix} = \begin{bmatrix} \mathbf{I} \\ \lambda \mathbf{I} \end{bmatrix} \mathbf{x}$$

und damit die Eigenvektoren

$$\hat{\mathbf{y}}_k = \begin{bmatrix} \hat{\mathbf{x}}_k \\ \lambda_k \hat{\mathbf{x}}_k \end{bmatrix} = \begin{bmatrix} \mathbf{I} \\ \lambda_k \mathbf{I} \end{bmatrix} \hat{\mathbf{x}}_k$$

umgeschrieben werden. Mit den $2n$ Eigenvektoren $\hat{\mathbf{y}}_k$ liegen gleichzeitig die $2n$ Eigenvektoren $\hat{\mathbf{x}}_k$ fest, die wie die Eigenwerte jeweils konjugiert komplex sind. Für die Transformation der Bewegungsgleichungen 1. Ordnung auf Diagonalform ist die Orthogonalität der Eigenvektoren $\hat{\mathbf{y}}_k$ bezüglich der Koeffizientenmatrizen $\mathbf{A}$ und $\mathbf{C}$ erforderlich. Hierbei gilt in Analogie zum ungedämpften Fall

$$\begin{aligned} \hat{\mathbf{y}}_k^T \mathbf{A}\, \hat{\mathbf{y}}_l &= 0 \qquad \text{für} \qquad k \neq l \\ &= -1 \qquad \text{für} \qquad k = l \,, \end{aligned}$$

wenn $\hat{\mathbf{y}}_k$ entsprechend normiert ist, und

$$\begin{aligned} \hat{\mathbf{y}}_k^T \mathbf{C}\, \hat{\mathbf{y}}_l &= 0 \qquad \text{für} \qquad k \neq l \\ &= \lambda_k \qquad \text{für} \qquad k = l \,. \end{aligned}$$

Die Orthogonalitätsbedingungen lassen sich wegen des Zusammenhanges von $\hat{\mathbf{y}}_k$ und $\hat{\mathbf{x}}_k$ auch mit $\hat{\mathbf{x}}_k$ beschreiben. Es gilt

$$\begin{aligned} \hat{\mathbf{x}}_k^T \left[-\mathbf{K} + \lambda_k \lambda_l \mathbf{M} \right] \hat{\mathbf{x}}_l &= 0 \qquad \text{für} \qquad k \neq l \\ &= -1 \qquad \text{für} \qquad k = l \end{aligned}$$

und

$$\begin{aligned} \hat{\mathbf{x}}_k^T \left[(\lambda_k + \lambda_l)\mathbf{K} + \lambda_k \lambda_l \mathbf{D} \right] \hat{\mathbf{x}}_l &= 0 \qquad \text{für} \qquad k \neq l \\ &= \lambda_k \qquad \text{für} \qquad k = l \,. \end{aligned}$$

21.2 Periodische Anregung in komplexer Darstellung

Das Lösungsschema der reellen Schreibweise ist bei gedämpften Systemen sehr
unübersichtlich, wobei die Interpretation der Lösung jedoch anschaulich ist.
Die komplexe Schreibweise ist erheblich einfacher und wird in praktischen Anwendungen auch überwiegend eingesetzt. Mit dem Ansatz

$$\mathbf{y} = Re(\mathbf{z}) \quad \text{und} \quad \mathbf{g} = Re(\mathbf{h})$$

läßt sich die Bewegungsgleichung in reeller Darstellung in die komplexe Schreibweise überführen

$$\mathbf{A}\,\dot{\mathbf{z}} + \mathbf{C}\,\mathbf{z} = \mathbf{h}\,,$$

wobei die komplexe Belastung

$$\mathbf{h} = (\hat{\mathbf{g}}_c - i\hat{\mathbf{g}}_s)\,e^{i\Omega t} = \hat{\mathbf{h}}\,e^{i\Omega t}$$

analog zu Abschnitt 17.2 berechnet wird. Der Modal–Ansatz

$$\mathbf{z}(t) = \sum_{k=1}^{2n} \hat{\mathbf{y}}_k\,\mathbf{q}_k(t) = \hat{\mathbf{Y}} \cdot \mathbf{q}$$

mit komplexen $\mathbf{q}_k(t)$ liefert nach Orthogonalisierung der Bewegungsgleichung
mit $\hat{\mathbf{Y}}^T$ die entkoppelten Bewegungsgleichungen in komplexer Schreibweise

$$\hat{\mathbf{Y}}^T\mathbf{A}\,\hat{\mathbf{Y}}\,\dot{\mathbf{q}} + \hat{\mathbf{Y}}^T\mathbf{C}\,\hat{\mathbf{Y}}\,\mathbf{q} = \hat{\mathbf{Y}}^T\,\hat{\mathbf{h}}\,e^{i\Omega t}\,,$$

oder als Ein–Freiheitsgrad–System

$$-\dot{q}_k + \lambda_k q_k = \hat{h}_k e^{i\Omega t}\,, \quad k = 1,\ldots 2n\,.$$

Der Lösungsansatz für die komplexe Teilschwingung

$$q_k = \hat{q}_k e^{i\Omega t}$$

führt auf die komplexe Amplitude des zugehörigen Eigenvektors $\hat{\mathbf{y}}_k$

$$\hat{q}_k = \frac{\hat{h}_k}{\lambda_k - i\Omega} = \frac{1}{\lambda_k - i\Omega}\,\hat{\mathbf{y}}_k^T\,\hat{\mathbf{h}}$$

und mit dem Modal-Ansatz auf die Gesamtlösung

$$\mathbf{z}(t) = \underbrace{\sum_{k=1}^{2n} \hat{\mathbf{y}}_k\,\hat{\mathbf{y}}_k^T\,\frac{1}{\lambda_k - i\Omega}}_{\mathbf{H}(i\Omega)}\,\hat{\mathbf{h}}\,e^{i\Omega t}$$

oder kurz

$$\mathbf{z}(t) = \mathbf{H}(i\Omega)\,\hat{\mathbf{h}}\,e^{i\Omega t}\,.$$

$\mathbf{H}(i\Omega)$ ist hierbei die Matrix der komplexen Frequenzgänge für das System 1. Ordnung. Sie enthält $2n$ Spalten und Zeilen, da die Eigenvektoren $\hat{\mathbf{y}}_k$ die Vektoren $\hat{\mathbf{x}}_k$ und die Geschwindigkeiten $\dot{\hat{\mathbf{x}}}_k$ enthalten. Beachtet man den Zusammenhang

$$\dot{\hat{\mathbf{x}}}_k = \lambda_k\,\hat{\mathbf{x}}_k\,,$$

so kann man die Frequenzgangmatrix $\mathbf{G}(i\Omega)$ des Systems 2. Ordnung entsprechend Abschnitt 18.1 als Untermatrix von $\mathbf{H}(i\Omega)$ identifizieren. Es gilt

$$\begin{bmatrix} \hat{\mathbf{x}} \\ \dot{\hat{\mathbf{x}}} \end{bmatrix} = Re(\hat{\mathbf{z}}) \quad \text{und} \quad \hat{\mathbf{h}} = \begin{bmatrix} \mathbf{0} \\ \hat{\mathbf{p}}_c - i\,\hat{\mathbf{p}}_s \end{bmatrix},$$

sodass $\mathbf{G}(i\Omega)$ den Einfluss der Belastung $\hat{\mathbf{p}}_c - i\,\hat{\mathbf{p}}_s$ auf die komplexe Bewegung $\mathbf{z}$ angibt. Aus

$$\mathbf{H}(i\Omega) = \sum_{k=1}^{2n} \begin{bmatrix} \hat{\mathbf{x}}_k\,\hat{\mathbf{x}}_k^T & \hat{\mathbf{x}}_k\,\hat{\mathbf{x}}_k^T\,\lambda_k \\ \hat{\mathbf{x}}_k\,\hat{\mathbf{x}}_k^T\,\lambda_k & \hat{\mathbf{x}}_k\,\hat{\mathbf{x}}_k^T\,\lambda_k^2 \end{bmatrix} \frac{1}{\lambda_k - i\Omega}$$

folgt

$$\mathbf{G}(i\Omega) = \sum_{k=1}^{2n} \hat{\mathbf{x}}_k\,\hat{\mathbf{x}}_k^T\,\frac{\lambda_k}{\lambda_k - i\Omega}$$

als Matrix der komplexen Frequenzgänge des Systems 2. Ordnung. Hier ist zu beachten, dass die Eigenwerte im allgemeinen Fall konjugiert komplex sind. Die Umrechnung auf eine mit Abschnitt 18.1 und Abschnitt 20.3 vergleichbare Form gelingt, wenn man jeweils die beiden konjugiert komplexen Reihenglieder zusammenfasst und die unterschiedliche Normierung der Eigenvektoren beachtet.

22 Reduktion der Zahl der Freiheitsgrade

Die Lösung der Bewegungsgleichungen ist mit einem erheblichen numerischen Aufwand verbunden, wenn eine große Zahl von Freiheitsgraden vorliegt. Eine Verringerung des Aufwandes ist möglich, wenn die Gesamtlösung nur mit einer begrenzten Anzahl von Bewegungsformen angenähert wird, wobei die Reduktion mit einem Verlust an Genauigkeit verbunden ist. Die Elimination von Freiheitsgraden ohne Genauigkeitsverlust ist im Sonderfall möglich, wenn ein Teil der Freiheitsgrade in den Gleichungen durch die übrigbleibenden Freiheitsgrade beschrieben werden können.

22.1 Reduktion des Modal–Ansatzes

Die Reduktion der Anzahl der Modal–Freiheitsgrade bezeichnet man häufig als *dynamische Kondensation*. Gegeben ist das Gleichungssytem

$$\delta \mathbf{x} : \qquad \mathbf{M}\,\ddot{\mathbf{x}} + \mathbf{D}\,\dot{\mathbf{x}} + \mathbf{K}\,\mathbf{x} = \mathbf{p}(t) = \hat{\mathbf{p}} \cdot f(t)$$

mit n Freiheitsgraden. Die Eigenformen des ungedämpften Systems werden in der quadratischen Modalmatrix zusammengefasst

$$\hat{\mathbf{X}} = [\ddot{\mathbf{x}}_1, \ddot{\mathbf{x}}_2, \ldots, \ddot{\mathbf{x}}_n] \, .$$

Oft sind bei Systemen mit vielen Freiheitsgraden nicht alle Schwingungsformen für die Bewegung gleich wichtig. Eine Abschätzung, welche Teilschwingungen für die Bewegung wesentlich sind, wird weiter unten angegeben. Vernachlässigt man die unwichtigen Bewegungsformen, bleiben l wesentliche Eigenvektoren, die in der reduzierten Modalmatrix $\hat{\mathbf{X}}_r$ zusammengefasst werden

$$\hat{\mathbf{X}}_r = [\hat{\mathbf{x}}_1, \hat{\mathbf{x}}_2, \ldots, \hat{\mathbf{x}}_l], \qquad l \leq n \, .$$

Die Modal–Analyse zielt auf die Entkopplung der Bewegungsgleichungen, was auch mit der reduzierten Modalmatrix möglich ist. Der reduzierte Modal–Ansatz

$$\mathbf{x}(t) = \hat{\mathbf{X}}_r\,\mathbf{q}_r(t)$$

führt auf das reduzierte System mit l Gleichungen

$$\hat{\mathbf{X}}_r^T\,\mathbf{M}\,\hat{\mathbf{X}}_r\,\ddot{\mathbf{q}}_r + \hat{\mathbf{X}}_r^T\,\mathbf{D}\,\hat{\mathbf{X}}_r\,\dot{\mathbf{q}}_r + \hat{\mathbf{X}}_r^T\,\mathbf{K}\,\hat{\mathbf{X}}_r\,\mathbf{q}_r = \hat{\mathbf{X}}_r^T\,\hat{\mathbf{p}} \cdot f(t) \, .$$

© Springer Fachmedien Wiesbaden GmbH, ein Teil von Springer Nature 2020
D. Dinkler, *Einführung in die Strukturdynamik*,
https://doi.org/10.1007/978-3-658-31845-1_22

In der Schreibweise

$$\mathbf{M}_r\,\ddot{\mathbf{q}}_r + \mathbf{D}_r\,\dot{\mathbf{q}}_r + \mathbf{K}_r\,\mathbf{q}_r = \hat{\mathbf{p}}_r \cdot f(t)$$

sind die Koeffizientenmatrizen $\mathbf{M}_r\,,\mathbf{D}_r\,,\mathbf{K}_r$ die generalisierten Massen, Dämpfer, und Steifigkeiten des reduzierten Systems, die jeweils als quadratische Form entsprechend der Abbildung berechnet werden.

$$\begin{bmatrix} 11 & 1n \\ \ell1 & \ell n \end{bmatrix} \begin{bmatrix} 11 & 1n \\ \\ n1 & nn \end{bmatrix} \begin{bmatrix} 11 & 1\ell \\ \\ n1 & n\ell \end{bmatrix} = \begin{bmatrix} 11 & 1\ell \\ \ell1 & \ell\ell \end{bmatrix}\cdot$$

Bei geeigneter Dämpfung (z.B. Rayleigh–Dämpfung) sind die l Bewegungsgleichungen entkoppelt

$$\ddot{q}_j + 2\delta_j\dot{q}_j + \omega_j^2 q_j = \hat{p}_j \cdot f(t)\,,\quad j=1,\ldots,l \le n\,.$$

Sie können wie bisher gelöst werden.
Die Wahl der zu berücksichtigenden Eigenschwingungsformen kann nach verschiedenen Kriterien erfolgen.

- Die Eigenschwingungsformen können unterschiedlich stark von der Belastung angeregt werden. Die Skalarprodukte $\hat{\mathbf{x}}_j^T\,\hat{\mathbf{p}}$ projezieren die Last auf die Schwingungsform und sind daher ein Maß für die Anregung der jeweiligen Schwingungsform.

- Der Vergleich von Erregerfrequenz und Eigenfrequenz zeigt an, welche Eigenvektoren wegen möglicher Resonanzerscheinung besonders zu beachten sind.

- Wenn die Bewegung mit den Anfangsbedingungen festgelegt ist, sind die quadratischen Formen $\hat{\mathbf{x}}_j^T\,\mathbf{M}\,\mathbf{x}_0$ und $\hat{\mathbf{x}}_j^T\,\mathbf{M}\,\mathbf{v}_0$ zu beachten, da hiermit die Anregung der Eigenschwingungen infolge $\mathbf{x}_0$ und $\mathbf{v}_0$ quantifiziert wird, vergleiche Abschnitt 14.

Bei Systemen der Strukturdynamik mit sehr vielen Freiheitsgraden versuchen die Tragwerke in der Regel mit den Bewegungsformen kleinster Energie zu schwingen, wenn dies die äußere Belastung $\mathbf{p}(t)$ zulässt. Dies hat den Vorteil, dass für die Beschreibung der Bewegung nur die niedrigsten Eigenwerte und die zugehörigen Eigenvektoren angesetzt werden müssen und nicht mehr das ganze Spektrum. Dies deckt sich mit der Eigenschaft der Iterationsverfahren zur Berechnung der Eigenwerte, die die Eigenwerte in aufsteigender Reihenfolge berechnen. Man kann somit die Berechnung der Eigenwerte abbrechen, wenn die folgenden Abbruchkriterien erfüllt sind

$$\hat{\mathbf{x}}^T \hat{\mathbf{p}} < \varepsilon \,,$$

$$\omega_j^2 > \Omega^2 (1 + \beta) \,,$$

$$\hat{\mathbf{x}}_j^T \mathbf{M} \mathbf{x}_0 < \varepsilon \,, \qquad \hat{\mathbf{x}}_j^T \mathbf{M} \mathbf{v}_0 < \varepsilon \,.$$

Die Parameter ε und β werden an die gewünschte Genauigkeit angepasst.

22.2 Restmode–Korrektur

Der reduzierte Modal–Ansatz führt zu einer Gesamtschwingung, bei der die Informationen über die nicht berücksichtigten Eigenschwingungsformen vollständig verloren gehen. Dies kann dazu führen, dass das Gleichgewicht für die ursprüngliche (nicht die reduzierte) Belastung nicht mehr erfüllt ist. Auch wenn die Federkräfte bei Starrkörpersystemen oder die Längskraft- und die Biegemomentenverteilung bei kontinuierlichen Systemen für eine Optimierung oder eine Bemessung genauer bekannt sein sollen, müssen die für den Lastabtrag wichtigen, hochfrequenten Eigenformen beachtet werden, auch wenn sie zur Beschreibung der Bewegung nicht wesentlich sind.
Eine näherungsweise Berücksichtigung des bei der Reduktion nicht erfassten Anteils der Bewegung ohne Berechnung der Moden und der zugehörigen Eigenfrequenzen ist möglich, wenn man nur deren statischen Anteil in die Gesamtlösung mit einbezieht. Die Bewegungsgleichung

$$\delta\mathbf{x} \, : \qquad \mathbf{M}\ddot{\mathbf{x}} + \mathbf{D}\dot{\mathbf{x}} + \mathbf{K}\mathbf{x} = \hat{\mathbf{p}} \cdot f(t)$$

beschreibt das Gleichgewicht zwischen den antreibenden Kräften $\hat{\mathbf{p}} \cdot f(t)$ und den Reaktionen des Tragwerks. Statt des exakten Ansatzes für die Verschiebungen

$$\mathbf{x}(t) = \mathbf{x}_r(t) + \mathbf{x}_e(t) \,,$$

wobei $x_e(t)$ die eleminierten Verschiebungen beschreibt, wird jetzt näherungsweise

$$\mathbf{x}(t) \approx \mathbf{x}_r(t) + \hat{\mathbf{x}}_{e,stat} \cdot f(t)$$

gewählt. Dies bedeutet, dass ein Teil der Bewegung einfach über die Verlaufsfunktion der Einwirkung festgelegt ist, und die Bewegungsgleichung nicht mehr exakt erfüllt. Die Berechnung der im reduzierten Modal–Ansatz nicht erfassten

$\hat{\mathbf{x}}_{e,stat}$ kann vereinfachend erfolgen, wenn hierfür die Massenträgheiten und die Dämpferkräfte vernachlässigt werden. Wenn die Last zu allen Zeiten von dem System aufgenommen werden soll, muss in diesem Fall das Gleichgewicht der Federkräfte und der Last erfüllt sein. Damit folgt

$$\mathbf{K} \cdot \hat{\mathbf{x}}_{stat} \cdot f(t) = \hat{\mathbf{p}} \cdot f(t)\,.$$

Die Verschiebungen $\hat{\mathbf{x}}_{stat}$ können ohne Zeitverlaufsfunktion ermittelt werden

$$\mathbf{K} \cdot \hat{\mathbf{x}}_{stat} = \hat{\mathbf{p}} \qquad \Longrightarrow \hat{\mathbf{x}}_{stat} = \mathbf{K}^{-1} \cdot \hat{\mathbf{p}}\,.$$

Ein Teil der Verschiebungen $\hat{\mathbf{x}}_{stat}$ ist bereits im reduzierten Vektor $\hat{\mathbf{x}}_r$ berücksichtigt, sodass die eliminierten Verschiebungen mit

$$\hat{\mathbf{x}}_{e,stat} = \hat{\mathbf{x}}_{stat} - \hat{\mathbf{x}}_{r,stat}$$

gegeben sind. Mit dem reduzierten Modal–Ansatz

$$\hat{\mathbf{x}}_{r,stat} = \hat{\mathbf{X}}_r \cdot \hat{\mathbf{q}}_{r,stat}$$

folgen die generalisierten Koordinaten $\hat{\mathbf{q}}_{r,stat}$ ebenfalls ohne Zeitverlaufsfunktion mit

$$\underbrace{\hat{\mathbf{X}}_r^T \cdot \mathbf{K} \cdot \hat{\mathbf{X}}_r}_{\omega_{0r}^2} \cdot \hat{\mathbf{q}}_{r,stat} = \hat{\mathbf{X}}_r^T \cdot \hat{\mathbf{p}}\,.$$

Damit ist die angenäherte Gesamtlösung

$$\mathbf{x}(t) = \mathbf{x}_r(t) + (\hat{\mathbf{x}}_{stat} - \hat{\mathbf{x}}_{r,stat}) \cdot f(t)$$

bekannt, wobei die Teillösungen getrennt berechnet werden. Zusammengefasst folgt

$$\mathbf{x}(t) = \overbrace{\hat{\mathbf{X}}_r \cdot \mathbf{q}_r(t)}^{\text{Modal–Ansatz}} + \underbrace{\{\mathbf{K}^{-1} \cdot \hat{\mathbf{p}} - \hat{\mathbf{X}}_r \, [\omega_{0r}^2]^{-1} \, \hat{\mathbf{X}}_r^T \cdot \hat{\mathbf{p}}\}}_{\text{statisches Gleichgewicht}} \cdot f(t)\,.$$

Wesentlich ist, dass der reduzierte Modal–Ansatz wie bisher berücksichtigt wird. Der zusätzliche den Lastabtrag besser beschreibende Anteil wird mit wenig numerischem Aufwand über Gleichgewichtsbetrachtungen ermittelt, ohne den Zeitverlauf zu berücksichtigen. Zu beachten ist, dass das Vorgehen besonders gute Ergebnisse liefert, wenn die bezogene Erregerfrequenz $\eta \to 0$ klein ist. Bei großen η mit $V(\eta) \to 0$ wird die Gesamtlösung dagegen verfälscht.

Beispiel

Die Bewegungsgleichungen für das Beispiel nach Abschnitt 19.2 sind in Zahlen gegeben. Mit

$$\mathbf{M}\ddot{\mathbf{x}} + \mathbf{D}\dot{\mathbf{x}} + \mathbf{K}\mathbf{x} = \mathbf{p}$$

folgt für das ungedämpfte System

$$\begin{bmatrix} 1.000 & 0 \\ 0 & 50 \end{bmatrix} \begin{bmatrix} x_1 \\ x_2 \end{bmatrix}^{\cdot\cdot} + \begin{bmatrix} 100.000 & -100.000 \\ -100.000 & 600.000 \end{bmatrix} \begin{bmatrix} x_1 \\ x_2 \end{bmatrix} = \begin{bmatrix} 0 \\ 5.000 \end{bmatrix} \cos\Omega t.$$

Die Eigenwerte und die Eigenvektoren sind wie folgt gegeben

$$\lambda_1 = \pm\, 9{,}122, \quad \lambda_2 = \pm\, 109{,}6, \quad \mathbf{x}_1 = \begin{bmatrix} 0{,}0316 \\ 0{,}0053 \end{bmatrix}, \quad \mathbf{x}_2 = \begin{bmatrix} 0{,}0012 \\ -0{,}1413 \end{bmatrix}.$$

Orthogonalisieren der Bewegungsgleichungen mit

$$\hat{\mathbf{x}}(t) = \hat{\mathbf{x}}_1 \cdot q_1(t) + \hat{\mathbf{x}}_2 \cdot q_2(t)$$

liefert die Bewegungsgleichungen für die generalisierten Freiheitsgrade q_i

$$\begin{bmatrix} 1 & 0 \\ 0 & 1 \end{bmatrix} \begin{bmatrix} q_1 \\ q_2 \end{bmatrix}^{\cdot\cdot} + \begin{bmatrix} 9{,}122^2 & 0 \\ 0 & 109{,}2^2 \end{bmatrix} \begin{bmatrix} q_1 \\ q_2 \end{bmatrix} = \begin{bmatrix} 26{,}52 \\ -706{,}6 \end{bmatrix} \cos\Omega t.$$

Hiermit folgen die generalisierten Koordinaten

$$q_1(t) = \frac{26{,}52}{9{,}122^2 - \Omega^2} \cos\Omega t, \qquad q_2(t) = -\frac{706{,}6}{109{,}2^2 - \Omega^2} \cos\Omega t$$

Wählt man den ersten Eigenvektor für die Modal–Reduktion, folgt die Partikularlösung der Bewegungsgleichung zu

$$\hat{\mathbf{x}}(t) = \begin{bmatrix} 0{,}0316 \\ 0{,}0053 \end{bmatrix} \cdot \frac{26{,}52}{9{,}122^2 - \Omega^2} \cos\Omega t = \begin{bmatrix} 0{,}838 \\ 0{,}1406 \end{bmatrix} \cdot \frac{1}{9{,}122^2 - \Omega^2} \cos\Omega t.$$

Die Restmode–Korrektur erfolgt mit

$$\hat{\mathbf{x}}_{e,stat} = \left\{ \mathbf{K}^{-1} - \hat{\mathbf{X}}_r \left[\omega_{0r}^2\right]^{-1} \hat{\mathbf{X}}_r^T \right\} \cdot \hat{\mathbf{p}}$$

$$= \left\{ \begin{bmatrix} 1{,}2 & 0{,}2 \\ 0{,}2 & 0{,}2 \end{bmatrix} \cdot 10^{-5} \right.$$

$$\left. - \begin{bmatrix} 0{,}0316 \\ 0{,}0053 \end{bmatrix} \begin{bmatrix} \frac{1}{9{,}122^2} \end{bmatrix} \begin{bmatrix} 0{,}0316 & 0{,}0053 \end{bmatrix} \right\} \begin{bmatrix} 0 \\ 5.000 \end{bmatrix}$$

$$= \left\{ \begin{bmatrix} 0{,}01 \\ 0{,}01 \end{bmatrix} - \begin{bmatrix} 0{,}0101 \\ 0{,}00171 \end{bmatrix} \right\} = \begin{bmatrix} -0{,}0001 \\ 0{,}00829 \end{bmatrix}.$$

Die korrigierte Partikularlösung folgt damit zu

$$\mathbf{x}(t) = \begin{bmatrix} 0{,}838 \\ 0{,}1406 \end{bmatrix} \cdot \frac{1}{9{,}122^2 - \Omega^2} \cos \Omega t + \begin{bmatrix} -0{,}0001 \\ 0{,}00829 \end{bmatrix} \cdot \cos \Omega t \,.$$

Im Vergleich mit der exakten Lösung der Bewegungsgleichung

$$\mathbf{x}(t) = \begin{bmatrix} 0{,}838 \\ 0{,}1406 \end{bmatrix} \cdot \frac{1}{9{,}122^2 - \Omega^2} \cos \Omega t + \begin{bmatrix} -0{,}0012 \\ 0{,}1413 \end{bmatrix} \frac{706{,}6}{109{,}2^2 - \Omega^2} \cos \Omega t \,.$$

wird deutlich, dass der Lösungsanteil des ersten Eigenvektors exakt wieder gegeben wird. Die Korrektur kann jedoch die Resonanzstelle der zweiten Eigenschwingung nicht erfassen, sodass der Vergleich für $\Omega \to 0$ erfolgen sollte. Die Schwingungsamplituden geben für $\Omega = 0$ wie beabsichtigt die richtigen Werte.

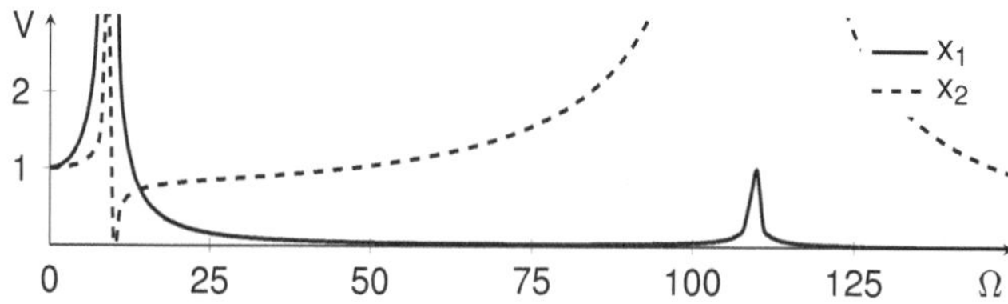

Bild 22-1 exakte Antwort–Amplituden der Freiheitsgrade x_1 und x_2

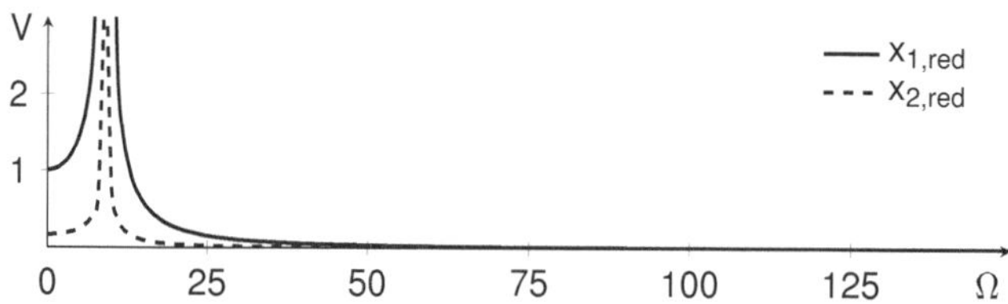

Bild 22-2 Antwort–Amplituden x_1 und x_2 des reduzierten Ansatzes

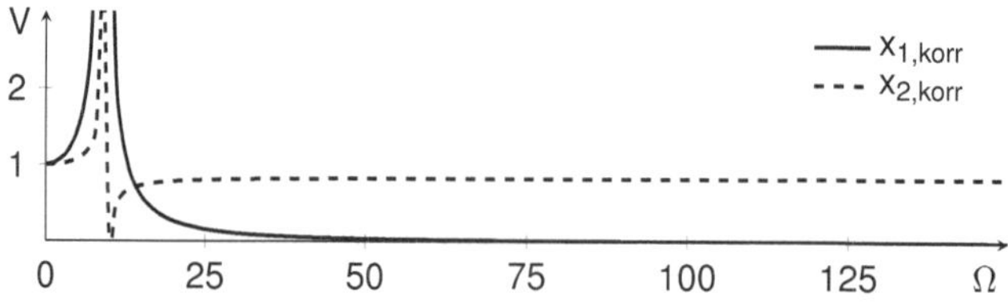

Bild 22-3 Antwort–Amplituden x_1 und x_2 nach Restmode–Korrektur

22.3 Elimination von Freiheitsgraden

Gegeben sind die Bewegungsgleichungen in der speziellen Form

$$\begin{bmatrix} \mathbf{M}_{11} & 0 \\ 0 & 0 \end{bmatrix} \begin{bmatrix} \mathbf{x}_r \\ \mathbf{x}_e \end{bmatrix}^{\cdot\cdot} + \begin{bmatrix} \mathbf{D}_{11} & 0 \\ 0 & 0 \end{bmatrix} \begin{bmatrix} \mathbf{x}_r \\ \mathbf{x}_e \end{bmatrix}^{\cdot} + \begin{bmatrix} \mathbf{K}_{11} & \mathbf{K}_{12} \\ \mathbf{K}_{21} & \mathbf{K}_{22} \end{bmatrix} \begin{bmatrix} \mathbf{x}_r \\ \mathbf{x}_e \end{bmatrix} = \begin{bmatrix} \mathbf{p}_r \\ \mathbf{p}_e \end{bmatrix} .$$

Hierbei sind die $\mathbf{x}_r$ die restlichen Freiheitsgrade und die $\mathbf{x}_e$ die zu eliminierenden Freiheitsgrade. Die zweite Matrizenzeile beschreibt eine statische Gleichgewichtsbedingung, sodass sie zur Elimination der $\mathbf{x}_e$ verwendet werden kann. Nach Auflösung der zweiten Zeile können die

$$\mathbf{x}_e = \mathbf{K}_{22}^{-1} \cdot \mathbf{p}_e - \mathbf{K}_{22}^{-1} \mathbf{K}_{21} \cdot \mathbf{x}_r$$

direkt in die erste Gleichung eingesetzt werden

$$\mathbf{M}_{11}\ddot{\mathbf{x}}_r + \mathbf{D}_{11}\dot{\mathbf{x}}_r + [\mathbf{K}_{11} - \mathbf{K}_{12}\mathbf{K}_{22}^{-1}\mathbf{K}_{21}]\mathbf{x}_r = \mathbf{p}_r - \mathbf{K}_{21}\mathbf{K}_{22}^{-1}\mathbf{p}_e .$$

Eine entsprechende Elimination ist auch möglich,

$$\text{wenn } \mathbf{D}_{kl} \neq 0 \text{ und } \mathbf{M}_{kl} = 0, \ \mathbf{K}_{kl} = 0 \text{ aber } \mathbf{M}_{11} \neq 0, \ \mathbf{K}_{11} \neq 0$$
$$\text{oder } \mathbf{M}_{kl} \neq 0 \text{ und } \mathbf{D}_{kl} = 0, \ \mathbf{K}_{kl} = 0 \text{ aber } \mathbf{D}_{11} \neq 0, \ \mathbf{K}_{11} \neq 0$$

gegeben ist. Die jeweils verbleibende Bewegungsgleichung enthält nur noch die $\mathbf{x}_r$ als Freiheitsgrade. In einer Nachlaufrechnung können falls erwünscht auch die $\mathbf{x}_e$ mit dann bekannten $\mathbf{x}_r$ berechnet werden.

Auf den allgemeinen Fall, wenn alle Untermatrizen besetzt sind, kann man diese Idee übertragen, wenn man ähnlich wie bei der *Modal–Reduktion* Genauigkeitsverluste akzeptiert. Mit der Transformationsmatrix $\mathbf{T}$ kann der Ansatz

$$\mathbf{x}(t) = \mathbf{T} \cdot \mathbf{x}_r$$

gewählt werden, wobei im speziellen Fall $\mathbf{T}$ mit der reduzierten Modalmatrix identisch ist. Bei einer Aufteilung der Verschiebung $\mathbf{x}(t)$ in

$$\begin{bmatrix} \mathbf{x}_r \\ \mathbf{x}_e \end{bmatrix} = \begin{bmatrix} \mathbf{I} \\ \mathbf{C} \end{bmatrix} \mathbf{x}_r$$

kann zunächst ein beliebiger Zusammenhang zwischen $\mathbf{x}_e$ und $\mathbf{x}_r$ gewählt werden. Setzt man wie oben

$$\mathbf{C} = -\mathbf{K}_{22}^{-1} \cdot \mathbf{K}_{21}$$

erhält man

$$\begin{bmatrix} \mathbf{x}_r \\ \mathbf{x}_e \end{bmatrix} = \begin{bmatrix} \mathbf{I} \\ -\mathbf{K}_{22}^{-1}\,\mathbf{K}_{21} \end{bmatrix} \mathbf{x}_r\,.$$

Die Elimination der $\mathbf{x}_e$ bedeutet, dass die Masse und die Dämpfung der Freiheitsgrade $\mathbf{x}_e$ vernachlässigt wird. Einsetzen des Ansatzes in die Bewegungsgleichung und Vormultiplikation im Sinne virtueller Verschiebungen mit $\mathbf{T}^T$ liefert das Gleichungssystem für die restlichen Freiheitsgrade $\mathbf{x}_r$

$$\mathbf{T}^T\,\mathbf{M}\,\mathbf{T}\,\ddot{\mathbf{x}}_r + \mathbf{T}^T\,\mathbf{D}\,\mathbf{T}\,\dot{\mathbf{x}}_r + \mathbf{T}^T\,\mathbf{K}\,\mathbf{T}\,\mathbf{x}_r = \mathbf{T}^T\,\mathbf{p}$$

oder mit den reduzierten Systemeigenschaften

$$\mathbf{M}_r\,\ddot{\mathbf{x}}_r + \mathbf{D}_r\,\dot{\mathbf{x}}_r + \mathbf{K}_r\,\mathbf{x}_r = \mathbf{p}_r\,.$$

Die Koeffizientenmatrizen sind voll besetzt. Das reduzierte System beschreibt jetzt das ursprüngliche System nur noch näherungsweise, da die Information über das Bewegungsverhalten der eliminierten Freiheitsgrade $\mathbf{x}_e$ durch den Ansatz zum Teil verloren gegangen sind. Die Güte der Näherung richtet sich nach der Transformationsmatrix $\mathbf{T}$, die im Prinzip beliebig gewählt werden darf. Allerdings muss die Transformationsmatrix regulär vom Rang l sein, da sonst das reduzierte System nicht lösbar ist. Die Elimination der $\mathbf{x}_e$ bezeichnet man als *statische Kondensation* von Freiheitsgraden.

Beispiel

Die Bewegungsgleichungen für das Beispiel nach Abschnitt 19.2 sind in Zahlen gegeben. Mit

$$\mathbf{M}\,\ddot{\mathbf{x}} + \mathbf{D}\,\dot{\mathbf{x}} + \mathbf{K}\,\mathbf{x} = \mathbf{p}$$

folgt für das ungedämpfte System

$$\begin{bmatrix} 1.000 & 0 \\ 0 & 50 \end{bmatrix} \begin{bmatrix} x_1 \\ x_2 \end{bmatrix}^{\cdot\cdot} + \begin{bmatrix} 100.000 & -100.000 \\ -100.000 & 600.000 \end{bmatrix} \begin{bmatrix} x_1 \\ x_2 \end{bmatrix} = \begin{bmatrix} 0 \\ 5.000 \end{bmatrix} \cos\Omega t\,.$$

Eliminiert man den zweiten Freiheitsgrad mit der statischen Kondensation, ist dies mit

$$\begin{bmatrix} x_1 \\ x_2 \end{bmatrix} = \begin{bmatrix} 1 \\ -\frac{1}{600.000}(-100.000) \end{bmatrix} x_1 = \begin{bmatrix} 1 \\ \frac{1}{6} \end{bmatrix} x_1$$

möglich. Einsetzen des reduzierten Ansatzes in die Bewegungsgleichung liefert

$$(1.000 + \frac{50}{6 \cdot 6}) \ddot{x}_1 + (100.000 + \frac{600.000}{6 \cdot 6} - 2 \cdot \frac{100.000}{6}) x_1 = \frac{5.000}{6} \cos \Omega t$$

und weiter

$$1.001{,}4 \ddot{x}_1 + 83.333 x_1 = 833{,}3 \cos \Omega t\,.$$

Die reduzierte Bewegungsgleichung kann in diesem Fall wie ein Ein–Masse–Schwinger behandelt werden. Die Partikularlösung der Bewegungsgleichung ist mit

$$x_1(t) = \frac{1}{83.333 - 1.001{,}4\,\Omega^2} 833{,}3 \cos \Omega t = \frac{1}{100 - 1{,}202\,\Omega^2} \cos \Omega t$$

gegeben. Falls erforderlich kann der zweite Freiheitsgrad $x_2(t)$ entsprechend dem Reduktionsansatz in einer Nachlaufrechnung bestimmt werden.

$$x_2(t) = \frac{1}{6} x_1(t) - \frac{1}{600 - 7{,}212\,\Omega^2} \cos \Omega t\,.$$

In Vektorschreibweise folgt

$$\begin{bmatrix} x_1 \\ x_2 \end{bmatrix} = \begin{bmatrix} 1 \\ \frac{1}{6} \end{bmatrix} \frac{1}{100 - 1{,}202\,\Omega^2} \cos \Omega t\,.$$

Im Vergleich mit der exakten Lösung

$$\begin{bmatrix} x_1 \\ x_2 \end{bmatrix} = \{ \begin{bmatrix} 0{,}838 \\ 0{,}1406 \end{bmatrix} \frac{1}{9{,}122^2 - \Omega^2} + \begin{bmatrix} -0{,}838 \\ 99{,}86 \end{bmatrix} \frac{1}{109{,}6^2 - \Omega^2} \} \cos \Omega t$$

$$= \{ \begin{bmatrix} 1 \\ 0{,}167 \end{bmatrix} \frac{1}{99{,}3 - 1{,}19\,\Omega^2} + \begin{bmatrix} -1 \\ 119{,}1 \end{bmatrix} \frac{1}{14334 - 1{,}19\,\Omega^2} \} \cos \Omega t\,.$$

wird deutlich, dass zwar der Anteil der ersten Eigenschwingung gut beschrieben wird, jedoch die zweite Resonanzstelle mit dem reduzierten Ansatz nicht erfasst werden kann.

23 Modal–Synthese

Die Modal–Analyse ist ein vereinfachendes Verfahren zur Berechnung und Untersuchung der Systemantwort auf gegebene Einwirkungen. Grundgedanke ist, die Antwort des Gesamtsystems aus den Eigenvektoren additiv zusammenzufügen.

Bei komplexen Systemen ist die Berechnung der Eigenvektoren aufwändig, wenn viele Freiheitsgrade vorliegen und auch ein reduzierter Modal–Ansatz noch sehr viel Bewegungsformen benötigt. Ein Verfahren, den numerischen Aufwand zu verringern, ist die Modal–Synthese. Hierbei wird das Gesamtsystem in Teilstrukturen zerlegt und für die Teilstrukturen getrennt eine Modal–Analyse mit Reduktion durchgeführt. Der Zusammenbau zum Gesamtsystem erfolgt dann mit dem reduzierten Modal–Ansatz und zusätzlichen Freiheitsgraden für die Formulierung der Übergangsbedingungen zwischen den Teilstrukturen. Das Verfahren ist ursprünglich von Craig und Bampton [14] entwickelt worden und wird heute standardmäßig zur Modal–Reduktion eingesetzt.

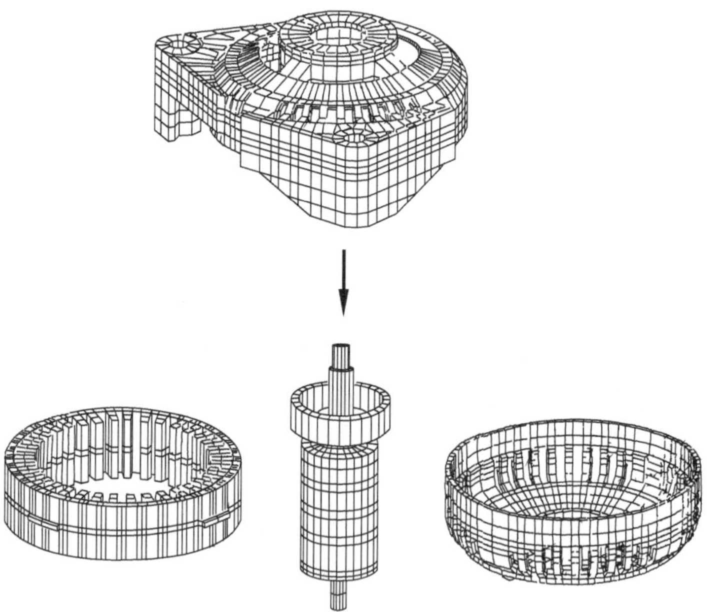

Bild 23-1 Teilstrukturen eines Antriebes

© Springer Fachmedien Wiesbaden GmbH, ein Teil von Springer Nature 2020
D. Dinkler, *Einführung in die Strukturdynamik*,
https://doi.org/10.1007/978-3-658-31845-1_23

Das Vorgehen ist mit der Finite–Element–Methode vergleichbar. Man definiert für die Teilstruktur vorgegebene Randbedingungen, z. B. fest eingespannt wie beim Weggrößenverfahren. Innerhalb der Teilstruktur wird das Verschiebungsfeld vom Verlauf her für die Einwirkungen aus Last berechnet, in der Dynamik auch die Eigenschwingungen. Zusätzlich werden die Verschiebungen aus den zunächst unterdrückten Randbedingungen als Einheitsverformungszustände für die noch unbekannten Knotenweggrößen vorgegeben. Beim Zusammenbau aller Teilstrukturen zum Gesamtsystem müssen die Übergangsbedingungen für die Kinematik und für das Gleichgewicht erfüllt werden, woraus die Bestimmungsgleichungen für die zunächst unbekannten Knotenweggrößen folgen. In einer Nachlaufrechnung kann auf Teilstrukturebene das Verschiebungsfeld nach Überlagerung aller Teilverschiebungsfelder bestimmt werden.

23.1 Die Teilstruktur beim Weggrößenverfahren

Weit verbreitet ist die Formulierung der Modal–Synthese als Weggrößenverfahren, was nachfolgend erläutert wird. Gegeben sind die Bewegungsgleichungen

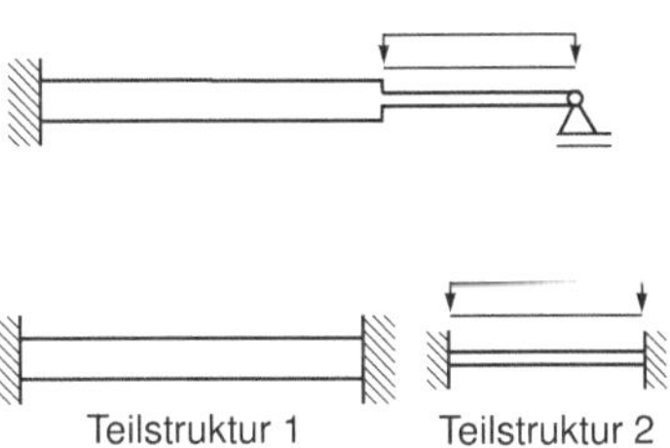

Bild 23-2 Teilstrukturen bei einem Biegestab

für die Teilstruktur – z. B. für einen beidseitig eingespannten Biegestab entsprechend der Abbildung –

$$\mathbf{M}_{GG}\,\ddot{\mathbf{v}}_G + \mathbf{D}_{GG}\,\dot{\mathbf{v}}_G + \mathbf{K}_{GG}\,\mathbf{v}_G = \mathbf{p}_G\,.$$

Der Index G kennzeichnet das Gebiet. $\mathbf{v}_G$ sind die Freiheitsgrade im Gebiet, $\mathbf{p}_G$ die Belastungen. Mit Hilfe eines Modal–Ansatzes

$$\mathbf{v}_G = \hat{\mathbf{X}}_G\,\mathbf{q}_G\,,$$

wobei die Modalmatrix $\hat{\mathbf{X}}_G$ auch reduziert sein kann, lässt sich die Bewegungsgleichung auf Teilstrukturebene entkoppeln, wenn die Dämpfung entsprechend gewählt ist. Für Rayleigh–Dämpfung gilt

$$\mathbf{I}\,\ddot{\mathbf{q}}_G + (\gamma\,\mathbf{I} + \beta\omega_0^2)\,\dot{\mathbf{q}}_G + \omega_0^2\,\mathbf{q}_G = \hat{\mathbf{X}}_G^T\,\mathbf{p}_G\,.$$

Bisher wird nur der beiderseits eingespannte Balken betrachtet. Zusätzlich können die Verformungen infolge Lagerverschiebung und –verdrehung auftreten

$$\mathbf{v}_K^T = \left[\begin{array}{cccc} w_A & \varphi_A & w_B & \varphi_B \end{array}\right],$$

wobei der Index K die Knoten bezeichnet. Damit ist die Gesamtverschiebung im Gebiet mit

$$w(x,t) = \mathbf{\Omega}_K \mathbf{v}_K + \hat{\mathbf{X}}_G\, \mathbf{q}_G$$

festgelegt, sodass sämtliche Bewegungsmöglichkeiten der Teilstruktur beschrieben werden können. Infolge der Verschiebungen, die den Knotenweggrößen zugeordnet sind, werden zusätzliche Arbeiten geleistet. Diese führen zu einer Kopplung der Arbeitsbeiträge von Knotenweggrößen und Gebietsverformungen.

$$\left[\begin{array}{cc} \mathbf{M}_{GG} & \mathbf{M}_{GK} \\ \mathbf{M}_{KG} & \mathbf{M}_{KK} \end{array}\right] \left[\begin{array}{c} \mathbf{v}_G \\ \mathbf{v}_K \end{array}\right]^{\cdot\cdot} + \left[\begin{array}{cc} \mathbf{D}_{GG} & \mathbf{D}_{GK} \\ \mathbf{D}_{KG} & \mathbf{D}_{KK} \end{array}\right] \left[\begin{array}{c} \mathbf{v}_G \\ \mathbf{v}_K \end{array}\right]^{\cdot}$$

$$+ \left[\begin{array}{cc} \mathbf{K}_{GG} & \mathbf{K}_{GK} \\ \mathbf{K}_{KG} & \mathbf{K}_{KK} \end{array}\right] \left[\begin{array}{c} \mathbf{v}_G \\ \mathbf{v}_K \end{array}\right] = \left[\begin{array}{c} \mathbf{p}_G \\ \mathbf{p}_K \end{array}\right].$$

Die $\mathbf{M}_{KK}$, $\mathbf{D}_{KK}$ und $\mathbf{K}_{KK}$ sind die Massen–, Dämpfer– und Steifigkeitsmatrizen aus Knotenweggrößen, $\mathbf{p}_K$ ist der entsprechende Lastvektor. Zusätzlich können hier auch Knotenmassen, –dämpfer, –federn und Knotenlasten berücksichtigt werden. Verwendet man wie oben gezeigt einen reduzierten Modal–Ansatz im Gebiet, so gilt

$$\left[\begin{array}{cc} \mathbf{I} & \hat{\mathbf{X}}_G^T\mathbf{M}_{GK} \\ \mathbf{M}_{KG}\hat{\mathbf{X}}_G & \mathbf{M}_{KK} \end{array}\right] \left[\begin{array}{c} \mathbf{q}_G \\ \mathbf{v}_K \end{array}\right]^{\cdot\cdot} + \left[\begin{array}{cc} \gamma\mathbf{I} + \beta\omega_{0GG}^2 & \hat{\mathbf{X}}_G^T\mathbf{D}_{GK} \\ \mathbf{D}_{KG}\hat{\mathbf{X}}_G & \mathbf{D}_{KK} \end{array}\right] \left[\begin{array}{c} \mathbf{q}_G \\ \mathbf{v}_K \end{array}\right]^{\cdot}$$

$$+ \left[\begin{array}{cc} \omega_{0GG}^2 & \hat{\mathbf{X}}_G^T\mathbf{K}_{GK} \\ \mathbf{K}_{KG}\hat{\mathbf{X}}_G & \mathbf{K}_{KK} \end{array}\right] \left[\begin{array}{c} \mathbf{q}_G \\ \mathbf{v}_K \end{array}\right] = \left[\begin{array}{c} \hat{\mathbf{X}}_G^T\mathbf{p}_G \\ \mathbf{p}_K \end{array}\right]$$

Die Kopplung zwischen den Freiheitsgraden des eingespannten Biegestabes und den Knotenweggrößen ist vorhanden, wenn die zugehörigen Schwingungsformen nicht orthogonal zueinander sind.

Die oben angegebenen Bewegungsgleichungen für $\mathbf{q}_G$ und $\mathbf{v}_K$ beschreiben sämtliche Bewegungsmöglichkeiten der Teilstruktur *Biegestab*. Die Koeffizientenmatrizen können verglichen werden mit den entsprechenden Matrizen der FEM in Weggrößenformulierung, wobei dort ein einzelnes Element angesprochen wird und hier eine einzelne Teilstruktur. Die inneren generalisierten Freiheitsgrade können für Sonderfälle analytisch und näherungsweise mit der statischen Kondensation eliminiert werden, da sie nur in der Teilstruktur definiert sind und keine Kopplung zu anderen Teilstrukturen vorhanden ist.

23.2 Das Gesamtsystem beim Weggrößenverfahren

Werden mehrere Teilstrukturen – wie im Bild gezeigt – zu einem Gesamtsystem zusammengesetzt, so erfolgt dies analog zur Finite–Element–Methode. Die Kopplung der Teilstrukturen erfolgt nur über die Knotenweggrößen, nicht mehr über die $\mathbf{v}_G$ bzw. $\mathbf{q}_G$, da diese nur die Gebietsverformungen beschreiben und gegebenenfalls eliminiert werden können.

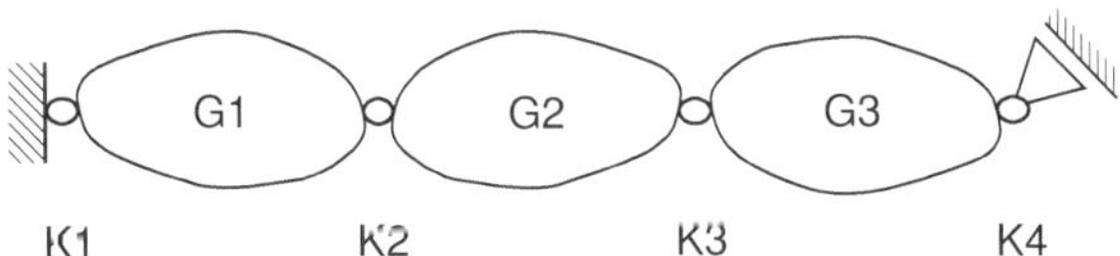

Beim Zusammensetzen der Teilstrukturen müssen die Übergangsbedingungen erfüllt werden. Für w und φ erfolgt das mit Hilfe der Knotenweggrößen, für M und Q stehen die Gleichgewichtsbedingungen direkt in den Zeilen für $\delta\varphi_K$ und δw_K des Gesamtsystems. Dies bedeutet auch, dass die Knotenweggrößen benachbarter Teilstrukturen das gleiche Bezugssystem haben müssen und eventuell eine Transformation erforderlich ist. Schematisch erhält das Gesamtgleichungssystem für das im Bild dargestellte System den folgenden Aufbau, wobei hier nur die Steifigkeitsmatrix angegeben ist.

$$
\begin{array}{l}
\delta v_{K1}: \\
\delta v_{G1}: \\
\delta v_{K2}: \\
\delta v_{G2}: \\
\delta v_{K3}: \\
\delta v_{G3}: \\
\delta v_{K4}:
\end{array}
\begin{bmatrix}
\star & \star & \star & & & \\
\star & \star & \star & & & \\
\star & \star & \star+o & o & o & \\
 & & o & o & o & \\
 & & o & o & \Delta+o & \Delta & \Delta \\
 & & & & \Delta & \Delta & \Delta \\
 & & & & \Delta & \Delta & \Delta
\end{bmatrix}
\begin{bmatrix}
v_{K1} \\
v_{G1} \\
v_{K2} \\
v_{G2} \\
v_{K3} \\
v_{G3} \\
v_{K4}
\end{bmatrix}
$$

Nach Berücksichtigung der Systemrandbedingungen können die Freiheitsgrade wie bisher berechnet werden

$$\mathbf{v}_{\text{System}} = \mathbf{v}_h + \mathbf{v}_p.$$

Die Vorteile der Modal–Synthese sind besonders für große Systeme mit vielen Freiwerten und vielen Teilstrukturen bemerkenswert.

- Verschiedene Arbeitsgruppen können an unterschiedlichen Bauteilen getrennt arbeiten.
- Bei gleichen Teilstrukturen erfolgt eine einmalige Berechnung der Teilstruktur.
- Die Berechnung ist für jede Teilstruktur getrennt möglich. Teilstrukturen können sein: Balken, Platten, Scheiben, Rotoren, Pylone usw.
  Im Flugzeugbau: Flügel, Rumpf, Leitwerk, Triebwerk.
  Im Automobilbau: Bremsen, Räder, Achsen, Sitze usw.
- Details können als eigene Teilstruktur betrachtet werden.
- Man kann eine Bibliothek von *Standard–Teilstrukturen* anlegen.
- In der Teilstruktur ist eine Reduktion der Freiheitsgrade mit einem Modal–Ansatz möglich.
- Die Kopplung einer bekannten analytischen Lösung mit Näherungslösungen in anderen Teilstrukturen ist einfach möglich.
- Der Vergleich mit Experimenten ist auf Teilstrukturebene einfacher als mit dem Gesamtsystem. Parameterstudien sind schneller durchführbar.

ANWENDUNGEN

24 Erdbebenanalyse von Tragwerken

Erdbeben sind in vielen Teilen der Welt der entscheidende Bemessungslastfall für Bauwerke. Als Erdbeben werden im Bauwesen Schwingungen des Baugrundes bezeichnet. Die Ursachen von Erdbeben sind vielfältig:

- Als Folge der Plattentektonik der Erdkruste können sich benachbarte Erdschollen ruckartig gegeneinander verschieben und den Boden großflächig zum Schwingen anregen.
- Vulkanismus bewirkt örtlich begrenzte Erdbeben.
- Der Einsturz von unterirdischen Hohlräumen z. B. in Bergbaugebieten bewirkt ebenfalls örtlich begrenzte Erdbeben.
- Auch Explosionen können den Baugrund örtlich zum Schwingen anregen.

Nachfolgend werden aus Gründen der Anschaulichkeit nur die Erdbeben aus Plattentektonik betrachtet. Als weiterführende Literatur sind Bachmann [1] und Meskouris et al. [31] empfohlen.

24.1 Erdbebenwellen und Darstellung von Erdbeben

Infolge der Plattentektonik verformt sich die Erdkruste großflächig, sodass große Energiemengen im Boden gespeichert werden können. Wenn die Deformation Festigkeitsgrenzen des Erdbodens erreicht, können sich großflächige Scherfugen im Boden einstellen. Beim Abscheren der Erdschollen erfolgt eine plötzliche Entlastung, die zu gegenseitigen Verschiebungen benachbarter Erdschollen führt, große Energiemengen freisetzen kann und die beteiligten Erdschollen und damit die auf ihnen stehenden Gebäude zum Schwingen anregt.
Nach einem Erdbeben breiten sich verschiedene Wellen radial vom Erdbebenherd in alle Richtungen aus. Hier unterscheidet man:

- P–Wellen; dies sind primäre Longitudional– bzw. Kompressionswellen, die sich mit der Geschwindigkeit u_p ausbreiten.
- S–Wellen; dies sind sekundäre Transversal– bzw. Scherwellen, die sich mit der Geschwindigkeit $u_s < u_p$ ausbreiten.
- L–Wellen; die als Love–Wellen bezeichneten Oberflächenwellen treten bei geschichteten Böden auf und bewegen die Masseteilchen in horizontaler Richtung, quer zur Ausbreitungsrichtung.
- R–Wellen; die als Rayleigh–Wellen bezeichneten Oberflächenwellen bewegen die Masseteilchen auf Ellipsenbahnen.

© Springer Fachmedien Wiesbaden GmbH, ein Teil von Springer Nature 2020
D. Dinkler, *Einführung in die Strukturdynamik*,
https://doi.org/10.1007/978-3-658-31845-1_24

In Bild 24-1 sind die verschiedenen Wellenarten anschaulich dargestellt.

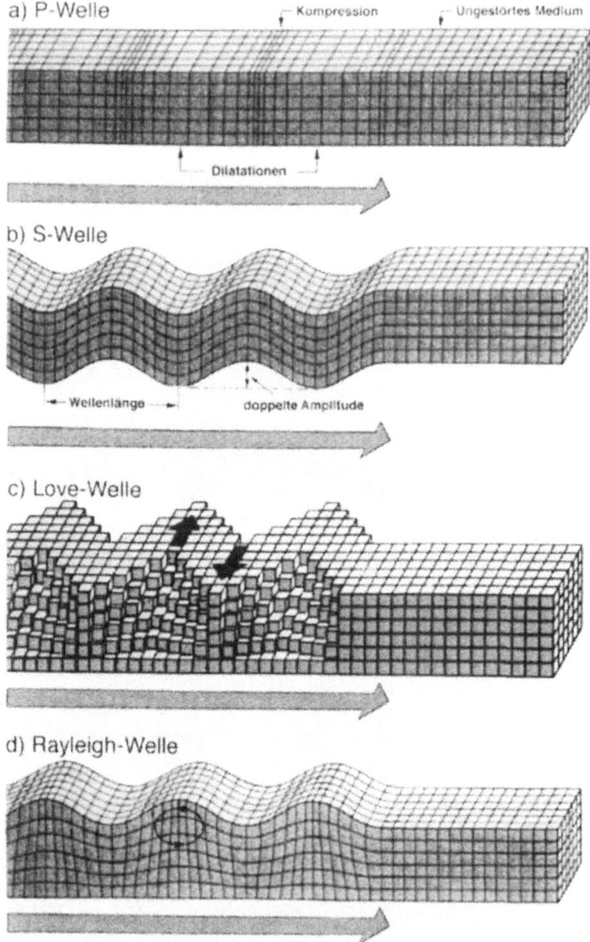

Bild 24-1 Erdbebenwellen nach Bolt [5] und Bachmann [1]

Aufgrund der örtlich unterschiedlichen Wirkung eines Erdbebens unterscheidet man das *Hypo–Zentrum* als Ort des Erdbebens innerhalb der Erdkruste, das *Epi–Zentrum* an der Erdoberfläche oberhalb des Hypo–Zentrums und den Ort des Gebäudes, auf das das Erdbeben einwirkt.

Die Darstellung der aus Erdbeben folgenden Bodenbewegung ist als Zeitverlauf in *Seismogrammen* oder als *Frequenzspektrum* möglich. In Bild 24-2 ist der zeitliche Verlauf der in–situ–Messung eines Erdbebens an einer ausgewählten Örtlichkeit dargestellt. An anderen Orten kann der Verlauf bei gleichem Erdbeben wesentlich anders sein, wenn die Entfernung zum Erdbebenherd und die Bodenbeschaffenheit anders sind. Am Zeitverlauf der Bodenverschiebung d_g, der Bodengeschwindigkeit v_g und der Bodenbeschleunigung a_g erkennt man – der Index $(\ )_g$ steht für *ground*, dass die hohen Frequenzen am deutlichsten am Beschleunigungsverlauf sichtbar sind. Dies ist wichtig, da die Einwirkungen auf die Bauwerke unmittelbar aus der Massenbeschleunigung folgen.

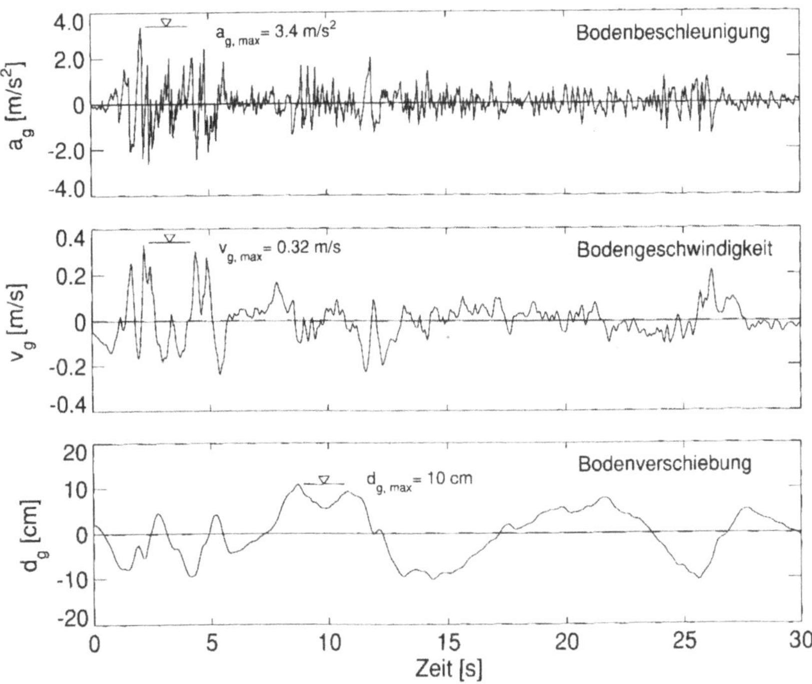

Bild 24-2 In–situ–Messung eines Erdbebens [5, 1]

Für die Beschreibung eines Erdbebens wird zum einen das Erdbebenspektrum verwendet, dass unmittelbar Einfluss auf das Schwingungsverhalten von Bauwerken hat, und zum anderen die *Intensität*. Die Intensität – also die örtliche

Wahrnehmbarkeit eines Erdbebens am Bauwerk – kann man unterschiedlich beschreiben. Die wesentlichen Maße sind:

- Die *Mercalli–Sieberg–Skala*, siehe z. B. DIN 4149 [61], beschreibt den Schädigungsgrad von Bauwerken von 1 (nicht fühlbar) bis 12 (vollständige Zerstörung), hiermit wird die Wirkung des Erdbebens auf Bauwerke erfasst, und nicht das Erdbeben selbst. Die Wirkung eines Erdbebens ist jedoch bei Mauerwerksbauten eine andere als bei Stahlbauten, sodass dies keine objektive Skala ist. Dennoch wird sie in verschiedenen Regionen verwendet. In den USA ist eine modifizierte Mercalli–Skala gebräuchlich, und in Europa u. a. die *Medvedev–Sponheuer–Karnik–Skala (MSK-64)*.

Tabelle 24.1 Modifizierte Mercalli–Skala

Magnitude	Wirkung
1	nicht fühlbar
2	fühlbar in oberen Stockwerken eines Gebäudes
3	hängende Gegenstände schwingen
4	in Gebäuden so fühlbar als wenn schwere Lkw vorbeifahren
5	Flüssigkeiten bewegen sich
6	Fensterscheiben zerbrechen
7	Personen müssen sich festhalten
8	Leichtbauwände beschädigt, Schornsteine zerstört
9	schweres Mauerwerk zerstört, nichtverankerte Konstruktionen vom Fundament abgeschert
10	Erdrutsche, schwere Schäden an Mauerwerksgebäuden
11	Zerstörung von Versorgungsleitungen
12	vollständige Zerstörung

Seit 1998 wird die *Europäische Makroseismische Skala (EMS-98)* [16] für die Beschreibung der Intensität von Erdbeben in Europa empfohlen. Ziel der EMS-98 war nicht eine völlige Neudefinition der Intensitätsskalen, sondern eine mehr ins Detail gehende Beschreibung und Bewertung der Schäden an Gebäuden unterschiedlicher Bauarten und Baustoffe, um die große Vielfalt von Baukonstruktionen und Herstellungsweisen berücksichtigen zu können. Im Detail wird zwischen Mauerwerks–, Stahlbeton–, Stahl– und Holzbauwerken unterschieden, für die Verletzbarkeitsklassen und Schadensgrade definiert werden. Hiermit kann die Wirkung eines Erdbebens graduell erfasst werden. Wesentlich ist auch, dass die Wirkung eines Erdbebens auf Menschen, Umwelt und Gebäude getrennt beschrieben wird. Tabelle 24.2 gibt eine grobe Übersicht auf die Bezeichnungen und die bei der jeweiligen Intensität beobachtbaren Phänomene.

Tabelle 24.2 Europäische Makroseismische Skala (EMS–98)

EMS Intensität	Bezeichnung	Beobachtung
I	nicht fühlbar	nicht fühlbar
II	kaum fühlbar	von wenigen ruhenden Personen in Gebäuden wahrnehmbar
III	schwach	ruhende Personen in Gebäuden fühlen ein Schwanken und leichtes Erzittern
IV	deutlich	von vielen Personen in Gebäuden wahrnehmbar, Fenster und Türen klappern
V	stark	starke Erschütterungen, Gebäude erzittern
VI	leicht schädigend	Gegenstände fallen herab, kleine Wandrisse und Putzabplatzungen
VII	schädigend	viele Gebäudeschäden, Wandrisse, Putzschäden, teilweise einstürzende Kamine
VIII	schwer schädigend	große Mauerschäden, einige Gebäude stürzen teilweise ein
IX	zerstörend	schwach gebaute Gebäude werden zerstört, normale Gebäude zeigen starke Schäden
X	sehr zerstörend	viele normal gebaute Gebäude stürzen ein
XI	verwüstend	die meisten normalen Gebäude stürzen ein
XII	vollständig verwüstend	fast alle Bauwerke werden zerstört

Die tatsächliche Stärke eines Erdbebens wird mit folgenden Skalen gemessen:

- Mit der Richter–Gutenberg–Skala rechnet man die freigesetzte Energie W [*Joule*] eines Erdbebens in einen Magnitudenwert M_L einer logarithmischen Skala um. Der Index$(\ )_L$ deutet an, dass es sich um eine lokale Skala handelt.

$$M_L = \frac{2}{3} \left(\log_{10} W - 4{,}8 \right).$$

Grundlage der Skalierung sind die Amplituden von *Geschwindigkeits–Seismogrammen* der Erdbebenwellen in der näheren Umgebung des Epi-Zentrums des Erdbebens. Die Richter–Gutenberg–Skala ist für Magnituden $M_L < 6{,}5$ hinreichend genau.

- Für größere Erdbeben wird die *Momenten–Magnitude* M_W verwendet, die bis zu einer Magnitude von $M_W = 10{,}6$ definiert ist.

$$M_W = \frac{2}{3}\left(\log_{10} M_0 - 9{,}1\right).$$

Die Bezeichnung *Seismisches Moment* M_0 folgt aus der Definition der Magnitude, die mit dem Produkt aus der Scherkraft in der Bruchfläche und der gegenseitigen Verschiebung der Bruchflächen bestimmt wird. Hiermit wird die infolge des Erdbebens geleistete Arbeit in der Bruchfläche beschrieben.

Aufgrund der unterschiedlichen Diagramme für Raumwellen (P– und S–Wellen) und Oberflächenwellen (L– und R–Wellen) sowie abhängig von der Entfernung vom Epi–Zentrum kann man die Skalen modifizieren und verfeinern.

Tabelle 24.2 gibt die durchschnittliche Häufigkeit und Stärke von Erdbeben weltweit an. Die Datenauswertung erfolgte vom *United States Geological Survey* und berücksichtigt Erdbeben von 1990 - 2015. Die Statistik ist vom *Bundesamt für Geowissenschaften und Rohstoffe* veröffentlicht. Leichte Erdbeben werden oft nicht wahrgenommen und für extrem große Erdbeben sind in der Tabelle Erdbeben seit 1914 erfasst.

Tabelle 24.3 Häufigkeit von Erdbeben

Magnitude	Erdbebenstärke	Häufigkeit
$M_L \leq 3$	extrem leicht	unbekannt
$3 < M_L \leq 4$	sehr leicht	130.000 / Jahr
$4 < M_L \leq 5$	leicht	13.000 / Jahr
$5 < M_L \leq 6$	mittel	1509 / Jahr
$6 < M_W \leq 7$	stark	139 / Jahr
$7 < M_W \leq 8$	groß	15 / Jahr
$8 < M_W \leq 9$	sehr groß	1 / Jahr
$9 < M_W \leq 10$	extrem groß	1 / 20 Jahre
$10 < M_W$	globale Katastrophe	unbekannt

24.2 Berechnungsverfahren für Tragwerke

Erdbeben werden in der Tragwerksanalyse als Einwirkung auf das Tragwerk betrachtet. Die Einwirkung wird als gemessener oder künstlicher Beschleunigungsverlauf $\ddot{x}(t)$ in der Bewegungsgleichung berücksichtigt. Die Lösung der Bewegungsgleichung erfolgt je nach Zielsetzung analytisch oder numerisch.

- Bei linear–elastischem Werkstoffverhalten kann die Lösung der Bewegungsgleichung mit Superposition von Einzellösungen im Zeitbereich erfolgen. Hierbei werden die Einwirkungen mit der diskreten Fourier-Reihe oder mit dem Fourier–Integral in den Frequenzraum transformiert und die Systemantwort im Frequenzraum berechnet.

- Bei elastisch–plastischem Werkstoffverhalten sind die Bewegungsgleichungen nichtlinear, sodass die Berechnung der Systemantwort mit einer numerischen „step-by-step" Integration erfolgen muss.

Aufgrund der Unsicherheiten bei der Beschreibung des im Einzelfall tatsächlich vorhandenen Beschleunigungsverlaufs haben sich vereinfachende Ingenieurverfahren durchgesetzt, die bei linear-elastischem Werkstoffverhalten eingesetzt werden können. Dies sind das *Antwortspektrenverfahren* und das *Ersatzkraftverfahren*. Nachfolgend wird zunächst das *Antwortspektrum* erklärt, da es die Vorgehensweise grundsätzlich beschreibt und sich mit der Modal–Analyse für Systeme mit beliebig vielen Freiheitsgraden einsetzen lässt.

24.2.1 Das Antwortspektrum

Zunächst wird die grundlegende Idee erläutert und in einem zweiten Schritt die Umsetzung für den vorliegenden Fall.

Gegeben ist der Ein–Masse–Schwinger, der durch eine Fußpunktanregung $\ddot{u}_F$ aus Erdbeben in Schwingungen versetzt wird. Die Gesamtverschiebung $x(t)$ der Masse enthält die Schwingung $u(t)$ senkrecht zur Stabachse sowie die Fußpunktverschiebung $u_F(t)$. Wenn die Masse m die Absolutbeschleunigung $\ddot{x}(t)$ erfährt, folgt mit

$$x(t) = u_F(t) + u(t)$$

die Bewegungsgleichung

$$m\ddot{x} + d\dot{u} + ku = 0 .$$

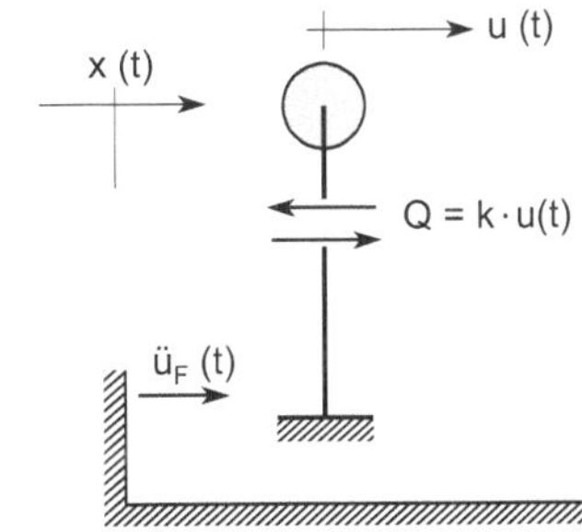

Bild 24-3 Fußpunkterregter Ein-Masse-Schwinger

Wird $x(t)$ explizit eingesetzt, folgt

$$m\ddot{u} + d\dot{u} + ku = -m\ddot{u}_F\,.$$

In der Regel ist die Fußpunktanregung u_F unperiodisch, sodass die Relativverschiebung $u(t)$ der Masse mit dem Duhamel-Integral berechnet werden muss. Hiermit gilt

$$u(t) = \frac{1}{m\omega} \int_0^t -m\ddot{u}_F(\tau) \cdot e^{-\delta(t-\tau)} \cdot \sin\omega(t-\tau)\,d\tau$$

$$= -\frac{1}{\omega} \int_0^t \ddot{u}_F(\tau) \cdot e^{-\delta(t-\tau)} \cdot \sin\omega(t-\tau)\,d\tau\,.$$

Die Relativgeschwindigkeit folgt zu

$$\dot{u}(t) = -\frac{1}{\omega} \int_0^t \ddot{u}_F(\tau) \cdot e^{-\delta(t-\tau)} \cdot (-\delta\sin\omega(t-\tau) + \omega\cos\omega(t-\tau))\,d\tau$$

$$= -\delta \cdot u(t) - \int_0^t \ddot{u}_F(\tau) \cdot e^{-\delta(t-\tau)} \cos\omega(t-\tau)\,d\tau$$

und die Relativbeschleunigung zu

$$\ddot{u}(t) = -\delta\dot{u}(t) - \int_0^t \ddot{u}_F(\tau) \cdot e^{-\delta(t-\tau)} \cdot (-\delta\cos\omega(t-\tau) - \omega\sin\omega(t-\tau))\,d\tau$$

$$= -2\delta \cdot \dot{u}(t) - \omega_0^2 u(t)\,,$$

wenn $\omega^2 = \omega_0^2 - \delta^2$ berücksichtigt wird. Die Verschiebungen, Geschwindigkeiten und Beschleunigungen sind in der Zeit veränderlich und von der Eigenkreisfrequenz und der Dämpfung abhängig. Für die Bemessung interessieren jedoch nur die Maximalwerte, sodass es sinnvoll ist, die Maximalwerte der Relativverschiebung als *Spektrale Verschiebung* S_d zu bezeichnen. Der Index $(\ )_d$ deutet auf die englische Bezeichnung *displacement* hin.

$$S_d(\omega, \delta) = [u(t)]_{max}\,.$$

Entsprechend kann man im weiteren die Maximalwerte der Relativgeschwindigkeit als *Spektrale Geschwindigkeit*

$$S_v = [\dot{u}(t)]_{max}$$

sowie die Maximalwerte der Absolutbeschleunigung als *Spektrale Beschleunigung*

$$S_a = [\ddot{u}(t) + \ddot{u}_F(t)]_{max}$$

bezeichnen, da diese Beschleunigungen auf die Masse einwirken und daher für die Bemessung entscheidend sind. Die Indizes $(\,)_v$ und $(\,)_a$ folgen den englischen Begriffen *velocity* und *acceleration*. Für kleine Dämpfung $\vartheta < 0{,}1$ sowie $\omega \approx \omega_0$ kann man die Anteile aus Dämpfung vernachlässigen und die Maximalwerte der Relativgeschwindigkeit als *Pseudo–Geschwindigkeit* mit

$$S_{pv} = \omega_0 \cdot S_d$$

sowie die Maximalwerte der Absolutbeschleunigung als *Pseudo–Beschleunigung*

$$S_{pa} = \omega_0^2 \cdot S_d$$

bezeichnen. Der Begriff *Pseudo* deutet darauf hin, dass dies eine Näherung für schwache Dämpfung ist und eine harmonische Bewegung der Masse impliziert. Mit der Skalierung der Pseudo–Beschleunigung auf die Pseudo–Verschiebung wird deutlich, dass die Verschiebung $x(t)$ der Masse und die Fusspunktverschiebung $u_F(t)$ bei sehr steifen Systemen mit großem ω_0^2 nahezu gleich sind und die Absolutbeschleunigung $\ddot{x}(t)$ der Masse mit der Fusspunktbeschleunigung $\ddot{u}_F(t)$ gegeben ist. Daher ist der Bemessungswert S_{pa} der Beschleunigung bei kleiner Periode T relativ groß. Bei kleiner Steifigkeit sind die Absolutverschiebungen $x(t)$ und die Absolutbeschleunigungen $\ddot{x}(t)$ der Masse klein, sodass auch der Bemessungswert der Beschleunigung bei großer Periode T relativ gering ist.

In Bild 24-4 ist das Spektrum der Pseudo–Beschleunigung über der Periodendauer T der jeweiligen Eigenfrequenz aufgetragen. Dies bedeutet, dass z. B. bei einer Eigenkreisfrequenz von $\omega_0 = 3{,}14\,[rad/s]$ und entsprechend einer Periodendauer von $T = 2\,s$ eine Pseudo–Beschleunigung von $S_{pa} \approx 0{,}3\,g$ vorliegt, mit der die Masse horizontal beschleunigt wird.

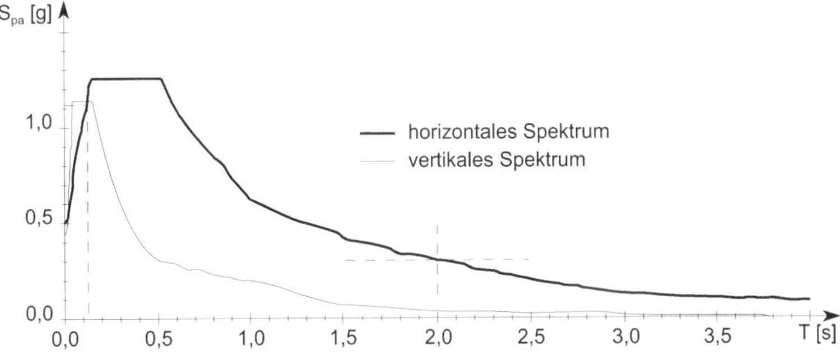

Bild 24-4 Spektrum der Pseudo-Beschleunigung nach Eurocode 8, Teil 1 [58]

Die Pseudo–Beschleunigung ist für jedes Erdbeben unterschiedlich, sodass für einen Sicherheitsnachweis eines Tragwerks vereinfachende Annahmen erforderlich sind. Bild 24-5 zeigt ein vereinfachendes Bemessungsspektrum nach DIN 4149 [61]. Hierbei sind die Parameter a_g, γ_1, S, η und β_0 sowie die diskreten Perioden T_A, T_B, T_C, T_D an die jeweils im Einzelfall vorliegenden geologischen Begebenheiten angepasst.

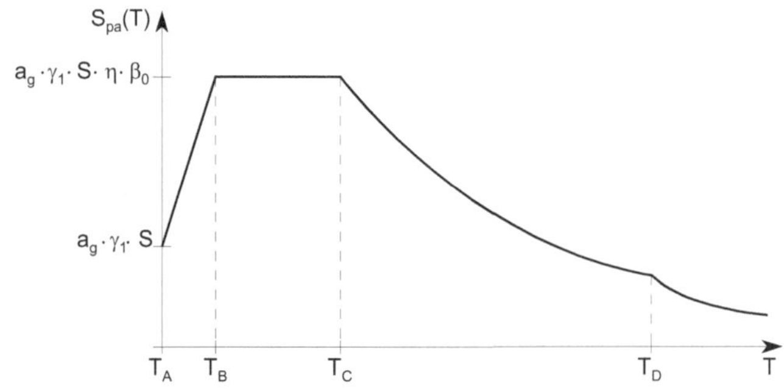

Bild 24-5 Bemessungsspektrum der Pseudo–Beschleunigung nach DIN 4149 [61]

Weil alle spektralen Werte von S_d von der Eigenkreisfrequenz ω_0 und vom Dämpfungsmaß ϑ abhängen, kann man sie für ein spezielles Erdbeben in einem einzigen Diagramm darstellen, siehe Bild 24-6.

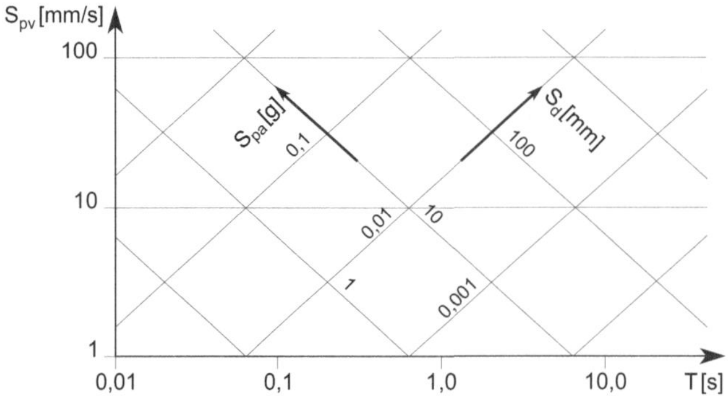

Bild 24-6 Schematische Aufbereitung eines Antwortspektrums

Das Diagramm ist so aufgebaut, dass die Spektralwerte der Verschiebung, der Pseudo–Geschwindigkeit und der Pseudo–Beschleunigung in einem doppelt–logarithmischen Maßstab in Abhängigkeit von der Periodendauer T dargestellt sind. Vertikal ist die Pseudo–Geschwindigkeit angegeben, nach rechts oben die Spektrale Verschiebung und nach links oben die Pseudo–Beschleunigung in Vielfachen der Erdbeschleunigung. Diese Darstellung ist möglich, da sich S_d, S_{pv} und S_{pa} mit dem Faktor $\omega_0 = 2\pi/T$ ineinander umrechnen lassen. Trägt man in dieses Diagramm die Antwort des Ein–Masse–Schwingers in Abhängigkeit von der gewählten Dämpfung auf, so erhält man das Antwortspektrum.

Das Diagramm kann man verfeinern, wenn man das elastisch–plastische Werkstoffverhalten als Duktilitätsmaß μ

$$\mu = \frac{u_{el-pl}}{u_{el}}$$

berücksichtigt, das die tatsächliche elastisch–platische Verschiebung mit der Verschiebung bei elastischem Werkstoffverhalten vergleicht, vergleiche auch Bild 24-8. Stellt man das Schwingungsverhalten des Ein–Masse–Schwingers in Abhängigkeit von der gewählten Dämpfung und dem Duktilitätsmaß μ dar, so erhält man ein modifiziertes Antwortspektrum, das in Bild 24-7 für das El-Centro–Erdbeben angegeben ist. Aus dem Diagramm kann man die Antwort des Ein–Masse–Schwingers auf das gewählte Erdbeben ohne weitere Berechnung direkt ablesen, da sowohl die Eigenfrequenz $f[Hz]$ als auch das Dämpfungsmaß ϑ und das Duktilitätsmaß μ als Parameter verwendet werden.

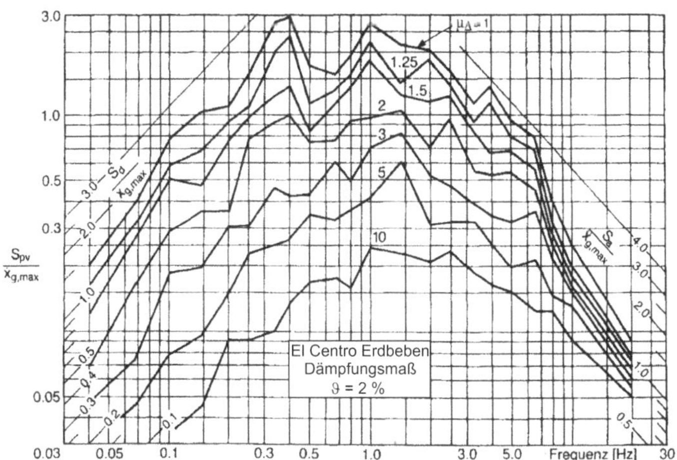

Bild 24-7 Antwortspektrum des El–Centro–Erdbebens in Mexiko 1940

Bei einem Mehr–Massen–Schwinger kann man das Antwortspektrum für jede einzelne Eigenfrequenz des Schwingers entsprechend interpretieren, wenn man die Idee der Modal–Analyse mit den bekannten Einschränkungen auf die Erdbebenanregung überträgt.

Den Einfluss plastifizierenden Materialverhaltens auf die Systemantwort kann mit dem Lastverschiebungsdiagramm nach Bild 24-8 anschaulich erklären, wenn man die Beschleunigung der Masse als Ersatzkraft interpretiert. Die gestrichelte Kurve gibt die Orte mit gleicher Bewegungsenergie an. Bei hohem Widerstand gegenüber der Ersatzkraft reagiert das Tragwerk bei elastischem Werkstoffverhalten mit kleinen Verschiebungen. Mit sinkendem Widerstand erreichen die Spannungen die Fließspannung des Werkstoffs, sodass ein Teil der Bewegungsenergie mithilfe plastischer Verformungen dissipiert werden kann. Nur die im System gespeicherte elastische Formänderungsenergie steht für die nachfolgenden Schwingungen zur Verfügung. Dies bedeutet, dass die Bemesssungslasten beim Ersatzkraftverfahren kleiner sein können und damit die entsprechenden Werte der Pseudo–Verschiebung bei elastischem Werkstoffverhalten durch μ geteilt werden können. Hierbei ist allerdings nachzuweisen, dass die angesetzte Duktilität auch vorhanden ist.

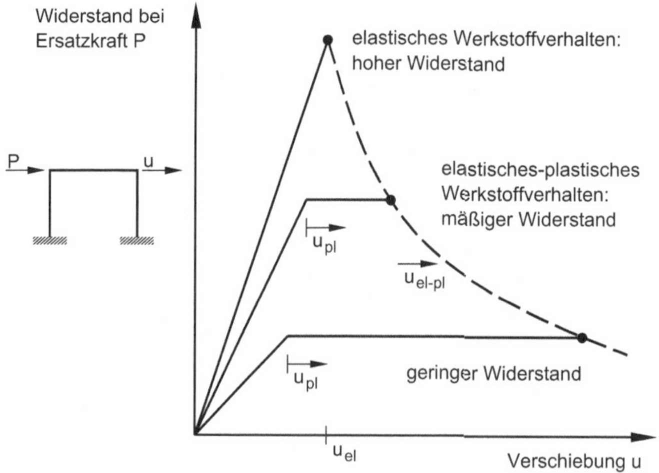

Bild 24-8 Widerstand bei elastisch–plastischem Werkstoffverhalten [1]

24.2.2 Das Ersatzkraftverfahren

Das Ersatzkraftverfahren vereinfacht das mit einem Erdbeben angeregte Tragwerk – unabhängig von seiner Komplexität – auf einen Ein–Masse–Schwinger, der mit der ersten Eigenkreisfrequenz schwingt. Die Berechnung der ersten Eigenkreisfrequenz kann näherungsweise erfolgen, sodass der Bemessungswert der Beschleunigung der Masse mit dem Antwortspektrum gegeben ist.

In einem ersten Schritt werden die Einwirkungen aus Erdbeben mit der Pseudo–Beschleunigung und der Gesamtmasse M des Tragwerks in eine *Ersatzkraft F_e* umgerechnet, mit der das Tragwerk quasi–statisch belastet wird. Es gilt

$$F_e = M \cdot S_{pa} .$$

In einem zweiten Schritt wird die Ersatzkraft entsprechend der ersten Eigenschwingungsform proportional auf das Gesamttragwerk verteilt. Vereinfachend kann auch ein linearer Verlauf der Beschleunigung über die Tragwerkshöhe angesetzt werden. Mit der so festgelegten Ersatzkraftverteilung erfolgt die Berechnung der Schnittkräfte des Tragwerks wie in der Statik.

Bei mehreren Stockwerken kann man Ersatzkräfte für jedes Stockwerk berechnen und die anschließende Schnittkraftermittelung ebenfalls wie in der Statik durchführen. Die Summe aller Ersatzkräfte beträgt

$$F_{ges} = M \cdot S_{pa} = \Sigma m_i \cdot S_{pa}$$

und verteilt auf die einzelnen Stockwerke

$$F_i = \frac{m_i \, s_i}{\Sigma m_i \, s_i} \cdot F_{ges} .$$

Hierbei ist m_i die im jeweiligen Stockwerk wirkende Masse und s_i die im jeweiligen Stockwerk vorhandene Verschiebung entsprechend der angesetzten Verteilung.

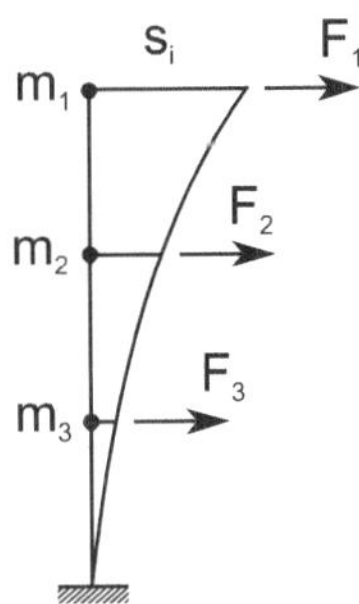

Bild 24-9 Ersatzkräfte bei mehreren Stockwerken

Anwendungsbeispiel

Erstes Anwendungsbeispiel ist die Antenne nach Bild 24-10. Die Antenne wird als Ein–Masse–Schwinger interpretiert und die für die Bemessung maßgebende Schnittkraft Q mit dem Ersatzkraftverfahren berechnet.

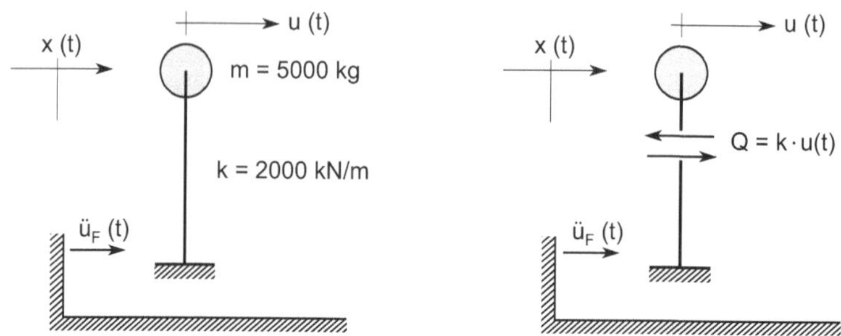

Bild 24-10 Modell eines Ein-Masse-Schwingers

Lösungsweg zur Berechnung der Querkraft:

1. Die Eigenkreisfrequenz beträgt näherungsweise

$$\omega_0 = \sqrt{\frac{k}{m}} = \sqrt{\frac{2000 \cdot 1000}{5000}} = 20 \, [\frac{rad}{s}].$$

Damit folgt die Frequenz

$$f_0 = \frac{20}{2\pi} = 3{,}18 \, [Hz]$$

und die Periodendauer $T = 0{,}314 \, [s]$.

2. Nimmt man nachträglich eine Modal–Dämpfung von $\vartheta = 0{,}02$ an, so folgt mit gegebenem Antwortspektrum die Pseudo–Geschwindigkeit und die Pseudo–Beschleunigung

$$S_{pv} = 50 \, [\frac{cm}{s}] \qquad \text{und} \qquad S_{pa} = \omega_0 \cdot S_{pv} \, .$$

Damit liegt die Ersatzkraft fest

$$F_e = m \cdot S_{pa} = 5000 \cdot 20 \cdot 0{,}50 \, [\frac{kg \cdot m}{s^2}] = 50 \, [kN] \, .$$

3. Für den hier nicht interessierenden Zeitverlauf der Querkraft gilt allgemein

$$Q(t) = k \cdot u(t) \, ,$$

wenn $u(t)$ bekannt wäre. Mit der Ersatzkraft kann man jetzt den Maximalwert der Querkraft mit der Gleichgewichtsbedingung entsprechend Bild 24-10 berechnen. Es gilt

$$Q_{max} = F_e = 50 \, [kN] \, .$$

Mit dem Maximalwert der Querkraft kann jetzt die Bemessung erfolgen.

24.2.3 Das Antwortspektrenverfahren

Beim Antwortspektrenverfahren werden keine Ersatzlasten berechnet und als quasi–statische Einwirkung auf das Tragwerk gegeben. Vielmehr wird die mit dem Antwortspektrum bereits bekannte Systemantwort des Ein–Masse–Schwingers auf das Erdbeben direkt verwertet.

Dies führt bei einem Ein–Masse–Schwinger zwar auf genau die gleichen Schnittkräfte wie das Ersatzkraftverfahren, lässt aber die Erweiterung auf beliebige Mehr–Massen–Schwinger und damit eine genauere Analyse des Schwingungsverhaltens zu.

Anwendungsbeispiel eines Ein–Masse–Schwingers

Erstes Anwendungsbeispiel ist die Antenne nach Abschnitt 24.2.2 und Bild 24-10. Die Bewegungsgleichung des ungedämpften Systems ist gegeben

$$m\ddot{x} + ku = 0.$$

Mit $x(t) = u_F(t) + u(t)$ folgt

$$m\ddot{u} + ku = -m\ddot{u}_F.$$

Die Antwort des Tragwerks ist mit dem Antwortspektrum gegeben.

1. Die Eigenkreisfrequenz des Tragwerks folgt mit dem Ansatz $u(t) = \hat{u} \cdot e^{\lambda t}$ aus der charakterischen Gleichung – die Einheiten sind kg, m, s, N –

$$\omega_0 = \sqrt{\frac{k}{m}} = \sqrt{\frac{2000 \cdot 1000}{5000}} = 20\,[\frac{rad}{s}].$$

Damit folgt die Periodendauer $T = 0{,}314\,[s]$.

2. Nimmt man nachträglich eine schwache Dämpfung mit $\vartheta = 0{,}02$ an, folgen aus einem Antwortspektrum die spektrale Verschiebung, die Pseudo–Geschwindigkeit und die Pseudo–Beschleunigung

$$S_d = \frac{1}{\omega_0} \cdot S_{pv}, \qquad S_{pv} = 50\,[\frac{cm}{s}] \qquad \text{und} \qquad S_{pa} = \omega_0 \cdot S_{pv}.$$

3. Wenn die Spektrale Verschiebung S_d bekannt ist, kann man die Querkraft mit der Werkstoffgleichung berechnen. Allgemein gilt

$$Q(t) = k \cdot u(t)$$

und für den Maximalwert

$$Q_{max} = k \cdot S_d = 2000 \cdot \frac{1}{20} \cdot 0{,}50\,[\frac{kg \cdot m}{s^2}] = 50\,[kN].$$

Mit dem Maximalwert der Querkraft kann jetzt die Bemessung erfolgen.

24.3 Das Antwortspektrenverfahren bei Mehrmassenschwinger

Die Bewegungsgleichung für einen Mehr–Massen–Schwinger ist in Matrizen-schreibweise gegeben

$$\mathbf{M}\ddot{\mathbf{v}} + \mathbf{D}\dot{\mathbf{v}} + \mathbf{K}\mathbf{v} = -\mathbf{M}\,\ddot{u}_F$$

Hierbei kann man die Fußpunktanregung als

$$\ddot{\mathbf{u}}_F = \mathbf{i}\,\ddot{u}_F$$

schreiben, wenn $\mathbf{i}$ ein Vektor ist, der bei allen Verschiebungsfreiheitsgraden mit 1 belegt ist. Die Lösung der Bewegungsgleichung kann mit der Modal–Analyse erfolgen, wobei hier vorzugsweise die Eigenschwingungsformen des ungedämpf-ten Systems verwendet werden.

24.3.1 Die Modal–Analyse

Der Ansatz

$$\mathbf{v}(t) = \sum \phi_j \cdot q_j(t)$$

liefert bei Rayleigh–Dämpfung oder Modal–Dämpfung die Bewegungsgleichun-gen der entkoppelten Ein–Masse–Schwinger

$$m_{jj}\ddot{q}_j + d_{jj}\dot{q}_j + k_{jj}q_j = -m_{jF}\ddot{u}_F\,.$$

Die beiden Indizes deuten an, dass die Bewegungsgleichung von rechts und links mit dem jeweiligen Eigenvektor multipliziert wird. Die rechte Seite folgt mit den Partizipationsfaktoren

$$m_{jF}\ddot{u}_F = \phi_j^T\mathbf{M}\,\mathbf{i}\,\ddot{u}_F\,.$$

Die Normierung gibt

$$\ddot{q}_j + \frac{d_{jj}}{m_{jj}}\dot{q}_j + \frac{k_{jj}}{m_{jj}}q_j = -\frac{m_{jF}}{m_{jj}}\ddot{u}_F$$

oder mit den Modal–Koeffizienten

$$\ddot{q}_j + 2\delta_j\dot{q}_j + \omega_{0j}^2 q_j = -\bar{m}_{jF}\ddot{u}_F\,.$$

Diese Bewegungsgleichung kann mit dem Antwortspektrum direkt für jede Fre-quenz gelöst werden, sodass man lediglich die Spektralwerte

$$S_{dj}, S_{pvj} \quad \text{und} \quad S_{paj}$$

aus dem Diagramm für eine gegebene Dämpfung ablesen muss. Damit gilt

$$q_{j,max} = +\,\bar{m}_{jF}S_{dj}(T_j)\,.$$

Mit den Maximalwerten der generalisierten Koordinaten folgt die Rücktransformation auf den jeweiligen Verschiebungsvektor $\mathbf{v}_j$

$$[\mathbf{v}_j]_{max} = \boldsymbol{\phi}_j \cdot \bar{m}_{jF}S_{dj}(T_j)\,,$$

mit dem der Vektor der zugehörigen Schnittgrößen bei der Finite–Element–Methode elementweise berechnet werden kann

$$[\boldsymbol{\sigma}_j]_{max} = \mathbf{K}_e \cdot [\mathbf{v}_j]_{max}$$
$$= \mathbf{K}_e \cdot \boldsymbol{\phi}_j \cdot \bar{m}_{jF}S_{dj}(T_j).$$

24.3.2 Die Überlagerung der Eigenformen

Die Überlagerung der verschiedenen Eigenformen erfolgt bei der Modal–Analyse im Zeitbereich, um die Maximalwerte der Gesamtbewegung bestimmen zu können. Da dies im vorligenden Fall viel zu aufwändig ist, kann man verschiedene Näherungsverfahren für die Abschätzung der Maximalwerte einsetzen. Stark vereinfachend ist die Bildung des geometrischen Mittels für die Verschiebungen und die Schnittkräfte. Hiermit folgt für die Weggrößen des Vektors $\mathbf{v}$, wobei k die Weggröße kennnzeichnet und j die beteiligten Eigenvektoren,

$$[v_k]_{max} = \sqrt{\sum_j [v_{kj}]^2_{max}}$$

und für die Schnittgrößen entsprechend

$$[\sigma_k]_{max} = \sqrt{\sum_j [\sigma_{kj}]^2_{max}}\,.$$

Wichtig ist, dass die Schnittgrößen als geometrisches Mittel mit den Schnittgrößen der jeweiligen Eigenschwingungsformen berechnet werden und nicht mit den Maximalverschiebungen $[v_k]_{max}$. Dieses Vorgehen liegt stark auf der sicheren Seite.

Eine andere Überlagerung ist aus der Literatur bekannt. Berücksichtigt man, dass die Maximalwerte unterschiedlicher Eigenschwingungsformen nicht zur gleichen Zeit auftreten, kann man entsprechende Kopplungsfaktoren zwischen den Eigenschwingungsformen zur Modifikation der Bemessungswerte verwenden. *Wilson et al. [54]* schlagen vor:

$$[v_k]_{max} = \sqrt{\sum_j \sum_i [v_{kj}]_{max}[v_{ki}]_{max} \cdot \rho_{ij}} \,,$$

wobei k der Index für das jeweilige Vektorelement ist, die Indizes i, j die Eigenschwingungsformen kennzeichnen und ρ_{ij} die Kopplungsfaktoren für die beteiligten Eigenschwingungsformen sind. Für eine konstante Modal–Dämpfung mit konstantem Lehr'schen Dämpfungsmaß ϑ gilt

$$\rho_{ij} = \frac{8\,\vartheta^2(1+r)r^{1,5}}{(1-r^2)^2 + 4\,\vartheta^2 r(1+r)^2}\,,$$

$$r = \frac{\omega_{0j}}{\omega_{0i}} \leq 1{,}0\,.$$

Bei der Berechnung von ρ_{ij} müssen die Frequenzen so sortiert werden, dass die Bedingung $r \leq 1{,}0$ erfüllt ist. Auch wenn der Faktor ρ_{ij} zunächst sehr komplex erscheint, sollte man berücksichtigen, dass die Auswertung mit einem Berechnungsprogramm erfolgen muss und der Rechenaufwand zugunsten eines genaueren Ergebnisses in den Hintergrund tritt.

24.4 Sicherheitskonzepte

Erdbebeneinwirkungen auf Bauwerke sind deterministisch nur schwer zu beziffern, da Erdbeben in unterschiedlicher Größe, unterschiedlichem Verlauf und Spektrum sowie in unterschiedlicher Häufigkeit auftreten, und die Einwirkungen bei sonst gleichem Erdbeben erheblich von den Baugrundeigenschaften abhängen. Ein Sicherheitskonzept muss darüber hinaus auch wirtschaftliche Aspekte berücksichtigen, da die Beseitigung eines Schadens wirtschaftlicher sein kann als alle Gebäude so zu verstärken, dass nur geringe Bauwerksschäden entstehen. Dies bedeutet,

- dass bei schweren Beben die Zerstörung eines Bauwerks vermieden werden muss, jedoch kleinere Schäden zulässig sind. Dies ist im Sinne des Traglastverfahren mit Berücksichtigung der Duktilität des Bauwerks möglich.
- Bei kleineren häufiger auftretenden Beben ist dagegen die Gebrauchstauglichkeit sicher zu stellen, sodass die Elastizitätstheorie Grundlage der Berechnung ist und die üblichen Spannungsnachweise angewendet werden sollten.

Bei den Sicherheitsnachweisen sind Erdbebeneinwirkungen als Katastrophenfall mit entsprechenden Sicherheitsbeiwerten anzusetzen und den Lasten aus Eigengewicht und Verkehr zu überlagern.

24.4.1 Konstruktionshinweise

Wenn die Erdbebeneinwirkungen bemessungsentscheidend sind, sind Tragwerke in der Regel nur mit Berücksichtigung plastischer Systemtragreserven als standsicher nachweisbar. Erst wenn die Bewegungsenergie infolge von Plastifizierungen dissipiert werden kann, kommt das Tragwerk zur Ruhe. Damit sind bei der Bemessung ähnliche Fragestellungen zu beachten wie beim Traglastverfahren.

Infolge der im gesamten Tragwerk gleichzeitig wirkenden Massenbeschleunigung und der die Standsicherheit besonders gefährdenden horizontalen Beschleunigung sind nicht alle Konstruktionen gleich gut geeignet. Beim Entwurf des Tragwerks sollte man daher Schwachstellen dort einbauen, wo sich bei horizontaler Beschleunigung plastische Gelenke bilden sollen, sodass sich die im Einzelfall günstigste kinematische Kette für das Versagen einstellt und bei möglichst kleinen Verformungen möglichst viel Bewegungsenergie dissipiert wird. Die übrigen Tragwerksteile sollten im Gegenzug so verstärkt werden, dass sie sich elastisch verformen können.

In Bild 24-11 rechts ist ein Tragwerk mit *weicher Lagerung* dargestellt, was bei horizontaler Beschleunigung ein besonders ungünstiges Verhalten aufweist. Die relativ großen obenliegenden Massen wirken bei horizontaler Beschleunigung des Erdbodens als eine Scheibe, sodass sich nur in den untenliegenden Stützen plastische Gelenke ausbilden. Wenn die Verformungen – auch aus Gründen der Theorie II. Ordnung klein bleiben sollen – kann hier nur relativ wenig Energie dissipiert werden.

Besser geeignet ist eine *steife Lagerung* entsprechend Bild 24-11 links, wo sich die plastischen Gelenke in den Schwachstellen der Deckenanschlüsse einstellen und aufgrund der großen Zahl von plastischen Gelenken auch bei kleinen Verformungen viel Energie dissipiert werden kann.

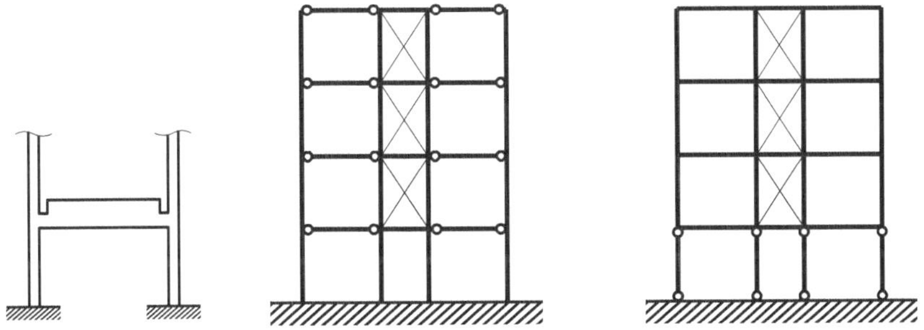

Bild 24-11 Fließgelenke in den Geschossdecken (links) und in den Stützen (rechts)

Grundsätzlich sind nachfolgende Konstruktionshinweise zu beachten.

- Eine Beschränkung der Bauwerkslängen ist sinnvoll, da so gegenläufige Bodenbewegungen im Bauwerksbereich vermeidbar sind. Bei längeren Bauwerken sollte das Bauwerk mit Dehnungsfugen in entsprechend kurze Abschnitte unterteilt werden.

- Eine Beschränkung der Bauwerkshöhen ist sinnvoll, da so große Kippmomente vermeidbar sind.

- Versetzte Ebenen sollten vermieden werden, damit die Massenbeschleunigung von Geschossdecken nicht mittig auf vertikale Bauwerksteile treffen oder lokale Torsionswirkungen entfalten.

- Einfache Gestaltung von Bauwerksgrundrissen, die übersichtlicher sind und daher eine gezielte Ausführung von Details und plastischen Gelenken ermöglichen.

- Bauwerksgrundrisse sollten möglichst symmetrisch sein, damit ungünstig wirkende Schubkräfte aus Torsion vermieden werden.

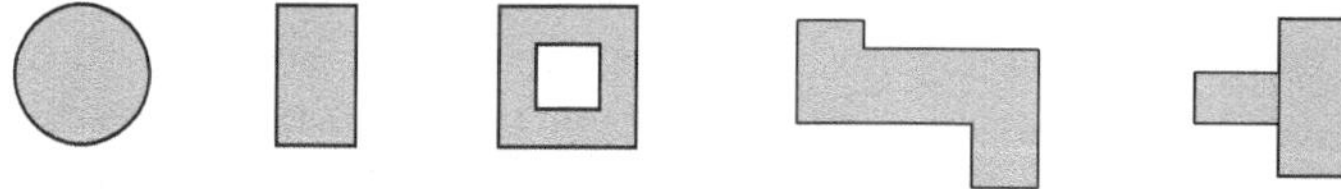

Bild 24-12 symmetrische und unsymmetrische Grundrisse

Neben der rein konstruktiven Gestaltung ist die Anordnung von steifen und nachgiebigen Tragwerksteilen wesentlich für die Aufnahme der Bewegungsenergie aus Erdbeben, was sich mit der Vergrößerungsfunktion anschaulich erklären lässt.

- Nachgiebige Bauteile besitzen kleine Eigenfrequenzen und reagieren daher besonders stark auf langwellige Erdbebeneinwirkungen. Sie sind daher für kürze hochfrequente Beben besser geeignet.

- Steife Bauteile reagieren aufgrund hoher Eigenfrequenzen auf langwellige Beben quasi–statisch und können entsprechend vereinfachend bemessen werden. Für kurze Beben sind sie weniger geeignet, wenn hierbei die hohen Eigenfrequenzen angeregt werden und aufgrund der Resonanzüberhöhung viel Bewegungsenergie in das Tragwerk übertragen wird.

Aufgrund der Zufälligkeit der Erdbebeneinwirkung ist eine generelle Aussage zu besonders vorteilhaft oder ungünstig wirkenden Steifigkeiten nicht möglich. Letztendlich bleibt die Aufgabe, die Bewegungsenergie aus Erdbebeneinwirkung möglichst klein zu halten.

24.4.2 Schwingungstilgung

In Erdbebengebieten mit Starkbeben der Größe $M > 7$ auf der Richter–Skala
ist es nur mit großem Aufwand möglich, entsprechend widerstandsfähige Bauwerke zu errichten, die mit den üblichen Sicherheitskonzepten stand– bzw. ge-
brauchssicher sind. Insbesondere wenn in Ballungsgebieten aufgrund von Platz-
mangel hohe Gebäude errichtet werden, kann man beim Entwurf des Bauwerks
statisch nicht erforderliche Schwingungstilger anordnen. Schwingungstilger haben die Aufgabe die Verformungen und die Bewegungsenergie des Bauwerks
klein zu halten.

Bei Anordnung von Schwingungstilgern bleiben die Steifigkeiten des Tragwerks
unverändert. Schwingungstilger sind daher statisch unwirksam und verändern
ausschließlich die Schwingungseigenschaften des Bauwerks, indem sie die im
Bauwerk vorhandene Bewegungsenergie teilweise dissipieren. Hierbei werden
im Wesentlichen zwei Konzepte verfolgt.

- Passive Schwingungstilger werden bei der Errichtung des Bauwerks eingebaut und wirken während der Nutzungsdauer unverändert. Dies können
  zusätzliche Massen sein, die das Frequenzspektrum des Bauwerks verändern und entsprechend angeordnet als Schwingungsknoten wirken können.
  Zusätzlich zu den bereits bei der Bemessung berücksichtigten plastischen
  Gelenken können viskose Dämpferelemente angeordnet werden, die dissi-
  pativ wirken und die Bewegungsenergie des Bauwerks verringern.
- Aktive Schwingungstilger sind zusätzliche Massen, die während eines Erdbebens mit Aktuatoren so bewegt werden, dass sie der Bewegung des
  Tragwerks entgegenwirken und so möglichst viel Bewegungsenergie dissipieren. Dies erfordert empfindliche Sensoren zur Messung der Beschleunigungen aus Erdbeben, entsprechend starke Aktuatoren zur Bewegung
  der zusätzlichen Massen und ein komplexes Steuerungsystem, damit der
  zeitliche Verlauf der Massenbewegung den Beschleunigungen aus Erdbeben möglichst gut angepasst ist. Von Vorteil ist, dass im Vergleich zu
  passiven Elementen erheblich kleinere Massen erforderlich sind.

Wirkungsweise eines passiven Schwingungstilgers

Mit einem passiven Schwingungstilger kann man bei Systemen mit mehreren
Schwingungsformen grundsätzlich nur eine Schwingungsform dämpfen, da die
Eigenschaften des Tilgers an die entsprechende Frequenz angepasst werden
müssen. Die Wirkungsweise des Tilgers kann man daher bereits an einem Ein–
Masse–Schwinger verdeutlichen. Bild 24-13 zeigt einen Ein–Masse–Schwinger
mit Masse m, Dämpfung d, Steifigkeit k und Eigenkreisfrequenz $\omega_0^2 = k/m$

sowie die Vergrößerungsfunktion für eine periodische Anregung mit der Frequenz Ω und der dimensionslosen Koordinate $\eta = \Omega/\omega_0$. Bereits der planmäßige Dämpfer mit dem Dänpfungsgrad $\vartheta = \delta/\omega_0$ sorgt dafür, dass die Schwingungsamplituden gegenüber dem ungedämpften System reduziert werden.

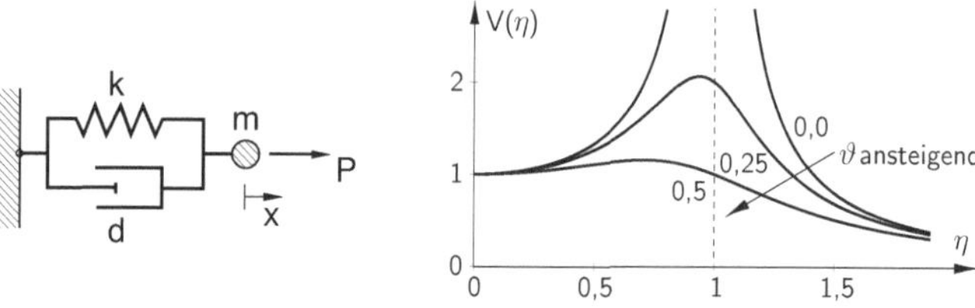

Bild 24-13 Ein–Masse–Schwinger mit $\eta = \Omega/\omega_0$

Eine zusätzlich angebrachte Tilgermasse m_T sorgt dafür, dass die Vergrößerungsfunktion verschoben wird, da die Eigenkreisfrequenz des Systems $\omega_0^2 = k/(m + m_T)$ kleiner wird, siehe Bild 24-14. Hiermit erreicht man, dass die Amplituden bei großer Erregerfrequenz und vor allem im Resonanzbereich des ursprünglichen Systems reduziert werden. Charakterisch für die Verschiebung der Vergrößerungsfunktion ist das Massenverhältnis $\mu_T = m_T/m$, das im Bild exemplarisch mit $\mu_T = 0{,}2$ angesetzt ist.

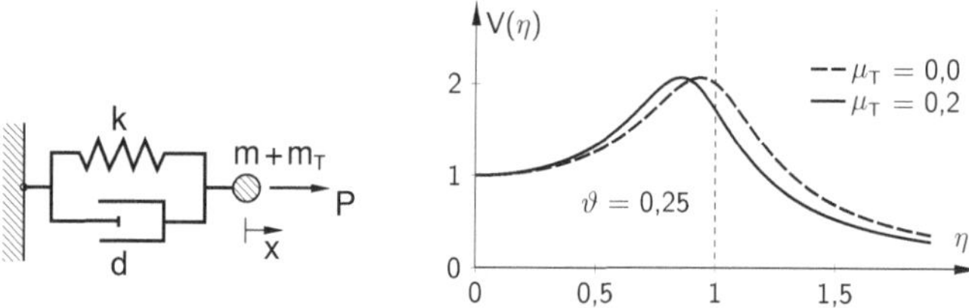

Bild 24-14 Ein–Masse–Schwinger mit Zusatzmasse und $\eta = \Omega/\sqrt{k/m}$

Koppelt man die Masse des Schwingungstilgers mit einem Feder–Dämpfer–System an das ursprüngliche System, wird aus dem Ein–Masse–Schwinger ein Zwei–Masse–Schwinger, der so abgestimmt werden kann, dass die Amplituden des ursprünglichen Systems bestmöglich reduziert werden. Bild 24-15 links zeigt das System. Im rechten Bild ist der Dämpfungsgrad ϑ des ursprünglichen Systems mit $d = 0$ als Grenzfall zu null gesetzt, sodass die Vergrößerungsfunktion eine Polstelle aufweist. Mit einem Schwingungstilger kann man die Polstelle $V(\eta) \to \infty$ für $\eta = 1$ vermeiden und die Amplituden auf die Maxima links und rechts von der Polstelle reduzieren. Ursache hierfür ist, dass die durch $P(t)$ eingeprägte Arbeit von beiden Teilsystemen aufgenommen und teilweise dissipiert wird und dadurch die Schwingungsamplitude von $x(t)$ verringert wird.

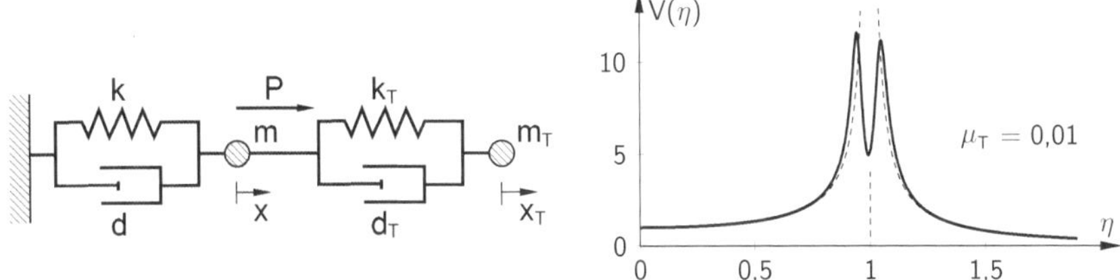

Bild 24-15 Ein–Masse–Schwinger mit Schwingungstilger für den Fall $d = 0$

Das System ist optimal abgestimmt, wenn die beiden Maxima gleiche Werte besitzen. Die optimalen Tilgereigenschaften für das ungedämpfte System gibt *Den Hartog* [17] mit der Eigenkreisfrequenz und dem Lehr'schen Dämpfungsmaß des Tilgers mit

$$\omega_{0,T} = \frac{\omega_{0,\,System}}{1 + \mu_T}, \qquad \vartheta_T = \sqrt{\frac{3\,\mu_T}{8\,(1 + \mu_T)^3}}\; .$$

an. Hierbei ist $\omega_{0,\,System}$ die Eigenkreisfrequenz des Systems ohne Tilger und $\omega_{0,T} = \sqrt{k_T/m_T}$ die Eigenkreisfrequenz des Tilgers bei fester Lagerung.

Der Entwurf eines Schwingungstilgers erfolgt in der Regel in einem ersten Schritt mit einem Ein–Masse–Schwinger und einem Tilger nach *Den Hartog*, der auch für leicht gedämpfte Systeme verwendet werden kann. Die Feinabstimmung muss am realen Tragwerk geschehen, da die Wirksamkeit des Tilgers von den tatsächlichen Tragwerkseigenschaften und den Umweltbedingungen abhängt. Beim Entwurf des Tilgers ist folgendes zu beachten:

- Die Eigenkreisfrequenzen des Tragwerks und des Tilgers sollten übereinstimmen $\omega_T \approx \omega$, damit der Tilger die Resonanzstelle des Systems ansprechen kann.
- Die Tilgermasse sollte im Bereich $\mu_T \leq 0{,}05$ liegen.
- Die Tilgerdämpfung sollte nicht zu groß sein, damit der Tilger nicht blockiert.

Pendel als Schwingungstilger

Anstelle eines fest mit Feder und Dämpfer installierten Schwingungstilgers kann man auch eine an einem Pendel befestigte Masse zur Schwingungstilgung einsetzen. Dies kann bei hohen Gebäuden und Türmen sinnvoll sein. Ein Beispiel hierfür ist das Gebäude *Taipeh 101*, das mit einem Pendel als Schwingungstilger ausgestattet ist, um die Verformungen infolge Wind– und Erdbebenanregung zu reduzieren.

Vereinfachend soll hier das in Bild 24-16 dargestellte System eines Turmes untersucht werden, das am Lager in x–Richtung mit $u(t)$ angeregt wird, vergleiche hierzu das Beispiel in Abschnitt 4.2.2. Der Turm der Höhe l_1 ist kontinuierlich mit der Masse $\rho A \ [kg/m]$ belegt. Am oberen Ende ist ein masseloses Pendel der Länge l_2 mit der Masse m_2 gelenkig befestigt. Zusätzlich ist ein Dämpfer d_2 zwischen der Stelle $l_1 - l_2$ des Turmes und der Masse m_2 angebracht.

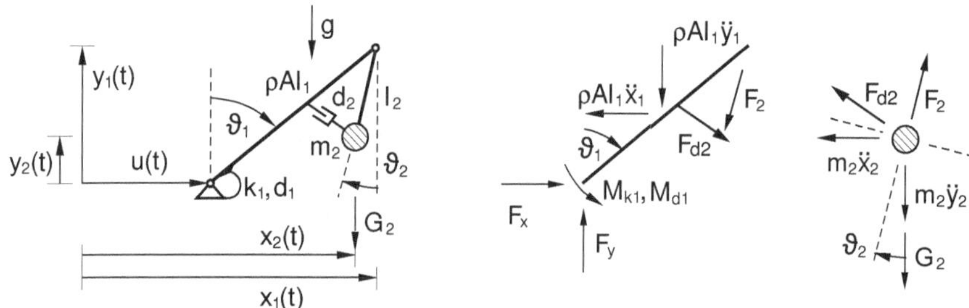

Bild 24-16 Ein–Masse–Schwinger mit Pendel

Die Elastizität und die Dämpfungseigenschaften des Turmes werden mit der Ersatzdrehfeder k_1 und dem Ersatzdämpfer d_1 vereinfachend beschrieben, sodass der Turm im weiteren als starr angesetzt ist.

Die Koordinaten x_i, y_i sind mit nachfolgenden geometrischen Zwangsbedingungen von den unabhängigen Freiheitsgraden ϑ_1, ϑ_2 abhängig, für die die Bewegungsgleichungen aufgestellt werden.

$$x_1 = u(t) + l_1 \sin \vartheta_1 \,,$$

$$y_1 = l_1 \cos \vartheta_1 \,,$$

$$x_2 = u(t) + l_1 \sin \vartheta_1 - l_2 \sin \vartheta_2 \,,$$

$$y_2 = l_1 \cos \vartheta_1 - l_2 \cos \vartheta_2 \,,$$

$$\Delta \vartheta = \vartheta_1 - \vartheta_2$$

Die Entwicklung der Bewegungsgleichung für die Drehung ϑ_1 erfolgt mit dem D'Alembert'schen Prinzip als Momentengleichgewicht um das Lager. Zusätzlich zum Beispiel in Abschnitt 4.2.2 werden die Schnittkraft F_2 mit dem Hebelarm $l_1 \sin \Delta \vartheta$ und die Dämpferkraft F_{d2} mit dem Hebelarm $(l_1 - l_2) \cos \Delta \vartheta / 2$ berücksichtigt und die Momente infolge der verteilten Masse des Turmes neu bestimmt. Damit folgt

$$\frac{1}{3}\,\rho A l_1^3 \ddot{\vartheta}_1 + d_1 \dot{\vartheta}_1 + k_1 \vartheta_1 - \frac{1}{2}\,\rho A g l_1^2 \sin\vartheta_1 + \frac{1}{2}\,\rho A l_1^2 \ddot{u}\cos\vartheta_1$$
$$= F_2\, l_1 \sin\Delta\vartheta + F_{d2}\,(l_1 - l_2)\cos\Delta\vartheta/2$$

und mit Linearisierung der Terme auf der linken Seite

$$\frac{1}{3}\,\rho A l_1^3 \ddot{\vartheta}_1 + d_1 \dot{\vartheta}_1 + (k_1 - \frac{1}{2}\,\rho A g l_1^2)\,\vartheta_1 + \frac{1}{2}\,\rho A l_1^2 \ddot{u}$$
$$= F_2\, l_1 \sin\Delta\vartheta + F_{d2}\,(l_1 - l_2)\cos\Delta\vartheta/2 \,.$$

Die Dämpferkraft F_{d2} wird mit der Differenzgeschwindigkeit der Haltepunkte des Dämpfers eingeprägt

$$F_{d2} = d_2\,(\dot{\vartheta}_1 - \dot{\vartheta}_2)\,l_2\,\cos\Delta\vartheta/2 \,.$$

Damit ist auch das Moment infolge Dämpferkraft gegeben

$$F_{d2}\,(l_1 - l_2)\cos\Delta\vartheta/2 = d_2\,(\dot{\vartheta}_1 - \dot{\vartheta}_2)\,l_2\,(l_1 - l_2)\,\cos^2\Delta\vartheta/2$$

und linearisiert um die Ruhelage $\vartheta_1 = 0, \vartheta_2 = 0$

$$F_{d2}\,(l_1 - l_2)\cos\Delta\vartheta/2 = d_2\,(\dot{\vartheta}_1 - \dot{\vartheta}_2)\,l_2\,(l_1 - l_2) \,.$$

Die Schnittkraft F_2 in Längsrichtung des Pendels l_2 ist gegeben mit

$$F_2 = m_2 \ddot{x}_2 \sin\vartheta_2 + m_2 \ddot{y}_2 \cos\vartheta_2 + G_2 \cos\vartheta_2 - F_{d2}\,\sin\Delta\vartheta/2$$
$$= m_2\,[\ddot{u}\sin\vartheta_2 + l_1\ddot{\vartheta}_1 \sin\Delta\vartheta - l_1(\dot{\vartheta}_1)^2 \cos\Delta\vartheta + l_2(\dot{\vartheta}_2)^2]$$
$$+ G_2 \cos\vartheta_2 - F_{d2}\,\sin\Delta\vartheta/2 \,.$$

Die in $\dot{\vartheta}_i$ quadratischen Terme beschreiben die infolge der Drehbewegungen radial wirkenden Trägheitskräfte. Die Linearisierung des Momentes infolge F_2 um die Ruhelage $\vartheta_1 = 0, \vartheta_2 = 0$ gibt

$$F_2\, l_1 \sin\Delta\vartheta = G_2\, l_1\,(\vartheta_1 - \vartheta_2) \,.$$

Damit folgt die Bewegungsgleichung für ϑ_1 zu

$$\frac{1}{3}\,\rho A l_1^3 \ddot{\vartheta}_1 + d_1 \dot{\vartheta}_1 + (k_1 - \frac{1}{2}\,\rho A g l_1^2)\,\vartheta_1 + \frac{1}{2}\,\rho A l_1^2 \ddot{u}$$
$$= G_2\, l_1\,(\vartheta_1 - \vartheta_2) + d_2\,(\dot{\vartheta}_1 - \dot{\vartheta}_2)\,l_2\,(l_1 - l_2) \,.$$

Analog hierzu kann die Bewegungsgleichung für die Drehung ϑ_2 mit dem Prinzip von D'Alembert als Kräftegleichgewicht entwickelt werden. In tangentialer Richtung an die Drehung ϑ_2 folgt

$$m_2 \ddot{x}_2 \cos\vartheta_2 - m_2 \ddot{y}_2 \sin\vartheta_2 = G_2 \sin\vartheta_2 - F_{d2} \cos\Delta\vartheta/2$$

und linearisiert

$$m_2(l_1\ddot{\vartheta}_1 - l_2\ddot{\vartheta}_2) + m_2\ddot{u} = G_2\vartheta_2 - d_2\, l_2\,(\dot{\vartheta}_1 - \dot{\vartheta}_2)\,.$$

Damit können die Bewegungsgleichungen für die Drehungen ϑ_1, ϑ_2 in Matrizenschreibweise zusammengefasst werden. Zunächst gilt

$$\begin{bmatrix} \tfrac{1}{3}\rho A l_1^3 & \\ -m_2 l_1 & m_2 l_2 \end{bmatrix} \begin{bmatrix} \vartheta_1 \\ \vartheta_2 \end{bmatrix}^{\cdot\cdot} + \begin{bmatrix} d_1 - d_2\,(l_1-l_2)\,l_2 & d_2\,(l_1-l_2)\,l_2 \\ -d_2\,l_2 & d_2\,l_2 \end{bmatrix} \begin{bmatrix} \vartheta_1 \\ \vartheta_2 \end{bmatrix}^{\cdot}$$

$$+ \begin{bmatrix} k_1 - \tfrac{1}{2}\rho A g l_1^2 - G_2 l_1 & G_2 l_1 \\ & G_2 \end{bmatrix} \begin{bmatrix} \vartheta_1 \\ \vartheta_2 \end{bmatrix} = \begin{bmatrix} -\tfrac{1}{2}\rho A l_1^2 \ddot{u} \\ m_2 \ddot{u} \end{bmatrix}$$

und symmetrisiert

$$\begin{bmatrix} (\tfrac{1}{3}\rho A l_1 + m_2)\,l_1^2 & -m_2 l_1 l_2 \\ -m_2 l_1 l_2 & m_2 l_2^2 \end{bmatrix} \begin{bmatrix} \vartheta_1 \\ \vartheta_2 \end{bmatrix}^{\cdot\cdot} + \begin{bmatrix} d_1 + d_2\,l_2^2 & -d_2\,l_2^2 \\ -d_2\,l_2^2 & d_2\,l_2^2 \end{bmatrix} \begin{bmatrix} \vartheta_1 \\ \vartheta_2 \end{bmatrix}^{\cdot}$$

$$+ \begin{bmatrix} k_1 - (\tfrac{1}{2}\rho A l_1 + m_2)\,g l_1 & \\ & m_2 g l_2 \end{bmatrix} \begin{bmatrix} \vartheta_1 \\ \vartheta_2 \end{bmatrix} = \begin{bmatrix} -(\tfrac{1}{2}\rho A l_1 + m_2)\,l_1 \ddot{u} \\ m_2 l_2 \ddot{u} \end{bmatrix}\,.$$

Die symmetrische Form der Koeffizientenmatrizen erhält man direkt mit den *Lagrange'schen Gleichungen 2. Art* oder mit dem *PvV*. Zu beachten ist, dass in der Steifigkeitsmatrix die Drehsteifigkeit k_1 des Turmes um die Steifigkeit aus Turm– und Tilgergewicht vermindert wird. Diese negativen Steifigkeiten entsprechen der Wirkung der Längskraft auf die Steifigkeit eines Knickstabes. Dieser Anteil ist hier klein, sodass der Stabilitätsfall nicht eintreten kann.

Die Wirkung des Schwingungstilgers ist in Bild 24-17 mit der Vergrößerungsfunktion $V_1(\eta)$ für die Verdrehung des Turmes verdeutlicht. Die Schwingungseigenschaften des Systems werden für die Berechnung wie folgt gewählt:

$$\omega_0^2 = k_1/(\rho A\, l_1^3/3) = 11{,}25\,, \qquad \delta_1 = 0{,}02\,\omega_0\,, \qquad l_2/l_1 = 0{,}05\,.$$

Analog zu dem Feder–Masse–Tilger nach Bild 24-15 bewirkt die Dämpfung d_2 eine Reduktion der Schwingungsamplitude des Turmes. Allerdings ist das

System sehr empfindlich gegen kleine Änderungen des Dämpfungsmaßes. Ist der Dämpfer zu stark, entspricht dies einer starken Ankopplung der Masse m_2 an den Turm, sodass $\vartheta_2 \approx \vartheta_1$ die Folge ist und der Schwingungstilger nur geringe Wirkung zeigt. Wird der Dämpfer null gesetzt, erfährt der Turm aufgrund der Masse m_2 eine zweite Resonanzstelle bei $\eta \approx 0{,}4$.

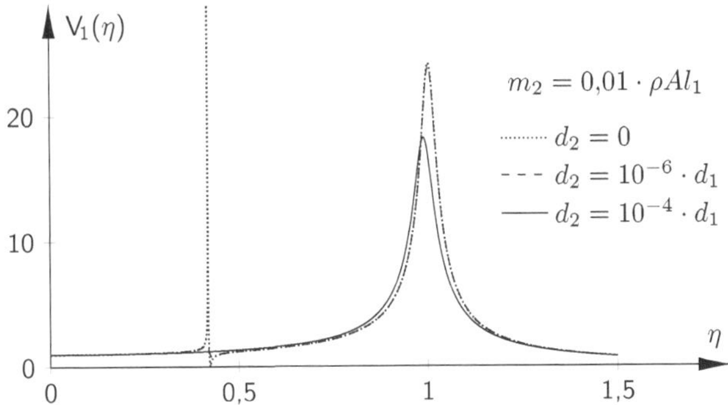

Bild 24-17 Response–Kurve der Verdrehung ϑ_1 bei Variation der Dämpfung d_2

Außerdem ist die Bewegung der Tilgermasse m_2 von Bedeutung, da das Pendel im Inneren des Turmes aufgehängt ist und einen entsprechenden Bewegungsraum benötigt. Bild 24-18 zeigt die Vergrößerungsfunktion der Drehung ϑ_2 bei Variation der Dämpfung d_2. Ist der Dämpfer d_2 zu klein gewählt, sind die Amplituden der Pendeldrehung ϑ_2 sehr groß, da das Pendel nahezu frei schwingen kann. Eine Reduktion der Amplituden ist mit einer stärkeren Dämpfung oder mit einer Vergrößerung der Pendellänge l_2 möglich, die aber wiederum eine Anpassung der anderen Parameter erfordert.

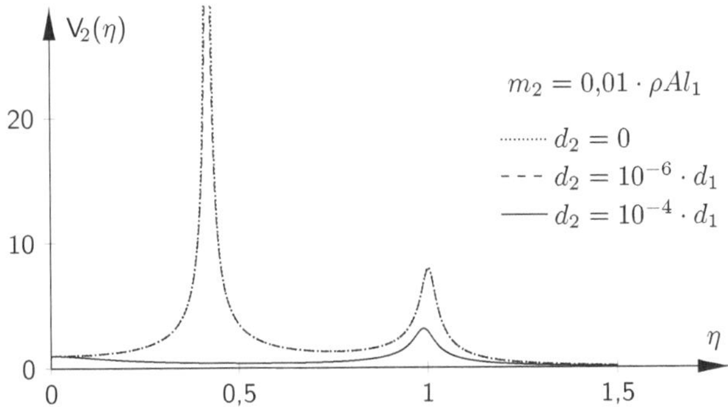

Bild 24-18 Response–Kurven für die Verdrehung ϑ_2 des Pendels

Bei moderater Dämpfung $d_2 = 0{,}0001\,d_1$ kann die Vergrößerung der Tilgermasse m_2 eine weitere Reduktion der Amplituden bewirken. Bild 24-19 zeigt den Einfluss der Tilgermasse, die hier zu $\mu_T = 0{,}01$, $\mu_T = 0{,}02$ und $\mu_T = 0{,}03$ gesetzt ist, auf die Amplituden der Turmdrehung. Eine weitere Vergrößerung der Tilgermasse hat nur geringen Einfluss auf die Turmdrehung, da hierbei der Dämpfungskoeffizient der Drehbewegung ϑ_2 kleiner wird, die Tilgermasse nahezu frei schwingen kann und so die Drehbewegung ϑ_1 anregt.

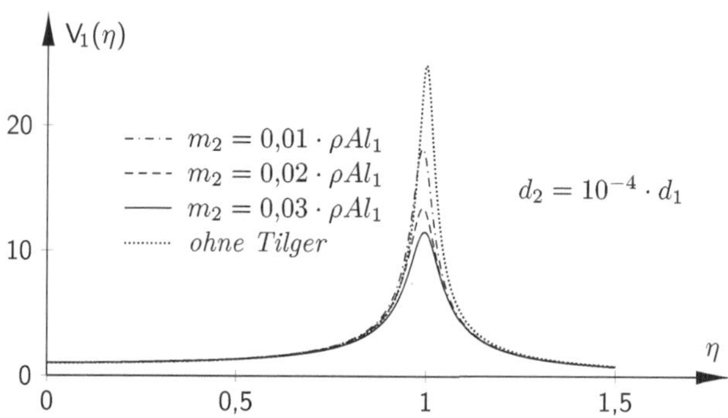

Bild 24-19 Response–Kurve der Verdrehung ϑ_1 bei Variation der Tilgermasse m_2

Wirkungsweise eines aktiven Schwingungstilgers

Die Wirkungsweise eines aktiven Schwingungstilgers wird an einem vereinfachenden Beispiel erklärt. Gegeben ist das in Bild 24-20 bzw. Abschnitt 4.2.2 dargestellte System, das am Lager in x–Richtung mit $u(t)$ angeregt wird.

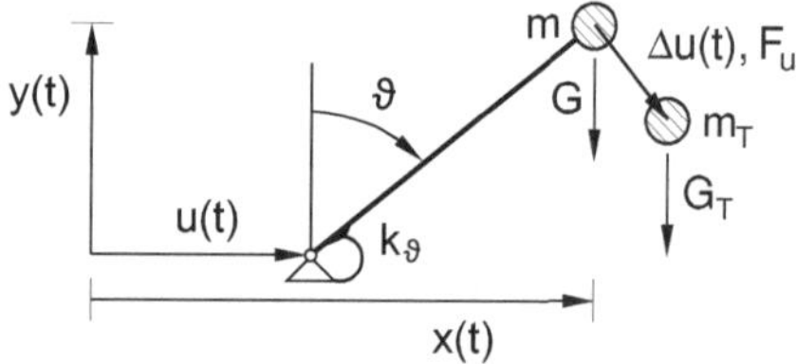

Bild 24-20 Ein–Masse–Schwinger mit aktiv bewegter Tilgermasse

Mit den geometrischen Zwangsbedingungen

$$x = u(t) + l \sin\vartheta$$
$$y = l \cos\vartheta$$

folgt die Bewegungsgleichung für die Drehung ϑ nach Abschnitt 4.2.2

$$ml^2\ddot\vartheta - Gl\sin\vartheta + k_\vartheta\vartheta = -ml\ddot u\cos\vartheta.$$

Fügt man eine Tilgermasse m_T auf die bereits vorhandene Masse m und bewegt die Masse m_T in tangentialer Richtung entsprechend Bild 24-20 mit der Kraft F_u um $\Delta u(t)$, so muss die Bewegungsgleichung erweitert werden. Das Prinzip von D'Alembert liefert jetzt die Bewegungsgleichung für die Masse m, die um das Moment infolge F_u ergänzt ist,

$$ml^2\ddot\vartheta - Gl\sin\vartheta + k_\vartheta\vartheta = -ml\ddot u\cos\vartheta + F_u l$$

und für die Tilgermasse m_T

$$m_T\Delta\ddot u + m_T l\ddot\vartheta - G_T l\sin\vartheta - G_T\Delta u\cos\vartheta + m_T\ddot u l\cos\vartheta = -F_u l\,.$$

Elimination von F_u liefert die Bewegungsgleichung für die Masse m in Abhängigkeit von der Bewegung Δu

$$(m + m_T)\,l^2\ddot\vartheta - (G + G_T)\,l\sin\vartheta - G_T\Delta u\cos\vartheta + k_\vartheta\vartheta$$

$$= -(m + m_T)\,l\ddot u\cos\vartheta - m_T\Delta\ddot u\,l\,.$$

Eine Linearisierung der Bewegungsgleichung entsprechend Abschnitt 5.1 ist für kleine Drehungen mit $\vartheta \leftarrow \vartheta_0 + \varepsilon\,\vartheta$ und $\vartheta_0 = 0$ möglich

$$(m + m_T)\,l^2\ddot\vartheta + [\,k_\vartheta - (G + G_T)\,l\,]\vartheta = -(m + m_T)\,l\ddot u - m_T\Delta\ddot u\,l + G_T\Delta u\,.$$

Für die Schwingungstilgung ist entscheidend, dass die Bewegung der Tilgermasse so abläuft, dass die Einwirkung aus $u(t)$ bzw. $\ddot u(t)$ kompensiert werden kann. Dies ist der Fall, wenn die rechte Seite der Bewegungsgleichung verschwindet

$$m_T l\Delta\ddot u - G_T\Delta u = -(m + m_T)\,l\ddot u\,.$$

Mit $G_T = m_T\,g$ kann man die Bedingung umformen

$$\Delta\ddot u - \frac{g}{l}\,\Delta u = -\left(1 + \frac{1}{\mu_T}\right)\ddot u$$

und die optimale Anregung berechnen, wenn $\ddot u(t)$ bekannt ist. Aufgrund der rechten Seite wird deutlich, dass für kleine bezogene Tilgermassen μ_T große Stellwege $u(t)$ bzw. Beschleunigungen $\Delta\ddot u(t)$ im Vergleich zur Anregung $\ddot u(t)$ und damit große Stellkräfte F_u erforderlich sind.

In der Realität ist die Fremderregung $\ddot u(t)$ oft unbekannt, sodass die Bewegung der Tilgermasse nicht vorweg berechnet werden kann. Allerdings kann man die tatsächlich vorhandenen Beschleunigungen mit Beschleunigungsaufnehmern messen und mithilfe eines Regelkreises nahezu in Echtzeit in die erforderliche Bewegung der Tilgermasse umrechnen, sodass die aktive Schwingungstilgung möglich ist.

25 Analyse von Seilnetzen und Membranen

Moderne Stadionüberdachungen, Hallendächer, aufgehängte Fassaden, Abspannungen von Masten und andere Bauteile verwenden Seile und Membranen als tragende Elemente. Im Unterschied zu den bisher untersuchten Tragwerken können Seile und Membranen nur Zugspannungen aufnehmen und sind daher nur tragfähig, wenn sich unter Last und bei der Bewegung ein Zugspannungszustand einstellt. Dies erreicht man in der Regel durch einen geeigneten Vorspannungszustand, der als statischer Grundzustand gedeutet werden kann und alle Druckspannungen aus Last und Bewegung kompensiert.

Die Berechnung des Vorspannungszustandes erfordert in der Regel eine geometrisch nichtlineare Tragwerksanalyse, die hier nicht dargestellt werden soll. Allerdings erfordert auch die Herleitung der Bewegungsgleichungen eine geometrisch nichtlineare Betrachtung, da Lasten senkrecht zum Seil oder zur Membran nur getragen werden können, wenn das Seil oder die Membran endliche Auslenkungen erfahren. Trotz der zunächst nichtlinearen Betrachtung kann man die Schwingungen um den Vorspannungszustand linearisieren, sodass die bisher entwickelten Lösungsansätze auch hier eingesetzt werden können.

25.1 Einzelseile

Seile besitzen keine Biegesteifigkeit, können aber quer zur Seilachse wirkende Lasten mit Hilfe von Umlenkkräften aus Längskraft und Neigung der Seilachse abtragen. Dies ist möglich, wenn die Verformungen aus Last entsprechend der Theorie II. Ordnung in den Gleichgewichtsbedingungen berücksichtigt werden, siehe Bild 25-1

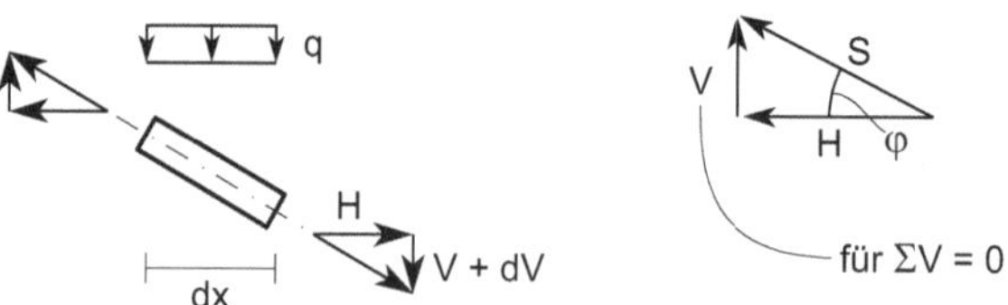

Bild 25-1 Gleichgewicht am differentiellen Seilelement

© Springer Fachmedien Wiesbaden GmbH, ein Teil von Springer Nature 2020
D. Dinkler, *Einführung in die Strukturdynamik*,
https://doi.org/10.1007/978-3-658-31845-1_25

25.1.1 Statik

Das Gleichgewicht der Kräfte rechtwinklig zur Seilachse wird am differentiellen Element angesetzt, siehe Bild 25-1. Hierbei sind H die Horizontalkraft, die entlang des Seiles wegen des horizontalen Gleichgewichts konstant sein muss, und V die Vertikalkraft, die sich bei konstanter Horizontalkraft entsprechend der Verformung einstellt. Damit ist die Seilkraft S entlang des Seiles veränderlich.

Fall 1 : konstante Querlast

Bei konstanter eingeprägter Last $q(x)$ folgt mit dem Gleichgewicht der Kräfte in vertikaler Richtung

$$dV = q(x)\, dx \qquad \text{bzw.} \qquad V' = q(x)\,.$$

Mit

$$V = H \cdot \tan\varphi \approx H \cdot \frac{dw}{dx} = H \cdot w'$$

folgt die Differentialgleichung des Gleichgewichts mit konstanter Horizontalkraft H

$$(\,H\,w'\,)' = q(x)\,.$$

Diese Anteile sind bereits aus Theorie II. Ordnung bekannt. Die Lösung der Differentialgleichung wird als Seilparabel bezeichnet und folgt nach zweifacher Integration und Anpassung an die Randbedingungen $w(0) = 0$ und $w(\ell) = 0$ zu

$$w = \frac{q(x)}{H}\,(\,x\,(\,l\,-\,x\,)\,)\,\frac{1}{2}\,.$$

Die Mittendurchbiegung ist mit

$$f = w(\frac{l}{2}) = \frac{q(x)}{H} \cdot \frac{l^2}{8}$$

gegeben, sodass hiermit die Horizontalkraft in der verformten Lage berechnet werden kann

$$H = \frac{q\,l^2}{8} \cdot \frac{1}{f}\,.$$

Die Seillänge in der verformten Lage folgt mit

$$s = \int ds = \int_0^l \sqrt{1 + w'^2}\, dx \approx l + \frac{8}{3} \cdot \frac{f^2}{l}\,.$$

Einziger unbekannter Parameter ist die Mittenverschiebung f, die allerdings von der Längssteifigkeit EA/l des Seiles abhängt.

Fall 2 : Eigengewicht

Wenn die Dehnung des Seiles vernachlässigt wird, führt das Eigengewicht zu einer konstanten vertikalen Belastung $q(s)$ pro Längeneinheit ds in der verformten Lage. Hierfür gilt

$$q(s) = q(x) \cdot \cos\varphi = \text{konst.}$$

Mit

$$\cos\varphi = \frac{dx}{ds} = \frac{1}{\sqrt{1+\tan^2\varphi}} = \frac{1}{\sqrt{1+w'^2}}$$

folgt die Gleichgewichtsbedingung

$$(H\,w')' = q(s) \cdot \sqrt{1+w'^2}\,.$$

Mit der Bedingung $H = $ konst. folgt die Lösung nach Integration der Differentialgleichung und Anpassung an die Randbedingungen $w(0) = 0$ und $w(\ell) = 0$

$$w' = \sinh(\frac{q(s)}{H})\,x\,,$$

$$w = \frac{H}{q(s)}\,[\cosh(\frac{q(s)}{H}\,x) - 1\,]\,.$$

Der Seildurchhang wird auch als Kettenlinie bezeichnet. Die Seillänge folgt auch hier mit

$$s = \int ds = \int_0^l \sqrt{1+w'^2}\,dx = \frac{H}{q(s)}\,\sinh(\frac{q(s)}{H}\,l)$$

und hängt wie in Fall 1 von der Horizontalkraft H ab.

25.1.2 Dynamik

Bei in der Zeit konstanter Last $q(x)$ ist das Gleichgewicht entsprechend Abschnitt 25.1.1 mit

$$H_0\,w_0'' = q(x)$$

erfüllt, sodass sich bei konstanter Horizontalkraft H_0 der Seildurchhang w_0 einstellt. Dies kann die Ausgangslage einer Schwingung um die statische Ruhelage w_0 sein, die bei einer zusätzlichen zeitveränderlichen Last $p(x,t)$ folgt.

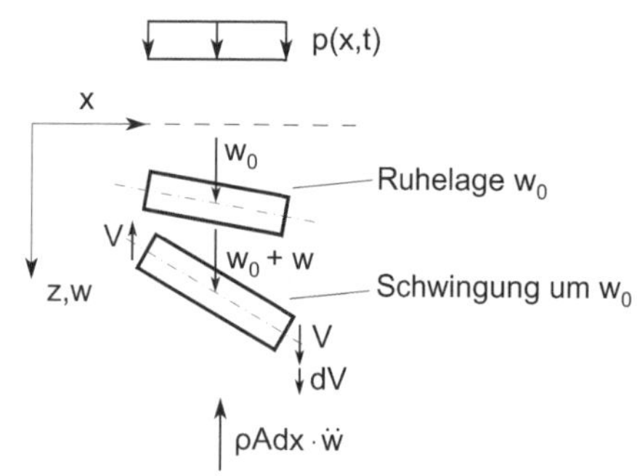

Die Bewegungsgleichung für die Gesamtbewegung folgt entsprechend der Abbildung zu

$$-\rho A\,\ddot{w} + [\,(\,H_0 + H_p\,)\,(w_0 + w)'\,]' = q(x) + p(x,t)\,.$$

Berücksichtigt man das Gleichgewicht infolge $q(x)$, so bleibt die Bewegungsgleichung für die Schwingung $w(x,t)$

$$-\rho A\,\ddot{w} + [\,H_p\,(w_0 + w)'\,]' + (\,H_0\,w'\,)' = p(x,t)\,.$$

Hierbei ist $H_p(w)$ die zusätzliche mit $w(x,t)$ veränderliche Spannung des Seiles. Linearisierung um die Ruhelage mit $H_p \approx 0$ liefert mit konstanter Horizontalkraft H_0

$$-\rho A\,\ddot{w} + H_0\,w'' = p(x,t)\,.$$

Die Gesamtlösung enthält die Lösung der homogenen Bewegungsgleichung und die Partikularlösung

$$w = w_h + w_p\,.$$

Hier sind nur die freien Schwingungen von Interesse, sodass die homogene Bewegungsgleichung

$$-\rho A\,\ddot{w} + H_0\,w'' = 0$$

gelöst werden muss, die auch als *Wellengleichung* bezeichnet wird. Für die Lösung der Wellengleichung wird ein Separationsansatz mit beliebig vielen Eigenschwingungsformen gewählt

$$w(x,t) = \sum_j w_j(x)\cdot\cos(\omega_j t - \varphi_{0j})\,,$$

wobei jeder Eigenschwingungsform $w_j(x)$ eine spezielle Eigenkreisfrequenz ω_j zugeordnet ist. In die Bewegungsgleichung eingesetzt, folgt

$$\rho A \sum_j w_j(x)\cdot\omega_j^2\cdot\cos(\omega_j t - \varphi_{0j}) + H_0 \sum_j w_j''(x)\cdot\cos(\omega_j t - \varphi_{0j}) = 0$$

und nach Koeffizientenvergleich für jedes j

$$H_0\,w_j''(x) + \rho A\,\omega_j^2\cdot w_j(x) = 0\,.$$

Für die Eigenschwingungsformen $w_j(x)$ wird der Ansatz

$$w_j(x) = \hat{w}_j\,\sin\frac{j\pi}{l}x$$

gewählt, der auch die Randbedingungen

$$w(0) = w(l) = 0$$

erfüllen muss. Mit dem Ansatz kann man jetzt die Eigenfrequenzen ω_j ermitteln. Es gilt zunächst

$$\{ -H_0 \, (\frac{j\pi}{l})^2 + \rho A \, \omega_j^2 \} \, \sin \frac{j\pi}{l} x = 0$$

und bei verschwindender Klammer

$$\omega_j^2 = \frac{H_0}{\rho A} \, (\frac{j\pi}{l})^2 \qquad \text{sowie} \qquad \omega_j = j \, \frac{\pi}{l} \cdot \sqrt{\frac{H_0}{\rho A}} \, .$$

Damit sind alle Frequenzen ein Vielfaches der Grundfrequenz ω_1, sodass die Gesamtlösung der homogenen Bewegungsgleichung wie folgt gegeben ist:

$$w(x,t) = \sum_j \hat{w}_j \cdot \sin \frac{j\pi}{l} x \cdot \cos(j \, \omega_1 t - \varphi_{0j}) \quad \text{mit} \quad \omega_1 = \sqrt{\frac{H_0}{\rho A}} \, \frac{\pi}{l} \, . \qquad (25.1)$$

Beispiel

Ein mit der Längskraft H vorgespanntes Seil erhält eine Anfangsauslenkung δ zur Zeit $t = 0$. Dies könnte z. B. eine Gitarrensaite sein, die zu Beginn der Schwingung angeregt wird. Gesucht ist die Bewegung $w(x,t)$.

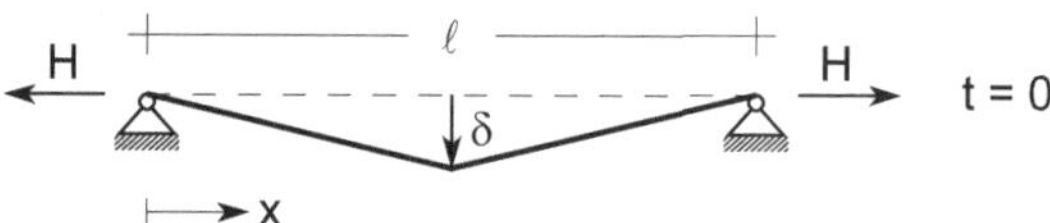

Bild 25-2 Anfangsauslenkung eines schwingenden Seiles

Der Verlauf der Anfangsauslenkung $w(x,0)$ ist linear, siehe Bild 25-2. Die Anfangsgeschwindigkeit $\dot{w}(x,0)$ ist Null gesetzt. Damit folgt

$$w(x,0) = \frac{2\delta}{l} x \qquad\qquad \text{für} \qquad 0 < x < \frac{l}{2} \, ,$$

$$w(x,0) = \frac{2\delta}{l} (l - x) \qquad \text{für} \qquad \frac{l}{2} < x < l \, .$$

Zunächst muss die Anfangsauslenkung so dargestellt werden, dass eine Anpassung der allgemeinen Form der freien Schwingung mit $\sin(j\pi/l)x$–Termen an die Anfangsbedingungen möglich ist. Dies erfolgt mit Hilfe einer Fourier-Reihe für die Anfangsauslenkung

$$w(x,0) = \sum_j \hat{w}_j \sin \frac{j\pi}{l} x\,.$$

Die Berechnung der Fourier-Koeffizienten gibt

$$\hat{w}_j = 0 \qquad\qquad\qquad \text{für} \qquad j = 2, 4, 6, \ldots$$
$$\hat{w}_j = (-1)^{\frac{j-1}{2}} \cdot \frac{8\,\delta}{j^2\,\pi^2} \qquad \text{für} \qquad j = 1, 3, 5, \ldots$$

Die Fourierkoeffizienten mit geradem j verschwinden, da sich die Bewegung symmetrisch in beide Richtungen entwickelt.

Damit folgt die freie Schwingung infolge der Anfangsauslenkung δ entsprechend der allgemeinen Lösung nach Gleichung (25.1)

$$w(x,t) = \frac{8\,\delta}{\pi^2} \left(\sin\frac{\pi}{l} x \cos\omega_1 t - \frac{1}{9}\sin\frac{3\pi}{l} x \cos\omega_3 t + \frac{1}{25}\sin\frac{5\pi}{l} x \cos\omega_5 t - \ldots\right).$$

Mit Gleichung (25.1) sind auch die Eigenkreisfrequenzen ω_j gegeben. Die Bewegung ist eine Wellenbewegung, bei der die Fronten der Wellenausbreitung in Form von Knicken auf die Ränder zu laufen, siehe Bild 25-3.

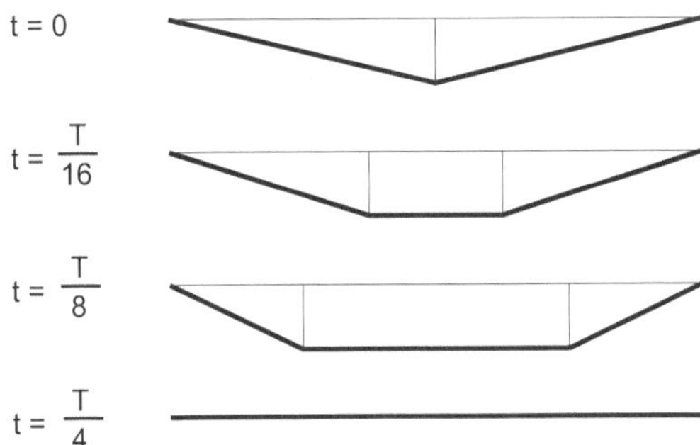

Bild 25-3 Wellenbewegung des gespannten Seils

Die Geschwindigkeit c der Wellenfront berechnet man wie folgt: Die Flachlage des Seiles wird erreicht, wenn alle Teilschwingungen mit $\cos\omega_j t$ verschwinden. Dies ist der Fall für $t = T/4$. Dies bedeutet, dass die Geschwindigkeit mit Weg pro Zeit, also mit $c = l/2 \cdot 4/T$ berechnet werden kann. Damit folgt

$$c = \frac{2\,l}{T} = \frac{l}{\pi}\,\omega_1\,.$$

25.2 Schwingungen von Seilnetzen

Die Berechnung von Seilnetzen entzieht sich in der Regel einem analytischen Vorgehen. Hierfür können jedoch numerische Verfahren vorteilhaft eingesetzt werden, die aus dem Matrizenverfahren der Baustatik oder der Finite–Elemente–Methode abgeleitet sind. Abschätzungen des Frequenzspektrums mit Hilfe von Einzelseilen oder Membranen sind nützlich, auch um die Diskretisierung zu überprüfen.

Nachfolgend wird die Vorgehensweise für ein durch Eigengewicht stabilisiertes Seilnetz als tragendes Element eines Glasdaches gezeigt, das in Bild 25-4 in einer Schrägansicht dargestellt ist. Hierbei liegen die Seile ($R = 16\,mm, A = 594\,mm^2, E = 140.000\,N/mm^2$) im Raster $1{,}25\,m \cdot 1{,}25\,m$ im unbelasteten Zustand in einer Ebene. Die Seile sind an einem elliptischen Stahlbogen befestigt aber nicht vorgespannt. Infolge Eigengewicht und Schnee oder Wind verformt sich das Seilnetz und entwickelt im verformten Zustand entsprechende Vorspannkräfte, die das Gleichgewicht sicherstellen.

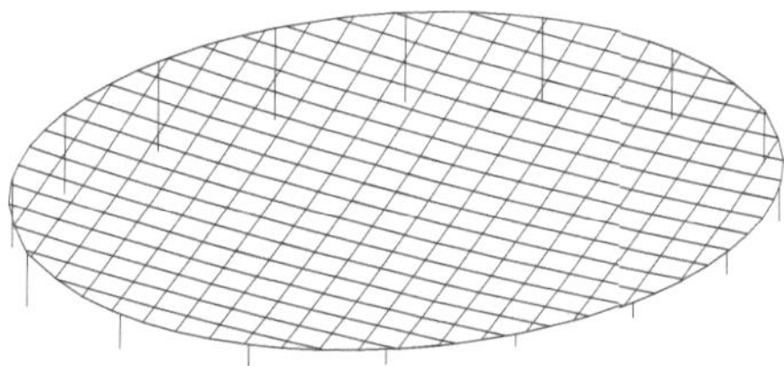

Bild 25-4 Seilnetz auf elliptischem Grundriss – $a_x = 28{,}8\,m, a_y = 22{,}4\,m$

Diese Konstruktion von Seilnetzen sollte in der Praxis vermieden werden, da die Seilnetze zwar eine geringe Vorspannung infolge Eigengewicht erfahren, aber in ihrer verformten Lage dennoch äußerst schwingungsanfällig sind. Besser geeignet sind gegensinnig gekrümmte und vorgespannte Seilnetze.

25.2.1 Berechnung des Vorspannnzustandes

Das unbelastete Seilnetz besitzt keine Steifigkeiten senkrecht zur Seilebene. Die Berechnung der Verformungen unter Lastfall Eigengewicht kann mit Berechnungsprogrammen nach nichtlinearer Stabwerkstheorie III. Ordnung erfolgen, wenn keine speziellen Programme für Seilnetze vorliegen. Die Gesamtlast des Tragwerks umfasst die Glasdeckung, die Seile sowie die Verbindungselemente und wird bei der Berechnung in eine äquivalentes Eigengewicht der Seile umgerechnet. Die iterative Berechnung der Gleichgewichtszustände erfolgt in mehreren Laststufen bis die Gesamtlast aufgebracht ist. Bei der Berechnung des Last–Verformungsverhalten ist darauf zu achten, dass die Steifigkeiten des unbelasteten Seilnetzes verschwinden, wenn keine Biegesteifigkeiten vorhanden sind. Zur Stabilisierung der Berechnung sollten in der Iteration daher zunächst geringe Biegesteifigkeiten angesetzt werden, die im endgültigen Verformungszustand mit Spannkräften nicht mehr erforderlich sind.

Die numerische Berechnung mit der Finite–Element–Methode liefert nebenstehendes nichtlineares Last–Verschiebungsdiagramm für steigende Lasten, die mit einem äquivalenten Eigengewicht der Seile realisiert werden. Für die Lastfälle Eigengewicht G ($\varrho_{Seil} = 0{,}0938\,kg/cm^3$) sowie Eigengewicht mit Schneelast GS ($\varrho_{Seil} = 0{,}1796\,kg/cm^3$) werden folgende vertikale Verschiebungen und maximalen Seilkräfte ermittelt:

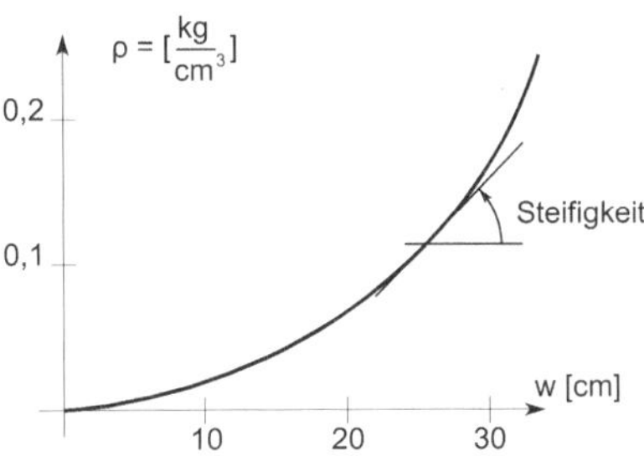

Bild 25-5 Seilnetz bei steigender Last

Lf	w_{Mitte}	S_{max}
G	$22{,}12\,cm$	$69\,kN$
GS	$32{,}70\,cm$	$113\,kN$

Die Nichtlinearität im Tragverhalten folgt aus Formänderung des Seilnetzes bei Belastung, die Einfluß auf die Steifigkeiten hat

$$(K^L + K^N(H))\, w = p .$$

Die lineare Steifigkeit senkrecht zum Seilnetz verschwindet mit $K^L = 0$, da die Biegesteifigkeit apriori null ist. Der nichtlineare Teil der Steifigkeit folgt aus der Spannkraft H des Seiles mit $H \cdot w'' = EA\,(u' + \frac{1}{2}w'^2) \cdot w''$.

25.2.2 Frequenzanalyse

Der Vorspannzustand aus Eigengewicht sowie Eigengewicht mit Schnee wird als Ruhelage für das Schwingungsverhalten angesetzt. Die Linearisierung um die Ruhelage ist zulässig, wenn die Amplituden klein bleiben. Das Seilnetz kann in seiner Ebene horizontale Schwingungen und senkrecht zu seiner Ebene vertikale Schwingungen ausführen. Die Frequenzanalyse liefert die folgenden niedrigsten Eigenfrequenzen, die den vertikalen Schwingungen zugeordnet sind. Die den horizontalen Schwingungen zugeordneten Eigenfrequenzen sind durchweg höher, da sich die Netzknoten durch die jeweils quer angeordneten Seile nicht frei bewegen können und daher die Steifigkeiten des Seilnetzes in horizontaler Richtung höher sind.

Lf	f_1	f_2	f_3	f_4	f_5
G	1,43	1,46	1,56	1,62	1,87
GS	1,27	1,31	1,40	1,47	1,69

Zunächst ist erstaunlich, dass im Lastfall GS trotz größerer Seilkräfte geringere Eigenfrequenzen vorliegen. Der Grund hierfür ist, dass auch die Masse des Schnees zusätzlich berücksichtigt werden muss. Wesentliches Ergebnis ist, dass

- die Eigenfrequenzen relativ niedrig liegen, zum Teil im Bereich des natürlichen Windes oder der Nachlaufturbulenz von benachbarten Gebäuden,
- die Eigenfrequenzen dicht aneinander liegen.

Dies bedeutet, dass zumindest konstruktiv Dämpfungsmaßnahmen oder zusätzliche Abspannungen angeordnet werden sollten, um unerwünschte Schwingungsamplituden klein zu halten und um das Zusammenwirken mehrerer Eigenschwingungsformen zu vermeiden.

25.2.3 Abschätzen des Frequenzspektrums

Die Eigenfrequenzen können mit Hilfe der Lösungen für Einzelseile und Membranen abgeschätzt und auf Ihre Plausibilität überprüft werden.

Einzelseil

Die Grundfrequenz $f_1 = \frac{1}{2\ell}\sqrt{\frac{H}{\rho A}}$ erhält man mit der Seillänge $\ell = 22{,}5\,m$.

Lf	Seilkraft $H\,[kN]$	horizontal $f_1\,[\frac{1}{s}]$ FEM–Seil	analytisch	vertikal $f_1\,[\frac{1}{s}]$ FEM–Seil	FEM–Netz
G	63,6	0,76	0,75	1,53	1,43
GS	105	0,71	0,70	1,38	1,27

Die horizontalen Eigenfrequenzen des Seiles sind beim Einzelseil kleiner als die vertikalen Frequenzen, wenn die Vorspannung aus Eigengewicht horizontal nicht wirksam ist. Im Seilnetz können die horizontalen Schwingungen – wie bereits oben angesprochen – aufgrund der querliegenden Seile nur bei Aktivierung großer Steifigkeiten auftreten. Die zugehörenden Eigenfrequenzen des Einzelseiles sind daher für den Vergleich nicht aussagekräftig. Die Frequenzen für vertikale Eigenschwingungen sind hier beim Einzelseil größer, da die

Eigenschwingungen im Seilnetz Anteile aus vertikalen und horizontalen Verschiebungen aufweisen.

Die Eigenfrequenzen für vertikale Schwingungen der FEM–Berechnung sind größer als die der analytischen Lösung, da in der FEM–Berechnung eine Theorie III. Ordnung eingesetzt wird, die bei der Berechnung der Seilkräfte den Seildurchhang berücksichtigt, der bei der analytischen Lösung jedoch nicht erfasst werden kann.

Kreismembran

Berechnet man die Steifigkeiten und die Massen des Seilnetzes in eine äquivalente Kreismembran der Dicke t und dem Radius $a = 11{,}25\,m$ um, kann man die kleinste Eigenfrequenz für den Lastfall G mit

$$f_1 = \frac{1}{2\,\pi} \cdot \sqrt{\frac{h}{\rho t} \cdot \frac{1}{a}} \cdot x_{10} = \begin{cases} 1{,}29\,\frac{1}{s} & \text{für} \quad h = 63{,}6\,kN/m \\ 1{,}64\,\frac{1}{s} & \text{für} \quad h = 105\,kN/m \end{cases}$$

berechnen, siehe hierzu Abschnitt 25.3.2. Die Eigenfrequenz liegt in der Größenordnung der Eigenfrequenz des Einzelseils, hängt jedoch von der Vorspannung ab.

25.3 Schwingungen von Membranen

Membranen werden in vielen Bereichen des Ingenieurwesens eingesetzt. Beispiele aus dem Bauingenieurwesen sind Zelttragwerke, Traglufthallen, Stadionüberdachungen und aus anderen Fachgebieten Luftschiffe, Lautsprecher, Mikrophone und andere mehr. Membranen besitzen – wie Seile – nur dann Steifigkeiten quer zu ihrer Ebene, wenn sie gespannt sind und Querauslenkungen erfahren. Sie tragen dann Querbelastungen über Längskräfte in der Membranebene in die Lager ab.

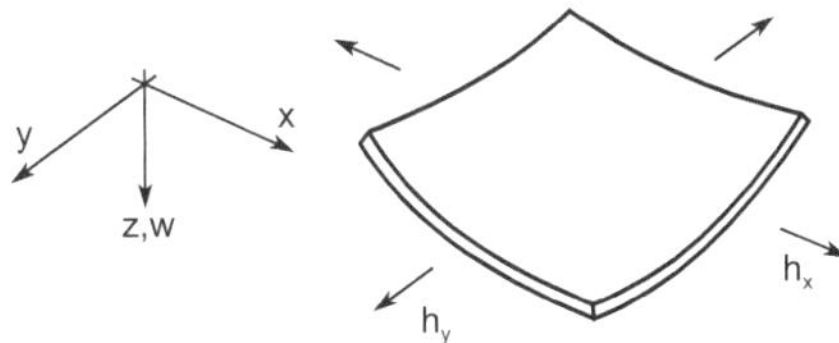

Bild 25-6 Kräfte am differentiellen Membranelement

Die Bewegungsgleichung von Membranen kann wiederum am differentiellen Element hergeleitet werden. Für lineare Schwingungen um die nichtverformte ebene Ausgangslage folgt für nicht verschwindende Spannkräfte $h_x, h_y\ [N/m]$ die

Bewegungsgleichung für Schwingungen senkrecht zur Membran

$$-h_x\,w,_{xx} - h_y\,w,_{yy} + \rho\,t\,\ddot{w} = p(x,t)\,.$$

Die Spannkräfte sind als Zugkräfte positiv definiert. Für komplexe gekrümmte Ausgangsgeometrien können entsprechende Bewegungsgleichungen entwickelt werden.

25.3.1 Schwingungen von Rechteckmembranen

Für die freien Schwingungen einer an den Rändern gelagerten Rechteckmembran kann mit Hilfe einer Fourier–Reihe ein Separationsansatz in der Form

$$w(x,y,t) = \sum_j w_j(x,y)\,\cos(\omega_j t - \varphi_{0j})$$

gewählt werden. $w_j(x,y)$ beschreibt die zur Eigenkreisfrequenz ω_j gehörende Schwingungsform in Abhängigkeit der Koordinaten x, y. In die Bewegungsgleichung eingesetzt, kann man den zeitlichen Verlauf eliminieren. Für konstante Spannkraft $h = h_x = h_y$ in N/m gilt für jedes Reihenglied $w_j(x,y)$

$$-h\,[\,w_j(x,y),_{xx} + w_j(x,y),_{yy}] - \rho\,t\,\omega_j^2\,w_j(x,y) = 0\,.$$

Die Lösung der partiellen Diffferentialgleichung erfolgt mit einem Produktansatz für die Schwingungsfigur $w_j(x,y)$.
Mit den Abkürzungen $\alpha = \pi/a$ und $\beta = \pi/b$ wird der Ansatz

$$w_j(x,y) = \hat{w}_{kl}\,\sin k\alpha x\,\sin l\beta y$$

gewählt, der die Wegrandbedingungen $w|_{Rand} = 0$ erfüllt. k und l sind ganze Zahlen im Wertebereich $1 \le k,l \le n$, wobei n eine beliebige obere Grenze ist.

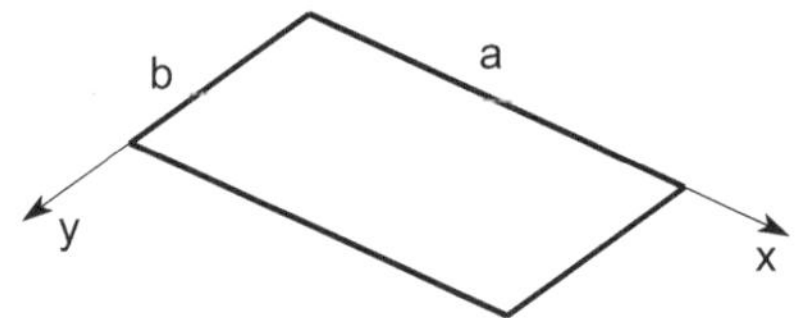

Bild 25-7 Rechteckmembran

Mit dem so gewählten Ansatz kann man die Eigenkreisfrequenzen

$$\omega_j^2 = \omega_{kl}^2 = \frac{h}{\rho\,t}\,[\,(k\,\alpha)^2 + (l\,\beta)^2\,]$$

berechnen, die der jeweiligen Eigenschwingungsform k,l zugeordnet sind. Mit der Überlagerung der Eigenschwingungen folgt die Gesamtlösung der homogenen Bewegungsgleichung zu

$$w(x,y,t) = \sum_k \sum_l \{\,\hat{w}_{kl} \cdot \sin k\alpha x \cdot \sin l\beta y \cdot \cos(\omega_{kl}t - \varphi_{0\,kl})\,\}\,.$$

Beispiel 1

Analog zum Einzelseil in Abschnitt
25.1.2 wird als Anfangsauslenkung einer Rechteckmembran mit den Sei-
tenlängen a, b die Mittenauslenkung
δ mit pyramidenförmigem Verschiebungsfeld $w(x, y, 0)$ vorgegeben. Außerdem wird die Anfangsgeschwindigkeit
zu Null gesetzt. Bei Berücksichtigung
der Symmetrie ist die Anfangsauslenkung für ein Viertel der Platte mit

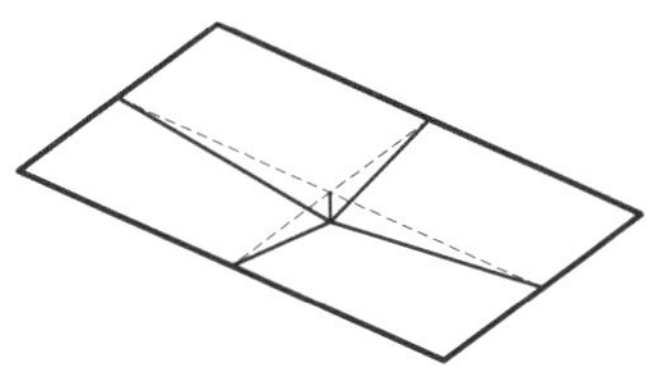

Bild 25-8 Anfangsauslenkung

$$w(x, y, 0) = \delta\, \frac{x}{a/2}\, \frac{y}{b/2} \qquad \text{für} \qquad x \leq a/2,\, y \leq b/2\,.$$

gegeben. Wenn die Gesamtlösung wie oben gezeigt in Form einer Fourier–Reihe
gegeben ist, sollte auch die Anfangsauslenkung mit einer Fourier–Reihe beschrieben werden. Mit dem Ansatz für die Anfangsauslenkung

$$w(x, y, 0) = \sum_k \sum_l \hat{w}_{kl} \sin k\alpha x\, \sin l\beta y$$

und mit $\alpha = \pi/a$ und $\beta = \pi/b$ sowie $\varphi_{0\,kl} = 0$ folgen die Fourier–Koeffizienten

$$\hat{w}_{kl} = \begin{cases} 0 & \text{für} \quad k = 2, 4, 6, \ldots \quad \text{und} \quad l = 2, 4, 6, \ldots \\[2mm] \frac{64\,\delta}{k^2\, l^2\, \pi^4} \cdot (-1)^{\frac{k+l-2}{2}} & \text{für} \quad k = 1, 3, 5, \ldots \quad \text{und} \quad l = 1, 3, 5, \ldots \end{cases}$$

Die Anpassung der Gesamtlösung der homogenen Bewegungsgleichung an die
Anfangsbedingungen gibt

$$w(x, y, t) = \frac{64\,\delta}{\pi^4} \Big\{ \sin \alpha x\, \sin \beta y\, \cos \omega_{11} t - \frac{1}{9} \sin \alpha x\, \sin 3\beta y\, \cos \omega_{13} t$$

$$- \frac{1}{9} \sin 3\alpha x\, \sin \beta y\, \cos \omega_{31} t + \frac{1}{81} \sin 3\alpha x\, \sin 3\beta y\, \cos \omega_{33} t + \ldots \Big\}$$

Analog zu Bild 25-3 beschreibt dies einen Pyramidenstumpf mit wandernden
Kanten in x– und y–Richtung. Die einzelnen Reihenglieder beschreiben ein
schachbrettartiges Muster in x– und y–Richtung, vergleiche hierzu Beispiel 2,
und schwingen jeweils mit einer eigenen Frequenz.

Beispiel 2

Wird eine Rechteckmembran mit einer Frequenz angeregt, die einer Eigenfrequenz entspricht, so bildet sich die zur Eigenfrequenz gehörende Schwingungsform als stehende Welle also als Schwingung aus. Die Anregung muss dabei

nicht flächig mit dem Muster der Eigenschwingungsform erfolgen, sondern kann mit einem entsprechenden Energieeintrag auf dem Rand auf die Platte wirken.

Für diesen Fall sind die Knotenlinien einer Schwingungsform exemplarisch in Bild 25-9 gezeigt. Auch wenn der Fall einer Resonanzanregung entspricht und keine Dämpfung vorhanden ist, sind die Amplituden der Schwingung begrenzt. Ursache ist die Nichtlinearität der Bewegungsgleichung, wenn sich die Spannkraft h mit der Auslenkung w verändert. Hierbei wird der Widerstand gegen ein Anwachsen der Auslenkung verstärkt, sodass eine Schwingung mit endlicher Amplitude die Folge ist.

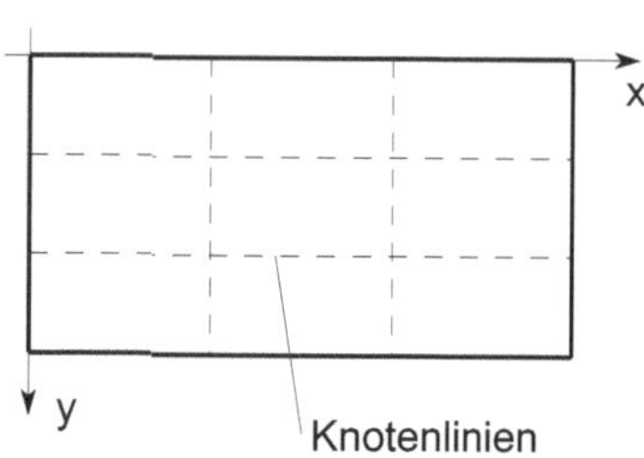

Bild 25-9 Knotenlinien einer schwingenden Rechteckmembran

Das Phänomen ist den seit Ende des 18. Jahrhunderts bekannten Chladni'schen Klangfiguren vergleichbar. Chladni hat seine *Klangfiguren* erzeugt, indem er eine mit Sand bestreute Platte mit einem Geigenbogen zum Schwingen angeregt hat. Dort, wo die größten Auslenkungen der Platte sind – dies sind die weißen Flächen in Bild 25-10 – verschwindet der Sand und sammelt sich an den Stellen, wo die Schwingungsknoten sind – dies sind die schwarzen Linien bzw. Gebiete.

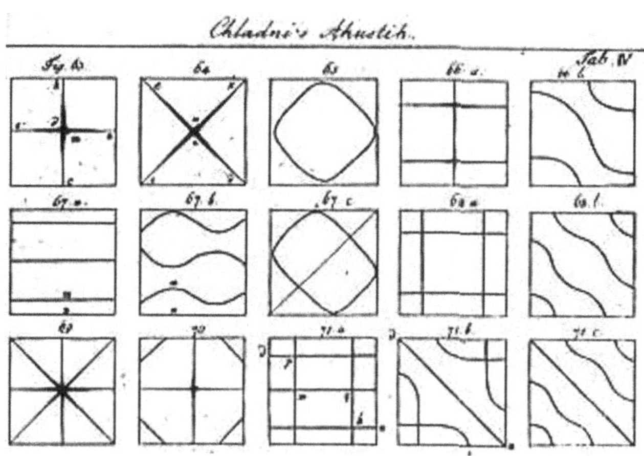

Bild 25-10 Chladni'sche Klangfiguren von Rechteckmembranen

25.3.2 Schwingungen von Kreismembranen

Wie bei Rechteckmembranen kann man auch das Schwingungsverhalten von Kreismembanen mit den Chladni'schen Klangfiguren anschaulich darstellen. Bild 25-11 verdeutlicht verschiedene in Ringrichtung unsymmetrische Eigenschwingungsformen.

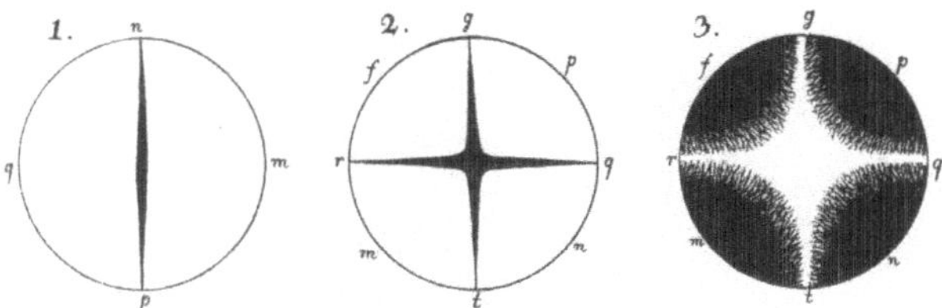

Bild 25-11 Chladni'sche Figuren von Kreismembranen

Die Bewegungsgleichung von Kreismembranen wird in Polarkoordinaten angeschrieben, da so Vereinfachungen bei den Randbedingungen und bei der Berechnung der Lösung möglich sind. Mit den Polarkoordinaten r, φ folgt

$$\rho t \, \ddot{w} - h \left(w_{,rr} + \frac{1}{r} \, w_{,r} + \frac{1}{r^2} \, w_{,\varphi\varphi} \right) = p(r,\varphi,t) \,.$$

t ist die Dicke der Membran, a der Außenradius und h die Spannkraft in radialer Richtung r und Ringrichtung φ.

Mit einem Produktansatz in den Raum- und Zeitkoordinaten r, φ, t, der die Stetigkeitsbedingungen in Ringrichtung und die Anfangsbedingungen erfüllt, erhält man eine gewöhnliche Differentialgleichung in radialer Richtung. Für die Lösung der homogenen Bewegungsgleichung wählt man daher

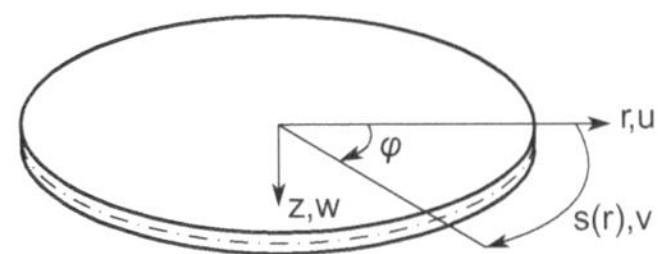

Bild 25-12 Polarkoordinaten

$$w(r,\varphi,t) = \sum_{j=1}^{\infty} \sum_{n=0}^{\infty} w_j(r) \cdot \Phi_n(\varphi) \cdot T_{jn}(t) \,.$$

Mit

$$T_{jn}(t) = A_{jn} \cos \omega_{jn} t + B_{jn} \sin \omega_{jn} t \,, \qquad \ddot{T}_{jn}(t) = -\omega_{jn}^2 t \cdot T_{jn}(t)$$

sowie

$$\Phi_n(\varphi) = C \cos n\varphi + D \sin n\varphi \,, \qquad \Phi_n(\varphi)_{,\varphi\varphi} = -n^2 \cdot \Phi_n(\varphi)$$

folgt die Bewegungsgleichung für $w_j(r)$

$$T_{jn} \cdot \Phi_n \cdot (w_{j,rr} + \frac{1}{r} w_{j,r} + (\omega_{jn}^2 \frac{\rho t}{h} - \frac{n^2}{r^2}) w_j) = 0 \,.$$

In dieser Form ist die Bewegungsgleichung eine Bessel'sche Differentialgleichung. Die Lösungen $w_j(r,\varphi)$ der Differentialgleichung werden als Bessel–Funktionen J_n bezeichnet:

$$w_j(r) = J_n(\frac{r}{a} x_{jn}) \,.$$

Die Biegelinien $w_j(r)$ erfüllen die Randbedingung $w(a) = 0$ an der Stelle $r = a$ implizit, da die Koeffizienten x_{jn} gerade die Nullstellen der Bessel–Funktionen sind. Die Indizes j, n deuten an, dass der radiale Verlauf $w_j(r)$ der Eigenschwingungsform $w(r,\varphi)$ vom Ansatz $\Phi_n(\varphi)$ in der Ringrichtung abhängt. Die Konstanten x_{jn} sind Nullstellen der Funktionen J_n und tabellarisch angegeben.

x_{jn}	$n = 0$	1	2
$j = 1$	2,405	3,832	5,135
2	5,520	7,016	...
3	8,654	...	...

Die Lösung der Bewegungsgleichung beschreibt für unterschiedliche n konzentrische Verschiebungsfelder um den Mittelpunkt der Kreismembran, deren Amplituden mit zunehmendem Radius kleiner werden. Der Index 0 kennzeichnet Rotationssymmetrie, nichtrotationssymmetrische Schwingungsformen sind mit $n > 0$ beschrieben, siehe Bild 25-13.

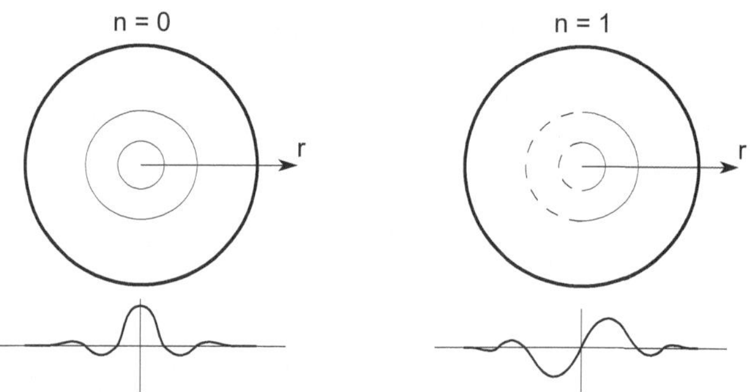

Bild 25-13 Symmetrische und antisymmetrische Bessel-Funktionen

Die Eigenkreisfrequenzen der Bewegungsgleichung sind mit

$$\omega_{jn} = \sqrt{\frac{h}{\rho t} \cdot \frac{1}{a}} \cdot x_{jn}$$

festgelegt, sodass die rotationssymmetrische Gesamtlösung der homogenen Bewegungsgleichung zu

$$w(r,t) = \sum_{j=1}^{\infty} J_0(\frac{r}{a} x_{j0}) \left(A_{j0} \cos \omega_{j0} t + B_{j0} \sin \omega_{j0} t \right)$$

folgt. Die einzelnen Reihenglieder folgen in radialer Richtung der Bessel–Funktion J_0 entsprechend Bild 25-14.

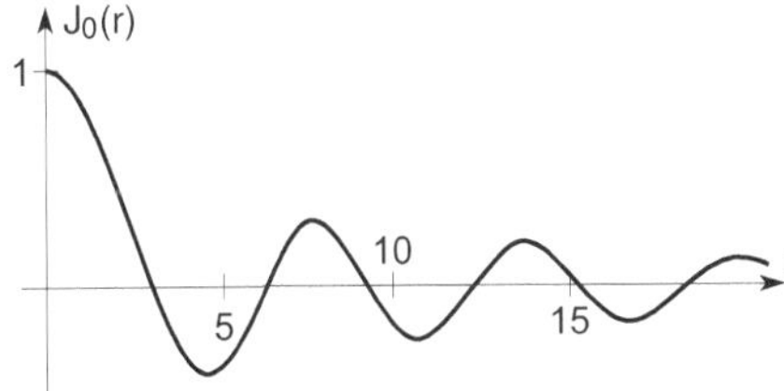

Bild 25-14 Bessel-Funktion J_0

26 Einführung in die Aeroelastizität

Die Aeroelastizität beschreibt die Phänomene, die bei der Luftumströmung von schlanken elastischen Tragwerken auftreten. Dies betrifft unter anderem

- im Flugzeugbau: Tragflügel, Rotoren, ...

- im Bauwesen: Brücken, Schornsteine, ...

- im Maschinenbau: Turbinen, Klimaanlagen, ...

Das Zusammenwirken von Umströmung und elastischem Tragwerk lässt sich wie folgt erklären:

- Bei der Umströmung eines Tragwerks wirken Druck- und Schubspannungen auf die Oberfläche des Tragwerks, die von der Anströmgeschwindigkeit u_∞, der Dichte der Luft ρ_∞ und der Form des Tragwerks abhängen. Wenn das Tragwerk elastisch ist, verformt sich das Tragwerk infolge des Oberflächendrucks. Die Verformungen können klein gegenüber den Tragwerksabmessungen sein, aber auch die Größenordnung charakteristischer Tragwerksabmessungen – dies kann z. B. die Dicke sein – erreichen, sodass im Einzelfall auch Nichtlinearitäten im Lastverformungsverhalten beachtet werden müssen.

- Gleichzeitig mit der Verformung ändert sich die Umströmung des Tragwerks und damit wiederum die Oberflächenspannungen. Hierbei sind unter Umständen auch Nichtlinearitäten im Strömungsfeld zu berücksichtigen, wenn dabei Grenzschichtablösungen oder Verwirbelungen auftreten, siehe Bild 26-1.

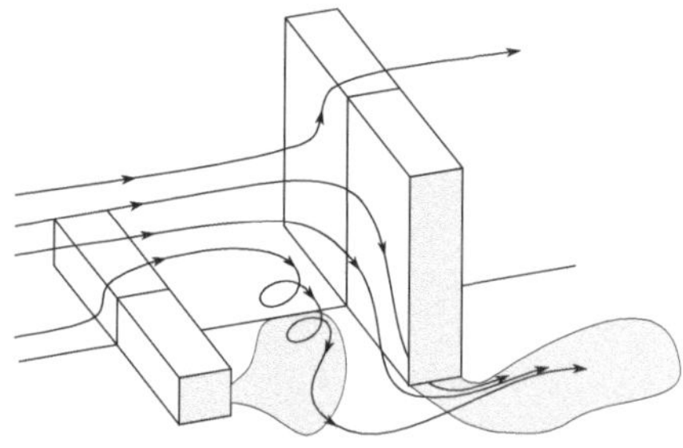

Bild 26-1 Umströmung von Gebäudeanordnungen [46]

© Springer Fachmedien Wiesbaden GmbH, ein Teil von Springer Nature 2020
D. Dinkler, *Einführung in die Strukturdynamik*,
https://doi.org/10.1007/978-3-658-31845-1_26

Für den Entwurf des elastischen Tragwerks ist die genaue Erfassung aller Nichtlinearitäten rechnerisch viel zu aufwändig und zum Teil nicht möglich, aber oft auch nicht erforderlich. Es ist daher notwendig, Berechnungsmodelle zu entwickeln, die die auftretenden und für das Trag– bzw. Schwingungsverhalten des Tragwerks wesentlichen Phänomene genügend genau beschreiben und eine zuverlässige Bemessung zulassen.

Umfassende Darstellungen der Phänomene und Lösungen der Aeroelastik sind mit den Arbeiten von *Förschung* [19] für den Bereich Luftfahrt und *Sockel* [47] für den Bereich Bauwesen gegeben.

26.1 Modellgleichungen und Kennwerte für das Strömungsfeld

Ungestörte Parallelströmungen sind mit der Dichte ρ_∞ des Fluids sowie der Strömungsgeschwindigkeit u_∞ charakterisiert. Befindet sich ein Hindernis im Strömungsgebiet, so werden kinematische Zwänge auf die Strömung ausgeübt, die als kinematische Randbedingungen auf die Strömung wirken, das Geschwindigkeitsfeld um Δu verändern und als Folge die Druckveränderungen an der Oberfläche des Bauwerks bewirken.

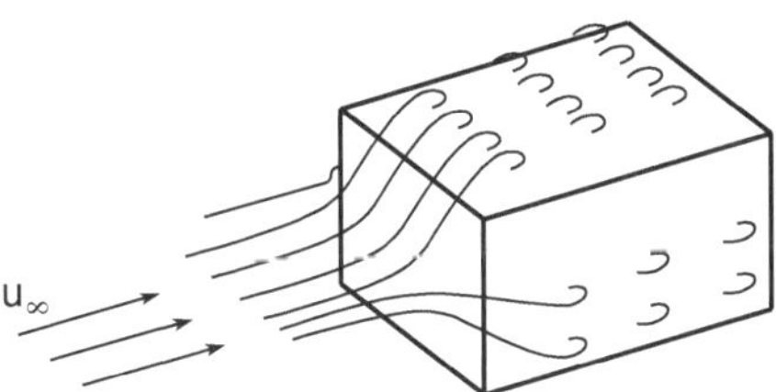

Bild 26-2 Strömungsablösung an Abreißkanten

Die in der Realität vorhandene Strömung ist sehr komplex und kann mathematisch oft nur stark vereinfachend analysiert werden. Im Rahmen der Kontinuumsmechanik sind folgende Modellierungstiefen bekannt:

- Die Navier–Stokes–Bewegungsgleichungen sind am genauesten und beschreiben alle Phänomene der Strömung. Allerdings können sie heute selbst mit modernen Rechenanlagen nur für Einzelfälle numerisch gelöst werden.

- Die Euler–Gleichungen sind für nichtviskose, reibungsfreie Strömungen einsetzbar.

- Die Potential–Gleichung ist für nichtviskose, rotationsfreie Strömungen einsetzbar.

Daneben gibt es andere, an die jeweilige durch Geometrie und Strömungszustand mit ρ_∞, u_∞ charakterisierte Strömung angepaßte Vereinfachungen. Für die im Bauwesen in der Regel auftretenden Strömungsphänomene mit Grenzschichtablösungen und Turbulenz sind im Prinzip nur die *Navier–Stokes–Gleichungen* genau genug, wobei sie allerdings kaum lösbar sind. Man ist hier in der Regel auf andere Vorgehensweisen angewiesen.

Die *Navier–Stokes–Gleichungen* beschreiben das Gleichgewicht an einem Flüssigkeitsteilchen entsprechend dem D'Alembert'schen Prinzip. Es gilt

$$\rho u_{i,t} + \rho u_k u_{i,k} - p_{,i} - \tau_{ji,j} - \rho f_i = 0 \ ,$$

wobei u_i die Strömungsgeschwindigkeit und die beiden ersten Terme die Massenträgheit in der Euler'schen Darstellung beschreiben. p ist der Druck, τ_{ji} sind die Schubspannungen, ρ die Dichte und f_i die Erdbeschleunigung in Richtung der Koordinate x_i. Beschreibt man die Schubspannungen mit dem linearen Newton'schen Ansatz

$$\tau_{ji} = \mu \cdot (u_{j,i} + u_{i,j}) - \frac{2}{3}\mu \cdot u_{k,k}\delta_{ji}$$

so erhält man die nachfolgende Geschwindigkeitsformulierung. Die dimensionsechten *Navier–Stokes–Gleichungen* sind in Indexschreibweise mit

$$\rho u_{i,t} + \rho u_k u_{i,k} - p_{,i} - [\mu(u_{j,i} + u_{i,j})]_{,j} + \frac{2}{3}(\mu \cdot u_{k,k}\delta_{ji})_{,j} - \rho f_i = 0$$

gegeben. Hierbei sind

x^i : Koordinaten
ρ : Dichte
μ : dynamische Zähigkeit
u_i : Geschwindigkeit in Richtung x^i
p : hier als Druck negativ angesetzt
ρf_i : Volumenkräfte.

Eine Klassifizierung des Strömungsfeldes gelingt mit dimensionslosen Kennzahlen, die man aus der Umformung der *Navier–Stokes–Gleichungen* in eine dimensionslose Form erhält. Mit der dimensionslosen Zeitkoordinate $\tilde{t} = t/T$ sowie der dimensionslosen Raumkoordinate $\tilde{x}^i = x^i/\ell$, wobei T ein typisches Zeitintervall und ℓ eine typische Tragwerksabmessung sind, kann man die *Navier–Stokes–Gleichungen* dimensionslos darstellen

$$S\tilde{u}_{i,\tilde{t}} + \tilde{u}_k\tilde{u}_{i,\tilde{k}} - \frac{\rho_\infty}{\rho}Eu_{,\tilde{i}} - [\frac{1}{Re}(\tilde{u}_{j,\tilde{i}} + \tilde{u}_{i,\tilde{j}})]_{,\tilde{j}} + \frac{2}{3Re}(\tilde{u}_{k,\tilde{k}}\delta_{ij})_{,\tilde{j}} - \frac{1}{Fr} = 0 \ .$$

Mit der Dichte ρ_∞ und der Geschwindigkeit u_∞ der ungestörten Strömung werden die Strömungsgeschwindigkeit sowie die dimensionslosen Kennzahlen skaliert:

$$\tilde{u}_i = u_i/u_\infty \qquad : \text{dimensionslose Geschwindigkeit}$$

$$S = \ell/(u_\infty T) \qquad : \text{Strouhal–Zahl}$$

$$Eu = p/(\rho_\infty u_\infty^2) \quad : \text{Euler–Zahl}$$

$$Re = \rho_\infty \ell\, u_\infty/\mu \quad : \text{Reynolds–Zahl}$$

$$Fr = u_\infty^2/(g\,\ell) \qquad : \text{Froude–Zahl}.$$

Historisch bedingt wird die *Froude-Zahl* oft auch mit $Fr^* = u_\infty/\sqrt{g\,\ell}$ definiert. Eine weitere – hier nicht erforderliche – dimensionslose Kennzahl ist die *Mach-Zahl* $Ma = u/c$, mit der die Geschwindigkeit auf die Schallgeschwindigkeit normiert wird. Mit den dimensionslosen Kennzahlen können Strömungen von unterschiedlicher Art und Dichte miteinander verglichen werden. Sie kennzeichnen mit S die Instationarität der Strömung, mit Eu den Druckzustand, die Neigung zur Turbulenzbildung mit Re und den Schwerkrafteinfluß mit Fr. Nach einem Vergleich von Größenordnungen folgt, dass die Strömungen

für große Reynolds–Zahlen $Re > 10^8$ näherungsweise reibungsfrei,
für große Froude–Zahlen $Fr >> 1$ mit Vernachlässigung der Gravitation,
für kleine Strouhal–Zahlen $S < 10^{-2}$ stationär sowie
für Euler–Zahlen $Eu \hateq 1$ näherungsweise inkompressibel

analysiert werden können. Die dimensionslosen Kennzahlen sind globale Parameter und charakterisieren daher das gesamte Strömungsfeld.

Zusätzlich zu den *Navier-Stokes-Gleichungen* der Strömung muss die Massenerhaltung erfüllt werden. Mit

$$\frac{d}{d\,t}(\rho\,dV) = 0$$

folgt die Kontinuitätsgleichung in der Eulerschen Darstellung

$$\rho_{,t} + (\rho\,u_i)_{,i} = 0\,,$$

die auch dimensionslos

$$S\left(\frac{\rho}{\rho_\infty}\right)_{,\tilde{t}} + \left(\frac{\rho}{\rho_\infty}\,\tilde{u}_i\right)_{,\tilde{i}} = 0$$

dargestellt werden kann. Damit sind vier Gleichungen mit den Beschreibungsvariablen u_i mit $i = 1, 2, 3$ sowie ρ und p zu lösen. Dies ist lösbar, wenn ρ und p mit der Zustandsgleichung für ideale Gase

$$p = \rho \cdot R \cdot \Theta\,.$$

direkt verknüpft sind. Hier sind R die Gaskonstante und Θ die Temperatur. Wird die Dichte ρ als unabhängige Variable angesetzt, muss die Energieerhaltung als zusätzliche Erhaltungsgleichung erfüllt werden.

26.2 Druckverteilung an Bauwerken aus Umströmung

Die Einwirkung des natürlichen Windes auf Bauwerke wird maßgeblich von der Windgeschwindigkeit, der atmosphärischen Grenzschicht, dem Geländeprofil und der im Umfeld des Bauwerkes vorhandenen Bebauung bestimmt. Die Windgeschwindigkeit wird mit der Beaufort–Skala eingeteilt, die in Tabelle 26.1 mit ihrer Wirkung auf Bauwerke angegeben ist.

Tabelle 26.1 Beaufort–Skala für Windgeschwindigkeiten

Windstärke	Geschwindigkeit u_∞ $[m/s]$	Staudruck q_∞ $[N/m^2]$	Wirkung
0	$0 - 0{,}3$	0	Windstille
1	$0{,}3 - 1{,}6$	≤ 2	schwach fühlbar
2	$1{,}6 - 3{,}4$	≤ 8	Blätter rascheln
3	$3{,}4 - 5{,}5$	≤ 20	dünne Zweige bewegen sich
4	$5{,}5 - 8{,}0$	≤ 40	Zweige bewegen sich
5	$8{,}0 - 10{,}8$	≤ 75	dünne Bäume bewegen sich
6	$10{,}8 - 13{,}9$	≤ 125	dicke Äste bewegen sich,
7	$13{,}9 - 17{,}2$	≤ 190	Bäume schwanken
8	$17{,}2 - 20{,}8$	≤ 280	Behinderungen beim Gehen
9	$20{,}8 - 24{,}5$	≤ 390	Dachziegel heben ab
10	$24{,}5 - 28{,}5$	≤ 525	Bäume werden entwurzelt
11	$28{,}5 - 32{,}7$	≤ 690	schwere Gebäudeschäden
12	$> 32{,}7$	> 690	schwerste Sturmschäden, und Verwüstungen

Die Geschwindigkeitsverteilung des Windes in der Grenzschicht ist in Bild 26-3 stark vereinfachend dargestellt. Man bezeichnet den unteren Teil der Grenzschicht bis ca. $100\,m$ als Prandtl–Schicht, in der die Windrichtung gleich ist, und den darüber liegenden Teil bis ca. $1000\,m$ als Ekman–Schicht, in der die Windrichtung aufgrund von Reibungseinflüssen dreht. Der exponentielle Verlauf über die Höhe wird von Windböen und Turbulenzen überlagert, die leichte Bauteile zum Schwingen anregen können. Der turbulente Teil des Windes kann nur mit den Methoden der Stochastik beschrieben werden und führt auf Bewegungsgleichungen mit stochastischen Koeffizienten und stochastischer Einwirkung, die hier nicht untersucht werden sollen.

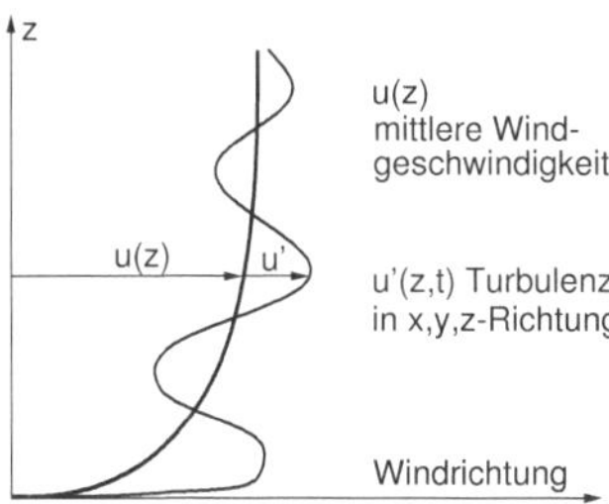

Bild 26-3 Atmosphärische Grenzschicht

Für die Untersuchung von Bauwerken ist das gesamte Strömungsfeld weniger interessant als vielmehr die Druckverteilung an der Oberfläche des Bauwerks, da dies die Bauwerksverformungen bewirkt. Jedoch sind aufgrund der Komplexität der realen Windbedingungen stark vereinfachende Annahmen sinnvoll, wenn Bauwerke bemessen werden sollen.

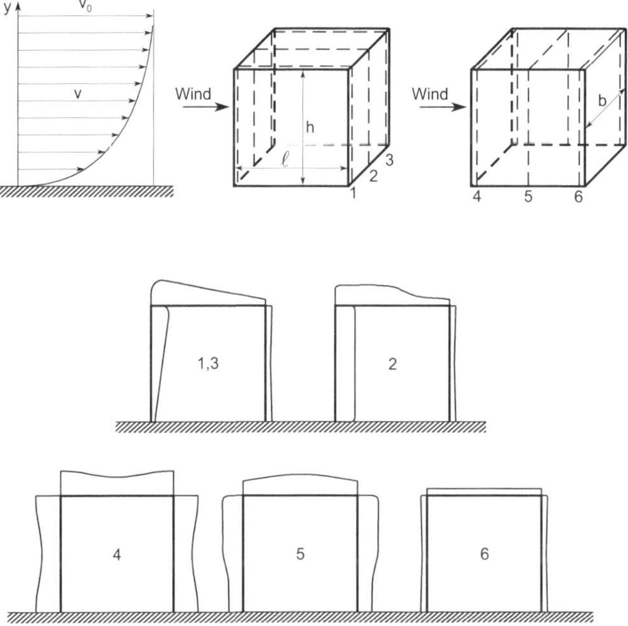

Bild 26-4 Druckverteilung an einem Würfel bei Grenzschichtströmung nach [18]

Bild 26-4 zeigt die Druckverteilung an einem Würfel in einer Grenzschichtströmung, die dem natürlichen Wind entspricht. Die Versuchsergebnisse sind
aus der Veröffentlichung von Flachsbarth [18] (1932) entnommen, siehe auch
Simiu / Scanlon [46]. Auf der Windseite liegen die Druckspannungen über dem
atmosphärischen Druck, an den Seiten, dem Dach und der Rückwand darunter, sodass hier Sog entsteht. Diese und vergleichbare experimentelle Ergebnisse
sind Grundlage der Richtlinien für die Druckverteilung auf Bauwerke.

Druckbeiwert

Die Druckverteilung an der Oberfläche des Bauwerks wird in der Regel mit
Hilfe des dimensionslosen Druckbeiwertes c_p(Ort, Zeit) und dem Geschwindig-
keitsdruck $q_\infty = \rho_\infty u_\infty^2/2$ der ungestörten Strömung beschrieben, vergleiche
hierzu die Winddruckannahmen nach EC 3-2 [57] oder DIN EN 1991-1-4 [56].
Der Druckbeiwert beschreibt die Druckdifferenz Δp zwischen dem tatsächlichen Druck p infolge Wind und einem Referenzdruck p_0, der in der Regel mit
q_∞ angesetzt wird.

$$\Delta p = p(\text{Ort, Zeit}) - p_0 = c_p(\text{Ort, Zeit}) \cdot q_\infty \ .$$

Mit Hilfe der Euler–Zahl gilt auch $\qquad c_p = 0{,}5\,Eu - 1.$

Exemplarisch ist der Druckbeiwert für einen Kreisquerschnitt eines Schornsteins in Bild 26-5 nach Eurocode angegeben und mit einer Fourierentwicklung
verglichen. Aufgrund der in Ringrichtung vorhandenen Druck– und Sogberei-
che sind die Querschnitte in Ringrichtung auf Biegung beansprucht, was zum
Ovalisieren der Querschnitte führt und mit entsprechenden Aussteifungen ver-
hindert werden muss.

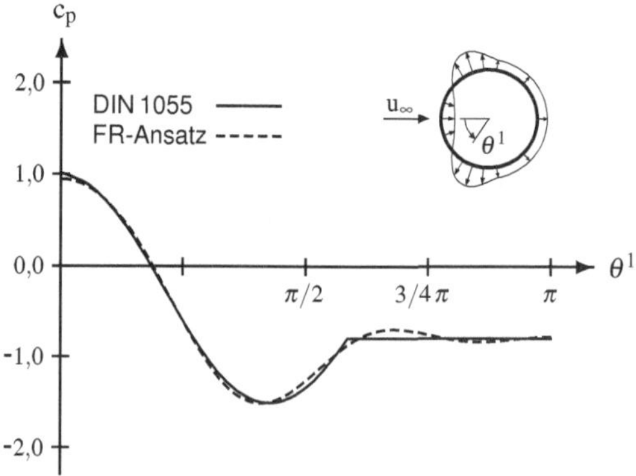

Bild 26-5 Druckverteilung an einem Kreisquerschnitt nach DIN EN 1991-1-4 [56]

Zusätzlich zu der zeitlich konstanten Druckverteilung nach 26-5 kann der Staudruck in der Zeit veränderlich sein. In Bild 26-6 sind links die Stromlinien nach der idealen Potentialtheorie dargestellt, die zu einer symmetrischen Druckverteilung bezüglich der horizontalen und vertikalen Achse führt, aber die realen Verhältnisse nicht wiedergibt. In der Realität reißt die Strömung an der Oberfläche des Tragwerks ab, was einen Druckanstieg auf der entsprechenden Seite des Querschnitts bewirkt, siehe Bild 26-6–mitte.

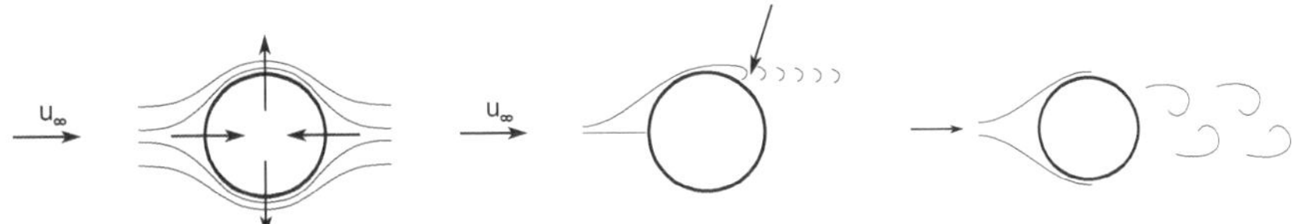

Bild 26-6 Stromlinien bei idealer Potentialströmung und realer Strömung

Wenn sich der Strömungsabriss wechselseitig entwickelt, entsteht mit den abgehenden Wirbeln die *von Karman'sche Wirbelstraße*, siehe Bild 26-6–rechts, die wiederum zu einer periodischen Anregung quer zur Anströmung führt. Mit der instationären Strömung ist auch die Druckverteilung zeitlich veränderlich

$$c_p = c_p(x_o, t) \ .$$

Hierbei berücksichtigt x_o die Form des umströmten Tragwerks.

Integrale Druckbeiwerte

Für das Tragverhalten von schlanken Bauwerken – z. B. einem Schornstein – ist in der Regel nicht nur die Druckverteilung von Interesse, sondern auch integrale Kraft- bzw. Momentenbeiwerte. Gegeben sei die Druckverteilung um den Querschnitt eines Schornsteins nach Bild 26-5. Integriert man den Druckbeiwert c_p über die Bauwerksoberfläche, so erhält man den Widerstandsbeiwert c_D (D: drag) des Kreisprofils in Windrichtung

$$c_D = \frac{1}{2R} \int_0^{2\pi R} c_p \cos \Theta \, R \, d\Theta$$

und den Auftriebsbeiwert c_L (L: lift) des Kreisprofils senkrecht zur Windrichtung

$$c_L = \frac{1}{2R} \int_0^{2\pi R} c_p \sin \Theta \, R \, d\Theta \ .$$

Man normiert hierbei die Beiwerte auf den Durchmesser $2R$ des Zylinders und nicht auf den Umfang. Mit den integralen Druckbeiwerten gewinnt man die Widerstandskraft D und die Auftriebskraft L, und speziell für den Kreiszylinder als Kräfte pro Meter in Längsrichtung des Schornsteins o. ä.

$$D = c_D \cdot 2R \cdot q_\infty \, [N/m] \, ,$$
$$L = c_L \cdot 2R \cdot q_\infty \, [N/m] \, .$$

Für andere Querschnitte sind die integralen Beiwerte analog zu ermitteln. Bei beliebigen Querschnitten können auch der Momentenbeiwert

$$c_M = \frac{1}{\ell^2} \int_0^\ell s \cdot c_p \, ds$$

sowie das aerodynamische Moment

$$M = c_M \cdot q_\infty \ell^2 \, [Nm/m]$$

von Interesse sein, wenn s den Abstand zu einem Referenzpunkt und ℓ eine Tragwerksabmessung beschreiben.

26.3 Druckänderung aus Bewegung des Tragwerks

Die in Abschnitt 26.2 erläuterte Druckverteilung p und damit auch der Druckbeiwert $c_p(x_0)$ sind von der geometrischen Ausgangsform x_0 des Bauwerks und seiner Anordnung in der ungestörten Strömung abhängig. Wenn das Tragwerk infolge Druck seine Lage ändert oder Verformungen erfährt, z. B. aus Elastizität, dann ändert sich mit der Verformung x auch die Druckverteilung

$$c_p = c_p(x_0, x) \, .$$

Bewegt sich das Tragwerk in der Strömung, siehe Bild 26-7, so ändert sich die effektive Anströmgeschwindigkeit u_{eff} mit der Tragwerksgeschwindigkeit $\dot{x} \to u_T$ und damit auch die Druckverteilung

$$c_p = c_p(x_0, x, \dot{x}) \, .$$

Außerdem wird bei einer Tragwerksbewegung ein Teil des Fluids in Bewegung gesetzt, sodass hierbei Massenträgheiten der Strömung zu überwinden sind, die als Druck ebenfalls auf das Tragwerk wirken. Damit gilt im allgemeinen Fall

$$c_p = c_p(x_0, x, \dot{x}, \ddot{x}) \, .$$

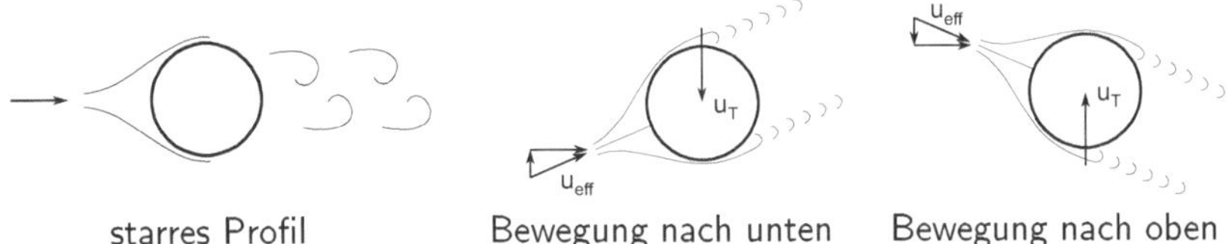

Bild 26-7 Änderung der effektiven Anströmgeschwindigkeit bei Profilbewegung

In der Regel ist die Umströmung von Bauwerken von stark nichtlinearen Phänomenen begleitet, sodass die Druckverteilung nichtlinear von der Bewegung abhängt, siehe Bild 26-8. Die Hysterese um Punkt A gibt eine periodische Bewegung in laminarer Strömung wider, wobei die positive Steigung des Diagramms auf eine stabile Bewegung deutet. In Punkt B ist die Strömung abgelöst, allerdings ebenfalls mit positiver Steigung im Last–Weg–Diagramm.

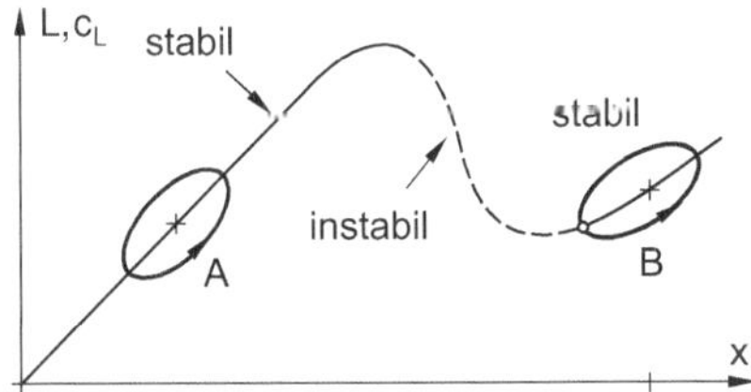

Bild 26-8 Auftrieb bei Steigerung der Anströmgeschwindigkeit

Wenn die Bewegungsamplituden klein sind, kann man eine Linearisierung um die Ausgangsgeometrie x_0 oder einen anderen beliebigen Zustand vornehmen. Hierfür ist das totale Differential an der Stelle $c_p(x_0) = c_{p0}$ anzusetzen

$$d\,c_p = \frac{\partial\,c_p}{\partial\,x}\,d\,x + \frac{\partial\,c_p}{\partial\,\dot{x}}\,d\,\dot{x} + \frac{\partial\,c_p}{\partial\,\ddot{x}}\,d\,\ddot{x}\;.$$

Die $dx, d\dot{x}, d\ddot{x}$ sind Weggrößen der linearisierten Bewegung um die Ausgangslage x_0. Im weiteren werden immer lineare Bewegungsgleichungen angenommen, sodass die Beschreibung weiterhin mit $x, \dot{x}, \ddot{x}$ anstelle von $dx, d\dot{x}, d\ddot{x}$ erfolgen kann. Damit beträgt der Gesamtdruck auf der bewegten Oberfläche des Tragwerks

$$p(x,t) = q_\infty \cdot \left\{ c_p(x_0, t) + c_{p,x}\,x + c_{p,\dot{x}}\,\dot{x} + c_{p,\ddot{x}}\,\ddot{x} \right\}\;.$$

Das Vorgehen kann man völlig analog auf die integralen Beiwerte übertragen:

$$D(t) = q_\infty \cdot \ell \cdot \left\{ c_D(x_0) + c_{D,x}\,x + c_{D,\dot{x}}\,\dot{x} + c_{D,\ddot{x}}\,\ddot{x} \right\}\,,$$

$$L(t) = q_\infty \cdot \ell \cdot \{ c_L(x_0) + c_{L,x}\, x + c_{L,\dot{x}}\, \dot{x} + c_{L,\ddot{x}}\, \ddot{x} \} \,,$$

$$M(t) = q_\infty \cdot \ell^2 \cdot \{ c_M(x_0) + c_{M,x}\, x + c_{M,\dot{x}}\, \dot{x} + c_{M,\ddot{x}}\, \ddot{x} \} \,.$$

In dieser Darstellung ist das Strömungsfeld auf die integralen Druckbeiwerte reduziert und um den Arbeitspunkt x_0 linearisiert, sodass keine Rückschlüsse auf Details der Strömung möglich sind. Allerdings kann man sich mit dieser vereinfachenden Darstellung des Strömungsfeldes auf die Bewegung des Tragwerks konzentrieren.

26.4 Bewegungsgleichungen des Tragwerks

Die Beschreibung des Zusammenwirkens von Umströmung und Tragwerk im Rahmen einer linearen Theorie erfolgt hier mit nachfolgenden vereinfachenden Annahmen. Für die Berechnung der Verformungen des elastischen Tragwerks wird die lineare Elastizitätstheorie angesetzt. Nach Diskretisierung des Tragwerks sind die Bewegungsgleichungen mit

$$\mathbf{M}\,\ddot{x} + \mathbf{D}\,\dot{x} + \mathbf{K}\,x = \mathbf{p} \,.$$

in Matrizenschreibweise gegeben.

Die Druckverteilung aus der Umströmung der starren Tragwerksgeometrie wirkt als äußere Spannung auf das Tragwerk und wird im Einzelfall mit integralen Kräften und Momenten berücksichtigt. Wenn die Druckspannung aus Umströmung von der Geometrie abhängig ist, tritt bei Änderung der Geometrie infolge Verformung x eine Druckänderung ein. Die Änderung des Drucks infolge elastischer Tragwerksverformungen wird analog zu der vorherigen Betrachtung als verformungsabhängige, eingeprägte Kräfte und Momente angesetzt. Insgesamt können die Einwirkungen aus Umströmung in Matrizenschreibweise mit

$$\mathbf{p}(x,t) = \mathbf{p}(x_0,t) + \mathbf{A}_2\,\ddot{x} + \mathbf{A}_1\,\dot{x} + \mathbf{A}_0\,x \,.$$

beschrieben werden. Dies führt auf die Bewegungsgleichung für von Luft umströmte elastische Tragwerke, die die Grundlage der Untersuchung der Phänomenologie der Aeroelastizität ist.

$$\{ \mathbf{M} - \mathbf{A}_2 \}\,\ddot{x} + \{ \mathbf{D} - \mathbf{A}_1 \}\,\dot{x} + \{ \mathbf{K} - \mathbf{A}_0 \}\,x = \mathbf{p}(x_0,t) \,.$$

Hierbei kann man die einzelnen Terme wie folgt interpretieren:

$\mathbf{p}(x_0,t) = q_\infty\,\mathbf{c}_p$ dynamischer Druck entsprechend der Tragwerksgeometrie x_o und der Anströmung,

$\mathbf{A}_2 = q_\infty\,\mathbf{C}_2$ aerodynamische Masse,

$\mathbf{A}_1 = q_\infty\,\mathbf{C}_1$ aerodynamische Dämpfung,

$\mathbf{A}_0 = q_\infty\,\mathbf{C}_0$ aerodynamische Steifigkeit.

Die aerodynamische Masse $(-\mathbf{A}_2)$ erfasst die bei der Tragwerksschwingung mitbewegte Luft. Trotz des formal negativen Vorzeichens wird hierdurch die Gesamtmasse $(\mathbf{M} - \mathbf{A}_2)$ des Systems immer vergrößert. Die aerodynamische Dämpfung $(-\mathbf{A}_1)$ kann dämpfend oder anfachend wirken und hierbei die Tragwerksdämpfung so überlagern, dass instabile Schwingungen mit wachsenden Amplituden möglich sind. Die aerodynamische Steifigkeit $(-\mathbf{A}_0)$ kann die Tragwerkssteifigkeit erhöhen oder vermindern. Wird die Gesamtsteifigkeit verringert, so kann sie bei steigendem Staudruck sogar verschwinden und die Steifigkeitsmatrix damit singulär werden.

Die Koeffizientenmatrizen $\mathbf{A}_i$ sind in der Regel unsymmetrisch und enthalten Formbeiwerte für die Druckverteilung bzw. Auftrieb und Widerstand. Sie sind direkt abhängig vom Staudruck q_∞. Die Auftriebsbeiwerte $\mathbf{C}_i$ sind an das jeweilige physikalische Phänomen angepasst. Sie beschreiben bei kleinen Windgeschwindigkeiten – z.B. Wind auf Bauwerke – in der Regel stochastische Winddruckverteilungen aus Windturbulenz. Bei den größeren Strömungsgeschwindigkeiten im Flugzeugbau reichen oft vereinfachende deterministische Ansätze zur Beschreibung der Druckverteilung aus, sodass auch die Lösung der Bewegungsgleichung einfacher wird. Infolge der unterschiedlichen Aufgabenstellung bei der Bemessung ergeben sich die nachfolgenden Teilgebiete der Aeroelastizität.

26.5 Statische aeroelastische Phänomene

Bei schwingungsunempfindlichen Bauwerken sind die Schwingungsamplituden klein und schnell weggedämpft, sodass nur der statisch wirkende Winddruck beachtet werden muss. In Matrizenschreibweise bleibt:

$$\mathbf{K}\,\mathbf{x} = q_\infty \mathbf{c} + q_\infty \mathbf{C}_0\,\mathbf{x}\ .$$

Bei Bauwerken wird der verformungsabhängige Winddruck $q_\infty\,\mathbf{C}_0\,\mathbf{x}$ vernachlässigt, wenn die Tragwerksteifigkeit so groß ist, dass die Verformungen klein sind. Es bleibt dann das übliche Spannungsproblem für den Nachweis der Standsicherheit des Bauwerks gegen Erreichen der Grenzspannungen des Materials. Hierbei existiert im linearen Fall immer eine eindeutige Lösung für das Verschiebungsfeld $\mathbf{x}$, wenn die Belastung mit den Tragwerksreaktionen im Gleichgewicht ist. Berücksichtigt man die verformungsabhängigen Windkräfte, so kann man sie auf die linke Seite der Gleichgewichtsbedingung schreiben

$$\{\,\mathbf{K} - q_\infty \mathbf{C}_0\,\}\,\mathbf{x} = q_\infty\,\mathbf{c}\ .$$

Die Koeffizientenmatrix $(-q_\infty \mathbf{C}_0)$ aus Aerodynamik wird auf die Tragwerkssteifigkeiten addiert und daher auch als aerodynamische Steifigkeit bezeichnet.

Das Vorzeichen deutet darauf hin, dass die Gesamtsteifigkeit in der Regel geringer wird. Zu beachten ist außerdem, dass die Verformungen $\mathbf{x}$ nichtlinear vom Staudruck q_∞ abhängen.

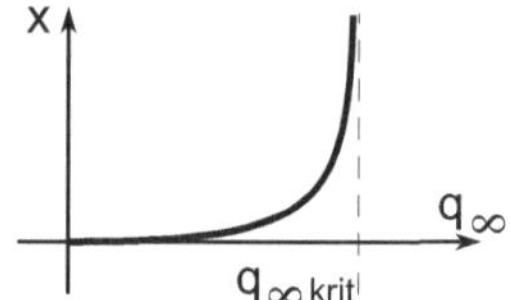

Bild 26-9 Verformung bei Steigerung des Staudruckes

Auch wenn keine äußere Einwirkung vorhanden ist, kann die Gesamtsteifigkeit des Systems bezüglich einer Bewegungsform verschwinden, sodass die entsprechenden Verformungen in der Größe unbestimmt sind. Dieser Fall bewirkt analog zum Knickstab eine Instabilität und kann als Eigenwertproblem bezüglich des Staudruckes

$$\{\mathbf{K} - q_\infty \mathbf{C}_0\}\,\mathbf{x} = 0\,.$$

formuliert werden. Wenn die aerodynamische Steifigkeit vom Staudruck bzw. von der Anströmgeschwindigkeit abhängt, ist hier die kritische Windgeschwindigkeit gesucht, bei der der Stabilitätsverlust eintritt. Das auftretende Phänomen mit unbestimmt großen Verformungen wird als *Divergenz* bzw. statische Instabilität bezeichnet.

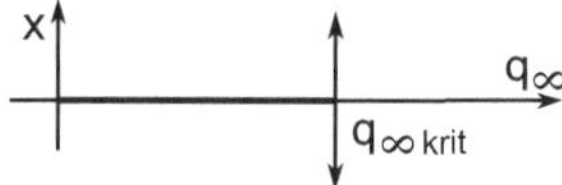

Bild 26-10 Divergenz als statische Instabilität

Anmerkung

Divergenz ist ein Phänomen, das im Bauwesen aufgrund der in der Regel großen Steifigkeit der Tragwerke und der vergleichsweise geringen Anströmgeschwindigkeit des Windes kaum auftreten kann. Im Flugzeugbau ist das Phänomen aufgrund der hohen Anströmgeschwindigkeiten ein wesentliches Bemessungskriterium für Tragflächen und schlanke Flugkörper.

26.5.1 Torsionsdivergenz

Betrachtet man die Umströmung einer gegen die Strömung angestellten elastisch gelagerten Platte – z. B. den Querschnitt einer Brücke, so folgt nach

Integration der Druckverteilung über die Plattenbreite ℓ die Auftriebskraft L.

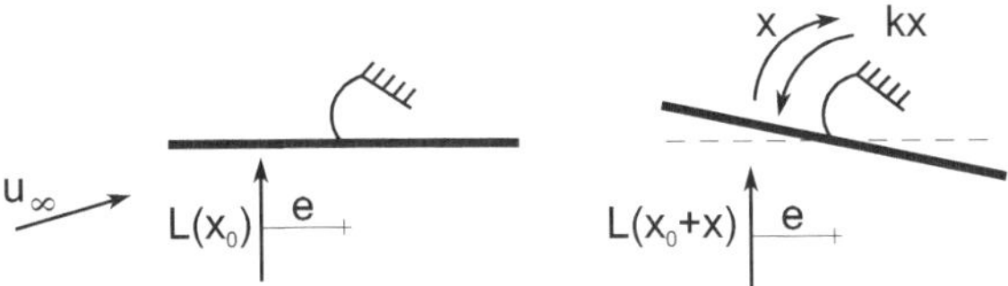

Bild 26-11 Torsionsdivergenz eines Brückenprofils

Wenn die Platte Verdrehungen x erfährt, ist der Auftrieb von der Anfangskonfiguration x_0 und der Verdrehung x abhängig.

$$x \qquad\qquad : \text{Verdrehung}$$
$$L(x_0) = q_\infty \ell\, c_0 \quad : \text{Auftrieb aus starrem Tragwerk}$$
$$L(x) = q_\infty \ell\, c_{,x} x \quad : \text{Auftrieb aus elastischen Verformungen}$$

Wenn e die Exzentrizität der Auftriebskraft bezüglich der Drehachse beschreibt, gilt die Gleichgewichtsbedingung

$$k \cdot x = [\, L(x_0) + L(x) \,]\, e$$

und weiter

$$[k - q_\infty \ell\, c_{,x} e] \cdot x = q_\infty \ell\, c_0\, e\,.$$

Es werden folgende Fälle unterschieden:

a) Wenn $c_0 \neq 0$ ist, ist das Spannungsproblem entsprechend Theorie II. Ordnung zu lösen, was auf eine Berechnung des x–q_∞–Zusammenhangs hinausläuft, vergleiche Bild 26-9. Wie in der Statik der Tragwerke werden die für die Bemessung maßgebenden Schnittgrößen gesucht – hier das Federmoment $M_k = k\,x$, um die zulässige Geschwindigkeit u_∞ bestimmen zu können.

b) Wenn $c_0 = 0$ ist, ist das Stabilitätsproblem entsprechend dem Knickstab zu lösen. Mit

$$[k - q_\infty \ell\, c_{,x}\, e] \cdot x = 0$$

ist der Staudruck q_∞ und damit die Geschwindigkeit u_∞ gesucht, bei der die Verformungen x beliebig anwachsen können. Lösungen dieser Aufgabe sind

die triviale Lösung	$x = 0$
und die nichttriviale Lösung	$x \neq 0$
mit beliebig großem x, wenn	$\det[k - q_\infty \ell\, c_{,x}\, e] = 0\,.$

Hieraus folgt der kritische Staudruck zu $q_{\infty k} = k/\ell\, c_{,x} e$. Das statische Instabilitätsphänomen ist ein *Divergenzproblem*, vergleiche Bild 26-10.

Die physikalische Bedeutung des Divergenzphänomens wird deutlicher, wenn die Massenträgheiten berücksichtigt werden. Es gilt dann

$$m\,\ddot{x} + [k - q_\infty \ell\, c_{,x}\, e] \cdot x = 0 \ .$$

Der Ansatz $x = \hat{x}\, e^{\lambda\, t}$ für die Lösung der homogenen Bewegungsgleichung liefert für den Fall $k - q_\infty \ell\, c_{,x}\, e = 0$ die Eigenwerte

$$\lambda_{1,\,2} = 0 \ .$$

Wegen des doppelten Null–Eigenwertes beschreibt die freie Bewegung

$$x(t) = \hat{x}\,(\,b_0 + b_1\, t\,)$$

eine Starrkörperverschiebung mit Anfangsverschiebung $x(0) = \hat{x}\, b_0$ und Anfangsgeschwindigkeit $\dot{x}(0) = \hat{x}\, b_1$, die für beliebig große Zeit t konstant bleibt. Eine anschauliche Deutung ist mit Hilfe einer Energiebetrachtung möglich.

Anmerkung

> Bei kleiner Auslenkung x leistet die Auftriebskraft $L(x)$ die virtuelle Arbeit $\delta A_L = q_\infty\, c_{,x}\, e\, x\, \delta x$. Diese Arbeit wird von der Strömung in das elastische System eingebracht. Ist die Arbeit größer als die von dem System bei gleichem x aufnehmbare virtuelle Arbeit in der Feder $\delta A_k = k\, x\, \delta x$, so ist kein Gleichgewicht möglich, das System ist instabil.

26.5.2 Biegedivergenz eines Kragarmes

Biegedivergenz kann auftreten, wenn biegesteife Tragwerke in der Tragwerksebene angeströmt werden. Sind Reibungskräfte vernachlässigt, wirkt der Druck normal zur Ausgangsgeometrie des Tragwerks. Tritt eine beliebig kleine Verbiegung des Tragwerks auf, entstehen aufgrund der Neigungsänderung gegenüber der Anströmung Druckänderungen aus Verformung auf der Oberfläche des Tragwerks, siehe Bild 26-12. Ist der Staudruck so groß, dass die Gesamt-

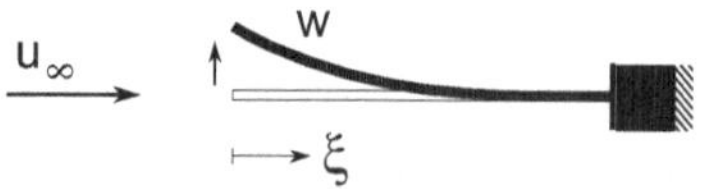

Bild 26-12 Biegedivergenz eines Vordaches

steifigkeit aus Elastizität und Aerodynamik verschwindet, liegt Biegedivergenz mit beliebig anwachsenden Verbiegungen vor. Auch hier ist der aus Anströmung entstehende Druck größer als die bei gleichen Verbiegungen vorhandenen Reaktionen des Tragwerks, sodass kein Gleichgewicht möglich ist. Mit $EI = [Nm^2/m]$ folgt die Gleichgewichtsbedingung je Längeneinheit in der Tragwerksbreite

$$EI\,w'''' = q_\infty(c_{po} + c_{p,w'} \cdot w') \ ,$$

$$EI\,w'''' - q_\infty\,c_{p,w'} \cdot w' = q_\infty\,c_{po} \ .$$

Der mit der Neigung w' versehene Term aus der Anströmung bewirkt eine negative aerodynamische Steifigkeit und ist damit ursächlich für die Divergenz verantwortlich.

26.6 Dynamische aeroelastische Phänomene

Im Unterschied zu Abschnitt 26.5 werden hier zusätzlich die Massenträgheiten und die Dämpfung des Tragwerks sowie die entsprechenden Systemmatrizen aus Aerodynamik berücksichtigt. Damit folgt die vollständige Bewegungsgleichung in Matrizenschreibweise zu

$$\{\mathbf{M} - \mathbf{A}_2\}\,\ddot{\mathbf{x}} + \{\mathbf{D} - \mathbf{A}_1\}\,\dot{\mathbf{x}} + \{\mathbf{K} - \mathbf{A}_0\}\,\mathbf{x} = \mathbf{p} \ .$$

Je nach Art der Belastung und der Systemantwort liegt eine

- freie,
- stationär periodische oder
- beliebig instationäre

Bewegung vor. Die Lösung der Bewegungsgleichung kann mit den in den ersten Abschnitten erklärten Verfahren erfolgen. Zusätzlich zu schwach gedämpften Bewegungen sind hier analog zur Statik Instabilitäten zu beachten, die im Einzelfall zur Zerstörung des Tragwerks führen können.

26.6.1 Freie Schwingungen

Freie Schwingungen von in Windströmung stehenden Tragwerken sind von den Tragwerkseigenschaften und dem verformungsabhängigen Winddruck beeinflußt. Berücksichtigt man die Winddruckverteilung auf der linken Seite der Bewegungsgleichung, so können die verschiedenen Koeffizientenmatrizen analog zu Abschnitt 26.4 folgendermaßen interpretiert werden.

Die aerodynamische Masse $(-\mathbf{A}_2)$ erfasst die bei der Tragwerksschwingung mitbewegte Luft. Trotz des formal negativen Vorzeichens wird hierdurch die Gesamtmasse $(\mathbf{M} - \mathbf{A}_2)$ des Systems immer vergrößert.

Die aerodynamische Dämpfung $(-\mathbf{A}_1)$ kann dämpfend oder anfachend wirken und hierbei die Tragwerksdämpfung so überlagern, dass instabile Schwingungen mit wachsenden Amplituden möglich sind. Diese Eigenschwingungen treten bei geringsten Störungen auf, sind damit selbsterregt und werden als *Flatter* oder *kinetische Instabilität* bezeichnet.

Die aerodynamische Steifigkeit $(-\mathbf{A}_0)$ kann die Systemsteifigkeit erhöhen oder vermindern. Wird die Systemsteifigkeit verringert, so kann sie bei steigendem Staudruck verschwinden und singulär werden. Hierbei können *Divergenz* oder *Flatter* auftreten, was durch die Unsymmetrie der aerodynamischen Steifigkeitsmatrix bedingt ist.

Nachfolgend werden verschiedene Fälle für den Ein–Masse–Schwinger vereinfachend diskutiert.

Fall I : aerodynamische Steifigkeit a_0

Der Fall $a_0 \neq 0$ ist bereits in Abschnitt 26.5 für statische Verformungen bei Torsionsdivergenz und Biegedivergenz besprochen. Hier gilt entsprechend

$$m\ddot{x} + [k - a_0]\, x = 0$$

$$\begin{aligned} &\text{mit der trivialen Lösung} &&: x = 0 \\ &\text{sowie der nichttrivialen Lösung} &&: x \neq 0\,. \end{aligned}$$

Mit dem Ansatz $x(t) = \hat{x}\, e^{\lambda t}$ folgt die charakteristische Gleichung

$$\left\{ \lambda^2 m + [k - a_0] \right\} \hat{x}\, e^{\lambda t} = 0\,.$$

Damit sind Bewegungen gesucht, deren Zeitverlauf mit

$$\lambda_{1/2} = \pm\, i\sqrt{\frac{k - a_0}{m}}$$

festgelegt ist. Bezüglich der aerodynamischen Steifigkeit kann man folgende Fallunterscheidung für a_0 machen:

$$\begin{aligned} a_0 < k\ : \qquad &\lambda_{1/2} = \mp\, i\,\sqrt{\left|\frac{k-a_0}{m}\right|} \\[2mm] a_0 = k\ : \qquad &\lambda_{1/2} = 0 \\[2mm] a_0 > k\ : \qquad &\lambda_{1/2} = \pm\,\sqrt{\left|\frac{k-a_0}{m}\right|} \end{aligned}$$

Wenn $a_0 < k$, liegt eine ungedämpfte freie Schwingung vor. Bei $a_0 = k$ ist eine mit der Anfangsgeschwindigkeit monoton wachsende Amplitude vorhanden, sodass *Divergenz* vorliegt. Für $a_0 > k$ liegt *Divergenz* mit überproportional anwachsender Amplitude vor.

Im allgemeinen Fall ist eine strukturell begründete Dämpfung vorhanden, sodass die Bewegungsgleichung mit

$$m\ddot{x} + d\dot{x} + [k - a_0]\, x = 0$$

gegeben ist. Hierfür folgen die Eigenwerte zu

$$\lambda_{1,2} = -\frac{d}{2m} \pm i\sqrt{\frac{k - a_0}{m} - \left(\frac{d}{2m}\right)^2} = -\delta \pm i\,\omega$$

Divergenz tritt auf, wenn $\omega^2 < 0$ und $|\omega| > \delta > 0$.

Fall II : aerodynamische Dämpfung bzw. Anfachung

Die Bewegungsgleichung ist wie folgt gegeben, wobei d die strukturell begründete Dämpfung beschreibt,

$$m\ddot{x} + [d - a_1]\dot{x} + kx = 0 \;.$$

Der Ansatz $x(t) = \hat{x}\, e^{\lambda t}$ führt auf die Eigenwerte

$$\lambda_{1,2} = -\frac{d - a_1}{2m} \pm i\sqrt{\frac{k}{m} - \left(\frac{d - a_1}{2m}\right)^2} = -\delta \pm i\omega$$

Hier sind folgende Fälle zu unterscheiden:

$$\delta > 0 \;, \quad \omega^2 > 0 \; : \text{gedämpfte Schwingung}$$
$$\delta > 0 \;, \quad \omega^2 < 0 \; : \text{aperiodischer Grenzfall für } |\omega| < \delta$$
$$\delta < 0 \;, \quad \omega^2 > 0 \; : \text{Flatter}$$
$$\delta < 0 \;, \quad \omega^2 < 0 \; : \text{Divergenz}$$

Das hier neue Phänomen wird als *Flatter* bezeichnet. Flatter ist eine selbsterregte, angefachte Schwingung, die auch als *kinetische Instabilität* bezeichnet wird. Hierbei wird dem System aus der Umströmung ständig Energie zugeführt, sodass die Amplituden im linearen Fall unbegrenzt anwachsen und das System ohne weitere äußere Einwirkung in kurzer Zeit zerstört wird.

Flatter darf nicht mit dem Resonanzfall verwechselt werden, bei dem eine periodische Einwirkung zum Anwachsen der Amplituden führt.

Fall III : aerodynamische Masse

Die infolge der Bewegung des Tragwerks mitgeführte Masse der Umströmung wird als aerodynamische Masse bezeichnet. Die aerodynamische Masse ist in der Regel sehr klein im Vergleich mit der Tragwerksmasse, führt aber in jedem Fall zu einer Vergrößerung der Gesamtmasse, sodass $(m - a_2) > m$. Die Bewegungsgleichung

$$[m - a_2]\,\ddot{x} + d\dot{x} + kx = 0$$

liefert mit dem Ansatz $x(t) = \hat{x}e^{\lambda t}$ die Eigenwerte

$$\lambda_{1,2} = -\frac{d}{2\,(m - a_2)} \pm i\sqrt{\frac{k}{m - a_2} - \left(\frac{d}{2\,(m - a_2)}\right)^2} = -\delta \pm i\omega\,,$$

die eine gedämpfte Schwingung ohne weitere Phänomene beschreiben. In der Regel wird die aerodynamische Masse vernachlässigt, da ihr Einfluss auf die Eigenwerte gering ist und sie zudem nur schwer quantifiziert werden kann.

26.6.2 Abreissflatter mit einem Freiheitsgrad

Aeroelastische Systeme mit einem Freiheitsgrad können zum Flattern angeregt werden, wenn die Druckverteilung aus Aerodynamik ein nichtlineares Verhalten bei Steigerung der Anströmung aufweist. So wird bei Abreißen der Strömung um eine angestellte Platte eine Druckänderung hervorgerufen, die bei zyklischem Abreißen eine Schwingung mit begrenzten Amplituden um einen kritischen Anstellwinkel zur Folge hat.

In Bild 26-13–oben ist ein elastisch gelagertes Profil mit anliegender Strömung dargestellt, bei dem das aerodynamische Moment M_a eine Drehung des Profils mit entsprechend gegenwirkendem Federmoment $M_{Fed}(\alpha_0)$ bewirkt. Bei wachsendem Anstellwinkel mit $M_{Fed}(\alpha)$ erfolgt ein Strömungsabriss, der auf der Oberseite des Profils zu einer Druckerhöhung führt, sodass das Profil infolge $M_{Fed} + dM_a$ über die Ausgangslage zurückdreht. Im Bild–unten ist der Anstellwinkel so gering, dass Feder– und Auftriebsmoment der Bewegung entgegen wirken und das Profil zu einer erneuten Schwingung anregen.

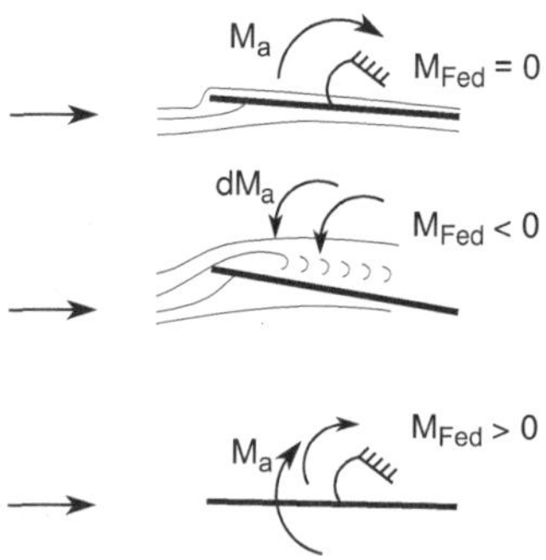

Bild 26-13 Drehschwingung

Infolge Abreißen der Strömung sind starke Nichtlinearitäten in der Charakteristik des aerodynamischen Moments vorhanden, sodass die Bewegungsgleichung nicht analytisch gelöst werden kann. Die Bewegungsgleichung für die Drehbewegung $\alpha(t)$

$$m\,\ddot{\alpha} + k\,\alpha = q_\infty \ell (c_m(\alpha_o) + c_m(\alpha),_\alpha \alpha)$$

$$m\,\ddot{\alpha} + (k - q_\infty \ell\, c_m(\alpha),_\alpha)\,\alpha = q_\infty \ell\, c_m(\alpha_o)$$

zeigt, dass die „negative" aerodynamische Steifigkeit die Anfachung der Bewegung bewirkt. Obwohl es sich aufgrund der aerodynamischen Steifigkeit eigentlich um *Divergenz* handelt, entwickelt sich infolge der Nichtlinearität eine Schwingung mit begrenzten Amplituden, die als *Abreissflatter* bezeichnet wird. Ursache hierfür ist, dass der aerodynamische Momentenbeiwert $c_m(\alpha),_\alpha$ während der Bewegung das Vorzeichen wechselt, sodass *Abreissflatter* im Wesentlichen einer *parametererregten Schwingung* entspricht.

Bei genauerer Betrachtung verringert sich das Ablösegebiet der Strömung bei einer Drehung des Profils nach oben geringfügig und vergrößert sich bei einer Drehung nach unten. Die hiermit verbundene aerodynamische Anfachung – mit negativem aerodynamischen Geschwindigkeitskoeffizienten – ist jedoch gering und nicht ursächlich für *Abreissflatter* verantwortlich.

Bild 26-14 verdeutlicht das Phänomen mit einem Diagramm, das die Entwicklung des aerodynamischen Momentes M_a bei Änderung des Anstellwinkels α zeigt. Bei statischer Betrachtung steigt das aerodynamische Moment mit der Ursprungsgeraden an. Liegt eine Schwingung mit anliegender Strömung vor, steigt das aerodynamische Moment zunächst von B bis C an und verringert sich mit Abreißen der Strömung von C nach D bei fallendem Anstellwinkel. Von D bis F steigt das aerodynamische Moment wieder an, da sich das Gebiet mit abgerissener Strömung solange verringert, bis die Strömung in F wieder anliegt.

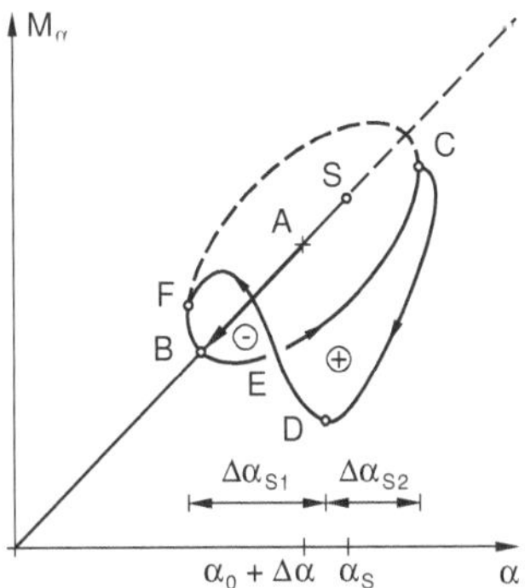

Bild 26-14 Abreissflatter

Abreissflatter kann bei großen Anstellwinkeln und entsprechender Torsionssteifigkeit auftreten, was bei „fliegenden" Dächern, leichten Brücken, Rotoren und Turbinenschaufeln der Fall ist.

26.6.3 Galloping

In Bild 26-15 sind die Stromlinien einer abgelösten Strömung um den Querschnitt eines elastisch gelagerten, kantigen Profils skizziert, das sich nach unten bewegt. Infolge der Bewegung nach unten reisst die Strömung auf der oberen Seite ab, was eine Druckerhöhung auf der oberen Seite zur Folge hat und die Abwärtsbewegung verstärkt. In der Folge erhöht sich die effektive Anströmgeschwindigkeit, sodass das Ablösegebiet der Strömung anwächst und der Druck am oberen Rand des Profils weiter ansteigt, bis letztendlich die nach oben gerichtete Federkraft das Profil so weit abbremsen kann, dass der Querschnitt zur Ruhe kommt und sich danach mit entsprechend umgekehrten Vorzeichen nach oben bewegt. Die so entstehende Schlagbewegung $h(t)$ besitzt begrenzte Amplituden, da sich beim Abbremsen der Bewegung die Anströmgeschwindigkeit verringert und damit auch der aerodynamische Druck auf der gegenüberliegenden Seite des Profils. Ursache der Bewegung ist das Zusammenwirken der Federkraft mit der sich während der Bewegung verändernden effektive Anströmungsgeschwindigkeit.

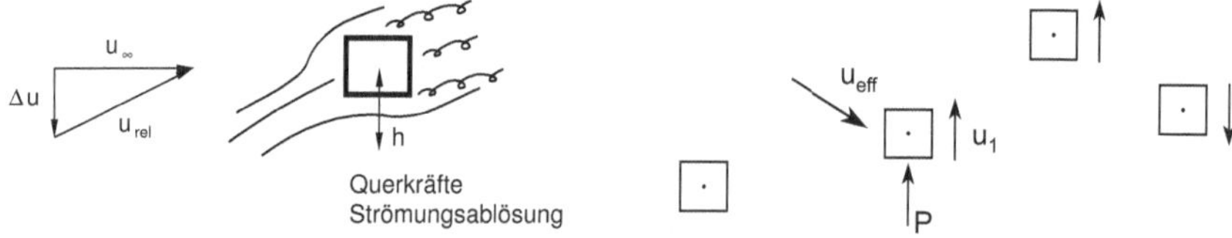

Bild 26-15 Galloping bei Umströmung eines elastisch gelagerten, kantigen Profils

Aufgrund der bewegungsinduzierten aerodynamischen Kräfte, die die Bewegung anfachen, handelt es sich hierbei um ein weiteres Phänomen mit Selbsterregung, das dem Abreissflattern allerdings nicht direkt vergleichbar ist, da es ursächlich mit der aerodynamischen Anfachung – negative Dämpfung – verknüpft ist. Das als *Galloping* bezeichnete Phänomen ist eine Schlagbewegung und tritt bei Querschnitten mit Abreisskanten auf. Die Bewegungsgleichung für die vertikale Bewegung $h(t)$

$$m\,\ddot{h} + k\,h = q_\infty \ell (c_{\ell o} + c_{\ell,\dot{h}}\,\dot{h})$$

$$m\,\ddot{h} - q_\infty \ell\, c_{\ell,\dot{h}}\,\dot{h} + k\,h = q_\infty \ell\, c_{\ell o}$$

verdeutlicht, dass hier der negative aerodynamische Dämpfungsbeiwert die Anfachung der Bewegung bewirkt.

26.6.4 Zwei–Freiheitsgrad–Flatter

Der klassische Fall eines Flatterphänomens mit zwei Freiheitsgraden ist das *Biege-Torsions-Flatter* eines in der Strömung angestellten und elastisch gelagerten Profils. Der Begriff stammt aus dem Flugzeugbau und kann mit der Kopplung der Hub– und Drehbewegung einer Platte anschaulich erklärt werden. Flatter kann auftreten, wenn die Hub– und die Drehschwingung um $90°$ phasenverschoben sind, siehe Bild 26-16–unten. Die während einer Schwingung geleisteten Arbeiten A sind insgesamt positiv, werden nicht dissipiert sondern fortlaufend in den Federn des Systems gespeichert, sodass die Amplituden stetig zunehmen. Ist dagegen keine Phasenverschiebung vorhanden, heben sich die positiven und die negativen Arbeiten A während einer Periode auf, siehe Bild 26-16–oben. Die Schwingung bleibt auf kleine Amplituden begrenzt.

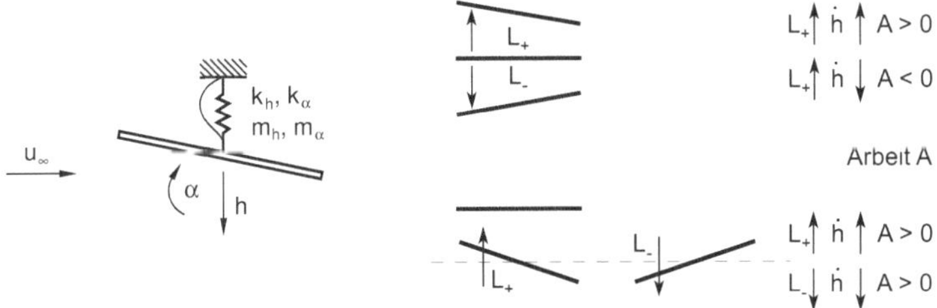

Bild 26-16 Biegetorsionsflatter

Die Bewegungsgleichungen für die Schlag– und Drehbewegung der im Schnitt betrachteten Platte haben – hier ohne rechte Seite, ohne Strukturdämpfung und ohne aerodynamische Masse – formal folgendes Aussehen:

$$\begin{bmatrix} m_{hh} & m_{h\alpha} \\ m_{\alpha h} & m_{\alpha\alpha} \end{bmatrix} \begin{bmatrix} \ddot{h} \\ \ddot{\alpha} \end{bmatrix} + \begin{bmatrix} -q_\infty \ell c_{\ell,\dot{h}} & -q_\infty \ell c_{\ell,\dot{\alpha}} \\ -q_\infty \ell^2 c_{m,\dot{h}} & -q_\infty \ell^2 c_{m,\dot{\alpha}} \end{bmatrix} \begin{bmatrix} \dot{h} \\ \dot{\alpha} \end{bmatrix}$$

$$+ \begin{bmatrix} k_{hh} - q_\infty \ell c_{\ell,h} & k_{h\alpha} - q_\infty \ell c_{\ell,\alpha} \\ k_{\alpha h} - q_\infty \ell^2 c_{m,h} & k_{\alpha\alpha} - q_\infty \ell^2 c_{m,\alpha} \end{bmatrix} \begin{bmatrix} h \\ \alpha \end{bmatrix} = \begin{bmatrix} 0 \\ 0 \end{bmatrix}.$$

Sind der Staudruck bzw. die Anströmgeschwindigkeit null, reduzieren sich die Gleichungen auf das elastische Tragwerk mit entsprechenden Eigenkreisfrequenzen. Mit Steigerung der Anströmgeschwindigkeit bzw. des Staudrucks q_∞ wandern die Eigenkreisfrequenzen der Biege– und der Torsionsschwingung aufeinander zu, sodass die Eigenschwingungsformen *verschmelzen*. Bei der kritischen Anströmgeschwindigkeit wird eine gekoppelte Bewegung mit einer einzigen Frequenz erreicht, die als *Biege-Torsions-Flatter* bezeichnet wird.

Das Phänomen kann bei Systemen mit vielen Freiheitsgraden auf die gekoppelte Bewegung von zwei Schwingungsformen übertragen werden, wenn entsprechende Bedingungen vorliegen. So können flächige Bauteile wie leichte Fassaden oder Dacheindeckungen, Membranen oder Zelte mit der Umströmung so zusammenwirken, dass Flatter auftritt.

26.6.5 Whirl–Flatter

Ein weiteres Flatterphänomen tritt bei elastisch gelagerten Rotoren auf. Bild 26-17 zeigt einen elastisch gelagerten Rotor, der infolge Windanströmung u_∞ mit konstanter Drehgeschwindigkeit Ω rotiert. Das als Whirl–Flatter bezeich-

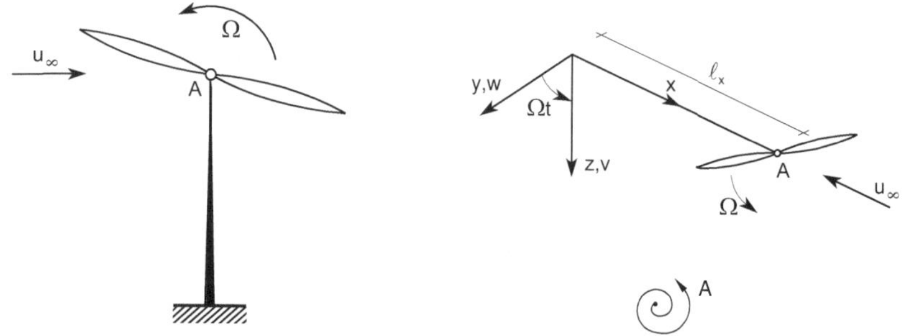

Bild 26-17 Elastisch gelagerter Rotor

nete Schwingungsverhalten beruht auf einer Interaktion der Schwingung der elastischen Lagerung des Rotors und der Aerodynamik der infolge der Schwingung veränderten Rotationsebene. Das, was im kleinen bei dem Propeller einer Klimaanlage geschieht, kann auf großer Skala bei einer Windkraftanlage geschehen, wenn die Steifigkeiten und die aerodynamische Druckverteilung entsprechend abgestimmt sind.

Bei elastischer Lagerung des Rotors kann sich der Festhaltepunkt A der Rotorblätter um die y–Achse und um die z–Achse drehen, sodass die Rotorebene eine Taumelbewegung ausführt. Infolge der sich verdrehenden Rotorebene verändert die Resultierende der aerodynamischen Druckverteilung auf den Rotorblättern ihre Richtung, sodass sich die Kräfte– bzw. Momentenbilanz am Festhaltepunkt ändert und die Bewegung entsprechend beeinflusst. In der Folge erfährt der Aufhängepunkt eine Drehbewegung, siehe Bild 26-17–rechts–unten. Ob sich der Festhaltepunkt im Uhrzeigersinn oder entgegengesetzt bewegt, hängt von der Ausrichtung der Rotorblätter in Bezug zur Anströmung und den Steifigkeiten der Aufhängung ab. Der jetzt folgende Prozess ist eine Überlagerung aus Vertikal– und Horizontalschwingung der Rotorfesthaltung sowie der Rotation der starren Rotorblätter. Wenn die Frequenz der Nick– oder Gierbewegung und die Rotationsfrequenz übereinstimmen, kommt es zu einer angefachten Flatterbewegung, andernfalls ist die Bewegung gedämpft.

Wenn die Verdrehungen der Rotorebene mit den Verschiebungen v und w am Haltepunkt A und entsprechendem Verlauf der Verschiebungen entlang der x–Achse beschrieben werden, erhalten die Bewegungsgleichungen für ein einzelnes Rotorblatt vereinfachend folgende Form:

$$\begin{bmatrix} m_{vv} & m_{vw} \\ m_{wv} & m_{ww} \end{bmatrix} \begin{bmatrix} \ddot{v} \\ \ddot{w} \end{bmatrix} + \begin{bmatrix} k_{vv} & k_{vw} \\ k_{wv} & k_{ww} \end{bmatrix} \begin{bmatrix} v \\ w \end{bmatrix} -$$

$$q_\infty \ell_x \left\{ \begin{bmatrix} \cos\Omega t c_{\ell,\dot{v}} & \\ & \sin\Omega t c_{\ell,\dot{w}} \end{bmatrix} \begin{bmatrix} \dot{v} \\ \dot{w} \end{bmatrix} + \begin{bmatrix} 0 & \sin\Omega t c_{\ell,w} \\ \cos\Omega t c_{\ell,v} & 0 \end{bmatrix} \begin{bmatrix} v \\ w \end{bmatrix} \right\} = \begin{bmatrix} L_{v0} \\ L_{w0} \end{bmatrix}.$$

In der ersten Zeile stehen die diskretisierten Gleichungen für die Bewegung des Haltepunktes, wobei die Verbindung zum Pylon als Balken der Länge ℓ_x ohne Strukturdämpfung angesetzt ist. In der zweiten Zeile stehen die integralen aerodynamischen Kräfte infolge des Rotorblattes an der Stelle ℓ_x. Bei einer Nickgeschwindigkeit $\dot{w}$ wirken die aerodynamischen Kräfte in die Richtung der Bewegung, wohingegen die Anselländerung infolge Nickverschiebung w eine Änderung der aerodynamischen Kräfte senkrecht zur Bewegung bewirkt. Der kritische Staudruck $q_{\infty,k}$ bzw. die Anströmgeschwindigkeit $u_{\infty,k}$, bei der Instabilität eintritt, hängt vom Anstellwinkel der Rotorblätter ab. In Bild 26-18

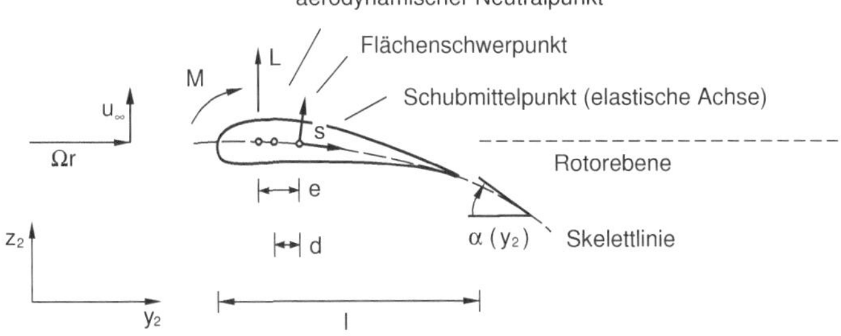

Bild 26-18 Elastisch gelagerter Rotor

ist der Querschnitt eines Rotorblattes mit Geometrie und Windgeschwindigkeiten skizziert. Die effektive Anströmgeschwindigkeit ist eine Überlagerung der Windgeschwindigkeit u_∞ und der lokalen Geschwindigkeit Ωr aus Drehung des Rotorblattes, die mit der Entfernung r zur Drehachse anwächst.

Das Phänomen ist noch komplexer, wenn die Rotorblätter als elastisch angesetzt werden und sich in der Folge eine zusätzliche Biege–Torsionsschwingung der elastischen Rotorblätter überlagert. Die gekoppelte Schwingung von Rotorblatt und elastischer Festhaltung bezeichnet man als *Rotor–Whirl–Flatter*.

26.7 Erzwungene Schwingungen

Erzwungene Schwingungen aus Wirbelanregung im Windschatten eines Gebäudes oder aus natürlicher Turbulenz und Böen werden wie in der klassischen Dynamik der Tragwerke behandelt. Die Schwierigkeit besteht hier in einer angemessenen Beschreibung der Einwirkungen, die nur stark vereinfachend angesetzt werden können. Grundsätzlich handelt es sich jedoch um ein Antwortproblem, das auf stabile Bewegungen mit endlichen Amplituden oder im Resonanzfall auf instabile Bewegungen mit anwachsenden Amplituden führt.

26.8 Zylindrische Bauteile im Strömungsfeld

Nachfolgend wird die Phänomenologie der Bewegung zylindrischer Bauteile im Strömungsfeld diskutiert und die Zusammenhänge mit den einschlägigen Normen aufgezeigt. Als zylindrische Bauteile werden Schornsteine, Türme, Masten aber auch Seile sowie Kabel von Brücken verstanden, die im Vergleich zur Länge kleine Querschnittsabmessungen haben.

Die Druckverteilung aus Umströmung hängt von der Form des Querschnittes ab, der im Idealfall kreisförmig ist aber auch anders sein kann. In der Grenzschicht sind große Geschwindigkeitsgradienten vorhanden, die dazu führen, dass die außen liegende Strömung die Randströmung „überholt" und nach innen drückt. Hierbei entsteht ein Wirbel, der mit der Grundströmung in Strömungsrichtung transportiert wird. Das Phänomen der Wirbelentstehung findet zunächst symmetrisch auf beiden Seiten des Zylinders statt, wechselt aber nach kurzer Zeit in eine unsymmetrische Wirbelentstehung, die zur *von Karman'schen Wirbelstraße* führt.

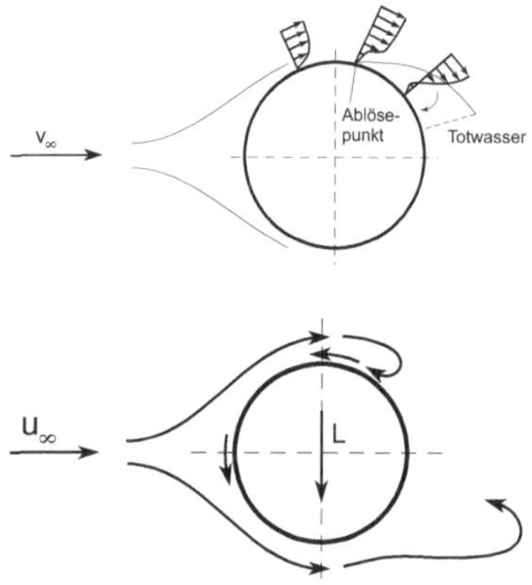

Bild 26-19 Wirbelentstehung

Bei kreisförmigen Profilen sind die Anregung von Querschwingungen infolge der *von Karman'schen Wirbelstraße* und das Ovalisieren der Querschnitte zu beachten. Das Ovalisieren der Querschnitte und die Querschwingungsanfälligkeit kann man konstruktiv vermeiden, indem an der Außenseite des Zylinders Steifen, Lysenen oder vergleichbare konstruktive Maßnahmen angeordnet werden, die zum Abreißen der Strömung mit unregelmäßiger Druckverteilung führen.

26.8.1 Phänomenologie der Umströmung kreisförmiger Querschnitte

In Bild 26-20 sind die Stromlinien der Umströmung eines Kreisquerschnittes vereinfachend dargestellt. Bei paralleler Anströmung teilt sich die Strömung auf, und beschleunigt an der „Ober– und der Unterseite". Infolge der höheren Geschwindigkeit an den Seiten entsteht ein Unterdruck, der den Querschnitt zum Ovalisieren anregt. Setzt man einen starren Querschnitt voraus, strömt die Luft um den Querschnitt herum, wird hierbei teilweise abgebremst und teilweise beschleunigt, sodass sich der Druck verändert.

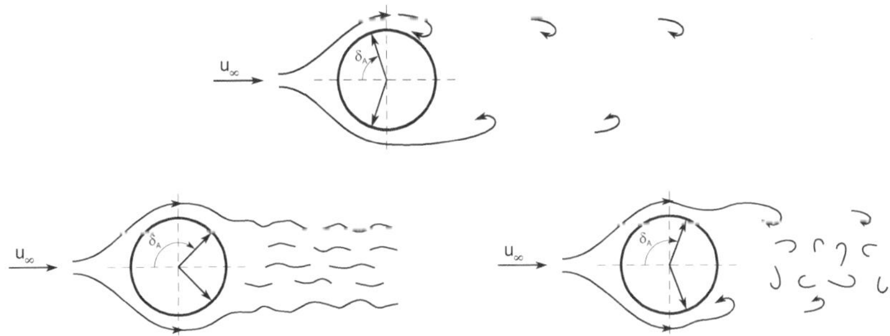

Bild 26-20 Wirbel im Nachlauf eines Kreisquerschnittes

Die Art der im Nachlauf des Kreisquerschnittes entstehenden Strömungscharakteristik hängt stark von der Reynolds–Zahl Re ab, die auch mit der Strouhal–Zahl S und dem Widerstandsbeiwert c_D verknüpft ist. Die Strouhal–Zahl ist wichtig, da mit ihr die Wirbelablösefrequenz f_W festgelegt ist.

$$S = \frac{f_W \cdot d_z}{u_\infty} .$$

Der Zylinderdurchmesser ist hier mit d_z bezeichnet. Ist die Tragwerksfrequenz f_T bekannt, so kann man aus der Resonanzbedingung $f_T = f_W$ die kritische Anströmungsgeschwindigkeit berechnen:

$$u_\infty = \frac{f_W \cdot d_z}{S(Re)} .$$

Abhängig von der Reynolds–Zahl unterscheidet man folgende Phänomene:

A : unterkritische Strömung $Re < 5 \cdot 10^5$, $S \approx 0{,}2$, $c_D \approx 1{,}2$

B : überkritische Strömung $5 \cdot 10^5 < Re < 5 \cdot 10^6$, $S > 0{,}27$, c_D klein

C : transkritische Strömung $5 \cdot 10^6 < Re$, $S \approx 0{,}27$, $c_D \approx 0{,}7$

Die Abhängigkeit der Strouhal–Zahl von der Reynolds–Zahl und damit von den unterschiedlichen Strömungscharakteristiken wird experimentell bestimmt und ist in Bild 26-21 dargestellt. Die unterkritische Strömung A besitzt eine laminare Grenzschicht mit einem Ablösepunkt bei ca. 80° und eine periodische Wirbelstraße, die aus parallelen Stabwirbeln besteht, siehe auch Bild 26-20–oben. Die überkritische Strömung B besitzt eine turbulente Grenzschicht mit einem Ablösepunkt bei ca. 130° und ist im Nachlauf stochastisch mit unregelmäßiger Strömungscharakteristik. Die transkritische Strömung C besitzt ebenfalls eine turbulente Grenzschicht, aber einen fastperiodischen Nachlauf.

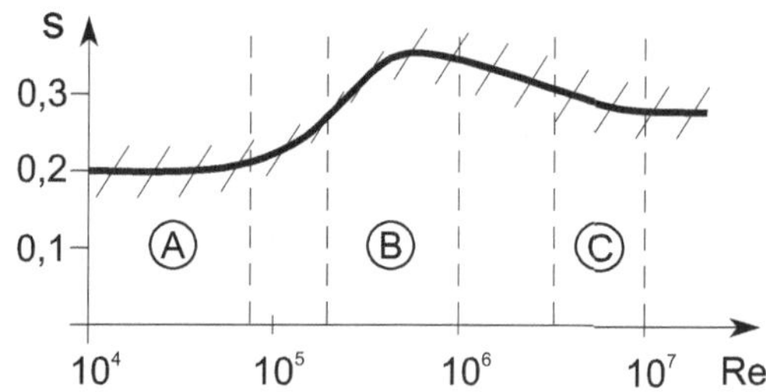

Bild 26-21 Strouhal– und Reynolds–Zahl

26.8.2 Querschwingungen kreisförmiger Querschnitte

Infolge der Wirbelablösung kommt es am Querschnitt zu periodischen Quertriebs– bzw Auftriebskräften, die entsprechend dem Strömungszustand von der Reynolds–Zahl abhängen:

$$L = \hat{L} \cos \Omega t \ \ [N/m] \, , \quad \Omega_W = 2\pi f_W \, , \quad \hat{L} = c_\ell \cdot q_\infty \cdot d_z \, .$$

Der kritische Staudruck $q_{\infty\,krit}$, bei dem die Wirbelablösefrequenz f_W mit der Eigenfrequenz des Tragwerks übereinstimmt, ist mit der kritischen Geschwindigkeit $u_{krit} = f_W \cdot d_z / S(Re)$ und der querschnittsabhängigen Strouhal-Zahl $S(Re)$ festgelegt. Bild 26-22 zeigt die in DIN EN 1991-1-4 gewählten Auftriebsbeiwerte $c_{lateral}$. Infolge der periodischen Auftriebskräfte können Resonanzschwingungen mit großen Schwingungsamplituden entstehen, die zur Ermüdung des Materials oder sogar zum Einsturz des Bauwerks führen können.

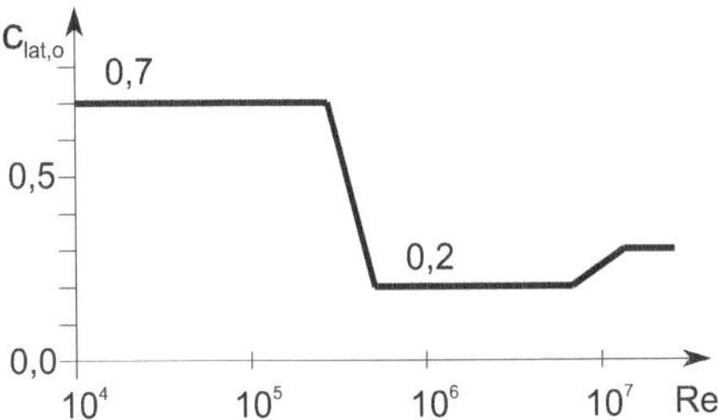

Bild 26-22 Auftriebsbeiwerte für die Wirbelerregung von Kreisquerschnitten

Die Bewegungsgleichung für die elastisch schwingende Masse eines zylindrischen Bauteils $m[kg]$ bzw. Bauteilabschnittes $m[kg/m]$ ist mit

$$m\ddot{x} + d\dot{x} + kx = \hat{L}\cos\Omega_W t$$

gegeben. Formt man die Bewegungsgleichung entsprechend Abschnitt 5.1 mit $\tau = \omega_o \cdot t$ und $\xi = x/d_z$ in die dimensionslose Schreibweise um, folgt

$$\xi'' + 2\vartheta\,\xi' + \xi = \frac{\hat{L}}{d_z \cdot m \cdot \omega_o^2} \cdot \cos(\frac{\Omega_W}{\omega_o}\tau)$$

und weiter

$$\xi'' + 2\vartheta\,\xi' + \xi = \frac{q_\infty}{m \cdot \omega_o^2} \cdot c_\ell \cdot \cos(\frac{\Omega_W}{\omega_o}\tau) \ .$$

Die auf der rechten Seite stehende Amplitude kann mit q_∞ und der dimensionslosen Geschwindigkeit $\bar{u}$ oder mit $\omega_o = 2\pi f_W$ und der Strouhal–Zahl mit

$$\bar{u} = \frac{u_\infty}{d_z \cdot \omega_o} = \frac{1}{S \cdot 2\pi} \ .$$

umgeformt werden. Zunächst folgt die Amplitude zu

$$\frac{q_\infty}{m \cdot \omega_o^2} = \frac{\rho_\infty \cdot u_\infty^2}{2 \cdot m \cdot \omega_o^2} = \frac{\rho_\infty \cdot d_z^2 \cdot \omega_o^2 \cdot \bar{u}^2}{2 \cdot m \cdot \omega_o^2} = \frac{\rho_\infty \cdot d_z^2}{2 \cdot m} \cdot \bar{u}^2 \ .$$

Der dimensionslose Quotient

$$\frac{1}{\bar{m}} = \frac{\rho_\infty \cdot d_z^2}{2 \cdot m} = \frac{2}{\pi} \cdot \frac{m_{Luft}}{m_{Bauteil}}$$

wird als Massenparameter bezeichnet, und ist ein Maß für das Massenverhältnis der durch das Bauteil verdrängten Luft zur Tragwerksmasse. Eine weitere

Modifikation mit dem logarithmischen Dämpfungsmaß $\Lambda = \delta/f$ liefert den Massendämpfungsparameter

$$Sc = \bar{m} \cdot \Lambda \; ,$$

der auch als Scrutonzahl Sc bezeichnet wird. Mit $\bar{m}$ folgt die dimensionslose Bewegungsgleichung zu

$$\xi'' + 2\vartheta\,\xi' + \xi = \frac{\bar{u}^2}{\bar{m}} \cdot c_\ell \cdot \cos(\frac{\Omega_W}{\omega_o}\,\tau) \; .$$

Die Lösung der Bewegungsgleichung ist nach Abschnitt 7 bekannt und kann mit der Vergrößerungsfunktion sowie dem Phasenwinkel dargestellt werden. Hier ist allerdings nicht die Abhängigkeit von der Erregerfrequenz Ω_W von Interesse, sondern die Abhängigkeit der Amplitude von der Anströmgeschwindigkeit bzw. der Strouhal– und Scrutonzahl. Bild 26-23 verdeutlicht, dass bei $S \approx 0{,}2$ und kleiner bezogener Tragwerksmasse $\bar{m}$ bzw. Sc eine besondere Gefährdung gegen Wirbelerregung vorliegt. Das rechte Bild zeigt qualitativ, dass die Systemantwort x bei kleiner *Scruton–Zahl* stark anwachsen kann.

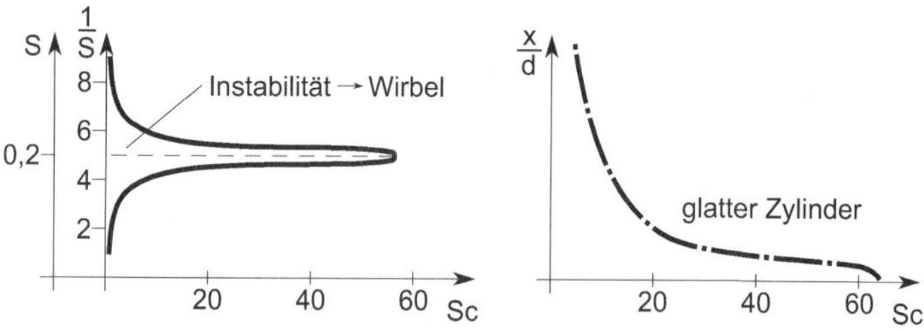

Bild 26-23 Antwortamplitude bei Wirbelerregung von Kreisquerschnitten

26.8.3 Die Widerstandsbeiwerte kreisförmiger Querschnitte

Zusätzlich zur Schwingungsanfälligkeit ist die statische Einwirkung infolge Strömungswiderstand zu beachten. Die Widerstandsbeiwerte c_D betragen vereinfachend nach DIN EN 1991-1-4 für technisch glatte Oberflächen

$$\begin{aligned}
\text{Kreis} && c_D &\approx 0{,}7 \; , \\
\text{Quadrat} \rightarrow \text{„gedrungen"} && c_D &\approx 1{,}3 \; , \\
\text{Rechteck} \rightarrow \text{„gestreckt"} && c_D &\approx 1{,}7 \; ,
\end{aligned}$$

sodass die Belastung eines entsprechenden Tragwerks mit

$$p = c_D \cdot q_\infty \cdot d_z$$

festgelegt ist. Hier bezeichnet q_∞ den Staudruck und d_z die Abmessung des Bauteils. Die Abhängigkeit des Widerstandsbeiwertes von der Art der Strömung ist in Bild 26-24 dargestellt. Deutlich ist die Abhängigkeit von der Reynolds–Zahl analog zu Bild 26-20 sowie vom Rauigkeitsbeiwert k/b zu erkennen.

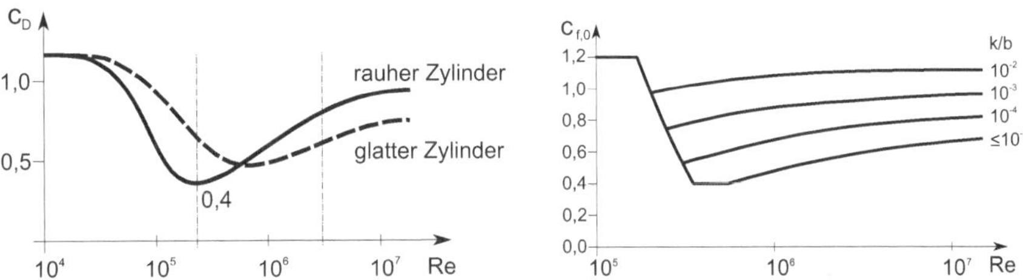

Bild 26-24 Widerstandsbeiwert von Kreisquerschnitten – rechts DIN EN 1991-1-4

In DIN EN 1991-1-4 ist der Widerstandsbeiwert mit dem Faktor Ψ versehen

$$c_D = \Psi \cdot c_{D_0} , \qquad \Psi - 1{,}0 \quad \text{für} \quad h > 100 \cdot d_z ,$$

um unterschiedliche Bauwerkshöhen berücksichtigen zu können.

26.9 Aufstellen und Lösung der Bewegungsgleichungen

Das Aufstellen der Bewegungsgleichungen erfolgt generell mit den Verfahren aus Abschnitt 4, wobei lediglich die aerodynamischen Einwirkungen zusätzlich berücksichtigt werden. Bei kontinuierlichen Tragwerksmodellen bedeutet dies, dass die Finite–Element–Methode für die Diskretisierung der Arbeitsgleichungen eingesetzt werden sollte. Sind die aerodynamischen Einwirkungen wegabhängig, können die aerodynamischen Matrizen $\mathbf{A_i}$ im allgemeinen Fall unsymmetrisch und komplex sein, was bei der Lösung der Bewegungsgleichung beachtet werden muss. Die Bewegungsgleichung für aeroelastische Aufgabenstellungen ist bereits in Abschnitt 26.6 angegeben und erläutert. Es gilt daher

$$\mathbf{M}\,\ddot{\mathbf{x}} + \mathbf{D}\,\dot{\mathbf{x}} + \mathbf{K}\,\mathbf{x} = \mathbf{p}_0(t) + \mathbf{p}_A(x) .$$

Mit
$$\mathbf{p}_A(x) = \mathbf{A}_2\,\ddot{\mathbf{x}} + \mathbf{A}_1\,\dot{\mathbf{x}} + \mathbf{A}_0\,\mathbf{x}$$

folgt
$$(\mathbf{M} - \mathbf{A}_2)\,\ddot{\mathbf{x}} + (\mathbf{D} - \mathbf{A}_1)\,\dot{\mathbf{x}} + (\mathbf{K} - \mathbf{A}_0)\,\mathbf{x} = \mathbf{p}_0(t)$$

bzw.
$$\mathbf{M}_{eff}\,\ddot{\mathbf{x}} + \mathbf{D}_{eff}\,\dot{\mathbf{x}} + \mathbf{K}_{eff}\,\mathbf{x} = \mathbf{p}_0(t) .$$

Die effektiv wirksamen Koeffizientenmatrizen beschreiben das aeroelastische Verhalten des Tragwerks. Die Lösung der homogenen Bewegungsgleichung wird nachfolgend für allgemeine Fälle beschrieben.

26.9.1 Eigenwertaufgabe bei unsymmetrischen, komplexen Matrizen

Der Ansatz $\mathbf{x} = \hat{\mathbf{x}} \cdot e^{\lambda t}$ für die Lösung der homogenen Bewegungsgleichung liefert die quadratische Eigenwertaufgabe mit unsymmetrischen und im Sonderfall auch komplexen Matrizen

$$\left[\mathbf{M}_{\mathit{eff}} \cdot \lambda^2 + \mathbf{D}_{\mathit{eff}} \cdot \lambda + \mathbf{K}_{\mathit{eff}} \right] \hat{\mathbf{x}} = \mathbf{0} \ .$$

Die Lösung der Eigenwertaufgabe erfolgt zunächst für unsymmetrische Matrizen und danach für komplexe Matrizen.

Unsymmetrische Matrizen

Die Transformation der quadratischen Eigenwertaufgabe in eine Darstellung mit $\mathbf{x}$ und $\dot{\mathbf{x}} = \lambda \mathbf{x}$ liefert eine lineare Eigenwertaufgabe

$$\left\{ \begin{bmatrix} -\mathbf{K}_{\mathit{eff}} & \mathbf{0} \\ \mathbf{0} & \mathbf{M}_{\mathit{eff}} \end{bmatrix} \cdot \lambda + \begin{bmatrix} \mathbf{0} & \mathbf{K}_{\mathit{eff}} \\ \mathbf{K}_{\mathit{eff}} & \mathbf{D}_{\mathit{eff}} \end{bmatrix} \right\} \begin{bmatrix} \hat{\mathbf{x}} \\ \lambda \hat{\mathbf{x}} \end{bmatrix} = \mathbf{0} \ .$$

Mit dem rechts–Eigenvektor

$$\hat{\mathbf{r}} = \begin{bmatrix} \hat{\mathbf{x}} \\ \lambda \hat{\mathbf{x}} \end{bmatrix}$$

folgt abgekürzt

$$[\mathbf{A} \cdot \lambda + \mathbf{B}] \cdot \hat{\mathbf{r}} = \mathbf{0} \ .$$

Für die transponierte Eigenwertaufgabe gilt ebenso

$$[\mathbf{A} \cdot \lambda + \mathbf{B}]^T \cdot \hat{\mathbf{l}} = \mathbf{0} \ ,$$

wenn $\hat{\mathbf{l}}$ als links–Eigenvektor bezeichnet wird. Beide Eigenwertaufgaben besitzen die gleichen Eigenwerte, wenn

$$det \left[\mathbf{A} \cdot \lambda + \mathbf{B} \right] = det \left[\mathbf{A}^T \cdot \lambda + \mathbf{B}^T \right] = 0$$

erfüllt sein soll. Es gilt weiterhin nach Multiplikation der Eigenwertaufgabe mit den jeweils konjugierten Eigenvektoren von links und Differenzbildung

$$\hat{\mathbf{l}}_j^T \cdot [\mathbf{A} \cdot \lambda_k + \mathbf{B}] \cdot \hat{\mathbf{r}}_k = 0$$

$$\hat{\mathbf{r}}_k^T \cdot \left[\mathbf{A}^T \cdot \lambda_j + \mathbf{B}^T \right] \cdot \hat{\mathbf{l}}_j = 0 \quad | \cdot (-1)$$

$$\rule{5cm}{0.4pt}$$

$$\hat{\mathbf{l}}_j^T \mathbf{A} \, \hat{\mathbf{r}}_k \cdot (\lambda_k - \lambda_j) = 0 \ .$$

Aus der Differenz beider Gleichungen folgt, dass die rechts– und links–Eigenvektoren bezüglich $\mathbf{A}$ orthogonal sein müssen. Für $k \neq j$ und $\lambda_k \neq \lambda_j$ gilt daher $\hat{\mathbf{l}}_j^T \cdot \mathbf{A} \cdot \hat{\mathbf{r}}_k = 0$. Für $k = j$ und $\lambda_k = \lambda_j$ können die Eigenvektoren auf $\hat{\mathbf{l}}_k^T \cdot \mathbf{A} \cdot \hat{\mathbf{r}}_k = 1{,}0$ normiert werden. Analog zur Eigenwertaufgabe für symmetrische Matrizen können die Eigenvektoren in eine Modalmatrix jeweils für die rechts– und die links–Eigenvektoren zusammengefasst werden

$$\hat{\mathbf{R}} = \begin{bmatrix} \hat{\mathbf{r}}_k \end{bmatrix}, \quad \hat{\mathbf{L}} = \begin{bmatrix} \hat{\mathbf{l}}_k \end{bmatrix}.$$

Die links–Eigenvektoren sind von Bedeutung, wenn Modal–Analyse–Verfahren eingesetzt werden und die Trennung der Eigenschwingungsformen gewünscht ist. Die links–Eigenvektoren übernehmen dann die Aufgabe der virtuellen Freiheitsgrade.

Mit nachfolgendem Beispiel soll die Vorgehensweise erklärt werden. Gegeben ist das Eigenwertaufgabe mit unsymmetrischer $\mathbf{B}$–Matrix:

$$\{\lambda \begin{bmatrix} 2 & \\ & 10 \end{bmatrix} + \begin{bmatrix} 4 & -3 \\ -1 & 6 \end{bmatrix}\}\hat{\mathbf{x}} = \mathbf{0}.$$

Die Berechnung der Eigenwerte $\lambda_{1,2}$ gibt

$$\lambda_1 = -0{,}5, \quad \lambda_2 = -2{,}1.$$

Hiermit können die rechts–Eigenvektoren $\hat{\mathbf{r}}_j$ und die links–Eigenvektoren $\hat{\mathbf{l}}_j$ bestimmt werden:

$$\hat{\mathbf{r}}_1 = \begin{bmatrix} +1 \\ +1 \end{bmatrix}, \quad \hat{\mathbf{r}}_2 = \begin{bmatrix} +15 \\ -1 \end{bmatrix}, \quad \hat{\mathbf{l}}_1 = \begin{bmatrix} +1 \\ +3 \end{bmatrix}, \quad \hat{\mathbf{l}}_2 = \begin{bmatrix} +5 \\ -1 \end{bmatrix}.$$

Mit den Eigenvektoren können die quadratischen Formen bezüglich der $\mathbf{A}$–Matrix ausgewertet werden

$$\hat{\mathbf{r}}_1^T \mathbf{A}\, \hat{\mathbf{r}}_2 = 20, \quad \hat{\mathbf{l}}_1^T \mathbf{A}\, \hat{\mathbf{l}}_2 = -20, \quad \hat{\mathbf{l}}_2^T \mathbf{A}\, \hat{\mathbf{r}}_1 = 0, \quad \hat{\mathbf{l}}_1^T \mathbf{A}\, \hat{\mathbf{r}}_2 = 0,$$

die die Orthogonalität der rechts– und links–Eigenvektoren bestätigen.

Komplexe Matrizen

Die Matrizen der Bewegungsgleichung können komplex sein, wenn die aerodynamischen Derivativa $c_{L,\alpha}, c_{L,h}$ oder andere eine Phasenverschiebung enthalten. Die Eigenwertaufgabe kann wie oben gezeigt angeschrieben werden

$$[\mathbf{A} \cdot \lambda + \mathbf{B}] \cdot \hat{\mathbf{r}} = \mathbf{0}.$$

Auch wenn nur ein einziges Element einer der beiden Matrizen $\mathbf{A}, \mathbf{B}$ komplex oder imaginär ist, sind im allgemeinen Fall zunächst alle Matrizen und Vektoren mit Real– und Imaginärteilen versehen

$$\mathbf{A} = \mathbf{A}_R + i\,\mathbf{A}_J\,,$$

$$\mathbf{B} = \mathbf{B}_R + i\,\mathbf{B}_J\,,$$

$$\hat{\mathbf{r}} = \hat{\mathbf{r}}_R + i\,\hat{\mathbf{r}}_J\,,$$

$$\lambda = \lambda_R + i\,\lambda_J\,.$$

In die Eigenwertaufgabe eingesetzt, folgt

$$[(\mathbf{A}_R + i\,\mathbf{A}_J)\cdot(\lambda_R + i\,\lambda_J) + (\mathbf{B}_R + i\,\mathbf{B}_J)]\cdot(\hat{\mathbf{r}}_R + i\,\hat{\mathbf{r}}_J) = \mathbf{0}\,.$$

Trennt man die Real- und die Imaginärteile, folgen zwei Gleichungen in reeller Schreibweise. In Matrizenschreibweise stehen in der ersten Zeile die Realteile und in der zweiten Zeile die Imaginärteile der Eigenwertaufgabe

$$\left\{\begin{bmatrix} \mathbf{A}_R & -\mathbf{A}_J \\ \mathbf{A}_J & \mathbf{A}_R \end{bmatrix}\cdot\lambda_R + \begin{bmatrix} -\mathbf{A}_J & -\mathbf{A}_R \\ \mathbf{A}_R & -\mathbf{A}_J \end{bmatrix}\cdot\lambda_J + \begin{bmatrix} \mathbf{B}_R & -\mathbf{B}_J \\ \mathbf{B}_J & \mathbf{B}_R \end{bmatrix}\right\}\begin{bmatrix} \hat{\mathbf{r}}_R \\ \hat{\mathbf{r}}_J \end{bmatrix} = \mathbf{0}\,.$$

Die Eigenwerte und Eigenvektoren werden jetzt iterativ berechnet, wobei λ_R und λ_J gleichzeitig unbekannt sind. Weil der Eigenvektor $\hat{\mathbf{r}}^T = \left[\hat{\mathbf{x}}^T, \lambda\hat{\mathbf{x}}^T\right]$ insgesamt $4n$ Freiwerte hat, liegt eine Eigenwertaufgabe der Ordnung $4n$ vor, was im Widerspruch zur ursprünglichen Ordnung $2n$ ist. Dies liegt daran, dass die Eigenwerte jetzt nicht mehr konjugiert komplex sind, sondern $2n$–Realteile und $2n$–Imaginärteile berechnet werden müssen. Damit existieren $2n$ Eigenwerte λ_k

$$\lambda_k = \lambda_{R,k} + i\cdot\lambda_{J,k} \quad k = 1,\dots 2n$$

und in üblicher Schreibweise mit Dämpfungskoeffizient und Eigenkreisfrequenz

$$\lambda_k = -\delta_k + i\cdot\omega_k\,, \quad k = 1,\dots 2n\,.$$

Darstellung der Eigenwerte

In der Aeroelastizität hängen die Eigenwerte in der Regel von einem oder mehreren Parametern ab, mit denen die Empfindlichkeit des Systems gegenüber unterschiedlichen Situationen untersucht werden kann. Die Darstellung der Eigenwerte erfolgt dann parameterabhängig in der komplexen Zahlenebene. Wenn die Matrizen von der Anströmgeschwindigkeit u_∞ bzw. dem Staudruck q_∞ abhängen, bietet sich eine 3D-Darstellung nach Bild 26-25 an. Hier ist der Übergang von einer gedämpften Schwingung zur Divergenz bei Steigerung der Anströmgeschwindigkeit dargestellt.

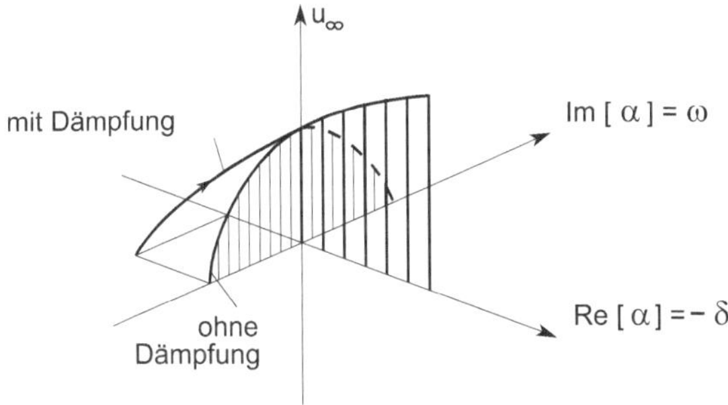

Bild 26-25 Entwicklung der Eigenwerte bei Steigerung von u_∞

Bild 26-26–links zeigt das Zusammenwachsen zweier Eigenformen in der u_∞–ω–Ebene, wie es bei *Biege-Torsions-Flatter* bei Steigerung der Anströmgeschwindigkeit der Fall ist. In der Projektion auf die komplexe Zahlenebene nach Bild 26-26–rechts wird der Übergang von der unterkritischen zur überkritischen Bewegung noch deutlicher, hier für den Übergang vom ungedämpften Fall zum Flatterfall gezeigt.

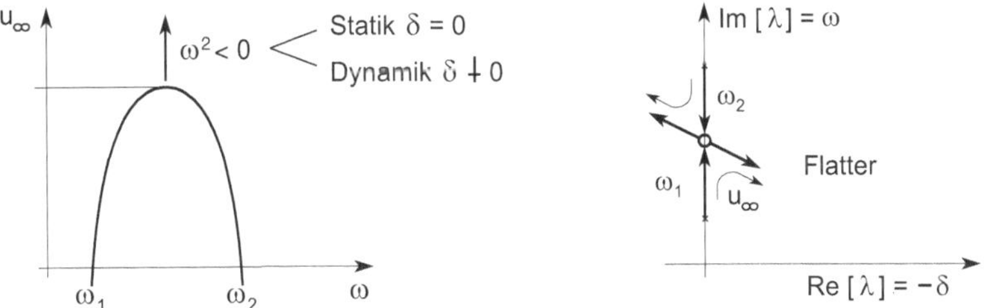

Bild 26-26 Eigenwerte in der komplexen Zahlenebene

26.10 Regen–Wind induzierte Schwingungen

Seile sind bevorzugte Tragelemente, wenn große Zugkräfte mit relativ geringem Materialeinsatz aufgenommen werden müssen. Aufgrund der verschwindenden Biegesteifigkeit sind sie sehr schwingungsanfällig gegen Anregungen quer zur Seilachse, vergleiche Abschnitt 25. In der Regel bieten die Vorspannung aus planmäßigen Zugkräften sowie die Dämpfungseigenschaften des Materials und der umgebenden Luft einen ausreichenden Widerstand gegen das Auftreten von Schwingungen. Dennoch traten in der Vergangenheit an verschiedenen abgehängten Brücken Schwingungsphänomene auf, die in dieser Art noch unbekannt waren und die zur Materialermüdung führen können.

1979 beschreibt *Wianecki* [52] einen 1976 an einer Schrägkabelbrücke über die Seine aufgetretenen Schadensfall. Bei einer mäßigen Windgeschwindigkeit von ca. 15 m/s traten Seilschwingungen mit einer Doppelamplitude von bis zu 600 mm auf. Nach heutigen Erkenntnissen war die Ursache ein lange Zeit unbekanntes Phänomen, das auf einen Selbsterregungsmechanismus zurückzuführen ist, der sich nur bei Regen und Wind einstellen kann.

Erst 1986 entdecken *Hikami et al.* [24] an den Schrägkabeln der Meikonishi Brücke in Japan ein Schwingungsphänomen, das sich an Schrägkabeln bei gleichzeitigem Auftreten von Regen und Wind entwickeln kann. Die Auswertung der Schwingungsmeßschriebe und anschließende Untersuchungen im Windkanal belegen, dass das hier beobachtete Phänomen ein Selbsterregungsmechanismus ist, der aus dem Zusammenwirken der Umströmung des Seiles mit dem an der Seiloberfläche entlanglaufendem Regenwasser entsteht. Das gleiche Phänomen wird an der Erasmus–Brücke in Roterdam beobachtet, siehe Bild 26-27.

Bild 26-27 Schrägkabelabspannung an der Erasmusbrücke in Rotterdam

Bis heute sind zahlreiche in–situ Messungen sowie experimentelle Arbeiten erfolgt, die die ersten Untersuchungen bestätigen.

26.10.1 Seilquerschnitte in Luftumströmung

Die Aerodynamik einer Seilumströmung ist ähnlich der eines zylindrischen Querschnitts. Sie ist im Wesentlichen von der Reynolds–Zahl $Re = u_\infty \cdot d/\nu$ bestimmt, mit der die Strömungsphänomenologie klassifiziert werden kann, vergleiche hierzu Abschnitt 26.8.

Bei Reynolds–Zahlen $Re < 1{,}5 \cdot 10^4 - 2{,}0 \cdot 10^5$ ist die Strömung unterkritisch und löst sich laminar von der Zylinderoberfläche ab. Dies hat eine mehr oder weniger regelmäßige Druckverteilung zur Folge, die die Bewegung des Seiles steuert. Diese ist in laminarer Luftumströmung im Wesentlichen vom Luftwiderstand und/oder von der *von Karman'schen Wirbelstraße* geprägt. Bei Reynolds–Zahlen $2 \cdot 10^5 < Re < 3{,}5 \cdot 10^5$ wird die Strömung kritisch, sodass der Widerstandsbeiwert c_D schlagartig abfällt. Im überkritischen Bereich ab $Re = 3{,}5 \cdot 10^5$ ist die Strömung im Nachlauf des Querschnitts völlig unregelmäßig, was eine Druckerhöhung auf der Rückseite des Zylinders zur Folge hat. Hierbei fällt der Widerstandsbeiwert auf $c_D \approx 0{,}2$ ab. Erst im transkritischen Bereich ab $Re > 4 \cdot 10^6$ erreicht der Widerstandsbeiwert $c_D \approx 0{,}5$, wenn die Strömung im Nachlauf regelmäßigere Strukturen annimmt. Abbildung 26-28 zeigt den Verlauf des Widerstandsbeiwertes nach experimentellen Untersuchungen von *Roshko* [39] in Abhängigkeit vom Strömungszustand.

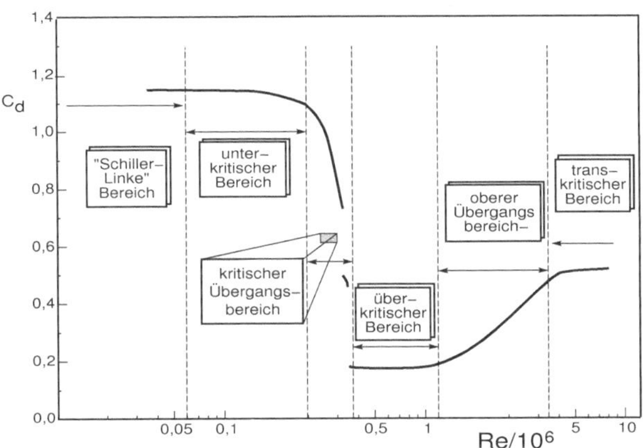

Bild 26-28 Strömungswiderstand von Zylindern nach Roshko [39]

26.10.2 Der Prandtl'sche Stolperdraht

Ludwig Prandtl untersucht bereits 1914 den Einfluß der Reynolds–Zahl auf den Strömungszustand und den Strömungswiderstand von Kugeln, um Hinweise auf die Lage des Ablösepunktes und Möglichkeiten zu deren Beeinflussung zu erhalten. So befestigt er einen Drahtreif als *Stolperdraht* vor dem Ablösepunkt der laminaren Strömung und beeinflußt hiermit die Strömung in der Grenzschicht. Infolge des Stolperdrahts wird die Grenzschicht turbulent und legt sich im Nachlauf des Stolperdrahtes wieder an, was eine Reduktion des Widerstands zur Folge hat. Hiermit erreicht er einen Übergang von der unterkritischen Strömung zur überkritischen Strömung bei kleineren Reynolds–Zahlen als ohne Stolperdraht.

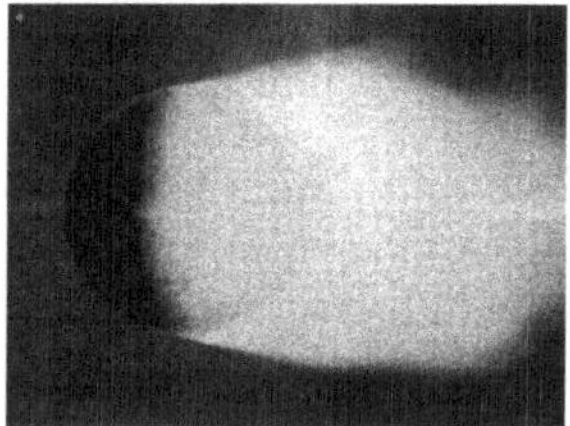
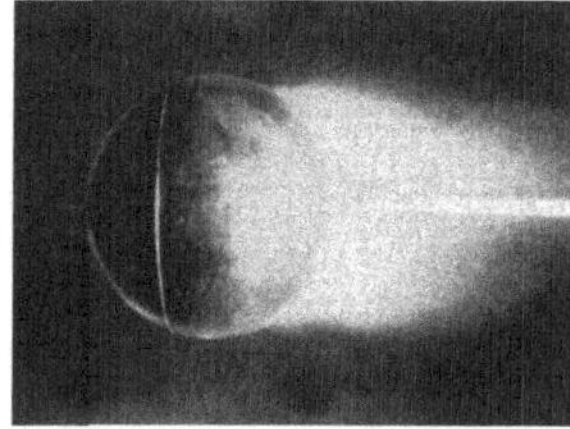

Bild 26-29 Kugelumströmung ohne und mit Stolperdraht [30]

Der Einfluß des Stolperdrahtes auf den Widerstandbeiwert ist in Bild 26-30 für den kritischen Bereich dargestellt. Im unterkritischen Bereich ist der Widerstand reduziert, im überkritischen Bereich erhöht. Es liegt nahe, dass der von *Prandtl* entdeckte Effekt auch bei der Umströmung von zylindrischen Querschnitten auftritt und hier einen ähnlichen Einfluß auf den Widerstand hat.

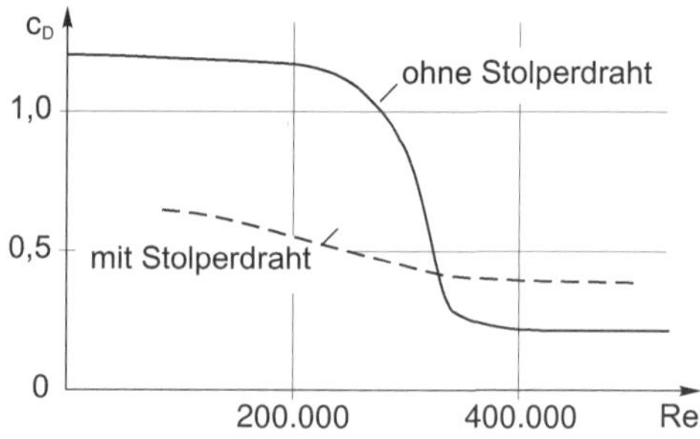

Bild 26-30 Strömungswiderstand ohne und mit Stolperdraht – qualitativ

26.10.3 Die Phänomenologie Regen–Wind induzierter Schwingungen

Seidel et al. stellen in [43] und [44] ein Modell vor, das den Mechanismus von Regen–Wind–induzierten Schwingungen auf den zuerst von *Prandtl* entdeckten Stolperdrahteffekt zurückführt.

Betrachtet man ein schräges Seil bei Regen, so wird das Wasser unter Eigengewicht über den Umfang des Seiles nach unten fließen. Bei kleinen Windgeschwindigkeiten bildet sich das Rinnsal auf der Unterseite des Seiles. Mit steigender Windgeschwindigkeit gibt es eine kritische Windgeschwindigkeit, bei der sich das Rinnsal teilt oder als Ganzes zur Seite ausweicht, siehe Bild 26-31. Bei noch größeren Windgeschwindigkeiten liegen die Rinnsale auf dem Umfang des Seiles und können bei ca. $80^o - 85^o$ sogar die Lage des Ablösepunktes der laminaren Grenzschicht erreichen. Ist der Ablösepunkt erreicht, setzt der Selbsterregungsmechanismus der Regen–Wind–induzierten Schwingungen ein.

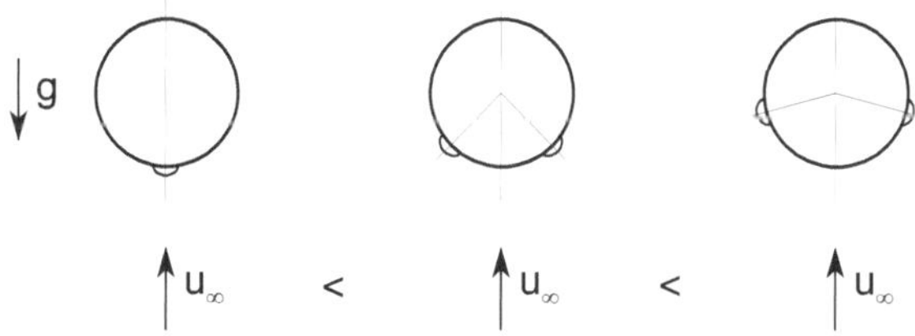

Bild 26-31 Entwicklung der Rinnsale

Die grundsätzliche Phänomenologie des Prandtl'schen Stolperdrahtes kann man auf die hier vorliegende Fragestellung übertragen, wenn man die Rinnsale als Stolperdrähte interpretiert. Im Gegensatz zur festen Störung des Prandtl'schen Stolperdrahtes liegen bei Regen–Wind–induzierten Schwingungen bewegliche Störungen in Form von Rinnsalen vor. Zwischen der Bewegung des Seiles und der Rinnsale besteht eine Interaktion, wenn die Rinnsale um den Ablösepunkt oszillieren können. Sie bewirken hierbei einen regelmäßigen Strömungsumschlag zwischen unter– und überkritischer Umströmung, wodurch der Widerstand verändert wird und eine Schwingung des Seiles die Folge ist.

26.10.4 Der Selbsterregungsmechanismus

Eine mögliche Entwicklung des Selbsterregungsmechanismus ist mit den Bildern 26-32 und 26-33 in Abhängigkeit von der Reynolds–Zahl $Re(u_\infty + \Delta u)$ beschrieben, wobei Δu die Geschwindigkeit des Seiles angibt. Bild 26-32 erklärt die für den Selbsterregungsmechanismus erforderlichen Zwischenzustände, die für das Zusammenwirken von Seil und Rinnsalen wesentlich sind. F beschreibt die Rückstellkraft des Seiles und Δu die Relativgeschwindigkeit des Seiles bezüglich der Anströmgeschwindigkeit u_∞ des Windes. Voraussetzung für den Mechanismus ist eine hinreichend glatte Oberfläche, damit die Rinnsale beweglich sind und je nach Lage den Strömungszustand beeinflussen können.

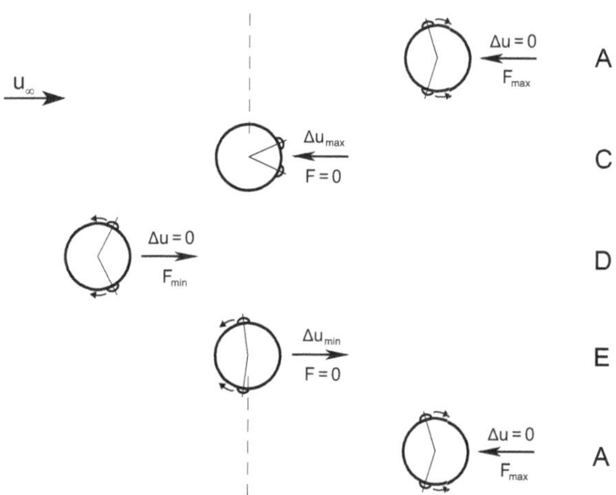

Bild 26-32 Phänomenologie der Bewegung

Bei steigender Anströmgeschwindigkeit erreicht man zuerst den Verzweigungszustand des Rinnsals. In Zustand A erreichen die Rinnsale die Lage des Ablösepunktes der unterkritischen Strömung. Infolge des Stolperdrahteffekts und der damit einsetzenden Widerstandsreduktion wird das Seil mit Δu gegen die Windanströmung bewegt und erreicht in C die größte Relativgeschwindigkeit. Gleichzeitig wandern die Rinnsale infolge ihrer eigenen Massenträgheit in den Nachlauf des Seiles, sodass ein ungestörter unterkritischer Strömungszustand erreicht ist. Das Abbremsen infolge der Rückstellkräfte des Seiles erfolgt zwischen Zustand C und dem Umkehrpunkt D mit $\Delta u = 0$. Hierbei wandern die Rinnsale wieder in Richtung Windseite des Seiles, wobei sich der Widerstand wiederum erhöht. Während des Rückschwingens von Zustand D erreicht das Seil in E die kleinste relative Anströmgeschwindigkeit. Danach wird das Seil abgebremst, sodass die Rinnsale infolge ihrer Massenträgheit auf die Windseite des Seiles wandern und in Zustand A ein neuer Zyklus beginnen kann.

Bild 26-33 verdeutlicht die Entwicklung des Widerstandbeiwertes in Abhängigkeit von der sich mit der Bewegung ändernden Reynolds–Zahl. Während einer Periode wird die im Bild gekennzeichnete Hysterese so durchlaufen, dass nur positive Arbeit geleistet wird und die Schwingung nicht zur Ruhe kommt. Aufgrund der Nichtlinearität und der immer vorhandenen Strukturdämpfung wachsen die Amplituden jedoch nicht unbegrenzt an, sondern bleiben begrenzt, sodass eine Grenzzykel–Schwingung entsteht.

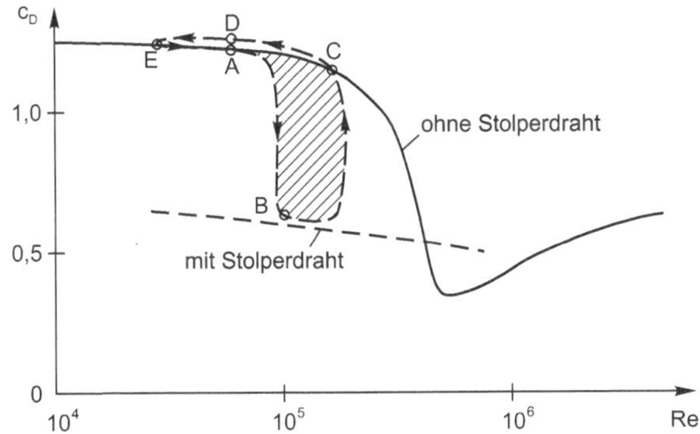

Bild 26-33 Qualitative Widerstands–Hysterese bei Bewegung der Rinnsale

26.10.5 Die Bewegungsgleichungen

Für die vorliegende Pänomenologie entwickeln *Seidel et al.* [43, 44] ein zweidimensionales ebenes Modell, das die Vorgänge senkrecht zur Seilachse beschreiben kann und das Seil vereinfachend als unendlich langen Zylinder auffasst.

Das Modell wird hier für die wesentlichen Bewegungsmöglichkeiten modifiziert. Es besitzt fünf Freiheitsgrade in den Seilkoordinaten nach nebenstehendem Bild. Dies sind die Längsverschiebung des Seilquerschnitts entlang des Seiles in x-Richtung, die Verschiebungen des Seiles in y, z-Richtung sowie die zwei Winkel φ_1, φ_2 zur Beschreibung der Rinnsalbewegung auf der Seiloberfläche.

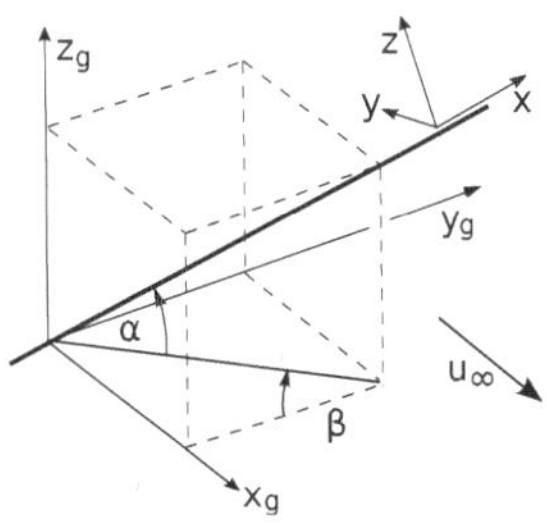

Die am Seil und an den Rinnsalen angreifenden Kraftwirkungen werden in Bild 26-34 verdeutlicht. Dies sind die Massenträgheiten, die Feder– und Dämpferkräfte sowie das Eigengewicht. Zusätzlich wirken die Windkräfte auf das Seil (F_{wy}, F_{wz}) bzw. auf die Rinnsale (F_{wN_i}, F_{wT_i}). Die Schnittkräfte N_i, T_i zwischen dem Seil und den Rinnsalen in normaler und tangentialer Richtung können eliminiert werden.

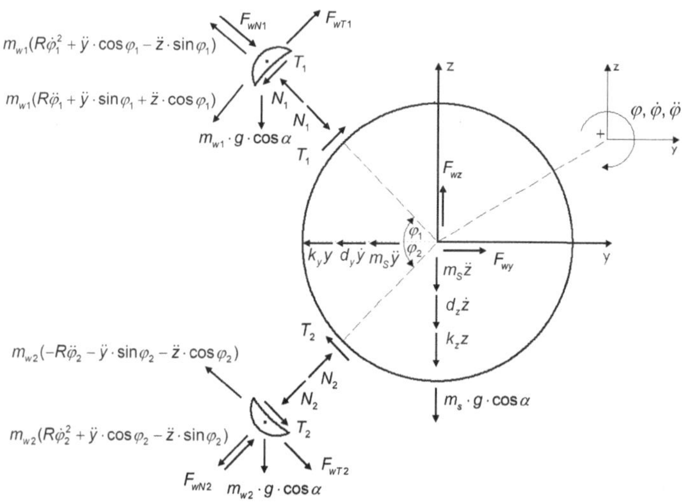

Bild 26-34 Kraftwirkungen am Seilquerschnitt

Mit dem Kräftegleichgewicht in Seillängsrichtung x und in der y–z–Ebene senkrecht zur Seilachse folgen drei nichtlineare, gekoppelte Bewegungsgleichungen.

$$\Sigma F_x : -m_s\cdot\ddot{x} - d_x\cdot\dot{x} - k_x\cdot x - m_s\cdot g\cdot\sin\alpha + T_x = 0\,,$$

$$\Sigma F_y : -m_s\cdot\ddot{y} - d_y\cdot\dot{y} - k_y\cdot y + F_{wy}$$

$$+T_1\sin\varphi_1 + N_1\cos\varphi_1 + N_2\cos\varphi_2 - T_2\sin\varphi_2 = 0\,,$$

$$\Sigma F_z : -m_s\cdot\ddot{z} - d_z\cdot\dot{z} - k_z\cdot z + F_{wz}$$

$$+T_2\cos\varphi_2 - N_1\sin\varphi_1 + N_2\sin\varphi_2 + T_1\cos\varphi_1 = 0\,.$$

Die Bewegung der Rinnsale folgt den zwei Kräftegleichgewichtsbedingungen ΣF_{T1} und ΣF_{T2} tangential an die Seiloberfläche:

$$\Sigma F_{T1} : T_1 + m_{w1}\cdot(\sin\varphi_1\cdot\ddot{y} + \cos\varphi_1\cdot\ddot{z} + R\cdot\ddot{\varphi}_1)$$

$$+m_{w1}\cdot g\cdot\cos\alpha\cdot\cos\varphi_1 - F_{wT1} = 0\,,$$

$$\Sigma F_{T2} : T_2 + m_{w2}\cdot(\sin\varphi_2\cdot\ddot{y} + \cos\varphi_2\cdot\ddot{z} + R\cdot\ddot{\varphi}_2)$$

$$+m_{w2}\cdot g\cdot\cos\alpha\cdot\cos\varphi_2 - F_{wT2} = 0\,.$$

Wesentlich ist, dass die Windkräfte F_{wTi} das Eigengewicht und die Reibungskraft zwischen Rinnsal und Seil überwinden. Bei rauhen Seiloberflächen ist dies in der Regel nicht der Fall, sodass der Selbsterregungsmechanismus nicht auftreten kann.

Wenn die Rinnsale auf der Seiloberfläche haften, müssen die Kräftegleichgewichtsbedingungen senkrecht zur Seiloberfläche ebenfalls erfüllt sein.

$$\Sigma F_{N1} : N_1 + m_{w1} \cdot (\cos\varphi_1 \cdot \ddot{y} - \sin\varphi_1 \cdot \ddot{z} + R \cdot \dot{\varphi}_1^2)$$

$$+ m_{w1} \cdot g \cdot \cos\alpha \cdot \cos(\varphi_1 - \beta_0) - F_{wN1} = 0 \,,$$

$$\Sigma F_{N2} : N_2 + m_{w2} \cdot (\sin\varphi_2 \cdot \ddot{y} + \cos\varphi_2 \cdot \ddot{z} + R \cdot \ddot{\varphi}_2^2)$$

$$+ m_{w2} \cdot g \cdot \cos\alpha \cdot \cos(\varphi_2 - \beta_0) - F_{wN2} = 0 \,.$$

Die fünf Bewegungsgleichungen kann man zu drei Bewegungsgleichungen für die x–, y– und z–Richtungen zusammenfassen, wenn die Rinnsale auf der Seiloberfläche festsitzen und nicht entlang gleiten. In diesem Fall kann man die Tangentialkräfte T_i und die Normalkräfte N_i eleminieren. Wenn die Rinnsale auf der Seiloberfläche gleiten, hängen die Tangentialkräfte vom Reibbeiwert zwischen Rinnsal und Seil sowie der Relativbewegung von Seil und Rinnsal ab.

Reibkräfte

Cosentino [12] beobachtet in Experimenten, dass sich die Rinnsale nicht direkt auf der Seiloberfläche bewegen, sondern auf einem Wasserfilm auf der Seiloberfläche entlanggleiten. Die Situation im Wasserfilm ist mit der Couette–Strömung [40] vergleichbar, bei der in einem Spalt zwischen zwei Platten eine Strömung durch deren Relativbewegung v_{rel} erzeugt wird. Mit der Rinnsalbreite b_R und dem Reibbeiwert μ folgt die auf das Rinnsal wirkende Reibkraft zu

$$T_i = b_R \cdot \mu_w \cdot \frac{R \cdot \dot{\varphi}_i}{h} \,. \tag{26.1}$$

Cosentino [12] gibt gemessene Zeitreihen des Wasserfilms an, aus denen eine mittlere Höhe für den Gleitfilm von $h \approx 0{,}2\,mm$ folgt.

Haftkräfte

Die Schnittkräfte N_i zwischen dem Seil und den Rinnsalen senkrecht zur Seiloberfläche können im Nachlauf berechnet werden. Sie werden benötigt, um zu überprüfen, ob das Rinnsal auf der Kabeloberfläche verbleibt oder durch Überschreitung der Oberflächenspannung σ_0 abgeschlagen wird. Sie werden aus dem Gleichgewicht am Rinnsal in normaler Richtung ermittelt. Die Haftbedingung ist

$$b_R \cdot \sigma_0 + N_i \geq 0 \,.$$

Die Seilkräfte aus Aerodynamik

Bild 26-35 zeigt die räumliche Darstellung eines Seiles, das mit der ungestörten Windgeschwindigkeit u_∞ in x_g-Richtung angeströmt wird. Der Neigungswin-

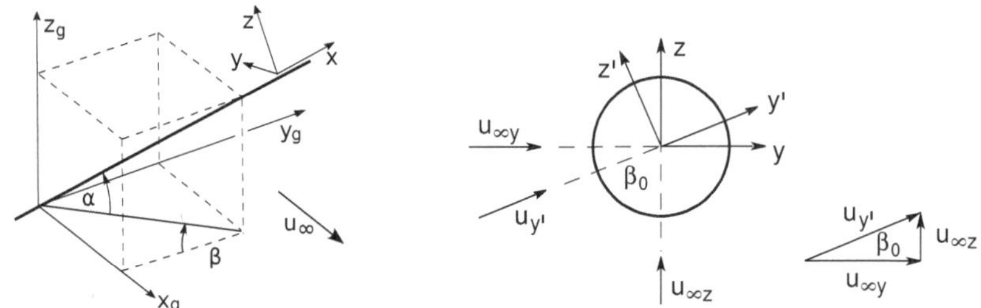

Bild 26-35 Definition der Winkel und der Koordinatensysteme

kel α und der Anstellwinkel β definieren die Lage des Seiles bezüglich der Anströmung u_∞. Mit der Transformation der Anströmgeschwindigkeit in Richtung der lokalen Koordinaten x, y, z

$$\begin{bmatrix} u_{\infty x} \\ u_{\infty y} \\ u_{\infty z} \end{bmatrix} = \begin{bmatrix} \cos\alpha\sin\beta \\ -\cos\beta \\ -\sin\alpha\sin\beta \end{bmatrix} u_\infty$$

kann die effektive Anströmgeschwindigkeit senkrecht zum Seil bestimmt werden. Mit den senkrecht zur Seilachse wirkenden Komponenten folgt der effektive Anströmwinkel β_0

$$\beta_0 = \arctan\left(\frac{u_{\infty z}}{u_{\infty y}}\right) = \arctan\left(\tan\beta \cdot \sin\alpha\right)$$

sowie die effektive Anströmgeschwindigkeit in Richtung y'

$$u_{y'} = \sqrt{u_{\infty y}^2 + u_{\infty z}^2} = u_\infty\sqrt{\cos^2\beta + \sin^2\alpha \cdot \sin^2\beta}$$

Die Komponente der Windgeschwindigkeit in Richtung der Seillängsachse ist vernachlässigbar, da die Krafteinleitung nur über Reibung erfolgt und die daraus resultierende Kraft im Vergleich zur Vorspannkraft des Seiles gering ist.

Im Unterschied zu der sonst üblichen Normierung der aerodynamischen Kräfte auf den Staudruck q_∞ bzw. $q_{y'}$ wird hier der Staudruck mit der tatsächlich vorhandenen Geschwindigkeit berechnet, die aufgrund der Bewegung des Seiles von den Geschwindigkeiten $\dot{y}'$ und $\dot{z}'$ abhängt. Daher erfolgt die Anströmung des Querschnittes jetzt mit der relativen Windgeschwindigkeit u_{rel} unter dem Winkel β_{rel}

$$u_{rel} = \sqrt{\left(u_{y'} - \dot{y}'\right)^2 + \dot{z}'^2}\,, \qquad \beta_{rel} = \arctan\left(\frac{\dot{z}'}{u_{y'} - \dot{y}'}\right).$$

Auftriebs– und Widerstandskraft am Seil lassen sich hiermit und unter Annahme der quasistationären Theorie vereinfachend beschreiben:

$$F_L = \frac{1}{2}\,\rho_\infty\,u_{rel}^2 \cdot R \cdot \left[c_{L1}\left(\varphi_1, \beta_{rel}\right) + c_{L2}\left(\varphi_2, \beta_{rel}\right)\right],$$

$$F_D = \frac{1}{2}\,\rho_\infty\,u_{rel}^2 \cdot R \cdot \left[c_{D1}\left(\varphi_1, \beta_{rel}\right) + c_{D2}\left(\varphi_2, \beta_{rel}\right)\right].$$

Darin ist ρ_∞ die Dichte der Luft. Die aerodynamischen Beiwerte c_{Li} und c_{Di} ergeben sich aus der Integration der jeweiligen Druckverteilung über den Umfang des Seiles. Sie hängen von der aktuellen Position der Rinnsale ab.

$$c_{Li} = \int\limits_{0^o}^{180^o} c_p(\varphi_i) \cdot \sin\varphi_i\, d\varphi\,, \qquad c_{Di} = \int\limits_{0^o}^{180^o} c_p(\varphi_i) \cdot \cos\varphi_i\, d\varphi\,.$$

Bild 26-36 gibt die Auftriebs– und Widerstandsbeiwerte in Abhänigkeit von der Lage des Rinnsals qualitativ an.

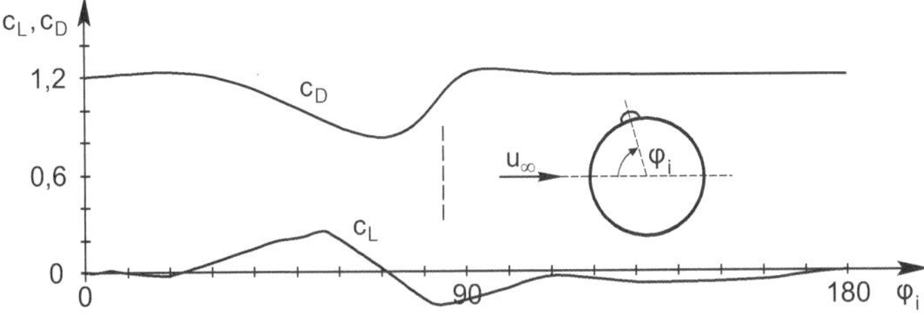

Bild 26-36 Auftriebs– und Widerstandsbeiwert

Anschließend ist eine Transformation der aerodynamischen Kräfte in das y–z–Koordinatensystem entsprechend Bild 26-35 durchzuführen, da hier die Bewegungsgleichungen aufgestellt sind.

$$F_y = F_D \cdot \cos\beta_0 - F_L \cdot \sin\beta_0$$

$$F_z = F_D \cdot \sin\beta_0 + F_L \cdot \cos\beta_0$$

Die Rinnsalkräfte aus Aerodynamik

Die tangential wirkenden aerodynamischen Kräfte F_{wTi}, die die Rinnsale über den Umfang des Seiles drücken, kann man mit dems Beiwert c_T beschreiben. Die Kräfte F_{wTi} stehen mit den Gewichtskräften F_{gi} der Rinnsale tangential im Gleichgewicht.

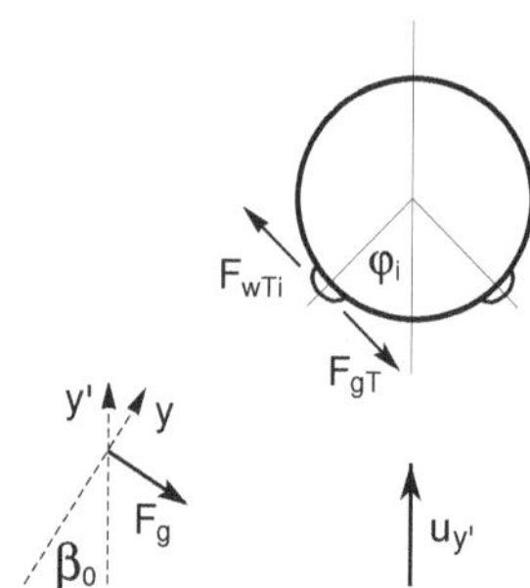

$$F_{wTi} = \frac{1}{2}\,\rho_\infty u_{y'}^2 \cdot R \cdot c_T(\varphi,R)\,,$$

$$F_g = m_w \cdot g \cdot \cos\alpha\,.$$

Mit der Gleichgewichtsbedingung am Rinnsal

$$m_w \cdot g \cdot \cos\alpha \cdot \cos(\varphi - \beta_0) = \frac{1}{2}\,\rho_\infty u_{y'}^2 \cdot R \cdot c_T$$

kann man bei bekannter Windgeschwindigkeit, Rinnsalmasse und experimentell gemessenem Winkel φ den c_T–Beiwert berechnen

$$c_T(\varphi,R) = \frac{m_w \cdot g \cdot \cos\alpha \cdot \cos(\varphi - \beta_0)}{\frac{1}{2}\,\rho_\infty u_{y'}^2 \cdot R}\,.$$

Umgekehrt ist es möglich mit experimentell ermitteltem c_T die zugehörigen Anströmgeschwindigkeiten $u_{y'}$ bzw. u_∞ zu ermitteln.

Zunächst kann man die Verzweigungsgeschwindigkeit bestimmen, bei der die Rinnsale die Nulllage verlassen. Dazu ist die Linearisierung der Gleichgewichtsbedingung um den Verzweigungspunkt $\varphi = 0$ erforderlich.

$$\left(-m_w \cdot g \cdot \cos\alpha \cdot \sin(\varphi - \beta_0) - \frac{1}{2}\,\rho_\infty u_{y'}^2 \cdot R \cdot c_{T,\varphi}\right)\Bigg|_{\varphi=0} \cdot d\varphi = 0\,.$$

Die Verzweigungsgeschwindigkeit folgt mit $u_{y'} = u_\infty\,(\cos^2\beta + \sin^2\alpha \cdot \sin^2\beta)$ zu

$$u_{\infty,Verzw} = \sqrt{\frac{-m_w \cdot g \cdot \cos\alpha \cdot \sin(-\beta_0)}{\frac{1}{2}\,\rho_\infty \cdot (\cos^2\beta + \sin^2\alpha \cdot \sin^2\beta) \cdot R \cdot c_{T,\varphi}|_{\varphi=0}}}\,.$$

Wenn die Lage des Ablösepunktes φ_{krit} bekannt ist, kann auch die Einsetzgeschwindigkeit der induzierten Schwingungen berechnet werden

$$u_{\infty,krit} = \sqrt{\frac{-m_w \cdot g \cdot \cos\alpha \cdot \sin(\varphi_{krit} - \beta_0)}{\frac{1}{2}\,\rho_\infty\,(\cos^2\beta + \sin^2\alpha \cdot \sin^2\beta) \cdot R \cdot c_T(\varphi_{krit})}}\,.$$

Die in Experimenten bestimmte Verzweigungsgeschwindigkeit $u_{\infty,Verzw.}$ hängt in der Regel von Imperfektionen ab, die ein Ausweichen unterhalb der rechnerischen Verzweigungsgeschwindigkeit verursachen. Die in Bild 26-37 dargestellten

Plateaus geben die verschiedenen Gleichgewichtslagen φ mit unterkritischem, kritischem und überkritischem Strömungszustand an. Die experimentellen Ergebnisse sind die Datenbasis für die Berechnung der c_T–Beiwerte.

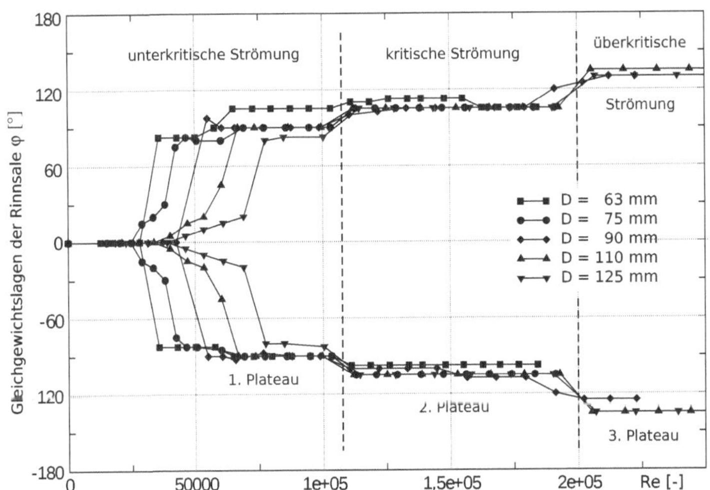

Bild 26-37 Experimentell ermittelte Gleichgewichtslagen an HDPE–Rohren

Abbildung 26-38 zeigt die mit obiger Gleichung berechneten c_T–Beiwerte für verschiedene Durchmesser an glatten HDPE–Rohren, die *Seidel* in bisher unveröffentlichten Experimenten untersucht hat.

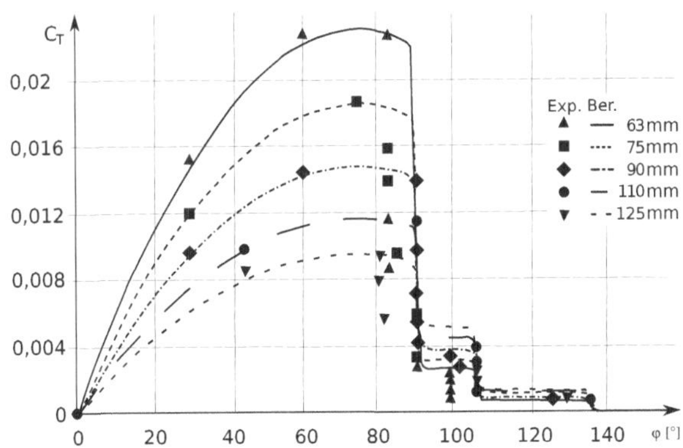

Bild 26-38 $c_T(\varphi, R)$ für verschiedene Durchmesser [mm] – HDPE–Rohre

In Bild 26-37 wird deutlich, dass der Ablösepunkt im unterkritischen Bereich bei Reynolds–Zahlen $Re < 3,0 \cdot 10^5$ erreicht wird, bei denen die trockenen Querschnitte ungefährdet sind. Die Verzweigungsgeschwindigkeit wird bei allen Querschnitten bei ca. $10\,m/s$ erreicht, was mit anderen experimentellen Untersuchungen sowie in–situ Beobachtungen gut übereinstimmt.

Wesentlich ist, dass die Verzweigungsgeschwindigkeit der Rinnsale für alle Seildurchmesser nur wenig variiert, da sie vom Strömungszustand in der Nähe des Staupunktes, der Oberflächenbeschafffenheit der Zylinder, des Rinnsalquerschnittes und dem Anströmwinkel abhängt, jedoch nur wenig von der Krümmung der Seiloberfläche.

Auch oberhalb des Ablösepunktes sind weitere stabile und instabile Rinnsallagen möglich, die vom Durchmesser abhängen. Je nach Strömungszustand und Seilbewegung können die Rinnsale die stabilen Gleichgewichtslagen auf der Lee–Seite des Querschnitts mit $\varphi > 90^o$ während der Schwingung erreichen.

26.10.6 Numerische Untersuchungen

Die Beschreibung des Schwingungsverhaltens von Seilen erfolgt wie allgemein üblich mit einer Theorie endlicher Verschiebungen, vergleiche Abschnitt 25. Die oben entwickelten Gleichungen für die Phänomenologie des Selbsterregungsmechanismus werden als Querschnittsverhalten lokal berücksichtigt und entlang des Seiles veränderlich angesetzt. Für die Diskretisierung der Modellgleichungen wird die Finite–Elemente–Methode eingesetzt. Die Integration der diskretisierten Bewegungsgleichungen erfolgt im Zeitbereich mit dem Newmark–Verfahren. Die diskreten Gleichungen sind sowohl lokal im Querschnitt als auch global stark nichtlinear und werden in der Regel im Zeitintervall iterativ mit einem Newton–Raphson–Verfahren gelöst.

Die in Bild 26-37 dargestellten Gleichgewichtslagen der Rinnsale können mit den numerischen Untersuchungen bestätigt werden. Dies betrifft die Verzweigungsgeschwindigkeiten $u_{\infty,Verzw.}$ als auch die unterschiedliche Lage φ der Rinnsale, die zu den verschiedenen Strömungscharakteristiken gehören. Dies bedeutet, dass mit dem numerischen Modell der Stolperdrahteffekt validiert werden kann und der Umschlagpunkt bei der entsprechenden Windgeschwindigkeit erreicht wird.

Seidel et al. [44] vergleichen in Bild 26-39 experimentelle Untersuchungen von *Hikami et al.* [24] mit numerischen Ergebnissen, die mit den Bewegungsgleichungen nach Abschnitt 26.10.5 berechnet sind. Im Bild sind die von der Eigenfrequenz der Seile abhängigen Schwingungsamplituden über der Anströmgeschwindigkeit u_∞ aufgetragen. Es wird deutlich, dass die Einsetzgeschwindigkeit der Regen–Wind induzierten Schwingungen unabhängig von der Eigenfrequenz des Seiles bei ca. $10\,m/s$ liegt und die Schwingungen in einem relativ breiten Geschwindigkeitsbereich auftreten. Die Schwingungsamplituden können abhängig von der Eigenfrequenz des Seiles beträchtliche Werte annehmen, die zur Materialermüdung führen und die Sicherheit gefährden können.

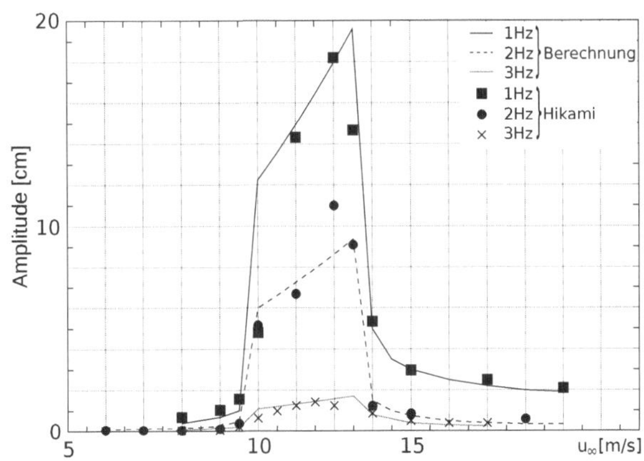

Bild 26-39 Schwingungsamplituden $\alpha = 45^o, \beta = -45^o, R = 70\,mm$

26.10.7 Anmerkungen

Regen–Wind induzierte Seilschwingungen weisen eine Phänomenologie auf, die mit dem Prandtl'schen Stolperdraht erklärt werden kann. Sie sind dem Galloping nach Abschnitt 26.6.4 vergleichbar, wenn auch die Strömungsphänomenologie aufgrund der beweglichen Rinnsale erheblich komplexer ist.

Morsbach [32] zeigt mit experimentellen Untersuchungen, dass die Bedingung für das Eintreten des Stolperdrahteffektes empirisch mit $h/2\,R < 0{,}036$ angenähert werden kann. Die Bedingung ist bei Ausbildung eines Rinnsales in der Regel erfüllt. Grundsätzlich können Regen–Wind induzierte Schwingungen auftreten, wenn zwei weitere Bedingungen eingehalten sind.

1. Die Rinnsale müssen den Ablösepunkt der unterkritischen Strömung erreichen, siehe Abschnitt 26.10.4.
2. Die kritischen Eigenfrequenzen liegen bei schrägen Seilen bei bis zu $3\,Hz$ und bei Hängern bei bis zu $6\,Hz$, siehe hierzu *Peil et al.* [36] und *Schwarzkopf et al.* [42].

Die Vermeidung des Effektes ist möglich, wenn die Eigenfrequenzen der Seile geändert werden, z. B. mit Schwingungstilgern. Eine Reduktion der Schwingungsamplituden ist möglich, wenn die Dämpfungseigenschaften der Seile entsprechend eingestellt oder zusätzliche Dämpfungselemente angeordnet sind.

27 Eisenbahnbrücke bei schneller Zugüberfahrt

Die Verkehrsbelastung von Brücken wird in den Bemessungsnachweisen als quasi–statisch angesetzt, wenn das Schwingungsverhalten vernachlässigbar ist. Dies bedeutet, dass zwar räumlich unterschiedliche Laststellungen von Straßen- und Schienenfahrzeugen angesetzt werden, jedoch der Einfluß aus der Bewegung der Fahrzeuge vernachlässigt wird. Mithilfe von genaueren Modellen kann jedoch auch der Einfluß aus der Bewegung der Fahrzeuge berücksichtigt werden, was insbesondere bei Hochgeschwindigkeitszügen erforderlich ist. Die Modellbildung kann dabei entsprechend den Anforderungen und Fragestellungen fast beliebig verfeinert werden. Im Folgenden werden unterschiedlich genaue Modelle am Beispiel der Überfahrt eines *ICE 3* über eine Brücke entwickelt, wobei das Verformungsverhalten des Durchlaufträgers mit der Bernoulli–Theorie beschrieben wird.

Der *ICE 3* besteht aus 16 Waggons mit insgesamt 64 Achsen. Die Achslasten liegen zwischen $142{,}5\,kN$ und $170{,}9\,kN$. Die Gesamtlänge beträgt $393{,}70\,m$, die Länge über Puffer $\ell^{\ddot{u}p} = 24{,}775\,m$, siehe Bild 27-1

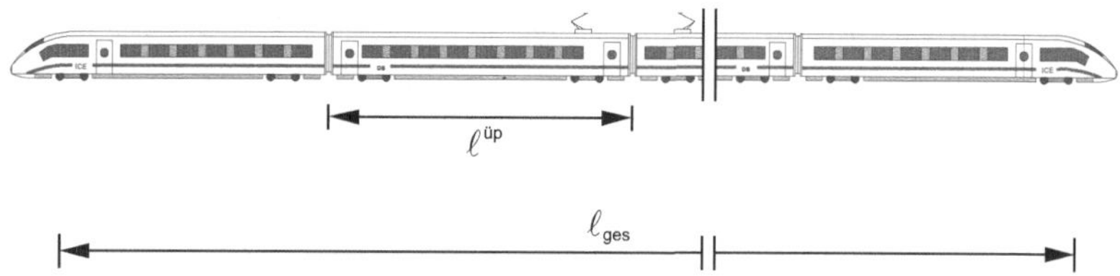

Bild 27-1 *ICE 3*

Nachfolgend werden vier verschiedene Modelle zur Untersuchung von Eisenbahnbrücken unter ICE–Überfahrt vorgestellt und miteinander verglichen. Die Modelle und weitere Ergebnisse sind in der Arbeit [27] veröffentlicht.

27.1 Modell für auf einem Balken gelagerte bewegte Massen

Eine sich relativ zu einem bewegten System bewegende Masse erfährt in jedem Fall eine Absolutbeschleunigung, sodass eine Transformation zwischen Relativ- und Absolutbewegung erfolgen muss. Im weiteren beschreibt $(\dot{\ }) = d(\ )/dt$ die absolute Zeitableitung an dem Ort der Masse und $(\ )_{,t} = \partial(\ )/\partial t$ die lokale Zeitableitung an dem Ort auf dem Balken, an dem sich die Masse befindet.

© Springer Fachmedien Wiesbaden GmbH, ein Teil von Springer Nature 2020
D. Dinkler, *Einführung in die Strukturdynamik*,
https://doi.org/10.1007/978-3-658-31845-1_27

Für die vertikale Bewegung einer ruhenden Masse m auf einem schwingenden Balken ohne elastische Kopplung von Masse und Balken gilt nach D'Alembert die Bewegungsgleichung

$$\frac{d\,(m\dot{w})}{d\,t} - F^{ew} = 0 \quad \text{mit} \quad \dot{w} = \frac{d\,w}{d\,t}\,, \tag{27.1}$$

wobei w die Durchbiegung des Balkens an der Stelle der Masse ist und F^{ew} die wirksamen eingeprägten Kräfte. Für horizontal mit der Geschwindigkeit $v_0 = \partial x/\partial t$ bewegte Massen m bewirkt die Neigung $w,_x$ der Balkenachse an der Stelle x einen Geschwindigkeitsbeitrag $v_0 \cdot w,_x$ zusätzlich zur Balkenschwingung. Damit enthält die substantielle Zeitableitung im Inertialsystem zwei Beiträge, siehe Bild 27-2.

Bild 27-2 Bewegte Masse auf schwingendem Balken

Mit der substantiellen Zeitableitung folgt zunächst die Absolutgeschwindigkeit

$$\frac{d\,w}{d\,t} = \frac{\partial w}{\partial t} + v_0 \frac{\partial w}{\partial x}\,. \tag{27.2}$$

Hierbei beschreibt der erste Term die lokale Geschwindigkeit des Balkens an der Stelle x und der zweite Term den zusätzlichen vertikalen Geschwindigkeitsanteil, den die Masse infolge der Neigung des Balkens und der Geschwindigkeit v_0 erfährt. Die Absolutbeschleunigung folgt mit der zweifachen Zeitableitung zu

$$\frac{d(\dot{w})}{dt} = \frac{d^2 w}{dt^2} = \frac{\partial^2 w}{\partial t^2} + 2\,v_0 \frac{\partial^2 w}{\partial x \partial t} + v_0^2 \frac{\partial^2 w}{\partial x^2}\,.$$

Der erste Term beschreibt die vertikale Führungsbeschleunigung des Balkens an der Stelle x, die auch unbewegte Massen infolge der Balkenschwingung erfahren. Der zweite Term beschreibt die Coriolis–Beschleunigung, die mit der Winkelgeschwindigkeit $w,_{xt}$ aus Balkenneigung auf die Masse einwirkt. Der dritte Term beschreibt die Zentripetal–Beschleunigung infolge der Balkenkrümmung.

Hiermit folgen die Trägheitskräfte im Inertialsystem für konstante Massen

$$\frac{d}{d\,t}\left(m \cdot \frac{d\,w}{d\,t}\right) = m \cdot (\,w,_{tt} + 2\,v_0\,w,_{xt} + v_0^2\,w,_{xx}\,)\,. \tag{27.3}$$

Da die Coriolis–Beschleunigung mit der Winkelgeschwindigkeit $(w,_x),_t$ des Balkenelementes beschrieben ist, taucht der zugehörige Massenträgheitsterm in der

Dämpfungsmatrix auf. Der Anteil aus Zentripetal–Beschleunigung erscheint in der Steifigkeitsmatrix, da er mit der Krümmung des Balkens verknüpft ist. Mit den Ableitungsvorschriften für die Zusatzbeschleunigungen aus Geschwindigkeit v_0 folgen unsymmetrische Systemmatrizen.
Mit Gleichung (27.3) folgt, dass die Coriolis–Beschleunigung additiv in der Dämpfungsmatrix des Balkens berücksichtigt werden muss. Die additive Berücksichtigung der Zentripetal–Beschleunigung in der Steifigkeitsmatrix verursacht eine Reduktion der Systemsteifigkeiten, damit der Eigenfrequenzen und in der Folge größere Schwingungsamplituden.

27.2 Modell für bewegte Massen auf Feder–Dämpfer–System

Die Ankopplung einer bewegten Masse an einen Balken kann auch mit einem Feder–Dämpfer–Element erfolgen, wenn die Zugmasse eine unabhängige Bewegungsmöglichkeit z für die vertikale Verschiebung besitzt, siehe Bild 27-3.

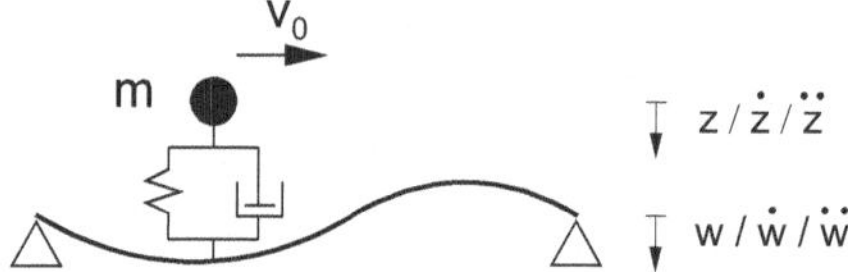

Bild 27-3 Bewegte Masse mit Feder-Dämpfer-Kopplung auf schwingendem Balken

Die Gesamtverschiebung z der Masse ist jetzt die Summe aus der Balkendurchbiegung w und dem relativen Verschiebungsanteil u, der sich als Federweg unabhängig einstellt. Gleiches gilt für die Geschwindigkeit $\dot z$ und die Beschleunigung $\ddot z$ der Masse. Der als Stauchung positive Federweg

$$u = z - w$$

ist als unabhängige kinematische Bedingung zu den Grundgleichungen des Systems zu zählen und für die Berechnung der Federkräfte erforderlich. Mit der kinematischen Bedingung folgt sofort

$$z = w + u \,,$$
$$\dot z = \dot w + u_{,t} = w_{,t} + v_0\, w_{,x} + u_{,t} \,,$$
$$\ddot z = \ddot w + u_{,tt} = w_{,tt} + 2\, v_0\, w_{,xt} + v_0^2\, w_{,xx} + u_{,tt} \,.$$

Zu beachten ist, dass die Zeitableitungen der unabhängigen Verschiebung u lokal anzusetzen sind, an der Stelle der Masse wirken und nicht von der Bewegung v_0 des Feder–Masse–Systems abhängen. Dies wird deutlicher, wenn man die Grenzfälle betrachtet:

- Wenn $u = 0$ gesetzt ist, folgt das Modell nach Abschnitt 27.1.
- Für $w = 0$ folgt der Ein–Masse–Schwinger nach Abschnitt 6.
- Wenn $z = 0$ gesetzt ist, ist der Federweg direkt mit der Durchbiegung des Balkens verknüpft und die Dämpfergeschwindigkeit $u_{,t}$ mit der vertikalen Geschwindigkeit $\dot{w}$ des Fußpunktes auf dem Balken.

Damit wirken auf die Masse mit Feder–Dämpfer–Kopplung die Coriolis– und die Zentripetal–Beschleunigung aus der Bewegung der Masse über den schwingenden Balken. Die Berücksichtigung der Coriolis–Beschleunigung erfolgt in der Bewegungsgleichung additiv zur Dämpfung aus der Feder–Dämpfer–Kopplung, die der Zentripetal–Beschleunigung additiv zur Steifigkeit.

27.3 Modelle für das Schwingungsverhalten der Brücke

Nachfolgend werden unterschiedlich genaue Modelle für das System Brücke–Zugquerung entwickelt und miteinander verglichen, um den Einfluss der Vereinfachungen auf das Schwingungsverhalten abschätzen zu können.

Modell 1: Brückentragwerk unter wandernder Last

Bild 27-4 zeigt eine Zweifeldbrücke mit vier sich über die Brücke bewegenden Einzellasten $P(x(t))$. Dies entspricht den Lasten, die über die Fahrgestelle eines Eisenbahnwaggons auf die Brücke wirken. Die Lasten sind masselos, jedoch führt die Bewegung der Lasten mit der Geschwindigkeit v_0 zum Schwingen der Brücke.

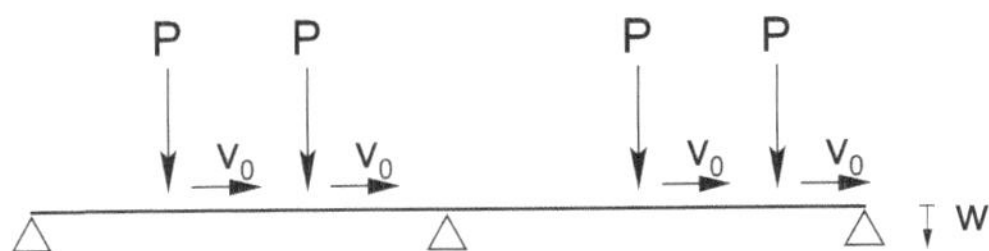

Bild 27-4 Modell 1 – Balken unter Wanderlasten

Die Herleitung der Bewegungsgleichungen für die Balkenverformungen erfolgt mit der Arbeitsgleichung für Wanderlasten an der Stelle $\bar{\delta}(x_j - v_0 t)$. Hier beschreibt v_0 die Zuggeschwindigkeit und das Symbol $\bar{\delta}$ die *Dirac-Funktion* mit

$$\int \bar{\delta}(x_0)\, dx = 1\,.$$

Die Arbeitsgleichung des PvV berücksichtigt die inneren Arbeiten des Balkens sowie die Arbeiten der sich über die Brücke bewegenden Einzellasten:

$$\delta A = \int \{-\rho A \ddot{w} \delta w + M \delta \kappa\}\, dx + \Sigma \int \{\bar{\delta}(x - v_0 t) \cdot P_j\} \delta w_j\, dx$$

$$= \int \{-\rho A \ddot{w} \delta w + M \delta \kappa\}\, dx + \Sigma \{P \delta w\}|_{x_j = v_0 t}\,.$$

Nach Diskretisierung der Arbeitsgleichung mit der Finite–Element–Methode kann die Berechnung der Biegelinie und der Momentenlinie sukzessive für jede Laststellung getrennt erfolgen, da die Bewegung der Last nur bei den Einwirkungen berücksichtigt wird. Hierbei kann der Zeitverlauf analog der Bewegung infolge Stoß nach Abschnitt 8 angesetzt werden. Abschließend kann die Überlagerung der jeweiligen Balkenschwingungen zur Gesamtlösung erfolgen, wenn die Bewegungsgleichungen linear sind.

Modell 2: Brückentragwerk unter wandernder Masse und Last

Bild 27-5 zeigt die Brücke mit vier sich über die Brücke bewegenden Einzelmassen und Einzellasten - entsprechend den Lasten und Massen aus einem Eisenbahnwaggon. Die Geschwindigkeit des Eisenbahnwaggons ist ebenfalls v_0.

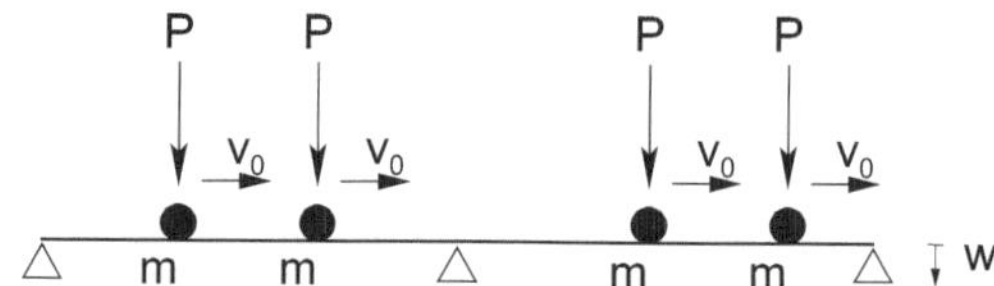

Bild 27-5 Modell 2 – Balken mit wandernden Massen und Lasten

Im Vergleich zu Modell 1 müssen jetzt zusätzlich die virtuellen Arbeiten der Massenträgheiten mit

$$\delta A_m = \frac{d}{dt}\left(m \cdot \frac{dw}{dt}\right) \cdot \delta w = m \ddot{w} \cdot \delta w$$

berücksichtigt werden. Bei bewegten Massen ist die Absolutbeschleunigung anzusetzen. Die Arbeitsgleichung folgt jetzt zu

$$\delta A = \int \{-\rho A \ddot{w} \delta w + M \delta \kappa\} dx + \Sigma \{P \delta w - m(w_{,tt} + 2\, v_0\, w_{,xt} + v_0^2\, w_{,xx}) \delta w\}|_{x_j = v_0 t}\,.$$

Bei der Diskretisierung der Arbeitsgleichung ist zu beachten, dass die Systemmatrizen teilweise unsymmetrisch und mit v_0 veränderlich sind. Eine analytische Lösung der Bewegungsgleichungen ist nicht möglich, sodass numerische Verfahren eingesetzt werden müssen.

Modell 3: Brückentragwerk mit Feder–Dämpfer–Kopplung

Bild 27-6 zeigt die Brücke mit dem sich über die Brücke bewegenden Fahrzeug mit zwei Fahrgestellen, die jeweils als Ein–Masse–Schwinger mit Feder und Dämpfer modelliert sind. Die Bewegung der Masse ist jetzt nicht mehr direkt an die Biegelinie $w(x)$ des Balkens gekoppelt, sondern wird mit unabhängigen Freiheitsgraden z beschrieben.

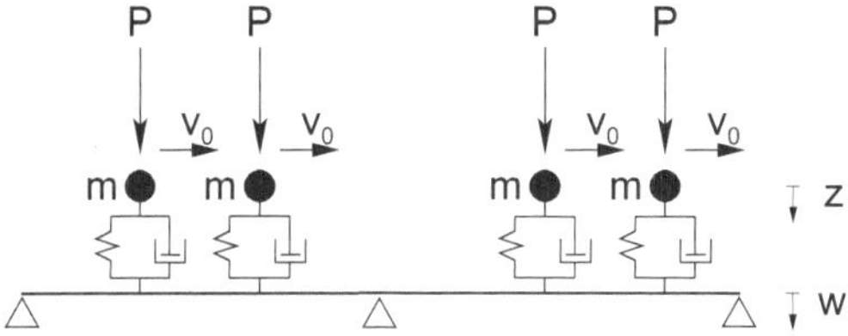

Bild 27-6 Modell 3 – Balken mit Fahrgestellen, rechts Schnittbild

Mit dem D'Alembert'schen Prinzip folgt die Bewegungsgleichung einer Einzelmasse zu

$$m \cdot \ddot{z} + d \cdot (\dot{z} - \dot{w}) + k \cdot (z - w) = P\,.$$

Die Bewegungsgleichung der Einzelmasse gilt für die Stelle x, an der sich die jeweilige Masse befindet, und muss mit der Bewegungsgleichung des Balkens gekoppelt werden. Die Verknüpfung der Bewegung der Einzelmassen mit dem Balken erfolgt mit der Arbeitsgleichung des PvV

$$\delta A = \int \{-\rho A \ddot{w} \delta w + M \delta \kappa\}\, dx\ +$$

$$\Sigma\{(P - m\ddot{z})\delta z - d(\dot{z} - \dot{w})(\delta z - \delta w) - k(z - w)(\delta z - \delta w)\}|_{x_j = v_0 t}\,.$$

Wählt man die Relativverschiebung der Einzelmassen bezüglich des Balkens als unabhängige Weggrößen $u(t)$

$$z = w + u \qquad \text{sowie} \qquad \delta z = \delta w + \delta u\,,$$

vereinfacht sich die Arbeitsgleichung. Einbau der kinematischen Bedingung gibt

$$\delta A = \int \{-\rho A \ddot{w} \delta w + M \delta \kappa\}\, dx\ +$$

$$\Sigma\{[P - m(w_{,tt} + 2\,v_0 w_{,xt} + v_0^2 w_{,xx} + u_{,tt})](\delta w + \delta u) - d u_{,t}\, \delta u - k u\, \delta u\}|_{x_j = v_0 t}\,.$$

Hier sind $\dot{u} = u_{,t}$ sowie $\ddot{u} = u_{,tt}$ berücksichtigt, siehe Abschnitt 27.2. Auch hier ist eine analytische Lösung der Bewegungsgleichungen nicht möglich, sodass numerische Verfahren eingesetzt werden müssen.

Modell 4: Brückentragwerk mit Fahrgestell und Wagenkasten

Bild 27-7 zeigt Modell 4 des ICE-Waggons, bei dem die Radmassen m_r, die Massen der Fahrgestelle m_{fg} und die Masse der abgesetzten Wagenkasten m_{wk} mit Feder–Dämpfer–Systemen verknüpft sind.

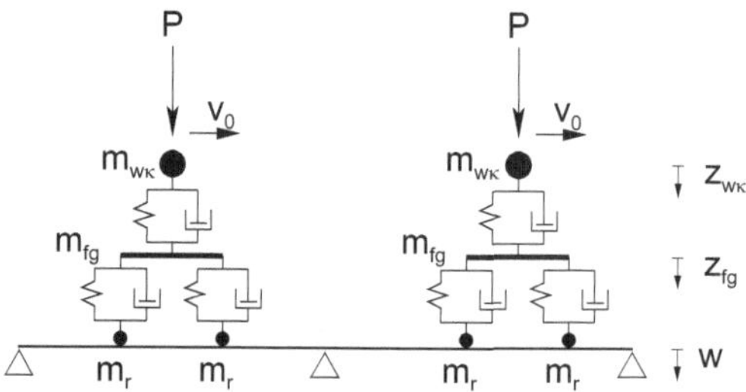

Bild 27-7 Modell 4 – Balken mit Radmassen, Fahrgestellen und Wagenkasten

Die Arbeitsgleichung folgt entsprechend zu

$$\delta A = \int \{-\rho A \ddot{w} \delta w + M \delta \kappa\}\, dx$$

$$+ \Sigma\{(P - m_{wk}\ddot{z}_{wk})\delta z_{wk} - [d_{wk}(\dot{z}_{wk} - \dot{z}_{fg}) + k_{wk}(z_{wk} - z_{fg})](\delta z_{wk} - \delta z_{fg})\}|_{x_j = v_0 t}$$

$$- \Sigma\{m_{fg}\ddot{z}_{fg}\delta z_{fg} + d_{fg}(\dot{z}_{fg} - \dot{w})(\delta z_{fg} - \delta w) + k_{dg}(z_{fg} - w)(\delta z_{fg} - \delta w)\}|_{x_j = v_0 t}$$

$$- \Sigma\{m_r \ddot{w} \delta w\}|_{x_j = v_0 t}\,.$$

In Analogie zu Modell 3 können die kinematischen Bedingungen

$$z_{fg} = w + u_{fg} \qquad \text{und} \qquad z_{kw} = z_{fg} + u_{kw}$$

berücksichtigt werden, um die Arbeitsgleichung zu vereinfachen.

$$\delta A = \int \{-\rho A \ddot{w} \delta w + M \delta \kappa\}\, dx$$

$$+ \Sigma\{[P - m_{wk}(\ddot{w} + \ddot{u}_{fg} + \ddot{u}_{wk})](\delta w + \delta u_{fg} + \delta u_{wk})$$

$$- (d_{wk}\dot{u}_{wk} + k_{wk}u_{wk})\delta u_{wk}\}|_{x_j = v_0 t}$$

$$- \Sigma\{m_{fg}(\ddot{w} + \ddot{u}_{fg})(\delta w + \delta u_{fg}) + (d_{fg}\dot{u}_{fg} + k_{dg}u_{fg})\delta u_{fg}\}|_{x_j = v_0 t}$$

$$- \Sigma\{m_r \ddot{w} \delta w\}|_{x_j = v_0 t}\,.$$

Auch hier kann man die Zeitableitungen $\dot{w}$, $\ddot{w}$ sowie $\dot{u}$, $\ddot{u}$ entsprechend Abschnitt 27.2 einsetzen. Eine analytische Lösung der Bewegungsgleichungen ist nicht möglich, sodass numerische Verfahren eingesetzt werden müssen.

27.4 Lösungsverfahren

Die analytische Lösung der Bewegungsgleichungen für die Modelle nach Abschnitt 27.3 ist in der Regel nicht möglich, wenn Lasten und Massen zeitveränderlich auf den Durchlaufträger wirken. Moderne Lösungsansätze verwenden daher numerische Zeitintegrationsverfahren, die die Bewegungsgleichungen zwar nur näherungsweise lösen, aber mit Hilfe des Computers zu beliebig genauen Zeitverläufen führen.

Grundidee der numerischen Verfahren ist es, die Bewegungsgleichungen stückweise von einem Zeitpunkt t_n zu einem neuen Zeitpunkt t_{n+1} zu integrieren und in dem Zeitintervall Δt eine Näherung für die Zeitableitungen zu wählen – im Sinne des Differenzenverfahrens mit $\dot{w} = (w_{n+1} - w_n)/\Delta t$ oder ähnlicher Ansätze. Die schrittweise Berechnung der Weggrößen am neuen Zeitpunkt t_{n+1} kann dann erfolgen, wenn die Weggrößen zum Zeitpunkt t_n am Anfang des Zeitintervalls bekannt sind. Nachfolgend wird das *Newmark–Verfahren* verwendet, da es sich für die Schwingungsanalyse elastischer Tragwerke als effizient herausgestellt hat, siehe Abschnitt 29.6.

27.5 Schwingungsverhalten einer Zweifeld–Eisenbahnbrücke

Das charakteristische Schwingungsverhalten von Brücken und die Ursachen für das Auftreten von Resonanz bei Zugüberfahrten wird nachfolgend am Beispiel einer Zweifeldbrücke auf der Strecke Hamburg–Berlin untersucht. Die hier vorliegende Brücke ist als Walzträger–in–Beton (WiB–Bauweise) entsprechend Bild 27-8 ausgeführt.

Bild 27-8 Brückenquerschnitt als Walzträger in Beton (WIB)

Die Spannweiten der Brückenfelder betragen $10{,}65\,m$. Da das Brückenbauwerk auf zweigleisiger Strecke mit einer Trennfuge ausgeführt ist, liegt keine Torsionsbeanspruchung vor. Die Biegesteifigkeit des Brückenquerschnitts beträgt $EI = 4104\,MNm^2$, die Massebelegung $\rho A = 14{,}16\,t/m$. Die Dämpfung der Brücke ist als Rayleigh–Dämpfung mit $\mathbf{D} = 9{,}2 \cdot 10^{-4}\,\mathbf{K}$ angesetzt, was einem Dämpfungsgrad $\vartheta = 2{,}155\,\%$ proportional zur ersten Eigenkreisfrequenz entspricht.

Die Untersuchung des Schwingungsverhaltens der Brücke erfolgt zunächst mit einem Balkenmodell mit Bernoulli–Hypothese sowie Modell 1 für die Zugüberfahrt, siehe Bild 27-9. Konvergenzuntersuchungen für Finite–Element–Diskretisierungen mit bis zu 426 Elementen zeigen, dass das räumliche Schwingungsverhalten hinreichend genau mit 144 Elementen beschreibbar ist. Die Eigenfrequenzanalyse für den unbelasteten Balken gibt:

$$f_1 = 7{,}456\,Hz\,, \qquad f_2 = 11{,}647\,Hz\,, \qquad f_3 = 29{,}823\,Hz\,.$$

Die numerische Lösung der Bewegungsgleichung bei Zugüberfahrt konvergiert mit dem Newmark–Verfahren nach Abschnitt 29.7 für Zeitschritte, bei denen der Zug in ca. 10 Zeitschritten über ein finites Element fährt.

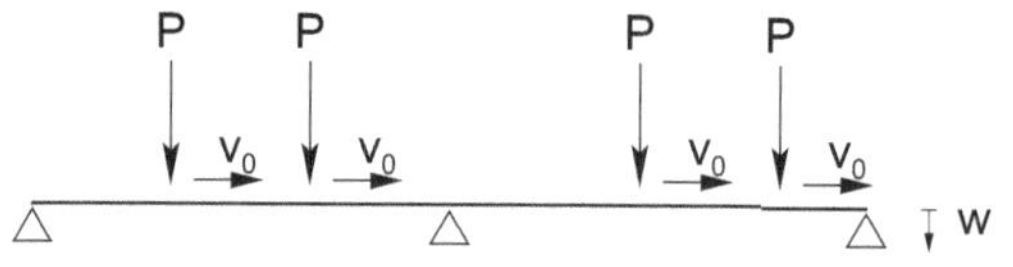

$$\ell = 10{,}65\,m\,, \quad EI = 4104\,MN/m^2\,, \quad \rho A = 14{,}16\,t/m\,, \quad \vartheta = 2{,}155\%$$

Bild 27-9 Modell 1 - Balken unter Wanderlasten, Achslast ca. 16 t

Bei Überfahrt des *ICE 3* beträgt die Wegstrecke einer Achse $\ell_A = 2 \cdot 10{,}65 = 21{,}30\,m$. Die gesamte Wegstrecke von der ersten Achse, die auf die Brücke fährt, bis zur letzten Achse beträgt $\ell_{ges} = 393{,}70 + 21{,}30 = 415{,}00\,m$. Dies ergibt die Überfahrtsdauer über die Zweifeldbrücke nach Tabelle 27.1.

Tabelle 27.1 Dauer der Überfahrt über die Zweifeldbrücke

Zuggeschwindigkeit	eine Achse	gesamter Zug
56,7 km/h = 16 m/s	$t_A = 21{,}3\,/\,16 = 1{,}33$ s	$t_Z = 415\,/\,16 = 25{,}94$ s
220 km/h = 61 m/s	$t_A = 21{,}3\,/\,61 = 0{,}35$ s	$t_Z = 415\,/\,61 = 6{,}80$ s

Die Brückenschwingung ist von der ersten Eigenschwingungsform der unbelasteten Brücke dominiert, siehe Bild 27-10. An der schwachen Unsymmetrie der Biegelinie ist der Einfluß der unsymmetrisch angeordneten Achslasten erkennbar. Zudem kennzeichnen die Knicke im Momentenverlauf die Position der Achsen im betrachteten Zeitpunkt. Bei der Ermittlung der Gesamtzustandsgrößen sind die Durchbiegungen und Biegemomente aus Eigengewicht zusätzlich zu berücksichtigen.

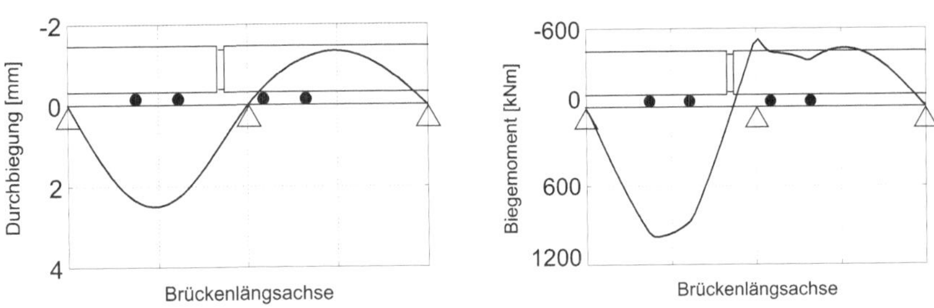

Bild 27-10 Biegelinie und Momentenlinie bei ICE 3–Überfahrt zur Zeit t = 3,8 s

Bild 27-11 zeigt den Zeitverlauf der Mittendurchbiegung des linken Feldes für eine Überfahrt mit einer Geschwindigkeit von $v_0 = 220\,km/h$. Hiermit wird die Brücke für die Dauer der Überfahrt zu einer Schwingung angeregt, deren Frequenzspektrum mit der Zuggeschwindigkeit und der Achsfolge festgelegt ist. Nach Ende der Überfahrt bei ca. 6,8 s schwingt die Brücke um ihre Ruhelage.

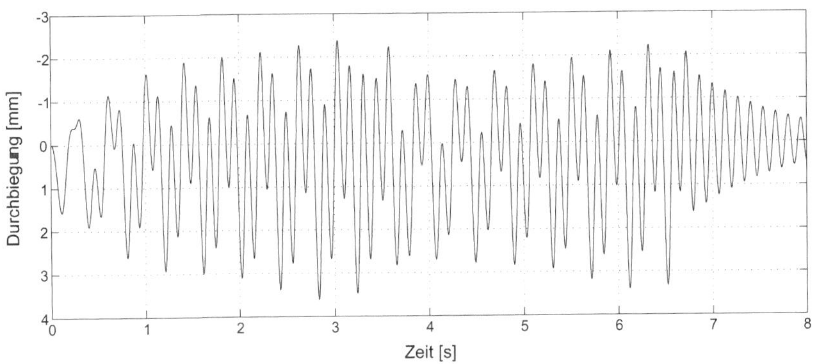

Bild 27-11 Mittendurchbiegung des linken Feldes bei v = 220 km/h

Die Spektren der Schwingungsantwort bei Zugüberfahrt zeigen mehrere Resonanzfrequenzen, die ganzzahlige Vielfache einer Grundfrequenz sind. Die Grundfrequenz f_0 ist mit dem Quotienten von Geschwindigkeit und Wagenlänge festgelegt. Die Wagenlänge wird als Länge über Puffer $\ell^{\ddot{u}p} = 24{,}775\,m$ bezeichnet.

$$f_n = n \cdot \frac{v_0}{\ell^{\ddot{u}p}} = n \cdot 2{,}46\left[\frac{1}{s}\right] \qquad \text{mit} \quad n = 1,2,3,\ldots \qquad (27.4)$$

In Bild 27-12 sind die Antwortspektren der Durchbiegung und der Beschleunigung für ICE 3–Überfahrten mit $v_0 = 220\,km/h$ dargestellt. Die Spektren der

Beschleunigung zeigen, dass die Oberschwingungen für $n > 10$ vernachlässigbar sind. Dagegen facht der Erregeranteil mit $f_3 = 7{,}38\,[1/s]$ die Brücke zu einer Schwingung in der ersten Eigenfrequenz $f_1 = 7{,}456\,Hz$ an. Die Anregung im Resonanzbereich führt im Vergleich mit kleinen Fahrgeschwindigkeiten zu 10–fach höheren Absolutbeschleunigungen.

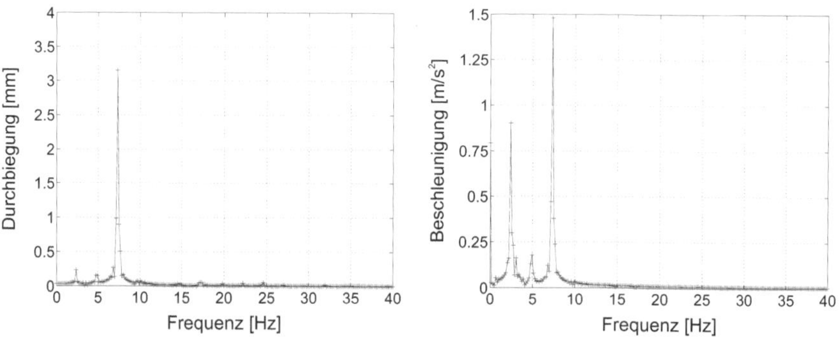

Bild 27-12 Antwortspektren für ICE 3–Überfahrt mit $v_0 = 220\,km/h$

27.6 Resonanznachweis nach DS 804

Generell erfolgt die Bemessung von Eisenbahnbrücken nach DS 804 [62] für quasi–statische Lasten der einzelnen Betriebslastenzüge oder für das Lastbild nach UIC 71, das die Einhüllende aller Betriebslastenzüge darstellt. Die Bemessungsgrößen für Betriebslastenzüge werden mit dem Schwingfaktor φ' vergrößert, um den Einfluß der dynamischen Erregung zu erfassen. Der Faktor φ'' berücksichtigt zusätzlich Gleislagefehler. Bei einer Bemessung mit dem Lastbild nach UIC 71 sind beide Einflüsse mit dem Schwingfaktor ϕ erfaßt.

Die bei der Zugüberfahrt periodisch auf die Brücke fahrenden Achslasten können Schwingungen im Resonanzbereich anregen, die durch die Schwingfaktoren noch nicht berücksichtigt sind. Beobachtungen an Brückenbauwerken in Schnellfahrtstrecken zeigen, dass insbesondere kurze Brücken bei der Überfahrt von Hochgeschwindigkeitszügen mit Geschwindigkeiten über 200 km/h resonanzgefährdet sind.

Der Sachverständigenausschuss ERRI D214 hat daher den *Leitfaden für die dynamische Untersuchung* [63] erarbeitet, der als Ergänzung zur DS 804 [62] in die deutschen Normen aufgenommen ist. Inzwischen ist der Leitfaden überarbeitet und soll in die neuen DIN-Fachberichte übernommen werden. Europaweit geht der Leitfaden in den Eurocode ENV 1991–3 [57] ein.

Resonanzuntersuchung für die Modelle nach Abschnitt 27.3

Die kritischen Geschwindigkeiten, die eine Anregung im Resonanzbereich zur Folge haben, lassen sich mit den Eigenfrequenzen der Brücke entsprechend Abschnitt 27.5 ermitteln. In Tabelle 27.2 sind die Resonanzgeschwindigkeiten für die erste und die zweite Eigenfrequenz der Brücke für Oberschwingungen bis $n = 4$ bei ICE 3–Überfahrt mit $\ell^{\ddot{u}p} = 24{,}775m$ angegeben.

Tabelle 27.2 Resonanzgeschwindigkeit $v_0[km/h]$ für Modell 1

n	$f_1 = 7{,}46$ Hz	$f_2 = 11{,}65$ Hz
1	665,0	1038,8
2	332,5	519,4
3	221,7	346,3
4	166,3	259,7

In Tabelle 27.3 sind die Parameter für den Radsatz, die Drehgestell- und Wagenkastenlagerung sowie die Massen angegeben, die für das Modell 4 mit bewegten Mehr–Körper–Systemen angesetzt sind. Für das Modell 3 mit Feder–Dämpfer–Kopplung sind eine Federsteifigkeit von $250\,kN/m$ und eine Dämpfung von $5\,kNs/m$ angesetzt.

Tabelle 27.3 Parameter für Radsatz–Drehgestell–Wagenkasten–System

Fahrgestell	Steifigkeit	1000,0 kN/m
	Dämpfung	10,0 kNs/m
Wagenkastenlagerung	Steifigkeit	300,0 kN/m
	Dämpfung	20,0 kNs/m
Massen	Radsatz	1,5 t
	Drehgestell	3,5 t
	Wagenkasten	46,4 - 56,8 t

Die Untersuchung der Resonanzerscheinungen bei Zugüberfahrt erfordert nach [63] Zeitbereichsanalysen für Zuggeschwindigkeiten bis zur 1,2–fachen Streckenhöchstgeschwindigkeit. Für die Bemessung sind die maximalen und minimalen

Amplituden der Zustandsgrößen maßgebend. Die Bestimmung der Resonanzgeschwindigkeiten für die Modelle nach Abschnitt 27.3 erfolgt numerisch, wobei die Extremalamplituden der Verschiebungen und Beschleunigungen der Zeitverlaufsberechnungen in Abhängigkeit von der Zuggeschwindigkeit verglichen werden, siehe Bild 27-13.

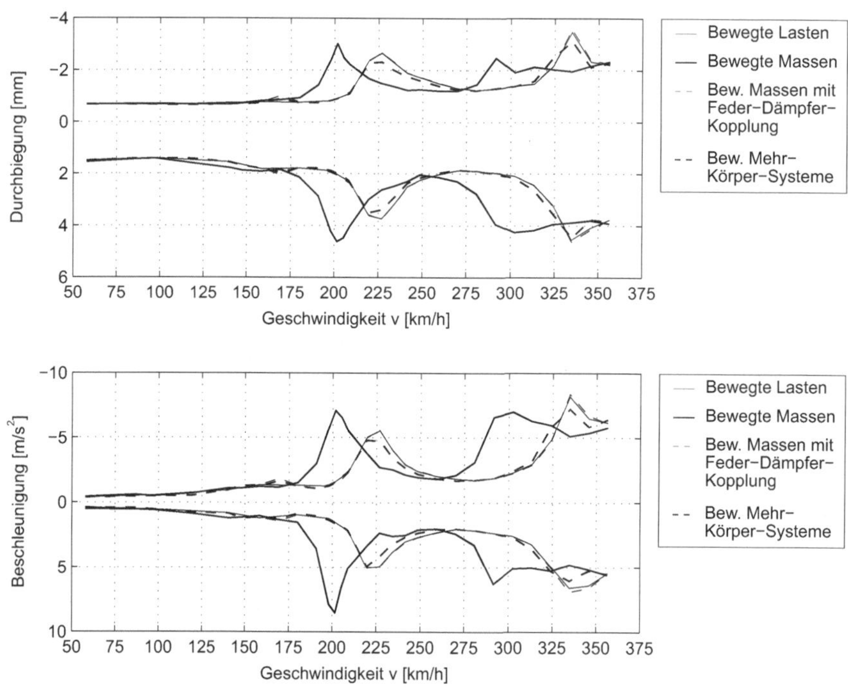

Bild 27-13 max. und min. Durchbiegungen und Beschleunigungen für vier Modelle

Modell 1 besitzt keine zusätzliche Zugmasse, sodass die Resonanzgeschwindigkeiten allein von den Balkeneigenschaften und der Erregerfrequenz infolge Zugüberfahrt abhängen. Die Resonanzgeschwindigkeiten liegen daher in guter Übereinstimmung mit den Werten nach Tabelle 27.2. Bei kleinen Geschwindigkeiten sind nur marginale Durchbiegungen und Beschleunigungen vorhanden. Die Grenzwerte der zulässigen Beschleunigungen von 5 m/s^2 für einen Gleisaufbau mit fester Fahrbahn sind bei einer Geschwindigkeit von ca. 225 km/h nahezu ohne Vorankündigung erreicht und bei v = 330 km/h bei weitem überschritten.

Bei Berücksichtigung der Zugmasse nach Modell 2 und direkter Kopplung an den Balken vergrößert sich die schwingende Massse, sodass die Eigenfrequenzen und damit auch die Resonanzgeschwindigkeiten absinken. Resonanz tritt daher bereits bei Zuggeschwindigkeiten von $v = 200$ km/h und $v = 300$ km/h auf, wobei die Schwingungsamplituden nahezu unverändert sind.

Mit Modell 3 wird die Zugmasse mit einem Feder–Dämpfer–System an den Balken gekoppelt. Je nach Steifigkeit und Viskosität ist die Kopplung schwach oder stark. Entsprechend schwach bzw. stark sind die Resonanzerscheinungen. Bei schwacher Kopplung entspricht das Verhalten dem nach Modell 1, weil sich die Zugmasse nahezu unabhängig vom Balken bewegt. Bei starker Kopplung nähert sich die Systemantwort dem Verhalten von Modell 2 mit direkter Kopplung an.

Das noch genauere Modell 4, das den Zug über Mehrkörpersysteme erfaßt, führt auf Resonanzgeschwindigkeiten, die mit Modell 2 vergleichbar sind, wenn die Kopplung entsprechend stark ist. Die Beschleunigungsamplituden sind höher als bei Modell 3, liegen aber unter den zulässigen Grenzwerten.

28 Menschen–induzierte Schwingungen von Brücken

Zusätzlich zu den planmäßigen zeitkonstanten Einwirkungen aus der Nutzung eines Bauwerks sowie aus Wind und Erdbeben werden Bauwerke auch durch Menschen zum Schwingen angeregt. In der Vergangenheit haben von Menschen induzierte Schwingungen verschiedener Fußgängerbrücken besondere Aufmerksamkeit erhalten, da einzelne Brücken für den Verkehr gesperrt werden mussten und erhebliche Sanierungsarbeiten erforderlich waren. Bekannte Beispiele hierfür sind die *Millennium Bridge* in London, siehe *Dallard et al.* [15], sowie die *Passarelle Solferino* in Paris.

Bild 28-1 *Millennium–Bridge*

Die Ursachen für die von Menschen induzierten Schwingungen von Fußgängerbrücken sind zum Einen in der leichten Bauweise begründet und zum Anderen in den Schrittfrequenzen von Personen, wenn sie im Bereich der unteren Eigenfrequenzen derartiger Brücken liegen. Im Wesentlichen können zwei Phänomene auftreten.

Resonanz liegt vor, wenn die Bewegung einer Person oder einer Personengruppe auf einem Bauwerk mit der Eigenfrequenz des Bauwerks erfolgt. Ein Beispiel hierfür ist das Überqueren einer Brücke von einer im Gleichtakt marschierenden Kolonne, was in Deutschland nach Straßenverkehrsordnung verboten ist. Andere Beispiele hierfür sind das Springen oder Hüpfen einer Personengruppe auf einer Zuschauertribühne oder rythmische Bewegungen in einer Sporthalle oder einem Tanzlokal.

Unabhängig von der Resonanz können aber auch parametererregte bzw. selbsterregte Schwingungen auftreten, wenn eine Personengruppe ihre eigene Bewegung auf die Bewegung des Bauwerks abstimmt und in der Folge Bauwerk und Personengruppe unplanmäßig als gemeinsames System wirken. Dies bewirkt, dass das System *Brücke–Personengruppe* als ein gemeinsames System neue Eigenschaften entwickelt, das analog zu den Phänomenen in der Aeroelastizität zur Instabilität führen kann – hier allerdings mit begrenzten Amplituden.

© Springer Fachmedien Wiesbaden GmbH, ein Teil von Springer Nature 2020
D. Dinkler, *Einführung in die Strukturdynamik*,
https://doi.org/10.1007/978-3-658-31845-1_28

Die Modellbildung und die Beschreibung der von einer Person bzw. einer Personengruppe auf eine Brücke einwirkenden Kräfte ist sehr komplex. Erste systematische Untersuchungen werden von *Harper* [23] veröffentlicht. *Petersen* [37] berichtet über Schrittfrequenzen und Schrittlängen, die er mit einer Personengruppe für unterschiedliche Schrittgeschwindigkeiten gemessen hat. *Levine, Richards, Whittle* [26] untersuchen den Bewegungsablauf von Menschen aus Sicht von Physiologen und geben entsprechende Daten für unterschiedliche Altersgruppen an. Eine Einführung und Darstellung der Phänomenologie sowie eine Übersicht auf die Bemessungsvorschriften geben u. a. *Butz / Distl* [9], *Petersen / Werkle* [37, 38] und *Bachmann / Ammann* [2]. Daneben ist eine große Zahl von wissenschaftlichen Artikeln zum Thema erschienen, die hier nicht referiert werden können, siehe hierzu den Übersichtsartikel von *Younis et al.* [53].

Für die Bemessung von Tragwerken, die durch die Bewegung von Personen zum Schwingungen angeregt werden, sind daher neben den üblichen Sicherheitsnachweisen folgende Phänomene zu beachten:

- Für die Gebrauchstauglichkeit ist wesentlich, dass der individuelle *Komfort* der Personen von den Schwingungen des Tragwerks nicht beeinträchtigt wird. Dies bedeutet, dass die Beschleunigungen und die Amplituden der Schwingung klein bleiben sollten.
- Die beim *Lock-in* entstehenden parametererregten Schwingungen des Systems *Tragwerk–Personengruppe* können zu einer erheblichen Verstärkung der Bemessungswerte führen, die zudem die Dauerfestigkeit beeinflussen.

Die Akzeptanz der Schwingungsamplituden bei vertikalen Schwingungen wurde experimentell mehrfach untersucht und in Empfehlungen für die Bemessung von Fußgängerbrücken eingearbeitet. Bild 28-2–links skizziert den von *Wheeler* erarbeiteten Vorschlag, der zahlreiche Brücken unterschiedlicher Baustoffe berücksichtigt. Im rechten Bild sind die Akzeptanzgrenzen für die vertikalen und horizontalen Beschleunigungen nach *HIVOSS–Leitfaden* skizziert.

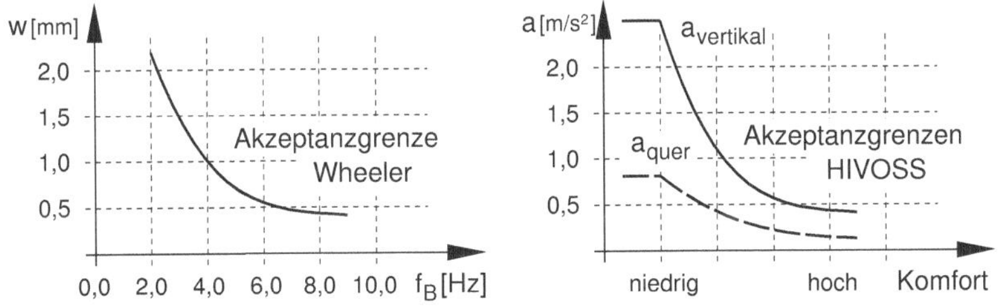

Bild 28-2 Akzeptanz vertikaler Schwingungsamplituden und Beschleunigungen

28.1 Schrittfrequenz und Personenlast

Der beim Gehen vorhandene Bewegungsablauf einer Person besteht im Wesentlichen aus drei Phasen:

- In der Kontaktphase berührt der Fuß den Boden,
- in der folgenden Stützphase schiebt der hintere Fuß den Körper nach vorne, wobei der vordere Fuß auf dem Boden steht, und
- im Nachgang schwingt das hintere Bein nach vorn, wobei der Fuß des Stützbeins auf dem Boden abrollt.

Während des Gehens besteht ein kontinuierlicher Kontakt mit dem Boden. Im Unterschied zum Gehen ist beim Laufen eine zusätzliche Flugphase vorhanden. Die während der Bewegung von einer Person auf den Boden übertragenden Kräfte wirken in alle drei Raumrichtungen, siehe Bild 28-3. Infolge des Gewichtes sowie des Impulses beim Auftreten und beim Abstoßen wirken vertikale Kräfte. Beim Abstoßen des hinteren Fußes entstehen Kräfte in Bewegungsrichtung, die den Körper beschleunigen, und beim Aufsetzen des vorderen Fußes entsprechende Bremskräfte. In lateraler Richtung entstehen weitere in der Regel jedoch kleinere Kräfte, die abwechselnd nach rechts und links wirken und die Vorwärtsbewegung lediglich korrigieren.

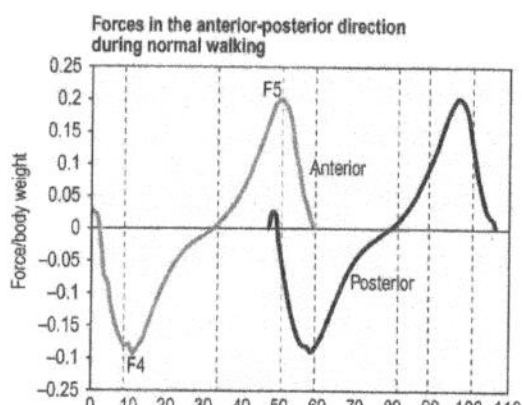

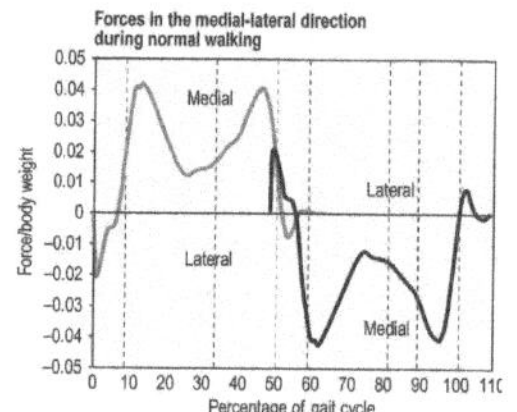

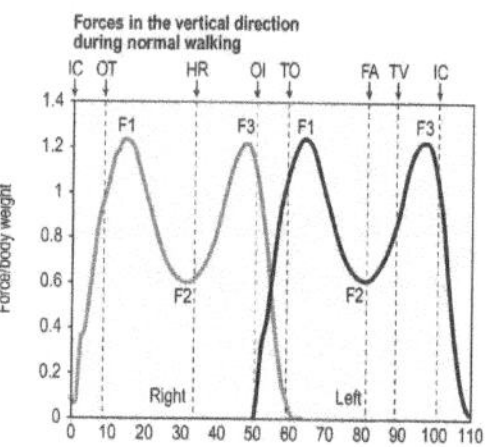

Bild 28-3 Kontaktkräfte beim langsamen Gehen nach Levine et al. [26]

Die für die Bewegung charakteristischen Schrittfrequenzen, Schrittlängen und Geschwindigkeiten von Personen sind individuell stark unterschiedlich und hängen vom Gewicht, der Körpergröße, der Konstitution, dem Alter und weiteren Einflussgrößen ab. In Bild 28-4 sind die von *Wheeler* gemessenen Kontaktkräfte angegeben, die verdeutlichen, dass die auf den Boden wirkenden Kontaktkräfte auch wesentlich von der Bewegungsform bestimmt sind.

Die in Tabelle 28.1 exemplarisch angegebenen Mittelwerte nach *Bachmann / Ammann* [2] und *Wheeler* [51] verdeutlichen die Größenordnung der Parameter. Die Schrittfrequenz f_S und die Schrittlänge $l_S = v_S/f_S$ sind für den

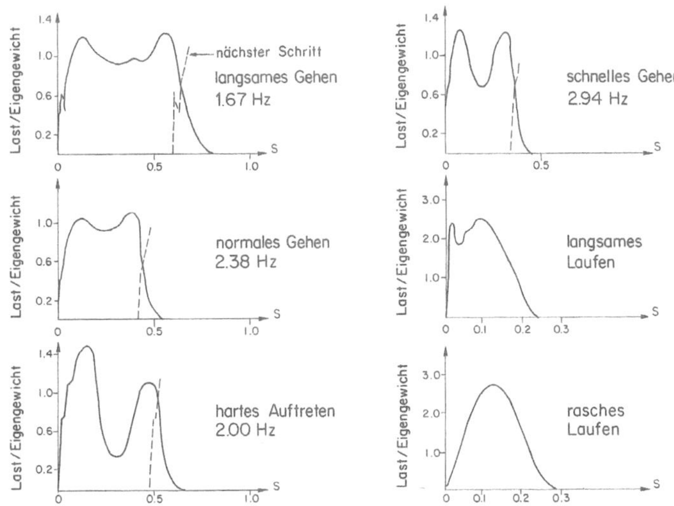

Bild 28-4 Kontaktkräfte nach *Bachmann/Ammann* [2] und Wheeler [51]

Einzelschritt angegeben. *Petersen / Werkle* [38], *Butz / Distl* [9] u. a. geben geringfügig abweichende Werte an. *Levine / Richards / Whittle* [26] beschreiben auch den Einfluss von Alter und Geschlecht. Aufgrund der in der Realität großen Streuungen sollte bei Fußgängerbrücken das Frequenzband $f_{S,z} = 1{,}25\,Hz - 4{,}5\,Hz$ der vertikalen Bewegung und $f_{S,y} = 0{,}5\,Hz - 1{,}5\,Hz$ in Querrichtung vermieden werden, vergleiche hierzu den *HIVOSS–Leitfaden* [64].

Tabelle 28.1 Schrittfrequenz f_S, Geschwindigkeit v_S und Schrittlänge l_S von Einzelpersonen nach *Bachmann/Ammann* [2] und *Wheeler* [51]

	f_S [Hz]	v_S [m/s]	l_S [m]
langsames Gehen	1,7	1,1	0,60
normales Gehen	2,0	1,5	0,75
schnelles Gehen	2,3	2,2	1,00
Normales Laufen (Joggen)	2,5	3,3	1,30
Rasches Laufen	>3,2	5,5	1,75

Bewegen sich mehrere Personen in einer Gruppe, so tendieren die Personen dazu, sich im Takt mit gleicher Schrittfrequenz zu bewegen. Das Phänomen hängt vom jeweiligen Abstand der Personen ab. Ist der Abstand zwischen den Personen einer Gruppe groß, bewegen sich die einzelnen Personen unabhängig voneinander, sodass die Belastung der Brücke infolge Personen zufällig verteilt ist. Wenn der Abstand geringer wird, synchronisieren die Personen ihre Bewegung, sodass sich aus einer völlig unregelmäßigen Anregung eine mit der gemeinsamen Schrittfrequenz periodische Anregung entwickelt und die Personengruppe als Ganzes wirkt.

Tabelle 28.2 gibt Mittelwerte von Schrittfrequenzen f_S und Geschwindigkeit v_S in Abhängigkeit der Personendichte d_P an. Die Werte sind nach dem *HIVOSS–Leitfaden* [64] klassifiziert. Die mithilfe numerischer Modelle und einer Monte–Carlo Simulation erzeugten Werte für die Schrittfrequenz und die Schrittgeschwindigkeit sind in der Arbeit von *Butz / Distl* [9] dokumentiert.

Tabelle 28.2 Klassifizierung der Personendichte nach *HIVOSS–Leitfaden* [64]

Verkehrsklasse	$d_p \ [P/m^2]$	$f_s \ [1/s]$	$v_s \ [m/s]$
TC1 – sehr schwacher Verkehr	0,1	1,8	1,44
TC2 – schwacher Verkehr	0,2	1,8	1,44
TC3 – dichter Verkehr	0,5	1,8	1,30
TC4 – sehr dichter Verkehr	1,0	1,6	1,0
TC5 – außergewöhnlich dichter Verkehr	1,5	1,4	0,8

Wenn die gemeinsame Schrittfrequenz der Personengruppe in der Nähe einer Eigenfrequenz der Brücke liegt, kann es infolge Resonanz zu anwachsenden Schwingungsamplituden der Brücke kommen. Sobald die Beschleunigungen eine individuell unterschiedliche Komfortgrenze erreichen, bleiben die Personen jedoch in der Regel stehen, sodass die Brücke zur Ruhe kommt.

Unabhängig vom Resonanzphänomen kann sich ein Selbsterregungsmechanismus des Systems *Brücke–Personengruppe* einstellen, wenn die Personengruppe ihr eigenes Verhalten an die Schwingung der Brücke anpasst. Zum einen versuchen die Personen bei der Vorwärtsbewegung intuitiv ihre Lateralbeschleunigungen klein zu halten und zum anderen passen sie ihre Schrittfrequenz an die Bewegung des Bauwerks an, um die Beanspruchung der Beine und Füße zu verringern. In der Folge synchronisiert sich die Bewegung der Personengruppe mit der Bewegung der Brücke zu einer gemeinsamen Bewegung. Dieses Phänomen bezeichnet man als *Lock–in*. Nach dem *Lock–in* führt die Bewegung der Personengruppe dem Bauwerk kontinuierlich Energie zu, die ein Anwachsen der Schwingungsamplituden bewirkt.

28.2 Vereinfachendes Last–Modell

Die von einer einzelnen Person auf eine Brücke übertragenden Kräfte können mit experimentell ermittelten Daten als Fourier–Reihen mit der Schrittfrequenz f_S entwickelt werden, vergleiche Bild 28-3. Wenn die Kräfte auf das Gewicht G der Person normiert sind und die Fourier–Koeffizienten mit k_{sn} bezeichnet sind, folgt die Fourier–Reihe

- für das Abbremsen und Beschleunigen in Längsrichtung

$$F_x(t) = G \cdot \{k_{x,0} + \Sigma_n k_{x,sn} \sin(n \cdot 2\,\pi f_S t - \varphi_{x,n})\},$$

- für die Kräfte in lateraler Richtung mit halber Schrittfrequenz $f_S/2$

$$F_y(t) = G \cdot \{k_{y,0} + \Sigma_n k_{y,sn} \sin(n \cdot \pi f_S t - \varphi_{y,n})\}$$

- und für das vertikale Auftreten und das Abstoßen

$$F_z(t) = G \cdot \{k_{z,0} + \Sigma_n k_{z,sn} \sin(n \cdot 2\,\pi f_S t - \varphi_{z,n})\},$$

Die Phasenwinkel φ_n haben in der Regel eine untergeordnete Bedeutung, da bei einer Bemessung aufgrund der Unschärfe der Annahmen für die Kräfte immer die Extremwerte angesetzt werden sollten. Die Fourier–Koeffizienten $k_{z,n}$ und die Phasenwinkel $\varphi_{z,n}$ sind für den Fall *Gehen* in Tabelle 28.3 und Tabelle 28.4 sowie für den Lastfall *Laufen* in Tabelle 28.5 nach *Bachmann/Ammann* [2, 3], *ISO 10137* [65] und *Seiler / Hüttner* [45] zusammengefasst.

Tabelle 28.3 Lf Gehen: Fourier–Koeffizienten $k_{z,n}$ und Phase $\varphi_{z,n}$ für $F_z(t)$

	Bachmann/Ammann [2]	*Seiler/Hüttner* [45]	*ISO 10137* [65]
Bereich	$2{,}0\,Hz \leq f_S \leq 2{,}4\,Hz$		$1{,}2\,Hz \leq f_S \leq 2{,}4\,Hz$
$k_{z,0}$	$1{,}0$	$1{,}0$	$1{,}0$
$k_{z,1}$	$0{,}25 \cdot f_S - 0{,}1$	$0{,}4$	$0{,}37 \cdot (f_S - 1{,}0)$
$k_{z,2}$	$0{,}1$	$0{,}15$	$0{,}1$
$k_{z,3}$	$0{,}1$	$0{,}10$	$0{,}06$
$k_{z,4}$	$0{,}0$	$0{,}05$	$0{,}06$
$\varphi_{z,1}$	$0{,}0$	$\pi/2$	$0{,}0$
$\varphi_{z,2}$	$\pi/2$	$5\pi/6$	$0{,}0$
$\varphi_{z,3}$	$\pi/2$	$\pi/2$	$0{,}0$
$\varphi_{z,4}$	$0{,}0$	$5\pi/6$	$0{,}0$

Tabelle 28.4 Lf Gehen: Fourier–Koeffizienten $k_{z,n}$ für die Kräfte $F_x(t), F_y(t)$ nach *Bachmann* [3]

	längs: $F_x(t)$	quer: $F_y(t)$
Bereich	$2{,}0\,Hz \leq f_S \leq 3{,}0\,Hz$	$2{,}0\,Hz \leq f_S \leq 4{,}0\,Hz$
$k_{z,0}$	0,0	0,0
$k_{z,1}$	0,0(1,0)	0,1
$k_{z,2}$	0,2	0,0
$k_{z,3}$	0,0	0,1
$k_{z,4}$	0,1	0,0
$\varphi_{z,1}$	0,0	$\pi/4$
$\varphi_{z,2}$	$\pi/8$	0,0
$\varphi_{z,3}$	0,0	$-\pi/8$
$\varphi_{z,4}$	$-\pi/4$	0,0

Die beim Lastfall *Laufen* im Vergleich zum Lastfall *Gehen* großen Fourier–Koeffizienten $k_{z,1}, k_{z,2}, k_{z,3}$ der höheren Harmonischen deuten darauf hin, dass der Lastfall *Laufen* mit einer Flugphase ohne Bodenkontakt sowie einem Abstoßen und einem Landestoß gekennzeichnet ist. Die Unterschiede verdeutlichen die großen Streuungen in den gemessenen Daten, die von der jeweils betrachteten Personengruppe abhängen.

Tabelle 28.5 Lf Laufen: Fourier–Koeffizienten $k_{z,n}$ für $F_z(t)$

	Bachmann [3]	*Seiler/Hüttner* [45]	*ISO 10137* [65]
Bereich	$2{,}0\,Hz \leq f_S \leq 3{,}0\,Hz$		$2{,}0\,Hz \leq f_S \leq 4{,}0\,Hz$
$k_{z,0}$	1,0	1,0	1,0
$k_{z,1}$	1,6	1,38	1,4
$k_{z,2}$	0,7	0,31	0,4
$k_{z,3}$	0,2	-0,10	0,1

Der Lastfall *Laufen* wird oft mit einem *Halbsinus–Modell* nach Bild 28-5 vereinfachend beschrieben, das auch von *Bachmann/Ammann* [2] und *Wheeler* [51] empfohlen wird. Nach in–situ Messungen von *Wheeler* hängt die maximale Last von der Schrittfrequenz und der Kontaktphase ab. *Bachmann/Ammann* ermitteln einen Stoßfaktor k_z, mit dem die Maximallast während der Kontaktphase t_K beschrieben wird. Wenn $t_S = 1/f_s$ die Einzelschrittperiode bezeichnet, gilt

$$F_z(t) = G \cdot k_z \cdot \sin \frac{\pi}{t_K} t, \qquad 0 < t < t_K < t_S \,.$$

Der Stoßfaktor wird mit der vereinfachenden Bedingung bestimmt, dass das Integral der Halbsinus–Last dem Integral des Gewichtes über die Periode t_K entspricht. Mit

$$\int_{t_K} F_z(t)\, dt = G \cdot t_S \qquad \text{folgt} \qquad k_z = \pi\, t_S / 2\, t_K \,.$$

Aufgrund der starken Vereinfachung dieses Ansatzes ist die Übereinstimmung mit den Messergebnissen nicht im gesamten Spektrum zufriedenstellend.

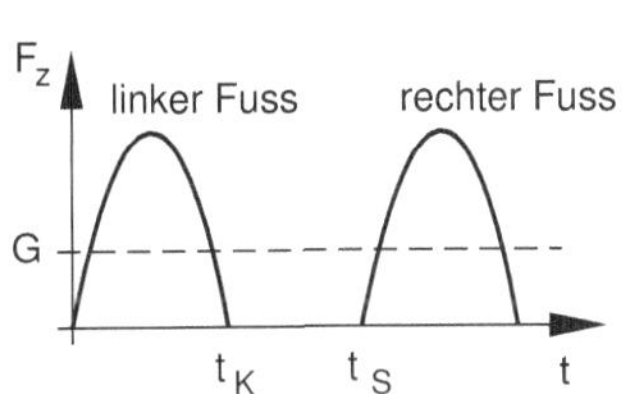

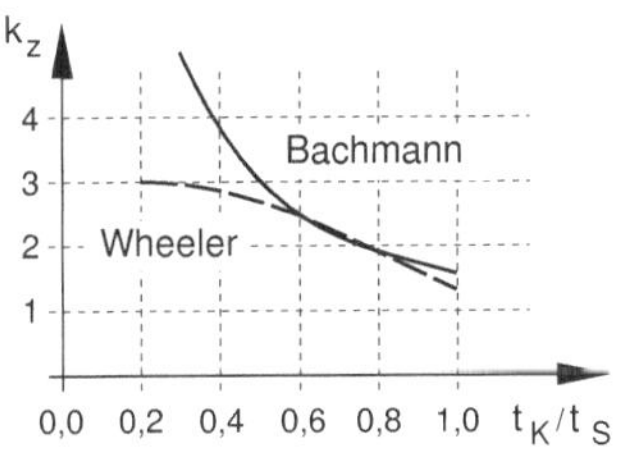

Bild 28-5 Halbsinus–Modell für den Lastfall *Laufen*

28.3 Vereinfachendes Modell für die Lateralbewegung

Die Untersuchung der Schwingungen des Systems *Brücke–Personengruppe* mit einem theoretischen Modell ist möglich, wenn folgende Voraussetzungen beachtet werden:

1. Nur wenn die Personendichte im Bereich $> 1{,}3\ Personen/m^2$ liegt, ist die Synchronisation zu einer gemeinsamen Schrittfolge wahrscheinlich.

2. Nur wenn die Schrittfrequenz in der Nähe einer Eigenfrequenz der Brücke liegt, ist ein *lock–in–Effekt* zu erwarten.

3. Die gemeinsame Schwingung von Brücke und Personengruppe erfolgt mit der gemeinsamen Frequenz, also nicht mit der Eigenfrequenz der Brücke und nicht mit der Schrittfrequenz der Personengruppe.

Dies bedeutet, dass die gemeinsame Schwingung von Brücke und Personengruppe im Wesentlichen ein *Resonanzphänomen* ist und lediglich das *Einstellen* der Schrittfrequenz der Personengruppe auf die gemeinsame Frequenz als *lock–in–Effekt* bezeichnet wird, der allerdings in der Folge zu einem Selbsterregungsmachanismus führen kann und gesondert untersucht werden muss.

28.3.1 Fußgängerbewegung bei starrer Brücke

Eine vereinfachende Erklärung für die Phänomenologie ist zunächst mit einer Gleichgewichtsbetrachtung ohne Bewegung der Brücke möglich. Hierbei werden die physiologischen Eigenschaften der Personen vernachlässigt und die Bewegung der Person mit der Bewegung des Schwerpunktes beschrieben.

Die Kraftwirkungen in lateraler Richtung haben folgende Ursache: Beim Vorwärtsgehen drückt sich der hintere Fuß vom Boden ab, wobei der Körperschwerpunkt beschleunigt wird und die Reaktionskraft auf die Brücke wirkt. Nach der Beschleunigungsphase wird der Körperschwerpunkt wieder abgebremst, bis sich der Körperschwerpunkt über dem vorderen Fuß befindet und die mit dem Abbremsen verbundene Reaktionskraft in entgegengesetzter Richtung auf die Brücke wirkt. Die auf die Brücke wirkende Kraft besitzt daher in lateraler Richtung die halbe Schrittfrequenz. Bild 28-6 verdeutlicht die vorhandenen Kraftwirkungen. Die vertikalen Lagerkräfte erfüllen das *D'Alembert'sche Prinzip*

$$m_p \ddot{z}_p - m_p g + F_{z,l} + F_{z,r} = 0\,.$$

Wenn die Vertikalbeschleunigung $\ddot{z}_p$ gering ist, betragen die vertikalen Lagerkräfte näherungsweise

$$F_{z,l} = 0{,}5 \cdot m_p g\left(1 - \alpha \cos \Omega_p t\right),$$

$$F_{z,r} = 0{,}5 \cdot m_p g\left(1 + \alpha \cos \Omega_p t\right).$$

Für $t = 0$ liegt der Körperschwerpunkt über dem rechten Fuss. α skaliert den zeitveränderlichen Teil entsprechend Tabelle 28.4. Die Kreisfrequenz $\Omega_p = \pi \cdot f_S$ entspricht der halben Schrittfrequenz.

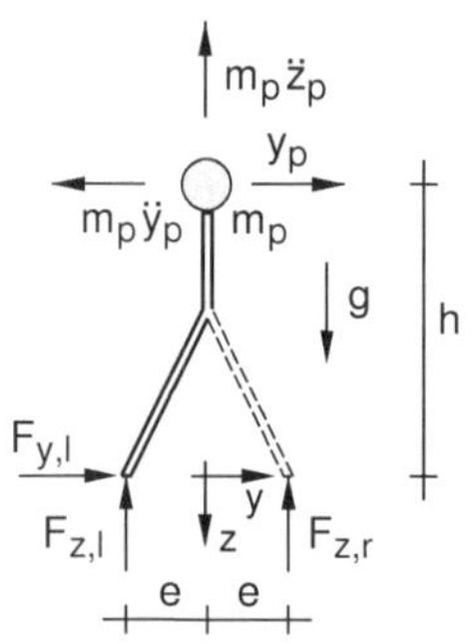

Bild 28-6 Kraftwirkungen bei fester Aufstandsfläche

Das im Körperschwerpunkt wirkende Gewicht mg sowie die rechte vertikale Lagerkraft bewirken ein um den linken Fußpunkt drehendes Abtriebsmoment $m_p g \cdot (e + y_p) - F_{z,r} \cdot 2e$ um die x–Achse, das mit dem Rückstellmoment aus Massenträgheiten $m_p \ddot{y}_p$ und $m_p \ddot{z}_p$ im Gleichgewicht sein muss. Das *Prinzip von*

D'Alembert liefert die Bewegungsgleichungen für die laterale und die vertikale Bewegung des Körperschwerpunktes:

$$m_p \ddot{y}_p \cdot h - m_p g \cdot (e + y_p) + F_{z,r} \cdot 2e + m_p \ddot{z}_p \cdot (e + y_p) = 0 \,,$$

$$m_p \ddot{z}_p = m_p g - F_{z,r} - F_{z,l} \,.$$

Zusammenfassen beider Gleichgewichtsbedingungen gibt

$$m_p \ddot{y}_p \cdot h + F_{z,r} \cdot 2e - (F_{z,r} + F_{z,l}) \cdot (e + y_p) = 0 \,,$$

$$m_p \ddot{y}_p \cdot h + m_p g \cdot \alpha \cdot \cos \Omega_p t \cdot e - m_p g \cdot y_p = 0$$

und weiter umgeschrieben

$$\ddot{y}_p - \frac{g}{h} \cdot y_p + \frac{g}{h} \cdot \alpha \cdot \cos \Omega_p t \cdot e = 0 \,.$$

Die Lösung der homogenen Bewegungsgleichung gibt die charakteristischen Zahlen $\lambda_{1,2} = \pm\sqrt{g/h}$, deren positiver Wert auf eine mögliche Instabilität hinweist. Mit dem Ansatz $y_p = \hat{y}_p \cdot \cos \Omega_p t$ kann man die Partikularlösung der Bewegungsgleichung berechnen, sodass die Gesamtlösung mit

$$y_p = a_1 \cdot e^{-\sqrt{g/h}\,t} + a_2 \cdot e^{+\sqrt{g/h}\,t} + \frac{g \cdot \alpha \cdot e/h}{(\Omega_p)^2 + g/h} \cos \Omega_p t \,,$$

gegeben ist, die an die Anfangsbedingungen angepasst wird. Aufgrund der hier nicht explizit berücksichtigten Steuerung der Bewegung durch die Person verschwindet der Einfluss der Anfangsbedingungen, sodass die Partikularlösung maßgebend ist.

Mit realistischen Zahlen kann man die Bewegungsamplitude und die Beschleunigung abschätzen und die Stabilität der Bewegung überprüfen. Wenn die Lage des Körperschwerpunktes mit $h = 1{,}0\,m$ und die Schrittstellung des Fußes mit $e = 0{,}1\,m$ ein Verhältnis von $10 : 1$ aufweisen und $\alpha = 1{,}0$ sowie $\Omega_p = 2\pi \cdot 1\,rad/s$ gewählt werden, folgt

$$\hat{y}_p = \frac{9{,}81 \cdot 1 \cdot 0{,}1}{(2\pi)^2 + 9{,}81/1} = 0{,}02\,m \,, \qquad \hat{\ddot{y}} = \Omega_p^2 \hat{y}_p = 0{,}79\,m/s^2 \,.$$

Die Bewegung ist stabil, da sich der Körperschwerpunkt im Bereich $-e \le y_p \le +e$ befindet und eine *Pendelbewegung* ausführen kann. Die Beschleunigung liegt im Bereich der Komfortgrenze nach Bild 28-2.

28.3.2 Fremderregte Schwingung der Brücke

Betrachtet man eine infolge einer Personengruppe fremderregte Brücke, so kann man die Brücke im Modalraum mit einem Ein–Freiheitsgrad–System entsprechend Bild 28-7 beschreiben. Die auf die Brücke wirkende laterale Kraft $F_{y,p}$ infolge Personengruppe wird analog zu Abschnitt 28.3.1 bestimmt.

Vernachlässigt man die Verschiebung y_p und die Beschleunigung $\ddot{y}_p$ des Körperschwerpunktes infolge der Pendelbewegung, so wird der Körperschwerpunkt infolge der Brückenbewegung mit $\ddot{y}_b$ beschleunigt. Das Momentengleichgewicht wird um den linken Fußpunkt aufgestellt. Wie im ersten Fall folgen das Moment aus Gewicht und Lagerkraft $m_p g \cdot e - F_{z,r} \cdot 2e$ sowie die Rückstellmomente $m_p \ddot{y}_b \cdot h$ aus lateral wirkender Brückenbeschleunigung und $m_p \ddot{z}_p \cdot e$ aus vertikaler Beschleunigung.

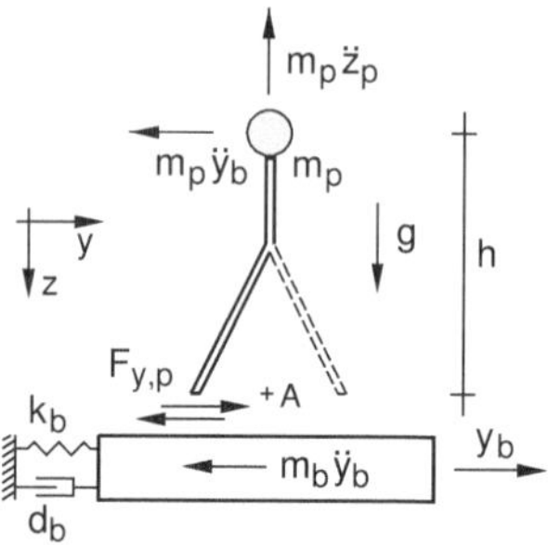

Bild 28-7 Personengruppe bei bewegter Aufstandsfläche

Mit dem *D'Alembert'schen Prinzip* folgt das Momentengleichgewicht zu

$$m_p \ddot{y}_b \cdot h - m_p g \cdot e + F_{z,r} \cdot 2e + m_p \ddot{z}_p \cdot e = 0$$

und mit $m_p \ddot{z}_p = m_p g - F_{z,r} - F_{z,l}$ analog zu Abschnitt 28.3.1

$$m_p \ddot{y}_b + m_p g \cdot \frac{e}{h} \cdot \alpha \cdot \cos \Omega_{bp} t = 0.$$

Die auf die Brücke wirkende laterale Lagerkraft ist mit der lateralen Beschleunigung der Personengruppe gegeben

$$F_{y,p} = m_p \ddot{y}_b = -m_p g \frac{e_0}{h} \cos \Omega_{bp} t,$$

sodass die Bewegungsgleichung der Brücke zu

$$m_b \ddot{y}_b + d_b \dot{y}_b + k_b y_b = m_p g \frac{e_0}{h} \cos \Omega_{bp} t \qquad (28.1)$$

folgt. Setzt man wie in Abschnitt 28.3.1 $e/h = 0{,}1$ und $\alpha = 1$ und normiert die Bewegungsgleichung auf die Brückenmasse mit $2\delta_b = d_b/m_b$, $\omega_{0b}^2 = k_b/m_b$ und $\mu_p = m_p/m_b$, so folgt die normierte Bewegungsgleichung

$$\ddot{y}_b + 2\delta_b \dot{y}_b + \omega_{0b}^2 y_b = 0{,}1\,\mu_p g \cos \Omega_p t.$$

Die stationäre Schwingung wird mit einem *Ansatz vom Typ der rechten Seite* analog zu Abschnitt 7.2 bestimmt:

$$y_b(t) = \frac{\hat{p}}{k} \frac{1}{\sqrt{(1-\eta^2)^2 + 4\vartheta^2\eta^2}} \cos(\Omega_p t - \varphi_0),$$

$$\varphi_0 = \arctan \frac{2\vartheta\eta}{1-\eta^2}.$$

Mit den Parametern

$$\eta = \frac{\Omega_p}{\omega_{0b}}, \qquad \vartheta = \frac{\delta_b}{\omega_{0b}}, \qquad \hat{p} = 0{,}1\,\mu_p\,g\,, \qquad k = \omega_{0b}^2$$

folgt

$$y_b(t) = \frac{0{,}1\,\mu_p\,g}{\omega_{0b}^2}\,\frac{1}{\sqrt{(1-\eta^2)^2 + 4\vartheta^2\eta^2}}\,\cos(\Omega_p t - \varphi_0)\,.$$

Es bleibt die Frage nach der Erregerfrequenz Ω_p, mit der die Brücke angeregt wird, wenn die Personengruppe ihre Frequenz an die Brückenbewegung anpasst. Unabhängig von gemessenen Werten liegt es nahe, die *Resonanzfrequenz* oder die Frequenz der *Resonanzüberhöhung* zu wählen. Es macht Sinn, die Frequenz der *Resonanzüberhöhung* zu wählen, weil diese mit der größten Schwingungsamplitude korreliert ist, auf die die Personengruppe am empfindlichsten reagiert.

Beispiel – Millennium–Bridge

Die in Bild 28-1 und Bild 28-8 dargestellte *Millennium–Bridge* zeigte bereits kurz nach der Eröffnung bei starkem Fußgängerverkehr laterale Schwingungen, die den Komfort der Fußgänger erheblich beeinträchtigten. Die zum Teil erheblichen Schwingungsamplituden deuteten darauf hin, dass strukturelle Defizite der Brücke wahrscheinlich waren.

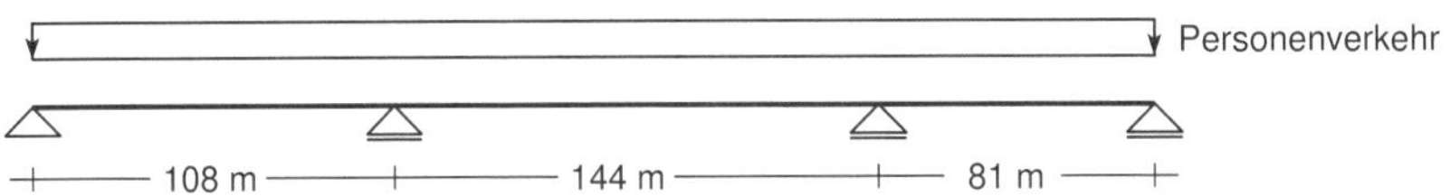

Bild 28-8 Abmessungen der *Millennium–Bridge*

Das zunächst weitgehend unverstandene Phänomen konnte man nach verschiedenen Experimenten mit dem Fußgängerverkehr begründen. Am Eröffnungstag beobachtete man einen kontinuierlichen Personenstrom von bis zu $1{,}3 - 1{,}5$ *Personen*$/m^2$, was bei einer Gesamtlänge von $\ell = 333\,m$ bedeutet, dass sich ständig bis zu 2000 Personen auf der Brücke befanden. Nach Tabelle 28.2 beträgt die vertikal wirkende Schrittfrequenz der Fußgänger bei dichtem Verkehr ca. $f_P = 1{,}8\,Hz$. Aufgrund der lateral wirkenden halben Schrittfrequenz von $f_{\ell P} = 0{,}9\,Hz$, die mit der zweiten Lateralfrequenz der Brücke korreliert, bewirkte dies das Auftreten des oben beschriebenen *lock–in-Effektes*.

Für die *Millennium–Bridge* sind von *Dallard et al.* *[15]* folgende Daten gegeben:

Stützweiten mit $\ell_{ges} = 333\,m$:   Süd–Feld $\ell_1 = 108\,m$
                                              Mittel–Feld $\ell_2 = 144\,m$
                                              Nord–Feld $\ell_3 = 81\,m$
Breite $b = 4\,m$
Gewicht $G_b = 2.000\,kg/m$
1. vertikale Eigenfrequenz $f_{v1} = 1{,}15\,Hz$
1. laterale Eigenfrequenz $f_{\ell 1} = 0{,}48\,Hz$
2. laterale Eigenfrequenz $f_{\ell 2} = 0{,}95\,Hz$

Die immanent vorhandene Dämpfung der Brücke liegt bei ca. 0,6 % der kritischen Dämpfung, was einem Dämpfungskoeffizienten von

$$\delta_b = 0{,}006 \cdot \omega_{0b} \approx 0{,}006 \cdot 2\pi \cdot 0{,}95 = 0{,}036\,rad/s$$

für die kritische laterale Eigenfrequenz $f_{\ell 2}$ der Brücke entspricht.
Setzt man die Modal–Analyse für die räumlich diskretisierten Bewegungsgleichungen der Brücke an, so kann man die gegebenen Frequenzen und Dämpfungsbeiwerte direkt für die modal reduzierten Bewegungsgleichungen verwenden. Einzig variabler Parameter ist das Massenverhältnis μ_p der beteiligten Personen zur Brückenmasse. Weil μ_p die Amplitude der Anregung beschreibt, beeinflusst der Parameter die Schwingungsamplituden direkt.
Nachfolgend wird das Schwingungsverhalten der Brücke mithilfe eines Ersatzmodells mit drei gleichen Feldern der Länge $\ell = 111\,m$ analytisch untersucht. Dies ist eine ausreichend gute Näherung, da nach der Modal–Reduktion auf einen Freiheitsgrad nur die rechte Seite der Bewegungsgleichung von der tatsächlichen Geometrie abhängt. Gegeben ist die Arbeitsgleichung des *Prinzips der virtuellen Verschiebungen* für einen Balken der Gesamtlänge $L = 333\,m$, wobei mit $v(x,t)$ die laterale Verschiebung bezeichnet ist.

$$\int_0^L \delta v\,\rho A\,\ddot{v}\,dx + \int_0^L \delta v_{,xx}\,EI\,v_{,xx}\,dx - \int_0^{n\ell} \delta v\,p(x,t)\,dx = 0\,.$$

Hierbei beschreibt n die Zahl der mit Personen belegten Felder. Mit

$$v(x,t) = \sin\frac{x}{\ell}\,\pi \cdot q(t)\,,$$

$$\delta v(x) = \sin\frac{x}{\ell}\,\pi \cdot \delta q\,,$$

$$p(x,t) = \hat{p} \cdot \cos\Omega t$$

und

$$\int \sin^2\frac{x}{\ell}\,\pi\,dx = \frac{x}{2} - \frac{1}{4\,\pi/\ell}\,\sin 2\frac{x}{\ell}\,\pi\,, \qquad \int \sin\frac{x}{\ell}\,\pi\,dx = -\frac{\ell}{\pi}\,\cos\frac{x}{\ell}\,\pi$$

folgt

$$\delta q \left\{ \frac{\rho A L}{2} \ddot{q} + EI \frac{\pi^4}{\ell^4} \frac{L}{2} q + \frac{\ell}{\pi} \hat{p} \cdot [\cos \frac{x}{\ell} \pi]_0^{n\ell} \cdot \cos \Omega t \right\} = 0$$

und weiter

$$\ddot{q} + \frac{2}{\rho A L} \cdot EI \frac{\pi^4}{\ell^4} \frac{L}{2} q = -\frac{2}{\rho A L} \cdot \frac{\ell}{\pi} \hat{p} \cdot [\cos \frac{x}{\ell} \pi]_0^{n\ell} \cdot \cos \Omega t .$$

Mit der Eigenkreisfrequenz ω_{0b} der Brücke und der Einwirkung aus Personenstrom $\hat{p} = 0{,}1 \cdot \mu_P \cdot \rho A \cdot g$ sowie dem Längenverhältnis $\ell/L = 1/3$ folgt

$$\ddot{q} + \omega_{0b}^2 q = -\frac{0{,}2}{3\,\pi} \cdot \mu_P \cdot g \cdot [\cos \frac{x}{\ell} \pi]_0^{n\ell} \cdot \cos \Omega t .$$

Setzt man eine Personendichte von $1{,}3 \, Personen/m^2$ an, was die Synchronisation bewirken kann, beträgt das auf die Brückenachse bezogene Massenverhältnis bei $4\,m$ Breite und einem durchschnittlichen Gewicht von $75\,kg/Person$

$$\mu_P = m_p/m_b = 1{,}3 \cdot 4 \cdot 75/2000 = 0{,}195 .$$

Setzt man außerdem die Personenbelastung mit $n = 1$ über das erste Feld der Brücke an, beträgt das Integral $[\cos \frac{x}{\ell} \pi]_0^{\ell} = -2$. Wenn mehrere Felder ungünstig belegt sind, verstärkt sich die Einwirkung entsprechend. Berücksichtigt man zusätzlich eine modale Dämpfung δ_b, folgt

$$\ddot{q} + 2\delta_b \dot{q} + \omega_{0b}^2 q = -\frac{0{,}2}{3\,\pi} \cdot 0{,}195 \cdot 9{,}81 \cdot (-2) \cdot \cos \Omega t ,$$

$$\ddot{q} + 2\delta_b \dot{q} + \omega_{0b}^2 q = 0{,}081 \cdot \cos \Omega t .$$

Die Schwingungsamplitude entspricht der Resonanzüberhöhung

$$\hat{q} = \frac{0{,}081}{2\delta_b} \cdot \frac{1}{\sqrt{\omega_{0b}^2 - \delta_b^2}}$$

und wird mit den Werten der *Millennium–Bridge* zu

$$\hat{q} = \frac{0{,}081}{2 \cdot 0{,}036} \cdot \frac{1}{\sqrt{(2\,\pi \cdot 0{,}95)^2 - 0{,}036^2}} = 0{,}187\,m$$

berechnet. Die Eigenkreisfrequenz der Resonanzüberhöhung ist mit

$$\Omega = \sqrt{\omega_{0b}^2 - 2\delta_b^2} = 5{,}96\,rad/s$$

gegeben, sodass die auf die Personen wirkende Beschleunigung

$$\ddot{v}(x,t) = -\Omega^2 \sin \frac{x}{\ell} \pi \cdot \hat{q} \cos \Omega t$$

$$= -6{,}62 \sin \frac{x}{\ell} \pi \cdot \cos \Omega t$$

beträgt, was weit über der Komfortgrenze nach Bild 28-2 liegt. Zu beachten ist, dass die so berechnete Beschleunigung den eingeschwungenen Zustand angibt. In der Realität wird dieser Wert nicht erreicht, da die Personen in ihrer Bewegung innehalten, sobald die Komfortgrenze überschritten ist. *Dallard et al. [15]* geben für den Eröffnungstag der *Millennium–Bridge* eine Beschleunigung von $0{,}2g - 0{,}25g$ an, bei der die Personen stehen blieben und die Lateralschwingung zur Ruhe kam. Dies entspricht einer Amplitude der Lateralschwingung von $0{,}053\,m$. Erst mit aufwändiger Anordnung von Schwingungstilgern konnten die Lateralschwingungen auf ein akzeptables Maß reduziert werden.

28.3.3 Gekoppeltes System „Brücke–Personengruppe"

Beschreibt man das Schwingungsverhalten einer Brücke im Modalraum, so kann man das Zusammenwirken der Personengruppe mit der im Bereich der Schrittfrequenz liegenden Schwingungsform der Brücke mit einem zwei–Masse–Schwinger modellieren, deren Parameter in der Zeit periodisch sind, siehe hierzu auch die Darstellung parametererregter Schwingungen von *Magnus / Popp / Sextro* [29].

Beim *lock–in* interagiert die Personengruppe mit der Bewegung der Brücke. Bei lateraler Beschleunigung versuchen die auf der Brücke gehenden Personen das Gleichgewicht zu halten, indem sie sich gegen die Beschleunigung ihrer Körpermasse stemmen und dabei die Schrittstellung $e(t)$ an die Beschleunigung der Brücke anpassen. Beschleunigt die Brücke nach rechts, stützen sich die Personen mit dem linken Fuß nach links ab, um ihre nach links wirkende Massenträgheit auszugleichen. Die auf die Brücke wirkenden Kräfte sind daher bezüglich der Beschleunigung der Brücke um 180° phasenverschoben.

Zusätzlich zu Bild 28-7 wird der Körperschwerpunkt mit $\ddot{y}_p$ beschleunigt, wenn $\ddot{y}_p$ die Relativbeschleunigung des Körperschwerpunktes zur Brücke beschreibt. Das Momentengleichgewicht wird um den linken Fußpunkt aufgestellt. Wie im ersten Fall folgen das Moment aus Gewicht und Lagerkraft $m_p g \cdot (e + y_p) - F_{z,r} \cdot 2e$ sowie die Rückstellmomente $m_p(\ddot{y}_p + \ddot{y}_b) \cdot h$ aus lateral wirkender Gesamtbeschleunigung und $m_p \ddot{z}_p \cdot (e + y_p)$ aus vertikaler Beschleunigung.

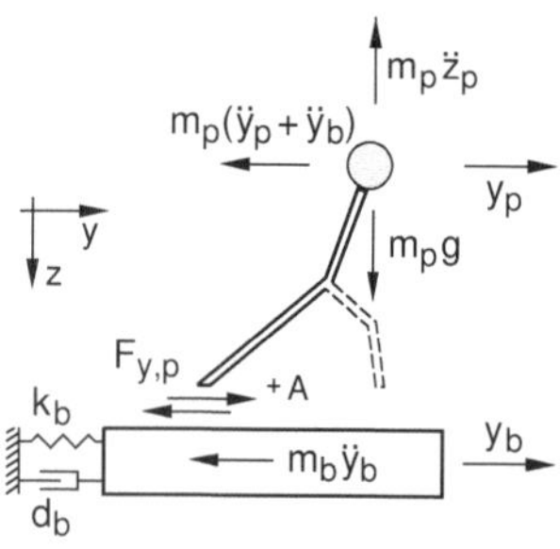

Bild 28-9 Modell für das System *Brücke–Personengruppe*

Mit dem *D'Alembert'schen Prinzip* folgt analog zum ersten Fall die Momentengleichgewichtsbedingung um den linken Fußpunkt

$$m_p(\ddot{y}_p + \ddot{y}_b) \cdot h - m_p g \cdot (e + y_p) + F_{z,r} \cdot 2e + m_p \ddot{z}_p \cdot (e + y_p) = 0$$

und mit $m_p \ddot{z}_p = m_p g - F_{z,r} - F_{z,l}$ analog zu Abschnitt 28.3.1 die Bewegungsgleichung für die Personengruppe

$$m_p(\ddot{y}_p + \ddot{y}_b) - m_p g \cdot \frac{y_p}{h} + m_p g \cdot \frac{e}{h} \cdot \alpha \cdot \cos \Omega_{bp} t = 0 \, .$$

Im Weiteren wird wie im ersten Fall $\alpha = 1$ gesetzt. Ω_{bp} ist die gemeinsame Frequenz von Brücke und Personengruppe, die wegen $m_p \ll m_b$ sehr dicht an der Frequenz ω_{0b} der Brücke liegt. Wenn die Personengruppe ihren Schwerpunkt und die Schrittstellung intuitiv an die Beschleunigung der Brücke anpasst und sich gegen die Gesamtbeschleunigung stemmt, kann dies mit der Schrittstellung $e(t)$ berücksichtigt werden.

$$e(t) = e_0 + \frac{e_1}{g} \ddot{u}_b \, .$$

Der hier gewählte Parameter e_1 beschreibt den Einfluss der Beschleunigung der Brücke auf das Verhalten der Personengruppe und erfasst daher den *lock–in–Effekt*, der eintritt, wenn die Komfortgrenzen nach Bild 28-2 erreicht werden. Damit folgt die Bewegungsgleichung für die Pendelbewegung zu

$$m_p \ddot{y}_p + m_p \left(1 + \frac{e_1}{h} \cos \Omega_{bp} t\right) \ddot{y}_b - m_p g \frac{y_p}{h} + m_p g \frac{e_0}{h} \cos \Omega_{bp} t = 0 \, . \qquad (28.2)$$

Die auf die Brücke wirkende laterale Lagerkraft folgt analog zum ersten Fall mit der Gesamtbeschleunigung der Personengruppe zu

$$F_{y,p} = m_p(\ddot{y}_p + \ddot{y}_b) = -(m_p \frac{e_1}{h} \cos \Omega_{bp} t) \ddot{y}_b + m_p g \frac{y_p}{h} - m_p g \frac{e_0}{h} \cos \Omega_{bp} t \, ,$$

sodass die Bewegungsgleichung für die Brücke mit

$$m_b \ddot{y}_b + d_b \dot{y}_b + k_b y_b + F_{y,p} = 0 \qquad (28.3)$$

und nach Ersetzen der Lagerkraft $F_{y,p}$ mit

$$\left(m_b - m_p \frac{e_1}{h} \cos \Omega_{bp} t\right) \ddot{y}_b + d_b \dot{y}_b + k_b y_b + m_p g \frac{y_p}{h} = m_p g \frac{e_0}{h} \cos \Omega_{bp} t \, . \qquad (28.4)$$

gegeben ist. Gleichung (28.2) beschreibt, dass die durch die Vorwärtsbewegung induzierte laterale Kraftwirkung der Personengruppe auf die laterale Beschleunigung übertragen wird. In der zweiten Gleichung (28.3) wird die Einwirkung der Personengruppe auf die Brücke mit der lateral wirkenden Aufstandskraft

$F_{y,p}$ erfasst. Die Brücke erfährt in lateraler Richtung keine weitere äußere Anregung, sodass das System geschlossen ist.

Mit den auf die Massen normierten Beiwerten $2\delta_b = d_b/m_b$, $\omega_{0b}^2 = k_b/m_b$, $\mu_p = m_p/m_b$, $\omega_{0p}^2 = g/h$, und $\Omega_{bp} = \pi f_p$ sowie den Abkürzungen $\beta_0 = e_0/h$ und $\beta_1 = e_1/h$ folgen die Bewegungsgleichungen

$$\ddot{y}_p + (1 + \beta_1 \cdot \cos\Omega_{bp}t)\,\ddot{y}_b - \omega_{0p}^2 y_p = -\,\beta_0\,g \cdot \cos\Omega_{pb}t\,,$$

$$(1 + \mu_p)\,\ddot{y}_b + 2\delta_b\dot{y}_b + \omega_{0b}^2\,y_b + \mu_p\ddot{y}_p = 0\,.$$

Hierbei ist zur Vereinfachung Gleichung (28.2) in Gleichung (28.4) eingesetzt. Die *Parametererregung* ist mit β_1 skaliert. Die Matrixschreibweise liefert zunächst

$$\begin{bmatrix} 1 & (1 + \beta_1 \cdot \cos\Omega_{bp}t) \\ \mu_p & 1 + \mu_p \end{bmatrix} \begin{bmatrix} y_p \\ y_b \end{bmatrix}^{\cdot\cdot} + \begin{bmatrix} 0 & 0 \\ 0 & 2\delta_b \end{bmatrix} \begin{bmatrix} y_p \\ y_b \end{bmatrix}^{\cdot} +$$

$$\begin{bmatrix} -\omega_{0p}^2 & \\ & \omega_{0b}^2 \end{bmatrix} \begin{bmatrix} y_p \\ y_b \end{bmatrix} = \begin{bmatrix} -\beta_0\,g \cdot \cos\Omega_{bp}t \\ 0 \end{bmatrix}$$

und bei Vernachlässigung der Dämpfung

$$\begin{bmatrix} 1 & (1 + \beta_1 \cdot \cos\Omega_{bp}t) \\ \mu_p & 1 + \mu_p \end{bmatrix} \begin{bmatrix} y_p \\ y_b \end{bmatrix}^{\cdot\cdot} + \begin{bmatrix} -\omega_{0p}^2 & \\ & \omega_{0b}^2 \end{bmatrix} \begin{bmatrix} y_p \\ y_b \end{bmatrix} = \begin{bmatrix} -\beta_0\,g \cdot \cos\Omega_{bp}t \\ 0 \end{bmatrix}\,.$$

Die stationäre Lösung der Bewegungsgleichung ist periodisch, was man mit einem Ansatz in Form einer *Fourier–Reihe* erreicht:

$$\mathbf{y} = \frac{1}{2}\,\hat{\mathbf{y}}_{c0} + \Sigma_{n=1}^{N}\left\{\,\hat{\mathbf{y}}_{cn}\cos n\Omega_{bp}t\,\right\},$$

$$\ddot{\mathbf{y}} = -\,\Omega_{bp}^2\,\Sigma_{n=1}^{N}\,n^2\left\{\,\hat{\mathbf{y}}_{cn}\cos n\Omega_{bp}t\,\right\}.$$

Die noch unbekannten Koeffizienten $\mathbf{y}_{cn}$ kann man mit einem Koeffizientenvergleich bestimmen. Hierbei können die Produkte der Kreisfunktionen wie folgt umgeformt werden:

$$\cos\Omega_{bp}t \cdot \cos n\Omega_{bp}t = \frac{1}{2}\left[\cos(1-n)\Omega_{bp}t + \cos(1+n)\Omega_{bp}t\right].$$

Der Fourier–Abgleich liefert für das 0. Reihenglied $\hat{\mathbf{y}}_{c0} = \mathbf{0}$ und für $\cos n\Omega_{bp}t$ ohne Berücksichtigung der Einwirkung

$$-\Omega_{bp}^2\left\{\begin{bmatrix} n^2 + \omega_{0p}^2/\Omega_{bp}^2 & n^2 \\ n^2\mu_p & n^2(1+\mu_p) - \omega_{0b}^2/\Omega_{bp}^2 \end{bmatrix} \begin{bmatrix} \hat{y}_{pc} \\ \hat{y}_{bc} \end{bmatrix}_n\right.$$

$$+ \frac{(n-1)^2}{2} \begin{bmatrix} 0 & \beta_1 \\ 0 & 0 \end{bmatrix} \begin{bmatrix} \hat{y}_{pc} \\ \hat{y}_{bc} \end{bmatrix}_{n-1} + \frac{(n+1)^2}{2} \begin{bmatrix} 0 & \beta_1 \\ 0 & 0 \end{bmatrix} \begin{bmatrix} \hat{y}_{pc} \\ \hat{y}_{bc} \end{bmatrix}_{n+1} \Bigg\} = \begin{bmatrix} 0 \\ 0 \end{bmatrix} .$$

Hier wird deutlich, dass $\beta_1 = e_1/h$ für die Kopplung aller Reihenglieder verantwortlich ist und so deren Anregung implizit verursacht.

Die Elimination der Freiheitsgrade $\hat{y}_{pc}$ ist möglich, wenn man die erste Gleichung nach $\hat{y}_{pc}$ auflöst und in die zweite Gleichung einsetzt. Mit den Abkürzungen $\eta_p = \omega_{0p}/\Omega_{bp}$ und $\eta_b = \omega_{0b}/\Omega_{bp}$ folgt nach wenigen Umformungen für das erste Reihenglied $\cos 1 \cdot \Omega_{bp} t$ mit Berücksichtigung der Einwirkung

$$[(1 + \eta_p^2)(1 - \eta_b^2) + \mu_p \eta_p^2] \, \hat{y}_{bc}|_1 - \mu_p 2 \beta_1 \, y_{bc}|_2 = \mu_p \, \beta_0 \, g/\Omega_{bp}^2 .$$

Der Koeffizientenvergleich für alle höheren Reihenglieder mit $n > 1$ liefert

$$-\mu_p \frac{(n-1)^2}{2} \beta_1 \, y_{bc}|_{n-1} + [(n^2 + \eta_p^2)(1 - \frac{\eta_b^2}{n^2}) + \mu_p \eta_p^2] \, \hat{y}_{bc}|_n$$

$$-\mu_p \frac{(n+1)^2}{2} \beta_1 \, y_{bc}|_{n+1} = 0 .$$

Zusammengefasst bleibt das für alle n Reihenglieder gekoppelte Gleichungssystem zur Berechnung der unbekannten Fourier–Koeffizienten. Eine Näherung ist möglich, wenn die unendliche Reihe nach wenigen Reihengliedern abgebrochen wird. So folgt für das zweite Reihenglied bei Vernachlässigung von $y_{bc}|_3$

$$-\mu_p \frac{(1)^2}{2} \beta_1 \, y_{bc}|_1 + [(2^2 + \eta_p^2)(1 - \frac{\eta_b^2}{2^2}) + \mu_p \eta_p^2] \, \hat{y}_{bc}|_2 = 0$$

und damit die Matrizenschreibweise beider Gleichungen ohne rechte Seite

$$\begin{bmatrix} (1 + \eta_p^2)(1 - \eta_b^2) + \mu_p \eta_p^2 & -\mu_p 2 \beta_1 \\ -\mu_p \frac{1}{2} \beta_1 & (4 + \eta_p^2)(1 - \frac{\eta_b^2}{4}) + \mu_p \eta_p^2 \end{bmatrix} \begin{bmatrix} \hat{y}_{bc}|_1 \\ \hat{y}_{bc}|_2 \end{bmatrix} = \begin{bmatrix} 0 \\ 0 \end{bmatrix} .$$

Mit der Determinante der Koeffizientenmatrix kann jetzt das Lösungsverhalten in Abhängigkeit der verschiedenen Parameter untersucht werden. Eine nicht triviale Lösung existiert, wenn die Determinante den Wert 0 erreicht und die Amplituden $\hat{y}_{bc}|_1, \hat{y}_{bc}|_2$ an die Anfangsbedingungen der Schwingung angepasst werden können.

Wenn $\beta_1 = 0$, sind die Reihenglieder entkoppelt, sodass jeweils ein System mit einem Freiheitsgrad vorliegt.

Wenn $\beta_1 \neq 0$, kann Energie zwischen den Reihengliedern transferiert werden, sodass sich die Reihenglieder wechselseitig anregen bzw. zusammenwirken und die Amplituden ohne weitere äußere Anregung anwachsen. Hierfür gilt

$$(\mu_p \beta_1)^2 = [\, (1 + \eta_p^2)(1 - \eta_b^2) + \mu_p \eta_p^2 \,] \cdot [\, (4 + \eta_p^2)(1 - \frac{\eta_b^2}{4}) + \mu_p \eta_p^2 \,] .$$

Setzt man mit den Daten der *Millennium–Bridge* nach Abschnitt 28.3.2 näherungsweise $\Omega_{bp} = \omega_{0b}$, so folgt $\beta_1 \approx 2{,}40$ und hiermit die laterale Schrittweite $e(t) \approx 0{,}1 + 0{,}24\,\ddot{u}_b$. Mit einer mittleren Komfortgrenze von $\ddot{u}_b = 0{,}4\,m/s^2$ nach Bild 28-2 folgt die laterale Schrittweite von $e(t) \approx 0{,}1\,(1 + \cos\omega_{0b}t)\,m$, was plausibel ist und die realen Verhältnisse wiedergibt.

29 Rotierende Systeme

Rotorblätter von Windkraftanlagen, Hubschrauberrotoren oder Propeller sind stabähnliche in sich verwundene Tragwerke, die sich um eine Achse drehen, siehe Bild 29-1. Die Achse kann raumfest oder auch beweglich sein, sodass sich hier die Drehbewegung des Rotorblattes mit einer Fußpunktbewegung überlagern kann. Infolge der Rotation entstehen im Rotorblatt Fliehkräfte, die von der

Bild 29-1 Rotierende Systeme

Drehgeschwindigkeit abhängen und zum Versteifen des Rotorblattes führen. Außerdem entstehen infolge der Luftumströmung des Rotorblattes zusätzliche Einwirkungen aus Aerodynamik, die von der Form und der Bewegung des Rotorblattes abhängen. Für die Beschreibung der Einwirkungen aus Luftumströmung sind in der Literatur verschiedene Ansätze vorhanden, die unterschiedlich genau sind.

Die genaue Ermittlung der Einwirkungen ist sehr schwierig, wenn die Luftströmung räumlich und zeitlich veränderlich beschrieben und außerdem die Turbulenz berücksichtigt werden muss. Daher werden in der Regel vereinfachende Modelle gewählt, mit denen die Einwirkungen wie in der Aeroelastizitäte mit der Form und der Bewegung des Rotorblattaes verknüpft sind. So wird für Propeller die Rotorblatttheorie verwendet sowie für Hubschrauberrotoren und für Rotorblätter von Windkraftanlagen die Profiltheorie der Aerodynamik im Schnitt senkrecht zum Rotorblatt.

29.1 Ortsvektor zum nichtverformten Rotorblatt

Die Entwicklung der Bewegungsgleichungen für das Schwingungsverhalten einer Windkraftanlage umfasst mehrere Schritte. Der Pylon ist in der Regel schlank und rotationssymmetrisch und kann daher als eingespannter Balken mit Kreisquerschnitt beschrieben werden. Die Rotorblätter sind ebenfalls stabähnlich und können daher ebenfalls als Balken betrachtet werden – allerdings mit in

© Springer Fachmedien Wiesbaden GmbH, ein Teil von Springer Nature 2020
D. Dinkler, *Einführung in die Strukturdynamik*,
https://doi.org/10.1007/978-3-658-31845-1_29

Längsrichtung veränderlichem und verwundenem Querschnitt. Die gekoppelte Bewegung beider Teilsysteme muss im raumfesten Inertial–Koordinatensystem beschrieben werden, was aufgrund der Rotation um die verschiedenen Drehachsen sehr komplex ist.

Das Maschinenhaus und die integrierten Rotorblätter sind am oberen Ende des Pylons befestigt. Die Festhaltung der Rotorblätter folgt damit der Bewegung des Pylons. Wenn die Drehung der Rotorblätter nicht direkt im 3-D–Raum beschrieben wird, kann die Bewegung der Rotorblätter im mitdrehenden örtlichen Koordinatensystem beschrieben werden. Hierbei sind jedoch verschiedene Transformationen zwischen dem Inertialsystem und den örtlichen Koordinatensystemen erforderlich.

Bild 29-2 Windkraftanlage

Die Beschreibung der Bewegung der Windkraftanlage erfolgt mit den Koordinatensystemen nach Bild 29-3.

Das Koordinatensystem $\mathbf{x} = [x, y, z]$ ist raumfest und in der Regel am Fußpunkt des Pylons angeordnet. Die Koordinaten $\mathbf{x}_0 = [x_0, y_0, z_0]$ beschreiben das um die Achse $z = z_F + z_0$ in der x–y–Ebene drehende Koordinatensystem des Maschinenhauses am Ende des Pylons. Dies entspricht der Drehung ψ_0 einer Windkraftanlage in die Windrichtung.

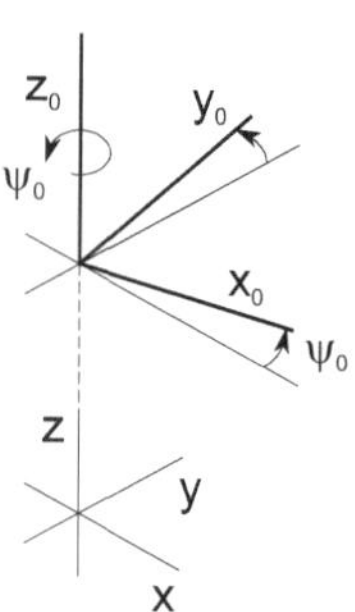

Bild 29-3 Koordinatensysteme

Der Drehwinkel ψ_1 beschreibt die Rotationsbewegung des Rotorblattes um die y_0–Achse in der x_0–z_0–Ebene, vergleiche Bild 29-4. Die mitdrehenden Koordinaten $\mathbf{x}_1 = [x_1, y_1, z_1]$ des Rotorblattes beschreiben die Lage der Materialteilchen des Rotorblattes in örtlichen Koordinaten. x_1 ist die Bezugsachse in Längsrichtung des sich drehenden Rotors. An jeder Stelle x_1 wird der Querschnitt des Rotorblattes in der jeweiligen y_1–z_1 bzw. um x_1 gedrehten y_2–z_2 Ebene beschrieben. Die Transformationswinkel sind positiv, wenn sie um die positive Koordinatenrichtung drehen.

Entsprechend den Koordinatensystemen sind nachfolgende Ortsvektoren zu einem Materialteilchen eines Rotorblattes definiert. Der Ortsvektor $\mathbf{r}$ beschreibt die Lage eines Materialteilchens mit den Koordinaten x, y, z. Der Ortsvektor $\mathbf{r}_F$ beschreibt die Lage des Fußpunktes des Rotorblattes mit den Koordinaten x_F, y_F, z_F. Der Ortsvektor $\mathbf{r}_R$ beschreibt die Lage der Bezugsachse des Querschnitts mit den Koordinaten x_{1R}, y_{1R}, z_{1R} des Rotorblattes und der Ortsvektor $\mathbf{r}_Q$ die Lage der Materialteilchen in der Querschnittsebene des Rotorblattes mit den Koordinaten x_2, y_2, z_2. Damit gilt

$$\mathbf{r} = \mathbf{r}_F + \mathbf{r}_R + \mathbf{r}_Q \, .$$

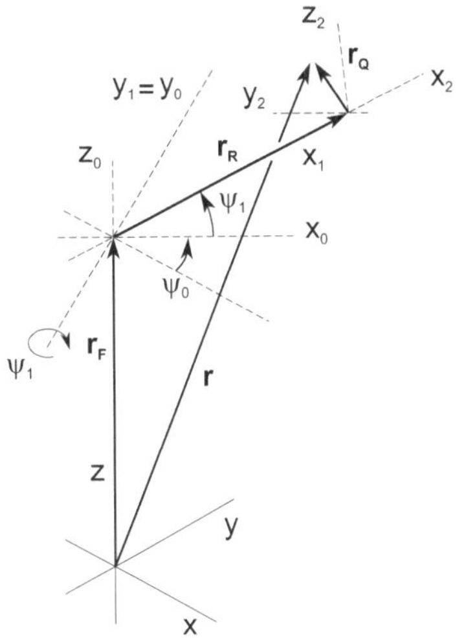

Bild 29-4 Ortsvektoren

Zwischen den verschiedenen Koordinatensystemen sind nachfolgende Transformationen möglich. Es gilt zunächst

$$\mathbf{x}_0 = \mathbf{T}_0^T \cdot (\mathbf{x} - \mathbf{r}_F) \qquad \text{bzw.} \qquad \mathbf{x} = \mathbf{T}_0 \cdot \mathbf{x}_0 + \mathbf{r}_F \, .$$

Mit $x_F = 0, \ y_F = 0, \ z = z_F + z_0$

sowie $\qquad \mathbf{T}_0^{-1} = \mathbf{T}_0^T$

folgt für Drehungen um die Achse z_0

$$\begin{bmatrix} x_0 \\ y_0 \\ z_0 \end{bmatrix} = \begin{bmatrix} \cos\psi_0 & \sin\psi_0 & 0 \\ -\sin\psi_0 & \cos\psi_0 & 0 \\ 0 & 0 & 1 \end{bmatrix} \cdot \left(\begin{bmatrix} x \\ y \\ z \end{bmatrix} - \begin{bmatrix} 0 \\ 0 \\ z_F \end{bmatrix} \right) \, .$$

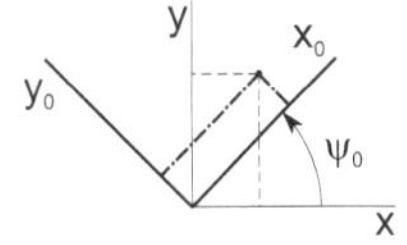

Weiterhin folgt in der Rotorebene x_0, z_0 für Drehungen um die Achse $y_1 = y_0$

$$\mathbf{x}_1 = \mathbf{T}_1^T \cdot \mathbf{x}_0 \qquad \text{bzw.} \qquad \mathbf{x}_0 = \mathbf{T}_1 \cdot \mathbf{x}_1 \, ,$$

$$\begin{bmatrix} x_1 \\ y_1 \\ z_1 \end{bmatrix} = \begin{bmatrix} \cos\psi_1 & 0 & -\sin\psi_1 \\ 0 & 1 & 0 \\ \sin\psi_1 & 0 & \cos\psi_1 \end{bmatrix} \cdot \begin{bmatrix} x_0 \\ y_0 \\ z_0 \end{bmatrix} \, .$$

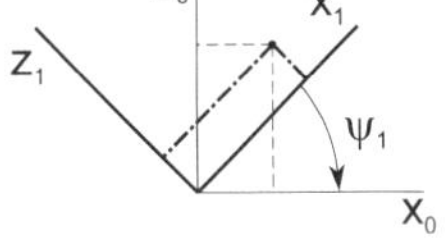

In der Querschnittsebene y_1, z_1 gilt

$$\mathbf{x}_2 = \mathbf{T}_2^T \cdot (\mathbf{x}_1 - \mathbf{r}_R) \quad \text{bzw.} \quad \mathbf{x}_1 = \mathbf{T}_2 \cdot \mathbf{x}_2 + \mathbf{r}_R$$

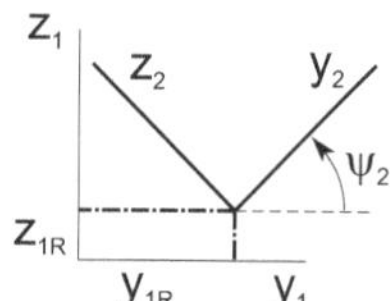

und wenn y_{1R} und z_{1R} eine Verschiebung des Koordinatenursprungs im Querschnitt beschreiben

$$\begin{bmatrix} x_2 \\ y_2 \\ z_2 \end{bmatrix} = \begin{bmatrix} 1 & 0 & 0 \\ 0 & \cos\psi_2 & \sin\psi_2 \\ 0 & -\sin\psi_2 & \cos\psi_2 \end{bmatrix} \cdot \left(\begin{bmatrix} x_1 \\ y_1 \\ z_1 \end{bmatrix} - \begin{bmatrix} x_{1R} \\ y_{1R} \\ z_{1R} \end{bmatrix} \right) .$$

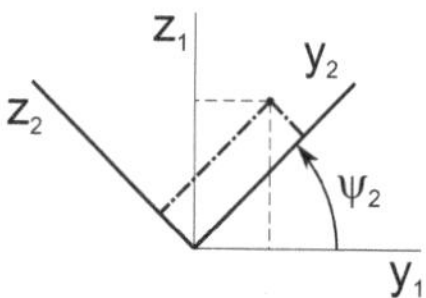

In der Regel werden $\mathbf{T}_2 = \mathbf{I}$ und $x_{1R} = 0$ von vornherein gesetzt, sodass die Lage der Querschnittsebene mit $x_2 = x_1$ festgelegt ist.

Damit folgt der Ortsvektor zu einem Materialteilchen des nicht verformten Rotorblattes im raumfesten Koordinatensystem

$$\mathbf{r} = \mathbf{r}_F + \mathbf{T}_0 \cdot \mathbf{T}_1 \cdot \mathbf{r}_R + \mathbf{T}_0 \cdot \mathbf{T}_1 \cdot \mathbf{T}_2 \cdot \mathbf{r}_Q . \tag{29.1}$$

Mit $\mathbf{T}_2 = \mathbf{I}$ und mit der Abkürzung

$$\mathbf{R} = \mathbf{T}_0 \cdot \mathbf{T}_1$$

vereinfacht sich der Ortsvektor zu

$$\mathbf{r} = \mathbf{r}_F + \mathbf{R} \cdot (\mathbf{r}_R + \mathbf{r}_Q) . \tag{29.2}$$

29.2 Ortsvektor zum verformten Rotorblatt

Entsprechend zu den Koordinaten sind die Verschiebungen der Materialteilchen definiert. $\mathbf{u} = [u, v, w]$ beschreibt die Verschiebungen im Koordinatensystem x, y, z und $\boldsymbol{\psi} = [\varphi_x, \varphi_y, \varphi_z]$ die Verdrehungen um die mit dem Index gekennzeichneten Achsen.

$\mathbf{u}_F = [u_F, v_F, w_F]$ ist der Verschiebungsvektor des Fußpunktes des Rotors im Koordinatensystem x, y, z und $\mathbf{u}_R = [u_R, v_R, w_R]$ der relative Verschiebungsvektor eines Materialteilchens der Bezugsachse des Rotorblattes infolge Elastizität im Koordinatensystem x_1, y_1, z_1. Entsprechend sind die Verdrehungen des Pylonkopfes mit $\boldsymbol{\psi}_F = [\varphi_{xF}, \varphi_{yF}, \varphi_{zF}]$ und des Rotorblattes mit $\boldsymbol{\psi}_R = [\varphi_{xR}, \varphi_{yR}, \varphi_{zR}]$ festgelegt.

$\mathbf{u}_{RF}$ beschreibt die Verschiebungen des Rotorblattes, die infolge einer Starrkörperdrehung des Rotorblattes bei Verdrehung der Festhaltung um $\boldsymbol{\psi}_F$ entstehen. Für kleine Drehungen gilt im Koordinatensystem x_1, y_1, z_1 des Rotorblattes in Matrizenschreibweise

$$\mathbf{u}_{RF} = \mathbf{T}_{\psi-F} \cdot \mathbf{r}_R = \mathbf{A}_1 \cdot \boldsymbol{\psi}_F$$

und im Detail

$$\begin{bmatrix} u_{1RF} \\ v_{1RF} \\ w_{1RF} \end{bmatrix} = \begin{bmatrix} 0 & -\varphi_{zF} & \varphi_{yF} \\ \varphi_{zF} & 0 & -\varphi_{xF} \\ -\varphi_{yF} & \varphi_{xF} & 0 \end{bmatrix} \cdot \begin{bmatrix} x_1 \\ y_1 \\ z_1 \end{bmatrix}$$

$$= \begin{bmatrix} 0 & z_1 & -y_1 \\ -z_1 & 0 & x_1 \\ y_1 & -x_1 & 0 \end{bmatrix} \cdot \begin{bmatrix} \varphi_{xF} \\ \varphi_{yF} \\ \varphi_{zF} \end{bmatrix}.$$

Die Verschiebungen eines Materialteilchens im Querschnitt an der Stelle x_1 sind mit $\mathbf{u}_Q = [u_Q, v_Q, w_Q]$ gegeben. Setzt man die Bernoulli–Hypothese an, folgen die Verschiebungen im Querschnitt mit den Verdrehungen der Rotorblattachse entsprechend Bild 29-5.

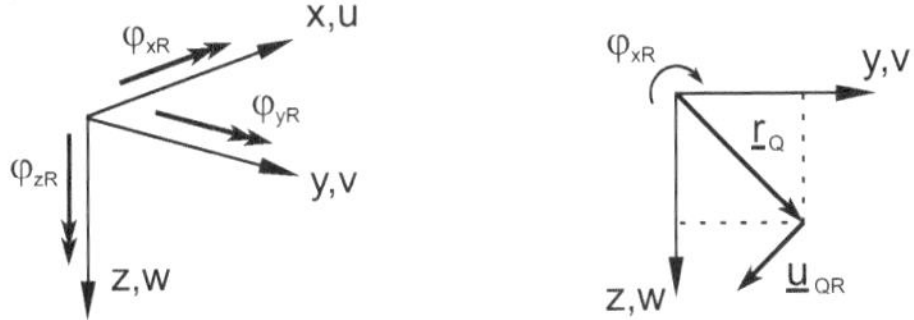

Bild 29-5 Verdrehungen der Rotorblattachse

Hierfür gilt in Matrizenschreibweise

$$\mathbf{u}_{QR} = \mathbf{T}_{\psi-R} \cdot \mathbf{r}_Q = \mathbf{A}_2 \cdot \boldsymbol{\psi}_R$$

mit

$$\varphi_{xR} \qquad \text{Torsion um die } x_1\text{–Achse},$$
$$\varphi_{yR} = -\, w_{,x} \qquad \text{Drehung um die } y_1\text{–Achse},$$
$$\varphi_{zR} = +\, v_{,x} \qquad \text{Drehung um die } z_1\text{–Achse},$$

wenn die mathematisch positiven Neigungen der Biegelinie nicht in jedem Fall mit den positiven Drehwinkeln der Rotorblattachse übereinstimmen. Im Detail folgt

$$\begin{bmatrix} u_{1QR} \\ v_{1QR} \\ w_{1QR} \end{bmatrix} = \begin{bmatrix} 0 & -\varphi_{zR} & \varphi_{yR} \\ 0 & 0 & -\varphi_{xR} \\ 0 & \varphi_{xR} & 0 \end{bmatrix} \cdot \begin{bmatrix} x_2 \\ y_2 \\ z_2 \end{bmatrix} = \begin{bmatrix} 0 & z_2 & -y_2 \\ -z_2 & 0 & 0 \\ y_2 & 0 & 0 \end{bmatrix} \cdot \begin{bmatrix} \varphi_{xR} \\ \varphi_{yR} \\ \varphi_{zR} \end{bmatrix}.$$

Damit gilt für den Ortsvektor $\mathbf{r}_{abs} = \mathbf{r} + \mathbf{u}$ zum verschobenen Materialteilchen im raumfesten Koordinatensystem

$$\mathbf{r}_{abs} = \mathbf{r} + \mathbf{u}_F + \mathbf{R} \cdot \{\mathbf{u}_{RF} + \mathbf{u}_R\} + \mathbf{R} \cdot \mathbf{T}_2 \cdot \mathbf{u}_{QR} \qquad (29.3)$$

und weiter

$$\mathbf{r}_{abs} = \mathbf{r} + \mathbf{u}_F + \mathbf{R} \cdot \mathbf{A}_1 \cdot \boldsymbol{\psi}_F + \mathbf{R} \cdot \{\mathbf{u}_R + \mathbf{T}_2 \cdot \mathbf{A}_2 \cdot \boldsymbol{\psi}_R\} \ . \qquad (29.4)$$

Die ersten drei Terme beschreiben die Lage des Materialteilchens und die Bewegung der Festhaltung des Rotorblattes. Die beiden letzten Terme beschreiben die Verformung des Rotorblattes aus Elastizität. Die Matrizen $\mathbf{A}_i$ enthalten die Abstände des jeweiligen Materialteilchens zur Drehachse und werden im weiteren als Abstandsmatrizen bezeichnet.

Wenn die Bewegung des Rotorblattes mit den Weggrößen des örtlichen Koordinatensystems $\mathbf{x}_1$ beschrieben werden soll, müssen die Verschiebungen $\mathbf{u}_F$ mit den Verschiebungen $\mathbf{u}_R$ sowie die Verdrehungen $\boldsymbol{\psi}_F$ mit den Verdrehungen $\boldsymbol{\psi}_R$ beschrieben werden. Dies ist mit den Transformationsvorschriften nach Abschnitt 29.2 möglich. Zunächst werden die Verdrehungen $\boldsymbol{\psi}_F$ der Festhaltung in die Koordinaten $\mathbf{x}_0$ transformiert. Es folgt zwischen $\boldsymbol{\psi}_F$ und $\boldsymbol{\psi}_{oF}$

$$\boldsymbol{\psi}_F = \mathbf{T}_0 \cdot \boldsymbol{\psi}_{oF}$$

$$\begin{bmatrix} \varphi_{xF} \\ \varphi_{yF} \\ \varphi_{zF} \end{bmatrix} = \begin{bmatrix} \cos\psi_0 & -\sin\psi_0 & 0 \\ \sin\psi_0 & \cos\psi_0 & 0 \\ 0 & 0 & 1 \end{bmatrix} \cdot \begin{bmatrix} \varphi_{xoF} \\ \varphi_{yoF} \\ \varphi_{zoF} \end{bmatrix} \ .$$

Danach erfolgt die Transformation von $\boldsymbol{\psi}_{oF}$ in die Verdrehungen $\boldsymbol{\psi}_{RF}$ des Rotorblattes

$$\boldsymbol{\psi}_{oF} = \mathbf{T}_1 \cdot \boldsymbol{\psi}_R$$

$$\begin{bmatrix} \varphi_{xoF} \\ \varphi_{yoF} \\ \varphi_{zoF} \end{bmatrix} = \begin{bmatrix} \cos\psi_1 & 0 & \sin\psi_1 \\ 0 & 1 & 0 \\ -\sin\psi_1 & 0 & \cos\psi_1 \end{bmatrix} \cdot \begin{bmatrix} \varphi_{xRF} \\ \varphi_{yRF} \\ \varphi_{zRF} \end{bmatrix}$$

und damit insgesamt

$$\boldsymbol{\psi}_F = \mathbf{T}_0 \cdot \mathbf{T}_1 \cdot \boldsymbol{\psi}_{RF} = \mathbf{R} \cdot \boldsymbol{\psi}_{RF} \ .$$

Analog kann man die Verschiebungen der Rotorblattaufhängung transformieren

$$\mathbf{u}_F = \mathbf{T}_0 \cdot \mathbf{T}_1 \cdot \mathbf{u}_{RF} = \mathbf{R} \cdot \mathbf{u}_{RF} \ .$$

Mit Gleichung (29.4) folgen die Verschiebungen zu

$$\mathbf{r}_{abs} = \mathbf{r} + \mathbf{R} \cdot (\mathbf{u}_{RF} + \mathbf{A}_1 \cdot \mathbf{R} \cdot \boldsymbol{\psi}_{RF}) + \mathbf{R} \cdot (\mathbf{u}_R + \mathbf{T}_2 \cdot \mathbf{A}_2 \cdot \boldsymbol{\psi}_R) \ . \qquad (29.5)$$

Mit den Abkürzungen

$$\mathbf{R}_1 = \mathbf{R} \cdot \mathbf{A}_1 \cdot \mathbf{R} \qquad \text{und} \qquad \mathbf{R}_2 = \mathbf{R} \cdot \mathbf{T}_2 \cdot \mathbf{A}_2$$

sowie Gleichung (29.2) folgt weiter

$$\mathbf{r}_{abs} = \mathbf{r}_F + \mathbf{R} \cdot (\mathbf{r}_R + \mathbf{r}_Q) + \mathbf{R} \cdot \mathbf{u}_{RF} + \mathbf{R}_1 \cdot \boldsymbol{\psi}_{RF} + \mathbf{R} \cdot \mathbf{u}_R + \mathbf{R}_2 \cdot \boldsymbol{\psi}_R \;. \quad (29.6)$$

Die ersten beiden Terme beschreiben die Lage des unverformten Rotorblattes, die beiden mittleren Terme die Verschiebungen infolge der Bewegung der Rotorblattfesthaltung und die letzten beiden Terme die Verschiebungen infolge Elastizität des Rotorblattes.

29.3 Beschleunigungen im Inertialsystem

Beim Aufstellen der Bewegungsgleichungen für rotierende Systeme sind die Massenträgheiten bezüglich des Inertialsystems zu berücksichtigen. Dies bedeutet, dass die Beschleunigungen des Inertialsystems mit den Verschiebungen im örtlichen Koordinatensystem des Rotorblattes beschrieben werden müssen. Bei der Zeitableitung des Ortsvektors $\mathbf{r}$ sind $\dot{\mathbf{r}}_F = \mathbf{0}$, $\dot{\mathbf{r}}_R = \mathbf{0}$ und $\dot{\mathbf{r}}_Q = \mathbf{0}$ zu beachten. Hiermit folgt die Beschleunigung des nicht verformten Rotorblattes zu

$$\ddot{\mathbf{r}} = \ddot{\mathbf{R}} \cdot (\mathbf{r}_R + \mathbf{r}_Q) \;.$$

Damit gilt zunächst

$$\ddot{\mathbf{r}}_{abs} = \ddot{\mathbf{R}} \cdot (\mathbf{r}_R + \mathbf{r}_Q) + \{\mathbf{R} \cdot \mathbf{u}_{RF} + \mathbf{R}_1 \cdot \boldsymbol{\psi}_{RF} + \mathbf{R} \cdot \mathbf{u}_R + \mathbf{R}_2 \cdot \boldsymbol{\psi}_R\}^{\cdot\cdot} \quad (29.7)$$

und nach Ausführen der zweiten Zeitableitung

$$\ddot{\mathbf{r}}_{abs} = \ddot{\mathbf{R}} \cdot (\mathbf{r}_R + \mathbf{r}_Q)$$
$$+ \{\mathbf{R} \cdot \ddot{\mathbf{u}}_{RF} + 2 \cdot \dot{\mathbf{R}} \cdot \dot{\mathbf{u}}_{RF} + \ddot{\mathbf{R}} \cdot \mathbf{u}_{RF} + \mathbf{R}_1 \cdot \ddot{\boldsymbol{\psi}}_{RF} + 2 \cdot \dot{\mathbf{R}}_1 \cdot \dot{\boldsymbol{\psi}}_{RF} + \ddot{\mathbf{R}}_1 \cdot \boldsymbol{\psi}_{RF}\}$$
$$+ \{\mathbf{R} \cdot \ddot{\mathbf{u}}_R + 2 \cdot \dot{\mathbf{R}} \cdot \dot{\mathbf{u}}_R + \ddot{\mathbf{R}} \cdot \mathbf{u}_R + \mathbf{R}_2 \cdot \ddot{\boldsymbol{\psi}}_R + 2 \cdot \dot{\mathbf{R}}_2 \cdot \dot{\boldsymbol{\psi}}_R + \ddot{\mathbf{R}}_2 \cdot \boldsymbol{\psi}_R\} \;.$$

Die zweite Zeile beschreibt den Einfluss der Beschleunigung der Rotorblattfesthaltung und die dritte Zeile die Beschleunigung infolge der örtlichen Bewegung des Rotorblattes. Hierbei sind $\ddot{\mathbf{R}}$, $\ddot{\mathbf{R}}_1$ und $\ddot{\mathbf{R}}_2$ die Führungsbeschleunigungen und $\dot{\mathbf{R}}$, $\dot{\mathbf{R}}_1$ und $\dot{\mathbf{R}}_2$ die Coriolis–Beschleunigungen aufgrund der Rotationsgeschwindigkeit der jeweiligen lokalen Koordinatensysteme. Die Zeitableitungen der Rotationsmatrizen $\mathbf{R}_i$ sind mit den Transformationen der Koordinatensysteme verknüpft.

Zeitableitungen der Rotationsmatrizen

Bei der Zeitableitung der Rotationsmatrizen ist zu beachten, dass $\dot{\mathbf{A}}_1 = \mathbf{0}$ sowie $\dot{\mathbf{A}}_2 = \mathbf{0}$, da die Rotation des Rotorblattes bereits mit den Matrizen $\mathbf{T}_i$ berücksichtigt ist. Die Zeitableitungen der $\mathbf{R}_i$–Matrizen werden nachfolgend für den Fall $\mathbf{T}_0 = \mathbf{I}$ ausgeführt. Dies ist der Fall, wenn x_0 in Windrichtung zeigt. Zunächst gilt mit $\mathbf{R} = \mathbf{T}_1$

$$
\mathbf{R} = \begin{bmatrix} \cos\psi_1 & 0 & \sin\psi_1 \\ 0 & 1 & 0 \\ -\sin\psi_1 & 0 & \cos\psi_1 \end{bmatrix},
$$

$$
\dot{\mathbf{R}} = \begin{bmatrix} -\sin\psi_1 & 0 & \cos\psi_1 \\ 0 & 0 & 0 \\ -\cos\psi_1 & 0 & -\sin\psi_1 \end{bmatrix} \cdot \dot{\psi}_1,
$$

$$
\ddot{\mathbf{R}} = \begin{bmatrix} -\cos\psi_1 & 0 & -\sin\psi_1 \\ 0 & 0 & 0 \\ \sin\psi_1 & 0 & -\cos\psi_1 \end{bmatrix} \cdot \dot{\psi}_1^2 + \begin{bmatrix} -\sin\psi_1 & 0 & \cos\psi_1 \\ 0 & 0 & 0 \\ -\cos\psi_1 & 0 & -\sin\psi_1 \end{bmatrix} \cdot \ddot{\psi}_1.
$$

Weiterhin gilt

$$
\mathbf{R}_1 = \mathbf{R} \cdot \mathbf{A}_1 \cdot \mathbf{R}
$$

$$
= \begin{bmatrix} \cos\psi_1 & 0 & \sin\psi_1 \\ 0 & 1 & 0 \\ -\sin\psi_1 & 0 & \cos\psi_1 \end{bmatrix} \cdot \begin{bmatrix} 0 & z_1 & -y_1 \\ -z_1 & 0 & x_1 \\ y_1 & -x_1 & 0 \end{bmatrix} \cdot \begin{bmatrix} \cos\psi_1 & 0 & \sin\psi_1 \\ 0 & 1 & 0 \\ -\sin\psi_1 & 0 & \cos\psi_1 \end{bmatrix},
$$

$$
= \begin{bmatrix} 0 & -x_1 \cdot \sin\psi_1 + z_1 \cdot \cos\psi_1 & -y_1 \\ x_1 \cdot \sin\psi_1 - z_1 \cdot \cos\psi_1 & 0 & x_1 \cdot \cos\psi_1 + z_1 \cdot \sin\psi_1 \\ y_1 & -x_1 \cdot \cos\psi_1 - z_1 \cdot \sin\psi_1 & 0 \end{bmatrix}
$$

$$
= \begin{bmatrix} 0 & a & -y_1 \\ -a & 0 & b \\ y_1 & -b & 0 \end{bmatrix} \quad \text{mit} \quad \left\{ \begin{array}{l} a = -x_1 \cdot \sin\psi_1 + z_1 \cdot \cos\psi_1 \\ b = +x_1 \cdot \cos\psi_1 + z_1 \cdot \sin\psi_1 \end{array} \right\} \left\{ \begin{array}{l} \dot{a} = -b \cdot \dot{\psi}_1 \\ \dot{b} = a \cdot \dot{\psi}_1 \end{array} \right.
$$

$$
\dot{\mathbf{R}}_1 = \begin{bmatrix} 0 & -b & 0 \\ b & 0 & a \\ 0 & -a & 0 \end{bmatrix} \cdot \dot{\psi}_1
$$

$$
\ddot{\mathbf{R}}_1 = \begin{bmatrix} 0 & a & 0 \\ -a & 0 & b \\ 0 & -b & 0 \end{bmatrix} \cdot \dot{\psi}_1^2 + \begin{bmatrix} 0 & -b & 0 \\ b & 0 & a \\ 0 & -a & 0 \end{bmatrix} \cdot \ddot{\psi}_1.
$$

Die Transformation in das Koordinatensystem des Rotorblattquerschnittes gibt

$$\mathbf{R}_2 = \mathbf{R} \cdot \mathbf{T}_2 \cdot \mathbf{A}_2$$

$$= \begin{bmatrix} \cos\psi_1 & 0 & \sin\psi_1 \\ 0 & 1 & 0 \\ -\sin\psi_1 & 0 & \cos\psi_1 \end{bmatrix} \cdot \begin{bmatrix} 1 & 0 & 0 \\ 0 & \cos\psi_2 & -\sin\psi_2 \\ 0 & \sin\psi_2 & \cos\psi_2 \end{bmatrix} \cdot \begin{bmatrix} 0 & z_2 & -y_2 \\ -z_2 & 0 & 0 \\ y_2 & 0 & 0 \end{bmatrix}$$

$$+ \begin{bmatrix} y_2 \cdot \sin\psi_1 \cos\psi_2 - z_2 \cdot \sin\psi_1 \sin\psi_2 & z_2 \cdot \cos\psi_1 & -y_2 \cdot \cos\psi_1 \\ -z_2 \cdot \cos\psi_2 - y_2 \cdot \sin\psi_2 & 0 & 0 \\ y_2 \cdot \cos\psi_1 \cos\psi_2 - z_2 \cdot \cos\psi_1 \sin\psi_2 & -z_2 \cdot \sin\psi_1 & y_2 \cdot \sin\psi_1 \end{bmatrix} \cdot$$

In der Regel entfällt die Transformation in der Querschnittsebene des Rotorblattes an der Stelle x_1, sodass $\mathbf{T}_2 = \mathbf{I}$ bzw. $\psi_2 = 0$ gesetzt werden kann. Es folgt

$$\mathbf{R}_2 = \mathbf{R} \cdot \mathbf{T}_2 \cdot \mathbf{A}_2$$

$$= \begin{bmatrix} \cos\psi_1 & 0 & \sin\psi_1 \\ 0 & 1 & 0 \\ -\sin\psi_1 & 0 & \cos\psi_1 \end{bmatrix} \cdot \begin{bmatrix} 1 & 0 & 0 \\ 0 & 1 & 0 \\ 0 & 0 & 1 \end{bmatrix} \cdot \begin{bmatrix} 0 & z_2 & -y_2 \\ -z_2 & 0 & 0 \\ y_2 & 0 & 0 \end{bmatrix}$$

$$= \begin{bmatrix} y_2 \cdot \sin\psi_1 & z_2 \cdot \cos\psi_1 & -y_2 \cdot \cos\psi_1 \\ -z_2 & 0 & 0 \\ y_2 \cdot \cos\psi_1 & -z_2 \cdot \sin\psi_1 & y_2 \cdot \sin\psi_1 \end{bmatrix},$$

$$\dot{\mathbf{R}}_2 = \begin{bmatrix} y_2 \cdot \cos\psi_1 & -z_2 \cdot \sin\psi_1 & y_2 \cdot \sin\psi_1 \\ 0 & 0 & 0 \\ -y_2 \cdot \sin\psi_1 & -z_2 \cdot \cos\psi_1 & y_2 \cdot \cos\psi_1 \end{bmatrix} \cdot \dot{\psi}_1,$$

$$\ddot{\mathbf{R}}_2 = \begin{bmatrix} -y_2 \cdot \sin\psi_1 & -z_2 \cdot \cos\psi_1 & y_2 \cdot \cos\psi_1 \\ 0 & 0 & 0 \\ -y_2 \cdot \cos\psi_1 & z_2 \cdot \sin\psi_1 & -y_2 \cdot \sin\psi_1 \end{bmatrix} \cdot \dot{\psi}_1^2$$

$$+ \begin{bmatrix} y_2 \cdot \cos\psi_1 & -z_2 \cdot \sin\psi_1 & y_2 \cdot \sin\psi_1 \\ 0 & 0 & 0 \\ -y_2 \cdot \sin\psi_1 & -z_2 \cdot \cos\psi_1 & y_2 \cdot \cos\psi_1 \end{bmatrix} \cdot \ddot{\psi}_1.$$

29.4 Virtuelle Arbeit der Massenträgheiten

Die virtuelle Arbeit der Massenträgheiten muss im Inertialsystem $\mathbf{x}$ beschrieben werden. Es gilt zunächst

$$\delta A_M = \int \delta\mathbf{r}_{abs}^T \, \rho \, \ddot{\mathbf{r}}_{abs} \, dy_2 \, dz_2 \, dx_1$$

und mit $\delta \mathbf{r}_{abs} = \delta \mathbf{u}$

$$\delta A_M = \int \delta \mathbf{u}^T \rho\, \ddot{\mathbf{r}}_{abs}\, dy_2\, dz_2\, dx_1$$

Dies bedeutet, dass zunächst über die Querschnittsebene $dy_2\, dz_2$ des Rotorblattes integriert wird und danach mit Hilfe der Finite–Element–Methode die Diskretisierung in Längsrichtung $dx_1 = dx_2$ des Rotorblattes erfolgen kann. Mit

$$\mathbf{u} = \begin{bmatrix} \mathbf{R} & \mathbf{R}_1 & \mathbf{R} & \mathbf{R}_2 \end{bmatrix} \cdot \begin{bmatrix} \mathbf{u}_{RF} \\ \boldsymbol{\psi}_{RF} \\ \mathbf{u}_R \\ \boldsymbol{\psi}_R \end{bmatrix}$$

und dem entsprechenden Zusammenhang für die virtuellen Verschiebungen kann man die virtuellen Arbeiten in Matrizenschreibweise angeben

$$\delta A_M = \int \rho \begin{bmatrix} \delta \mathbf{u}_{RF}^T & \delta \boldsymbol{\psi}_{RF}^T & \delta \mathbf{u}_R^T & \delta \boldsymbol{\psi}_R^T \end{bmatrix} \cdot \begin{bmatrix} \mathbf{R}^T \\ \mathbf{R}_1^T \\ \mathbf{R}^T \\ \mathbf{R}_2^T \end{bmatrix} \cdot \{ \ddot{\mathbf{R}} \cdot (\mathbf{r}_R + \mathbf{r}_Q) +$$

$$\begin{bmatrix} \mathbf{R} & \mathbf{R}_1 & \mathbf{R} & \mathbf{R}_2 \end{bmatrix} \cdot \begin{bmatrix} \ddot{\mathbf{u}}_{RF} \\ \ddot{\boldsymbol{\psi}}_{RF} \\ \ddot{\mathbf{u}}_R \\ \ddot{\boldsymbol{\psi}}_R \end{bmatrix} + 2 \begin{bmatrix} \dot{\mathbf{R}} & \dot{\mathbf{R}}_1 & \dot{\mathbf{R}} & \dot{\mathbf{R}}_2 \end{bmatrix} \cdot \begin{bmatrix} \dot{\mathbf{u}}_{RF} \\ \dot{\boldsymbol{\psi}}_{RF} \\ \dot{\mathbf{u}}_R \\ \dot{\boldsymbol{\psi}}_R \end{bmatrix} + \begin{bmatrix} \ddot{\mathbf{R}} & \ddot{\mathbf{R}}_1 & \ddot{\mathbf{R}} & \ddot{\mathbf{R}}_2 \end{bmatrix} \cdot \begin{bmatrix} \mathbf{u}_{RF} \\ \boldsymbol{\psi}_{RF} \\ \mathbf{u}_R \\ \boldsymbol{\psi}_R \end{bmatrix} \} \, dV.$$

In Symbolschreibweise kann man die einzelnen Teile der Arbeiten besser zuordnen. Hierfür gilt

$$\delta A_M = \int \begin{bmatrix} \delta \mathbf{u}_{RF}^T & \delta \boldsymbol{\psi}_{RF}^T & \delta \mathbf{u}_R^T & \delta \boldsymbol{\psi}_R^T \end{bmatrix} \cdot$$

$$\{ \ddot{\boldsymbol{\mu}}_0 \cdot (\mathbf{r}_R + \mathbf{r}_Q) + \boldsymbol{\mu} \cdot \begin{bmatrix} \ddot{\mathbf{u}}_{RF} \\ \ddot{\boldsymbol{\psi}}_{RF} \\ \ddot{\mathbf{u}}_R \\ \ddot{\boldsymbol{\psi}}_R \end{bmatrix} + 2 \cdot \dot{\boldsymbol{\mu}} \cdot \begin{bmatrix} \dot{\mathbf{u}}_{RF} \\ \dot{\boldsymbol{\psi}}_{RF} \\ \dot{\mathbf{u}}_R \\ \dot{\boldsymbol{\psi}}_R \end{bmatrix} + \ddot{\boldsymbol{\mu}} \cdot \begin{bmatrix} \mathbf{u}_{RF} \\ \boldsymbol{\psi}_{RF} \\ \mathbf{u}_R \\ \boldsymbol{\psi}_R \end{bmatrix} \} \, dV.$$

Der erste Teil beschreibt die Arbeit der radial wirkenden Trägheitskräfte, der zweite Teil die Arbeit der Trägheitskräfte im mitdrehenden Koordinatensystem des Rotorblattes. Der dritte Teil beschreibt die Arbeit der Coriolis–Kräfte, die aufgrund der Relativgeschwindigkeiten vorhanden sind. Der vierte Teil beschreibt die Arbeit, die infolge der Führungsbeschleunigung zu berücksichtigen ist. Für die Auswertung der Arbeitsgleichung ist es sinnvoll, die dyadischen Matrizen des Integrals vorweg zu berechnen. Zunächst folgt

$$\delta A_M = \int \rho \left[\ \delta\mathbf{u}_{RF}^T \ \delta\boldsymbol{\psi}_{RF}^T \ \delta\mathbf{u}_R^T \ \delta\boldsymbol{\psi}_R^T \ \right] \cdot$$

$$\left\{ \begin{bmatrix} \mathbf{R}^T\ddot{\mathbf{R}} \\ \mathbf{R}_1^T\ddot{\mathbf{R}} \\ \mathbf{R}^T\ddot{\mathbf{R}} \\ \mathbf{R}_2^T\ddot{\mathbf{R}} \end{bmatrix} \cdot \left[\ \mathbf{r}_R + \mathbf{r}_Q \ \right] + \begin{bmatrix} \mathbf{R}^T\mathbf{R} & \mathbf{R}^T\mathbf{R}_1 & \mathbf{R}^T\mathbf{R} & \mathbf{R}^T\mathbf{R}_2 \\ \mathbf{R}_1^T\mathbf{R} & \mathbf{R}_1^T\mathbf{R}_1 & \mathbf{R}_1^T\mathbf{R} & \mathbf{R}_1^T\mathbf{R}_2 \\ \mathbf{R}^T\mathbf{R} & \mathbf{R}^T\mathbf{R}_1 & \mathbf{R}^T\mathbf{R} & \mathbf{R}^T\mathbf{R}_2 \\ \mathbf{R}_2^T\mathbf{R} & \mathbf{R}_2^T\mathbf{R}_1 & \mathbf{R}_2^T\mathbf{R} & \mathbf{R}_2^T\mathbf{R}_2 \end{bmatrix} \cdot \begin{bmatrix} \ddot{\mathbf{u}}_{RF} \\ \ddot{\boldsymbol{\psi}}_{RF} \\ \ddot{\mathbf{u}}_R \\ \ddot{\boldsymbol{\psi}}_R \end{bmatrix}$$

$$+ \, 2 \begin{bmatrix} \mathbf{R}^T\dot{\mathbf{R}} & \mathbf{R}^T\dot{\mathbf{R}}_1 & \mathbf{R}^T\dot{\mathbf{R}} & \mathbf{R}^T\dot{\mathbf{R}}_2 \\ \mathbf{R}_1^T\dot{\mathbf{R}} & \mathbf{R}_1^T\dot{\mathbf{R}}_1 & \mathbf{R}_1^T\dot{\mathbf{R}} & \mathbf{R}_1^T\dot{\mathbf{R}}_2 \\ \mathbf{R}^T\dot{\mathbf{R}} & \mathbf{R}^T\dot{\mathbf{R}}_1 & \mathbf{R}^T\dot{\mathbf{R}} & \mathbf{R}^T\dot{\mathbf{R}}_2 \\ \mathbf{R}_2^T\dot{\mathbf{R}} & \mathbf{R}_2^T\dot{\mathbf{R}}_1 & \mathbf{R}_2^T\dot{\mathbf{R}} & \mathbf{R}_2^T\dot{\mathbf{R}}_2 \end{bmatrix} \cdot \begin{bmatrix} \dot{\mathbf{u}}_{RF} \\ \dot{\boldsymbol{\psi}}_{RF} \\ \dot{\mathbf{u}}_R \\ \dot{\boldsymbol{\psi}}_R \end{bmatrix}$$

$$+ \begin{bmatrix} \mathbf{R}^T\ddot{\mathbf{R}} & \mathbf{R}^T\ddot{\mathbf{R}}_1 & \mathbf{R}^T\ddot{\mathbf{R}} & \mathbf{R}^T\ddot{\mathbf{R}}_2 \\ \mathbf{R}_1^T\ddot{\mathbf{R}} & \mathbf{R}_1^T\ddot{\mathbf{R}}_1 & \mathbf{R}_1^T\ddot{\mathbf{R}} & \mathbf{R}_1^T\ddot{\mathbf{R}}_2 \\ \mathbf{R}^T\ddot{\mathbf{R}} & \mathbf{R}^T\ddot{\mathbf{R}}_1 & \mathbf{R}^T\ddot{\mathbf{R}} & \mathbf{R}^T\ddot{\mathbf{R}}_2 \\ \mathbf{R}_2^T\ddot{\mathbf{R}} & \mathbf{R}_2^T\ddot{\mathbf{R}}_1 & \mathbf{R}_2^T\ddot{\mathbf{R}} & \mathbf{R}_2^T\ddot{\mathbf{R}}_2 \end{bmatrix} \cdot \begin{bmatrix} \mathbf{u}_{RF} \\ \boldsymbol{\psi}_{RF} \\ \mathbf{u}_R \\ \boldsymbol{\psi}_R \end{bmatrix} \right\} \, dV \, .$$

Die dyadischen Produkte $\mathbf{R}_j^T\mathbf{R}_k$, $\mathbf{R}_j^T\dot{\mathbf{R}}_k$ und $\mathbf{R}_j^T\ddot{\mathbf{R}}_k$ sind nachfolgend angegeben.

29.4.1 Dyadische Produkte ohne Zeitableitung

Die dyadischen Produkte ohne Zeitableitung sind Teil der ersten Massenmatrix, die im mitdrehenden Koordinatensystem des Rotorblattes aufgestellt wird. Die nachfolgend nicht angegebenen Produkte erhält man als transponierte Matrix der entsprechenden dyadischen Produkte.

$$\mathbf{R}^T \cdot \mathbf{R} = \mathbf{I}$$

$$\mathbf{R}^T \cdot \mathbf{R}_1 = \mathbf{R}^T \cdot \mathbf{R} \cdot \mathbf{A}_1 \cdot \mathbf{R} = \mathbf{A}_1 \cdot \mathbf{R}$$

$$\mathbf{R}^T \cdot \mathbf{R}_2 = \mathbf{R}^T \cdot \mathbf{R} \cdot \mathbf{T}_2 \cdot \mathbf{A}_2 = \mathbf{T}_2 \cdot \mathbf{A}_2 = \mathbf{A}_2$$

$$= \begin{bmatrix} 0 & z_2 & -y_2 \\ -z_2 & 0 & 0 \\ y_2 & 0 & 0 \end{bmatrix} ,$$

$$\mathbf{R}_1^T \cdot \mathbf{R}_1 = \mathbf{R}^T \cdot \mathbf{A}_1^T \cdot \mathbf{R}^T \cdot \mathbf{R} \cdot \mathbf{A}_1 \cdot \mathbf{R} = \mathbf{R}^T \cdot \mathbf{A}_1^T \cdot \mathbf{A}_1 \cdot \mathbf{R} = \mathbf{A}_1^T \cdot \mathbf{A}_1$$

$$= \begin{bmatrix} z_1^2 + y_1^2 & -x_1 y_1 & -z_1 x_1 \\ -x_1 y_1 & z_1^2 + x_1^2 & -z_1 y_1 \\ -z_1 x_1 & -z_1 y_1 & x_1^2 + y_1^2 \end{bmatrix}$$

$$\mathbf{R}_1^T \cdot \mathbf{R}_2 = \mathbf{R}^T \cdot \mathbf{A}_1^T \cdot \mathbf{R}^T \cdot \mathbf{R} \cdot \mathbf{T}_2 \cdot \mathbf{A}_2 = \mathbf{R}^T \cdot \mathbf{A}_1^T \cdot \mathbf{A}_2$$

$$\mathbf{R}_2^T \cdot \mathbf{R}_2 = \mathbf{A}_2^T \cdot \mathbf{T}_2^T \cdot \mathbf{R}^T \cdot \mathbf{R} \cdot \mathbf{T}_2 \cdot \mathbf{A}_2 = \mathbf{A}_2^T \cdot \mathbf{A}_2$$

$$= \begin{bmatrix} z_2^2 + y_2^2 & 0 & 0 \\ 0 & z_2^2 & -z_2 y_2 \\ 0 & -y_2 z_2 & y_2^2 \end{bmatrix}$$

29.4.2 Dyadische Produkte mit einer Zeitableitung

Die dyadischen Produkte mit einer Zeitableitung sind der Massenmatrix zuge-ordnet, mit der die Arbeit der Coriolis–Kräfte bestimmt wird. Hierbei werden die bereits oben gewählten Abkürzungen

$$a = -x_1 \cdot \sin\psi_1 + z_1 \cdot \cos\psi_1 \,, \qquad b = x_1 \cdot \cos\psi_1 + z_1 \cdot \sin\psi_1$$

verwendet. Die dyadischen Produkte mit einer Zeitableitung folgen zu

$$\mathbf{R}^T \cdot \dot{\mathbf{R}} = \begin{bmatrix} 0 & 0 & 1 \\ 0 & 0 & 0 \\ -1 & 0 & 0 \end{bmatrix} \cdot \dot{\psi}_1 \,,$$

$$\mathbf{R}^T \cdot \dot{\mathbf{R}}_1 = \begin{bmatrix} 0 & -x_1 & 0 \\ b & 0 & a \\ 0 & -z_1 & 0 \end{bmatrix} \cdot \dot{\psi}_1 \,,$$

$$\mathbf{R}^T \cdot \dot{\mathbf{R}}_2 = \begin{bmatrix} y_2 & 0 & 0 \\ 0 & 0 & 0 \\ 0 & -z_2 & y_2 \end{bmatrix} \cdot \dot{\psi}_1 \,,$$

$$\mathbf{R}_1^T \cdot \dot{\mathbf{R}} = \begin{bmatrix} -y_1 \cdot \cos\psi_1 & 0 & -y_1 \cdot \sin\psi_1 \\ x_1 & 0 & z_1 \\ y_1 \cdot \sin\psi_1 & 0 & y_1 \cdot \cos\psi_1 \end{bmatrix} \cdot \dot{\psi}_1 \,,$$

$$\mathbf{R}_1^T \cdot \dot{\mathbf{R}}_1 = \begin{bmatrix} -a \cdot b & -y_1 \cdot a & -a^2 \\ 0 & 0 & 0 \\ b^2 & y_1 \cdot b & a \cdot b \end{bmatrix} \cdot \dot{\psi}_1 \,,$$

$$\mathbf{R}_1^T \cdot \dot{\mathbf{R}}_2 = \begin{bmatrix} -y_1 y_2 \cdot \sin\psi_1 & -z_2 y_1 \cdot \cos\psi_1 & y_2 y_1 \cdot \cos\psi_1 \\ y_2 z_1 & z_2 \cdot x_1 & -y_2 x_1 \\ -y_1 y_2 \cdot \cos\psi_1 & z_2 y_1 \cdot \sin\psi_1 & -y_2 y_1 \cdot \sin\psi_1 \end{bmatrix} \cdot \dot{\psi}_1 ,$$

$$\mathbf{R}_2^T \cdot \dot{\mathbf{R}} = \begin{bmatrix} -y_2 & 0 & 0 \\ 0 & 0 & z_2 \\ 0 & 0 & -y_2 \end{bmatrix} \cdot \dot{\psi}_1 ,$$

$$\mathbf{R}_2^T \cdot \dot{\mathbf{R}}_1 = \begin{bmatrix} -b \cdot z_2 & -y_2 \cdot z_1 & -a \cdot z_2 \\ 0 & -z_2 \cdot x_1 & 0 \\ 0 & y_2 \cdot x_1 & 0 \end{bmatrix} \cdot \dot{\psi}_1$$

$$\mathbf{R}_2^T \cdot \dot{\mathbf{R}}_2 = \begin{bmatrix} 0 & -y_2 \cdot z_2 & y_2^2 \\ y_2 \cdot z_2 & 0 & 0 \\ -y_2^2 & 0 & 0 \end{bmatrix} \cdot \dot{\psi}_1$$

29.4.3 Dyadische Produkte mit zwei Zeitableitungen

Auch hier werden die bereits oben gewählten Abkürzungen für a und b verwendet. Für die zweite Zeitableitung folgt

$$\mathbf{R}^T \cdot \ddot{\mathbf{R}} = \begin{bmatrix} -1 & 0 & 0 \\ 0 & 0 & 0 \\ 0 & 0 & -1 \end{bmatrix} \cdot \dot{\psi}_1^2 + \begin{bmatrix} 0 & 0 & 1 \\ 0 & 0 & 0 \\ -1 & 0 & 0 \end{bmatrix} \cdot \ddot{\psi}_1$$

$$\mathbf{R}^T \cdot \ddot{\mathbf{R}}_1 = \begin{bmatrix} 0 & z_1 & 0 \\ -a & 0 & b \\ 0 & -x_1 & 0 \end{bmatrix} \cdot \dot{\psi}_1^2 + \begin{bmatrix} 0 & -x_1 & 0 \\ b & 0 & a \\ 0 & -z_1 & 0 \end{bmatrix} \cdot \ddot{\psi}_1 ,$$

$$\mathbf{R}^T \cdot \ddot{\mathbf{R}}_2 = \begin{bmatrix} 0 & -z_2 & y_2 \\ 0 & 0 & 0 \\ -y_2 & 0 & 0 \end{bmatrix} \cdot \dot{\psi}_1^2 + \begin{bmatrix} y_2 & 0 & 0 \\ 0 & 0 & 0 \\ 0 & -z_2 & y_2 \end{bmatrix} \cdot \ddot{\psi}_1 ,$$

$$\mathbf{R}_1^T \cdot \ddot{\mathbf{R}} = \begin{bmatrix} y_1 \sin\psi_1 & 0 & -y_1 \cos\psi_1 \\ -z_1 & 0 & -x_1 \\ y_1 \cos\psi_1 & 0 & y_1 \sin\psi_1 \end{bmatrix} \cdot \dot{\psi}_1^2 + \begin{bmatrix} -y_1 \cos\psi_1 & 0 & -y_1 \sin\psi_1 \\ x_1 & 0 & z_1 \\ -y_1 \sin\psi_1 & 0 & -y_1 \cos\psi_1 \end{bmatrix} \cdot \ddot{\psi}_1$$

$$\mathbf{R}_1^T \cdot \ddot{\mathbf{R}}_1 = \begin{bmatrix} a^2 & -y_1 \cdot b & -a \cdot b \\ 0 & -x_1^2 - z_1^2 & 0 \\ -a \cdot b & -y_1 \cdot a & b^2 \end{bmatrix} \cdot \dot{\psi}_1^2 + \begin{bmatrix} -a \cdot b & -y_1 \cdot a & -a^2 \\ 0 & 0 & 0 \\ b^2 & y_1 \cdot b & a \cdot b \end{bmatrix} \cdot \ddot{\psi}_1$$

$$\mathbf{R}_1^T \cdot \ddot{\mathbf{R}}_2 = \begin{bmatrix} -y_1 y_2 \cos\psi_1 & y_1 z_2 \sin\psi_1 & y_1 y_2 \sin\psi_1 \\ y_2 x_1 & -z_1 z_2 & z_1 y_2 \\ y_1 y_2 \sin\psi_1 & y_1 z_2 \cos\psi_1 & -y_1 y_2 \cos\psi_1 \end{bmatrix} \cdot \dot{\psi}_1^2$$

$$+ \begin{bmatrix} -y_1 y_2 \sin\psi_1 & -y_1 z_2 \cos\psi_1 & y_1 y_2 \cos\psi_1 \\ y_2 z_1 & x_1 z_2 & -x_1 y_2 \\ -y_1 y_2 \cos\psi_1 & y_1 z_2 \sin\psi_1 & -y_1 y_2 \sin\psi_1 \end{bmatrix} \cdot \ddot{\psi}_1$$

$$\mathbf{R}_2^T \cdot \ddot{\mathbf{R}} = \begin{bmatrix} 0 & 0 & -y_2 \\ -z_2 & 0 & 0 \\ y_2 & 0 & 0 \end{bmatrix} \cdot \dot{\psi}_1^2 + \begin{bmatrix} -y_2 & 0 & 0 \\ 0 & 0 & z_2 \\ 0 & 0 & -y_2 \end{bmatrix} \cdot \ddot{\psi}_1 \, ,$$

$$\mathbf{R}_2^T \cdot \ddot{\mathbf{R}}_1 = \begin{bmatrix} az_2 & -y_2 x_1 & -bz_2 \\ 0 & z_2 z_1 & 0 \\ 0 & -y_2 z_1 & 0 \end{bmatrix} \cdot \dot{\psi}_1^2 + \begin{bmatrix} -bz_2 & -y_2 z_1 & -az_2 \\ 0 & -z_2 x_1 & 0 \\ 0 & y_2 x_1 & 0 \end{bmatrix} \cdot \ddot{\psi}_1 \, ,$$

$$\mathbf{R}_2^T \cdot \ddot{\mathbf{R}}_2 = \begin{bmatrix} -y_2^2 & 0 & 0 \\ 0 & -z_2^2 & y_2 z_2 \\ 0 & y_2 z_2 & -y_2^2 \end{bmatrix} \cdot \dot{\psi}_1^2 + \begin{bmatrix} 0 & -y_2 z_2 & y_2^2 \\ z_2 y_2 & 0 & 0 \\ -y_2^2 & 0 & 0 \end{bmatrix} \cdot \ddot{\psi}_1 \, .$$

29.5 Rotorblatt mit starrer Festhaltung

Vernachlässigt man die Schwingungen des Pylons, sind die Verschiebungen $\mathbf{u}_{RF}$ und die Verdrehungen $\boldsymbol{\psi}_{RF}$ der Rotorblattfesthaltung null, sodass sich die Bewegungsgleichungen vereinfachen, siehe Abschnitt 29.2.

Die Verschiebungen $\mathbf{u}_R^T = [u_R\, v_R\, w_R]$ und Verdrehungen $\boldsymbol{\psi}_R = [\varphi_{xR}\, \varphi_{yR}\, \varphi_{zR}]$ aus Elastizität des Rotorblattes sind in nebenstehendem Bild verdeutlicht. Anders als im Balkenmodell nach Abschnitt 11.2 sind die Verdrehungen positiv, wenn sie um die jeweilige lokale Koordinatenachse drehen. Dies führt in den Grundgleichungen teilweise zu einem Vorzeichenwechsel.

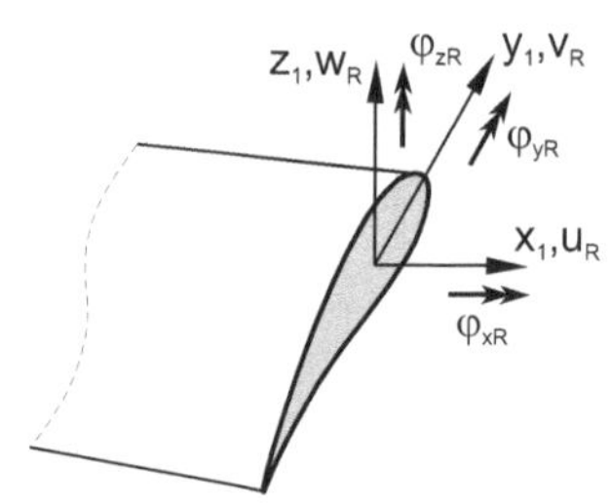

Für starre Festhaltung vereinfachen sich die virtuellen Arbeiten der Massenträgheit des Rotorblattes zu

$$-\delta A_M = \int \rho \left[\, \delta\mathbf{u}_R^T \, \delta\boldsymbol{\psi}_R^T \,\right] \cdot \Big\{ \begin{bmatrix} \mathbf{R}^T \ddot{\mathbf{R}} \\ \mathbf{R}_2^T \ddot{\mathbf{R}} \end{bmatrix} \cdot \left[\, \mathbf{r}_R + \mathbf{r}_Q \,\right] +$$

$$\begin{bmatrix} \mathbf{R}^T \mathbf{R} & \mathbf{R}^T \mathbf{R}_2 \\ \mathbf{R}_2^T \mathbf{R} & \mathbf{R}_2^T \mathbf{R}_2 \end{bmatrix} \cdot \begin{bmatrix} \ddot{\mathbf{u}}_R \\ \ddot{\boldsymbol{\psi}}_R \end{bmatrix} + 2 \begin{bmatrix} \mathbf{R}^T \dot{\mathbf{R}} & \mathbf{R}^T \dot{\mathbf{R}}_2 \\ \mathbf{R}_2^T \dot{\mathbf{R}} & \mathbf{R}_2^T \dot{\mathbf{R}}_2 \end{bmatrix} \cdot \begin{bmatrix} \dot{\mathbf{u}}_R \\ \dot{\boldsymbol{\psi}}_R \end{bmatrix} + \begin{bmatrix} \mathbf{R}^T \ddot{\mathbf{R}} & \mathbf{R}^T \ddot{\mathbf{R}}_2 \\ \mathbf{R}_2^T \ddot{\mathbf{R}} & \mathbf{R}_2^T \ddot{\mathbf{R}}_2 \end{bmatrix} \cdot \begin{bmatrix} \mathbf{u}_R \\ \boldsymbol{\psi}_R \end{bmatrix} \Big\} \, dV.$$

Die Integration der virtuellen Arbeiten erfolgt über das Volumen

$$dV = dx_1\, dy_1\, dz_1 \ .$$

Wenn die Koordinaten $\mathbf{x}_1$ der Rotorblattachse mit den Koordinaten des Querschnitts $\mathbf{x}_2$ übereinstimmen, gilt $y_1 = y_2$ und $z_1 = z_2$, sodass die Flächenintegrale nullter, erster und zweiter Ordnung direkt im Querschnitt berechnet werden können:

Fläche $\qquad\qquad\qquad\qquad\qquad A = \int dz_2\, dy_2 \ ,$

Flächenmomente 1. Grades $\qquad S_z = \int z_2\, dz_2\, dy_2 \ , \qquad\qquad S_y = \int y_2\, dz_2\, dy_2 \ ,$

Flächenmomente 2. Grades $\qquad I_{zz} = \int z_2^2\, dz_2\, dy_2 \ , \qquad\quad I_{yy} = \int y_2^2\, dz_2\, dy_2 \ ,$

$$I_{zy} = \int z_2 y_2\, dz_2\, dy_2 \ , \qquad I_{yz} = \int y_2 z_2\, dz_2\, dy_2 \ .$$

Die Querschnitte sind in Längsrichtung des Rotorblattes in der Regel veränderlich, sodass sie an jeder Stelle ausgewertet werden müssen. Die Veränderlichkeit kann bei der Integration der Arbeiten in x_1–Richtung berücksichtigt werden. Außerdem sind die Querschnitte an die lokal vorhandene aerodynamische Druckverteilung angepasst und daher in Längsrichtung verwunden. In diesem Fall muss die Transformation von den Querschnittskoordinaten y_2, z_2 in die Balkenkoordinaten y_1, z_1 erfolgen.

Das Integral δA_{M0} beschreibt die virtuelle Arbeit der radial wirkenden *Trägheitskräfte* des unverformten Rotorblattes infolge der *Zentripetal–Beschleunigung*.

$$-\delta A_{M0} = \int \rho \left[\, \delta\mathbf{u}_R^T\ \delta\boldsymbol{\psi}_R^T\, \right] \cdot \begin{bmatrix} \mathbf{R}^T\ddot{\mathbf{R}} \\[4pt] \mathbf{R}_2^T\ddot{\mathbf{R}} \end{bmatrix} \cdot \left[\, \mathbf{r}_R + \mathbf{r}_Q\, \right]\, dy_2\, dz_2\, dx_1$$

$$= \int \rho \left[\, \delta\mathbf{u}_R^T\ \delta\boldsymbol{\psi}_R^T\, \right] \cdot \left\{\dot{\psi}_1^2 \cdot \begin{bmatrix} -1 & 0 & 0 \\ 0 & 0 & 0 \\ 0 & 0 & -1 \\ 0 & 0 & -y_2 \\ -z_2 & 0 & 0 \\ y_2 & 0 & 0 \end{bmatrix} + \ddot{\psi}_1 \cdot \begin{bmatrix} 0 & 0 & 1 \\ 0 & 0 & 0 \\ -1 & 0 & 0 \\ -y_2 & 0 & 0 \\ 0 & 0 & z_2 \\ 0 & 0 & -y_2 \end{bmatrix} \right\} \begin{bmatrix} x_1 \\ y_2 \\ z_2 \end{bmatrix} dy_2\, dz_2\, dx_1$$

$$= \int \left[\, \delta\mathbf{u}_R^T\ \delta\boldsymbol{\psi}_R^T\, \right] \cdot \left\{\dot{\psi}_1^2 \cdot \rho \cdot \begin{bmatrix} -x_1 \cdot A \\ 0 \\ -S_z \\ -I_{yz} \\ -x_1 \cdot S_z \\ x_1 \cdot S_y \end{bmatrix} + \ddot{\psi}_1 \cdot \rho \cdot \begin{bmatrix} S_z \\ 0 \\ -x_1 \cdot A \\ -x_1 \cdot S_y \\ I_{zz} \\ -I_{yz} \end{bmatrix} \right\} dx_1 \ .$$

Das Integral δA_{M1} beschreibt die virtuelle Arbeit der *Trägheitskräfte* infolge der Schwingung des Rotorblattes um die Rotorachse im mitdrehenden Koordinatensystem:

$$-\delta A_{M1} = \int \rho \left[\, \delta\mathbf{u}_R^T \; \delta\boldsymbol{\psi}_R^T \,\right] \cdot \begin{bmatrix} \mathbf{R}^T\mathbf{R} & \mathbf{R}^T\mathbf{R}_2 \\ \mathbf{R}_2^T\mathbf{R} & \mathbf{R}_2^T\mathbf{R}_2 \end{bmatrix} \cdot \begin{bmatrix} \ddot{\mathbf{u}}_R \\ \ddot{\boldsymbol{\psi}}_R \end{bmatrix} dy_2\, dz_2\, dx_1$$

$$= \int \left[\, \delta\mathbf{u}_R^T \; \delta\boldsymbol{\psi}_R^T \,\right] \cdot \rho \begin{bmatrix} 1 & 0 & 0 & 0 & z_2 & -y_2 \\ 0 & 1 & 0 & -z_2 & 0 & 0 \\ 0 & 0 & 1 & y_2 & 0 & 0 \\ 0 & -z_2 & y_2 & z_2^2+y_2^2 & 0 & 0 \\ z_2 & 0 & 0 & 0 & z_2^2 & -z_2 y_2 \\ -y_2 & 0 & 0 & 0 & -y_2 z_2 & y_2^2 \end{bmatrix} \cdot \begin{bmatrix} \ddot{u} \\ \ddot{v} \\ \ddot{w} \\ \ddot{\varphi}_x \\ \ddot{\varphi}_y \\ \ddot{\varphi}_z \end{bmatrix}_R dy_2\, dz_2\, dx_1$$

$$= \int \left[\, \delta\mathbf{u}_R^T \; \delta\boldsymbol{\psi}_R^T \,\right] \cdot \rho \begin{bmatrix} A & 0 & 0 & 0 & S_z & -S_y \\ 0 & A & 0 & -S_z & 0 & 0 \\ 0 & 0 & A & S_y & 0 & 0 \\ 0 & -S_z & S_y & I_{zz}+I_{yy} & 0 & 0 \\ S_z & 0 & 0 & 0 & I_{zz} & -I_{zy} \\ -S_y & 0 & 0 & 0 & -I_{yz} & I_{yy} \end{bmatrix} \cdot \begin{bmatrix} \ddot{u} \\ \ddot{v} \\ \ddot{w} \\ \ddot{\varphi}_x \\ \ddot{\varphi}_y \\ \ddot{\varphi}_z \end{bmatrix}_R dx_1 \,.$$

Das Integral δA_{M2} liefert die virtuelle Arbeit der *Coriolis–Kräfte* infolge der Schwingung des Rotorblattes im mitdrehenden Koordinatensystem. Nach Integration folgt eine unsymmetrische Systemmatrix, die auf die Dämpfungsmatrix des Rotorblattes addiert werden muss.

$$-\delta A_{M2} = 2 \int \rho \left[\, \delta\mathbf{u}_R^T \; \delta\boldsymbol{\psi}_R^T \,\right] \cdot \begin{bmatrix} \mathbf{R}^T\dot{\mathbf{R}} & \mathbf{R}^T\dot{\mathbf{R}}_2 \\ \mathbf{R}_2^T\dot{\mathbf{R}} & \mathbf{R}_2^T\dot{\mathbf{R}}_2 \end{bmatrix} \cdot \begin{bmatrix} \dot{\mathbf{u}}_R \\ \dot{\boldsymbol{\psi}}_R \end{bmatrix} dy_2\, dz_2\, dx_1$$

$$= 2\dot{\psi}_1 \int \left[\, \delta\mathbf{u}_R^T \; \delta\boldsymbol{\psi}_R^T \,\right] \cdot \rho \begin{bmatrix} 0 & 0 & 1 & y_2 & 0 & 0 \\ 0 & 0 & 0 & 0 & 0 & 0 \\ -1 & 0 & 0 & 0 & -z_2 & y_2 \\ -y_2 & 0 & 0 & 0 & -y_2 z_2 & y_2^2 \\ 0 & 0 & z_2 & y_2 z_2 & 0 & 0 \\ 0 & 0 & -y_2 & -y_2^2 & 0 & 0 \end{bmatrix} \cdot \begin{bmatrix} \dot{u} \\ \dot{v} \\ \dot{w} \\ \dot{\varphi}_x \\ \dot{\varphi}_y \\ \dot{\varphi}_z \end{bmatrix}_R dy_2\, dz_2\, dx_1$$

$$= 2\dot{\psi}_1 \int \left[\, \delta\mathbf{u}_R^T \; \delta\boldsymbol{\psi}_R^T \,\right] \cdot \rho \begin{bmatrix} 0 & 0 & A & S_y & 0 & 0 \\ 0 & 0 & 0 & 0 & 0 & 0 \\ -A & 0 & 0 & 0 & -S_z & S_y \\ -S_y & 0 & 0 & 0 & -I_{zy} & I_{yy} \\ 0 & 0 & S_z & I_{yz} & 0 & 0 \\ 0 & 0 & -S_y & -I_{yy} & 0 & 0 \end{bmatrix} \cdot \begin{bmatrix} \dot{u} \\ \dot{v} \\ \dot{w} \\ \dot{\varphi}_x \\ \dot{\varphi}_y \\ \dot{\varphi}_z \end{bmatrix}_R dx_1 \,.$$

Das Integral δA_{M3} liefert die virtuelle Arbeit infolge Schwingung des Rotorblattes und *Zentripetal-Beschleunigung*.

$$-\delta A_{M3} = \int \rho \left[\delta\mathbf{u}_R^T \ \delta\boldsymbol{\psi}_R^T\right]\cdot \begin{bmatrix} \mathbf{R}^T\ddot{\mathbf{R}} & \mathbf{R}^T\ddot{\mathbf{R}}_2 \\ \mathbf{R}_2^T\ddot{\mathbf{R}} & \mathbf{R}_2^T\ddot{\mathbf{R}}_2 \end{bmatrix} \cdot \begin{bmatrix} \mathbf{u}_R \\ \boldsymbol{\psi}_R \end{bmatrix} dy_2\, dz_2\, dx_1$$

$$= \int \left[\delta\mathbf{u}_R^T \ \delta\boldsymbol{\psi}_R^T\right]\cdot \left\{\dot{\psi}_1^2\cdot\rho \begin{bmatrix} -1 & 0 & 0 & 0 & -z_2 & y_2 \\ 0 & 0 & 0 & 0 & 0 & 0 \\ 0 & 0 & -1 & -y_2 & 0 & 0 \\ 0 & 0 & -y_2 & -y_2^2 & 0 & 0 \\ -z_2 & 0 & 0 & 0 & -z_2^2 & y_2 z_2 \\ y_2 & 0 & 0 & 0 & y_2 z_2 & -y_2^2 \end{bmatrix} \right.$$

$$\left. +\ddot{\psi}_1\cdot\rho \begin{bmatrix} 0 & 0 & 1 & y_2 & 0 & 0 \\ 0 & 0 & 0 & 0 & 0 & 0 \\ -1 & 0 & 0 & 0 & -z_2 & y_2 \\ -y_2 & 0 & 0 & 0 & -y_2 z_2 & y_2^2 \\ 0 & 0 & z_2 & z_2 y_2 & 0 & 0 \\ 0 & 0 & -y_2 & -y_2^2 & 0 & 0 \end{bmatrix}\right\} \begin{bmatrix} u \\ v \\ w \\ \varphi_x \\ \varphi_y \\ \varphi_z \end{bmatrix}_R dy_2\, dz_2\, dx_1$$

$$= \int \left[\delta\mathbf{u}_R^T \ \delta\boldsymbol{\psi}_R^T\right]\cdot \left\{\dot{\psi}_1^2\cdot\rho \begin{bmatrix} -A & 0 & 0 & 0 & -S_z & S_y \\ 0 & 0 & 0 & 0 & 0 & 0 \\ 0 & 0 & -A & -S_y & 0 & 0 \\ 0 & 0 & -S_y & -I_{yy} & 0 & 0 \\ -S_z & 0 & 0 & 0 & -I_{zz} & I_{zy} \\ S_y & 0 & 0 & 0 & I_{yz} & -I_{yy} \end{bmatrix}\right.$$

$$\left. +\ddot{\psi}_1\cdot\rho \begin{bmatrix} 0 & 0 & A & S_y & 0 & 0 \\ 0 & 0 & 0 & 0 & 0 & 0 \\ -A & 0 & 0 & 0 & -S_z & S_y \\ -S_y & 0 & 0 & 0 & -I_{zy} & I_{yy} \\ 0 & 0 & S_z & I_{yz} & 0 & 0 \\ 0 & 0 & -S_y & -I_{yy} & 0 & 0 \end{bmatrix}\right\} \begin{bmatrix} u \\ v \\ w \\ \varphi_x \\ \varphi_y \\ \varphi_z \end{bmatrix}_R dx_1\,.$$

Beide Matrizen werden auf die Steifigkeitsmatrix addiert und bewirken bei einer Drehbewegung mit $\dot{\psi}_1$ eine Veränderung der effektiven Steifigkeit, siehe hierzu Abschnitt 29.8. Damit folgen die gesamten virtuellen Arbeiten der Massenträgheiten in Matrizenschreibweise in der Reihenfolge der Herleitung zu

$$-\delta A_M = \delta\mathbf{v}^T\left\{\dot{\Psi}_1^2\mathbf{m}_2 + \ddot{\Psi}_1\mathbf{m}_1 + \mathbf{M}_0\ddot{\mathbf{v}} + 2\dot{\Psi}_1\mathbf{M}_1\dot{\mathbf{v}} + (\dot{\Psi}_1^2\mathbf{M}_2 + \ddot{\Psi}_1\mathbf{M}_1)\mathbf{v}\right\}.$$

29.6 Virtuelle Arbeiten aus Eigengewicht

Die virtuelle Arbeit aus Eigengewicht muss ebenfalls im Inertialsystem $\mathbf{x}$ beschrieben werden. Es gilt

$$\delta A_g = \int \delta \mathbf{u}^T \rho \, \mathbf{g} \, dy_2 \, dz_2 \, dx_1 \;,$$

wenn $\mathbf{g}$ den Vektor der Erdbeschleunigung darstellt. $\mathbf{g}$ zeigt im Inertialsystem in Richtung der globalen Koordinate $-z = -z_0$.

Nebenstehendes Bild verdeutlicht die Komponenten des Eigengewichts im rotierenden Koordinatensystem. Ψ_1 ist der Drehwinkel des Rotorblattes und ρA die Massenbelegung. Die Gewichtskomponenten wirken damit je nach Lage in Längsrichtung und senkrecht zum Rotorblatt.

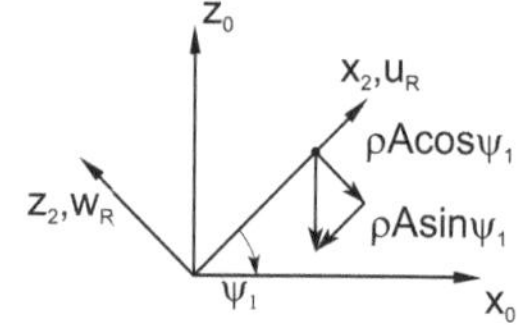

Mit

$$\delta \mathbf{u} = \left[\, \mathbf{R}\,\mathbf{R}_1 \; \mathbf{R}\,\mathbf{R}_2 \,\right] \cdot \begin{bmatrix} \delta \mathbf{u}_{RF} \\ \delta \boldsymbol{\psi}_{RF} \\ \delta \mathbf{u}_R \\ \delta \boldsymbol{\psi}_R \end{bmatrix} \qquad \text{und} \qquad \mathbf{g} = -g \cdot \begin{bmatrix} 0 \\ 0 \\ 1 \end{bmatrix}$$

folgt

$$\delta A_g = -\int \rho \cdot g \left[\, \delta \mathbf{u}_{RF}^T \; \delta \boldsymbol{\psi}_{RF}^T \; \delta \mathbf{u}_R^T \; \delta \boldsymbol{\psi}_R^T \,\right] \cdot \begin{bmatrix} \mathbf{R}^T \\ \mathbf{R}_1^T \\ \mathbf{R}^T \\ \mathbf{R}_2^T \end{bmatrix} \cdot \begin{bmatrix} 0 \\ 0 \\ 1 \end{bmatrix} dy_2 \, dz_2 \, dx_1 \;.$$

und mit den Rotationsmatrizen $\mathbf{R}_j$ nach Abschnitt 29.3

$$\delta A_g = -\rho \cdot g \int \left\{ \left[\, \delta \mathbf{u}_{RF}^T \; \delta \boldsymbol{\psi}_{RF}^T \,\right] \cdot \begin{bmatrix} A \sin \psi_1 \\ 0 \\ A \cos \psi_1 \\ A\, y_1 \\ -A\, b \\ 0 \end{bmatrix} + \left[\, \delta \mathbf{u}_R^T \; \delta \boldsymbol{\psi}_R^T \,\right] \cdot \begin{bmatrix} A \sin \psi_1 \\ 0 \\ A \cos \psi_1 \\ S_y \cos \psi_1 \\ S_z \sin \psi_1 \\ -S_y \sin \psi_1 \end{bmatrix} \right\} dx_1 \;.$$

Auch hier entfällt der erste Arbeitsterm, wenn das Lager des Rotorblattes bis auf die planmäßige Drehbewegung ψ_1 fest ist.

29.7 Virtuelle Arbeiten aus Elastizität des Rotorblattes

Die Arbeitsgleichung des elastischen Rotorblattes wird in den Koordinaten des rotierenden Rotorblattes aufgestellt, sodass als Weggrößen die Verschiebungen u,v,w in den drei Raumrichtungen und die Verdrehung φ_x um die x_1–Achse berücksichtigt werden müssen. Für symmetrische Querschnitte sind die virtuellen Arbeiten in Abschnitt 11 für Dehnstäbe, Biegestäbe und Torsionsstäbe angegeben.

Rotorblätter besitzen in der Regel unsymmetrische Querschnitte, sodass die virtuellen Arbeiten auch Koppelterme aufweisen. Die Herleitung der virtuellen inneren Arbeiten erfolgt daher für unsymmetrische Querschnitte und Biegung um zwei Achsen in v– und w–Richtung.

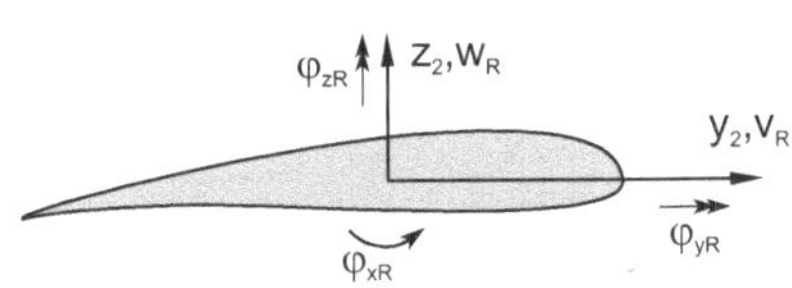

Wie in Abschnitt 11 wird auch hier die Bernoulli–Hypothese angesetzt, die bei Dehnung und zwei–achsiger Biegung entsprechend Bild 29-6 auf folgende Längsverzerrungen

$$\varepsilon_{xx} = u_{,x} - \kappa_w \cdot z - \kappa_v \cdot y$$

$$= u_{,x} - w_{,xx} \cdot z - v_{,xx} \cdot y$$

sowie Schubverzerrungen aus Verdrillung führt

$$\varepsilon_{yz} = \varphi_{x,x} \cdot \sqrt{y^2 + z^2} \,.$$

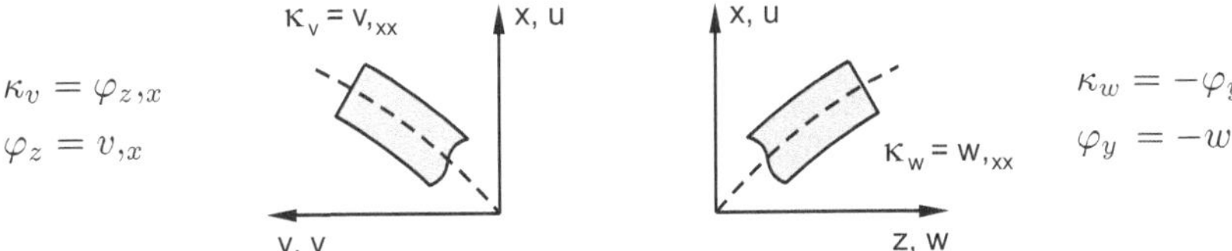

Bild 29-6 Verkrümmungen um zwei Achsen

Damit folgen die virtuellen inneren Arbeiten des Rotorblattes zu:

$$-\delta A_{el} = \int \{ (\delta u_{,x} - \delta w_{,xx} \cdot z - \delta v_{,xx} \cdot y) \cdot E \cdot (u_{,x} - w_{,xx} \cdot z - v_{,xx} \cdot y)$$

$$+ (\delta \varphi_{x,x} \cdot \sqrt{y^2 + z^2}) \cdot G \cdot (\varphi_{x,x} \cdot \sqrt{y^2 + z^2}) \} \, dy_2 \, dz_2 \, dx_1 \,.$$

In Matrizenschreibweise folgt

$$-\delta A_{el} = \int \Big\{ \big[\, \delta\mathbf{u}_R^T \ \delta\boldsymbol{\psi}_R^T \,\big] \cdot$$

$$\begin{bmatrix} {}_x\partial E\partial_x & -{}_x\partial Ey\partial_{xx} & -{}_x\partial Ez\partial_{xx} & 0 & 0 & 0 \\ -{}_{xx}\partial Ey\partial_x & {}_{xx}\partial Ey^2\partial_{xx} & {}_{xx}\partial Eyz\partial_{xx} & 0 & 0 & 0 \\ -{}_{xx}\partial Ez\partial_x & {}_{xx}\partial Ezy\partial_{xx} & {}_{xx}\partial Ez^2\partial_{xx} & 0 & 0 & 0 \\ 0 & 0 & 0 & {}_x\partial G(y^2+z^2)\partial_x & 0 & 0 \\ 0 & 0 & 0 & 0 & 0 & 0 \\ 0 & 0 & 0 & 0 & 0 & 0 \end{bmatrix} \Big\} \begin{bmatrix} u \\ v \\ w \\ \varphi_x \\ \varphi_y \\ \varphi_z \end{bmatrix}_R dy_2 \, dz_2 \, dx_1 \,.$$

Nach Integration über die Querschnittsebene $dy \cdot dz$ bleibt

$$-\delta A_{el} = \int \Big\{ \big[\, \delta\mathbf{u}_R^T \ \delta\boldsymbol{\psi}_R^T \,\big] \cdot$$

$$\begin{bmatrix} {}_x\partial EA\partial_x & -{}_x\partial ES_y\partial_{xx} & -{}_x\partial ES_z\partial_{xx} & 0 & 0 & 0 \\ -{}_{xx}\partial ES_y\partial_x & {}_{xx}\partial EI_{yy}\partial_{xx} & {}_{xx}\partial EI_{yz}\partial_{xx} & 0 & 0 & 0 \\ -{}_{xx}\partial ES_z\partial_x & {}_{xx}\partial EI_{zy}\partial_{xx} & {}_{xx}\partial EI_{zz}\partial_{xx} & 0 & 0 & 0 \\ 0 & 0 & 0 & {}_x\partial GI_T\partial_x & 0 & 0 \\ 0 & 0 & 0 & 0 & 0 & 0 \\ 0 & 0 & 0 & 0 & 0 & 0 \end{bmatrix} \Big\} \begin{bmatrix} u \\ v \\ w \\ \varphi_x \\ \varphi_y \\ \varphi_z \end{bmatrix}_R dx_1 \,.$$

Die bei der Rotation entstehenden *Trägheitskräfte* führen zur Versteifung des Rotorblattes, was mit der Theorie II. Ordnung erfasst werden kann. In diesem Fall müssen die virtuellen Arbeiten des Rotorblattes um

$$-\delta A_{el}^N = \int \big\{ \delta w_{,x} N\, w_{,x} + \delta v_{,x} N\, v_{,x} \big\} \, dx_1 = 0$$

ergänzt werden, wobei die Längskraft N als Zugkraft positiv angesetzt wird. Auch hier ist die Matrizendarstellung besser geeignet. Es folgt

$$-\delta A_{el}^N = \int \big[\, \delta\mathbf{u}_R^T \ \delta\boldsymbol{\psi}_R^T \,\big] \begin{bmatrix} 0 & 0 & 0 & 0 & 0 & 0 \\ 0 & {}_x\partial N\partial_x & 0 & 0 & 0 & 0 \\ 0 & 0 & {}_x\partial N\partial_x & 0 & 0 & 0 \\ 0 & 0 & 0 & 0 & 0 & 0 \\ 0 & 0 & 0 & 0 & 0 & 0 \\ 0 & 0 & 0 & 0 & 0 & 0 \end{bmatrix} \begin{bmatrix} u \\ v \\ w \\ \varphi_x \\ \varphi_y \\ \varphi_z \end{bmatrix}_R dx_1 \,.$$

Wenn die Schwerachse $\mathbf{x}_S$ des Rotorblattes nicht mit der Bezugsachse $\mathbf{x}_R$ übereinstimmt, ist eine Transformation der Verschiebungen und Verdrehungen auf die Bezugsachse R des Rotorblattes erforderlich, siehe nebenstehendes Bild. Bei entlang der Blattachse verwundenen Querschnitten ist außerdem die Verwindung Ψ_2 der Querschnitte um die x_1–Achse zu berücksichtigen.

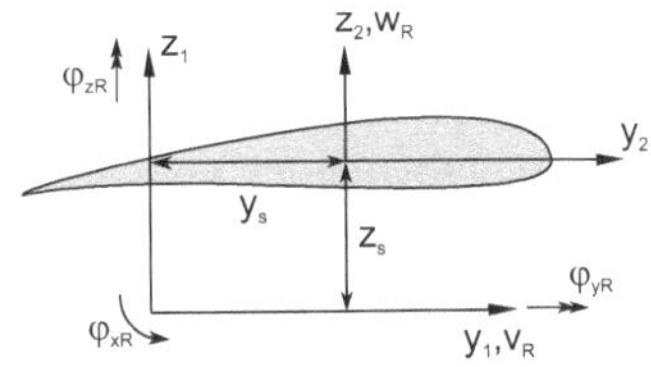

Für kleine Drehungen φ_y, φ_z gilt

$$\begin{bmatrix} u \\ v \\ w \\ \varphi_x \\ \varphi_y \\ \varphi_z \end{bmatrix} = \begin{bmatrix} 1 & & & & z_s & -y_s \\ & 1 & & & & \\ & & 1 & & & \\ & & & 1 & & \\ & & & & 1 & \\ & & & & & 1 \end{bmatrix} \begin{bmatrix} u \\ v \\ w \\ \varphi_x \\ \varphi_y \\ \varphi_z \end{bmatrix}_R$$

und abgekürzt

$$\mathbf{u} = \mathbf{T}\,\mathbf{u}_R \qquad \text{bzw.} \qquad \delta\mathbf{u} = \mathbf{T}\,\delta\mathbf{u}_R \,.$$

Mit $\mathbf{T}$ können die Steifigkeitsmatrix und der Lastvektor sowie die Arbeiten A_m und A_g von der Schwerachse in das Bezugssystem transformiert werden.

29.8 Virtuelle Gesamtarbeiten

Die Arbeitsgleichung des Rotorblattes im mitdrehenden Koordinatensystem umfasst die Arbeiten der Massenträgheiten nach Abschnitt 29.5, die Arbeiten der Gewichtskräfte nach Abschnitt 29.6 und die Arbeiten aus elastischer Verformung des Rotorblattes nach Abschnitt 29.7.

$$\delta A = \delta A_M + \delta A_g + \delta A_{el} + \delta A_{el}^N \,.$$

29.9 Windkraftanlagen

Mit der Neuausrichtung der Energieerzeugung auf erneuerbare Energien hat die
Energieerzeugung aus Windkraft erheblich an Bedeutung gewonnnen. Zusätzlich zu den ursprünglich auf dem Land errichteten Windkraftanlagen sind mitt-
lerweile große Windparks in der Nord– und Ostsee entstanden, deren Strom mit
Überlandleitungen bis tief in das Inland geleitet wird. Eine ausführliche und
anschauliche Einführung in die Wirkungsweise, den Betrieb und die struktur-
mechanischen Rahmenbedingungen von Windkraftanlagen geben *Gasch* und
Twele [22]. Die wesentlichen Grundlagen der Strömungsphänomenologie sind
in der Arbeit von *Betz* [4] zusammengefasst.

Windkraftanlagen bestehen aus dem auf dem Fundament errichteten Turm, der
Gondel und den Rotoren. Der Turm ist in der Regel rotationssymmetrisch aus
Stahlbeton oder Stahl hergestellt und verjüngt sich nach oben entsprechend den
Schnittgrößen. In der auf dem Turm platzierten drehbaren Gondel sind die für
die Leistungsabnahme verantwortlichen Maschinenelemente untergebracht, die
aufgrund der hohen dynamischen Belastung der Materialermüdung ausgesetzt
sind. Die Rotoren sind in der Regel aus Kohlefaser–verstärkten Kunststoffen
hergestellt, um das Gewicht möglichst gering zu halten. Die Größenordnung der
Windkraftanlagen ist von den ersten Anlagen mit Bauhöhen von $25\,m$, einem
Rotordurchmesser von $15\,m$ und einer Leistung von $55\,kW$ auf aktuelle Anlagen
angewachsen, die eine Bauhöhe von ca. $140\,m$, einen Rotordurchmesser von ca.
$130\,m$ und eine Leistung von bis zu $7000\,kW$ aufweisen. Die lineare Vergrößerung der Durchmesser bewirkt eine überproportionale Leistungssteigerung, da
das auf die Rotorblätter wirkende Antriebsmoment mit dem Durchmesser quadratisch ansteigt und dazu der Querschnitt der Rotorblätter vergrößert wird.

Moderne Windkraftanlagen besitzen in der Regel drei Rotoren, die von der ein-
strömenden Luft mit der Geschwindigkeit u_∞ in Bewegung gesetzt werden und
der Luft einen Teil der Bewegungsenergie entziehen. In der Folge reduziert sich
die Windgeschwindigkeit hinter der Rotorebene im Idealfall auf $1/3 \cdot u_\infty$. Die
Leistungabnahme erfolgt in der Rotorebene im Idealfall mit $2/3 \cdot u_\infty$, siehe [4].
Die Übertragung der Bewegungsenergie der Luft auf die Rotorblätter erfolgt
mit dem Auftriebsprinzip, bei dem die Umströmung des Profils eine senkrecht
zur Strömungsrichtung wirkende Auftriebskraft bewirkt, die das Rotorblatt in
Bewegung versetzt, siehe Bild 29-7. Hierbei ist zwar die Windgeschwindigkeit
u_∞ entlang der Rotorachse nahezu konstant, wird jedoch durch die Drehbewegung Ω des Rotorblattes mit dem Abstand r von der Drehachse auf u_{eff}
verändert

$$u_{\mathit{eff}} = \sqrt{u_\infty^2 + (\Omega \cdot r)^2}\,.$$

Mit einer Verwindung der Rotorblätter erreicht man, dass der Anstellwinkel des Profils bezüglich der effektiven Anströmgeschwindigkeit entsprechend den Anforderungen optimiert wird. Der aerodynamische Widerstand des Blattes bewirkt eine Verbiegung der Rotorblätter und in der Folge eine Verbiegung des Turms, die zu einer Neigung der Rotorblattebene führt. Die Neigung der Rotorblattebene und die Neigung der Rotorblätter können mit der Aufhängung an der Gondel auch gezielt gesteuert werden, um den Wirkungsgrad zu erhöhen.

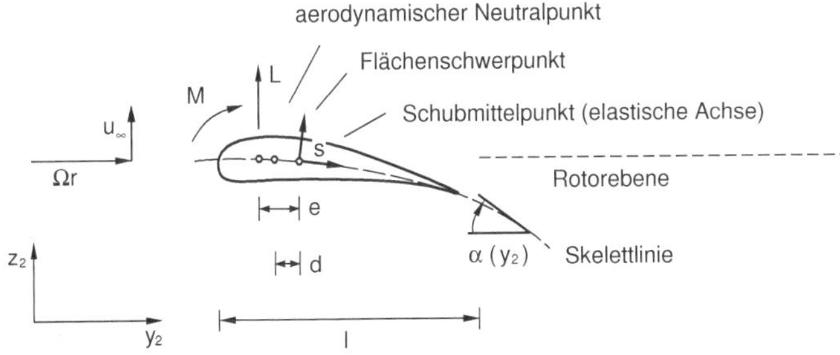

Bild 29-7 Auftriebserzeugung bei einem Rotorblatt

Die für die Strukturdynamik wesentlichen Aufgaben sind die Ermittlung der für die Bemessung maßgebenden Schnittgrößen und Verformungen. Hierbei sind folgende planmäßige Lastfälle zu unterscheiden.

Statische Einwirkungen:
Eigengewicht der Rotorblätter in verschiedenen Stellungen, Gondel, Turm, Fundament. Windeinwirkungen auf die gesamte Anlage, Turmvorstau.

Dynamische Einwirkungen:
Bei Drehung der Blattebene entstehen Fliehkräfte, die die Rotorblätter auf Zug beanspruchen und daher versteifen. Bei drei–Blatt–Rotoren sind die Fliehkräfte im Idealfall im Gleichgewicht. Wenn die Masse der Rotoren nicht identisch ist, entstehen jedoch Unwuchten, die radiale Fliehkräfte $\Delta m \cdot r_s \cdot \Omega^2 \cos \Omega t$ senkrecht zur Windrichtung bewirken.
Aus der Umströmung der Rotorblätter sind abhängig von der Windrichtung die Lastfälle Auftrieb und Widerstand, die von Karman'sche Wirbelerregung, die Turbulenz der Luftbewegung – auch im Nachlauf der Rotorblätter – sowie Windböen zu berücksichtigen. Für Extremsituationen ist eine Notabschaltung der Anlage als Lastfall einzubeziehen.

Offshore–Anlagen sind zusätzlich zu den oben angegebenen Einwirkungen von Meereswellen und Eisgang belastet, die auf die Unterkonstruktion wirken.

29.9.1 Querschnittsparameter

Querschnitte von Rotorblättern sind unsymmetrisch. Dies bedeutet, dass die Steifigkeitsmatrizen und die Massenmatrizen der Querschnittsform entsprechend bestimmt werden müssen, siehe Abschnitt 29.7.

Die infolge der Windanströmung auf die Rotorblätter einwirkende Druckverteilung ist sehr komplex, da die Rotorblätter verwunden sind und die effektive Anströmgeschwindigkeit sowie der Anströmwinkel entlang des Blattes veränderlich sein können. Im Einzelfall wird das Abreißen der Strömung zugelassen, sodass die Auftriebs– und Widerstandsbeiwerte nichtlinear sind. Bild 29-8 gibt experimentell gemessene Auftriebsbeiwerte an einem *NACA-0012*-Profil wieder, siehe [50].

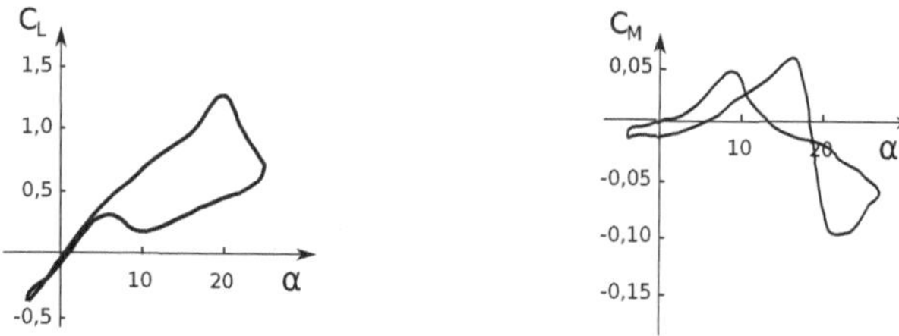

Bild 29-8 Auftriebsbeiwerte für ein *NACA-0012*-Profil [50]

29.9.2 Bewegungsgleichungen

Die maßgebenden Lastfälle sind mit den Bewegungsgleichungen für einzelne Bauteile oder auch für die Gesamtanlage nachzuweisen. Die Turmschwingungen mit Gondel und ruhenden Rotorblättern können im raumfesten Koordinatensystem analog zu einer Balkenschwingung entsprechend Abschnitt 11.2 analysiert werden. Rotorblattschwingungen werden in der Regel im mitdrehenden Koor-

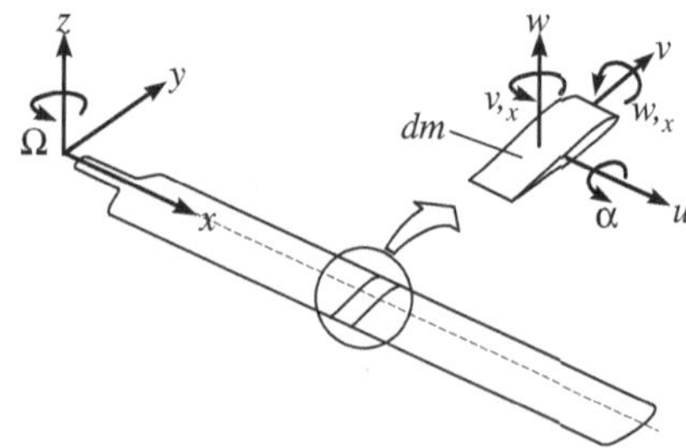

Bild 29-9 Schematische Darstellung eines Rotorblattes als Balkenmodell

dinatensystem entsprechend Abschnitt 29.8 untersucht. Die Arbeitsgleichung muss jedoch je nach Lastfall um die Einwirkungen aus Aerodynamik ergänzt werden. Dies kann vereinfachend mit der Blattelementtheorie erfolgen, die die Profilumströmung in der Ebene senkrecht zum Rotorblatt beschreibt, siehe Abschnitt 29.9.1. Hiermit können Selbsterregungsmechanismen und fremderregte Schwingungen des Rotorblattes erfasst werden. In Matrizenschreibweise folgt

$$\mathbf{M}_0\ddot{\mathbf{v}} + (2\dot{\Psi}\mathbf{M}_1 - \mathbf{A}_1)\dot{\mathbf{v}} + (\mathbf{K} + \dot{\Psi}^2\mathbf{M}_2 + \ddot{\Psi}\mathbf{M}_1 - \mathbf{A}_0)\mathbf{v} = \mathbf{p}(\Psi) - \ddot{\Psi}\mathbf{m}_1 - \dot{\Psi}^2\mathbf{m}_2\,.$$

Untersucht man die Rotorbewegung im raumfesten Koordinatensystem, so sind die Koeffizientenmatrizen der Bewegungsgleichungen periodisch mit der Rotationsfrequenz, da die Rotorblätter mit der Rotationsgeschwindigkeit Ω drehen:

$$\mathbf{M}(\Omega t)\ddot{\mathbf{v}} + (\mathbf{D}(\Omega t) - \mathbf{A}_1(\Omega t))\,\dot{\mathbf{v}} + (\mathbf{K}(\Omega t) - \mathbf{A}_0(\Omega t))\,\mathbf{v} = \mathbf{p}(\Omega t)\,.$$

Die Lösung der Bewegungsgleichungen mit zeitveränderlichen Koeffizientenmatrizen ist mit der *Floquet–Theorie* [28] möglich.

29.9.3 Substrukturtechnik

Mit der Substrukturtechnik nach Abschnitt 23 können die einzelnen Bauteile getrennt diskretisiert und anschließend zusammengesetzt werden. Dies erfordert für die Rotorblätter im mitdrehenden Koordinatensystem spezielle Übergangsbedingungen für die Weggrößen $\mathbf{v}$ und die Kraftgrößen $\boldsymbol{\sigma}$, damit die sich gegeneinander bewegenden Koordinatensysteme verknüpft werden können

$$\mathbf{v}_{Turm} - \mathbf{R}\cdot\mathbf{v}_{Rotor} = \mathbf{0}\,,$$

$$\boldsymbol{\sigma}_{Turm} - \mathbf{R}\cdot\boldsymbol{\sigma}_{Rotor} = \mathbf{0}\,.$$

Hierbei ist die Transformationsmatrix $\mathbf{R}$ mit Gleichung (29.2) festgelegt. Beide Übergangsbedingungen können mit Lagrange'schen Multiplikatoren im Sinne des Prinzips der virtuellen Verschiebungen und des Prinzips der virtuellen Kräfte in die übliche Substrukturkopplung eingebunden werden.

$$\begin{matrix} \delta\mathbf{v}_{Turm} : \\ \delta\boldsymbol{\lambda} \quad : \\ \delta\mathbf{v}_{Rotor} : \end{matrix} \begin{bmatrix} \mathbf{M}_{TT} & 0 & 0 \\ 0 & 0 & 0 \\ 0 & 0 & \mathbf{M}_{RR} \end{bmatrix} \begin{bmatrix} \mathbf{v}_{Turm} \\ \boldsymbol{\lambda} \\ \mathbf{v}_{Rotor} \end{bmatrix}^{\cdot\cdot} + \begin{bmatrix} \mathbf{D}_{TT} & 0 & 0 \\ 0 & 0 & 0 \\ 0 & 0 & \mathbf{D}_{RR} \end{bmatrix} \begin{bmatrix} \mathbf{v}_{Turm} \\ \boldsymbol{\lambda} \\ \mathbf{v}_{Rotor} \end{bmatrix}^{\cdot}$$

$$+ \begin{bmatrix} \mathbf{K}_{TT} & \mathbf{I} & 0 \\ \mathbf{I} & 0 & -\mathbf{R} \\ 0 & -\mathbf{R}^T & \mathbf{K}_{RR} \end{bmatrix} \begin{bmatrix} \mathbf{v}_{Turm} \\ \boldsymbol{\lambda} \\ \mathbf{v}_{Rotor} \end{bmatrix} = \begin{bmatrix} \mathbf{p}_{Turm} \\ 0 \\ \mathbf{p}_{Rotor} \end{bmatrix}\,.$$

Die Lagrange–Multiplikatoren $\boldsymbol{\lambda}$ haben die physikalische Bedeutung der Schnittkräfte $\boldsymbol{\sigma}$ an der Übergangsstelle.

29.9.4 Campbell–Diagramm

Aufgrund der sich mit veränderlicher Drehzahl bewegenden Rotoren können im Gesamtsystem Parameterresonanzen auftreten, bei denen die Rotordrehzahl und die Eigenfrequenzen des Systems übereinstimmen oder ähnlich sind. Die Gefährdung des Systems durch Parameterresonanzen kann man im *Campbell-Diagramm* veranschaulichen und ablesen. Bild 29-10 verdeutlicht den Zusammenhang vereinfachend. Horizontal ist die Drehfrequenz der Rotorblätter aufgetragen, senkrecht die Eigenfrequenzen der Windkraftanlage.

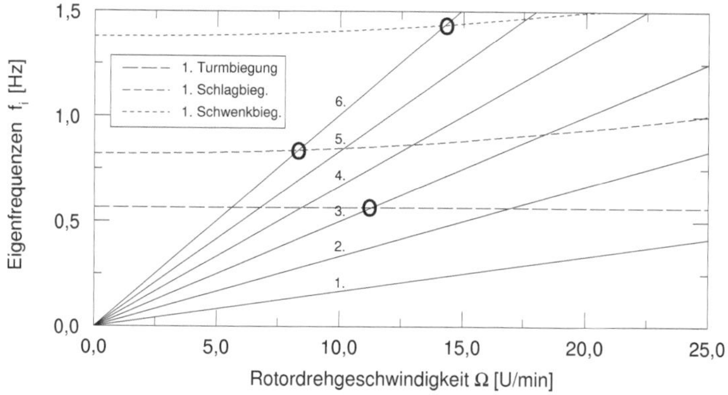

Bild 29-10 Campbell–Diagramm für eine Windkraftanlage – qualitativ

Die Drehfrequenz Ω und die höheren Harmonischen $n\Omega$ sind als Nullpunktgeraden eingezeichnet. Die Eigenfrequenzen des Turmtragwerks sind vereinfachend als konstant angenommen. Die Eigenfrequenzen der Rotorblätter sind aufgrund des Zusammenwirkens von Wind und Struktur, sowie aufgrund der Versteifung der Rotorblätter aus Fliehkraft veränderlich. In den Schnittpunkten der jeweiligen Geraden bzw. Kurven sind die Drehfrequenzen und die Eigenfrequenzen gleich, sodass eine Parameterresonanz möglich ist. Die Vermeidung von Parameterresonanzen ist möglich, wenn der Betriebszustand über die Drehzahl der Rotorblätter entsprechend abgestimmt ist.

Der Betriebszustand von Windkraftanlagen liegt im Bereich von 5 [U/min] - 17 [U/min], den man gegen Parametererregung absichern muss. Interpretiert man Bild 29-10 für eine Windkraftanlage mit einem Drei–Blattrotor, so sind die 1., 3., 6., ... Harmonischen der Windkraftanlage gefährdet. Für das Beispiel bedeutet dies, dass bei einer Drehzahl von ca. 11 [U/min] die 1. Turmbiegefrequenz angesprochen wird, bei ca. 8 [U/min] die 1. Schlagbiegefrequenz und bei ca. 14 [U/min] die 1. Schwenkbiegefrequenz.

NUMERISCHE VERFAHREN

30 Numerische Integration der Bewegungsgleichung

In den bisherigen Abschnitten wird die Bewegungsgleichung analytisch gelöst. Dies ist möglich, wenn die Bewegungsgleichung linear ist und eine Superposition von Teillösungen zulässig ist.

Ein anderer Weg, der auch für nichtlineare Bewegungsgleichungen gewählt werden kann, ist die numerische Integration der Bewegungsgleichung. Hierbei berechnet man nicht die gesamte Lösung mit einem geschlossenen Ansatz, sondern unterteilt die Zeitachse in beliebig kleine Zeitintervalle, und berechnet die Lösung am Ende des Zeitintervalls aus den gegebenen Werten am Anfang des Zeitintervalles. Dies entspricht einer schrittweisen Integration der Bewegungsgleichung, bei der man die Bewegung von den gegebenen Anfangsbedingungen Schritt für Schritt berechnet und den gesamten Zeitverlauf polygonartig annähert, siehe Bild 30-1

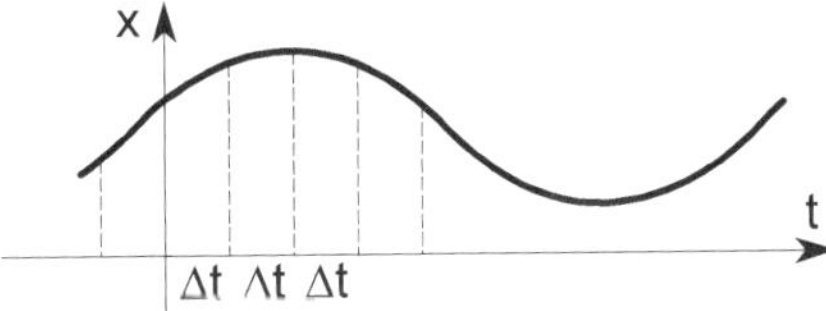

Bild 30-1 Schrittweise Integration der Anfangswertaufgabe

Die numerische Integration führt immer auf eine Näherungslösung der Bewegungsgleichung, da die Lösung im Zeitintervall immer mit einem mit dem Integrationsverfahren bedingten Fehler versehen ist. Die Güte der Näherung hängt vom gewählten Zeitintegrationsverfahren ab und kann im Einzelfall explizit angegeben werden.

Nachfolgend ist die Entwicklung von Zeitintegrationsverfahren für eine lineare Bewegungsgleichung in Matrizenschreibweise angegeben.

30.1 Analytische Lösung der Bewegungsgleichung

Die Bewegungsgleichung ist zunächst in der üblichen Schreibweise als Differentialgleichung zweiter Ordnung gegeben.

$$\mathbf{M}\ddot{\mathbf{x}} + \mathbf{D}\dot{\mathbf{x}} + \mathbf{K}\mathbf{x} = \mathbf{p}.$$

© Springer Fachmedien Wiesbaden GmbH, ein Teil von Springer Nature 2020
D. Dinkler, *Einführung in die Strukturdynamik*,
https://doi.org/10.1007/978-3-658-31845-1_30

Wählt man die Verschiebungen $\mathbf{x}$ und die Geschwindigkeiten $\dot{\mathbf{x}}$ als unabhängige Beschreibungsvariable, gilt auch

$$\begin{bmatrix} -\mathbf{K} & \mathbf{0} \\ \mathbf{0} & \mathbf{M} \end{bmatrix} \begin{bmatrix} \mathbf{x} \\ \dot{\mathbf{x}} \end{bmatrix}^{\cdot} + \begin{bmatrix} \mathbf{0} & \mathbf{K} \\ \mathbf{K} & \mathbf{D} \end{bmatrix} \begin{bmatrix} \mathbf{x} \\ \dot{\mathbf{x}} \end{bmatrix} = \begin{bmatrix} \mathbf{0} \\ \mathbf{p} \end{bmatrix}.$$

Dies ist ein Differentialgleichungssystem erster Ordnung für den Bewegungszustand $\mathbf{y}^T = [\, \mathbf{x}^T \ \dot{\mathbf{x}}^T \,]$

$$\mathbf{C}_1 \dot{\mathbf{y}} + \mathbf{C}_0 \mathbf{y} = \mathbf{g} \qquad (\text{2n Gleichungen}).$$

Umschreiben nach $\dot{\mathbf{y}}$ gibt die Standardform der Differentialgleichung erster Ordnung

$$\dot{\mathbf{y}} - \mathbf{A}\,\mathbf{y} = \mathbf{r}.$$

Im Detail erhalten die Koeffizientenmatrizen folgende Inhalte

$$\begin{bmatrix} \mathbf{I} & \mathbf{0} \\ \mathbf{0} & \mathbf{I} \end{bmatrix} \begin{bmatrix} \mathbf{x} \\ \dot{\mathbf{x}} \end{bmatrix}^{\cdot} - \begin{bmatrix} \mathbf{0} & \mathbf{I} \\ -\mathbf{M}^{-1}\mathbf{K} & -\mathbf{M}^{-1}\mathbf{D} \end{bmatrix} \begin{bmatrix} \mathbf{x} \\ \dot{\mathbf{x}} \end{bmatrix} = \begin{bmatrix} \mathbf{0} \\ \mathbf{M}^{-1}\mathbf{p} \end{bmatrix}.$$

Geschlossene Darstellung der Lösung

Wenn das Gleichungssystem linear ist, kann man eine analytische Lösung analog zu einer einzigen Differentialgleichung erster Ordnung berechnen. Zunächst gilt

$$\mathbf{y} = \mathbf{y}_h + \mathbf{y}_p.$$

Die Lösung der homogenen Gleichung gelingt mit

$$\mathbf{y}_h(t) = e^{\mathbf{A}(t-t_0)} \cdot \mathbf{y}_h(t_0).$$

$\mathbf{y}_h(t_0)$ beschreibt die Anfangsbedingungen und die *e–Funktion* den Zeitverlauf. Die Exponentialreihe

$$e^{\mathbf{A}t} = \mathbf{I} + \mathbf{A}(t - t_0) + \frac{1}{2!}(\mathbf{A}(t - t_0))^2 + \frac{1}{3!}(\mathbf{A}(t - t_0))^3 + \cdots$$

wird als Übertragungsmatrix $\mathbf{U}_0^t$ bezeichnet, sodass hiermit der Zustandsvektor $\mathbf{y}_h(t)$ zur Zeit t

$$\mathbf{y}_h(t) = \mathbf{U}_0^t \cdot \mathbf{y}_h(t_0)$$

folgt, wenn die Anfangsbedingungen $\mathbf{y}_h(t_0)$ gegeben sind. Mit der Übertragungsmatrix sind sämtliche Systemeigenschaften berücksichtigt, sodass $\mathbf{y}_h(t)$ die exakte Lösung wiedergibt. Die Eigenschaften der Übertragungsmatrix lassen sich mit den charakteristischen Zahlen λ beschreiben, die mit der Eigenwertaufgabe

$$(\mathbf{U} - \lambda \mathbf{I})\, \hat{\mathbf{y}} = \mathbf{0}$$

berechnet werden. Die charakteristischen Zahlen entsprechen nicht den bisher betrachteten Eigenwerten der homogenen Bewegungsgleichung sondern beschreiben das Verhältnis der Lösung zur Zeit t zur Lösung zur Zeit t_0. Die Eigenwerte

$$\lambda = Re(\lambda) + i \cdot Im(\lambda)$$

beschreiben daher die Art der Bewegung – gedämpft, ungedämpft oder angefacht. Ist die Übertragungsmatrix als unendliche Reihe exakt berechnet, sind die charakteristischen Zahlen exakt.

Die Partikulärlösung für eine lineare Last $\mathbf{r}(t) = \mathbf{r}_0 + (t - t_0)\,\dot{\mathbf{r}}_0$ folgt entsprechend einem Ansatz vom Typ der rechten Seite mit $\mathbf{y}_p = \mathbf{a}_0 + \mathbf{a}_1 t$ zu

$$\mathbf{y}_p = -\mathbf{A}^{-1}\{\, \mathbf{r}_0 + [\, \mathbf{A}^{-1} + (t - t_0)\,\mathbf{I}\,]\,\dot{\mathbf{r}}_0 \,\}\,.$$

Für andere rechte Seiten kann man entsprechend vorgehen.

Damit kann man auch die Gesamtlösung angeben:

$$\begin{aligned}
\mathbf{y}(t) &= \mathbf{y}_h(t) + \mathbf{y}_p(t) \\
&= e^{\mathbf{A}(t - t_0)} \cdot \mathbf{y}_h(t_0) - \mathbf{A}^{-1}\{\, \mathbf{r}_0 + [\, \mathbf{A}^{-1} + (t - t_0)\,\mathbf{I}\,]\,\dot{\mathbf{r}}_0 \,\}
\end{aligned}$$

und an die Anfangsbedingungen zur Zeit $t = t_0$ anpassen

$$\mathbf{y}_0 = \mathbf{y}(t_0) = \mathbf{y}_h(t_0) - \mathbf{A}^{-1}\{\, \mathbf{r}_0 + \mathbf{A}^{-1}\dot{\mathbf{r}}_0 \,\}\,.$$

Schrittweise Berechnung der Lösung in Zeitintervallen

Gegeben ist die Differentialgleichung in der Standardform

$$\mathbf{I}\,\dot{\mathbf{y}} - \mathbf{A}\,\mathbf{y} = \mathbf{r}\,.$$

Die analytische Lösung der homogenen Differentialgleichung erfolgt jetzt mit der Exponentialreihe für ein Zeitintervall. Zunächst gilt im Zeitintervall $t \to t + \Delta t$

$$\mathbf{y}_h(t + \Delta t) = e^{\mathbf{A}(t + \Delta t)}\mathbf{y}_h(t_0) = e^{\mathbf{A}\Delta t}e^{\mathbf{A}t}\mathbf{y}_h(t_0) = e^{\mathbf{A}\Delta t}\mathbf{y}_h(t)\,.$$

In Analogie zur geschlossenen Lösung kann die Exponentialreihe für ein Zeitintervall

$$e^{\mathbf{A}\Delta t} = \mathbf{I} + \mathbf{A}\Delta t + \frac{1}{2!}(\mathbf{A}\Delta t)^2 + \frac{1}{3!}(\mathbf{A}\Delta t)^3 + \cdots$$

als Übertragungsmatrix $\mathbf{U}_t^{t+\Delta t}$ bezeichnet werden. Interpretiert man die Schreibweise der geschlossenen Lösung jetzt für ein Zeitintervall Δt, so folgt

$$\mathbf{y}_h(t + \Delta t) = \mathbf{U}_t^{t+\Delta t} \cdot \mathbf{y}_h(t)\,. \tag{30.1}$$

Damit kann man die neue Lösung zur Zeit $t + \Delta t$ mit der alten Lösung zur Zeit t berechnen, und dies sukzessive Zeitschritt für Zeitschritt.

Im Zeitintervall reicht es in der Regel aus, eine in der Zeit lineare rechte Seite

$$\mathbf{r}(t + \tau\Delta t) = \mathbf{r}(t) + \tau\,\Delta\mathbf{r}$$

mit $0 \leq \tau \leq 1$ anzusetzen, sodass die Partikularlösung von oben entsprechend angepasst werden kann:

$$\mathbf{y}_p(t + \tau\Delta t) = \mathbf{y}_p(t) - \mathbf{A}^{-1}[\mathbf{A}^{-1} + \tau\Delta t\,\mathbf{I}]\,\frac{\Delta\mathbf{r}}{\Delta t}\,.$$

Damit folgt die Gesamtlösung im Zeitintervall zu

$$\mathbf{y}(t + \tau\Delta t) = \mathbf{y}_h(t + \tau\Delta t) + \mathbf{y}_p(t + \tau\Delta t)$$

$$= e^{\mathbf{A}\tau\Delta t} \cdot \mathbf{y}(t) - \mathbf{A}^{-1}[\mathbf{A}^{-1} + \tau\Delta t\,\mathbf{I}]\,\frac{\Delta\mathbf{r}}{\Delta t}\,,$$

die an die Gesamtlösung $\mathbf{y}(t)$ am Anfang des Zeitintervalls angepasst ist.

30.2 Näherung der Übertragungsmatrix für ein Zeitintervall

Mit der Schreibweise nach Gleichung (30.1)

$$\mathbf{y}(t + \Delta t) = \mathbf{U}_t^{t+\Delta t} \cdot \mathbf{y}(t)$$

ist bereits der Übergang von der analytischen Lösung zu einer numerischen Berechnung erfolgt. Ist die Übertragungsmatrix nicht exakt, sondern eine Näherung, so sind die charakteristischen Zahlen λ auch nur Näherungen, die die Eigenschaften des numerisch berechneten Zeitverlaufs beschreiben. Aufgrund der Schritt–für–Schritt–Integration der Bewegungsgleichungen können Phasenfehler $\Delta\Psi$ oder Amplitudenfehler Δx in der Näherungslösung auftreten, die als algorithmisch bedingte Dämpfung, Anfachung oder Oberschwingung sichtbar werden, siehe Bild 30-2. Art und Größe der Fehler hängen von der Zeitschrittlänge und von der gewählten Näherung im Zeitintervall ab.

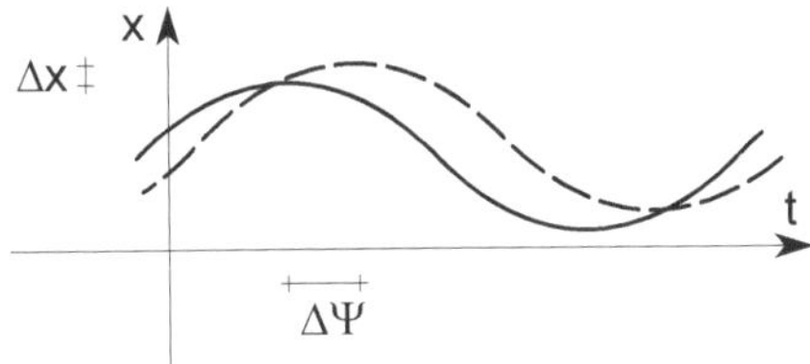

Bild 30-2 Phasen– und Amplitudenfehler

Abhängig vom physikalischen Phänomen und von den gewünschten numerischen Eigenschaften werden in der Literatur verschiedene Zeitintegrationsverfahren vorgeschlagen. Die überwiegende Zahl der Zeitintegrationsverfahren lassen sich bezüglich ihrer Herleitung auf unterschiedliche Art systematisieren. Man unterscheidet generell Mehrschrittverfahren und Einschrittverfahren.

Mehrschrittverfahren nutzen der Ergebnisse der vorangegangenen Zeitschritte für die Berechnung der neuen Lösung aus und benötigen daher eine Anlaufrechnung bis die dem Verfahren entsprechenden Startwerte vorliegen. Mehrschrittverfahren verwenden in der Regel Polynome für die Approximation über mehrere Zeitschritte, was bei stark veränderlichen nichtlinearen Prozessen nachteilig ist. Die wesentlichen Mehrschrittverfahren sind:

- Rückwärts–Differenzenverfahren: implizite Verfahren von Gear [20]
- implizite Adams–Moulton–Verfahren
- explizite Adams–Bashforth–Verfahren
- Kollokationsverfahren mit Ansätzen über mehrere Zeitintervalle

Einschrittverfahren zeichnen sich dadurch aus, dass sie nur die Anfangsbedingungen für das jeweilige Zeitintervall benötigen. Dadurch können auch stark nichtlineare Bewegungsgleichungen mit Unstetigkeiten in den Systemeigenschaften hinreichend genau integriert werden. Außerdem kann die Zeitschrittlänge ohne zusätzlichen Aufwand an die geforderte Genauigkeit angepasst werden. Die wesentlichen Einschrittverfahren sind:

- Approximation mit der Taylor–Reihe
- Runge–Kutta–Verfahren [41]
- Pade–Approximation der Übertragungsmatrix [49]
- Arbeitsprinzip mit Raum–Zeit–Diskretisierung [25].

Aufgrund des Charakters der Bewegungsgleichung als Anfangswertproblem erscheinen Näherungsverfahren als besonders geeignet, deren Ansätze nur über ein Zeitintervall reichen, sodass die neue Lösung am Ende des Zeitintervalls nur aus der alten Lösung am Anfang des Zeitintervalls berechnet wird. Eine Vorgehensweise von vielen anderen ist die *Pade–Approximation* der Übertragungsmatrix. Die Pade–Approximation liefert die bestmöglichen Approximationen einer Funktion durch rationale Funktionen, siehe [49]. Hiermit gelingt es auch, viele verschiedene Ansätze in ein überschaubares Konzept einzubinden. Die Herleitung der Approximation erfolgt mit der Exponentialreihe für ein Zeitintervall, die bereits in Abschnitt 29.1 gegeben ist:

$$e^{\mathbf{A}\Delta t} = \mathbf{I} + \mathbf{A}\Delta t + \frac{1}{2!}(\mathbf{A}\Delta t)^2 + \frac{1}{3!}(\mathbf{A}\Delta t)^3 + \cdots .$$

Approximiert man die Exponentialreihe mit gebrochen rationalen Funktionen des Terms $\mathbf{A}\Delta t$, was als Pade–Approximation der Ordnung (m/n) bezeichnet wird, so folgt zunächst

$$e^{\mathbf{A}\Delta t} = \frac{\mathbf{I} + m_1\mathbf{A}\Delta t + m_2(\mathbf{A}\Delta t)^2 + \cdots + m_m(\mathbf{A}\Delta t)^m}{\mathbf{I} - n_1\mathbf{A}\Delta t + n_2(\mathbf{A}\Delta t)^2 - \cdots + n_n(\mathbf{A}\Delta t)^n} .$$

Die Koeffizienten m_j, n_j der Reihenglieder im Zähler und im Nenner sind wie folgt festgelegt

$$m_j(m/n) = \frac{(n+m-j)!\,m!}{(n+m)!\,j!\,(m-j)!} ,$$

$$n_j(m/n) = \frac{(n+m-j)!\,n!}{(n+m)!\,j!\,(n-j)!} .$$

In Abhängigkeit von der Ordnung (m/n) erhält man eine unterschiedlich genaue Approximation der Übertragungsmatrix. Eine Übersicht auf die unteren Pade–Approximationen ist in Tabelle 30.1 angegeben.

Tabelle 30.1 Pade–Approximation (m/n) der Übertragungsmatrix mit $\mathbf{X} = \mathbf{A}\Delta t$

	$m = 0$	$m = 1$	$m = 2$
$n = 0$	$\dfrac{\mathbf{I}}{\mathbf{I}}$	$\dfrac{\mathbf{I}+\mathbf{X}}{\mathbf{I}}$	$\dfrac{\mathbf{I}+\mathbf{X}+\frac{1}{2}\mathbf{X}^2}{\mathbf{I}}$
$n = 1$	$\dfrac{\mathbf{I}}{\mathbf{I}-\mathbf{X}}$	$\dfrac{\mathbf{I}+\frac{1}{2}\mathbf{X}}{\mathbf{I}-\frac{1}{2}\mathbf{X}}$	$\dfrac{\mathbf{I}+\frac{2}{3}\mathbf{X}+\frac{1}{6}\mathbf{X}^2}{\mathbf{I}-\frac{1}{3}\mathbf{X}}$
$n = 2$	$\dfrac{\mathbf{I}}{\mathbf{I}-\mathbf{X}+\frac{1}{2}\mathbf{X}^2}$	$\dfrac{\mathbf{I}+\frac{1}{3}\mathbf{X}}{\mathbf{I}-\frac{2}{3}\mathbf{X}+\frac{1}{6}\mathbf{X}^2}$	$\dfrac{\mathbf{I}+\frac{1}{2}\mathbf{X}+\frac{1}{12}\mathbf{X}^2}{\mathbf{I}-\frac{1}{2}\mathbf{X}+\frac{1}{12}\mathbf{X}^2}$

In der ersten Zeile stehen explizite Vorwärts–Zeitintegrationsverfahren, in der ersten Spalte stehen implizite Rückwärts–Verfahren. Approximationen sind implizit, wenn sie im Nenner den Term $\mathbf{X} = \mathbf{A}\Delta t$ enthalten.

Abhängig von den Eigenschaften der Systemmatrix $\mathbf{A}$ gibt die Tabelle Hinweise auf die numerische Genauigkeit und Stabilität. Für die hier gewählten Aufgabenbereich der Strukturdynamik sind alle Verfahren oberhalb der Hauptdiagonalen bedingt stabil, alle Verfahren unterhalb der Hauptdiagonalen A–stabil. Auf der Hauptdiagonalen stehen die grenzstabilen Verfahren. Die Genauigkeit der Verfahren richtet sich nach der Anzahl der Reihenglieder.

Aufgrund der historischen Entwicklung sind folgende Approximationen in der Literatur anders bezeichnet:

1. PA (m/0) – explizite Runge–Kutta–Verfahren
2. PA (1/0) – Euler–Vorwärts–Verfahren
3. PA (2/0) – explizites Verfahren von Heun
4. PA (3/0) – Simpson–Regel
5. PA (0/1) – Euler–Rückwärts Verfahren
6. PA (1/1) – Sehnentrapezregel bzw. lineare Hermite–Interpolation
7. PA (2/2) – kubische Hermite–Interpolation

Implizite Zeitintegrationsverfahren sind dadurch gekennzeichnet, dass zur Berechnung der Unbekannten am Ende des Zeitintervalls ein *gekoppeltes* Gleichungssystem gelöst werden muss. Allerdings sind implizite Verfahren in der Regel A–stabil, sodass eine Beschränkung der Zeitschrittlänge nicht erforderlich ist, siehe Abschnitt 29.4. Explizite Zeitintegrationsverfahren berechnen die Unbekannten am Ende des Zeititervall allein mit einer Matrix–Vektor–Operation, als Lösung eines *entkoppelten* Gleichungssystems. Aufgrund der Stabilitätseigenschaften benötigen explizite Verfahren hinreichend kleine Zeitschritte, was bei Systemen mit einem breiten Frequenzband nachteilig sein kann.

30.3 Qualität der Übertragungsmatrix

Nachfolgend werden verschiedene Zeitintegrationsverfahren und ihre Qualität im Vergleich zur analytischen Lösung der Übertragungsmatrix dargestellt und auf ihre algorithmischen Eigenschaften untersucht. Die jeweilige Approximation der Übertragungsmatrix ist von der Approximation der Verschiebungen und Geschwindigkeiten und von der Auswertung der Bewegungsgleichung an der Stelle τ im Zeitintervall abhängig, sodass eine große Vielfalt an unterschiedlichen Verfahren vorhanden ist. Erweitert man das Schema um höherwertige Ansätze für die Verschiebungen und Geschwindigkeiten, so kann man die Herleitung der Übertragungsmatrix entsprechend der Pade–Approximation generalisieren.

30.3.1 Lineare Approximation der Verschiebungen im Zeitintervall

Gegeben ist die Differentialgleichung in der Standardform

$$\mathbf{I}\,\dot{\mathbf{y}} - \mathbf{A}\,\mathbf{y} = \mathbf{r}\,.$$

Mit einem linearen Ansatz für die Verschiebungen im Zeitintervall $0 \leq \tau \leq 1$ und $\tau = (t - t_0)/\Delta t$

$$\mathbf{y}(\tau) = \mathbf{y}_0(1 - \tau) + \mathbf{y}_1\tau$$

sowie $\mathbf{y}_0 = \mathbf{y}(t_0)$ und $\mathbf{y}_1 = \mathbf{y}(t_1)$ folgt

$$\dot{\mathbf{y}}(\tau) = \frac{\mathbf{y}_1 - \mathbf{y}_0}{\Delta t}\,.$$

Einsetzen in die Standardform gibt

$$\mathbf{I}\,(\mathbf{y}_1 - \mathbf{y}_0)\frac{1}{\Delta t} - \mathbf{A}\,\mathbf{y}_0(1 - \tau) - \mathbf{A}\,\mathbf{y}_1\tau = \mathbf{r}(\tau)$$

und nach $\mathbf{y}_1$ aufgelöst

$$\mathbf{y}_1 = [\mathbf{I}\,\frac{1}{\Delta t} - \mathbf{A}\tau]^{-1}\{\left[\mathbf{I}\,\frac{1}{\Delta t} + \mathbf{A}(1 - \tau)\right]\mathbf{y}_0 + \mathbf{r}(\tau)\}\,.$$

Vergleicht man die Lösung mit der Schreibweise der Übertragungsmatrix nach Gleichung (30.1), so folgt

$$\mathbf{U}_0^1 = [\mathbf{I} - \mathbf{A}\tau\Delta t]^{-1}\,[\mathbf{I} + \mathbf{A}(1 - \tau)\Delta t]\,.$$

Einzige Unbekannte ist der Zeitpunkt τ, für den die Übertragungsmatrix berechnet wird.

Wählt man $\tau = 0$, so erhält man das Euler–Vorwärts–Verfahren, was der Pade–Approximation (1/0) entspricht,

$$\mathbf{y}_1 = \Delta t\{\left[\mathbf{I}\,\frac{1}{\Delta t} + \mathbf{A}\right]\mathbf{y}_0 + \mathbf{r}(t_0)\} \qquad \text{mit} \qquad \mathbf{U}_0^1 = [\mathbf{I} + \mathbf{A}\Delta t]\,.$$

Das Euler–Vorwärts–Verfahren ist ein explizites Verfahren, da die neue Lösung $\mathbf{y}_1$ mit einer Matrix–Vektor–Multiplikation aus der bekannten Lösung $\mathbf{y}_0$ berechnet wird.

Wählt man $\tau = 1$, so erhält man das Euler–Rückwärts–Verfahren, was der Pade–Approximation (0/1) entspricht,

$$\mathbf{y}_1 = [\mathbf{I}\,\frac{1}{\Delta t} - \mathbf{A}]^{-1}\{\mathbf{I}\,\frac{1}{\Delta t}\,\mathbf{y}_0 + \mathbf{r}(t_1)\} \qquad \text{mit} \qquad \mathbf{U}_0^1 = [\mathbf{I} - \mathbf{A}\Delta t]^{-1}\,\mathbf{I}\,.$$

Das Euler–Rückwärts–Verfahren ist ein implizites Verfahren, da die neue Lösung $\mathbf{y}_1$ nur nach Lösung des gekoppelten Gleichungssystems aus der bekannten Lösung $\mathbf{y}_0$ berechnet werden kann.

Wählt man $\tau = 1/2$, so erhält man die Sehnentrapezregel, was der Pade–Approximation $(1/1)$ entspricht,

$$\mathbf{y}_1 = [\mathbf{I}\frac{1}{\Delta t} - \mathbf{A}\frac{1}{2}]^{-1}\{\left[\mathbf{I}\frac{1}{\Delta t} + \mathbf{A}\frac{1}{2}\right]\mathbf{y}_0 + \mathbf{r}(t_{1/2})\} \quad \text{mit}$$

$$\mathbf{U}_0^1 = \left[\mathbf{I} - \mathbf{A}\frac{\Delta t}{2}\right]^{-1}\left[\mathbf{I} + \mathbf{A}\frac{\Delta t}{2}\right].$$

Die Sehnentrapezregel ist ein implizites Verfahren, da die neue Lösung $\mathbf{y}_1$ nur nach Lösung des gekoppelten Gleichungssystems aus der bekannten Lösung $\mathbf{y}_0$ berechnet werden kann.

30.3.2 Kubische Approximation der Verschiebungen im Zeitintervall

Gegeben ist die Differentialgleichung in der Standardform

$$\mathbf{I}\,\dot{\mathbf{y}} - \mathbf{A}\,\mathbf{y} = \mathbf{r}.$$

Mit einem kubischen Polynom für die Verschiebungen im Zeitintervall $0 \leq \tau \leq 1$ und $\tau = (t - t_0)/\Delta t$

$$\mathbf{y}(\tau) = a_0 + a_1\tau + a_2\tau^2 + a_3\tau^3$$

erhält man je nach Wahl der Variablen verschiedene höherwertige Approximationen der Tabelle 30.1. Wählt man die Verschiebungen $\mathbf{y}_0, \mathbf{y}_1$ und die Geschwindigkeiten $\dot{\mathbf{y}}_0, \dot{\mathbf{y}}_1$ am Anfang und am Ende des Zeitintervalls als Variable, erhält man ein kubisches Hermite–Polynom für die Verschiebungen

$$\mathbf{y}(\tau) = \mathbf{y}_0(1 - 3\tau^2 + 2\tau^3) + \Delta t\,\dot{\mathbf{y}}_0(\tau - 2\tau^2 + \tau^3)$$
$$+ \mathbf{y}_1(3\tau^2 - 2\tau^3) + \Delta t\,\dot{\mathbf{y}}_1(-\tau^2 + \tau^3).$$

Dies bedeutet, dass mit $\mathbf{y}_0, \dot{\mathbf{y}}_0$ auch sofort $\mathbf{x}, \dot{\mathbf{x}}$ und $\ddot{\mathbf{x}}$ zur Zeit t_0 als Anfangsbedingungen bekannt sein müssen. Einsetzen des Polynoms in die Standardform gibt

$$\mathbf{I}\left[\frac{1}{\Delta t}\mathbf{y}_0(-6\tau + 6\tau^2) + \dot{\mathbf{y}}_0(1 - 4\tau + 3\tau^2) + \frac{1}{\Delta t}\mathbf{y}_1(6\tau - 6\tau^2) + \dot{\mathbf{y}}_1(-2\tau + 3\tau^2)\right]$$

$$-\mathbf{A}\left[\mathbf{y}_0(1 - 3\tau^2 + 2\tau^3) + \Delta t\dot{\mathbf{y}}_0(\tau - 2\tau^2 + \tau^3)\right.$$

$$\left.+ \mathbf{y}_1(3\tau^2 - 2\tau^3) + \Delta t\dot{\mathbf{y}}_1(-\tau^2 + \tau^3)\right] = \mathbf{r}(\tau).$$

Für $\tau = 0$ ist die Standardform zum Zeitpunkt t_0 und für $\tau = 1$ zum Zeitpunkt t_1 identisch erfüllt. Beides ist für die Berechnung des neuen Zustandes $\mathbf{y}_1$ infolge der Anfangsbedingungen $\mathbf{y}_0$ jedoch nicht verwertbar. Wählt man den Zeitpunkt $\tau = 1/2$, erhält man die Pade–Approximation (2/2). Mit

$$\mathbf{I}\left[\frac{1}{\Delta t}\,\mathbf{y}_0(-\frac{3}{2}) + \dot{\mathbf{y}}_0(-\frac{1}{4}) + \frac{1}{\Delta t}\,\mathbf{y}_1(\frac{3}{2}) + \dot{\mathbf{y}}_1(-\frac{1}{4})\right]$$

$$-\mathbf{A}\left[\mathbf{y}_0(\frac{1}{2}) + \Delta t\,\dot{\mathbf{y}}_0(\frac{1}{8}\tau) + \mathbf{y}_1(\frac{1}{2}) + \Delta t\,\dot{\mathbf{y}}_1(-\frac{1}{8})\right] = \mathbf{r}(1/2)\,,$$

sowie der Standardform am Anfang und am Ende des Zeitintervalls

$$\dot{\mathbf{y}}_0 = \mathbf{r}(0) + \mathbf{A}\mathbf{y}_0\,,$$

$$\dot{\mathbf{y}}_1 = \mathbf{r}(1) + \mathbf{A}\mathbf{y}_1$$

folgt die finite Übersetzung für die Berechnung von $\mathbf{y}_1$

$$\left[\mathbf{I} - \frac{1}{2}\mathbf{A}\Delta t + \frac{1}{12}\mathbf{A}^2\Delta t^2\right]\mathbf{y}_1 - \left[\mathbf{I} + \frac{1}{2}\mathbf{A}\Delta t + \frac{1}{12}\mathbf{A}^2\Delta t^2\right]\mathbf{y}_0$$

$$= \frac{\Delta t}{6}\left[\mathbf{r}(0) + 4\mathbf{r}(1/2) + \mathbf{r}(1)\right] - \frac{\Delta t^2}{12}\mathbf{A}\left[\mathbf{r}(1) - \mathbf{r}(0)\right].$$

Auch hier kann man die Übertragungsmatrix angeben

$$\mathbf{U}_0^1 = \left[\mathbf{I} - \mathbf{A}\,\frac{\Delta t}{2} + \mathbf{A}^2\,\frac{\Delta t^2}{12}\right]^{-1}\left[\mathbf{I} + \mathbf{A}\,\frac{\Delta t}{2} + \mathbf{A}^2\,\frac{\Delta t^2}{12}\right],$$

die der Pade–Approximation (2/2) entspricht.

30.4 Genauigkeit der Approximation der Übertragungsmatrix

Für jedes numerische Zeitintegrationsverfahren ist die Übertragungsmatrix eine Näherung der exakten Übertragungsmatrix. Dies bedeutet einerseits, dass es mit numerischen Verfahren unmöglich ist die exakte Lösung zu berechnen, und andererseits, dass die Eigenschaften der Näherung implizit in der Übertragungsmatrix enthalten sein müssen. Die Eigenschaften der Übertragungsmatrix kann man mit einer Eigenwertaufgabe im Detail untersuchen. Zunächst gilt wie oben für die analytische Lösung gezeigt

$$(\mathbf{U} - \lambda\mathbf{I})\,\hat{\mathbf{y}} = \mathbf{0}\,.$$

Mit den Eigenwerten kann man den Amplituden– und den Phasenfehler berechnen sowie die Konvergenz und die Konsistenz des Zeitintegrationsverfahrens quantifizieren.

30.4.1 Fehleranalyse von numerischen Zeitintegrationsverfahren

In Bild 30-3 ist die Entwicklung der Eigenwerte der Übertragungsmatrix in der komplexen Zahlenebene dargestellt. Die Ringrichtung entspricht mit ωt der Zeitkoordinate bzw. bei der Näherung $\omega \Delta t$. Setzt man eine physikalisch ungedämpfte Schwingung voraus, ist der Betrag der analytisch exakten Eigenwerte

$$|\lambda_i| = \sqrt{[\mathrm{Re}(\lambda)]^2 + [\mathrm{Im}(\lambda)]^2} = 1 \,.$$

Das Zeitschrittverfahren verändert den Betrag und die Phase Ψ_i der Eigenwerte. Wenn die numerische Näherung eine algorithmische Anfachung oder Dämpfung bewirkt, verändert sich die Amplitude der Schwingung entsprechend, sodass die Amplituden der Näherung bei $|\lambda_i| > 1$ beliebig groß und bei $|\lambda_i| < 1$ beliebig klein werden.

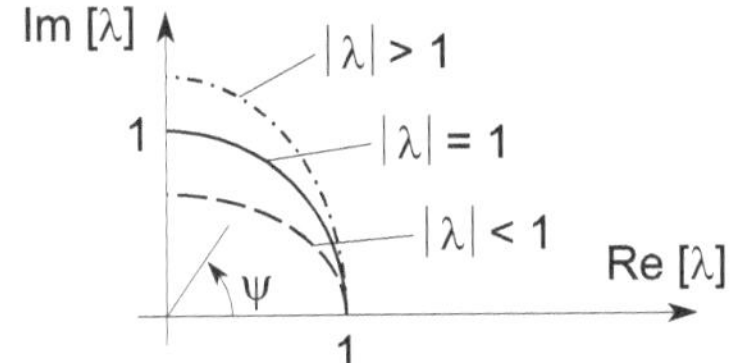

Bild 30-3 Amplitudenfehler

Für die konkrete Berechnung des Zeitverlaufs einer schrittweise berechneten Variable sind daher die Eigenschaften der Zeitschrittverfahren entsprechend Abschnitt 29.3 unabhängig vom numerischen Aufwand von großer Bedeutung. Für die Bewertung eines Verfahrens sind folgende Kriterien wesentlich:

- lokaler und globaler Diskretisierungsfehler
- Stabilität bzw. Amplitudenfehler
- Phasenfehler
- Konvergenz
- Konsistenz

Konsistenz

Wenn zum Zeitpunkt t Näherung und exakte Lösung übereinstimmen, ist ein Zeitintegrationsverfahren konsistent, wenn die Abweichung der Näherung von der exakten Lösung zum Zeitpunkt $t + \Delta t$ für $\Delta t \to 0$ verschwindet:

$$\lim_{\Delta t \to 0} \frac{y_{\mathrm{Näherung}}(t + \Delta t) - y_{\mathrm{exakt}}(t + \Delta t)}{\Delta t} \to 0 \,.$$

Ein Verfahren hat die Konsistenzordnung p, wenn

$$y_{\mathrm{Näherung}}(t + \Delta t) - y_{\mathrm{exakt}}(t + \Delta t) \leq K \cdot \Delta t^{p+1}$$

mit einer gewählten Konstanten K erfüllt ist. Die Konsistenz stellt sicher, dass die Differentialgleichung für kleiner werdende Zeitschritte erfüllt wird.

Lokaler und globaler Diskretisierungsfehler, Konvergenz

Aufgrund der numerischen Approximation der Übertragungsmatrix sind die dabei auftretenden Fehler verfahrensabhängig. Die Genauigkeitsordnung richtet sich dabei nach dem Eigenwert, der vom Zeitschritt Δt abhängt. Die Eigenwerte eines Verfahrens erster Ordnung hängen von Δt ab, die eines Verfahrens zweiter Ordnung von Δt^2, und so fort. Ursache hierfür ist der Abbruch der Exponentialreihe nach dem jeweiligen Reihenglied.

Als lokalen Fehler bezeichnet man den Fehler in einem einzelnen Zeitschritt. Als globalen Fehler den Fehler, der aus der sukzessiven Berechnung aufeinanderfolgender Zeitschritte folgt. Hierbei akkumulieren nicht nur die Fehler der einzelnen Zeitschritte. Folgefehler entstehen, wenn die Fehler des vorangegangenen Schrittes weitere Fehler im nachfolgenden Schritt bewirken. Der aus der Fehlerfortpflanzung folgende globale Fehler $\varepsilon(t)$ kann im Einzelfall zu unbrauchbaren Ergebnissen führen.

$$\varepsilon(t) = y_{\text{Näherung}}(t) - y_{\text{exakt}}(t)\,.$$

Wenn der globale Fehler eine vorgegebene Schranke unterschreitet, ist das Verfahren konvergent:

$$\varepsilon(t) \leq K \cdot (\Delta t)^p\,.$$

K ist eine Konstante und p ist die Konvergenzordnung. Damit hängt die Konvergenz eines Verfahrens von der Zeitschrittweite ab. Ein Verfahren besitzt eine Konvergenz von zweiter Ordnung $\mathcal{O}(\Delta t^2)$, wenn die Näherung bei Halbierung der Zeitschritte quadratisch gegen die exakte Lösung konvergiert.

Stabilität, Amplitudenfehler

Unabhängig von der Genauigkeit ist die numerische Stabilität eines Verfahrens für die Anwendung auf konkrete Aufgabenstellungen von Bedeutung. Die Stabilität eines Verfahrens kann man mit der Entwicklung der Eigenwerte in Abhängigkeit vom Zeitschritt untersuchen. Insbesondere der Betrag des größten Eigenwertes – im Folgenden als *Spektralradius* ρ bezeichnet – ist wesentlich, da er eine obere Grenze für alle Frequenzen ω_{0j} der Bewegungsgleichungen angibt.

Sind die Eigenwerte der Näherung $|\lambda_i| = 1$, so bezeichnet man das Verfahren als *grenzstabil*. Sind die Eigenwerte $\lambda_i > 1{,}0$ ist das Zeitintegrationsverfahren numerisch *instabil*, da die Amplituden über alle Grenzen anwachsen können. Sind die Eigenwerte $\lambda_i < 1{,}0$, liegt eine numerische Dämpfung vor. Das numerische Zeitintegrationsverfahren bezeichnet man dann als *absolut–stabil* oder kurz *A–stabil*. Wenn dies für alle Zeitschrittlängen gilt, bezeichnet man das Verfahren als *unbedingt A–stabil*.

Die Stabilitätseigenschaften des Verfahrens sind in gleicher Weise für alle Eigenfrequenzen eines Systems gültig. Dies bedeutet, dass die numerische Lösung der Bewegungsgleichungen von der höchsten Eigenkreisfrequenz dominiert wird, die bei der Finite–Element–Methode von der kleinsten Elementlänge abhängt. Dies ist allerdings völlig konträr zur Realität, da reale Systeme in der Regel mit den unteren Frequenzen schwingen. Die nicht benötigten hohen Frequenzen sollten daher numerisch gedämpft werden, was bei der Wahl des Verfahrens berücksichtigt werden muss. Bild 30-4 zeigt für ausgewählte Verfahren die Abhängigkeit des Spektralradius ρ von der gewählten Zeitschrittlänge. T kennzeichnet die Periode der jeweils betrachteten Schwingung.

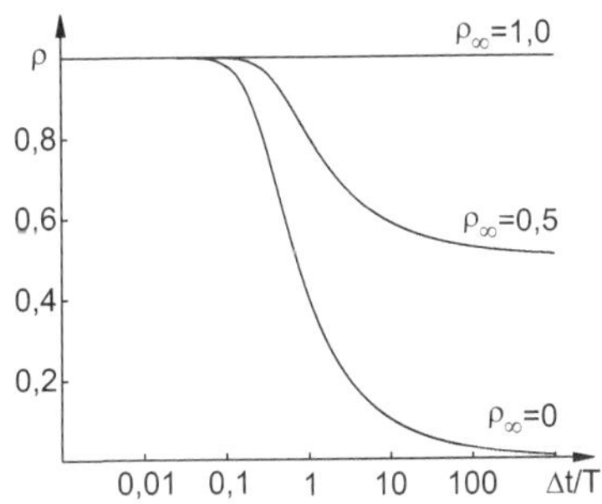

Bild 30-4 Spektralradien – ρ_∞ nach dem Generalized α–Verfahren

Obwohl die Genauigkeit der Sehnentrapezregel von der Ordnung $\mathcal{O}(\Delta t^2)$ ist und der Spektralradius $\rho(\Delta t) = 1$ beträgt, eignet sich das Verfahren in dieser Form nur bedingt für die Lösung der Bewegungsgleichungen mit vielen Freiheitsgraden, da auch die hochfrequenten Schwingungen mit ihren jeweiligen Amplituden und Phasenfehlern integriert werden und die Gesamtlösung verunreinigen.

Der Einfluss der hochfrequenten Anteile kann veringert werden, wenn die Zeitintegrationsverfahren so modifiziert werden, dass eine verfahrensbedingte *numerische Dämpfung* die hochfrequenten Schwingungen dämpft und so aus der Gesamtlösung herausfiltert.

Mit der zunehmenden Anwendung der Finite–Element–Methoden für die Strukturanalyse sind verschiedene numerische Zeitintegrationsverfahren entwickelt worden, die den Spektralradius für die hochfrequenten Schwingungen entsprechend verringern. In den Abschnitten 29.5, 29.6 und 29.7 werden daher exemplarisch die *Sehnentrapezregel*, das *Newmark–Verfahren* und das *Generalized α–Verfahren* für die Lösung der Bewegungsgleichung aufbereitet, um die Wirkungsweise der algorithmischen Dämpfung zu verdeutlichen.

Phasenfehler

Nach Bild 30-5 ist die Phase Ψ des Eigenwertes mit den Real– und Imaginärteilen des Eigenwertes gegeben:

$$\tan \Psi = \frac{Im(\lambda)}{Re(\lambda)}.$$

Den Phasenfehler $\Delta\Psi$ der Näherungslösung entsprechend Bild 30-5 kann man aus der Veränderung der Periode T_n der Näherung gegenüber der exakten Periode T bestimmen. Bezogen auf den exakten Phasenwinkel bedeutet dies:

$$\varepsilon_\Psi = \frac{\Psi_{\text{Näherung}}}{\Psi_{\text{exakt}}} - 1.$$

Der exakte Phasenwinkel für einen Zeitschritt $\Delta t = T/n$ beträgt in Bogenmaß $\Psi_{\text{exakt}} = 2\pi/n$, wenn n die Zahl der Zeitschritte in einer Periode T ist.

Bei numerischen Zeitintegrationsverfahren hängen die Eigenwerte λ_i von $\omega_0 \Delta t$ ab, sodass der Phasenwinkel mit

$$\omega_0 = \frac{2\pi}{T} \quad \text{und} \quad T = n \cdot \Delta t$$

auch hier in Abhängigkeit von $2\pi/n$ gegeben ist. Damit gilt

$$\Psi_{\text{Näherung}} = \arctan \frac{Im[\lambda(2\pi/n)]}{Re[\lambda(2\pi/n)]}.$$

Der Phasenfehler hat in der Regel eine untergeordnete Bedeutung für die numerische Lösung der Bewegungsgleichungen, da in der Regel die Amplituden für die Bemessung maßgebend sind. In Bild 30-6 ist der Phasenfehler für ausgewählte Verfahren in Abhängigkeit vom Zeitschritt dargestellt. Auch hier ist T die Periode der jeweils betrachteten Teilschwingung.

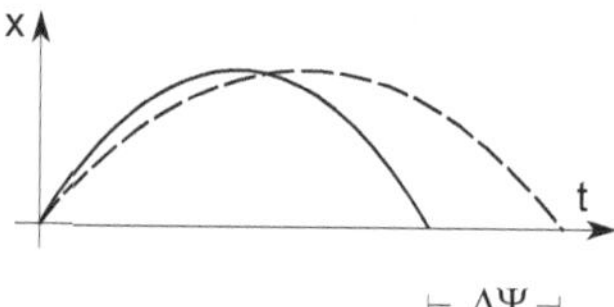

Bild 30-5 Phasenfehler

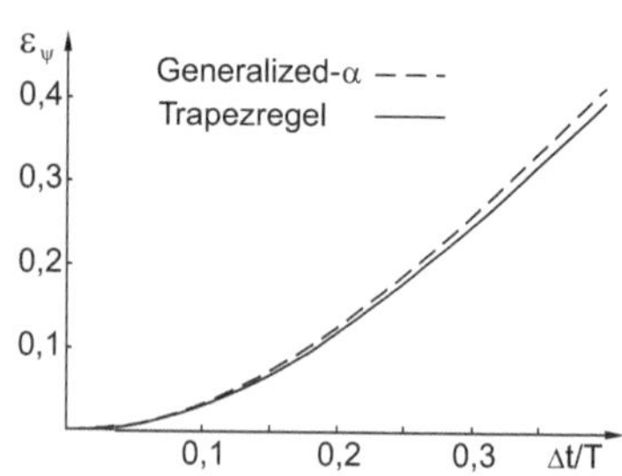

Bild 30-6 Ausgewählte Verfahren

Es wird deutlich, dass bei konkreten Systemen und gegebenem Zeitschritt die hochfrequenten Schwingungen mit einem großen Phasenfehler versehen und damit unbrauchbar für die numerische Lösung sind.

30.4.2 Eigenwerte bei linearer Approximation im Zeitintervall

Nachfolgend werden die Eigenwerte für ausgewählte Verfahren exemplarisch berechnet, sodass die Amplituden– und Phasenfehler explizit untersucht werden können. Die Differentialgleichung ist mit

$$\dot{\mathbf{y}} - \mathbf{A}\,\mathbf{y} = \mathbf{r}\,.$$

gegeben. Im Detail folgt in Matrizenschreibweise

$$\begin{bmatrix} \mathbf{x} \\ \dot{\mathbf{x}} \end{bmatrix}^{\!\cdot} - \begin{bmatrix} \mathbf{0} & \mathbf{I} \\ -\mathbf{M}^{-1}\mathbf{K} & -\mathbf{M}^{-1}\mathbf{D} \end{bmatrix} \begin{bmatrix} \mathbf{x} \\ \dot{\mathbf{x}} \end{bmatrix} = \begin{bmatrix} \mathbf{0} \\ \mathbf{M}^{-1}\mathbf{p} \end{bmatrix}\,.$$

Im linearen Fall kann man die Schwingungen mit einem Modal–Ansatz entkoppeln, sodass nachfolgend die Eigenschaften des Verfahrens für einen Ein–Masse–Schwinger untersucht werden können:

$$\begin{bmatrix} x \\ \dot{x} \end{bmatrix}^{\!\cdot} - \begin{bmatrix} 0 & 1 \\ -\omega_0^2 & -2\delta \end{bmatrix} \begin{bmatrix} x \\ \dot{x} \end{bmatrix} = \begin{bmatrix} 0 \\ p/m \end{bmatrix}\,.$$

Für die Eigenschaften der Verfahren ist in der Regel das physikalisch ungedämpfte System als ungünstigster Fall maßgebend, sodass im Weiteren bei der Berechnung der Eigenwerte $\delta = 0$ und $\omega^2 > 0$ gesetzt werden.

Eigenwerte des Euler–Vorwärts–Verfahrens

Die Übertragungsmatrix des Euler–Vorwärts–Verfahrens ist mit

$$\mathbf{U} = \begin{bmatrix} 1 & \Delta t \\ -\omega_0^2\Delta t & 1 - 2\delta\Delta t \end{bmatrix}$$

gegeben. Die Eigenwerte folgen aus

$$(1 - \lambda)(1 - 2\delta\Delta t - \lambda) + \omega_0^2\Delta t^2 = 0\,,$$

$$\lambda^2 - \lambda(2 - 2\delta\Delta t) + (1 - 2\delta\Delta t + \omega_0^2\Delta t^2) = 0\,,$$

$$\lambda_{1,2} = (1 - \delta\Delta t) \pm \sqrt{(1 - \delta\Delta t)^2 - (1 - 2\delta\Delta t + \omega_0^2\Delta t^2)}\,,$$

$$\lambda_{1,2} = (1 - \delta\Delta t) \pm \sqrt{(\delta\Delta t)^2 - \omega_0^2\Delta t^2}\,.$$

Dies bedeutet für den ungedämpften Fall mit $\delta = 0$

$$\lambda_{1,2} = 1 \pm i\cdot\omega_0\Delta t\,.$$

Damit ist der Betrag der Eigenwerte

$$| \lambda_{1,2} | = \sqrt{1^2 + (\omega_0 \Delta t)^2} \geq 1{,}0 \,.$$

Dies bedeutet, dass das Verfahren für alle Δt instabil ist. Der Phasenwinkel ist mit

$$\tan \Delta \Psi = \frac{Im(\lambda)}{Re(\lambda)} = \frac{2\pi}{n}$$

gegeben, wobei n die Zahl der Zeitschritte in einer Periode T angibt. Damit folgt der bezogene Phasenfehler zu

$$\varepsilon_n = (\arctan \frac{2\pi}{n} - \frac{2\pi}{n}) \cdot \frac{1}{2\pi} \,.$$

Eigenwerte des Euler–Rückwärts–Verfahrens

Die Übertragungsmatrix des Euler–Rückwärts–Verfahrens ist mit

$$\mathbf{U} = \begin{bmatrix} 1 & -\Delta t \\ \omega_0^2 \Delta t & 1 + 2\delta \Delta t \end{bmatrix}^{-1} = \begin{bmatrix} 1 + 2\delta \Delta t & \Delta t \\ -\omega_0^2 \Delta t & 1 \end{bmatrix} \frac{1}{1 + 2\delta \Delta t + \omega_0^2 \Delta t^2}$$

gegeben. Wenn

$$\tilde{\lambda} = \lambda \left(1 + 2\delta \Delta t + \omega_0^2 \Delta t^2 \right)$$

gesetzt wird, folgen die Eigenwerte in Analogie zum Euler–Vorwärts–Verfahren aus

$$(1 - \tilde{\lambda})(1 + 2\delta \Delta t - \tilde{\lambda}) + \omega_0^2 \Delta t^2 = 0 \,,$$

$$\tilde{\lambda}_{1,2} = (1 + \delta \Delta t) \pm \sqrt{(\delta \Delta t)^2 - \omega_0^2 \Delta t^2} \,.$$

Umrechnung nach λ gibt für den ungedämpften Fall mit $\delta = 0$

$$\lambda_{1,2} = \tilde{\lambda}_{1,2} \frac{1}{1 + \omega_0^2 \Delta t^2}$$

$$= (1 \pm i \cdot \omega_0 \Delta t) \frac{1}{1 + \omega_0^2 \Delta t^2} \,.$$

Damit ist der Betrag der Eigenwerte

$$| \lambda_{1,2} | = \sqrt{1^2 + (\omega_0 \Delta t)^2} \frac{1}{1 + \omega_0^2 \Delta t^2} \leq 1{,}0 \,,$$

sodass das Verfahren für alle Δt stabil ist. Der Phasenwinkel ist mit

$$\tan \Delta \Psi = \frac{2\pi}{n}$$

gegeben, sodass der bezogene Phasenfehler zu

$$\varepsilon_n = (\arctan \frac{2\pi}{n} - \frac{2\pi}{n}) \cdot \frac{1}{2\pi}$$

folgt.

Eigenwerte der Sehnentrapezregel

Gegeben ist die Übertragungsmatrix in der Form

$$\mathbf{U} = \left[\mathbf{I} - \mathbf{A}\,\frac{\Delta t}{2}\right]^{-1} \left[\mathbf{I} + \mathbf{A}\,\frac{\Delta t}{2}\right]$$

$$= \begin{bmatrix} 1 + \delta\Delta t & \frac{\Delta t}{2} \\ -\omega_0^2 \frac{\Delta t}{2} & 1 \end{bmatrix} \frac{1}{1 + \delta\Delta t + \omega_0^2 \frac{\Delta t^2}{4}} \begin{bmatrix} 1 & \frac{\Delta t}{2} \\ -\omega_0^2 \frac{\Delta t}{2} & 1 - \delta\Delta t \end{bmatrix}$$

$$= \begin{bmatrix} 1 + \delta\Delta t - \omega_0^2 \frac{\Delta t^2}{4} & \Delta t \\ -\omega_0^2 \Delta t & 1 - \delta\Delta t - \omega_0^2 \frac{\Delta t^2}{4} \end{bmatrix} \frac{1}{1 + \delta\Delta t + \omega_0^2 \frac{\Delta t^2}{4}} \cdot$$

Wenn wiederum

$$\tilde{\lambda} = \lambda\,(1 + \delta\Delta t + \omega_0^2 \frac{\Delta t^2}{4})$$

gesetzt wird, folgen die Eigenwerte in Analogie zum Euler–Rückwärts–Verfahren aus

$$(1 + \delta\Delta t - \omega_0^2 \frac{\Delta t^2}{4} - \tilde{\lambda})(1 - \delta\Delta t - \omega_0^2 \frac{\Delta t^2}{4} - \tilde{\lambda}) + \omega_0^2 \Delta t^2 = 0\,,$$

$$\tilde{\lambda}_{1,2} = (1 - \omega_0^2 \frac{\Delta t^2}{4}) \pm \sqrt{(1 - \omega_0^2 \frac{\Delta t^2}{4})^2 - \left[1 - (\delta\Delta t)^2 + (\omega_0^2 \frac{\Delta t^2}{4})^2 + \omega_0^2 \frac{\Delta t^2}{2}\right]}$$

$$= (1 - \omega_0^2 \frac{\Delta t^2}{4}) \pm \sqrt{(\delta\Delta t)^2 - \omega_0^2 \Delta t^2}\,.$$

Umrechnung nach λ gibt für den ungedämpften Fall mit $\delta = 0$

$$\lambda_{1,2} = \tilde{\lambda}_{1,2}\,\frac{1}{1 + \omega_0^2 \Delta t^2/4}$$

$$= [\, (1 - \omega_0^2 \frac{\Delta t^2}{4}) \pm i \cdot \omega_0 \Delta t]\,\frac{1}{1 + \omega_0^2 \Delta t^2/4}\,.$$

Dies bedeutet für den ungedämpften Fall, dass der Betrag der Eigenwerte

$$\mid \lambda_{1,2} \mid = \sqrt{(1 - (\omega_0 \Delta t / 2)^2)^2 + (\omega_0 \Delta t)^2} \, \frac{1}{1 + \omega_0^2 \Delta t^2 / 4} = 1{,}0 \, .$$

Damit ist das Verfahren für alle Δt grenzstabil und gibt die Amplituden unabhängig vom Zeitschritt Δt exakt wieder. Der Phasenwinkel folgt mit

$$\tan \Delta \Psi = \frac{2\pi \cdot n}{n^2 - \pi^2}$$

und der bezogene Phasenfehler mit

$$\varepsilon_n = (\arctan \frac{2\pi \cdot n}{n^2 - \pi^2} - \frac{2\pi}{n}) \cdot \frac{1}{2\pi} \, .$$

30.5 Anwendung der Sehnentrapezregel

Die Sehnentrapezregel ist ein Verfahren, das entsprechend der Pade–Approximation grenzstabil ist, also die Amplituden der Schwingung ungedämpft abbilden kann. Das Verfahren ist in Abschnitt 30.3.2 als Verfahren mit einem linearen Ansatz der Verschiebungen im Zeitintervall vorgestellt. Die *finite Übersetzung* des Verfahrens ist nachfolgend so dargestellt, dass es direkt auf die Bewegungsgleichung angewendet werden kann.

Entsprechend der Herleitung folgt für die Mitte des Zeitintervalls $\tau = 1/2$

$$\left[\mathbf{I} - \mathbf{A} \frac{\Delta t}{2} \right] \mathbf{y}_1 = \left[\mathbf{I} + \mathbf{A} \frac{\Delta t}{2} \right] \mathbf{y}_0 + \Delta t \, \mathbf{r}(t_{1/2}) \, .$$

Ausführlicher ist die Matrizenschreibweise

$$\begin{bmatrix} \mathbf{I} & -\frac{\Delta t}{2}\mathbf{I} \\ \frac{\Delta t}{2}\mathbf{M}^{-1}\mathbf{K} & \mathbf{I} + \frac{\Delta t}{2}\mathbf{M}^{-1}\mathbf{D} \end{bmatrix} \begin{bmatrix} \mathbf{x}_1 \\ \dot{\mathbf{x}}_1 \end{bmatrix} =$$

$$\begin{bmatrix} \mathbf{I} & \frac{\Delta t}{2}\mathbf{I} \\ -\frac{\Delta t}{2}\mathbf{M}^{-1}\mathbf{K} & \mathbf{I} - \frac{\Delta t}{2}\mathbf{M}^{-1}\mathbf{D} \end{bmatrix} \begin{bmatrix} \mathbf{x}_0 \\ \dot{\mathbf{x}}_0 \end{bmatrix} + \begin{bmatrix} \mathbf{0} \\ \Delta t \, \mathbf{M}^{-1}\mathbf{p}(1/2) \end{bmatrix} \, .$$

Die erste Zeile gibt

$$\dot{\mathbf{x}}_1 = \frac{2}{\Delta t}(\mathbf{x}_1 - \mathbf{x}_0) - \dot{\mathbf{x}}_0 \, .$$

Multipliziert man die zweite Zeile von links mit $2\,\mathbf{M}/\Delta t$ und ersetzt $\dot{\mathbf{x}}_1$, folgt

$$[\, \frac{4}{\Delta t^2}\mathbf{M} + \frac{2}{\Delta t}\mathbf{D} + \mathbf{K} \,]\, \mathbf{x}_1 = [\, \frac{4}{\Delta t^2}\mathbf{M} + \frac{2}{\Delta t}\mathbf{D} - \mathbf{K} \,]\, \mathbf{x}_0 + \frac{4}{\Delta t}\mathbf{M}\dot{\mathbf{x}}_0 + 2\,\mathbf{p}(t_{1/2}) \, .$$

Es ist von Vorteil, wenn man weiterhin

$$\mathbf{K}\mathbf{x}_0 = \mathbf{p}_0 - \mathbf{M}\ddot{\mathbf{x}}_0 - \mathbf{D}\dot{\mathbf{x}}_0$$

sowie einen linearen Verlauf der Last im Zeitintervall mit

$$\mathbf{p}(t_{1/2}) = (\mathbf{p}(t_0) + \mathbf{p}(t_1))/2$$

ansetzt. Damit folgt die finite Übersetzung zur Berechnung der Verschiebungen $\mathbf{x}_1$ am Ende des Zeitintervalls

$$[\,\frac{4}{\Delta t^2}\,\mathbf{M} + \frac{2}{\Delta t}\,\mathbf{D} + \mathbf{K}\,]\,\mathbf{x}_1 = \mathbf{p}_1 + \mathbf{M}[\,\frac{4}{\Delta t^2}\,\mathbf{x}_0 + 2\frac{2}{\Delta t}\,\dot{\mathbf{x}}_0 + \ddot{\mathbf{x}}_0\,] + \mathbf{D}[\,\frac{2}{\Delta t}\,\mathbf{x}_0 + \dot{\mathbf{x}}_0\,]\,.$$

Alternativ kann man die Bewegungsgleichung auch so umschreiben, dass die Beschleunigungen $\ddot{\mathbf{x}}_1$ die Unbekannten sind.

$$[\,\mathbf{M} + \frac{\Delta t}{2}\,\mathbf{D} + \frac{\Delta t^2}{4}\,\mathbf{K}\,]\,\ddot{\mathbf{x}}_1 = \mathbf{p}_1 - \mathbf{K}[\,\mathbf{x}_0 + 2\frac{\Delta t}{2}\,\dot{\mathbf{x}}_0 + \frac{\Delta t^2}{4}\,\ddot{\mathbf{x}}_0\,] - \mathbf{D}[\,\dot{\mathbf{x}}_0 + \frac{\Delta t}{2}\,\ddot{\mathbf{x}}_0\,]\,.$$

Bild 30-7 zeigt die Konvergenz der Trapezregel gegen die exakte Lösung für eine ungedämpfte freie Schwingung $x(t)$. Die Steifigkeit des Ein–Masse–Schwingers ist zu $k = (2\,\pi)^2\,N/m$ und die Masse zu $m = 1\,kg$ gewählt. Der Zeitverlauf $x(t)$ infolge einer Anfangsauslenkung verdeutlicht, dass die Amplitude unabhängig vom Zeitschritt exakt wiedergegeben wird. Grundsätzlich ist ein Phasenfehler vorhanden, der sich jedoch bei Zeitschrittverkleinerung entsprechend der Vorschrift aus Abschnitt 29.4 verringert.

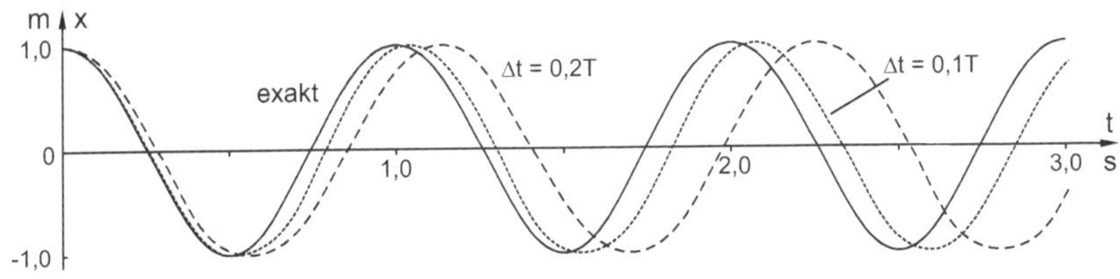

Bild 30-7 Phasenfehler der Trapezregel – freie ungedämpfte Schwingung, $T = 1\,s$

Bei Mehr–Massen–Schwinger werden alle Eigenfrequenzen mit konstanter Amplitude wiedergegeben, wobei die höheren Frequenzen mit entsprechend großem Phasenfehler versehen sind. Dazu ist zu beachten, dass bei einer Diskretisierung mit der Finite–Element–Methode die höchsten Frequenzen mit der Größe der Elementlänge korrelieren und eine entsprechende Schwingung bewirken. Dies bedeutet, dass die Amplituden der mit einem großen Fehler versehenen höheren

Frequenzen gedämpft werden sollten, damit die wesentlichen unteren Frequenzen möglichst ungestört wiedergegeben werden.

Unabhängig von der immer vorhandenen physikalischen Dämpfung sollte daher das numerische Zeitintegrationsverfahren über eine algorithmische Dämpfung verfügen, die die hohen Frequenzen numerisch dämpft. Betrachtet man die Trapezregel, so ist das möglich, wenn man die Einträge in der Übertragungsmatrix so wichtet, dass das gewünschte Ergebnis die Folge ist. In den Anwendungen verfolgt man jedoch einen anderen Weg, der zu dem nachfolgend beschriebenen *Newmark-Verfahren* und dem *Generalized α-Verfahren* führt.

30.6 Das Newmark–Verfahren

Alternativ zur Pade–Approximation kann man eine Approximation der Lösung mit einer Taylor–Reihe erreichen. Für die ersten Reihenglieder gilt

$$\mathbf{x}_1 = \mathbf{x}_0 + \dot{\mathbf{x}}_0 \Delta t + \ddot{\mathbf{x}}_0 \frac{\Delta t^2}{2} + \dddot{\mathbf{x}}_0 \frac{\Delta t^3}{6} + \cdots,$$

$$\dot{\mathbf{x}}_1 = \dot{\mathbf{x}}_0 + \ddot{\mathbf{x}}_0 \Delta t + \dddot{\mathbf{x}}_0 \frac{\Delta t^2}{2} + \cdots.$$

Newmark [35] schlägt vor, anstelle der unendlichen Reihe die letzten Reihenglieder mit den Parametern β und γ zu modifizieren

$$\mathbf{x}_1 = \mathbf{x}_0 + \dot{\mathbf{x}}_0 \Delta t + \ddot{\mathbf{x}}_0 \frac{\Delta t^2}{2} + \beta \dddot{\mathbf{x}}_0 \Delta t^3 ,$$

$$\dot{\mathbf{x}}_1 = \dot{\mathbf{x}}_0 + \ddot{\mathbf{x}}_0 \Delta t + \gamma \dddot{\mathbf{x}}_0 \Delta t^2$$

und die dritte Zeitableitung am Anfang des Zeitintervalls als Änderung der Beschleunigung im Zeitintervall mit $\dddot{\mathbf{x}}_0 = (\ddot{\mathbf{x}}_1 - \ddot{\mathbf{x}}_0)/\Delta t$ zu approximieren, was gleichbedeutend mit einer linearen Approximation der Beschleunigungen im Zeitintervall ist. Damit folgt

$$\mathbf{x}_1 = \mathbf{x}_0 + \dot{\mathbf{x}}_0 \Delta t + \ddot{\mathbf{x}}_0 (\frac{1}{2} - \beta)\Delta t^2 + \ddot{\mathbf{x}}_1 \beta \Delta t^2 ,$$

$$\dot{\mathbf{x}}_1 = \dot{\mathbf{x}}_0 + \ddot{\mathbf{x}}_0 (1 - \gamma)\Delta t + \ddot{\mathbf{x}}_1 \gamma \Delta t .$$

und in anderer Schreibweise

$$\mathbf{x}_1 = \mathbf{x}_0 + (\dot{\mathbf{x}}_0 + \dot{\mathbf{x}}_1)\frac{\Delta t}{2} - (\frac{\gamma}{2} - \beta)(\ddot{\mathbf{x}}_1 - \ddot{\mathbf{x}}_0)\Delta t^2 ,$$

$$\dot{\mathbf{x}}_1 = \dot{\mathbf{x}}_0 + (\ddot{\mathbf{x}}_0 + \ddot{\mathbf{x}}_1)\frac{\Delta t}{2} + (\gamma - \frac{1}{2})(\ddot{\mathbf{x}}_1 - \ddot{\mathbf{x}}_0)\Delta t .$$

Mit den freien Parametern $0 \leq \beta \leq 1{,}0$ und $0 \leq \gamma \leq 1{,}0$ können dem Zeitintegrationsverfahren spezielle Eigenschaften zugewiesen werden, die für die numerische Anwendung wünschenswert sind. So folgt für $\beta = 0{,}25$ und $\gamma = 0{,}5$ die Sehnentrapezregel nach Abschnitt 29.3.

Bei der Anwendung des Verfahrens auf die Integration der Bewegungsgleichung werden die Verschiebungen $\mathbf{x}_1$ und die Geschwindigkeiten $\dot{\mathbf{x}}_1$ in der Bewegungsgleichung mit den Ansätzen durch die Beschleunigungen $\ddot{\mathbf{x}}_1$ ersetzt, sodass die Beschleunigungen $\ddot{\mathbf{x}}_1$ die Unbekannten im Zeitintervall sind. Hiermit folgt

$$[\mathbf{M} + \gamma \Delta t\, \mathbf{D} + \beta \Delta t^2 \mathbf{K}]\, \ddot{\mathbf{x}}_1 = \mathbf{p}_1 - \mathbf{K}\,[\mathbf{x}_0 + \Delta t\, \dot{\mathbf{x}}_0 + (\frac{1}{2} - \beta)\Delta t^2\, \ddot{\mathbf{x}}_0\,]$$
$$- \mathbf{D}\,[\dot{\mathbf{x}}_0 + (1-\gamma)\,\Delta t\, \ddot{\mathbf{x}}_0\,]\,.$$

Alternativ kann man die Gleichungen auch nach den unbekannten Verschiebungen $\mathbf{x}_1$ auflösen:

$$[\frac{1}{\beta \Delta t^2}\, \mathbf{M} + \frac{\gamma}{\beta \Delta t}\, \mathbf{D} + \mathbf{K}]\, \mathbf{x}_1 = \mathbf{p}_1 + \mathbf{M}\, \frac{1}{\beta}\, [\frac{1}{\Delta t^2}\, \mathbf{x}_0 + \frac{1}{\Delta t}\, \dot{\mathbf{x}}_0 + (\frac{1}{2}-\beta)\, \ddot{\mathbf{x}}_0]$$
$$+ \mathbf{D}\, \frac{1}{\beta}\, [\frac{\gamma}{\Delta t}\, \mathbf{x}_0 + (\gamma-\beta)\, \dot{\mathbf{x}}_0 + \Delta t(\frac{\gamma}{2}-\beta)\, \ddot{\mathbf{x}}_0]\,.$$

Beide Formulierungen liefern identische Ergebnisse. Die jeweils eliminierten Variablen können in einer Nachlaufrechnung bestimmt werden.

Die Eigenschaften des Newmark–Verfahrens kann man ebenfalls mit den Eigenwerten der Übertragungsmatrix untersuchen. Als Abkürzung wird nachfolgend die effektive Massenmatrix

$$\mathbf{M}_{\mathit{eff}} = \mathbf{M} + \mathbf{D}\, \gamma \Delta t + \mathbf{K}\, \beta \Delta t^2$$

verwendet. Die Übertragungsmatrix folgt zunächst zu

$$\mathbf{y}_1 = \mathbf{U}_0^1\, \mathbf{y}_0\,,$$

$$\begin{bmatrix} \mathbf{x}_1 \\ \dot{\mathbf{x}}_1 \Delta t \\ \ddot{\mathbf{x}}_1 \Delta t^2 \end{bmatrix} = \begin{bmatrix} \mathbf{I} - \beta \tilde{\mathbf{K}} & \mathbf{I} - \beta(\tilde{\mathbf{D}} + \tilde{\mathbf{K}}) & \frac{1}{2}\mathbf{I} - \beta \bar{\mathbf{M}} \\ -\gamma \tilde{\mathbf{K}} & \mathbf{I} - \gamma(\tilde{\mathbf{D}} + \tilde{\mathbf{K}}) & \mathbf{I} - \gamma \bar{\mathbf{M}} \\ -\tilde{\mathbf{K}} & -\tilde{\mathbf{D}} - \tilde{\mathbf{K}} & \mathbf{I} - \bar{\mathbf{M}} \end{bmatrix} \begin{bmatrix} \mathbf{x}_0 \\ \dot{\mathbf{x}}_0 \Delta t \\ \ddot{\mathbf{x}}_0 \Delta t^2 \end{bmatrix}$$

mit $\quad \tilde{\mathbf{M}} = \mathbf{M}_{\mathit{eff}}^{-1}\mathbf{M}\,, \quad \tilde{\mathbf{D}} = \mathbf{M}_{\mathit{eff}}^{-1}\mathbf{D}\Delta t\,, \quad \tilde{\mathbf{K}} = \mathbf{M}_{\mathit{eff}}^{-1}\mathbf{K}\Delta t^2$

und $\quad \bar{\mathbf{M}} = \tilde{\mathbf{M}} + \tilde{\mathbf{D}} + \frac{1}{2}\tilde{\mathbf{K}}\,.$

Die Eigenwertaufgabe für die Übertragungsmatrix

$$(\mathbf{U}_0^1 - \lambda \mathbf{I})\, \hat{\mathbf{y}} = 0$$

liefert im ungedämpften Fall mit $\tilde{\mathbf{D}} = 0$ sowie $\tilde{\lambda} = 1 - \lambda$ die Determinante

$$\det | \tilde{\lambda}^3\, \mathbf{I} - \tilde{\lambda}^2 [\, \tilde{\mathbf{M}} + \tilde{\mathbf{K}}\, (\beta + \gamma + \tfrac{1}{2}) \,] + \tilde{\lambda}[\, \tilde{\mathbf{K}}(\gamma + \tfrac{3}{2}) \,] - \tilde{\mathbf{K}} | = 0 \,.$$

Im linearen Fall kann man an Stelle der Matrizengleichung auch den Ein–Masse–Schwinger betrachten, was auf

$$\tilde{\lambda}^3 - \tilde{\lambda}^2 [\, \tilde{M} + \tilde{K}\, (\beta + \gamma + \tfrac{1}{2}) \,] + \tilde{\lambda}[\, \tilde{K}(\gamma + \tfrac{3}{2}) \,] - \tilde{K} = 0$$

führt. Hiermit sind die Eigenwerte $\lambda = 1 - \tilde{\lambda}$ wie folgt festgelegt:

$$\lambda_1 = 0 \,,$$

$$\lambda_{2,3} = 1 - \frac{1}{2}(\frac{1}{2} + \gamma)\tilde{K} \pm i\,\frac{1}{2}\sqrt{4\tilde{K} - (\frac{1}{2} + \gamma)^2 \tilde{K}^2}$$

$$\text{mit} \qquad \tilde{K} = \frac{(\omega\,\Delta t)^2}{1 + \beta\,(\omega\,\Delta t)^2}\,.$$

Wenn der Betrag der Eigenwerte die Bedingung

$$|\lambda_{2,3}| \leq 1$$

erfüllt, ist das Verfahren stabil. Dies ist der Fall, wenn die Parameter γ, β entsprechend gewählt sind. Das Newmark–Verfahren ist unabhängig vom Zeitschritt Δt *unbedingt A-stabil*, wenn

$$\gamma \geq \frac{1}{2} \quad \text{und} \quad \beta \geq \frac{1}{4}(\frac{1}{2} + \gamma)^2$$

erfüllt sind und in Abhängigkeit von $\Delta t/T$ *beschränkt stabil*, wenn

$$\gamma \geq \frac{1}{2} \quad \text{und} \quad \beta < \frac{1}{4}(\frac{1}{2} + \gamma)^2$$

gewählt wird. Die Beschränkung für den Parameter β folgt aus der Bedingung für den Wurzelausdruck. Für $\gamma = 1/2$ ist die Konsistenz– und Konvergenzordnung $\mathcal{O}(\Delta t^2)$, sonst $\mathcal{O}(\Delta t^1)$.

30.7 Generalized α–Verfahren

Alternativ zum Newmark–Verfahren kann man die Approximation im Zeitbereich mit verschiedenen Beiwerten so modifizieren, dass ein verallgemeinertes Verfahren mit zusätzlichen Eigenschaften die Folge ist.
Grundlage des Verfahrens ist die Approximation der Verschiebungen und Geschwindigkeiten entsprechend dem Newmark–Verfahren:

$$\mathbf{x}_1 = \mathbf{x}_0 + \dot{\mathbf{x}}_0\Delta t + \ddot{\mathbf{x}}_0\left(\frac{1}{2} - \beta\right)\Delta t^2 + \ddot{\mathbf{x}}_1\beta\Delta t^2 \,,$$

$$\dot{\mathbf{x}}_1 = \dot{\mathbf{x}}_0 + \ddot{\mathbf{x}}_0(1 - \gamma)\Delta t + \ddot{\mathbf{x}}_1\gamma\Delta t \,.$$

Hiermit sind $\mathbf{x}_1, \dot{\mathbf{x}}_1$ in Abhängigkeit von den Zustandsgrößen am Anfang des Zeitintervalls festgelegt. $\ddot{\mathbf{x}}_1$ wird mit der Bewegungsgleichung bestimmt.
Entsprechend dem Ansatz von *Chung* und *Hulbert* [11] werden die Terme der Bewegungsgleichung an unterschiedlichen Zeitpunkten ausgewertet:

$$\mathbf{M}\,\ddot{\mathbf{x}}(\bar{\alpha}_m) + \mathbf{D}\,\dot{\mathbf{x}}(\bar{\alpha}_f) + \mathbf{K}\,\mathbf{x}(\bar{\alpha}_f) = \mathbf{p}(\bar{\alpha}_f) \,.$$

Aufgrund der unterschiedlichen $\bar{\alpha}$–Beiwerte wird das Verfahren als *Generalized α–Verfahren* bezeichnet. Hier sind die Parameter $\bar{\alpha}_f, \bar{\alpha}_m$ anders als in der Originalarbeit [11] zu $\bar{\alpha} = (1 - \alpha)$ gewählt und als Zeitpunkte im Zeitintervall interpretiert. Setzt man unabhängig von dem oben gewählten Ansatz für $\mathbf{x}_1, \dot{\mathbf{x}}_1$

$$\mathbf{p}(\bar{\alpha}_f) = (1 - \bar{\alpha}_f)\mathbf{p}_0 + \bar{\alpha}_f\mathbf{p}_1 \,,$$

$$\mathbf{x}(\bar{\alpha}_f) = (1 - \bar{\alpha}_f)\mathbf{x}_0 + \bar{\alpha}_f\mathbf{x}_1 \,,$$

$$\dot{\mathbf{x}}(\bar{\alpha}_f) = (1 - \bar{\alpha}_f)\dot{\mathbf{x}}_0 + \bar{\alpha}_f\dot{\mathbf{x}}_1 \,,$$

$$\ddot{\mathbf{x}}(\bar{\alpha}_m) = (1 - \bar{\alpha}_m)\ddot{\mathbf{x}}_0 + \bar{\alpha}_m\ddot{\mathbf{x}}_1 \,.$$

so kann man die Terme der Bewegungsgleichung mit den bekannten Werten am Anfang und den unbekannten Werten am Ende des Zeitintervalls beschreiben. Die Parameter $\bar{\alpha}_f, \bar{\alpha}_m$ werden jetzt so gewählt, dass die Stabilität des Verfahrens sicher gestellt ist und gleichzeitig die hohen unerwünschten Frequenzen algorithmisch gedämpft werden.
Einsetzen der $\mathbf{x}(\bar{\alpha}_f), \dot{\mathbf{x}}(\bar{\alpha}_f), \ddot{\mathbf{x}}(\bar{\alpha}_m)$ in die Bewegungsgleichung liefert die Gleichung zur Berechnung der Beschleunigungen $\ddot{\mathbf{x}}_1$

$$\{\mathbf{M}\,\bar{\alpha}_m + \mathbf{D}\,\bar{\alpha}_f\gamma\Delta t + \mathbf{K}\,\bar{\alpha}_f\beta\Delta t^2\}\ddot{\mathbf{x}}_1 = (\mathbf{p}_1 - \mathbf{p}_0)\bar{\alpha}_f + \mathbf{p}_0$$

$$- \mathbf{M}(1 - \bar{\alpha}_m)\ddot{\mathbf{x}}_0 - \mathbf{D}\left[\bar{\alpha}_f(1 - \gamma)\Delta t\ddot{\mathbf{x}}_0 + \dot{\mathbf{x}}_0\right]$$

$$- \mathbf{K}\left[\bar{\alpha}_f\left(\frac{1}{2} - \beta\right)\Delta t^2\ddot{\mathbf{x}}_0 + \bar{\alpha}_f\Delta t\dot{\mathbf{x}}_0 + \mathbf{x}_0\right].$$

Die algorithmischen Eigenschaften des Verfahrens kann man analog zum New-mark–Verfahren mit der Übertragungsmatrix untersuchen. Allerdings lassen sich die Eigenwerte nicht mehr geschlossen angeben, sodass die Eigenschaften abgeschätzt werden müssen. Im linearen Fall kann man an Stelle der Matrizengleichung den ungedämpften Ein–Masse–Schwinger betrachten, was auf

$$\tilde{\lambda}^3 - \tilde{\lambda}^2 [\, \tilde{M} + \tilde{K}\,(\beta + \gamma \bar{\alpha}_f + \frac{1}{2}\bar{\alpha}_f)\,] + \tilde{\lambda}[\, \tilde{K}(\bar{\alpha}_f + \gamma + \frac{1}{2})\,] - \tilde{K} = 0$$

mit $\quad \tilde{K} = \dfrac{(\omega\,\Delta\,t)^2}{\bar{\alpha}_m + \bar{\alpha}_f \beta(\omega\,\Delta\,t)^2} \quad$ sowie $\quad \tilde{M} = \dfrac{1}{\bar{\alpha}_m + \bar{\alpha}_f \beta(\omega\,\Delta\,t)^2}\,.$

führt, wobei $\tilde{\lambda} = 1 - \lambda$ zu beachten ist. Für $\bar{\alpha}_f = \bar{\alpha}_m = 1$ folgt das Newmark–Verfahren.

Ziel des Generalized–α–Verfahrens ist, die hohen Frequenzen so zu dämpfen, dass sie keinen wesentlichen Einfluss auf die Lösung haben. Dies bedeutet, dass der Betrag des Eigenwertes für hohe Frequenzen entsprechend klein sein muss, und kleine Frequenzen möglichst ungedämpft bleiben. Für den Fall kleiner Frequenzen $(\omega\,\Delta\,t)^2 \to 0$ folgen die entsprechenden Eigenwerte mit

$$\tilde{\lambda}^3 - \tilde{\lambda}^2 \frac{1}{\bar{\alpha}_m} = 0 \qquad \text{zu} \quad \lambda_1^0 = \frac{\bar{\alpha}_m - 1}{\bar{\alpha}_m} \quad \text{und} \quad \lambda_{2,\,3}^0 = 1\,,$$

sodass die Stabilitätsbedingung $|\lambda| \leq 1$ für $\bar{\alpha}_m \geq 1/2$ erfüllt ist.
Für den Fall großer Frequenzen $(\omega\,\Delta\,t)^2 \to \infty$ folgt

$$\tilde{\lambda}^3 - \tilde{\lambda}^2 [\, \frac{1}{\bar{\alpha}_f \beta}\,(\beta + \gamma \bar{\alpha}_f + \frac{1}{2}\bar{\alpha}_f)\,] + \tilde{\lambda}[\, \frac{1}{\bar{\alpha}_f \beta}(\bar{\alpha}_f + \gamma + \frac{1}{2})\,] - \frac{1}{\bar{\alpha}_f \beta} = 0$$

mit den Eigenwerten

$$\lambda_1^\infty = \frac{\bar{\alpha}_f - 1}{\bar{\alpha}_f} \quad \text{und} \quad \lambda_{2,\,3}^\infty = 1 - \frac{1}{2\beta}(\frac{1}{2} + \gamma) \pm i\,\frac{1}{\beta}\sqrt{\beta - \frac{1}{4}(\frac{1}{2} + \gamma)^2}\,,$$

sodass die Stabilitätsbedingung $|\lambda| \leq 1$ mit $\bar{\alpha}_f \geq 1/2$ sowie $\gamma \geq 1/2$ und $\sqrt{} \geq 0$ erfüllt ist.
Der Betrag des größten Eigenwertes für $(\omega\,\Delta\,t)^2 \to \infty$ wird als Spektralradius ρ_∞ bezeichnet, siehe Abschnitt 29.4:

$$\rho_\infty = \max|\,\lambda(\Delta\,t/T \to \infty)\,|\,.$$

Verwendet man den Spektralradius ρ_∞ für die Wahl der Parameter, so kann man die Dämpfungseigenschaften so steuern, dass die niedrigen Frequenzen wenig und die hohen Frequenzen stark gedämpft werden. Fordert man $0{,}5 \leq \bar{\alpha}_f \leq 1$, folgt für die Dämpfung hoher Frequenzen

$$\rho_\infty = |\lambda_1^\infty| = |\frac{\bar{\alpha}_f - 1}{\bar{\alpha}_f}| \qquad \text{sowie} \qquad \bar{\alpha}_f = \frac{1}{1 + \rho_\infty}\,.$$

Setzt man ebenso

$$|\lambda_{2,3}^{\infty}| = \rho_{\infty}$$

folgt zunächst

$$\gamma = \frac{1}{2} + (1 - \rho_{\infty}^2)\,\beta$$

und mit der Bedingung $\sqrt{} \geq 0$

$$\beta \geq \frac{1}{(1 + \rho_{\infty})^2} \qquad \text{sowie} \qquad \gamma \geq \frac{1}{2} + \frac{1 - \rho_{\infty}}{1 + \rho_{\infty}}\,.$$

Hiermit sind die Parameter $\beta, \gamma, \bar{\alpha}_f$ zwar frei wählbar, aber eng verknüpft mit der Wahl des Spektralradius' ρ_{∞}.

Chung und *Hulbert* [11] schlagen vor, den Parameter $\bar{\alpha}_m$ ebenfalls mit ρ_{∞} zu verbinden, obwohl $\bar{\alpha}_m$ lediglich für kleine Frequenzen wirksam wird und λ_1^0 festlegt. Fordert man, dass das Verfahren von der Ordnung $\mathcal{O}(\Delta t^2)$ genau ist, kann man zeigen, dass

$$\gamma = \frac{1}{2} + (\bar{\alpha}_m - \bar{\alpha}_f)$$

erfüllt sein muss und hiermit

$$\bar{\alpha}_m = \frac{2 - \rho_{\infty}}{1 + \rho_{\infty}} \qquad \text{und} \qquad \lambda_1^0 = \frac{1 - 2\rho_{\infty}}{2 - \rho_{\infty}}$$

festgelegt sind. Damit kann man die Bedingungen wie folgt zusammenfassen. Das Generalized–α–Verfahren ist *unbedingt A-stabil*, wenn $\bar{\alpha}_m \geq \bar{\alpha}_f \geq 1/2$ und

$$\bar{\alpha}_m = \frac{2 - \rho_{\infty}}{1 + \rho_{\infty}}, \qquad \bar{\alpha}_f = \frac{1}{1 + \rho_{\infty}} \qquad \text{sowie} \qquad \beta \geq \frac{1}{4}(1 + \bar{\alpha}_m - \bar{\alpha}_f)^2$$

erfüllt sind. Bei einem Vergleich mit der Originalarbeit [11] ist zu beachten, dass die hier gewählten Parameter $\bar{\alpha}$ mit den Parametern α der Originalarbeit über $\bar{\alpha} = (1 - \alpha)$ verknüpft sind.

Exemplarisch sind in Bild 30-8 verschiedene Zeitintegrationsverfahren für einen physikalisch ungedämpften Ein–Masse–Schwinger mit der Masse $m = 1\,kg$ und der Steifigkeit $k = (2\,\pi)^2\,N/m$ miteinander verglichen. Der Zeitschritt ist zu $\Delta t = T/20$ gewählt. Der Zeitverlauf der exakten Lösung und der Näherung mit der Sehnentrapezregel sind aus Bild 30-7 übernommen. Das Newmark–Verfahren ist mit den Parametern $\gamma = 0{,}8$ und $\beta = 0{,}25$ beschränkt stabil, liefert aber im vorliegenden Fall eine numerisch schwach gedämpfte Schwingung. Das Generalized–α–Verfahren liefert mit $\gamma = 0{,}5$ und $\beta = 0{,}25$ sowie dem Spektralradius $\rho_{\infty} = 0$ ebenfalls eine numerisch gedämpfte Schwingung, allerdings mit relativ großem Phasenfehler.

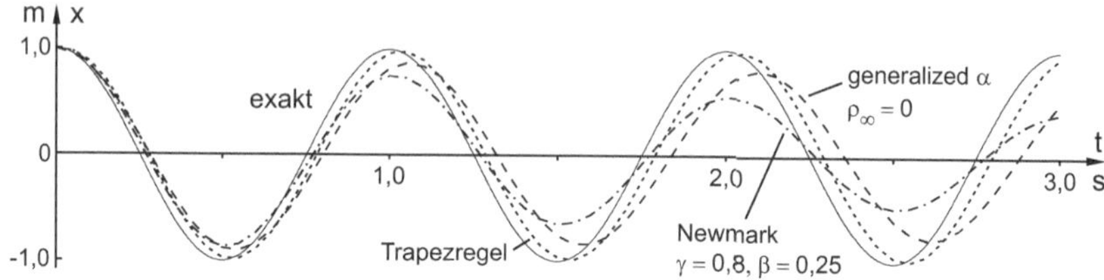

Bild 30-8 Numerische Dämpfung im Vergleich – freie Schwingung, $T = 1\,s$

30.8 Hinweise zur Anwendung von Zeitintegrationsverfahren

Numerische Zeitintegrationsverfahren haben das Ziel die Bewegungsgleichungen schrittweise zu lösen, wenn eine geschlossene analytische Lösung nicht möglich ist. Damit verbunden sind folgende Anmerkungen wichtig:

1. Lineare Bewegungsgleichungen mit konstanten Koeffizienten können analytisch gelöst werden. Hierfür sind die in den ersten Abschnitten vorgestellten Vorgehensweisen sinnvoll. Insbesondere ist die Superposition von Teillösungen möglich, sodass die Modal–Analyse und die hierfür vorgesehenen Reduktionsverfahren ideale Hilfsmittel für eine effiziente und zuverlässige Berechnung des Schwingungsverhaltens von Tragwerken sind.

2. In verschiedenen Anwendungen sind die Bewegungsgleichungen nichtlinear, sodass die Superposition nicht möglich ist. Dies ist der Fall, wenn geometrische oder werkstoffliche Nichtlinearitäten zu einer von den Verformungen und Spannungen abhängigen Steifigkeitsmatrix $\mathbf{K}(\mathbf{x}, \sigma)$ führen oder wenn die Dämpfungsmatrix $\mathbf{D}(\mathbf{x}, \dot{\mathbf{x}})$ von den Verformungen und Geschwindigkeiten abhängt, wie es in der Aeroelastizität die Regel ist.

   Ein Lösungsweg für die Bewegungsgleichung ist die Linearisierung um den Arbeitspunkt, wenn die Schwingung mit kleinen Amplituden erfolgt. Die linearisierte Bewegungsgleichung kann dann wie eine lineare Bewegungsgleichung nach 1. behandelt werden.

3. Haben die Schwingungen größere Amplituden, die eine spürbare Veränderung der Systemeigenschaften $\mathbf{K}(\mathbf{x}, \sigma)$ und $\mathbf{D}(\mathbf{x}, \dot{\mathbf{x}})$ bewirken, so müssen die nichtlinearen Bewegungsgleichungen numerisch mit den Verfahren nach Abschnitt 29 gelöst werden. Dies ist unter anderem der Fall, wenn das Knicken von Stäben, das Beulen von Flächentragwerken, das Plastifizieren des Werkstoffs, die Druckverteilung aus Aerodynamik und andere Phänomene beachtet werden müssen.

Da eine Superposition nicht zulässig ist, steht jede so berechnete Lösung für sich und erfordert jeweils eine spezielle Interpretation, was im Einzelfall sehr aufwändig sein kann.

Die Vorgehensweise bei der Lösung einer nichtlinearen Bewegungsgleichung soll hier nur kurz am Beispiel des *Generalized α-Verfahrens* angedeutet werden, da die detaillierte Analyse von der Art der Nichtlinearität und dem jeweiligen Zeitintegrationsverfahren abhängt. Die Bewegungsgleichung ist wie in Abschnitt 29.7 gegeben

$$\mathbf{M}\,\ddot{\mathbf{x}}(\bar{\alpha}_m) + \mathbf{D}|_{\alpha_f}\,\dot{\mathbf{x}}(\bar{\alpha}_f) + \mathbf{K}|_{\alpha_f}\,\mathbf{x}(\bar{\alpha}_f) = \mathbf{p}(\bar{\alpha}_f)\,.$$

Aufgrund der Nichtlinearität sind die Koeffizienten $\mathbf{K}$ und $\mathbf{D}$ an der Stelle α_f auszuwerten. Einsetzen der $\mathbf{x}(\bar{\alpha}_f), \dot{\mathbf{x}}(\bar{\alpha}_f), \ddot{\mathbf{x}}(\bar{\alpha}_m)$ in die Bewegungsgleichung liefert die algebraische Gleichung zur Berechnung der Beschleunigungen $\ddot{\mathbf{x}}_1$

$$\{\mathbf{M}\,\bar{\alpha}_m + \mathbf{D}|_{\alpha_f}\,\bar{\alpha}_f\gamma\Delta t + \mathbf{K}|_{\alpha_f}\,\bar{\alpha}_f\beta\Delta t^2\}\ddot{\mathbf{x}}_1 = (\mathbf{p}_1 - \mathbf{p}_0)\bar{\alpha}_f + \mathbf{p}_0$$

$$- \mathbf{M}\,(\,1 - \bar{\alpha}_m\,)\,\ddot{\mathbf{x}}_0 - \mathbf{D}|_{\alpha_f}\,[\,\bar{\alpha}_f(1 - \gamma)\Delta t\ddot{\mathbf{x}}_0 + \dot{\mathbf{x}}_0\,]$$

$$- \mathbf{K}|_{\alpha_f}\,[\,\bar{\alpha}_f(\frac{1}{2} - \beta)\Delta t^2\ddot{\mathbf{x}}_0 + \bar{\alpha}_f\Delta t\dot{\mathbf{x}}_0 + \mathbf{x}_0\,]\,.$$

Die Lösung der nichtlinearen Gleichung erfolgt iterativ, wobei die effektive Massenmatrix infolge der Nichtlinearität auf der linken Seite der Bewegungsgleichung abhängig vom Iterationsverfahren im Zeitschritt konstant oder veränderlich gewählt werden kann. Hierbei sind die Ungleichgewichtslasten zusätzlich zu berücksichtigen.

Zu beachten ist, dass sich die Eigenschaften der numerischen Zeitintegrationsverfahren infolge der Nichtlinearität verändern. Dies wird deutlich, wenn die Stabilität und Genauigkeit eines Verfahrens von den Eigenkreisfrequenzen und damit von den sich mit der Verformung verändernden Steifigkeiten abhängen. Eine spezielle Wahl der Parameter $\alpha_m, \alpha_f, \gamma, \beta$, die im linearen Fall zu einem stabilen Algorithmus führen, kann im nichtlinearen Fall numerisch bedingte Instabilitäten bewirken.

Hinweis zu expliziten Zeitintegrationsverfahren

Die hier besprochenen impliziten Zeitintegrationsverfahren können im Einzelfall numerisch sehr aufwändig sein, wenn die Zahl der Unbekannten infolge einer detaillierten räumlichen Diskretisierung mit der Finite–Element–Methode groß ist und die wiederholte Auflösung des Gleichungssystems erforderlich ist.

In diesen Fällen können die hier nicht im Detail untersuchten expliziten Zeit-integrationsverfahren entsprechend Abschnitt 29.2 im Einzelfall sehr erfolgreich sein, auch wenn die Stabilitätseigenschaften einen an die räumliche Diskretisie-rung angepassten extrem kleinen Zeitschritt erfordern. Der Nachteil der extrem kleinen Zeitschritte wird durch den Vorteil eines expliziten Gleichungssystem mit einer Hauptdiagonalmatrix auf der linken Seite mehr als ausgeglichen.

Allerdings ist zu beachten, dass bei der hier erforderlichen großen Zahl an Zeitschritten die Rechnerungenauigkeit die Größenordnung der physikalischen Lösung erreichen und diese in der Folge überdecken kann, sodass die numerische Lösung unbrauchbar wird.

31 Berechnung der Eigenwerte und Eigenvektoren

Die Berechnung der Eigenwerte λ_i und der zugehörigen Eigenvektoren $\hat{\mathbf{x}}_i$ von Matrizenpaaren ist im allgemeinen Fall nicht direkt möglich, da die Nullstellen von Polynomen höherer Ordnung berechnet werden müssen. Für die iterative Berechnung der λ_i sind in der Literatur eine Reihe von Verfahren beschrieben. Ein zusammenfassendes Standardwerk zum Matrizen–Kalkül ist von *Zurmühl und Falk* veröffentlicht.

Eine erste Abschätzung des niedrigsten Eigenwertes kann mit dem Rayleigh–Quotienten erfolgen. Die Berechnung des genauen Wertes muss iterativ erfolgen, da die Determinante ein Polynom höherer Ordnung der Eigenwerte α_i ist, das bei vielen Freiheitsgraden nicht mehr direkt gelöst werden kann. Ein sehr einfach einsetzbares Verfahren ist die von Mises–Iteration für den niedrigsten Eigenwert und die Gram–Schmidt Orthogonalisierung für die höheren Eigenwerte. Die Berechnung ist heute als Standard in nahezu allen kommerziellen Programmsystemen verankert. Dennoch wird hier das prinzipielle Vorgehen erläutert, um das Verständnis für den Berechnungsablauf und den Berechnungsaufwand zu fördern.

31.1 Der Rayleigh–Quotient

Eine einfache Abschätzung für die niedrigste Eigenkreisfrequenz ist mit Hilfe des Rayleigh–Quotienten möglich, der wie folgt hergeleitet werden kann. Für frei schwingende ungedämpfte Systeme gilt der Energiesatz

$$\dot{\Pi} + \dot{T} = 0$$

und für einen Ein–Masse–Schwinger

$$(\tfrac{1}{2}kx^2)^{\cdot} + (\tfrac{1}{2}m\dot{x}^2)^{\cdot} = 0\,.$$

Ausführung der Zeitableitungen gibt zunächst

$$kx\dot{x} + m\dot{x}\ddot{x} = 0\,.$$

Setzt man für die freie Schwingung eine harmonische Bewegung mit

$$x(t) = a\cos\omega_0 t, \qquad \dot{x} = -\omega_0 \cdot a\sin\omega_0 t, \qquad \ddot{x} = -\omega_0^2 \cdot a\cos\omega_0 t$$

voraus, folgt mit dem Energiesatz

$$(-k + m\omega_0^2)\, a^2\, \omega_0 \sin\omega_0 t \, \cos\omega_0 t = 0\,.$$

© Springer Fachmedien Wiesbaden GmbH, ein Teil von Springer Nature 2020
D. Dinkler, *Einführung in die Strukturdynamik*,
https://doi.org/10.1007/978-3-658-31845-1_31

Dies ist aber eine Bestimmungsgleichung für die Eigenkreisfrequenz ω_0 des frei schwingenden Systems

$$\omega_0^2 = \frac{k}{m}\,.$$

Überträgt man dieses Vorgehen auf einen Mehr–Massen–Schwinger, kann man die Potentielle Energie und die Kinetische Energie in Matrizenschreibweise mit

$$\Pi = \tfrac{1}{2}\,\mathbf{x}^T \mathbf{K}\,\mathbf{x} \qquad \text{und} \qquad T = \tfrac{1}{2}\,\dot{\mathbf{x}}^T \mathbf{M}\,\dot{\mathbf{x}}$$

angeben. Setzt man voraus, dass das System mit einer einzigen Eigenform $\hat{\mathbf{x}}_j$ schwingt

$$\mathbf{x}(t) = a_j\,\hat{\mathbf{x}}_j\,\cos\,\omega_j t\,,$$

so kann man die Zeitableitungen analog zum Ein–Masse–Schwinger mit

$$\dot{\Pi} = -\,\omega_j\,a_j^2\,\cos\,\omega_j t\,\sin\,\omega_j t\;\hat{\mathbf{x}}_j^T \mathbf{K}\,\hat{\mathbf{x}}_j\,,$$

$$\dot{T} = +\,\omega_j^3\,a_j^2\,\cos\,\omega_j t\,\sin\,\omega_j t\;\hat{\mathbf{x}}_j^T \mathbf{M}\,\hat{\mathbf{x}}_j$$

berechnen. Die zu dem Eigenvektor gehörende Eigenkreisfrequenz kann jetzt wieder mit dem Energiesatz bestimmt werden. Wenn der Eigenvektor $\hat{\mathbf{x}}_j$ bekannt ist, folgt

$$\omega_j^2 = \frac{\hat{\mathbf{x}}_j^T\,\mathbf{K}\,\hat{\mathbf{x}}_j}{\hat{\mathbf{x}}_j^T\,\mathbf{M}\,\hat{\mathbf{x}}_j}\,.$$

Der Quotient auf der rechten Seite wird als Rayleigh–Quotient oder als Energie–Quotient bezeichnet. Sind die Eigenvektoren nicht bekannt, so kann man eine Näherung $\bar{\mathbf{x}}$ verwenden, um die Eigenkreisfrequenz abzuschätzen. Man kann zeigen, dass der mit einem beliebigen Näherungsvektor berechnete Rayleigh–Quotient zwischen der niedrigsten und der größten Eigenkreisfrequenz liegt

$$\omega_1^2 \le \frac{\bar{\mathbf{x}}^T \mathbf{K}\,\bar{\mathbf{x}}}{\bar{\mathbf{x}}^T \mathbf{M}\,\bar{\mathbf{x}}} \le \omega_n^2\,.$$

Für das Beispiel in Abschnitt 12 und $\hat{\bar{\mathbf{x}}}^T = \begin{bmatrix} 1 & 1 \end{bmatrix}$ gilt z.B.

$$\omega_1^2 = \frac{1{,}5k}{m} \le \bar{\omega}_1^2 = \frac{2{,}4k}{m} \le \omega_2^2 = \frac{4k}{m}\,.$$

Auch wenn der Eigenvektor nicht exakt gegeben ist, gibt der Rayleigh–Quotient in der Regel eine sehr gute Näherung für die zu dem Eigenvektor gesuchte Eigenkreisfrequenz.

31.2 Berechnung des niedrigsten Eigenwertes

Gegeben ist das Eigenwertproblem

$$[\mathbf{K} - \lambda \mathbf{M}]\, \hat{\mathbf{x}} = \mathbf{0}\,.$$

Wäre der Eigenvektor $\hat{\mathbf{x}}$ bekannt, so könnte man den Eigenwert λ mit dem Rayleigh–Quotienten berechnen

$$\lambda = \frac{\hat{\mathbf{x}}^T \mathbf{K}\, \hat{\mathbf{x}}}{\hat{\mathbf{x}}^T \mathbf{M}\, \hat{\mathbf{x}}}\,.$$

Wenn $\hat{\mathbf{x}}$ unbekannt ist, wählt man einen Startvektor $_0\hat{\mathbf{z}} \neq \mathbf{0}$ und löst die Gleichung

$$\mathbf{K}\, _1\hat{\mathbf{x}} = \mathbf{M}\, _0\hat{\mathbf{z}}\,,$$

wobei die Indizes $0, 1$ den Iterationsschritt kennzeichnen. Hierbei gilt

$$_0\hat{\mathbf{z}} = {}_0\hat{\mathbf{x}}\, _0\lambda \quad \text{und} \quad _0\lambda = Rayl.\, (_0\hat{\mathbf{x}})$$

Im allgemeinen Fall ist

$$_1\hat{\mathbf{x}} \neq {}_0\hat{\mathbf{x}}\,,$$

sodass das Eigenwertproblem nicht exakt erfüllt ist. Es wird daher

$$_1\hat{\mathbf{z}} = {}_1\hat{\mathbf{x}} \cdot {}_1\lambda$$

als Vektor für den zweiten Iterationsschritt gewählt. Es wird solange iteriert, bis

$$\hat{\mathbf{x}} = {}_i\hat{\mathbf{x}} \approx {}_{i-1}\hat{\mathbf{x}}$$

erfüllt ist. Die Vorschrift für einen beliebigen Iterationsschritt ist mit

$$\mathbf{K}\, _i\hat{\mathbf{x}} = \mathbf{M}\, _{i-1}\hat{\mathbf{z}}$$

$$_i\lambda = \frac{_i\hat{\mathbf{x}}^T \mathbf{K}\, _i\hat{\mathbf{x}}}{_i\hat{\mathbf{x}}^T \mathbf{M}\, _i\hat{\mathbf{x}}}$$

$$_i\hat{\mathbf{z}} = {}_i\hat{\mathbf{x}}\, _i\lambda$$

gegeben. Die Normierung des Eigenvektors erfolgt nach jedem Iterationsschritt mit

$$_i\hat{\mathbf{x}}^T \mathbf{M}\, _i\hat{\mathbf{x}} = 1{,}0\,.$$

Die Iteration konvergiert – hier ohne Beweis – mit wachsendem i von oben gegen den niedrigsten Eigenwert mit zugehörigem Eigenvektor, wenn der Startvektor allgemein genug gewählt ist und den niedrigsten Eigenwert anspricht.

Konvergenzschwierigkeiten treten auf, wenn mehrere Eigenwerte dicht benachbart sind und die Iterationsfolge zwischen mehreren Eigenwerten hin und her springt, was als *Krylov-Folge* bezeichnet wird.

Eine vergleichbare, aber übersichtlichere Darstellung des Iterationsverfahrens ist mit

$$\begin{bmatrix} \mathbf{K} & -\mathbf{M}_{i-1}\hat{\mathbf{x}} \\ -_{i-1}\hat{\mathbf{x}}^T\mathbf{M} & 0 \end{bmatrix} \begin{bmatrix} _i\hat{\mathbf{x}} \\ _{i-1}\lambda \end{bmatrix} = \begin{bmatrix} 0 \\ -1{,}0 \end{bmatrix}$$

gegeben. In der ersten Zeile steht die Eigenwertaufgabe, in der zweiten Zeile die Normierung. Im Unterschied zur ersten Formulierung erscheint hier der Eigenwert $_{i-1}\lambda$ als Unbekannte des Gleichungsystems. Es ist zu beachten, dass in der Gleichung

$$_{i-1}\hat{\mathbf{x}}^T\mathbf{M}\,_i\hat{\mathbf{x}} = 1{,}0$$

gefordert wird und daher die Normierung nach jedem Schritt mit dem neuen Vektor $_i\hat{\mathbf{x}}$ zusätzlich vorzunehmen ist.

Im Beispiel nach Abschnitt 13 gilt für $k = 1\ kN/m$ und $m = 1\ kNs^2/m$

$$\left\{ \begin{bmatrix} 3 & -2 \\ -2 & 8 \end{bmatrix} - \lambda \begin{bmatrix} 1 & \\ & 2 \end{bmatrix} \right\} \hat{\mathbf{x}} = 0\,,$$

mit den Eigenwerten und Eigenvektoren

$$\begin{aligned} \lambda_1 &= 2 \\ \lambda_2 &= 5 \end{aligned} \qquad \hat{\mathbf{x}}_1 = \begin{bmatrix} \frac{2}{\sqrt{6}} \\ \frac{1}{\sqrt{6}} \end{bmatrix}, \quad \hat{\mathbf{x}}_2 = \begin{bmatrix} \frac{1}{\sqrt{3}} \\ \frac{-1}{\sqrt{3}} \end{bmatrix}.$$

Die Iterationsfolge für den niedrigsten Eigenwert zeigt die Konvergenz des Verfahrens. Es wird deutlich, dass der Rayleigh–Quotient genauer ist als die jeweils berechnete Unbekannte λ_i.

Iterationsschritt i	0	1	2	3	...	n
Eigenvektor	1	1,000	0,888	0,8445		0,816
	0	0,250	0,345	0,3827		0,408
Eigenvektor $_i\hat{\mathbf{x}}$	1	0,943	0,876	0,8419		
normiert	0	0,236	0,340	0,3815		
Eigenwert $_i\lambda$		2,500	2,090	2,0180		2,000
$\mathbf{M}\,_i\hat{\mathbf{x}}$	1	0,943	0,876	0,8419		
	0	0,472	0,680	0,7630		
Rayleigh–Quotient	3,000	2,220	2,036	2,0060		2,000

31.3 Berechnung höherer Eigenwerte

Das hier vorgestellte Iterationsverfahren für die Berechnung höherer Eigenwerte entspricht in seiner Arbeitsweise dem Verfahren von Gram–Schmidt.
Gegeben ist der erste Eigenvektor $\hat{\mathbf{x}}_1$. Die Bedingungen zur Berechnung des zweiten Eigenwertes und Eigenvektors sind

- die Eigenwertaufgabe für λ_2 und $\hat{\mathbf{x}}_2$,

- die Orthogonalitätsbedingung $\hat{\mathbf{x}}_1^T \mathbf{M}\, \hat{\mathbf{x}}_2 = 0$ und

- die Normierung des zweiten Eigenvektors $\hat{\mathbf{x}}_2$.

Die Formulierung dieser Bedingungen als Gleichungssystem führt auf

$$
\begin{array}{l}
\text{die Eigenwertaufgabe} \\
\text{die Orthogonalitätsbedingung} \\
\text{und die Normierung}
\end{array}
\begin{bmatrix}
\mathbf{K} & -\mathbf{M}\hat{\mathbf{x}}_1 & -\mathbf{M}_{i-1}\hat{\mathbf{x}}_2 \\
-\hat{\mathbf{x}}_1^T\mathbf{M} & 0 & 0 \\
-_{i\ 1}\hat{\mathbf{x}}_2^T\mathbf{M} & 0 & 0
\end{bmatrix}
\begin{bmatrix}
_i\hat{\mathbf{x}}_2 \\
_i\zeta_1 \\
_i\lambda_2
\end{bmatrix}
=
\begin{bmatrix}
0 \\
0 \\
1
\end{bmatrix},
$$

wenn die Koeffizientenmatrix formal symmetrisiert wird.
In der ersten Zeile steht das Eigenwertproblem für den zweiten Eigenwert, erweitert um den Freiwert $_i\zeta_1$. Der zusätzliche Anteil in der ersten Spalte wird in der Iteration bedeutungslos, wenn $_i\zeta_1$ gegen Null konvergiert. Da in der Regel der bekannte Eigenvektor $\hat{\mathbf{x}}_1$ nicht exakt ausiteriert ist, enthält er geringe Anteile des momentan zu berechnenden Eigenvektors $\hat{\mathbf{x}}_2$. Wegen der Orthogonalitätsbedingung ist damit auch der Eigenvektor $\hat{\mathbf{x}}_2$ sowie $\mathbf{M}_{i-1}\hat{\mathbf{x}}_{2\ i}\lambda_2$ mit einem Fehler belegt. Dieser Fehler wird über den Term $\mathbf{M}\,\hat{\mathbf{x}}_{1\,i}\zeta_1$ behoben, sodass $_i\zeta_1$ als Reinigungskoeffizient bezeichnet werden kann. Schreibt man die erste Zeile des Gleichungssystem in der Form

$$
\mathbf{K}\,_i\hat{\mathbf{x}}_2 - \mathbf{M}\,(\underbrace{\hat{\mathbf{x}}_1 \frac{_i\zeta}{_i\lambda_2} + {}_{i-1}\hat{\mathbf{x}}_2}_{_{i-1}\tilde{\mathbf{x}}_2})\,_i\lambda_2 = 0\,,
$$

erscheint die ursprüngliche Eigenwertaufgabe

$$
\mathbf{K}\,_i\hat{\mathbf{x}}_2 - \mathbf{M}\,_{i-1}\tilde{\mathbf{x}}_{2\ i}\lambda_2 = 0\,,
$$

für den Eigenvektor $_i\hat{\mathbf{x}}_2$. Der Eigenvektor $_i\hat{\mathbf{x}}_2$ ist im nachfolgenden Iterationsschritt nach erfolgter Normierung als $_{i-1}\hat{\mathbf{x}}_2$ einzusetzen.
Exemplarisch wird die Iteration für die Berechnung des zweiten Eigenwertes des Beispieles in Abschnitt 30.2 gezeigt:

Iterationsschritt i	0	1	2	...	n
Eigenvektor $_i\hat{\mathbf{x}}_2$	0	-0,700	-0,568		-0,577
	1	0,706	0,578		0,577
Eigenvektor $_i\hat{\mathbf{x}}_2$ normiert	0	-0,573	-0,571		-0,577
	0,707	0,578	0,581		0,577
Eigenwert $_i\lambda$		7,468	5,020		5,000
Reinigungskoeff. $_i\zeta$		-4,302	-0,020		0,000
$\mathbf{M}\,_i\hat{\mathbf{x}}_2$	0	-0,573	-0,571		-0,577
	1,414	1,156	1,162		1,154
Rayleigh–Quotient	4,000	4,982	5,005		5,000

Das Vorgehen kann sukzessive für die Berechnung aller höheren Eigenwerte erweitert werden, wenn das Gleichungssystem jeweils um eine zusätzliche Orthogonalitätsbedingung erweitert wird. Die Konvergenz der Iteration verschlechtert sich jedoch für die höheren Eigenwerte, da die höheren Schwingungsformen kurzwelliger und damit durch die Iteration schwieriger zu erfassen sind. Für die Berechnung der höheren Eigenwerte empfiehlt es sich von der formalen Lösung des Gleichungssystems abzugehen und Teilergebnisse aus den Iterationsschritten zwischenzuspeichern.

31.4 Simultane Berechnung mehrerer Eigenwerte

An Stelle der sukzessiven Berechnung der höheren Eigenwerte kann man auch mehrere Eigenwerte und Eigenvektoren simultan berechnen. Grundlage ist das entsprechend den Abschnitten 30.2 und 30.3 aufgebaute Gleichungssystem für die Berechnung der Modalmatrix $\hat{\mathbf{X}}$, die die gewünschte Zahl der Eigenvektoren enthält, sowie für die entsprechende Zahl der Eigenwerte λ. Das Gleichungssystem für die Modalmatrix und die Eigenwerte wird für mehrere rechte Seiten $\mathbf{I}$ gleichzeitig gelöst:

$$\begin{bmatrix} \mathbf{K} & -\mathbf{M}_{i-1}\hat{\mathbf{X}} \\ -_{i-1}\hat{\mathbf{X}}^T\mathbf{M} & \mathbf{0} \end{bmatrix} \begin{bmatrix} _i\hat{\mathbf{X}} \\ _i\lambda \end{bmatrix} = \begin{bmatrix} 0 \\ -\mathbf{I} \end{bmatrix}.$$

Die rechte Seite $\mathbf{I}$ ist die Einheitsmatrix, mit der die Eigenvektoren mit $\hat{\mathbf{X}}^T\mathbf{M}\hat{\mathbf{X}}$ normiert werden. Aufgrund der Einheitsmatrix wird das Gleichsystem für verschiedene rechte Seiten gelöst, sodass die Modalmatrix $_i\hat{\mathbf{X}}$ für jede rechte Seite berechnet wird. Der entsprechende Vektor der Eigenwerte $_i\boldsymbol{\lambda}$ enthält für jede rechte Seite den zum Eigenvektor gehörigen Eigenwert sowie die Reinigungskoeffizienten entsprechend Abschnitt 30.3. Die Iteration verläuft im Weiteren analog zu Abschnitt 30.2.

Bei der iterativen Berechnung der Eigenvektoren müssen die im jeweiligen Iterationsschritt eingesetzten Eigenvektoren $_{i-1}\mathbf{x}$ bezüglich der Steifigkeitsmatrix $\mathbf{K}$ orthogonal sein. Für das Beispiel aus Abschnitt 30.2 bzw. 30.3 folgt:

Gewählte Startvektoren $\qquad \mathbf{x}_1^T = [\,1 \;\; 0\,], \qquad \mathbf{x}_2^T = [\,0 \;\; 1\,].$

orthogonalisierte Startvektoren $\qquad \mathbf{x}_1^T = [\,1 \;\; 0\,], \qquad \mathbf{x}_2^T = [\,0{,}667 \;\; 1\,].$

$$
\begin{matrix}
\text{Gleichungssystem} \\
\text{1. Iterationsschritt}
\end{matrix}
\qquad
\begin{bmatrix}
3 & -2 & -1 & -0{,}667 \\
-2 & 8 & 0 & -2 \\
-1 & 0 & 0 & 0 \\
-0{,}667 & -2 & 0 & 0
\end{bmatrix}
\begin{bmatrix}
_i\hat{\mathbf{X}} \\
_i\boldsymbol{\lambda}
\end{bmatrix}
=
\begin{bmatrix}
0 & 0 \\
0 & 0 \\
-1 & 0 \\
0 & -1
\end{bmatrix}.
$$

Konvergenz der Iteration:

Iterationsschritt i	1	2	3	...	n
Eigenvektor $_i\hat{\mathbf{x}}_1$	1,000	0,9045	0,7433		0,5774
	0,000	-0,3015	-0,4730		-0,5774
orthog. Eigenvektor $_i\hat{\mathbf{x}}_2$	0,667	0,6319	0,7353		0,8165
	1,000	0,4965	0,4430		0,4082
Eigenwert $_i\lambda_{11}$	5,222	5,293	5,064		5,000
Eigenwert $_i\lambda_{22}$	2,000	3,333	2,340		2,000
Reinigungskoeff. $_i\lambda_{12}$	-2,333	-2,329	-0,9275		0,000
Rayleigh–Quotient $_i\lambda_1$	3,667	4,660	4,940		5,000
Rayleigh–Quotient $_i\lambda_2$	3,333	2,340	2,060		2,000

Bei diesem Beispiel erhält man bereits nach wenigen Iterationsschritten eine gute Näherung für die Eigenwerte bzw. Rayleigh–Quotienten. Ursache hierfür ist, dass die Eigenvektoren vor jedem Iterationsschritt orthogonalisiert werden und bei der Lösung des Gleichungssystems lediglich eine Transformation stattfindet.

31.5 Auflösung benachbarter Gleichungssysteme

Bei der Berechnung der Eigenwerte erscheint das Eigenwertproblem als Matrizengleichungssystem

$$\begin{bmatrix} \mathbf{A} & \mathbf{B} \\ \mathbf{C} & \mathbf{D} \end{bmatrix} \begin{bmatrix} \mathbf{z}_1 \\ \mathbf{z}_2 \end{bmatrix} = \begin{bmatrix} \mathbf{r}_1 \\ \mathbf{r}_2 \end{bmatrix},$$

wobei $\mathbf{B}^T$ und $\mathbf{C}$ nicht identisch sein müssen. Wenn die Zahl der Spalten von $\mathbf{B}$ sehr viel kleiner ist als die von $\mathbf{A}$, spricht man von einem zu $\mathbf{A}\mathbf{z}_1 = \mathbf{r}_1$ benachbarten Gleichungssystem, das in zwei Schritten effizient gelöst werden kann. Gesucht ist der Lösungsvektor $\mathbf{z}_1$. Die Gauss–Elimination von $\mathbf{C}$ gibt

$$\begin{bmatrix} \mathbf{A} & \mathbf{B} \\ \mathbf{0} & \mathbf{D} - \mathbf{C}\,\mathbf{A}^{-1}\mathbf{B} \end{bmatrix} \begin{bmatrix} \mathbf{z}_1 \\ \mathbf{z}_2 \end{bmatrix} = \begin{bmatrix} \mathbf{r}_1 \\ \mathbf{r}_2 - \mathbf{C}\,\mathbf{A}^{-1}\mathbf{r}_1 \end{bmatrix}.$$

Hieraus kann man die Freiwerte $\mathbf{z}_2$ mit

$$\mathbf{z}_2 = [\mathbf{D} - \mathbf{C}\,\mathbf{A}^{-1}\mathbf{B}]^{-1}\,[\mathbf{r}_2 - \mathbf{C}\,\mathbf{A}^{-1}\,\mathbf{r}_1]$$

berechnen und in die erste Zeile einsetzen. Da $\mathbf{z}_2$ jetzt bekannt ist, kann $\mathbf{z}_1$ in einem zweiten Schritt mit

$$\mathbf{z}_1 = \mathbf{A}^{-1}\,[\mathbf{r}_1 - \mathbf{B}\,\mathbf{z}_2]$$

berechnet werden. Die Matrizeninversion von $\mathbf{A}^{-1}$ ist nicht explizit durchzuführen, wenn $\mathbf{B}$ bzw. $\mathbf{r}_1$ als rechte Seiten eines Gleichungssystems aufgefasst werden.

Für die Lösung des Eigenwertproblems sind

- $\mathbf{z}_1$ der Eigenvektor und
- $\mathbf{z}_2$ die Eigenwerte und die Reinigungskoeffizienten.

Das Verfahren kann auch für die Berechnung einer reduzierten Zahl von Eigenwerten und Eigenvektoren eingesetzt werden, wenn die Zahl der Unbekannten sehr viel größer als die Zahl der gesuchten Eigenwerte ist.

Literaturverzeichnis

[1] H. BACHMANN: Erdbebensicherung von Bauwerken. Birkhäuser-Verlag Basel, 2. Auflage (2002)

[2] H. BACHMANN, W. AMMANN: Schwingungsprobleme bei Bauwerken: durch Menschen und Maschinen induzierte Schwingungen. Structural Engineering Documents, IABSE (1987)

[3] H. BACHMANN: Vibration Problems in Structures: Practical Guidelines. Birkhauser Verlag Basel (1995)

[4] A. BETZ: Windenergie und ihre Ausnutzung durch Windmühlen. Vandenhoeck und Ruprecht, Götttingen (1926). reprint Öko-Buchverlag Kassel (1982)

[5] B. A. BOLT: Erdbeben - eine Einführung. Springer-Verlag, Berlin (1984)

[6] E. BROMMUNDT; G. SACHS; D. SACHAU: Technische Mechanik – Eine Einführung. 4. Auflage, Oldenbourg Verlag, München Wien (2007)

[7] I. N. BRONSTEIN; K. A. SEMENDJAJEW: Taschenbuch der Mathematik. Verlag Harry Deutsch, Thun und Frankfurt am Main (1984)

[8] A. BUDÓ: Theoretische Mechanik. Wiley–Vch (1990)

[9] C. BUTZ, J. DISTL: Personen-induzierte Schwingungen von Fußgängerbrücken. In: Stahlbaukalender 2008, Hrsg. U. Kuhlmann, Ernst & Sohn, Berlin (2008)

[10] T. K. CAUGHEY; M. E. J. O'KELLY: Classical normal modes in damped linear dynamic systems. Transactions of ASME, Journal of Applied Mechanics 32 (1965)

[11] J. CHUNG; G. M. HULBERT: A Time Integration Algorithm for Structural Dynamics with Improved Numerical Dissipation: The Generalized α–Method. Transactions of the ASME, Journal of Applied Mechanics, Vol. 60 (1993)

[12] N. COSENTINO: Rain-wind induced vibration of cables. Dissertation, Università degli studi di Bologna (2002)

[13] R. R. CRAIG: Structural Dynamics. John Wiley & Sons, New York (1981)

[14] R. R. CRAIG; M. C. BAMPTON: Coupling of substructures for dynamic analysis. AIAA Journal 6 (1968)

© Springer Fachmedien Wiesbaden GmbH, ein Teil von Springer Nature 2020
D. Dinkler, *Einführung in die Strukturdynamik*,
https://doi.org/10.1007/978-3-658-31845-1

[15] P. DALLARD, A. J. FITZPATRICK, A. FLINT, S. LE BOURVA, A. LOW, R. M. RIDSDILL, M. WILLFORD: The London Millenium Bridge. The Structural Engineer 79 (2001)

[16] G. GRÜNTHAL (Ed.) : European Macroseismic Scale 1998 (EMS-98). European Seismological Commission, sub commission on Engineering Seismology, Working Group Macroseismic Scales. Conseil de lEurope, Cahiers du Centre Europen de Godynamique et de Sismologie, Vol. 15, Luxembourg (1998)

[17] J. P. DEN HARTOG: Mechanical Vibrations. Mc Graw-Hill (1940)

[18] O. FLACHSBARTH: Winddruck auf offene und geschlossene Gebäude. in: Ergebnisse der Aerodynamischen Versuchsanstalt in Göttingen, L. Prandtl und A. Betz (Hrsg.), R. Oldenbourg Verlag, München (1932)

[19] H. W. FÖRSCHING: Grundlagen der Aeroelastik. Springer–Verlag (1974)

[20] C. W. GEAR: The numerical integration of ordinary differential equations. Mathematics of Computation 21, 146-156 (1967)

[21] R. GASCH; K. KNOTHE: Strukturdynamik. Springer-Verlag, Berlin: Band 1: Diskrete Systeme (1987)
Band 2: Kontinua und ihre Diskretisierung (1989)

[22] R. GASCH; J. TWELE (Hrsg.): Windkraftanlagen. Springer Vieweg, Berlin. 8. Auflage (2013)

[23] F. C. HARPER: The Mechanics of Walking. Research Applied in Industry 15, (1962)

[24] Y. HIKAMI; N. SHIRAISHI: Rain-Wind Induced Vibrations of Cables in Cable Stayed Bridges. Journal of Wind Eng. and Ind. Aerodynamics 29 (1988)

[25] T. J. H. HUGHES: The Finite Element Method: Linear Static and Dynamic Finite Element Analysis. Prentice–Hall, Englewood Cliffs, New Jersey (1987)

[26] D. LEVINE, J. RICHARDS, M. W. WHITTLE: WHITTLE'S Gait Analysis. 5. Edt. Churchill Livingstone Elsevier (2012)

[27] M. LÖHR; D. DINKLER: Schwingungsverhalten von Eisenbahnbrücken bei Überfahrt von Hochgeschwindigkeitszügen. Baudynamik VDI-Berichte 1754, Düsseldorf (2003)

[28] N. W. McLACHLAN: Theory and Application of Mathieu Functions. New York: Dover (1964)

[29] K. MAGNUS; K. POPP; W. SEXTRO: Schwingungen. 9. Auflage, Springer Vieweg, Berlin (2013)

[30] G. E. A. MEIER (Hrsg.): Ludwig Prandtl, ein Führer in der Strömungslehre. Braunschweig, Vieweg (2000)

[31] K. MESKOURIS; K. HINZEN; C. BUTENWEG; M. MISTLER: Bauwerke und Erdbeben. Vieweg-Verlag Wiesbaden, 2. Auflage (2007)

[32] M. MORSBACH: Über die Bedingungen für eine Wirbelstraßenbildung hinter Kreiszylindern. Dissertation, TH Aachen (1967)

[33] F. P. MÜLLER: Baudynamik. in: Beton-Kalender, Verlag Ernst & Sohn, Berlin

[34] H. G. NATKE: Einführung in Theorie und Praxis der Zeitreihen- und Modalanalyse. Vieweg & Sohn, Braunschweig (1983)

[35] N. M. NEWMARK: A method of computation for structural dynamics. Journal of Engineering Mechanics, ASCE, 85 (EM3) 67-94 (1959)

[36] U. PEIL; O. STEILN: Regen–Wind induzierte Schwingungen – ein State–of–the–Art–Report. Stahlbau 76 (2007)

[37] C. PETERSEN: Dynamik der Baukonstruktionen. Vieweg & Sohn, Braunschweig, 1. Auflage (1996)

[38] C. PETERSEN, H. WERKLE: Dynamik der Baukonstruktionen. Springer-Vieweg, Wiesbaden, 2. Auflage (2017)

[39] A. ROSHKO: Experiments on the flow past a circular cylinder at very high Reynolds number. Journal of Fluid Mechanics 10 (1961)

[40] H. SCHLICHTING: Grenzschicht-Theorie. 9. Auflage, Braun–Verlag, Karlsruhe (1997)

[41] C. RUNGE: Über die numerische Auflösung von Differentialgleichungen. Math. Annalen, Band 46, 1895, S. 167-178
       W. KUTTA: Beitrag zur näherungsweisen Integration totaler Differentialgleichungen. Zeitschrift Math. Physik, Band 46, 1901, S. 435-453

[42] D. SCHWARZKOPF; G. SEDLACEK: Regen–Wind induzierte Schwingungen – Ein Berechnungsmodell auf der Grundlage der neuesten Erkenntnisse. Stahlbau 74 (2005)

[43] C. SEIDEL; D. DINKLER: Phänomenologie und Modellierung Regen–Wind induzierter Schwingungen. Bauingenieur 79 (2004)

[44] C. SEIDEL; D. DINKLER: Rain–wind induced vibrations – phenomenology, mechanical modelling and numerical analysis. Computers & Structures 84 (2006)

[45] C. SEILER, S. HÜTTNER: Ein einheitliches Modell zur Beschreibung von Fußgängerlasten für verschiedene Bewegungsarten - Theorie, experimentelle Messungen und praktische Anwnedung. Bauingenieur 79 (2004)

[46] E. SIMIO; R. SCANLON: Wind effects on structures. John Wiley & Sons, New York (1996)

[47] H. SOCKEL: Aerodynamik der Bauwerke. Springer Fachmedien Wiesbaden (1984)

[48] S. D. TIMOSHENKO; D. H. YOUNG; W. WEAVER: Vibration Problems in Engineering. 4th ed., Wiley, New York (1974)

[49] D. M. TRUJILLO: The direct numerical integration of linear matrix differential equations using pade approximations. International Journal for Numerical Methods in Engineering 9, Wiley & Sons (1975)

[50] B. VAN DER WALL: Analytische Formulierung der instationären Profilbeiwerte und deren Anwendung in der Rotorsimulation. DLR–Forschungsbericht, DLR–FB 90–28 (1990)

[51] J. E. WHEELER: Prediction and Control of Pedestrian Induced Vibration in Footbridges. Journal of the Structural Division 108, ASCE (1982)

[52] J. WIANECKI: Cables wind excited Vibrations of cable-stayed bridges. in: Wind engineering, Proceedings of the Fifth International Conference 2, Fort Collins, Colorado, USA (1979)

[53] A. YOUNIS, O. AVCI, M. HUSSEIN, B. DAVIS, P. REYNOLDS: Dynamic Forces Induced by a Single Pedestrian: A Literature Review. Applied Mechanics Review 69, ASME (2017)

[54] E. L. WILSON; A. DER KIUREGHIAN; E. R. BAYO: A replacement for the SRSS method in seismic analysis. Earthquake Engineering and Structural Dynamics, Vol. 9 (1981)

[55] DIN 1055-Teil IV. Deutsches Institut für Normung e. V., Beuth-Verlag, Berlin

[56] DIN EN 1991-1-4. Eurocode 1: Einwirkungen auf Tragwerke - Teil 1-4: Allgemeine Einwirkungen - Windlasten. Deutsche Fassung EN 1991-1-4:2005 + A1:2010 + AC:2010

[57] DIN EN 1993-3. Eurocode 3: Bemessung und Konstruktion von Stahlbauten. Deutsche Fassung EN 1993-3:2006

[58] DIN EN 1998-1/NA:2011. Eurocode 8: Auslegung von Bauwerken gegen Erdbeben – Teil 1: Grundlagen, Erdbebeneinwirkungen und Regeln für Hochbauten.

[59] DIN 1311 - Schwingungen und schwingungsfähige Systeme. Deutsches Institut für Normung e.V., Beuth-Verlag, Berlin (2002)

[60] DIN 4133 ersetzt durch DIN EN 1993-3-2 [57].

[61] DIN 4149 ersetzt durch DIN EN 1998-1/NA [58].

[62] DS 804 – Eisenbahnbrücken und Ingenieurbauwerke. Drucksachenverwaltung der Bundesbahndirektion Karlsruhe.

[63] Deutsche Bahn AG: Dynamische Effekte bei Resonanzgefahr – Leitfaden für die dynamische Untersuchung, Sachverständigenausschuss ERRI D 214 (2000)

[64] HIVOSS: Humen induced Vibration of steel structures. Leitfaden für die Bemessung von Fußgängerbrücken. RFS2–CT–2007–00033, RWTH Aachen (2008)

[65] ISO 10137: Basis for design of structures - Serviceability of buildings against vibration. International Organization for Standardization ISO (2007)

Stichwortverzeichnis

Übertragungsmatrix, 374–376, 378, 379, 382, 393, 396

Abreissflatter, 282
Absolutbeschleunigung, 312
Admittanz, 139
Aerodynamik, 264
aerodynamische Dämpfung, 275
aerodynamische Masse, 275
aerodynamische Steifigkeit, 275
Aeroelastizität, 264
Amplitudenfehler, 377, 383
Amplitudenspektrum, 15, 62
Anfangsbedingung, 65, 127, 144
Anfangswertaufgabe, 373
Ansatzfunktionen, 99, 112, 116, 118
Antwortspektrenverfahren, 233
Antwortspektrum, 225, 229, 321
Arbeitssatz, 38
Auftriebsbeiwert, 271, 275, 290, 368

Bernoulli–Hypothese, 319, 349, 363
Beschleunigung
    Coriolis, 313, 360
    Zentripetal, 313, 359, 360
Bessel–Funktion, 263
bewegte Masse, 312, 314
Bewegungsgleichung
    analytische Lösung, 108
    analytisches Aufstellen, 35
    Aufstellen, 24, 27
    Biegestäbe, 106
    Dehnstäbe, 96
    entkoppelt, 134
    freie Schwingung, 120
    Gesamtlösung, 49
    Grundgleichungen, 5
    homogen, 52
    Linearisierung, 49
    Matrizenschreibweise, 81
    nichtlinear, 398
    Parametererregung, 340
    Partikularlösung, 52
    periodische Anregung, 138
    Regen–Wind induziert, 303
    Superposition, 51
    synthetisches Aufstellen, 28
    Torsionsstäbe, 115
    unperiodische Anregung, 143
    Windkraftanlage, 368
Bezugsachse, 365
Biege–Torsions–Flatter, 285
Biegedivergenz, 278
Biegestäbe, 106, 132
Brücke
    bewegte Masse, 314
    Eisenbahn, 312
    fremderregt, 335
    Fußgänger, 326, 334
    Lateralbewegung, 333
    Lock–in, 330
    Millennium–Bridge, 337
    Modell für Eisenbahnbrücke, 315
    Modell für Fußgängerlast, 331
    Modell mit Fahrgestell und Wagenkasten, 318
    parametererregt, 340
    Personendichte, 330, 339
    Personenlast, 328
    Schrittfrequenz, 328
    substantielle Zeitableitung, 313
    Synchronisation, 330
    Wanderlast, 312
Brückenüberfahrt, 320

© Springer Fachmedien Wiesbaden GmbH, ein Teil von Springer Nature 2020
D. Dinkler, *Einführung in die Strukturdynamik*,
https://doi.org/10.1007/978-3-658-31845-1

Campbell–Diagramm, 370
Coriolis–Beschleunigung, 313
Coriolis–Kraft, 356, 360

Dämpfung
    Caughey/O'Kelly–Dämpfung, 164
    Coulomb–Dämpfung, 157
    Dämpfungsgrad, 17
    logarithmisches Dekrement, 17
    Modal–Dämpfung, 164
    Rayleigh–Dämpfung, 159
    Rheologie, 156, 158
    Strukturdämpfung, 161
    viskos, 157, 185, 199
    Werkstoffdämpfung, 157
D'Alembert'sches Prinzip
    Dehnstäbe, 97
    Lagrange'sche Fassung, 27, 84
    Matrizenschreibweise, 83
    verlorene Kräfte, 32
Dehnstäbe, 96, 131
dimensionslose Kennzahl, 17, 50, 267
Dirac–Impuls, 68, 76
Diskretisierung, 99, 112, 116, 118,
    130
Divergenz
    Biegedivergenz, 278
    Eigenwert, 296
    statische Instabilität, 276, 280
    Torsiondivergenz, 276
Druckbeiwert, 270, 271
Druckderivativa, 275
Duhamel–Integral, 71

Eigengewicht, 362
Eigenkreisfrequenz
    analytische Lösung, 133
Eigenwert, 294–296, 387, 393, 396,
    401, 405, 406
Eigenwertaufgabe
    Eigenvektor, 120, 168, 401

Eigenwert, 120, 167, 401
Einschrittverfahren, 377
Einwirkungen, 22
Eisenbahnbrücke, 312
Element, 101
EMS–98, 223
Erdbeben, 219
Erdbeben–Skala
    Europäische Makroseismische, 223
    Medvedev–Sponheuer–Karnik, 222
    Mercalli, 222
    Mercalli–Sieberg, 222
    Momenten–Magnitude, 224
    Richter–Gutenberg, 223
Ersatzkraftverfahren, 231
erzwungene Schwingung
    Duhamel–Integral, 71
    eine Masse, 178
    gedämpft, 185
    Matrizenschreibweise, 136
    mehrere Massen, 185
    periodisch, 57, 64
    Resonanzfall, 70
    Stoßanregung, 68
    ungedämpft, 136
    unperiodisch, 67
Euler'sche Axiome, 27, 30
Euler–Gleichung, 265
Euler–Zahl, 266

Fehleranalyse, 383
Flatter
    Abreissflatter, 282
    Biege–Torsions–Flatter, 285
    Eigenschwingung, 280
    kinetische Instabilität, 281
    Regen–Wind induziert, 301
    Whirl–Flatter, 286
Fourier–Analyse, 13
Fourier–Integral, 151
Fourier–Koeffizienten, 13

Fourier–Reihe, 14, 62, 64
Fourier–Transformation, 63, 151
freie Schwingung
    analytische Lösung, 55
    Matrizenschreibweise, 120
Frequenz
    Kreisfrequenz, 11
    Periodenfrequenz, 11
Frequenzbereich, 62
Frequenzgang, 139, 140
Frequenzspektrum, 221
Froude–Zahl, 266
Fußgänger
    Brücke, 326
    Schrittfrequenz, 328

Galloping, 284
Gauß'sches Prinzip, 27
gedämpfte Schwingung, 149, 165, 171, 175
generalisierte Koordinate, 135
Generalized α–Verfahren, 395
Gram–Schmidt Orthogonalisierung, 401, 407
Grundgleichungen, 24

Hamilton'sches Prinzip, 27, 43
harmonische Analyse, 13, 62, 150
harmonische Synthese, 12

Impedanz, 139
Inertialsystem, 313, 345, 351, 353
Intensität, 221

Jourdain'sches Prinzip, 27

Kettenlinie, 250
komplexe Schreibweise, 56, 149, 178, 182, 192, 193, 198, 201
komplexe Systemantwort, 194
komplexer Frequenzgang, 193
Kompressionswellen, 219

Konvergenz, 130, 384
Koordinatensystem, 346, 348
Krafteinflusszahlen, 86, 90
Kraftgrößenverfahren, 91
Kreismembran, 257, 261
Kreisquerschnitt, 289, 290, 292
kritische Strömung, 290

Lagrange'sche Gleichungen, 27, 44
Lehr'sches Dämpfungsmaß, 17
Love–Wellen, 219

Makroseismische Skala, 223
Massenträgheit, 353
Matrizenschreibweise
    Bewegungsgleichung, 81
    freie Schwingungen, 120
    Krafteinflusszahlen, 86
    periodische Anregung, 138
    Symbole, 81
    unperiodische Anregung, 143
Mehrschrittverfahren, 377
Membran, 248
Mercalli–Sieberg–Skala, 222
Modal–Analyse, 134, 195, 199
Modal–Ansatz, 134, 137, 139, 205
Modal–Matrix, 134
Modal–Reduktion, 203
Modal–Synthese, 212
Modell für Eisenbahnbrücke, 315
Modellgleichungen, 3, 5
Momenten–Magnitude, 224

Navier–Stokes–Gleichungen, 265, 266
Newmark–Verfahren, 320, 392
Newton'sche Axiome, 27, 29
nichtlinear, 225, 254
nichtlineare Bewegungsgleichung, 373, 398
numerische Integration, 373, 398

Orthogonalisierung

Gram–Schmidt, 405, 407
Ortsvektor, 345, 348, 351

Pade–Approximation, 378, 379
parametererregte Schwingung, 340
periodische Schwingung, 138, 150, 178,
192, 197, 198, 201
Phasenebene, 8
Phasenfehler, 377, 386
Phasenspektrum, 62
Phasenwinkel, 61, 63
Potentialgleichung, 265
Prandtl'scher Stolperdraht, 300
Prinzip
D'Alembert, 27, 32
Gauß, 27
Hamilton, 27
Jourdain, 27
kleinste Wirkung, 27, 43, 44
kleinster Zwang, 27
virtuelle Arbeit, 27, 40
Produktansatz, 99, 112, 116, 118
Propeller, 286, 345
Pseudo–Beschleunigung, 227
Pseudo–Geschwindigkeit, 227

Rayleigh–Dämpfung, 159, 195
Rayleigh–Quotient, 401
Rayleigh–Wellen, 219
Rechteckmembran, 258
Reduktion
Modal–Ansatz, 203
Restmode–Korrektur, 205
statische Kondensation, 209
reelle Schreibweise, 55, 188, 197
Regen–Wind induzierte Schwingung,
298, 301
Resonanz, 322
Resonanzgeschwindigkeit, 323
Reynolds–Zahl, 266, 289, 290
Rheologie, 18, 158

Richter–Gutenberg–Skala, 223
Rotationsmatrizen, 351, 352
Rotor, 286, 345
Rotorblatt, 286, 345, 358, 365, 368

Scheinresonanz, 142
Schrittfrequenz
Fußgänger, 328
Schwingung
erzwungen, 57
frei, 55
gedämpft, 17
harmonisch, 10
nichtperiodisch, 15
parametererregt, 340
periodisch, 10, 57
Regen–Wind induziert, 298
Schwingungsarten, 9
stationär, 65
Ursache, 53
Weg–Zeit–Verlauf, 7
Schwingungsknoten, 142
Schwingungstilger
aktiv, 246
Feder–Dämpfer–System, 241
passiv, 239, 241
Pendel, 241
Sehnentrapezregel, 390
Seil, 248, 256, 299
Seilnetz, 254
seismisches Moment, 224
Seismogramm, 221
Separationsansatz, 120
spektrale Beschleunigung, 226
spektrale Geschwindigkeit, 226
spektrale Verschiebung, 226
Spektralradius, 385
Stabilität, 384
Stabtragwerke, 96, 106, 115, 130
starre Festhaltung, 358
statische Kondensation, 209

Staudruck, 270, 275, 293, 296
Strömung
    Abriss, 271
    dimensionslose Kennzahl, 267
    Druckbeiwerte, 274
    Kubusumströmung, 268
    Luft, 264
    Zylinderumströmung, 288
Strouhal–Zahl, 266, 289, 291
substantielle Zeitableitung, 313
Substrukturtechnik, 369
Superposition, 235

Teilstruktur, 213
Theorie II. Ordnung, 248, 364
Torsionsstäbe, 115, 131
Tragheitskraft, 359, 364
Transformation, 346, 347, 352, 365
Transversalwellen, 219

unperiodische Schwingung, 143, 151,
    182

Vektoriteration, 401, 403, 405, 406
Verformungseinflusszahlen, 91, 95
Vergrößerungsfunktion, 59, 63
virtuelle Arbeit, 39, 90, 95, 98, 105,
    111, 116, 118, 353, 365
virtuelle Verrückung, 40
von Karman'sche Wirbelstraße, 271,
    289
Vorspannzustand, 248, 254

Wanderlast, 312
wandernde Last, 315
wandernde Masse, 315
Weggrößenverfahren, 86, 213
Wellengleichung, 251
Widerstandsbeiwert, 271, 289, 293
Winddruck, 268
Windkraftanlage, 286, 345, 366
Wirbelerregung, 290

Wirbelstraße, 271, 289

Zeitintegration
    Anwendungen, 398
    explizit, 379, 399
    Fehleranalyse, 383
    implizit, 379
    numerisch, 373
Zeitintervall, 375, 376
Zentripetal–Beschleunigung, 313, 360
Zylinderumströmung, 289